두 새로운 과학

Two New Sciences

Galileo Galilei

이승준 역 · 이경룡 협역

도서출판 GS인터비전

◀ 역자 들어가기 ▶

갈릴레오는 그의 성이 아니라 이름이다. 장남의 경우 이름을 성과 비슷하게 짓는 그의 고향 전통을 따라 만들어진 이름 갈릴레오로 그는 항상 불린다. 갈릴레오(1564-1642)의 마지막 저술이 된 '두 새로운 과학(Two New Sciences, TNS)'은 근대과학의 효시를 알리는 신호탄이었다.

역자는 대학의 선박해양공학과에서 역학, 특히 유체역학 관련 교과목들을 가르치고 있다. 갈릴레오는 뉴턴의 선구자였으므로, 근대과학 특히 물리학의 아버지로 불리는 사람이다. 일견 무언가 맞지 않다고 생각하는 분이 대부분일 것이고, 역자 또한 인생의 대부분 기간 동안 그렇게 생각하고 살았기 때문에, 스스로 갈릴레오의 책을 번역하는 일이 있을 것이라고는 생각한 적도 없다.

3 년쯤 되었을까, 갈릴레오 관련 책을 뒤적이다 그가 베네찌아의 국영 조선소였던 아르세날레(Arsenale)에서 27세인 1591년부터 기술 자문에 응하고 있었고, 그가 부여받은 주요한 세 문제가 있었다는 것을 알게 되었다. 모두 그 당시 선박공학의 주요한 문제로 다음과 같았다.

1) 목재로 된 배를 얼마나 길게 만들 수 있는가?

2) 포 사격 시 그 딘도를 예측할 수 있는가?

3) 노(oar) 하나에서 발생할 수 있는 추진력이 얼마나 되는가?

첫 번째 문제는 상선 및 군함의 대형화 문제에서 발생한 것으로 목선을 사용하던 당시 매우 중요한 문제였다. 두 번째 문제는 해전의 양상이 상대방 배에 올라 육박전을 벌려 배를 점령하는 것으로부터, 배 사이의 거리를 유지한 채 함포 사격을 위주로 하는 것으로 바뀌고 있었던 당시의 상황에 기인하며, 유명한 레판토 해전(1581)에서 베네찌아는 이미 거함에 장착된 포를 사용하여 꽤 이득을 본 경험이 있었고, 스페인의 무적함대가 영국에게 패퇴한 칼레 해전(1588)은 포격전으로의 변화를 알리는 전기가 된 해전이었다. 마지막 문제는 노와 돛을 같이 쓰던 배가 순전히 돛만을 사용하는 배로 변화하던 무렵, 노의 수를 매우 많이 늘린 배를 지은 적이 있는데, 그는 그 마지막 시대에 살고 있었다.

이 문제들에 대한 그의 평생에 걸친 연구가 TNS로 출간되었다는 것에 생각이 미치자, 그 전까지와는 다른 감회로 그의 책을 다시 대하게 되었다. 유학 시절 갈릴레오의 TNS를 처음 접한 후, 필요한 부분을 발췌하여 본 적은 몇 번 있지만, 처음부터 끝까지 정독한 적은 없었으므로, 다시 한 번 읽어볼 생각이 들었다.

TNS의 '두 과학'은 오늘날의 명칭으로는 재료역학과 동역학을 뜻한다고 할 수 있다. 전반부는 재료역학, 후반부는 동역학으로 되어있는 TNS를 다시 읽으며, 많은 생각에 잠겼다. 전혀 다른 느낌으로 다가온 갈릴레오의 책은 역학 발전의 초기, 어떠한 문제들이 어떻게 다루어졌는지에 대해 지루할 정도로 자세히 쓰고 있다. 물론 오늘날 대학 교육에서 이 부분은 강의 첫 주, 첫 시간에 잠깐 복습하는 것으로 끝난다.

역자는 학생 시절부터 과학사에 관심을 가져, '역사로 배우는 유체역학, 2판(2009)', '역사로 배우는 공학수학(2010)', '역사로 배우는 동역학, 2판(2012)', 의 세 권을 지금까지 쓰게 되었다. 동역학을 쓸 때, 물론 TNS의 관련 부분을 정독한 적이 있지만, 그의 재료역학에 관한 기술을 읽으면서, '역사로 배우는 재료역학'을 쓰지 않으면 안 되겠구나 하는 생각이 저절로 강하게 들었다. 외팔보의 그림, 배를 보로 간주하는 관점, 보에 대한 그의 최초의 해석, 모형시험과 관련된 상사성에 대한 고찰 등등은 너무나 충격적이어서 그의 생각이 지금도 이렇게 큰 영향을 미치고 있나 하는 것에 새삼 나 스스로 놀라고 있었다. 당연히 이러한 점은 선박공학자가 아니면 느끼기 힘든 사항이었다.

역자는 국비 유학생이었다. 평생 국비로 공부했다는 것이 자랑이면서도 또 짐스러운 점이 있어, 전공 분야를 떠나 일반 독자들에게 무언가 기여할 길이 없을까 항상 생각해 왔다. '역사로 배우는 재료역학'을 집필하다 보니, 점점 일반 독자들과 이공계통에 관심이 있는 학생들이 볼만한 책을 만들기 위해, 아예 차제에 TNS를 번역하는 것이 어떤가 하는 생각을 가지게 되었다.

TNS는 1638년 세상에 나온 후, 네 번에 걸쳐 영어로 번역되었는데, 1666년, 1730년, 1914년과 1974년에 이루어졌다. 처음 두 번의 역서는 오늘날 거의 찾아보기 힘들고, 1914년의 Crew & de Salvio(C&S)의 영역 및 국역본(1996), 그리고 1974년 드레이크(Drake)의 영역본을 구할 수 있다. 역자가 학생 때부터 보아오던 책은 C&S의 영역본으로, 항상 불만이 있던 책이었는데, 그 이유는 뉴턴 이후에 정립된 역학의 용어들을 갈릴레오의 책에 너무나 많이 쓰고 있었기 때문이었다. 드레이크의 책을 새로 접하고 정말 고맙게 생각한 것은 그가 바로 그런 문제를 해결하였을 뿐만 아니라, 갈릴레오가 그의 주요한 결과에 어떠한 경로를 거쳐 이르게 되었는지를 평생에 걸친 연구를 통해 소상히 밝혀 주었다는 점이었다.

물론 갈릴레오는 당대 최고의 수학자이자 과학자였으므로, 지금도 그의 책을 고등학생들이 혼자 보고 이해한다는 것은 불가능하다. 그러나 이공계통의 대학생이라면 입학 후, 최소한 한 번은 읽어볼 만한 책 중의 하나로 권장할 만하다. 왜냐하면 공부는 생각하는 방법을 배우는 것이고, 또 대단한 인내를 요구하므로, 이해하기 쉽지 않은 책을 한두 달 가까이 할 수 있다는 것 자체만으로도 대학 공부를 시작하기 전, 매우 좋은 백신이 될 것이기 때문이다.

단 TNS의 대부분은 이탈리아의 피렌체(Firenze) 지방 언어로, 그리고 후반부의 주요부는 라틴어로 쓰였는데, 역자는 두 언어 모두에 대해 문외한이어서 원본과의 비교를 통한 정확성의 확보에 대해 생각이 미쳤다. 다행히 두 언어 모두를 수십 년간 연구해 오셨고, 또 역사, 문화에 해박하신 이경룡 선생님과 교분이 있어 도움을 요청하기로 하였다. 흔쾌히 도움을 승낙해 주신 선생님께는 정말 마음 속 깊이 감사드린다. 정확한 번역을 위해, 좋은 책들을 소개해 주시고, 또 여러 문제점들에 대한 지적을 아끼지 않으신 선생님의 도움이 없었다면 이 책은 세상에 나오기 불가능했을 것이다.

실제 번역 시 주의한 점은 다음과 같다.

1) 드레이크의 2판(1989)을 기준으로 삼아 번역에 임하였으며, 가능한 한 직역하되 너무 어색한 표현만 의역하기로 하였다.
2) 갈릴레오의 문체와 그의 의도를 최대한 존중하고자 하였으며, 드레이크의 영역 의도 또한 존중하였다.
3) 영역의 각주는 미주(endnote)로 처리하였으며, 우리 독자를 위해 될수록 많은 역자의 각주를 첨가하였다.
4) 드레이크는 영역본에 갈릴레오 '총서'에서의 쪽수를 본문 옆에 기입하였는데, 여기서도 이는 그대로 따랐다.
5) 원문 또는 영역과의 비교를 위해 국역본에 역자가 첨가한 부분은 { } 안에 나타내었다. 드레이크는 영역에서 같은 목적으로 [ ]를 사용하였으며, 국역에서도 이는 거의 그대로 반영하였다.

독자들께 꼭 드리고 싶은 말씀은,

1) 드레이크의 서문과 서언, 용어 풀이를 읽지 않고는 이 책을 읽을 이유가 거의 없고,
2) 갈릴레오는 이 책에서 매우 많은 문제들을 다루고 있어 일종의 'source book' 역할을 하고 있으므로, 한 번에 이 책을 다 읽겠다는 생각보다는, 몇 번에 걸쳐 반복해서 읽을 생각으로 시작하는 것이 좋으며,
3) 갈릴레오가 사용하는 수학은 우리가 익숙한 수학과는 매우 다르므로, 이에 대한 이해, 인내가 필요하고,
4) 아직 역학이 정립되기 전이므로 그 당시 사용된 역학 관련 용어의 거의 대부분이 오늘날에는 다르게 정의되어 사용되거나, 또는 사용되지 않으므로, 이 책에서는 학교에서 배우지 않는, 역자에 의해 새롭게 번역된 용어를 많이 접하게 될 것이라는 점들이다.

갈릴레오가 조선소로부터 받았던 세 문제 중, 처음 두 문제에 대해서는 상당한 성과를 거두어 결국 TNS가 나오게 되었지만, 마지막 문제에 대해서는 이렇다 할 결과를 얻지 못했다. 사실 마지막 문제는 유체역학에서 다루는 기본적인 질문 중의 하나로, 뉴턴과 오일러에 의해서도 본격적인 해결은 시도되지 못 했으니 갈릴레오의 책 제목이 '세 새로운 과학'이 되지 않은 것도 그가 그렇게 억울해 할 일은 아니다. TNS 곳곳에 유체역학에서 다루는 문제들이 보이는 것은 이러한 점에 연유하는 것으로 보이며, 그의 생각을 따라가다 보면, 그야말로 거인의 발걸음이 느껴진다.

일 년 이상을 매달려 이제 탈고에 즈음하니 항상 그렇듯이 즐거움과 후회가 따른다. 새로운 결실을 맺는다는 점에서 즐겁기 한이 없지만, 미진한 부분을 좀 더 완벽하게 하지 못했다는 점에서는 매우 아쉽다. 특히 많은 용어들의 번역과 관련하여 여러분들의 사랑 어린 질정을 기다린다.

유성에서 2014년 1월

이승준

◀ 출간사 ▶

스틸만 드레이크(Stillman Drake)는 갈릴레오의 저술을 공부하고, 이해하고, 번역하고, 해석하는데 그의 평생을 바쳤다. 드레이크는 갈릴레오의 저작을 번역하고, 또 그 번역서들이 영어 독자들에게 이해되는데 있어 갈릴레오 자신의 날카롭고도 재미있는 필체의 명확성과 해학성을 모두 간직한 채 그대로 정확하게 전달될 수 있도록 했을 뿐만 아니라, 갈릴레오가 처했던 환경, 그의 정신, 천재성 등을 이해하기 위해 그 사람의 내면으로 들어갈 수 있도록 노력했다. 드레이크는 갈릴레오와 갈릴레오의 세계에 대해 다방면에 걸쳐 저술하였다.

갈릴레오에 대한 가장 큰 관심사 중의 한 이슈는, 특히 TNS의 독자들과 관련하여, 갈릴레오가 어떻게 자유 낙하의 시간-제곱 법칙을 알게 되었을까 하는 것이다. 이 문제가 드레이크의 짧은 저작, '자유 낙하의 역사: 아리스토텔레스부터 갈릴레오까지'의 주제이다. 이 부분은 별도의 책으로도 구입 가능하지만, 여기에 부록으로 실었으며, TNS 독자들이 주목할 만한 부분으로 생각한다. 이 부분은 또한 갈릴레오의 기념비적인 저작의 주석서의 일부로 볼 수 있다.

출판인 바이론 월(Byron E. Wall)

◀ 차 례 ▶

1) 이 번역서에서는 부록과 추가된 하루를 제외하였으나, 영역본의 전체 구성을 보이기 위해 차례에는 보이기로 하였다.

갈릴레오의 저술과 원고에 대한 평생에 걸친

그의 헌신적 연구가 없었다면 불가능했을 이 책을

안토니오 파바로

{Antonio Favaro(1847-1922)}를 기념하며

존경하는 마음으로 바친다.

◀ 서 언 ▶

몇 군데 되지 않지만 중요한 수정을 제외하고, 갈릴레오 최후의 그리고 가장 중요한 과학적 저술에 대한 나의 원래 번역은 2판에서도 거의 그대로 유지되었다. 서언과 서문은 완전히 다시 쓰였다. 실험 물리학자로서의 갈릴레오에 대해 십 년 전에 알려졌던 것보다 더욱 많은 정보를 전하기 위하여 1974년 판의 서문의 몇 부분은 여기 서언으로 옮겨졌으며, 몇 부분은 삭제되었다.

갈릴레오의 실험적 연구에 대한 유일한 자료는 플로렌스{Florence}[1)] 국립중앙도서관에 있는 갈릴레오 원고의 제72권이다. 이 자료에는 TNS{Two New Sciences} 출판 전야인 1602-1637년의 갈릴레오의 운동에 대한 연구 기록{working papers}들이 날짜 표시가 되지 않은 채, 또 이해하기 힘든 순서에 따라 합철되어 있다. 갈릴레오는 수 년에 걸쳐 그와 같은 기록을 분류된 폴더에 보관하였다. 1604년 이래로 TNS의 셋째 날에서 볼 수 있는 것과 같은 방법에 따라 운동에 대한 책을 쓸 목적이었다. 새롭게 발명된 네덜란드의 망원경에 대해 듣기 직전에, 1609년 그는 확실히 그러한 책을 쓰고자 시도하였으나, 개정을 거듭하였고, 오랜 기간 동안 천문학에 심취하여 물리학을 멀리하였다.

거의 한 세기 전에 정리{theorem}와 문제들을 포함한 갈릴레오의 연구 기록들이 안토니오 파바로{Antonio Favaro}의 감독 하에 갈릴레오 논문 총서의 결정판으로 전사{transcribed}, 출간되었다. 이 총서는 완전한 문장이 없이 도표와 계산만을 포함한 쪽들은 제외하였으나, 그러한 쪽들이 갈릴레오가 행한 주요한 계측들에 대해 기술한 쪽들로 밝혀졌다. 그 쪽들로부터 그가 사용했던 단위, 그가 사용했던 기구, 물리학의 근본적인 발견을 하는데 그가 쫓았던 과정, 그리고 그가 한 번도 발표한 적이 없었던 다른 사항들에 대해 알 수 있었다. 그들을 작성 순서대로 정리하고, 또 다른 쪽들에서 발견되거나 TNS의 본문에서 논의된 정리{theorem}들과 같이 고찰함으로써, 근대 물리 과학의 기원을 알 수 있게 되었다. 그 결과는 1974년 당시 과학사가들이 일반적으로 동의했던 것과 다른 내용이며, 당시 나 역시 갈릴레오의 연구 기록에 의해 시간이

1) 이탈리아어로는 피렌체{Firenze}이며, 이하에서는 이탈리아의 도시 이름은 이탈리아식으로 쓰는 것을 원칙으로 하여, 피렌체로 쓰기로 한다.

지남에 따라 어느 정도 다른 내용이 밝혀질지 예견할 수 없었다.

1974년 번역판의 목적은, 1914년 크루 및 데 살비오{Crew & De Salvio}의 버전에서 빠졌던 갈릴레오 자신이 작성하였던 추가 부분을 포함한, 원전의 읽을 만하고, 믿을 만한 버전을 제공하는 것이었다. 또한 크루 및 데 살비오는 역사적인 선입관, 시대착오적인 전문 용어, 그리고 오해할 수 있을 만한 번역을 배제하지 못 하였다. 과학사의 중요한 한 인물로서, 그가 쓴 내용이 맞든 틀리든, 갈릴레오는 무엇보다도 정확하게 기술되어야 한다.

뛰어난 문체로 쓰였으며, 또 매력적으로 인쇄된 1914년 번역판을 훼손하는 부정확성의 예로, 갈릴레오가 다음과 같이 말하는 구절이 있다.

자연에는 운동보다 더 오래된 것은 아마도 없을 것이며, 그에 관해 철학자들이 쓴 책이 없거나 또는 작은 편이 아니지만; 그럼에도 불구하고, **실험에 의해**, 알만한 가치가 있고 또 지금까지 관찰되거나 논증된 적이 없는, 자연의 성질들에 대해 발견하였다.

과학 혁명의 탁월한 20 세기 해석가인 알렉산드르 코이레{Alexandre Koyre}는 '실험에 의해'라는 구절은 부당하게 삽입된 것이라고 오래 전에 이의를 제기하였는데, 갈릴레오 자신의 말은 'comperio' 즉 '나는 알아냈다{I find}' 이다[2]. 이 불필요한 구절은 코이레에게는 특히 거슬렸는데, 그는 갈릴레오가 근대적인 의미로 실험을 활용한 적이 없다는 주장을 견지하기 때문이다. 코이레는 갈릴레오의 성공을 전적으로 수학에 대한 맹신 탓으로 여겼다.

크루 교수는 그의 번역에 대한 방어로 다음과 같이 답하였다. 갈릴레오의 '나는 알아냈다'는 실험을 암시하며{imply}, 왜냐하면 다른 방법으로는, 예를 들면, 실제적인 자유 낙하와 일치하는 법칙이 무엇인지 결정할 수 없었기 때문이다 {라고}. 갈릴레오가 시간-제곱 법칙에 이르는 과정, 지금은 완벽하게 복원된, 그 과정은 물리학자인 크루가 맞았음을 보여주고 있다. 물론 그렇다고 해서 그들이 'comperio'를 그렇게 다룬 것을 정당화할 수는 없다. 왜냐하면 암시는 해설이나 주석에 포함되어야 하며 근대적인 번역의 본문 중에 포함될 수 있는 것이 아니기 때문이다. 독자들은 갈릴레오가 의도했다고 그가 아닌 다른 사람들이 믿는 사항과 구분하여, 갈릴레오가 직접 무엇이라고 얘기했는지 알 권리가 있다. 내가 이전의 서언에서 기술한 바와 같이, 만약 실험

2) 더 정확한 영역은 'I find out'으로 생각된다.

물리의 진화에서 갈릴레오의 역할이 그가 쓴 개별적인 하나의 문장에 의해 판단되어져야만 한다면, 논의할 만한 가치가 있는 구절은 하나도 추론될 수 없다: 만약 추론될 수 있다면, 갈릴레오의 실험과 관련된 보다 많은 정보들이 이런 식으로 생긴 오해를 없앨 것이다. 그런 종류의 부정확성이 새로운 번역의 충분한 이유가 될 수는 없었다.

그러나 다른 유형의 부정확성은 그리 쉽게 털어 버릴 수 없다. 그 하나는 번역에 있어서 물리학에서 전문적 의미를 가지는 근대적 용어의 과도한 사용이었다. 넷째 날 시작 부근에서 크루 번역판은 다음과 같다.

임의의 입자가 하나의 수평면을 따라 투사{project}되었다고 가정하자.... 그 입자는 이 평면을 따라 균일하고 영속적인 운동을 하며 움직일 것이다.

'입자'라는 단어는 갈릴레오의 용어 'mobile', 즉 '움직일 수 있는 것'과는 현저하게 다른, 특별한 뜻을 오늘날 물리학에서 가진다. 현대 물리학에서의 입자는 본질적으로 무게가 없어야 하는데 반해, 이 부근에서 갈릴레오의 전체 논의는 무거움{heaviness}의 개념에 의존한다. 이 예에서 근대적인 전문 용어는 그 뜻이 다른 오래된 전문 개념을 대체하기 위해 사용되었다. 다른 곳에서는, velocita와 gravita가 속도{velocity}와 중력{gravity}으로 글자 그대로 번역되었지만, 갈릴레오는 이들을 벡터량과 힘이 아닌, 단지 속력{speed}과 무거움{heaviness}을 뜻하는 것으로 사용하였다.

그러나 심지어 이 정도의 잠재적인 오해의 원인도, 노동과 수고를 수반하는, 전적으로 새로운 번역을 요구한다고 나는 생각하지 않았다. 나의 견해를 최종적으로 바꾼 것은 외견상 사소한 실수의, 문법적으로는 한 문장에서 갈릴레오가 복수로 사용한 단어를 단수로 간주한, 실수의 발견이었다. 그러나 그 문장은 갈릴레오의 물리학과 수학을 올바르게 이해하는데 결정적으로 중요하였다. 그 문장은 자연 철학자들 사이의 보편적인 믿음, 즉 낙하 중의 속력들{speeds}은 정지 상태로부터 낙하한 거리들{distances}에 비례한다는 믿음에 반대하는 그의 전체적인 주장을 포함하였다. 이 문장의 오역은 갈릴레오의 추론과 새로운 수학적 통찰, 즉 두 무한 집합의 요소들 사이의 일대일 대응의 본질적인 성질을 오랜 동안 가려왔다. 이와 같은 오역에 따라 갈릴레오가 가장 전문이고, 가장 오랜 동안 신중하게 연구해온 주제에서 그가 초보적인 실수를 범한 것처럼 보이게 되었다.

보다 더 조사하니, 이 오역이 근대적인 불어, 독어, 러시아어, 아니 나의 견해로는 1945년 스페인어 번역판 하나를 제외한 모든 버전들에서 발견되었다. 단 갈릴레오의 문장은 1665년과 1730년의 영어 버전, 그리고 1699년의 라틴어 버전에서는 정확히 번역되었다. 결국 이 오류는 갈릴레오의 사고에 대한 오해로부터 비롯되었을 것이며, 운동 관련 중세의 연구에 대한 근대적 발견과 이를 갈릴레오의 물리학과 연결하고자 하는 뒤따른 시도 후에 발생했을 것이다. 이것은 물론 다른 오류들과는 '종류'가 다른 번역 상의 오류이다. 갈릴레오가 이렇게 말했을 것이라는 사람들의 여러 가지 이론들이 실제로 갈릴레오가 한 말을 바꾸어 버리는 상황이 된다면, 이와 같은 것을 용인할 수는 없다.

단순히 1638년 갈릴레오가 정확히 무엇이라고 언급했는지에 주의함으로써 이와 같은 오늘날의 광범위한 오역을 감지할 수 있게 되었으며, 그의 운동 해석의 다른 측면들이 새롭게 조명될 수 있었다. 기대할 수 있는 바와 같이, 다른 구절들에서의 관련된 오역도 명확해졌으며, 그들 중의 일부는 의심의 여지없이 부주의한 것, 또 일부는 선구적인 근대 물리학자에 대한 중세의 영향을 증명하기 위해 의도적으로 만들어진 것이었다. 1914년 번역에서는 '평균 속력'의 중세적 개념이, 자연적으로 가속된 운동에 관한 갈릴레오의 최초의 정리에서 그가 사용한 명쾌한 표현, '최종 속력의 반'을 대체하였다. 그가 그 정리를 증명함에 있어, 'totidem'이라는 단어가 두 번 나타나는데, 영어 버전에서는 이들이 번역되지 않았다. 코이레 스스로도 비슷하게 부주의한 번역을 출판하였으며, 불어, 독어 번역에서도 동일한 실수가 보인다. 'Totidem'은 '~와 같이 많이{as many as}'의 뜻이며, 수학적 증명에서는 '알려져 있거나 아니거나 간에 정확하게 동일한 숫자'라는 뜻을 함축, 내포한다. 이와 같은 함축은 사실 갈릴레오의 증명의 본질적인 토대였으며, 이미 언급한 일대일 대응의 선구적인 사용을 알리는 것이있다. 이 개념은 오늘날 무한 집합체{infinite aggregates}를 다루는데 있어 가장 중요하며, 유클리드가 '전체는 그 부분보다 크다'[3]는 공리에 의해 고대 수학으로부터 추방시켰던 부분이다.

분명히 TNS의 이전 번역 중 어떤 것도 물리학 또는 수학의 역사가들이 진지한 목적으로 사용할 수 있을 만큼 믿을 만하지 않다. 갈릴레오의 물리학은 새로운 기원을 이룩하였으며, 차후에 미친 영향이 심대하여, 전문가뿐만 아니라 모든 독자들에게 그의 저술이 정확하게 전달되어야 한다. 의심의 여지없이 이 책에서도 실수는 발견될 것이다. 한 세대 전에 나의 첫 번째 책을 출판하도록 도와준 편집인의 벽 위에 걸려

3) The whole is greater than its part.

있던 출처가 알려지지 않은 모토처럼: '교묘하게 숨겨진 출판허가서에 첨부된 정오표를 포함하지 않은 책은 출판된 적이 없다'[4]. 그러나 최소한, 광범위하고 결정적인 번역의 오류는 여기서 제외되었다.

여기에 실은 TNS의 본문은 본질적으로는 한 가지 중요한 추가 사항, 갈릴레오의 사후 1655년 출판된, 갈릴레오가 1판에 포함시키고자 했으나 결국 갈릴레오에 의해 보류되었던, 추가된 또 하나의 대화를 제외하면 1판과 같다. 갈릴레오가 눈이 먼 후에 그가 구술하였던 추가 및 정정 사항의 일부는 각주로 포함하였다. 1638년 판에 대한 편집인의 간섭에 기인하는 1655년에 저질러진 매우 중대한 오류는 셋째 날 부분에서 정정되었다(미주 45 참조). 이탈리아어 결정판에 포함된 부차적인 본문의 변형 부분은 싣지 않았으며, 파바로의 '갈릴레오 총서'(피렌체, 1898) 제8권에서 찾을 수 있다. 이 번역서에서는 {본문 옆에} 볼드체로 총서의 쪽수 참조를 제공하였다.

각주를 최소화하기 위해, 두 가지 주요한 방책을 택하였다. 첫째, 보통 주석에 속할 부분을 서문 및 외국어와 전문 용어의 용어 풀이에 포함시켰다. 둘째, 상첨자나 각주보다는 독자의 주의를 덜 분산시키므로, 본문 내의 꺾쇠괄호 [ ]를 자유롭게 사용하였다. 이탈리아어 또는 라틴어로 주어진 단어나 구절들은, 영어 번역이 부수되었든 아니든, 독자 스스로 의미와 관련된 진정한 문제에 대해 결정할 수 있도록 한다. 괄호 안의 영어 단어들은 주석이며, 개념들을 원문보다 완벽하게 설명하고자 주어졌다. 일반적으로 괄호 안의 내용은 건너뛰어도 본문이 문법적으로 문제가 없도록 하였다.

마지막으로, 이 책이 쓰인 정신에 독자들이 공감할 수 있도록 이 책의 인쇄된 제목과 형태에 대해 언급해 두고자 한다. 갈릴레오 경력의 초기에는 대화체가 그에게 매력적이었는데, 그의 마지막 두 저술에서 대화체를 다시 사용하였다. 아마도 시에나{Siena}에서 1586-7년에 쓰였고, 그가 피렌체로 돌아 왔을 때 미완성이었던, 운동 문제에 대한 그의 첫 번째 원고는 스승과 제자 사이의 대화 형태를 띠고 있었다. 이에 따라 강의식 해설서에 비해 단지 필요할 때만 공식적인 정리와 증명을 삽입하는, 친밀한 토론이 가능했다. 1605년 가명으로 출판된 그의 첫 저술은, 1604년 말에 갑자기 나타난 초신성에 대해 추론하는 두 농부 사이의 대화였다. 이 책은 수학 교수로서의 갈릴레오와, 새로운 별이 달 아래에 있다고 믿는 파도바{Padua} 대학의 한 철학 교수 사이의 실제 논쟁을 냉소적으로 그렸다.

4) Never hath book been printed but error hath affixed his sly *imprimatur*{출판허가서}.

1620년대에 갈릴레오는, 편지에서 항상 '조석에 대한 나의 대화'라고 칭했던, 책을 썼다. 1630년에는 그 책을 로마에 가지고 가 교회의 검열을 필하고자 하였다. 교회에서 수정의 조건 하에 허가를 얻었을 때, 교황은 조석이 책의 제목, 주제로 쓰일 수 없다고 명하였으며, 1632년 단순히 '갈릴레오의 대화'라는 제목으로 출판되었다. 이 책이 바로 갈릴레오가 재판을 받고 이단의 혐의로 유죄 판결을 받게 된 그 책이다. 1744년 이래, '두 주요한 우주계에 대한 대화[5)]'라고 항상 불려왔으나, 이는 결코 이 책의 진정한 제목이 아니다. 1616년 후 교회의 검열은 그러한 제목을 허용할 수 없었으며, 그 때는 교회 당국이 지구가 운동한다는 것은 말도 되지 않고 바보 같은 일이라고 규정할 때였다. 오늘날 사용되고 있는, 전거가 의심스러운 이 제목이 갈릴레오가 '대화'를 저술하였을 때의 그의 의도에 대해 지금까지도 학자들을 오도하고 있다.

갈릴레오는 1638년 라이덴{Leyden}에서 출간된 이 책의 속표지에 대해 무척 불쾌하게 생각했는데, 여기에 그 복사본을 보였고, 자귀대로 번역하였다. 이 책을 위해 갈릴레오 자신이 작성한 제목을 파리에 보냈는데, 당시에 그가 쓴 편지로부터 대강 다음과 같이 재구성될 수 있다:

두 온전한 과학을 포함하는 [갈릴레오 갈릴레이의] 대화, 전적으로 새롭고 또 제1원리와 요소{elements}로부터 논증되어, 다른 수학적 'Elements'{유클리드의 '기하원본'}[6)]의 방식으로, 광대한 분야로의 길들을 열다: 무한히 감탄할 만한 결론으로 가득 찬 [담론], [그 사용에 의해] 지금까지 알려진 것보다 더 많은 것이 세상에 알려질 터.

갈릴레오가 여기서 예견한 무한한 진보는 차치하고라도, 진보의 개념, 그 자체가 당시에는 매우 드문 것이었다. 특히 물리 과학은 고대에 아리스토텔레스[7)]에 의해 완결된 것으로 생각되었다. 갈릴레오는 제목에서 과학의 미래의 진보에 대한 그의 전망이 삭제된 것뿐만 아니라, 유클리드의 '기하원본'이 수학에 대해 했던 것처럼, 그가 물리학에 대해 오직 확고한 토대만 제공한 것을 주장하는 것이 독자들에게 주지되지 못한 것에 대해 괴로워했다.

---

5) Dialogue concerning the two chief world systems.
6) 유클리드{Euclid, 325-270BC, 그리스}는 'Elements{기하원본}'을 저술하였으며, 이 책은 수학이 기하학을 뜻하던 시대, 즉 그로부터 데카르트{Descartes, 1596-1650, 프랑스}까지 시대의 서양 지식인들에게 가장 큰 영향을 미친 책 중의 하나로 꼽힌다.
7) 아리스토텔레스{384-322BC, 그리스}는 플라톤의 제자이고 알렉산더 대왕의 스승이며, 그의 시대까지 알려진 모든 학문을 체계화하는 엄청난 작업을 수행하였다.

이 번역과 부수적인 작업들을 가능하게 한, 존 사이먼 구겐하임{John Simon Guggenheim} 기념 재단이 1971-2년, 1977-8년에 수여한 연구비와 토론토 대학이 승인한 1년의 연구년에 대해 진심으로 감사한다. 원래의 번역은 이제는 고인이 된 빗또리오 데 베키{Vittorio de Vecchi}와 또 제임스 맥라흐란{James H. MacLachlan}, 마이클 마호니{Michael Mahoney}의 충고를 받을 수 있는 특혜를 누렸다. 타자된 원고를 원본과 다른 번역본들과 대조하고, 또한 증명들을 정독함에 있어 나의 참을성 깊은, 이 번역 사업뿐만 아니라 나의 모든 일에 대한 협력자인, 아내 플로렌스 셀빈 드레이크{Florence Selvin Drake}의 무한한 도움을 받았다.

◀ 서 문 ▶

갈릴레오 최후의 저술이며[1], 또 과학적으로 가장 생명력이 질긴 저술인 이 책은 반 세기 후 뉴턴의 불후의 저술, '프링키피아'[2]와, 뉴턴이 '실험 철학'이라고 부른 새로운 행위의 길을 열어준 물리학에 대한 책이다. '실험 철학'은 우리가 이제 관습적으로 사용하는 약간은 중복적인 '실험 과학'에 대한 보다 적절한 용어이다.

'물리학'이라는 단어는 아리스토텔레스가 자연을 뜻하는 그리스어 $\phi \upsilon \sigma \iota \zeta$로부터, 자연에 대한 과학을 지칭하기 위해 만들었다. 그러한 과학의 밑바탕에 그는 운동을 위치시켰다. 그런 점에서 갈릴레오는 그와 뜻을 같이 한다. 그러나 아리스토텔레스는 물리학의 방법은 수학적일 수 없다고 단호하게 천명하였으며, 그에 대해 갈릴레오는 적극적으로 이의를 제기하였다.

TNS는 여러 가지로, 특히 초보적인 수리 물리학을 통해, 근대 과학의 실질적인 시작을 알리고 있다. 그런데 수리 물리학은 당대의 대학에서 가르치던 과학을 주도하고 있던 아리스토텔레스 학파에게는 용어 자체가 모순으로 보였다.

그의 저술 '형이상학{Metaphysics}'에서 아리스토텔레스는 자연에 대한 과학에서 수학자들의 방법을 배제시킨 이유를 밝혔다. 수학자들이 추론하는 대상은 물질{material}이 아니지만, 그는 말하기를, 자연의 모든 것은 물질{matter}을 가지고 있다. 게다가 순수 수학의 정밀성은 자연에서 기대될 수 없었다. 형이상학자가 아닌 갈릴레오는 다른 견해를 가졌으며, 1632년 그는 다음과 같이 기술하였다:

설탕, 비단, 목재 등을 다루기 위해 계산을 해야 하는 회계가 상자, 곤포, 기타 포장을 할인해{discount}주는 것과 마찬가지로, 수학적 과학자 역시 그가 추상적인 것에서 증명한 영향을 구체적인 것으로부터 찾아내기 위해서는 어떠한 물질적 장애도 공제해야{deduct}[3] 한다; 만약 그가 그렇게 할 수 있다면, 그의 결과가, 산술적 계산과

1) 갈릴레오{Galileo Galilei(1564-1642, 이탈리아)}의 TNS{Two New Sciences}는 1638년 출간되었다.
2) 뉴턴{Isaac Newton(1642-1727, 영국)}의 '프링키피아'{Mathematical Principles of Natural Philosophy}는 1687년 발간되었다. 프링키피아{Principia}는 라틴어로 영어의 Principles에 상응하며, 보통 이렇게 축약어로 불린다.
3) 위의 할인하다{discount}와 운을 맞춘 표현이다.

똑 같은 정도로, {물질적인 것과} 잘 맞을 것이라는 것을 나는 보장할 수 있다. 그러면, 문제는, 추상적이냐 구체적이냐에 있는 것이 아니고, 그의 장부를 어떻게 결산하는지를 모르는 회계에게 있는 것이다.

오래 전에, 운동에 대한 젊은 시절의 저술, '대화'에서, 갈릴레오는 같은 물질로 이루어진 물체들은 무게와 상관없이 동일한 매체를 통과하여 같은 속력으로 떨어진다는 것에 대한 수학적 증명을 제공했다. (아리스토텔레스처럼) 갈릴레오가 자연 운동이라고 부른, 낙하는, 물체가 물질로 이루어져 있지 않으면 발생하지 않지만, 동일한 매체를 지나 떨어지는 두 물체가 같은 물질로 이루어져 있는 한 그 물질이 무엇이냐 하는 것은 운동에 어떠한 영향도 미치지 않는다. 따라서 수학적 방법론의 사용에 대한 아리스토텔레스의 반대 뒤에 있는 순전히 논리적인 입장은 자연 운동의 과학에는 적용될 수 없으며, 갈릴레오는 그와 같은 현상의 해석에 수학을 사용하는데 놀랍도록 능숙하게 되었다.

TNS는 갈릴레오의 수학적 형태로 쓰인 '새로운 운동 과학'을 포함한다. 이탈리아어로 쓰인 대화체의 이 책에서, 이 과학은 셋째, 넷째 '날들'에서 라틴어로 기술되었다. 그가 새로운 과학에 다다르게 된 과정에 대해서 그는 거의 언급하지 않았다. 첫째 날의 자서전적인 단락은, 하지만, 진자와 경사 평면에 대한 그의 1602-04년의 연구에 대한 연구 기록{working notes}으로부터 최근에 알게 된 사실들과 맥락을 같이 한다. 따라서 그의 책에 구체적인 언급은 없지만 초기에 갈릴레오가 무엇을 알았는지에 대해서는 조금 알려진 셈이다. 당대의 독자들은 갈릴레오의 발견과 그의 증명들에 대해 알고 싶어 했을 뿐, 그가 그러한 것들에 어떻게 도달했느냐에 대해 알고 싶어 하지 않았다. 역사가들은 오랜 동안 갈릴레오의 논문이 아니라, 그보다 앞선 사람들의 기록이나 과학 철학과 자연 철학에 나타난 단서를 찾음으로써, 그가 취했음직한 접근 방법을 재구성하고자 노력해 왔다. {교회} 당국이 갈릴레오를 인정하지 않고 있었으므로 그와 같은 단서들은 순전히 사변적인 수준에 머무르고 있다. 그의 연구 기록은 TNS에 최종적으로 소개된 수리 물리학에 대한 그의 접근을 재구성해 내는데 보다 적절한 근거를 확실히 제공한다.

갈릴레오의 연구 기록에 대한 1972년의 검사는 미발간된 서류들의 존재를 드러냈다. 그 중의 하나인 $f.\,116v$[4]는, 공을 다른 속력으로 수평 투사한 실험 계측 자료를

4) 2절판(folio)의 116쪽, v는 좌측(verso), r은 우측(recto)을 뜻한다.

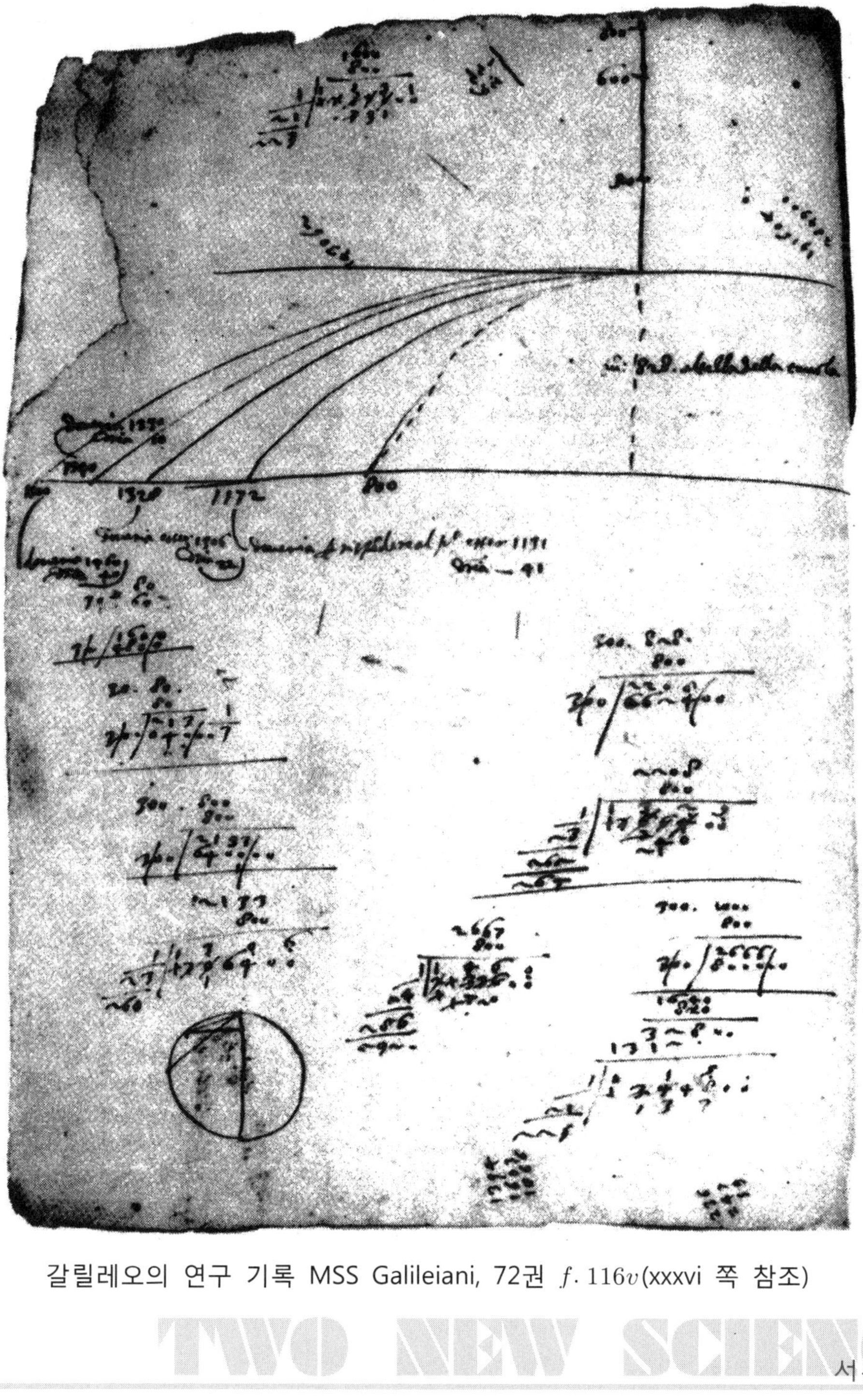

갈릴레오의 연구 기록 MSS Galileiani, 72권 $f.\ 116v$(xxxvi 쪽 참조)

포함하는데, 이런 종류의 연구는 그 때까지는 갈릴레오가 시도하였다고 알려져 있지 않았다.[1] 처음에는 해석하기에 덜 쉬웠던, 다른 쪽들은 포물선 궤적(뉴턴이 '갈릴레오 정리'라고 부른)에 대한 연구 이전에 물리학에서의 다른 발견을 하는데 그가 택했던 방법에 대해 단초를 제공하는 것처럼 보였다. 1975년 나는 $f.\ 107v$에 기록된 계측 자료에 대한 설명을 제공하였는데, 이 자료는 정지 상태로부터 자유 하강{free descent}할 때의 거리에 대한 시간-제곱 법칙에 대한 발견 서류였던 것으로 보였다.[2] 이와 관련된 다른 쪽들의 모든 사항들을 확인하고 이해하는데 또 다른 10년이 지났다. 그와 같은 작업에 의해 이제야, 그의 진자 법칙의 발견, 그리고 이로부터 거의 즉각적으로 이루어진, TNS에서 최초로 엄밀하게 증명된 그러나 1604년 초기에 계측에 의해 이미 확고하게 정립된, 낙하 법칙의 발견에서 갈릴레오가 계측과 계산에 의해 이룩한 단계적 진전을 알게 되었다.[3]

1590년 피사에서 작성된 그러나 발간되지는 않았던 '운동에 대하여'{De Motu}의 제2권{Book II}의 서두에서 갈릴레오는 이미 그가 어떠한 방법을 따를 것인지에 대해 언급하였고, 또 그 출처를 밝혔다:

> 이 책에서 우리가 따라야 하는 방법은, 말하고자 하는 것이 항상 이전에 말한 것에 의존하도록 하고, 만약 가능하다면, 결코 증명을 요하는 것을 진리로 가정하지 말아야 한다. 나의 수학자들이 이 방법을 나에게 가르쳤다.

갈릴레오의 수학자란 유클리드, 아르키메데스, 그리고 프톨레마이오스였다[5]. 아르키메데스는 물리적 사고를 수학화한 최초의 사람이었으며, 따라서 갈릴레오가 아르키메데스의 방법을 채택했다고 말하는 것도 당연하다(많은 사람이 하듯이). 하지만 그것은 정확하다고 할 수 없다. 왜냐하면 아르키메데스는 그의 어떠한 증명, 또는 그의 정리의 입증에서 조차도, 실제 계측의 도움을 받은 적이 결코 없었다. 갈릴레오도 피사 시절에는 그와 같았다. 그러나 12년이 지난 후, 그는 자연 운동에 대해 꼼꼼하게 계측하기 시작하며, 곧 새로운 종류의 수리 물리학이 출현하는데, 이는 더 이상 아르키메데스 류가 아닌 진정으로 갈릴레오 류의 수리 물리학이었다. 이와 같은 상황은, 프톨

5) 유클리드에 대해서는 서언의 각주 6에서 설명한 바와 같고, 아르키메데스{Archimedes, 287-212BC, 그리스}는 수학과 정역학, 프톨레마이오스{Ptolemy, 약 100-170, 그리스}는 천문학{'Almagest', 가장 위대한 것}에 대한 저술이 특히 유명하다. 이들의 저술은 문예부흥 시대의 초기에 아랍어로부터 라틴어로 번역되어 당시 유럽 지식인들 사이에 널리 읽혔다.

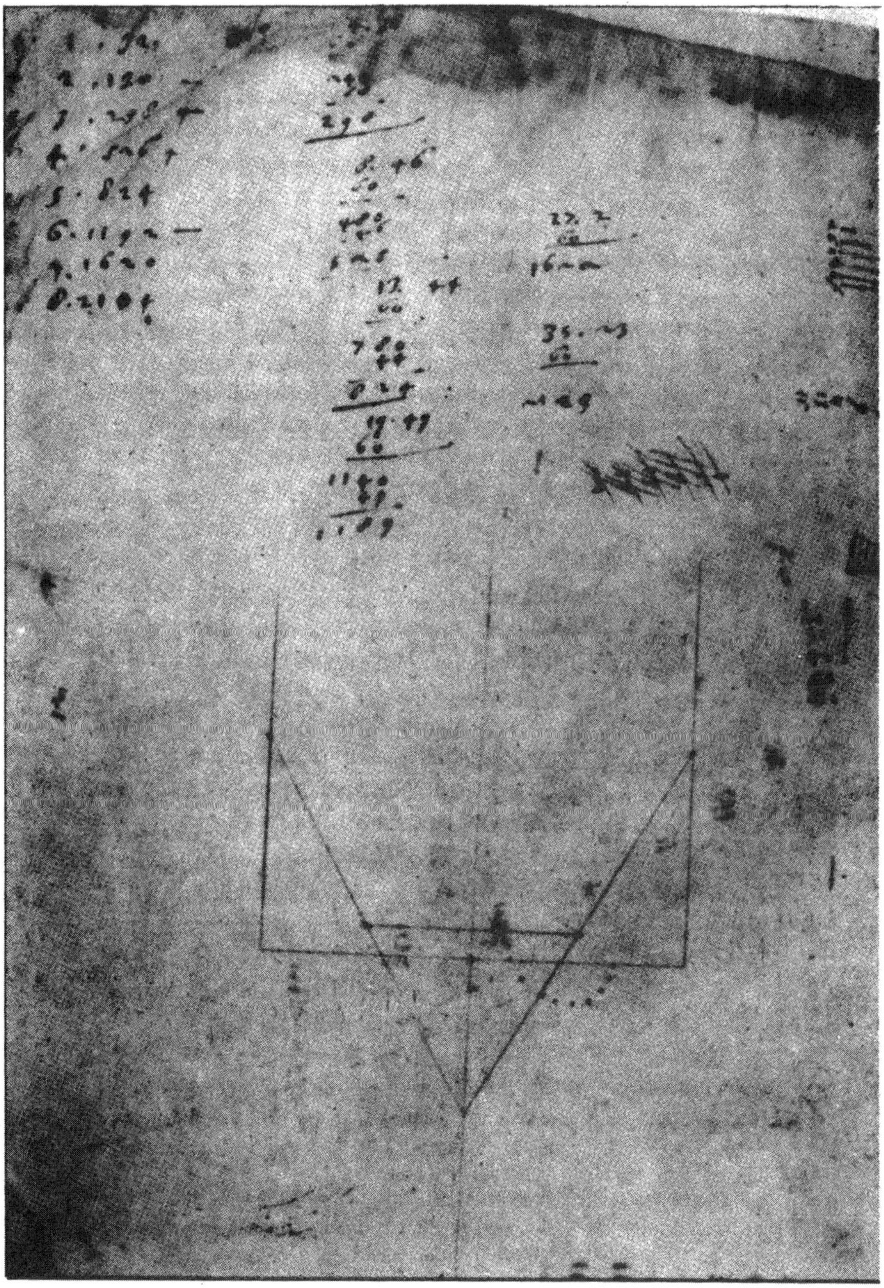

갈릴레오의 연구 기록 MSS Galileiani, 72권 $f. 107v$

레마이오스가 그 당시 쓸 수 있었던 도구를 사용하여 가능한 한 정확하게 계측한 각과 시간 만에 근거하여 이룩한 천문학의 예에 고무되었다. 갈릴레오는 그의 물리학을, 순전히 중력 운동 동안에 발생하는 거리와 시간에 대해 그가 애써 얻은 계측에 근거하도록 하였다.

갈릴레오의 낙하 법칙의 발견, 결정적 수학적 증명을 제공할 수 있기 30 년 전에 이루어진 그 발견에 대해 가장 놀라운 일은, 역사적으로 이루어졌듯이, 진자 주기가 길이의 제곱근에 비례한다는 발견이 사전에 이루어졌어야 했다는 것이다.[6] 낙하 법칙은 $f. 107v$의 제안에 따라 출현했었을 수도 있다. 진자에 대한 사전 연구 없이도. 사실, 낙하 법칙은 아르키메데스 또는 유클리드 학파의 수학자 어느 누구라도 물리 현상에 관심을 가졌다면 이미 고대에 그와 같은 방법에 의해 발견하였을 수 있다. 그러나 그 법칙은, 실제 계측을 수행하지 않는다면, 지표면 근처에서 무거운 물체의 실제 낙하에 적용되는 것으로 알려질 수는 없었다. 아래에서 더 설명할 이유에 의해 계측은 물리학자들에 의해 갈릴레오의 시대-초기에 갈릴레오 자신에 의해 수행되기-까지 무시된 행위였다.

이 책에 대한 가장 유익하고 또 재미있는 서문은, 내가 믿기로는, 특히 TNS를 처음 읽는 독자들을 위해서는, 수학적 물리학자이며 실험적 물리학자로서의 갈릴레오가 1602-09년 동안 수행한, 이전에는 알려지지 않았던 연구에 대한 충분히 완벽한 설명을 독자들에게 제공하는 서문일 것이다. 1604년 훨씬 전에, 낙하 법칙이 발견될 수 있었던 훨씬 간단한 길이 있었다는 점은, 역사적 발견의 설명을 추구했던 사람들을 오도했을 뿐이었다.

낙하의 시간-제곱 법칙의 발견에 필수적이었던 유일한 계측 자료는 잇따른 동일 시간 간격의 끝에서 계측된, 정지 위치로부터의 거리에 대한 자료였다. 실제 시간이 공식적으로 계측되어야 하는 것은 아니었다; 음악 비트를 사용하여 쉽게 할 수 있듯이, 시간을 평균하면 충분하였다. 낙하 법칙에 도달하기 위해서는, 예를 들면, 평균하여 1/25 초 이내의 정확도면 충분하였고, 1/2 초 정도의 규칙적 비트에 대해 누구라도 그 정도 크기의 오차는 느낄 수 있다. 연직 방향의 자유 낙하에 대해 직접 이런 방법

---

6) 진자의 길이를 l, 중력 가속도를 g 라고 하면, 진자의 주기는 $2\pi\sqrt{\frac{l}{g}}$ 로 주어진다. 이와 같이 진자의 주기가 진자의 무게, 진폭에 상관없이 일정한 성질을 등시성(isochronism)이라고 하며, 갈릴레오에 의해 이 책에서 최초로 지적되었다.

으로 시간을 잰다는 것은 어려운 일이나, 경사면에서의 미끄러짐, 또는 완만한 경사를 가진 매끈한 경사면을 따라 내려오는 공의 구름에 대해서도 법칙은 동일하다. 얻어진 속력들은 다르지만, 속력의 '비'들은 낙하 시와 동일하다. 시간-제곱 법칙의 인식을 위해 요구되는 어떠한 방법도 고대에 구할 수 없는 것이 아니었으며, 제곱 법칙이 정지 상태로부터의 직선적인 자연 하강을 지배한다는 것을 증명하는데 필요한 수학은 유클리드의 '기하원본' 제5권{Book V}으로부터 얻을 수 있었다. 단 갈릴레오가 수년 동안 확실히 이해하기 힘들었던 하나의 개념만이 예외였다.

아리스토텔레스가 자연에 대한 과학을 부르기 위해 명칭을 만들었을 때부터 물리학에 결핍되었던 것은, 실제의 계측이 어떤 과학에 대해서도 조금이라도 진정한 가치를 부가할 수 있다는 생각 자체였다. 과학의 목적은, 아리스토텔레스에 의해 정해진 바와 같이, 자연에서 일어나는 사건의 숨은 원인을 발견해 내는 것이었다. 계측은 철학자들에 의해 요구되는 종류의 내재적 원인[4]을 밝혀낼 수 없었으며, 따라서 계측은 물리학에서 설 자리가 없었다.

물론, 유클리드에 의해 이미 행해진 '계측'의 추상적인 개념이 물리학에 2000년 동안 결핍되어 있었다는 것이 아니고; 가속 운동의 '실제적인{actual}' 계측이 없었다는 것이다. 오늘날 평균-속력 규칙 또는 머톤 규칙{Merton rule}이라고 불리는 규칙에 의해, 정지 상태로부터 균일하게 가속된 어떤 운동에 대해서도 속력의 척도를 임의적으로 '지정함으로써(assigning)', 중세 시대에도 수학자들은 균일 가속 운동에 대해 상당수의 기본적 사실들을 연역적으로 얻었다. 그러나 그 속력은 직접적으로 계측될 수 있는 것이 아니었는데, 왜냐하면 그들은 정지 상태로부터 '완성된{completed}' 운동의 중간 순간 동안에서의 속력을 선택했기 때문이다. 어떠한 수학자도 낙하가 균일 가속 운동을 예시하는 것이라고 말하지 않았다. 중세의 자연 철학자들은 그렇지 않고, 또 그럴 수도 없다고 결정하였다. 1550년경까지, 어느 누구도 심지어 가능성조차도 암시한 적이 없다. 그러다가 도밍고 데 소토{Domingo De Soto}는 낙하가 균일 가속 운동의 한 경우라고 역설하였는데, 그러나 그는 그의 발명을 입증하기 위해 어떠한 계측 자료도 제시하지 않았다. 그는 단지, 중세의 수학자들이 썼던 명칭인, '균일하게 달라지는 운동{uniformly difform motion}'의 간단한 예를 제공하고자 하는 것뿐이었으며, 아마도 왜 어느 누구도 이전에 무거운 물체의 낙하를 시사하지 않았는지에 대한 이유를 몰랐을 것이다.

낙하가 진정한 균일 가속 {운동}을 적절하게 예시하는 것이 불가능한 것처럼 보이게 만든 것은 중세의 격동량{impetus} 이론이다. 자연 철학자들은, 물리학자를 그때는 이렇게 불렀다, 낙하 시 가속의 원인을 격동량의 잇따른 양자-점프라고 생각하였는데, 격동량은 정지 상태로부터 매 소량 운동의 끝에 낙하하는 물체에 각인되는{impressed} 초자연적인 성질(힘)이다. 이와 같은 중세의 공인된 수학적 이론은 첫 번째 절반과 두 번째 절반 시간 동안의 속력의 비가 1 : 2 임을 의미했다. 그러나 '균일' 가속 시 속력의 비는 1 : 3 임은 이미 증명된 바 있었다. 따라서 두 세기 동안, 즉 자연 철학자들이 운동에 관한 모든 것에 대해 토론을 벌리던 동안, 그 어느 누구도 낙하가 균일 가속 운동일 수 있다는 의문을 제기하지 않았다. 한 번 알려진 원인을 포기한다는 것은 생각할 수 없는 일이었으며-데 소토 역시 낙하 시 균일하게 달라지는 운동에 대한 대체 원인을 지명하지 않았다.

만약 갈릴레오가 데 소토의 저술로부터 낙하 법칙에 관한 생각을 얻었다면, 명백히 아래에서 설명한 종류의 계측에 의해 간접적으로 그의 생각을 확인하고자 했을 것이다. 그는 실제 그러한 계측을 수행하기는 하였으나, 단 목적이 달랐다. 그의 연구 기록은 2 : 1 의 비를 확인코자 하는 시험을 시사하지 않는다.[5] 그는 또한 내가 12년 전 $f.\ 107v$로부터 추측했던 것처럼 단순한 방법에 의해 그 법칙을 발견한 것이 아니었다. 갈릴레오는 말하자면 '어려운 방법'으로 연구하였는데, 즉 계측으로부터 먼저 발견한 진자 법칙을 사용하였다. 상당히 긴 시간 동안(3.04 초) 하강한 긴 거리에 대한 그의 선구적인 계산은 진자에 대한 고려 때문에 필요 이상으로 복잡하였다. 비와 비례에 대한 일련의 계산으로부터 불필요한 단계들을 상쇄시킬 수 있다는 것을 알아챈 후에야 갈릴레오는 낙하 법칙을 가장 간단한 시간-제곱 형태로 인식할 수 있었다. 3.04 초 동안의 낙하에 대해 그가 계산한 거리는 우리의 단위로 45 1/4 미터였다.[7] 물론 이와 같은 낙하는 1604년 당시 정확하게 계측될 수 있는 것은 아니었는데, 그럼에도 불구하고 갈릴레오의 복잡한 계산은 현대의 결과와 거의 일치하는 값을 주었다.

우리는 종종 어려운 방법으로 일을 하는 사람들을 비웃곤 하지만, 그와 같은 방법은 쉬운 방법을 택했을 적에 놓칠 수 있는 사실들을 배울 수 있게 해준다는 장점이 있다. 갈릴레오는 추측을 배제하고, 한 단계씩 차례로 나아갔으며, 이론적으로 불필요했었다고 나중에 알게 된 단계들을 통해 많은 것을 배웠다.

---

7) 잘 알려진 $\frac{1}{2}gt^2$ 의 공식을 사용하여 45.284 미터를 얻는다.

갈릴레오의 운동에 대한 연구 기록 검사를 시작하기 단지 1, 2년 전에 나는 갈릴레오가 낙하 법칙에 도달하게 된 가장 가능성 있는 경로에 대한 나의 견해를 발표했다. 그는 낙하 시 가속이 짧은 시간 동안만 지속된다고 오랜 동안 가정했으므로, 이와 같은 생각은 완만한 경사면 위에 놓인 공을 보며 그 속력이 어떻게 증가하는지를 확인만 하면 검사할 수 있었다. 이를 위해서는 단순히 1, 2, 3, ...의 규칙적인 카운트에 상응하는 (물체의) 위치에 표기하기만 하면 되었다. 표기 사이의 (구간) 거리는 계속 증가하므로, 첫 번째 (구간) 거리와 같은 길이의 실을 사용하면, 그 비가 1, 3, 5, ...이며,[6] (시작점부터의) 전체 거리에 대해서는 1, 4, 9, ...임을 얻는데 이는 시간 사이의 비 1, 2, 3, ...의 제곱과 같다. 이 과정을 택하면, 비교적 대략적인 계측에 의해서도 그의 자연 운동에 대한 이해를 수년 동안이나 지연시켰던 잘못된 가정을 검사하는 과정 중에 갈릴레오는 낙하 법칙에 도달할 수도 있었다. 갈릴레오가 실제로 밟았던 과정이 얼마나 이와 달랐던지는 오직 그의 연구 기록을 연구한 뒤에야 발견될 수 있었다.

갈릴레오가 *f*. 107*v*를 작성했을 때 그가 염려했던 문제는, 무거운 물체가 (자발적인) 자연 운동하는 동안의 속력 증가에 대한 규칙이 없었으므로, 그가 수행하고 있는 연구가 곤경에 처한 것으로부터 생겼다. *f*. 107*v*에 적어 넣어야 할 대부분의 값들을 채워 넣었을 때, 그는 운동의 어떤 한 경우에 대해서도 시간을 잴 수 있는 도구를 아직 가지고 있지 않았다. 1.7° 기운 평면을 따라 공이 굴러 내려오는 동안 실시한 여덟 번의 계측에 대한 평균값을 1/64 초의 정확도로 *f*. 107*v*는 보여주고 있다. 그와 같은 정확도는 숙련된 아마추어 음악가라면 얻을 수 있는 것이었다. 드디어 자연 하강 시 '속력들'에 대해 그는 홀수 규칙 1, 3, 5, ...을 발견하였다. 그가 찾고 있던 것을 얻은 후, 그는 그 쪽을 덮었다. 차후에 여덟 개의 제곱수가 다른 잉크로 추가 기입되고, 약간 번짐이 생겼다. 정확하게 언제 또 왜 그러한 것들이 *f*. 107*v*에 기입되었는지는 차차 보이게 될 것이다. 서류들이 바른 순서대로 놓이고 각각의 기록이 이전의 기록들과 관련하여 일정한 목적을 가지고 있었다는 것을 알게 될 때에야 비로소 전체 스토리가 논리적이고 합당한 것이 되기 때문이다.

시간 평균을 취하여 간단한 규칙을 얻은 후, 만약 매우 짧은 시간을 개별적으로 계측할 수 있다면 더욱 많은 일을 할 수 있다는 점에 갈릴레오의 생각이 미쳤다. *f*. 107*v*의 끝에 매 운동 동안 물을 흐르게 하는 도구를, 차후 셋째 날에서 그가 묘사한 것보다 더욱 정교하게, 스케치하였다. 거기서, 갈릴레오는 나아가 매우 정확한 저울로 물의 무게를 재었고, 물의 무게는 시간에 비례하였다고 말한다. 그의 연구 기록들은 이와 같은 것을 나타내고 있으며, 물의 무게를 그레인{grains, (1/480 유체 온스)} 단위로 쟀고, 유량은 초 당 3 온스였음을 알려주고 있다. 물의 무게를 잴 때, 항상 전체의 무게를 잰 것은 아니었다. 흐르는 물은 갈릴레오가 실험을 진행하며 차후의 계량에서 체적을 비교하는데 사용할 목적으로 표시를 기입한 유리 기둥에 받아졌다. 또한, 그는 내용물이 계량용 용기에 부어졌을 때, 수집용 용기에 아직 붙어있는 물까지, 그 용기의 건조 시 무게를 젖어 있을 때의 무게로부터 빼어 줌으로써 간접적으로 그 무게를 고려하였다.

처음 기록된 시간 계측은 *f*. 154*v*[7]에 1,000 + 107 + 107 + 107 + 16 = 1,337 로 나타나는데, 시간은 물의 무게를 그레인 단위로 쟀으며 낙하는 4,000 푼티{punti}의 거리를 통과하며 이루어졌다. 1 푼티는 현재 단위로는 0.94 밀리미터이므로, 그 길이는 3.76 미터, 또는 거의 12 피트였다. {위 식의} 마지막 16 그레인은 용기 측면에 있던, 계량 시 포함되지 않은 물의 무게이다. 갈릴레오는 계량 전에 320 그레인에 해당하는 곳에 표시를 하였으며 이는 3×107[8]에 대해 반올림한 결과이다. 다음으로, 그는 절반-낙하, 즉 2,000 푼티, 또는 약 6 피트에 대한 시간을 재서 903 그레인을 얻었고, 물의 무게를 재기 전에 그 높이를 표시하였다. 그 다음에 그가 한 것은 *f*. 151*v*에 있는 숫자 1,590 으로부터 알 수 있다. *f*. 151*v*는 진자와 낙하를 관련짓는 기하학적 모형들에 대해 주로 할당된 것이다.

갈릴레오는 물체가 정지 상태로부터 2,000 푼티 낙하하는 동안 작은 원호를 따라 {정지 상태의 임의의 위치로부터} 연직선까지 회전{swing}하는 진자의 길이를 이제 구하려고 하였다. 현대 이론에 따르면 그 길이는 1,590 푼티가 아니라 1,621 푼티인데[8], 이 숫자 1,590 은 실험가로서의 갈릴레오에 대해 많은 것을 얘기해 주고 있다.

이 길이는 파도바에서 초 당 3 유체 온스로 흐를 때 물의 무게 903 그레인 동안, 작은 원호를 따라 연직선까지 회전하는 진자의 길이와 정확하게 같았다. 파도바에서 실제 길이 2,000 푼티를 낙하하는데 걸리는 시간은 903 이 아닌 911 또는 912 그

8) 낙하 거리를 s 라고 하면, $s = \frac{1}{2}gt^2$ 이므로, $t = \sqrt{\frac{2s}{g}}$ 이고, 이 시간은 진자가 정지 상태로부터 연직선에 도달하는데 걸리는 시간, 즉 주기의 $\frac{1}{4}$ 과 같아야 한다. 주기는 각주 6에서 주어진 바와 같으므로, 결국 $t = \sqrt{\frac{2s}{g}} = \frac{\pi}{2}\sqrt{\frac{l}{g}}$ 를 얻으며, 따라서 $l = \frac{8}{\pi^2}s$ 로부터 위의 결과를 얻는다.

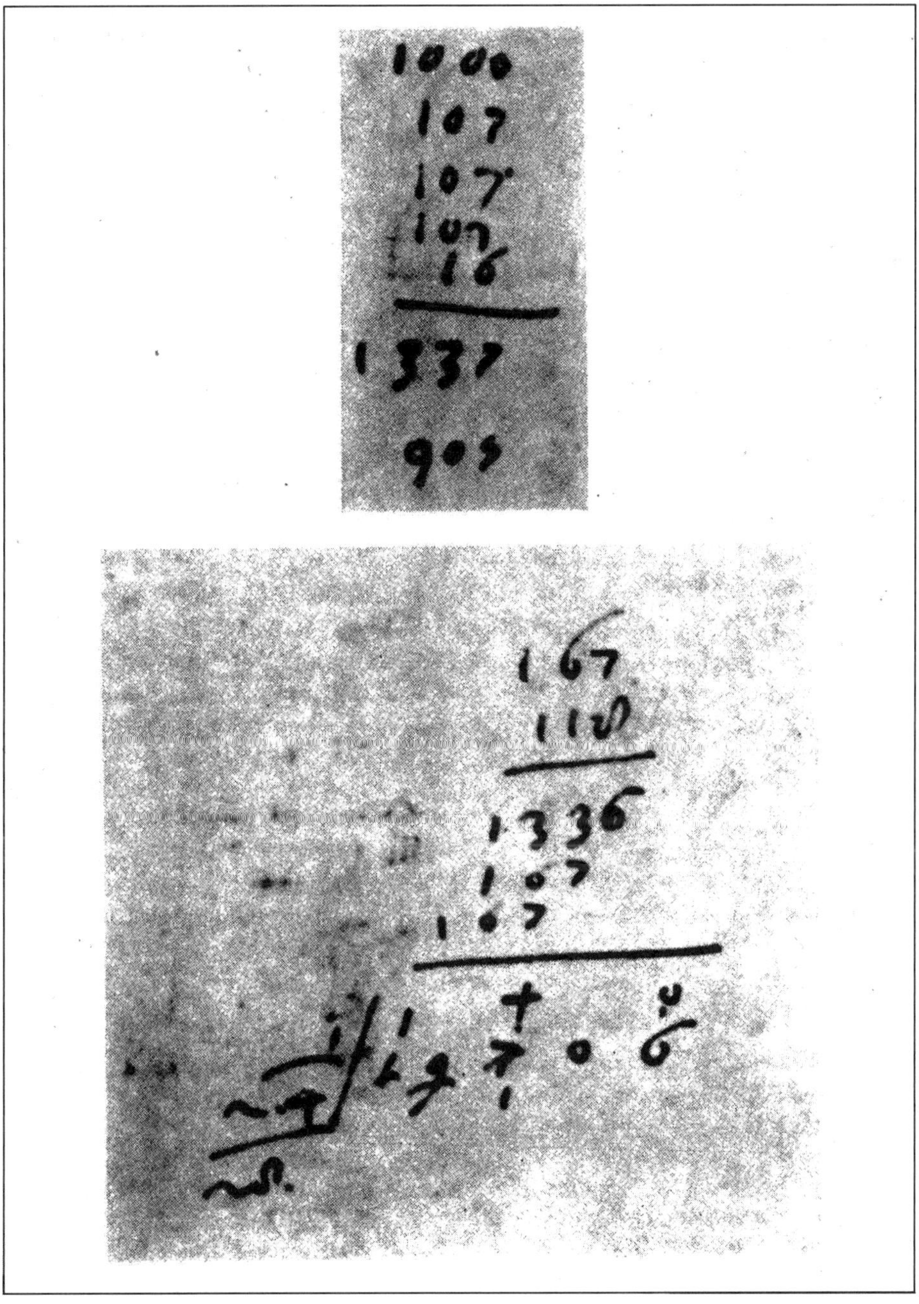

갈릴레오의 연구 기록 MSS Galileiani, 72권 $f.\ 154v$

레인에 해당한다[9]. 낙하 시간을 재는데 생긴 약간의 오차(0.01 초보다 작다)[10] 때문에 진자의 길이가 31 푼티, 즉 3 센티미터 정도, 2,000 푼티 낙하하는데 걸린 시간에 상응하는 진자의 길이보다 짧아지게 되었다. 갈릴레오가 길이 1,590 푼티에 도달할 수 있었던 길은 단 하나밖에 없다.

길이가 5 피트인 진자부터 시작하여, 갈릴레오는 {진자의} 추가 연직선 상에 있을 때, 블록을 추의 옆에 놓고, 연후에는 참을성 있게 블록까지의 회전 운동 동안의 물의 양이 용기에 있는 그의 표시 903을 가리킬 때까지 길이를 조절하였다.[9] 이와 같은 작업은 지루한 작업이지만, 주어진 물의 양에 상응하는 진자를 찾는 유일한 정확한 방법이었다. 같은 방법으로 1,337 그레인에 상응하는 진자를 찾는 것은 골치 아픈 일이다. 왜냐하면, 약 10 피트의 길이이며, 반복해서 {길이를} 조절하는 것이 힘들기 때문이다. 따라서 대신 갈릴레오는 1,337의 반인 668.5 그레인에 상응하는 진자를 구하였으며, 그 길이를 870 푼티로 얻었다. 그런 후, 그는 이 길이를 두 배로 하여 진자의 길이 1,740 푼티에 상응하여 942 그레인의 물의 무게를 얻었다.

푼티로 잰 진자의 길이	그레인으로 잰 연직선까지의 시간
870	668.5
1,740	942
3,480	1,337
6,960	1,884
13,920	2,674
27,840	3,768

이들 자료 만으로부터도, 차례로 길이를 두 배로 하고, 한 칸 건너 시간을 두 배로 하여 갈릴레오는 표에 보인 바와 같이 간단한 표를 만들 수도 있었다. 실제로 $f.\ 90^b$ 에서 그렇게 했을 수도 있으나, 이 쪽의 대부분은 잘려나가서 1609년 없어졌다.

9) $t = \sqrt{\frac{2s}{g}}$ 이므로, 표준값인 $g = 9.8\ m/s^2$을 사용한다면, 0.6194 초를 얻는다. 또 유량이 3 유체 온스/초=1,440 그레인/초이므로, 1 그레인은 6.9444×10^{-4} 초에 해당하며, 따라서 0.6194 초는 892 그레인에 상응한다. 그러므로 드레이크는 파도바에서의 중력 가속도를 표준값보다 조금 작은 값으로 간주한 것으로 보인다.

10) 각주 9에서 보인 바와 같이, 8.5 그레인은 5.903×10^{-3} 초에 상응한다.

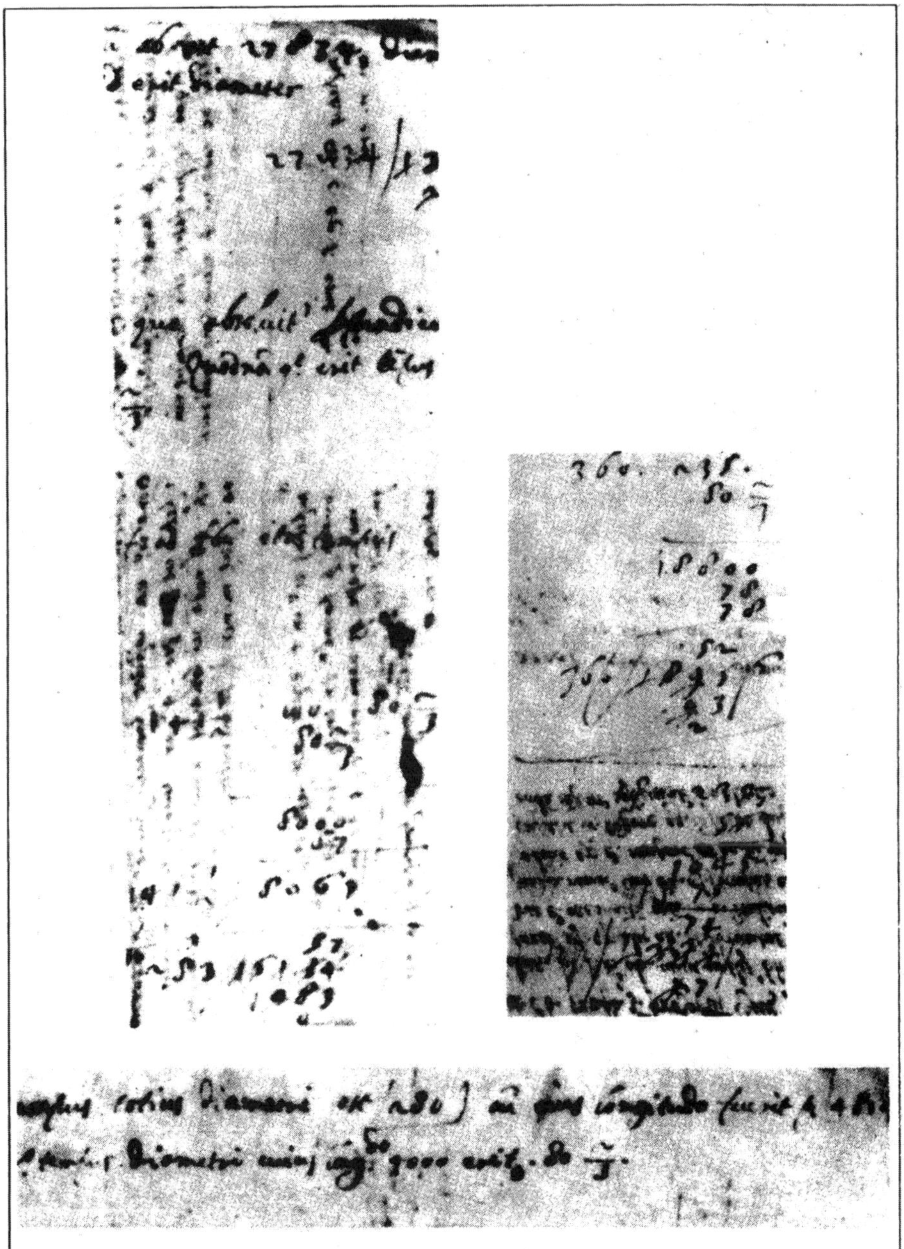

갈릴레오의 연구 기록 MSS Galileiani, 72권 $f.\,90^{b}v$와 $f.115$의 부분들

27,840 대신, 수정된 숫자 27,834가 그 숫자를 '직경(그 전의 진자 13,920의)'이라고 지칭한 구절과 같이 $f.\,90^b v$의 조각난 쪽에 보인다. 이 수정은 갈릴레오에 의해 사용된 자료들 사이에 연속적으로 정확한 비례 관계가 성립하도록 하기 위해 도입되었으며, $f.\,189v1$에 다시 한 번 나타나는데, 여기에서 긴 낙하(이전에 언급된)에 대한 갈릴레오의 첫 계산 시 27,834는 아주 중요하였다.

위 표의 숫자들에 대해 갈릴레오는 유클리드 {기하원본} 제5권에 나오는 연속적인 크기들 사이의 비{ratios}의 이론을 적용하였다. 첫째 칸에 있는 숫자들은 물론 계수 2의 연속적 비례이며, 둘째 칸에 있는 숫자들은 계수 $\sqrt{2}$ {오늘날의 표기법을 사용하면}의 연속적 비례이다. $\sqrt{2}$는 유클리드와 갈릴레오에게는 1과 2에 대한 평균 비례{mean proportional}였다.[11] 그러므로 각 칸에 있는 숫자들은, 말하자면, 수직 방향으로는 일정한 관계를 가지고 있으나, 수평 방향으로는 그렇지 않다. 그러나 2와 진자 길이의 평균 비례를 시간을 구하는데 사용하면 모든 숫자가 일정한 관계를 가질 수 있다. 갈릴레오의 시간의 단위는 전적으로 임의였으므로, 따라서 그는 이 새로운 조건을 충족하도록 단위를 조정하였다. 단순히 그레인으로 잰 시간을 16으로 나누어 동일한 결과가 거의 비슷하게 얻어졌으므로, 계산을 위한 목적으로 그는 16 그레인, 또는 1/30 온스로 정의된 새로운 시간 단위, 템포{tempo}를 채택하였다. 우리의 단위로는 1 그램의 유동이며, 1/92 초의 시간이다.

이 시점에서 갈릴레오는 길이가 거듭하여 두 배가 되는 진자에 대해 진자 법칙을 가지고 있었으므로, 다른 비에 대해서도 진자 법칙이 성립하는지 궁금해졌다. 만약 법칙이 완벽하게 일반적이라면, 그 길이가 위에 있는 임의의 두 진자의 평균 비례인 진자는 템피[12]{tempi}로 잰 두 시간의 평균 비례와 시간이 같다. $f.\,154v$에서 갈릴레오는 118과 167의 평균 비례를 구하였는데, 이들은 각각 그 길이가 6,960 푼티, 13,920 푼티인 진자에 대한 템피로 잰 시간이다($1{,}888/16 = 118$, $2{,}674/16 = 167$이므로). 이 쪽의 반대 편에 그는 filo br[accia] 16, 즉 끈의 길이는 16 브라차[13]라고 썼는데, 1 브라초는 23 인치 또는 615－620 푼티에 해당하는 이탈리아 단위이다. 6,960과 13,920의 평균 비례는 9,843 푼티이며, 이는 대략 16 브라차이고, 30

11) 현대의 용어로는 연속적 비례는 기하 수열{geometric sequence} 또는 등비 수열이며, 평균 비례는 기하 평균{geometric mean}이고, 숫자 a, b에 대해 $\sqrt{ab}$를 뜻한다.
12) 템포의 복수형이다.
13) 아래의 용어 풀이 참조.

피트 정도이다. 갈릴레오가 계산한 평균 비례 시간은 140 템피였다. 그가 했던 것은 16-브라초 진자를 창문으로부터 파도바 대학의 안마당 위로 매달고, 바람을 막은 후, 시간을 잰 것이었다. 진자가 연직선에 도달하는 시간은 현대적인 계산에 따르면 파도바의 위도에서는 1.53 초, 또는 141 템피이다.

알려진 시간과 알려진 낙하 시간으로부터 주어진 시간 동안의 낙하 거리를 갈릴레오가 진자와의 관계를 이용하여 계산하기 위해서는 이제 딱 하나만 더 계측하면 되었다. 요구되는 고정된 비를 위해 그는 두 시간의 비를 택했다: 알려진 길이를 가지는 진자가 연직선까지 도달하는데 걸리는 시간과 진자의 길이와 같은 거리의 수직 낙하에 걸리는 시간의 비를. 이 비를 위해 갈릴레오는 1,740 푼티의 거리를 통과하는 낙하 시간을 쟀으며, 결국 850 그레인의 유동 또는 53 1/8 템피를 얻었다. 나는 이 시간의 비를, {어떤 길이의 진자가 연직선에 도달하는데 걸리는 시간과, 그 거리를 낙하하는데 걸리는 시간의 비를} '갈릴레오 상수'라고 부르는데, 이는 이 값이 어느 곳에서나, 어떤 단위를 쓰거나, 또 어떤 국부적인 중력 가속도의 값에 대해서도 항상 동일하기 때문이다[14].

현대의 이론에 따르면 이 상수는 $\frac{\pi}{2\sqrt{2}} = 1.1107\ldots$ 이며; 갈릴레오에 따르면 $942/850 = 1.1082$ 이다. 그 제곱, $\frac{\pi^2}{2^3}$ 은 낙하 거리와 진자의 길이의 비이다[15]. 물론 진자의 길이는 주어진 거리를 낙하하는데 걸리는 시간과 진자가 정지 상태로부터 작은 원호를 따라 연직선까지 도달하는데 걸리는 시간이 같게 결정된 길이이다. 갈릴레오가 중력을 힘이라고 간주하지 않았고, 국부적인 중력 상수를 우리처럼 g로 사용하지 않았지만, 이에 대한 그의 등가 상수는 $(1.1082)^2 = 1.228$ 푼티/템포^2 였다.[16]

f. 189*v*1 에 갈릴레오는 그가 진자 법칙의 일반성을 확인한 바 있었던 30 피트 진자의 시간의 두 배인 280 템피 동안 낙하한 거리를 계산하였다. 그의 계산은 관련된 진자를 사용하여 일련의 단계를 통해서 이루어졌다. 마지막 단계가 *f*. 189*v*1 에 있는

14) 위의 각주 8에서 보인 바와 같이, 이 비는 $\frac{\pi}{2}\sqrt{\frac{l}{g}} / \sqrt{\frac{2l}{g}} = \frac{\pi}{2\sqrt{2}}$ 이다.

15) 위의 각주 8에서 보인 바와 같이 $\sqrt{\frac{s}{l}} = \frac{\pi}{2\sqrt{2}}$ 이다.

16) 갈릴레오가 사용한 단위계와 관련된 사항이므로 이에 대해서는 각주 22를 참조하기 바란다.

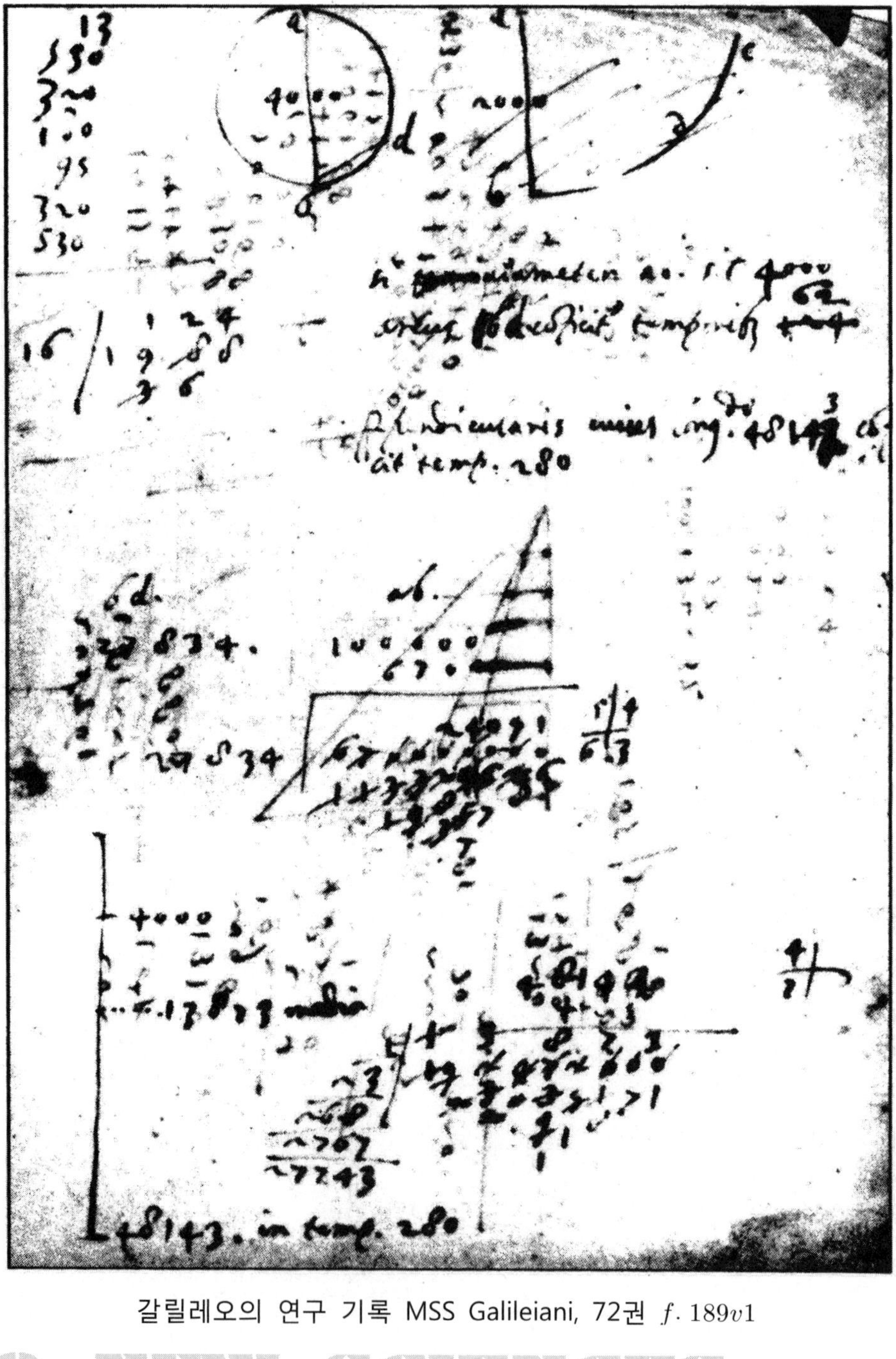

갈릴레오의 연구 기록 MSS Galileiani, 72권 $f.\ 189v1$

데; 나머지는 아마도 $f.\ 90^b$의 망실된 부분에 있었을 것으로 보이며, $f.\ 90^b$에서 27,840이 27,834로 조정되었고, 정확한 비례 관계가 성립하게 되었다. 갈릴레오는 소수를 사용하지 않았지만, 앞의 표를 그의 $f.\ 90^b v$에서의 개정을 보이기 위해 다음과 같이 바꿀 수 있다(유리 분수로 나타냈었을 수도 있다).

푼티로 잰 진자의 길이	템피로 잰 연직선까지의 시간
869.81	41.71
1,739.625	58.99
3,479.25	83.42
6,958.5	118
13,917	166.8
27,834	236.0

$f.\ 90^b$의 갈릴레오의 연구가 위의 표에 정확하게 제시되었다는 것은 그의 마지막 단계에 의해 확증된다. $f.\ 154v$에서 계측된 4,000 푼티의 낙하에 대해 템피로 잰 시간을, 마지막 단계에서 그는 $1{,}337/16 = 83.5625$로 잡지 않고, 위에서 보듯이 83.42로 잡았다. 길이가 3,479 1/4인 진자는 4,000 푼티의 거리를 낙하하는데 걸리는 시간과 같은 시간이 걸리는 것으로 연구의 이 단계에서 간주되었다; $f.\ 154v$에서의 원래의 낙하에 대한 시간 계측의 오차 때문에 사실 이 값은 너무 컸다.[17] 왜 이 오차가 갈릴레오가 얻은 결과에 영향을 미치지 않았는지는 아래에서 밝혀질 것이다.

$f.\ 189v1$에서의 갈릴레오의 마지막 단계가 그의 절차에 대한 유일한 단서는 아니다. 같은 쪽에, 이 쪽이 아직 빈 칸으로 남아 있을 때, 그는 다음과 같은 두 가지의 계산을 기입하였다.

$$180\frac{131}{100} = 235.8\text{과 } 57\frac{132}{100} = 75.24\,.$$

처음 결과는 위 표의 가장 아래 진자에 대한 템피로 나타낸 시간임을 알 수 있으며, 75.24는 3,479 1/4 푼티를 낙하하는데 걸리는 시간을 템피로 잰 값이다. 3,479 1/4 푼티는 $f.\ 154v$에 보인 갈릴레오의 숫자에 의하면 4,000 푼티의 거리를 낙하하는데 걸리는 시간인 1,337 그레인 유동의 시간에 상응하는 조정된 진자의 길

17) 각주 15에서 보인 바와 같이 $\frac{l}{s} = \frac{2^3}{\pi^2} \doteq 0.81057$이므로, 정확한 값은 3,242.28이다.

이이다. 57 템피라는 시간은 2,000 푼티를 낙하하는데 걸리는 시간이며, $903/16 = 56.44$에서 올림된 것이다. 비슷한 비를 사용한 두 번째 계산에 대해서는 차후의 토의를 위해 남겨 두기로 한다.

비 $1.314\pm$[18]를 '갈릴레오의 비'라고 부르고, 이를 G라고 쓰기로 하면, 진자와 낙하에 대한 현대의 이론에서 G에 대응하는 것은 $\left(\frac{4}{\pi}\right)^4/2$이다.[19] 이 비는 주어진 어떤 값의 (정지 상태로부터의) 낙하 시간을, 그 낙하 거리의 두 배를 낙하하는 동안에 연직선에 도달하는 진자의 길이만큼 낙하하는데 걸리는 시간으로 변환시켜 준다. 낙하 시간을 t_f, 진자가 연직선에 도달하는데 걸리는 시간을 t_p로 나타내는 것이 편리할 것이다; 그러면 다음을 얻는데,

$$t_f 4000 = 83.42 = t_p 3479.25 = t_p[f4000]\,,$$

여기서 $[f4000]$[20]은 4,000 푼티 낙하하는데 걸리는 시간 동안 연직선에 도달하는 진자{의 길이}를 뜻하며, 83.42는 템피로 잰 값이다.

갈릴레오가 위의 계산에 만약 기호를 사용하였다면, f는 낙하 거리, p는 그 {두 배의} 거리를 낙하하는데 걸리는 시간 동안 작은 원호를 그리며 연직선에 도달하는 진자의 길이라고 할 때, $G=(f/p)^2/2$로 썼을 것이다. 이론 상으로는 $f/p=(4/\pi)^2=1.621138\ldots$ 이며, 길이와 시간의 단위 또는 중력장의 세기에 따라 변하지 않는 상수이다. 갈릴레오의 계측 자료는 $1.621\ldots$ 을 주지 않고, 대신 1.628을 주었으며, 또 $2{,}000/1{,}628=1.2285$를 주었는데, 이 역시 갈릴레오의 단위로 정확한 값인 $1.2337\ldots=\frac{\pi^2}{8}=g$보다 조금 작다.[21] 저자가 보인 바 있듯이[10], 비 $2{,}000/1{,}628$는 $f.\,189v1$에서 수행된 푼티로 잰 낙하 거리와 템피로 잰 주어진 시간의 첫 번째 계산의 마지막 단계에서 인수로 할{factor out} 수 있다. 혹은, 비 $G=1.31$ 또는 1.32를 인수로 할 수도 있는데, 이는 f/p를 1.621 대신 1.628로 잡아 $(f/p)^2/2$

18) 위 식에 나타난 $\frac{131}{100}=1.31$과 $\frac{132}{100}=1.32$를 지칭한다.
19) 이 부분 역시 갈릴레오의 단위계와 관련이 있으며, 각주 22를 참조하기 바란다.
20) 본문에는 $p[f4000]$으로 되어 있는데 오류로 보여 정정하였다.
21) 각주 22를 참조하기 바란다.

를 계산한 값이다. G를 사용한 계산이 두 경우가 남아 있으므로, 갈릴레오의 계산이 G (저자가 예전에 가정했던 f/p가 아니고)를 포함했을 가능성이 매우 크다.

갈릴레오의 단위, 오직 이 단위를 사용할 때만 정지 상태로부터 낙하한 시간의 제곱이, 작은 원호를 따라 연직선에 도달하는 시간이 낙하한 거리의 두 배를 통과하는데 걸리는 시간과 같은, 진자의 길이와 같다는 점은 호기심을 끌만한 일이다.[22] 따라서 57 템피의 제곱은 3,249인데, 3,249 푼티는 4,000 푼티를 낙하하는데 걸리는 시간 동안 연직선에 도달하는 진자의 길이이다. 갈릴레오가 처음에는 이와 같은 점을 인식하지 못 하였을 것이다. 왜냐하면, 4,000 푼티를 낙하하는데 걸린 시간을 재는데 오류를 범한 것이 진자의 길이가 3,480 푼티인 것으로 생각하게 했을 것이기 때문이다. 낙하 법칙을 사용하여 그의 계측 오류를 수정한 뒤에는 위의 사실을 알아챘을 수도 있지만, 그는 그와 같은 사실에 대해 언급한 적이 없는데, 이는 그의 단위가 아닌 다른 단위에서는 이와 같은 관계가 성립하지 않고, 또 그는 위의 결과를 발표한 적이 없으므로, 아무도 그의 단위를 사용한 적이 없기 때문이다.

지금까지 논의한 내용으로부터 진자 법칙이 일단 알려지면 갈릴레오가 진자의 시간과 길이로부터 낙하의 거리와 시간을 계산할 수 있었다는 점은 명백해 졌을 것이다. 그가 최초로 그와 같은 계산을 한 것은 $f.189v$에서이며, 그는 곧 진자를 포함한 계산이 상쇄될 수 있고, 결과적으로 낙하 법칙이, 수학적으로 시간-제곱 형태와 동일한, 평균-비례의 형태로 얻어진다는 것을 인지하였다. 이 관계를 이용하여, 그는 기록된 자료 중 가장 부정확한 4,000 푼티의 낙하 시간을 수정하였다(1/30 초 정도 컸다).

22) 갈릴레오 단위, 푼티와 템피를 써서 나타낸 길이와 시간을 각각 T, L이라고 하고, SI 단위계를 썼을 때의 길이와 시간을 t, l이라고 하면, $\alpha=92$, $\beta=(0.94\times10^{-3})^{-1}=1.06\times10^{3}$일 때, $T=\alpha t$, $L=\beta l$이라고 쓸 수 있다. SI 단위계에서 거리 l_0를 낙하하는데 걸리는 시간은 $\tau_f=\sqrt{\dfrac{2l_0}{g}}$, $2l_0$의 거리를 낙하하는데 걸리는 시간 동안 연직선에 도달하는 진자의 길이는 $l_p=\dfrac{8g}{\pi^2}\tau_f^2$이다. 갈릴레오 단위계에서는 $T_f^2=L_p$가 성립하므로, $\alpha^2\tau_f^2=\beta l_p$를 얻으며, 따라서 $\alpha^2\tau_f^2=\beta\dfrac{8g}{\pi^2}\tau_f^2$을 얻고, 결국 $\dfrac{\alpha^2}{\beta}\dfrac{\pi^2}{8}=g$를 얻는다. 다시 말하면 $\alpha=1$, $\beta=1$인 갈릴레오 단위계에서는 $\dfrac{\pi^2}{8}=g$임을 알 수 있다.

이와 같은 오류가 그의 계산에 영향을 미치지는 않았는데, 이는 그 오류가 진자 계산 단계에서 상쇄되었기 때문이다. 이는, 사용한 단위에 따라 결정되는 임의의 상수 또는 방정식 등을 사용하지 않고, 비와 비례를 사용하여 단계 별로 작업할 때 무엇을 얻을 수 있는지 잘 보여주고 있다.

낙하 법칙을 일단 얻자, 갈릴레오는 다음으로 그 법칙을 경사 평면을 따라 하강하는 경우에 대해 적용할 수 있는지에 대해 알고자 하였다. $f. 107v$ 에 그는 그와 같은 하강에 대해 이미 매우 정확한 한 세트의 자료를 가지고 있었다. 그는 그 쪽을 다시 들추어내어, 그 빈 여백에 처음 여덟 개의 제곱수를 기입하였다. 정지 상태로부터 첫 번째 시간에 대해 계측된 거리를 곱하자, 각각의 제곱수는 거의 정확하게 상응하는 계측된 거리를 보여 주었다. 시간-제곱 법칙은 모든 중력 운동을 하는 직선 하강에 적용되었으며, 갈릴레오의 연구 기록에는 1604년 초기, 자연 운동에 대한 정리와 문제들이 폭발적으로 증가한다.

연구의 두 번째 폭증은 1607년 말기에 시작되었는데, 갈릴레오는 이 때 그의 정리들을 통합, 정리하고, 끝내지 않았던 증명들을 완성하였으며, 또 새로운 발견들을 추가하였다. 이 과정을 통해, 그를 부심하게 했던 역설(paradox)을 해결하였는데, 자연 하강 시 얻어지는 속력들은 정지 상태로부터의 연직 거리들의 제곱근에 비례함을 인식하였다-1604년에 그가 가정했듯이 측정된 거리들에 비례하는 것이 아니고. 이와 같은 인식은 그로 하여금 그 {진행 방향 성분과 그에 법선 방향 성분의} 비가 알려진 경우 공이 책상을 떠날 때의 수평 투사 거리를 측정할 수 있도록 했다($f. 116v$ 에서). 속력의 보존, 수평 운동과 연직 운동의 독립적인 구성이 따라서 확립되었고, 낙하 시의 속력들은 정지 상태로부터의 시간에 직접적으로 비례하는 것이 알려졌다. 또한 수평 투사의 반포물선{semiparabolic} 궤적이 얻어졌으며, 대포로부터 임의의 발사각{elevation}으로 발사된 저속의 투사체로 (대칭성에 의해) 확장되었다. 넷째 날에 다루어진 몇 개의 기본적 정리들은 이미 1609년에 확립되었으며, 1609년 갈릴레오는 운동의 새로운 과학에 대한 책을 쓰기 시작하였으나 망원경의 발명에 따라 그 책 쓰기를 중단하였다.

{책이 나오기} 30년 전에 이루어진 이 정도의 정보를 가지고 TNS를 읽으면, 역사가들을 괴롭혀온 대부분의 수수께끼는 해결이 된다. 그런 수수께끼들은 갈릴레오가 직접 자연 현상으로부터가 아니고 사변적인 자연 철학에 대한 사색으로부터 물리학을 발전시켰다는 믿음에 근거한다. 갈릴레오가 초기에는 후자의 방법을 썼지만, 그가 실제 운

동을 신중하게 계측하기 시작하면서 모든 것이 바뀌었다. 그가 1605년의 농부의 대화에서 그의 대변인으로 하여금 신랄하게 질문하게 한 것처럼, '무엇인가를 계측하는 것과 철학이 도대체 무슨 관계가 있는가?' 철학에서는, 그는 기술하기를, 우리가 신뢰할 수밖에 없는 사람은 수학자밖에 없다.[11]

갈릴레오의 연구 기록에는, 첫째 날과 넷째 날에 언급된 진자 실험에 대한 것뿐만 아니라, 둘째 날에 논의된 재료강도 과학의 기원에 대한 단서들이 있는데, 여기서는 운동에 대한 연구만 다루기로 한다. 갈릴레오는 대수학적인 방법을 사용하지 않았으므로, 우리의 방법과는 다른 그의 수학적 방법에 대해 설명하는 일만 이제 남았다. 우리는 물리학을 주로 물리 방정식과 관련하여 생각하지만, 갈릴레오는 평생 동안 방정식을 쓴 적이 없다. 우리의 사고에서 크게 중요하게 여겨지는 물리 상수들은, 갈릴레오가 그의 물리학에서 유일하게 사용한 같은 종류의 비례 관계에서는 간단히 상쇄되고 만다.

갈릴레오는 거리, 시간, 속력과 같은 수학적으로 연속인 양들을, 많은 오늘날의 사람들도 할 수 없을 정도로 엄밀하게 다룰 수 있었다. 우리는 기본적인 대수학에 대해서는 교육을 받았지만, 그런 양들 사이의 비와 비례에 대한 유클리드 식의 이론에 대해서는 교육을 받지 않았으므로, 우리가 기계적으로 수행하는 방정식의 대수적인 조작의 밑바탕을 이루고 있는 근본적인 가정들에 대해 모르고 있을 수 있다. 이와는 대조적으로, 갈릴레오는 '같은 비'의 뜻에 대해 지속적으로 인지하고 있었는데, 왜냐하면 그는 비에 대한 유클리드의 엄밀한 정의를 반복적으로 사용했어야만 했기 때문이다(그의 본문에서 보게 될 것처럼). 그런 상황은 우리에게는 해당되지 않으며, 또한 중세의 운동에 대한 저자들에게도 마찬가지로 해당되지 않았다. 중세의 라틴 번역자들이 부적절하게 기술한 아랍어 버전으로부터 전해진, 유클리드 제5권, 본문의 오류 때문에 그들은 '산술적인' 비례 이론을 만들어냈다. 16세기 중엽이 되어서야 원래의 진짜 본문이 제대로 이해되었다. 중세와 갈릴레오 물리학의 본질적인 차이는 유클리드의 '숫자'에 대한 정의 하에서는 산술만으로 연속적인 변화를 다루기에 불가능했다는 점에 뿌리박고 있다.

갈릴레오가 유클리드의 엄밀한 비례 이론을 고수함으로써 지불했던 대가는, 그의 수리 물리학을 같은 '종류'의 크기들 사이의 '비'들의 비교에 국한시켜야 했다는 점이다. 이와 같은 상관적인 -그러므로 상대적인- 그의 물리 법칙의 특징은 오늘날 자주 간과되며, 특히 중세 자연 철학자들의 사고와 대조되는 그의 사고에 대한 완벽한 이해를 불가능하게 한다. 갈릴레오가 그의 저술을 끝낸 후, 곧 데카르트는 '숫자'에 대한 아무런 새로운 정의 없이 대수학을 기하학에 도입하였으며, 따라서 수리 물리학은 신속하게 갈릴레오의 수리 물리학과 전혀 다른 것이 되었다. 실례를 들어 상황이 명백히 이해되는데 도움이 되도록 한다.

대수적으로는, 오늘날 속력은 경과한 시간 동안 지나간 거리의 '비'로 기술된다. 유클리드와 갈릴레오에게는, 같은 종류의 두 양 사이가 아니면 적절한 의미에서의 '비'는 존재할 수 없었다. 오늘날에 와서는, 공간과 시간 무엇이든 간에, 그들이 같은 종류의 양이 아니다; 만약 같은 종류라면 그것은 아인슈타인에 기인하는 것이며, 갈릴레오에게는 엄밀한 증명을 할 수 있는 대상이 아니라고 여겼을 것이다. 더 이상 유클리드의 '비'의 정의에 얽매여 있지 않는, 우리는 평균 속력의 정의로 $\bar{v} = s/t$ 라고 쓸 수 있고, 균일 운동에 대해서는 $s = vt$, 균일 가속 운동에 대해서는 $s = kt^2$ 과 같은 규칙을 쓸 수 있다. 그와 같은 표현은, 주어진 시간과 거리로부터 우리가 개별적인 속력을 계산할 수 있다고 하는 형이상학을 수반하지만, 갈릴레오는 같은 종류의 짝에 대해서만 그들을 비교할 수 있었다-형이상학이 필요 없는 오로지 수학일 뿐이었다. 갈릴레오에게 진술과 증명에 여러 쪽을 요하던 모든 관계를 우리의 규칙들은 간결하게 표현해 보이지만, 그 규칙들은 갈릴레오가 진술했던 것과는 거리가 멀고, 또 섣부른 가정에 근거한 것이라고 간주했을 법한 많은 것들을 암시한다. 방정식-물리학은 비례-물리학과 개념적으로 등가가 아니며, 이는 방정식-물리학이 더 많은 것을 단언하기 때문이다(때로는 우리가 확실히 아는 이상을 단언한다).

현대의 대수적인 표기법은 비{ratio}에 대한 고전적인 유클리드의 제한을 유지할 수 없게 한다. 방정식의 그야말로 본질은 어떤 항이든지 한 변으로부터 다른 변으로 연산 규칙에 의해 자리를 바꿀 수 있다는 것이다. 비례와 관련하여서는, 모든 항이 한 가지 종류의 크기를 나타내지 않는다면, 그와 같은 이동이 허용되지 않는다. 각각의 물리량이 모든 다른 양들과 동일한 기준으로 잴 수 있는 양이라거나, 또는 주어진 물리량이 다른 종류의 물리량을 계측함으로써 정밀하게 계측될 수 있다고 가정하지 않는다면, 숫자가 모두 한 종류라는 사실은, '물리' 방정식의 대수적 조작을 정당화하지 않는다. 그와 같은 가정이 사실일지도 모르며, 의심의 여지없이 플라톤 주의자들은 그것을 단호하게 주장하겠지만, 갈릴레오가 그것을 가정하지 않기 위해서 엄청나게 심혈을 기울였던 것은 너무나 명백하다. 만약 뉴턴이 같은 노력을 기울였다면, 아마도 아인슈타인이 뉴턴 물리학을 뒤집어엎지(또는 근본을 침식하지) 않아도 되었을 것이다.

아인슈타인이 관성계를 '갈릴레오 계'라고 지칭했을 때, 그는 의도하지 않았겠지만 갈릴레오 물리학에 폐를 끼쳤다; 갈릴레오는 뉴턴이 했던 것처럼 어떠한 'vis inertiae' 즉 관성력도 언급한 적이 결코 없다. 격동량이 각인력{impressed force}에 기인한다는 14세기의 학설을 거부한 것으로부터 볼 수 있는 바와 같이, 갈릴레오 만년의 물리학은 순전히 운동학적이었다.[12] 아리스토텔레스에게 'antiperistasis[23]'가 그러했던 것처럼, 그와 같은 학설은 그에게는 철학자들의 불필요한 인과론적인 가정이었다. 그의 '대화'에서, 갈릴레오는 단순한 운동의 보존에 찬성하며 격동량과 각인력을 비웃었다:

공기의 어떠한 운동과 상관없이 돌 안에 무언가 보존되는 것이 있음이 분명하다. ... 돌을 당신의 손으로 던질 때, 돌이 손을 떠난 후 돌과 같이 있는 그것은, 돌 안에서 보존되는 당신의 팔로부터 받은 운동 이외의 무엇인가?

동역학적인 개념, 뉴턴의 관성은 운동학에서는 불필요한 것이었으며, 따라서 관성은 갈릴레오 만년의 물리학에서, 아직 어떤 확실한 척도도 알려지지 않은, 주장된 어떠한 다른 존재와 마찬가지로 그 자리가 없었다. 뉴턴은 처음에는 '각인력'의 존재에 대한 판정 기준과, 그 크기 및 방향을 어떻게 측정할 것인지에 대해 명기하였다. 많은 사람들이 갈릴레오가 관성을 발명해 내지 못한 무능에 대해 비난하면서-또 그가 동역학을 확립한 것을 찬양한다. 이것이야말로 언어의 남용이다. 어떤 사람들은 '원형 관성{circular inertia}'을 갈릴레오에게 돌리기도 하지만, 갈릴레오가 한 말이라고는 단지, '지구와 같이 있다는 것'은 그 표면에 정지해 있는 모든 물체에 지워질 수 없도록 가해지는 운동이다 뿐이었다. 지구 중심의 속력의 보존은 갈릴레오에 의해 계측 가능한, 순전히 운동학적인 개념이었다. 그가 지적하였듯이, 새들은 지구와 같이 자전하기 위해서가 아니고, 지구에 대해 상대적으로 움직이기 위해 날개를 퍼덕인다.

∞

과학 역사가 중 운동에 관한 갈릴레오의 연구 기록에 대한 나의 연구로부터 얻어진, 위에서 대강 요약한 바의 결론을 받아들이는 사람은 별로 없다. 그러나 위의 결론

23) '주변에 대한 저항'의 뜻을 가지며, 예를 들면 감기{cold}가 체온을 높이는{hot} 현상 등의 설명에 사용된 옛적 용어이다.

들은 TNS의 내용과 상당히 잘 일치하며, 물리학에서의 갈릴레오의 활동의 틀을 제공한다. TNS는 대학에서 {그 얘기가} 시작되는 것이 아니고, 베네찌아의 국영 조선소, 아르세날레{Arsenale}에서 시작한다. 갈릴레오의 대화자들은 형이상학에 뿌리를 둔 철학적인 고찰로부터가 아니고, 선박공학으로부터 발생한 문제에 대해 토론함으로써 {대화를} 시작한다. 공원들의 일상적인 대답으로부터, 그들은 빠르게, 자연 철학자들의 관심을 끌기 힘든 종류의 문제인 구조물의 강도에서의 비례의 역할로 화제를 바꾼다. 대화자들에 대해 잠깐 설명해 두는 것이 독자들로 하여금 근대 과학의 르네상스 이탈리아의 선구자들 사이에서 편하게 느낄 수 있도록 하는데 도움이 될 것이다.

TNS의 세 대화자는 갈릴레오의 '대화'에 등장한 인물들과 같은 이름을 가진다. 두 사람은 갈릴레오의 친근한 벗들이었으며, 그들에 대한 기억을 그는 따라서 영속적이 되도록 하였다. 필립보 살비아티{Filippo Salviati}는 피렌체에서 1582년에 태어났으며, 1614년 스페인을 방문하던 중에 사망했다. '대화'에서 살비아티는 갈릴레오 자신의 대변인 역할을 하였다. 1571년 태어난 죠반니 프란체스코 사그레도{Giovanni Francesco Sagredo}는 파도바에서 갈릴레오와 같이 수학하고, 1600년부터 그가 사망한 1620년까지 친한 친구였던 베네찌아 인이다. '대화'에서 그는 배움에 호기심이 있는 지성적인 아마추어를 대변하였으며, 다른 두 사람이 그의 지지를 얻기 위해 경쟁하는 중립적인 사람의 역할을 수행하였다.

{당대의} 철학적 전통은 심플리치오(아리스토텔레스에 대한 고대의 저명한 주석자에 대한 이탈리아어)[24]에 의해 방어된다. 다른 사람들처럼 실존 인물은 아니지만, 의심의 여지없이 그는 파도바의 체자레 크레모니니{Cesare Cremonini}, 피렌체의 로도비코 델레 콜롬베{Lodovico delle Colombe}와 같은 갈릴레오에 대한 적극적인 비판자들을 대변하고 있다. 수학에 대해서는 서툴렀던 것으로 알려져 있지만, 위의 두 사람은 모두 그 기원 이래로 대학에서 주류를 형성하고 있던, 형이상학에 근거한 류의 과학의 대가들이었다.

이들 대화자의 역할은 이 책에서는 '대화'에서의 역할과 그렇게 같지는 않다. '대화'에서는 갈릴레오의 관점이 대화자들에게 알려진 어떤 학자에게 항상 맡겨졌지만, 여기서는 그러한 관행을 전적으로 따르지는 않는다. 저자에게는 살비아티에 의해 낭독된, 운동에 대한 장편의 저술이, 유럽 전역의 지식인들 사이에 당시 보편적으로 채택되었

24) 이 단어는 얼간이{simpleton}의 뜻도 가지고 있어, 야유의 뜻이 포함된 이중어이다.

던 라틴어로 된 갈릴레오의 말 그대로임을 이해시키는 것이 중요했다. 운동에 대한 갈릴레오의 새로운 과학의 발표와 관련된 토론에 사용된 이탈리아어는 그가 토론에 등장할 때 살비아티에게, 노년의 갈릴레오가 30년 전에 수행한 연구에 대해 언급하는, 독특한 역할을 맡겼다. '대화'에서는 다른 사람, 즉 코페르니쿠스{Copernicus}[25]의 연구가 주로 관심의 대상이었고, 살비아티는 코페르니쿠스의 라이벌이나 비판가들에 대항하여 그를 옹호하는 입장이었다. 그러나 TNS에서는 그 스스로가 완성한 연구를 개괄하며, 그에 대해 제기된 질문에서 그 가치를 즐겁게 인식하는 원숙한 갈릴레오를 대변하고 있다. 마치 아직도 많은 것들이 해결되어야 하는 것처럼, 때로 그는 역설적으로 얘기한다.

다른 대화자들도 이전과는 다르게 보일 수 있다. 당연히 그의 이전 역할을 특징지었던 아리스토텔레스 학파 교수들의 당대의 정설에 그렇게도 고집스럽게 충성스러웠던 심플리치오도 별로 예전과 같지 않다. 소개되고 있는 새로운 과학들이 '대화'에서의 코페르니쿠스의 견해만큼 전통적인 철학에 치명적이지 않았다. 심플리치오는 심지어 그가 이전에 수학에 무관심했던 것을 후회한다. 여기서, 심지어 심플리치오도 갈릴레오, 즉 아리스토텔레스 학을 배웠고, 과거의 물리학에 오류가 존재한다는 것을 증명하기를 요구하는, 젊은 갈릴레오의 대변자로 보일 수 있다. 새총의 탄알{birdshot}이 대포알과 같은 속력으로 떨어지는 것을 기대해야만 할지도 모른다고 말하면서, 무게에 관계없이 물체가 같은 속력으로 낙하한다는 생각을 심플리치오가 신랄하게 거부할 때, 그것은 젊은 시절의 학생 갈릴레오가 얘기하는 것이다. 사실, 베네뎃띠{G. B. Benedetti}에 의해 갈릴레오가 태어나기 십년 전에 최초로 시작되었던 새로운 생각을 갈릴레오가 처음으로 들었을 때 어떻게 반응했을 것인지?[26]

사그레도는 이번에도 지성적인 아마추어를 대변하지만, '대화'에서처럼 지구가 고정되어 있는지 아니면 운동하는지에 대한 두 라이벌 사이의 격렬한 갈등 사이에 있지는 않다. 사그레도는 한 때 갈릴레오를 고심하게 했던 질문들을 제기한다. 그 질문들은 갈릴레오가 젊었을 때의 저술에서는 보이지만 나중에는 그가 폐기한 국부 운동의 문제에서 어느 정도의 위치를 점하고 있었다. 사그레도는 갈릴레오가 파도바로 이주하여

25) 코페르니쿠스{1473-1543, 폴란드}는 '천구의 선회{1543}'를 통해 태양 중심설을 주장하였다. 지구의 자전은 회전{rotation}, 공전은 선회{revolution}로 번역하는데, revolution은 혁명의 뜻도 가진 이중어이다.

26) 베네뎃띠는 1554년의 저술, '논증'{Demonstratio}에서 매체 중에서 자유 낙하하는 물체의 속력은 물체와 매체의 비중의 차이에 따라 결정된다는 학설을 제시하였으며, 갈릴레오는 초기에 그의 학설에 관심을 보였던 것으로 알려져 있다.

그의 새로운 과학들을 성숙시켰을 때까지 동안의 갈릴레오를 대변하며, 이 기간은 사그레도 자신의 적극적인 지적 삶의 기간과 거의 일치한다.

이 책에서 부록으로 첨부된 '날'에서, 생전에 갈릴레오의 TNS의 원고의 일부를 보았지만 책으로 출판된 해에 사망한 1608년의 갈릴레오의 제자, 파올로 아프로이노{Paolo Aproino}에 의해 심플리치오는 대체되었다. 아프로이노는 아리스토텔레스 학파로서 말하지 않는데, 이는 충격력{force of percussion}을 토론하는 데는 그러한 대화자가 필요 없기 때문이다. 심플리치오가 했던 것처럼 젊은 시절의 갈릴레오를 대변하는 역할은 누구도 맡지 않았다. 아프로이노는 갈릴레오의 실험에 참석했던 한 사람으로 소개되고 있으며, 그 실험에 대해 그는 종종 놀랄만한 결과들과 함께 기술한다. 심플리치오를 대신하여, 아프로이노는 학생 갈릴레오가 아닌, 상당한 정도의 근대 물리학을 최초로 소개받았던 갈릴레오의 학생들을 대변한다.

갈릴레오의 성숙된 위치는-인과론적인 질문은 물리학에서 포기되어야 할 수도 있다는-그러한 주장이 그 이전의 물리학에서 분명한 출처를 찾을 수 없기 때문에, 그의 동시대인들에게 즉각적인 흥미를 유발시키지는 않았다. 그의 주장은, 몇 차례의 입발림을 제외하고는, 꽤 오랜 동안 무시되었다. 그러므로 크리스천 호이겐스{Christian Huygens}가 그의 저서 '빛에 관한 논문{Treatise on light}'의 서언에서 그 주장에 대해 언급하였지만, 본문에서는 일찌감치 기계론적 철학으로 복귀하였다. 지난 세기 말에 즈음하여 그 주장은 하인리히 헤르츠{Hertz}가 그의 '역학의 원리'{Principles of Mechanics}의 서문에서 다음과 같이 쓸 때 다시 한 번 나타났다.

> 우리는 스스로의 힘으로 외적 객체의 형상이나 상징을 만들며, 우리가 그들에게 주는 형태는, 생각 속의 형상의 필연적 귀결이 항상 묘사되는 사물의 자연 속의 필연적 귀결이 되는 방식으로 이루어진다. 그 요구가 만족되기 위해서는 자연과 생각 사이에 일정한 정합성이 있어야만 한다. 경험으로부터 우리는 그 요구가 만족될 수 있고, 따라서 그와 같은 정합성이 존재한다는 것을 배운다.

∞

위의 모든 것은 독자들이, TNS가 등장한 직전과 또 그 직후의 물리학의 일상적인 체제와는 다른, 갈릴레오가 쓴 모든 것을 그 내부에서 고려할 일정한 체제들을 시사할 목적으로 기술되었다. 물리 용어의 용어 풀이는 이 번역에서 그 용어들이 어떻게 다루어졌는 지와 관련된 정보를 제공할 것이다. 그러나 번역자의 최선의 노력도 현대 영어 단어가 암시하는 시대착오적인 생각의 틈입을 막을 수는 없다. 알렉산더 브라이언 존슨{Alexander Bryan Johnson}의 '언어에 대한 연구(1836)'의 강력한 은유와 같이, '우리가 제거할 수 없는 함정이 있음을 알리기 위해 표지를 세움으로써,' 할 수 있는 최선은 이런 위험을 알리는 것이다. 그의 선구적인 연구를 읽는 독자에 대한 존슨의 충고는, 특성에 있어 결코 덜 선구적이지 않았던 갈릴레오의 TNS 독자들에게도 적용될 수 있다:

그러나, 이하의 쪽들에 실린 것은 수년에 걸친 고통에 가득 찬 노력의 결과이므로, 나의 문장이나 또는 견해가, 독자들이 가볍게 대할 경우, 터무니없는 것으로 보일 때(그런 경우가 자주 발생할 수 있다), 나는 독자들이 무언가 좀 더 신뢰할 수 있는 해석을 찾기를 요구한다. 그가 생각할 수 있는 최선이 나의 의도와 같다고 가정되어야 한다; 가문의 문장이 새겨진 방패에서와 같이, 어떤 그림이 독수리와 대머리수리 둘 다와 비슷할 때, 문장 판정가는, 그 소유자에게 가장 적합한 새가 그 제작자에 의해 의도된 그 새로 간주되어야 한다고, 결정한다.

이것은 읽을 만한 가치가 있는 어떤 책, 특히 매우 선구적인 책을 읽을 때에도 매우 좋은 규칙이다. {이러한 규칙을 따르면} 저자의 고통에 대한 보상으로 저자로부터의 충분한 귀동냥이 보장될 뿐만 아니라-갈릴레오의 고통은 대단했으며, 그의 생각을 분명하게 하기 위해 받은 고통과 또 그렇게 했다는 이유로 받은 고통 모두 상당했다-독자의 수고에 대해서도 최대의 보상이 보장된다. 독자가 다른 사람의 글로부터, 그가 생각할 수 있는 최선에 도달할 수 있도록 그 스스로를 강요하여 얻는 것보다, 어떻게 하면 더 얻을 수 있겠는가?

1] 参조: 'Galileo's experimental confirmation of horizontal inertia,' Isis 64 (1973) 291-305, 또 'Galileo's accuracy in measuring horizontal projections,' Annali dell'Instituto e Museo di Storia della Scienza 10:1 (1985) 3-14.
2] 참조: 'The role of music in Galileo's experiments,' Scientific American 232 (June 1975) 98-104.
3] 참조: S. Drake, 'Galileo's constant,' Nuncius 2:2 (1987), 41-52. 갈릴레오 이전의 역사에 대해서는 졸저 History of free fall: Aristotle to Galileo (Toronto, 1989).
4] 그 원인들은 계측 가능한 현상 뒤에 숨은, 그리고 사물의 본질에 관한 미묘한 구두 상의 추론에 의해서만 알아챌 수 있는, 초자연적 성질을 가진 것이어야만 했다.
5] $f.\ 152r$ 상에 시간-제곱 법칙을 인식한 직후 곧 시작되는데, 갈릴레오는 제곱수인 4와 9를 시간에 대해 지정하고, 삼각형 수인 10과 15를 거리에 지정하며 단위는 보통의 시간{hour}과 마일을 사용하여, 그 법칙이 격동량 이론과 일치하는지를 확인하고자 하였다. 일관되지 않는 속력의 비가 얻어졌으며, 따라서 갈릴레오는 '각인력{impressed force}'과 함께 격동량 이론을 포기하였다. 가속에 대한 어떠한 원인도 물리학에서 요구되지 않는다는 것에 대한 갈릴레오의 생각에 대해서는 192쪽(**셋째 날**, 총서 203)을 보기 바란다.
6] 어떤 표준 단위로 조심스럽게 계측을 한다고 하더라도 이 홀수 수열{odd-number progression}을 인식하는 것은 더 어려워 질 것이다; 참조: 졸저 Galileo Studies (Ann Arbor 1970), n. 8, 238쪽.
7] 나의 모노그래프 'Galileo's Notes on Motion'(Florence 1978)에 모든 서류는 축소 복사본{facsimile}으로 출판되었으며, 바른 순서로, 년도를 기입하였고, 교차-색인과 상세한 주석을 첨부하였다. 같은 년도 내에서 약간의 순서 변동이 나의 후속 연구에서 지적된 바 있다.
8] 이 표시는 $f.\ 189v$에서 사용되었는데, 이 쪽은 갈릴레오가 낙하에 대한 시간-제곱 법칙을 처음 인식하고 그와 같은 차후의 모든 계산에 사용한 평균-비례 도표를 그렸던 그 쪽이다.
9] 연구 기록은 갈릴레오가 물의 흐름을 정지시키는데 추가 고정된 블록을 때리는 소리를 사용하였다는데 의심의 여지를 남기지 않는다. 시간을 판단하는데 같은 방법이 마랭 메르센느{Marin Mersenne}에 의해 몇 년 뒤에 사용되었는데, 그는 그와 같은 방법에 갈릴레오의 생각이 미쳤다는 것을 의심하였다. 그 이유는 이 책에 실린 진자의 등시성{isochronism}에 관한 갈릴레오의 언급 때문이었다.
10] 'Galileo's physical measurements,' American Journal of Physics 54:4 (1986), 305쪽.
11] S. Drake, Galileo Against the Philosophers (Los Angeles 1976), 38쪽.
12] 그의 거부는 1632년의 '대화'에서 역사적으로 매우 흥미 있는 토론에서 이루어졌다; 아리스토텔레스 학파의 대변인은 실수로 갈릴레오가 각인력을 가정한 것으로 상정하였는데, 갈릴레오의 대변인은 운동의 보존이면 충분하다는 것을 보였다. 나의 번역(Berkeley 1953)에서 이 토론은 142-56쪽들을 차지한다.

용어풀이

갈릴레오의 수학적 표현에 대해 사용된 영어 용어

- (비의) 복합{composition}-한 비에서 다른 비를 얻는데 두 항의 합과 두 번째 항의 비를 구하는 것; 따라서 $a:b$가 복합에 의해 $(a+b):b$가 된다.1)
- 합성 비{compound 또는 compounded ratio}-현대적인 용어로는 두 비의 곱, 하나의 비를 다른 비와 곱하는 것은 유클리드적인 개념은 아니며, 순전히 숫자적인 비들을 제외하면 정의하기 쉽지 않다. 이 특별한 연산임을 나타내기 위해서, 전치사 '로부터{from}'가 각 성분 비의 앞에 사용되었다. 그러나 하나의 크기(하나의 비가 아닌)가 다른 크기들로부터{from 또는 of} 합성되었다고 할 때는(예를 들면, '두 격동량으로부터의 격동량' 에서와 같이), 갈릴레오가 택한 전치사를 보통 그대로 썼다.
- (비의) 전환{conversion}-$a:b$ 대신에 $a:(a-b)$를 택하는 것.
- (비의) 분할{division}-한 비에서 다른 비를 얻는데 첫 번째 항에서 두 번째 항을 뺀 양과 두 번째 항의 비를 구하는 것; 따라서 $a:b$가 분할에 의해 $(a-b):b$가 된다.2) (Heath의 용어는 분리{separation}이지만, 갈릴레오는 이 연산을 divisio라고 불렀다.)
- 이중 비{duplicate 또는 duplicated ratio}-제곱 비, 때로는 '갑절 비{doubled ratio}' 또는 '두 배 비{double ratio}'라고까지 불리는데, '두 배 비'는 보통은 비 2 : 1을 뜻한다. 용어의 구분(doubled 대 double)은 심지어 고대에도 항상 엄격하

---

1) 만약 $a:b=c:d$이면, $a:b$의 복합 $(a+b):b$와 $c:d$의 복합 $(c+d):d$에 대해 $(a+b):b=(c+d):d$가 성립한다. 왜냐하면 $(a+b):b$를 분수로 나타내면 $\frac{a+b}{b}=\frac{a}{b}+1$이고, $(c+d):d$은 $\frac{c+d}{d}=\frac{c}{d}+1$인데, $\frac{a}{b}=\frac{c}{d}$이기 때문이다.

2) 분할에 대해서도 위의 복합에 대해서와 같이 만약 $a:b=c:d$이면, $a:b$의 분할 $(a-b):b$와 $c:d$의 분할 $(c-d):d$에 대해 $(a-b):b=(c-d):d$가 성립한다.

게 지켜진 것은 아니다. 갈릴레오의 본문에서 혼동의 가능성이 있을 때, 여기서 사용된 번역은 제곱 비{squared ratio} 또는 비의 제곱{square of the ratio}이다.

- 제곱 등가{equal in the square}-어떤 크기{magnitude}의 제곱이 다른 지칭된 두 크기의 제곱의 합과 같을 때 사용한다. 갈릴레오의 관용구는 potentia aequale, potentia aequipollet, eguale in potenza[3] 등이다. 뜻하는 바는 벡터 덧셈의 규칙이다. 이 표현은 '제곱으로만 공측인{commensurable [only] in the square}' 양들과 관련하여 유클리드 제10권으로부터 유래한다. 유클리드의 단어 dynamis(라틴어로는 potentia가 되었다)는 오로지 제곱에만 적용되었으며, 멱{power}에 대해 일반적으로 적용된 것은 아니었다. 아리스토텔레스는 '기하학에서의 멱이 그렇게 불린다는 것은 의미의 확대 해석[4]에 의해서이다'('Metaphysics', '형이상학', 1019b.33-34)[5] 라고 평하였다. 그럼에도 불구하고, "무리수{irrational}는 '잠재적으로{potentially}' 공측{commensurable}이다[6]"라는 생각은 아리스토텔레스 물리학에서, 중요한 철학적 의미에서, '잠재성{potentiality}'과 전혀 연관이 없는 것은 아니다.
- 비들의 등거리{equidistance of ratios}-같은 수의 항을 가지는 두 개의 크기 집합이 같은 비례 관계에 있을 때, 첫 번째 집합의 첫째와 마지막 항의 비가 두 번째 집합의 첫째와 마지막 항의 비와 같을 때 사용한다; 이와 같은 비의 등식은 '비들의 등거리에 의한' 비례 관계라고 불린다. 따라서 $A, B, C, D, \ldots, X$가 $a, b, c, d, \ldots, x$와 $a:b::A:B$, $b:c::B:C, \cdots$을 만족하는 방식으로 관계되어 있을 때, '비들의 등거리'에 의해, 다시 말하면 순서 상 동일하게 떨어져 있으므로, $a:x::A:X$가 된다. 이에 대한 구식 표현은 ex aequali 비례 관계였다.

---

3) 앞의 두 구절은 문법적으로 맞지 않은 라틴어이며, 마지막 표현은 정확한 이탈리아어이다.

4) 드레이크는 의미의 변화{change in meaning}로 영역하였으나, 그리스어 원문을 따랐으며, 아래의 각주 5를 참조하기 바란다.

5) 아리스토텔레스의 저술은 프러시아 과학 학회를 통해 베커{Bekker, 1785-1871, 독일}가 1831-1870년에 정리한 아리스토텔레스 '총서'의 쪽수, 측, 줄 등을 사용하여 인용하는 것이 관례이다. 예를 들어 1019b.33은 '총서' 1019쪽 우측 33줄을 뜻한다. 또한 그리스 및 라틴어 고전은 로브 고전 시리즈{Loeb Classical Library, 줄여서 로브판}로 왼쪽에 원어, 오른쪽에 영역을 실은 형태로 제공되고 있다. 여기서 인용한 '형이상학'은 L271, Vol. XVII이고 위의 구절은 254-255쪽에서 찾을 수 있다.

6) 현대 수학의 정의에 따르면, 양의 무리수는 두 자연수의 비로 나타낼 수 없는 수이고; 두 실수 a, b가 공측(commensurable)이라는 것은 어떤 실수 c에 대해 $a=mc$, $b=nc$가 성립하는 두 자연수 m, n이 존재한다는 것이다. a/b가 유리수라는 것과 두 실수 a, b가 공측이라는 것은 등가이다.

- 역 비{inverse ratio}-관계된 비의 역수. (이에 대한 히스{Heath}[7]의 표현은 '교체비{alternate ratio}'이다.)
- 역 비례{inverse proportional 또는 proportionality}-$a:b::c:d$이면 $a:b$는 $d:c$에 역 비례한다고 한다. 이 관계는 갈릴레오에 의해 여러 가지로 표현되었고, 보통 비례식을 기술하는데 '역순{inverse order} 또는 반대로{contrary order} 취해진'과 같은 표현을 사용하였는데, 이 표현은 오직 지칭된 두 번째 비에만 적용되었다. 오늘날 완벽하게 친숙한, 이 개념은 유클리드적이 아니며, 비록 이 개념을 아르키메데스, 프톨레마이오스, 파푸스{Pappus}[8]와 역학 관련 초기 저술자의 많은 이들이 사용하였지만, 대개 서투른 표현에서 사용되었는데, 이는 이 개념이 물리학에서 편리한 만큼이나 기하학에서는 부자연스럽기 때문이다.
- 평균 비례{mean proportional}-기하 평균과 동의어; 우리가 생각할 때는 숫자적 비례 관계에서 양 끝에 있는 항들의 곱의 제곱근이다. 갈릴레오는 종종 단순히 '평균{mean}'이라고 쓴다; 산술 평균(두 항의 합의 반)과의 혼동을 피하기 위해, 이 표현은 꺾쇠괄호를 쓰지 않고 mean proportional을 다 썼다.
- 숫자{number}-단위들의 군집{multitude of units}. 아리스토텔레스와 유클리드에게, 하나는 군집이 아니므로, '최소의' 수는 2였다. 우리가 '숫자 1'이라고 부르는 것이 당대에는 자주 '단일{unity}'이라고 불렸다. 갈릴레오가 단일을 일종의 '무한수{infinite number}'라고 했을 때, 그가 당시의 수학적 기본에 반론을 하는 것도 아니었고, 또 신비주의에 빠진 것도 아니었다; 그는 실제로는 당시에 숫자에 포함되지 않은 것에 대해 숫자 체계 내에서의 위치에 대해 기술한 것뿐이다.
- (비례 관계의) 순열{permutation}-가운데 항들의 자리바꿈, 엄밀하게는 네 크기가 모두 같은 종류일 때만 허용될 수 있다. 유클리드적인 표현은 아님. (히스는 유클리드 5. 16에서 '교체적으로{alternately}'라는 단어를 사용하지만, 그리스어 원본에서는 그에 대응하는 단어가 나타나지 않으며, 나에게는 히스의 선택은 우리가 역{inverse, 참조}에 대해서도 히스의 선택을 사용할 때만 적절한 것으로 보인다.)
- 비들의 교란 등거리{perturbed equidistance of ratios} {또는 교란 비례{perturbed proportion}}-각각 세 크기로 이루어진 두 집합이, $a:b::B:C$와

7) Thomas Little Heath(1861-1940, 영국)를 가리키며, 그는 유클리드, 아폴로니우스, 아르키메데스 등의 그리스 수학자들의 저술을 영어로 번역하였다.
8) 보통 알렉산드리아의 파푸스(약 290-350)라고 불리는 후기 그리스 수학자이다.

$b:c::A:B$를 만족할 때. 따라서 $a:c::A:C$는 '교란 등거리' {또는 교란 비례} 에 의해 성립한다; 위의 비들의 등거리 참조.

- 비{ratio}-같은 종류의 두 크기에 대한 양적인 관계, 그 둘 중의 하나는 곱셈에 의해 다른 것보다 크게 될 수 있다. 갈릴레오의 시대에는 비는, 비에 의해서 표현되는 숫자들, 또는 분수와 전혀 혼동되는 적이 없었다; 더욱 가능성이 적었던 것은 다른 양이나 크기와 혼동되는 것이다. 비는 엄밀하게 두 크기의 '관계'였다. 우리는 고대의 구분을 무시하는데, 이는 우리의 숫자(참조)에 대한 개념이 유클리드의 개념과 완전히 다르기 때문이다; 우리의 실수 체계는 무리수와 초월수{transcendental}를 포함하지만, 이들은, '영{zero}' 또는 일{one}이 하나의 단위들의 군집{a multitude of units}인 것 이상으로, 명백히 단위들의 군집들{multitudes of units}이 아니다.
- 삼중 비{triplicate ratio 또는 triplicated ratio}-지칭된 비의 삼승; 위의 이중 비 참조.

갈릴레오의 물리적 용어와 그들의 영어 번역

- braccio-길이의 척도, 여기서는 번역하지 않고 그냥 두었다. 브라초{bráh-cho}라고 읽으며; 복수형은 브라차{braccia, bráh-cha}라고 읽는다. 문자 그대로의 뜻은 팔{arm}이다; 갈릴레오 시대의 피렌체 브라초는 58.4 센티미터, 또는 1 인치 모자라는 2 피트였다. 여기서는 반-브라초에 대해 '푸트{foot}'가 쓰였다. 다른 척도들도 친근한 근사적인 등가량들을 사용하여 영어로 주어졌다.
- conficere-지나가다{traverse}. 고전적인 라틴어에서는, 갈릴레오가 어떤 거리를 움직였다는 뜻으로 사용한 이 단어가 그런 뜻을 가지고 있지 않았고, 오히려 만들다{make}, 끝내다{complete} 또는 (이동에 의해) 감소하다{diminish}의 뜻을 가졌다. {마지막 뜻은} 어떤 것의 작용이 종종 그 자신을 감소시키거나 또는 없애버리기 때문이다. Conficere는 갈릴레오의 시대에 운동을 나타나는데 일상적으로 사용되지 않았는데, 그의 운동에 대한 가장 초기의 연구 기록에서는 몇 군데 보인다. 거기서, 그의 출판된 책에서와 마찬가지로, 이 단어는 peragere와 같은 뜻으로 쓰였다; conficere가 운동에 대한 그의 후기 저술에서 상대적으로 보다 자주 나타나는

것으로 보인다. 통과한다는 개념에 대해 각각의 경우에 갈릴레오가 어떤 용어를 택했는지 독자가 알 수 있도록 하기 위해 peragere는, 아마도 좀 더 능동적인 뜻을 가진, 통과하다{run through}로 번역된다. 당시에 좀 더 일상적으로 쓰였던 다른 단어들은 transire와 pertransire인데, 이들은 TNS에서는 거의 보이지 않는다. 그들이 사용된 경우에는, 각각 '가로지르다{go through}'와 '움직이다{pass through}'로 번역된다. 위의 모든 단어들은 거리나 공간과 관련이 있다; 주어가 운동 자체, 또는 시간일 때는 갈릴레오의 일반적인 단어는 absolvere이며, 여기서는 '완료하다{finish}' 또는 공간과 관계될 때는 '경과하다{cover}'로 번역된다.

- equabile-균등한{equable}. 이 단어는, 중세와 현대의 물리학자들에 의해 일상적으로 사용되는, '균일한{uniform}'과 동의어이다. 왠지 모르지만 갈릴레오는 '균일한'이라는 단어를 거의 쓰지 않았는데, 쓴다고 하더라도 '균등한'과 결합하여 쓰거나 또는 '균등한'에 대한 추가적인 설명으로 썼다. 본문에서 '균일한{uniform}'이 나오는 경우, 자귀 그대로 번역하였다.
- gravitá-무거움. 이 단어는 무게(peso)를 가진 물체의 아래로 움직이는 경향을 뜻한다. 경향으로서의 무거움은 그 성질인 무게{weight}와 동일한 것으로 간주되지 않았다. 물론 무게로 계측되기는 하였지만. 때때로 두 단어가 한 문장에 나타난다. 때로는, 자유 낙하 중에 지속되는 gravitá와 자유 낙하 중에는 사라지는 peso는 구분되었는데, 이는 갈릴레오의 물리학이 지구 표면에 가까운 물체들만 다룬다는 것을 감안하면, 우리가 오늘날 마치 질량과 무게를 구분하는 것과 비슷하다. 복수형으로 사용될 때, gravitá는 독서의 편의를 위해 무게들{weights}로 번역된다. (갈릴레오에 의해 거부되었지만) 아리스토텔레스에 의해 자연스럽게 위로 운동하는 것처럼 보이는 것들이 가지고 있는 성질로 간주된, '경성{levity}'에 반대되는 뜻일 때만 '중성{gravity}'으로 번역된다.
- impeto-격동량{impetus}. 이 단어는 보통 갈릴레오에 의해 아래에서 설명하는 momento와 자유롭게 교환될 수 있는 것으로 여겨졌다. 한 경우에, 갈릴레오는 말뚝 위에 단지 놓여만 있는 무게의 격동량에 대해 언급한 적이 있는데, 이는 격동량이 실제 운동뿐만 아니라 가상 운동에도 존재하는 것으로 간주할 수 있다는 것을 시사한다. 격동량은 때로는 마치 '속력{speed}'과 동의어처럼 취급되는데, 이것은 동일한 물체의 두 운동이 비교될 때만, 따라서 momento의 무게 부분이 같아서 무시될 수 있는 때만 성립한다. 이전의 '대화{Dialogue}'에서, 격동량이 '각인력

{impressed force}'으로 언급된 적이 있지만, 살비아티는 이 책에서 그런 사용에 찬성하기를 거부한다. 여기서 격동량은 힘처럼 운동의 원인{cause}이라기보다는 운동의 결과{effect}이다. 이 단어는, 논의하는 운동이 무거운 물체의 운동일 때, 운동 자체와 보통 구분되지 않는다.

- infiniti-무한히 많이{infinitely many}. 몇 군데서, 의미상 양보다는 크기에 대해 말할 때, '무한히 크게{infinitely great}'를 뜻한다.
- latio-움직임{movement}. 이와 같은 번역이 갈릴레오가 동의어지만 훨씬 더 일반적인 motus, '운동{motion}'을 언제 사용하지 않는지 독자로 하여금 알 수 있게 할 것이다. 이 단어는 움직임이라는 뜻으로 잘 사용되지 않으나, 윈프레드 위산 박사{Dr. Winfred Wisan}에 의해 내게 지적된 바와 같이, 처음 출판된 아르키메데스의 '나선들에 대하여{On spiral lines}'의 라틴어 번역(1544)에서 사용된 바 있다.
- mobile-움직일 수 있는 것{moveable}. 철자를, 이 또한 가끔 쓰이는 형용사 '움직일 수 있는{movable}'과 구분하기 위해서, 보인 것과 같이 선택한, 이 매력 없는 영어 명사는 내 생각으로는 필수적이다. 왜냐하면 '움직일 수 있는 물체{movable body}'라고 자유스럽게 번역할 때 이입될 수도 있는 기술적인{technical} 그리고 철학적인 암시 때문이다. 움직일 수 있는 물체라는 용어는 알버투스 마그누스{Albertus Magnus}에 의해 사용되었는데, 토마스 아퀴나스{Thomas Aquinas}는 마그누스의 학생을 통해 그 적절성에 대해 반박하고 '움직일 수 있는 존재{movable entity}'를 선호했다. 왜냐하면 물체의 본성은 물리학의 적절한 주제가 아니고 형이상학의 주제이기 때문이다. 물체(body, cor(p)s, corpus)라는 단어를 근대 물리학에 도입한 사람은 갈릴레오가 아니고 데카르트였다. 초기의 물리학에서, 움직일 수 있는 것(mobile)은 움직이게 하는 것{mover}(movens, motor)과 항상 구분되었으며, '움직일 수 있는 것'의 번역으로서의 '움직이는 물체{moving body}'는 현대의 독자에게 다른 물체를 움직이게 하는 물체를 뜻할 수도 있다. 갈릴레오의 '움직일 수 있는 것'은 항상, 지구 표면의 근처에 있는 무거운, 느낄 수 있는 대상{object}으로 생각되었다. 나아가, 단 문맥상 그 둘 다를 의미하지만 않는다면, 움직일 수 있는 것은 작용하는 것이 아니라 작용을 받는 것이다.
- momento-모멘트{moment} (복수형은 moments) 또는 운동량{momentum} (복수형은 momenta.) 후자의 번역은 문맥상 운동을 뜻할 때 사용된다. 정역학적 모멘트는 갈릴레오에 의해 지레의 팔{arm}을 통해 작용하는 무게의 실제의 아래를 향

하는 경향으로 이해되었으며, 그는 이 양을 무게와 거리의 곱으로 취급하였는데, 이는 무게와 거리 중의 하나의 변화가 나머지 양의 정확하게 반비례하는 변화에 의해 보상되기 때문이다. 반면에, 운동량은 무게와 속력의 복합된 경향이다; 지구 가까이에서는 우리가 mv로 표시하는 현대의 통상적인 운동량의 개념과 등가량이다. 갈릴레오는 또 momento di ...라는 표현을 사용하는데, 이것은 '의 모멘트{moment of}'로 번역되며 대체적으로 속력 또는 무거움 또는 그와 유사한 것들 '의 유효함'을 뜻한다-이 개념은 때로는 grado di ...{로 표현되며} '의 정도{degree of}'로 번역된다.

- mutatio-변위{displacement}. 이 용어는 갈릴레오에 의해 자주 사용되지는 않았으며, latio 또는 motus와 본질적으로 다른 것을 의미하지 않았던 것으로 보인다. 아리스토텔레스에게는 이 단어가 두 끝점 사이의 전체적인 변화를, 사이에 끼어 있는 구간을 지나는 실제의 운동과 구분하는데 사용되었다. 따라서 운동{motion}은 그럴 수 없었지만, 'mutation'은 진정한 의미에서 순간적일 수 있었다. 변위라는 번역어는 독자로 하여금 언제 이 단어가 사용되었는지를 알 수 있게 해 준다; 이를 'mutation'으로 번역하지 않은 이유는 일상의 영어에서 이 단어가 질적인 변화의 뜻을 내포하고 있기 때문이다.
- parti non quante-정량화할 수 없는 부분들{unquantifiable parts}. 아래의 parti quante 참조. 샐러스베리{Salusbury}와 웨스톤{Weston}은 외견상 보다 논리적 용어인 '정량화되지 않은 부분들{unquantified parts}'을 사용했지만, 이 용어는 '정량화되지 않았거나 또는 정량화될 수 없지 않지만 어떤 주어진 숫자에도 대응되는 부분들'-즉 '무한히 많은{infinitely numerous}' 것이 아니고 '정할 수 없이 많은{indefinitely many}' 부분들의 뜻을 가진, 갈릴레오가 사용하는 세 번째 분류와 혼동을 야기한다. 정량화할 수 없는 부분들의 본질적인 특성은 그 부분들이 셀 수 없으며 크기{size}를 가지지 않는다는 것이다; 그들은 오직 무한 집합체들{infinite aggregates} 내에서만 존재하는데, 집합체들은 유일하지는 않지만 필연적으로 유한한 크기를 가진다. 개별적인 부분들로서는, 또는 필연적으로 집합체 내에서는 그 수가 유한한(만약 그러한 것을 생각할 수 있다면), 정량화할 수 없는 부분들은 크기를 가지지 않을 것이며, 모든 면에서 수학적 점과 등가일 것이다. 단 갈릴레오가 경우에 따라 설정한 채워진{filled} 점들과 비워진{void} 점들 사이의 물리적 구분에 관한 것만 제외하면.

- parti quante-정량화된 부분들{quantified parts}. 이 용어는 샐러스베리와 웨스톤 두 사람에 의해 모두 수용된 표현이다. 그 개념은 기술적인 것이므로, 번역에서 쉽게 알아 볼 수 있을 만큼 기술적 용어를 사용해야 한다. 정량화된 부분들은 세어질 수 있다; 따라서 그들은 크기{dimension}를 가져야만 하며, 수학적 점들이 될 수 없다. 갈릴레오에 의해서 강조되는 것은 통상 가산성{countability}의 개념이며, 따라서 quante는 '그렇게 많이{so many}'의 뜻을 주로 가진다. 그러나 때로는 크기의 개념이 강조되어 그 때는 quante는 '그렇게 크게{so big}'의 뜻을 가진다. 정량화된 부분들은 항상 분할될 수 있으며, 따라서 그들은, 중세의 아리스토텔레스 학파들의 토론에서 그렇게 중요했던, minima naturalia[9]와 일반적으로 동일시 될 수 없다. Minima naturalia는, 수학적 이유보다는 물리적 이유 때문에 분할될 수 없는, parti quante의 특별 등급을 구성할 수는 있다. 갈릴레오는 자연 내의 그러한 입자들(원자들)의, 무언가 다른 것(불 또는 빛 같은)으로 변환되지 않으면서 물리적 분할이 불가능한 입자들의 존재를 인정한 것으로 보인다; 그러나 그는 이 책에서 이 개념을 자세하게 논의하지 않는다.
- resistente-대항{resistent}. 이 철자는 형용사 resistant로부터 명사를 구분한다. 이 용어는 매체{medium}, 또는 논의 중인 움직일 수 있는 것의 운동에 대해 저항을 제공하는 다른 물체에 대해 적용된다.
- vacuo-빈 공간{void}. 문자 그대로 void의 뜻을 가진, 따라서 그렇게 번역되는, voto라는 단어를 갈릴레오가 사용하기는 하지만, 진공{vacuum}이라는 번역은 심지어 공기의 배제만을 뜻하는 단락에서도 충분히 오도할 것이다. 마찬가지로, vacuo가 형용사적으로 사용될 때는, '비어 있는{empty}' 보다는 '빈{void}'으로 번역되었다. 왜냐하면 항상 논의의 핵심은 전형적인 물리적 세계에 존재하는, 힘이나 인공의 결과로서가 아닌, 자연 내의 빈 공간{void spaces}의 가능성이기 때문이다. 그 크기에 의해 구분되는 두 종류의 빈 공간이 관례적으로 토론되었다. 대부분의 저자들은 거시적 공간{macroscopic void} 보다는 간극 공간{interstitial void}에 대해 거부감을 덜 느꼈다. 아리스토텔레스는 둘 다 거부하였다; 그러나 갈릴레오가 지적한 바와 같이, 아리스토텔레스의 주요한 주장은 그 안에서 어떤 운동이 생각되어 질 수 있는 임의의 빈 공간에 대한 거부였다. 그러한 이유 때문에, 갈릴레오

9) 문자적으로는 '자연 내의 최소 존재들{smallest entities in nature}'의 뜻이다.

는 최소한 한 군데에서, 그의 크기가 없는{dimensionless} 간극 점-공간{interstitial point-voids}은 심지어 아리스토텔레스에 의해서도 거부되지 않았을 것이라고 시사한 바 있다.

- velocitá-속력{speed}. 방향과 관계없는 스칼라 량. 넷째 날에서 갈릴레오는 벡터 덧셈에 대한 규칙을 주고 있지만, 거기서 그는 velocitá 보다는 격동량{impeto}에 대해 논의하고 있다.

◀ 주석에 쓰인 약칭 ▶

'시금기'{Assayer}	Galileo, '시금기'{The Assayer}[10), S. Drake & C. D. O'Malley의 '1618년의 혜성에 대한 논쟁'{The controversy on the comets of 1618}, Philadelphia, 1960.
'수중 물체들'{Bodies in Water}	Galileo, '수중 물체에 대한 담론'{Discourse on Bodies in Water} 번역, T. Salusbury, Urbana, 1960.
'대화'{Dialogue}	Galileo, '두 주요한 우주계에 대한 대화'{Dialogue Concerning the Two Chief World Systems}, 번역, S. Drake, Berkeley and Los Angeles, 1953 또는 1967.
'이탈리아의 역학'{Mechanics in Italy}	S. Drake & I. E. Drabkin, '16세기 이탈리아의 역학'{Mechanics in Sixteenth-Century Italy}, Madison, 1969.
'역학에 대하여'{On Mechanics}, '운동에 대하여'{On Motion}	I. E. Drabkin & S. Drake, Galileo: '운동에 대하여'와 '역학에 대하여'{On Motion and On Mechanics}, Madison, 1960.
'총서'{Opere}	갈릴레오 '총서'{Opere di Galileo Galilei}, A. Favaro 편집, 국판본{Edizione Nazionale}[11). Florence, 1890-1910, 또는 재발행본(문헌 목록의 항목 14 참조). 권수를 밝히지 않은 인용은 제8권을 뜻하며, 제8권의 페이지를 이 책에서는 보인다.

10) 광물의 금속함량을 시험하는 기기.
11) 국비로 출간되는 판본{National Edition}을 뜻한다.

두 새로운 과학

DISCORSI
E
DIMOSTRAZIONI
MATEMATICHE,

intorno à due nuoue ſcienze

Attenenti alla

MECANICA & I MOVIMENTI LOCALI,

del Signor

GALILEO GALILEI LINCEO,

Filoſofo e Matematico primario del Sereniſſimo
Grand Duca di Toſcana.

Con vna Appendice del centro di grauità d'alcuni Solidi.

IN LEIDA,
Appreſſo gli Elſevirii. M. D. C. XXXVIII.

Galileo Galilei

Lincean Academician

Chief Philosopher and Mathematician to the
Most Serene Grand Duke of Tuscany

Discourses
&
Mathematical Demonstrations
Concerning

Two New Sciences

Pertaining to
Mechanics & Local Motions

With an Appendix
On Centers of Gravity of Solids

Leyden

At the Elzevirs, 1638

* * *

To which is added a further dialogue
On the Force of Percussion

가장 고귀하신 귀족, 노아이이{Noailles} 백작[1] 각하에게 43

교황폐하의 평의원; 성령 기사단의 기사; 육군 원수; 로베르그{Rovergue}의 집사 겸 지사; 폐하의 오오베르느{Auvergne} 총독; 저의 영주, 최고 보호자

가장 고귀하신 경에게:

각하의 관용으로 인하여, 저의 이 저술에 대해 각하께서 즐거워하시는 뜻을 인지하고 있습니다. 각하께서 아시다 시피, 저의 다른 저작들로부터 생긴 불운에 의해 혼란스럽고 당황스러워, 제 노고의 산물을 더 이상 대중들 앞에 내어 놓지 않겠다고 저 스스로는 결심한 바가 있음에도 불구하고 말입니다. 하지만 제 저술들이 완전히 매장되지 않게 하기 위해서, 제 원고의 사본을 어딘가에 남겨 두는 것이 좋겠다고 생각을 바꾸게 되었습니다. 그렇게 하면 최소한 제가 다룬 주제들을 이해하는 사람들에게는 알려질 수 있을 것입니다. 따라서 최선의 그리고 가장 고결한 그런 장소로써, 각하의 수중에 제 저술을 남기기로 택하였으며, 저는 각하께서, 저에 대한 각하의 특별한 애정으로, 제 연구와 노고의 보존을 기꺼이 맡아 주실 것을 확고하게 느끼고 있었습니다. 그러므로 각하께서 로마 대사관으로부터 돌아오시는 길에 이곳을 지나는 여로 중에 직접 각하를 뵐 수 있게 된 영광을 가지게 되었을 때(제가 이전에 자주 편지로 각하에게 인사를 드린 것처럼), 이들 두 저술에 대해 준비하여 가지고 있던 사본을 각하께 드릴 수 있는 기회를 가졌습니다. 각하께서는 자애로우시게도 그들을 받으신 것과 또 안전하게 보관하실 것에 대해 매우 즐거워 하셨고, 그리고 이들 두 과학에 소질이 있는 각하의 어떤 친구 분들과도 함께 제 저술을 프랑스에서 공유함으로써, 제가 비록 침묵하고 있지만, 그렇다고 제 삶을 아무 것도 하지 않으면서 보내지 않았다는 것을 보여 주실 수 있는 것에 대해서 기뻐하셨 44
습니다.

저는 그 후 독일, 플랜더스{Flanders}[2], 영국, 스페인, 그리고 아마도 이탈리아의 어딘가에 보낼 사본들을 준비하고 있었습니다만, 그 때 엘제비어사{Elzevirs}[3]로부터 저의 이 저술이 인쇄 중이라는 연락을 받았으며, 따라서 저

1) 그는 갈릴레오의 제자이기도 하였다.
2) 현재의 벨기에, 프랑스, 네덜란드에 걸쳐 있던 지역을 뜻한다.

는 헌사에 대해 결정을 내리고 저의 결정을 그들에게 알려야만 하게 되었습니다. 이와 같은 예기치 않았던 놀라운 소식을 접하고, 저는, 저의 여러 저술들을 공유함으로써, 저의 명성을 높이고 널리 알리려는 것이 각하의 의도였다고 결론을 내렸으며, 그러한 이유로, 저의 다른 저술들의 인쇄에도 종사하고 있으며, 그들의 단정하고 정교한 인쇄로 저의 이 저술들도 빛을 볼 수 있게 함으로써 저를 명예스럽게 하려고 하는 출판업자의 수중에 제 저술을 넘기신 것으로 이해하였습니다. 그러므로 저의 이 저술들이 위대한 판사의{각하의} 상을 받는 그런 그들의 행운으로 인해 다시 살아나게 되었습니다. 각하께서 모든 사람에게 존경받으시도록 하는 불가사의한 여러 가지 덕목의 조합, 비교할 수 없는 관용, 각하의 견해로는, 저의 이 저술들이 꼭 기여할 것으로 보이는, 공익을 위한 열정으로부터, 각하께서는 제 저술들의 명예의 한계와 경계를 넓히고자 하셨습니다.

일이 이렇게 되었으므로, 무언가 확실한 방법으로, 제가 각하의 너그러운 자애를 인지하고 있음을 제 스스로에게 보여야 하는 것이, 확실히 사리에 맞을 것입니다. 왜냐하면, 저의 명성이 보다 좁은 공간에 갇혀 있어야만 하는 것으로 제게 보였을 때, 열린 하늘 아래 저의 저술들의 날개를 자유롭게 펼 수 있게 함으로써 저의 성망을 고양하시고자 하신 분이 바로 각하이시기 때문입니다. 따라서 고귀하신 각하의 명칭에, 여기 저의 자손을 헌정하고 신성하게 하는 것이 정당할 것입니다. 저는 이 행동을, 저의 누적된 의무에 의해서뿐만 아니라 제 스스로의 이익을 위하여 해야만 하는데, 왜냐하면, 제가 그렇게 말씀드려도 괜찮다면, 각하께서 저를 적들의 명단에 오르게 하셨으므로, 각하께서는 이제 제 명성을 공격하는 어느 누구로부터도 저의 명성을 지켜주셔야 하는 의무를 지게 되셨습니다. 그러므로 저는, 각하의 깃발과 보호 아래 전진하며, 각하께 겸손하게 경의를 표하고, 또 각하께서, {제게 베푸신} 이와 같은 은혜에 대한 보답으로, 모든 행복과 위대함의 극상을 받으시기를 기원합니다. 아르체트리{Arcetri}[4]로부터, 1638년 3월 6일.

각하의 가장 헌신적인 종복 드림.

갈릴레오 갈릴레이

3) 이 책을 1638년 출판한 네덜란드의 출판사이다.
4) 갈릴레오가 1642년 죽을 때까지 연금되었던 피렌체 남쪽 시골 도시이다.

출판인이 독자에게 45

문명적인 삶은 상호적이며 증진되는 우리들끼리의 도움을 통해 유지되고, 또 이와 같은 목적은 주로 예술과 과학의 사용에 의해 만족되므로, 예술과 과학의 발명자들은 항상 큰 숭배를 받아 왔으며, 고대의 현자들로부터 크게 존경되었다; 발명이 훌륭하거나 또는 유익할수록 그 발명자에게 주어지는 칭찬과 명예는 더욱 커서, 심지어는 그들을 신격화하였고, 인류는 공동적 승인 하에, 저자들에 대한 기억과 그들의 안녕을 최상의 명예인 그와 같은 표상을 통하여 영속하기를 원하였다. 마찬가지로, 엄청난 칭찬과 숭배를 받아야만 하는 사람들이 있다. 그들 정신의 예리함으로, 출중한 사람들에 의해 제안되었고 여러 세대 동안 진리로 받아들여졌던 많은 명제의 허구와 오류를 드러냄으로써, 이전에 발견된 것을 개선한 사람들이다. 왜냐하면, 그와 같은 드러내 보임은 칭찬받을 만한 가치가 있기 때문인데, 심지어 발견자 스스로 얻기 어려운 진리를 도입하지 않고 무언가 허위를 제거하기만 했다고 하더라도 그러하다. 연설의 왕자는 그래서 선언한다: '오, 우리가 허위를 반박하는 것처럼 쉽게 진리를 얻을 수 있다면!'[1]

그리고 실제 우리의 지난 이 몇 세기가 그런 칭찬을 받아 왔는데, 이 기간 동안, 고대인이 발견한 예술과 과학이, 통찰력 있는 인재들의 작업을 통해서 또한 많은 시험과 숙련에 의해서, 위대하고 또 끊임없이 증대되는 완벽에 도달하게 되었다. 이와 같은 사실은 수학적 과학에서 특히 현저한데, 이 분야에서는 린체이
{Lincei}[1] 회원인 우리의 갈릴레오 갈릴레이 선생이 최고의 위치를, 정당하게, 의 46
심의 여지없이, 그리고 모든 전문가들의 찬사와 찬성에 의해 차지하고 있다. 그는 다양한 결론들과 관련하여 많은 주장들의 비확정성{inconclusiveness}을 보였는데, 이는 그의 이전 저술에 가득 찬 철저한 논증을 통해 확인되었으며, 또한 망원경을 이용하여 발견한 사실들을 통해 그와 같은 위치를 점하였다. 망원경은 우리나라[2]에서 먼저 만들어졌지만, 그에 의해 훨씬 고도의 완벽에 이르게 되었다. 그는 누구보다도 먼저 목성의 네 위성, 은하수의 진정하고 확실한 본질, 흑점, 달의 거친 표면과 어두운 반점들, 세 물체로 이루어진 토성, 뿔 모양

1) 단어적인 뜻은 스라소니{lynx}이며, 로마에 있었던 학회의 이름으로, 갈릴레오는 이 학회의 회원이었다. 이하의 본문에서 **학회원**{Academician}은 갈릴레오를 지칭한다.

2) 엘제비어사는 네덜란드 출판사이며, 망원경은 1608년 네덜란드에서 최초로 발명되었다.

의 금성, 혜성들의 본질과 위치에 대한 소식을 우리에게 전해 주었다. 이러한 모든 것들은 고대의 천문학자나 철학자들에 의해 알려지지 않았던 사실이며, 따라서 그는 천문학을 복원시켰고 또 천문학을 새로운 빛으로 밝혀 세상에 선사하였다고 말할 수 있다. 궁극의 창조주의 권능, 지혜, 선이 나머지 피조물에서 보다 더욱 명확하고 존경스럽게 하늘과 천체에서 나타나는 만큼이나, 위의 모든 발견은, 이런 지식을 개봉했고, 또 우리들로부터 엄청난, 거의 무한한 거리에 있음에도 불구하고 그런 물체들을 명확하게 보일 수 있도록 한 사람의 위대함과 공로를 앙양한다. 그러므로 통상 사람들이 말하기를, 보는 것{seeing}에 의해 딱 하루 동안 배우는 것이 수도 없이 반복된 교육에 의해 배우는 것보다 많다고 한다. 그것도 훨씬 더 정확하게. 또한 누군가가 말했듯이 직관적인 지식은 정의{definition}와 같은 수준에 있다.

신과 자연에 의해 이 사람에게 주어진 은혜(하지만 오직 노고와 철야에 의해 얻어진)는 이 저술에서 더욱 더 명확한데, 이 책에서 그는 두 온전한 새로운 과학의 발견자로 보이며, 두 과학은 제1 원리와 그 기초로부터 확정적으로, 즉 기하학적으로 입증되었다. 이 저술을 더욱 주목하게 하는 것은 이 두 과학 중의 하나는 자연에서 가장 중요한 주제 중 해묵은 주제인데, 이는 모든 위대한 철학자들에 의해 사색된 주제였으며, 수많은 저서들이 쓰여 진 주제이다. 나는 국부 운동에 대해서 언급하고 있는데, 책의 이 부분은 경탄할 만한 성질을 무한히 가지고 있지만 그들 중 어떤 것도 이전에 누구에 의해서도 발견되거나 입증된 적이 없다. 그가 입증한 다른 또 하나의 과학은 딱딱한 물체가 힘을 받을 때 분리{separation}에 대해 만들어 내는 저항에 관련되며, 특히 기계적인 기술{arts}이나 과학 내에서는 대단한 실용성을 지닌 주제이고, 또한 마찬가지로 이전에 주목된 바 없는 현상과 정리{theorem}로 가득 차 있다.

이들 두 새로운 과학에 대해, 시간이 지남에 따라 독창적인 이론가들에 의해 무한히 증가할 명제{proposition}들로 {이 책은} 그득하며, 이 책에서는 바깥 쪽의 문만 열렸으나, 입증된 수많은 명제들에 의해 가야할 길과 경로가 무한히 많은 이들에게 보였고, 이해력이 있는 사람들이라면 쉽게 이해하고 감사해 할 것이다.

1] 키케로{Cicero}, 'De natura deorum'{신들의 본질에 대하여} I.91.

이 저작에서 다루어진 주요한 주제들의 표[1]

47

1) 여기서 보인 쪽수는 국역본의 쪽수이다.

1] 처음 이틀간의 본질적인 내용을 바꾼 이 목차는 엘제비어사에 의해 작성되었다.
2] 때로는 **여섯째 날**이라고 불리며, 이 미완성의 대화는, 갈릴레오 저술의 2차 전집의 부분으로, 1718년 처음 출판되었다. 소위 **다섯째 날**은, 빈첸찌오 비비아니 {Vincenzio Viviani (1622-1703)}에 의해 1674년에 처음 출판되었는데, 이 책에 실리지 않았다.

첫째 날 49

대화자: 살비아티, 사그레도와 심플리치오

살비아티. 당신들의 유명한 {국영 조선소} 아르세날레{Arsenale}[1]에서 자주 접하는 경험은, 나의 베네찌아 친구들이여, 내게는 사색적인 기질을 가진 사람들에게 철학적 연구를 위한 넓은 분야를 열어주는 것으로 보이는데, 특히 역학이라고 불리는 분야에서 말입니다. 모든 종류의 도구와 기계들이 그 곳에서는 지속적으로 운용되고 있는 그 만큼 말씀이지요. 또 엄청난 숫자의 기술자들 중에는 꼭 이런 사람들이 있겠지요. 세심하고도 지속적으로 그들 스스로 해 온 {관찰}, 또 그들의 선배로부터 전수되어 온 관찰을 통해 진정으로 전문가이며 또 그 사고력이 최상급인 그런 사람들 말입니다.

사그레도. 말씀이 맞습니다. 그리고 저는 천성적으로 호기심이 많기 때문에, 개인적인 기분 전환을 위해, 또 우리가 최고 숙련공(key men[*Proti*])이라고 부르는 이들의 작업을 보기 위해 그 곳을 종종 방문하는데, 그들은 나머지 작업자들에 비해 무언가 탁월함을 가지고 있어 그렇게 부르지요. 그들과 얘기함으로써 저는 여러 번 도움을 받았는데, 주목할 만할 뿐만 아니라 심오하고 또 거의 생각하기 힘든 결과들의 이유에 대한 연구에 대해서였습니다. 실제로 저는 때때로 혼동에 빠진 적도 있고, 또 제 스스로의 눈에 의해 참이라고 입증되지만 저의 이해력과는 거리가 먼 일들이 어떻게 일어나는지 이해하기를 포기한 적도 있습니다. 그렇기는 하지만, 우리가 조금 전에 그 존경할 만한 작업자로부터 들었던 말은 보통 그렇게 말하고 또 믿고 있는 것이지요. 그럼에도 불구하고 저는 그 말이 전혀 근거 없는 것이라고 생각하는데, 배움이 없는 사람들이 하는 많은 다른 말들처럼, 제가 믿기에는, 그들이 이해하지 못하는 것과 관련하여 단순히 무언가 얘기할 수 있다는 것을 보여주기 위해서 하는 말이지요. 50

살비아티. 당신 뜻은, 아마도, 그 분이 얘기한 마지막 소견에 대한 것이지요,

1) 베네찌아의 국영 조선소 아르세날레(Arsenale)는 16세기에 16,000명의 기술자가 조립 및 일관생산 공정과 부품의 표준화를 도입하여 대량 생산의 길을 열었으며, 베네찌아 국가 예산의 10%, 국토 면적의 15%를 사용하고 있을 정도로 막중한 국가 기관이었다. 영역자들은 이를 보통명사로 생각하고 있으나, 갈릴레오에게는 고유명사였다.

그들이 지지용 설비, 기구, 지주, 블록, 그리고 강화용 도구들을 이제 진수되려고 하는 그 거대한 갤리{galley}[2] 주위에, 조그만 배들 주위에 놓은 것보다, 그렇게 훨씬 크게 만드는 이유를 우리가 이해하려고 할 때 그가 한 설명 말이지요. 스스로의 굉장한 무게 때문에 목재들이 동강나는 위험을 피하기 위해서인데, 그런 일은 작은 배에서는 일어나지 않지요, 라고 했지요.

사그레도. 예, 맞습니다, 특히 그가 덧붙인 마지막 구절인데요, 그 생각은 보통 사람들의 근거 없는 말이라고 쭉 생각하고 있습니다. 이와 같은 경우나 비슷한 상황에서, 이것은 우리가 작은 것으로부터 큰 것을 미루어 생각할 수 없는 그런 문제인데, 왜냐하면 많은 기계적인 도구들이 큰 크기{size}로 존재할 수 없는 작은 규모{scale}에서만 성공적이기 때문입니다. 이제, 역학에서의 모든 논리는 기하학에 그 토대를 두고 있는데, 저는 기하학에서 크기의 대소가 원, 삼각형, 기둥, 원추, 또는 어떤 다른 형상 또는[or] 고체에 대해 크다고 해서 작은 것들과 다른 성질을 가지게 하는 것을 알지 못합니다; 따라서 만약 큰 비계{scaffolding}가 작은 비계의 대응체에 대해 모든 부재를 비례하도록 크게 만들고, 또 작은 비계가 설계된 대로 사용될 때 견고하고 안정적이라면, 저는 큰 비계가 그 비계에 가해질 수 있는 불리하고 파괴적인 충격에 대해 왜 안전하지 못한지 알 수 없습니다.

살비아티. 보통의 {크면 불리하다는} 생각은 정말 근거가 없는데, 그 반대가 똑 같은 진리라고 주장될 수 있을 정도입니다; 우리는 많은 기계들이 작은 것보다 더 큰 규모로, 훨씬 완벽하게 작동하도록, 만들어 질 수 있다고 말할 수도 있지요. 예를 들어, 시간을 보여 주기도 하고, 때려서 소리가 나기도 하는 시계를 생각해 보지요; 어느 정도 큰 시계가 작은 시계들보다 정확할 것입니다. 이해력이 좋은 몇 사람들은 더 합리적인 이유로 보통의 생각을 택하는데, 그들은, 큰 기계에서 순수하고 추상적인 기하학적 증명과 일치하지 않는 결과의 발
51 생을 설명하기 위해, 많은 변종과 결함을 가지는 물질{matter}의 불완전함을 원인으로 돌립니다.

여기서, 건방지다는 비난을 받지 않으면서, 단언할 수 있을지는 모르겠지만, 가장 순수한 수학적 증명을 무력하게 할 수 있는, 물질의 불완전함을 이유로

2) 그리스, 로마 시대부터 대항해 시대 무렵까지 쓰인 선박으로 돛과 노를 같이 사용한 배였다.

돌린다고 하더라도, 추상적이고 이상적인 수학적 대응물과 비교하여 실제적으로 발생하는 기계의 실패를 설명할 수는 없다고 생각합니다. 그럼에도 불구하고 저는 그렇게 말씀드릴 것이며, 또 다음을 단언합니다. 물질의 모든 불완전함을 추상화하고, 그리고 물질이 아주 완벽하며, 불변적이며, 또 모든 우발적인 변화로부터 자유스럽다고 가정하면, 골조가 재료로 만들어졌다는 바로 그 사실이, 더 작은 것과 같은 재료로 같은 비례로 만들어진, 큰 골조가, 모든 면에서 작은 골조와 상응하도록 하지만, 단 격렬한 외부영향들[*invasioni*]에 대한 강도{strength}와 저항{resistance}은 제외됩니다; 그리고 구조물이 크면 클수록 비례하여 약해질 것입니다. 제가 물질의 불변성-즉 언제나 같다-을 가정하고 있으므로, 이 조건 때문에 다른 어떠한 영구적, 필수적인 성질과 마찬가지로, 순전히 수학적 증명을, 다른 어떤 것에 비해서도 덜 엄밀하지 않은, 증명을 보일 수 있다는 것은 명백합니다.

그러므로, 사그레도여, 아마도 역학을 공부했던 다른 많은 사람들과 함께 당신이 지금까지 가지고 있던 다음 생각을 포기하시지요. 같은 재료로 이루어져 있고, 부재들이 정확하게 같은 비례를 가지도록 만들어진 기계와 구조물이 당연히 외력들{external forces}과 충격들{blows}[*impeti*]에 동등하게(더 정확하게는, 비례하여) 저항하는(또는 항복하는) 성질을 가져야만 한다는 생각 말입니다. 왜냐하면, 큰 것들이 작은 것들보다 항상 비례하여 덜 저항적이라는 것을 기하학적으로 증명할 수 있기 때문입니다. 그리고 마지막으로, 사람이 만든 기계나 구조물뿐만 아니라, 자연적인 것들도 그들에게 필연적으로 주어진 한계를 가집니다. 항상 같은 형상의 비례와 같은 재료를 유지하는 한 기술이나 자연이 그 이상 넘어갈 수 없는 한계 말씀입니다.

사그레도. 저는 벌써 머리에 현기증을 느끼고, 번개에 의해 틈이 갈라진 구름처럼 휘저어 졌습니다. 처음에는 갑작스럽고 낯선 빛이 멀리서 저에게 손짓을 했지만, 바로 제 마음은 혼동되고, {빛의} 이상하고 소화되지 않은 환상들을 감추었습니다.

당신이 말씀하신 것으로부터, 비례하는 저항을 가지는 같은 재료로 만들어진 두 개의 상사한{similar}, 크기가 다른 구조물들을 만드는 것의 불가능성이 따라 52
야만 하는 것처럼 보입니다. 그러나 그렇다고 하면, 심지어 같은 나무로 된 두 개의 지팡이들도, 크기는 다름에도 불구하고 강도와 안정성이 상사한 지팡이들도 찾을 수 없을 것입니다.

살비아티. 그렇답니다, 사그레도여. 우리 둘이 같은 생각을 한다는 것을 더욱 확실히 해 두기 위해서, 제가 말씀드리지요. 벽에 직각으로, 즉 수평하게, 끼워 맞추어질 정도의 길이와 두께를 가지는 봉을 만들어 설치하였는데, 이 봉이 스스로를 지지할 수 있는 가장 큰 길이일 때, 그래서 머리카락 두께만큼만 더 길어도 그 자신의 무게 때문에 파괴된다면, 그와 같은 봉은 [그 형상과 크기에 있어] 절대적으로 하나밖에 없을 것입니다. 예를 들어 이 봉의 길이가 두께의 백 배라고 하면, 같은 재료로 만들어진 어떠한 다른 봉도, 이 봉처럼, 길이가 두께의 백 배이면서 딱 자신의 무게만 버틸 수 있고, 더 이상은 버틸 수 없는 그런 봉은 있을 수 없습니다; 왜냐하면 더 긴 봉은 부서질 것이며, 더 짧은 봉은 스스로의 무게 이상 어느 정도의 무게를 버틸 것이기 때문입니다. 또한 제가 자기-지지{self-support}의 상태에 대해 말씀드린 것은 다른 어떤 구조물{constituents}[*constituzione*]에 대해서도 동일하게 적용될 수 있으며; 그래서 각목{scantling} 하나가 열 개의 같은 각목의 무게를 버텨낼 수 있다고 하더라도, [기하학적으로] 상사한 보는 결코 열 개의 같은 보의 무게를 지탱할 수 없습니다.

여기서 당신과 심플리치오는, 참인 결론들이 첫눈에는 얼마나 불가능한 것으로 보일 수 있으며, 그렇지만 어떤 조그만 점만 지적되어도, 그 결론들이 진실을 가리는 그들의 외투를 벗음에 따라, 숨김없는 간단한 모습으로 얼마나 기쁘게 그들의 비밀을 자랑하는지에 유의해야 합니다. 왜냐하면, 세 또는 네 브라차[3]{braccia} 높이에서 떨어진 말은 그 뼈가 부러지지만, 같은 높이에서 떨어진 개나, 또는 여덟 내지 열 {브라차}, 아니 그 이상의 높이에서 떨어진 고양이는 아무런 해도 입지 않는 것을 누가 보지 않았겠습니까? 그래서 귀뚜라미는 탑에서 또 개미는 달에서 떨어져도 다치지 않습니다. 조그만 어린아이들은 어른이라면 다리 또는 머리가 상했을 낙상에서도 다치지 않습니다. 작은 동물들이 큰 동물들보다 비례하여 더 강하고 튼튼한 것과 마찬가지로, 작은 식물들도 스스로를 더 잘 지탱할 것입니다. 당신들 두 분 모두 참나무가 이백 피트 높이라면 보통 크기의 참나무처럼 퍼져 나온 가지들을 지탱할 수 없는 것을 잘 아시리라

3) 용어 풀이의 물리적 용어에서 설명한 바와 같이 1 브라초는 약 0.6 미터이므로, 3 ~ 4 브라차는 약 1.8 ~ 2.4 미터이다.

생각합니다. 오직 기적에 의해서만 자연은 말 스무 마리 정도와 같은 크기의 53
말을 만들 수 있으며, 사람보다 열 배 큰 거인을 만들 수 있습니다-만약 자연이 부재들의 비례를 크게 바꾸지 않는다면, 특히 골격의 비례를 그들의 보통 대칭성을 훨씬 벗어나 두껍게 하지 않는다면 말입니다.

마찬가지로, 우리가 만드는 기계가 크든 작든 똑 같이 실용적이고 내구적일 것이라는 믿음은 명백한 오류입니다. 따라서 예를 들어, 작은 뾰족탑, 조그만 기둥, 그리고 다른 형상의 고체들은 그들을 부수는 위험을 안지 않으면서 안전하게 길이를 늘이거나, 높이를 키우거나 할 수 있지만, 반면에 매우 큰 것들은 조금이라도 불리한 사고를 당하거나, 또는 자신들의 무게 이상의 어떤 힘을 받아도 여러 조각으로 부셔질 것입니다.

여기서 저는 여러분에게 들으실만한 가치가 있는 일을 꼭 말씀드리고 싶군요. 예상할 수 없는 모든 사건과 마찬가지로, 특히 사고를 미연에 방지하기 위해 취한 예방 조치가 바로 사고를 일으키는 엄청난 원인이 될 때에 대해서입니다. 매우 큰 대리석 기둥이 놓여 있는데, 양쪽 끝은 짧은 보들{sections of a beam} 위에 올려 져 있다고 하지요. 시간이 조금 지난 후, 직공 생각에 기둥이 자중에 의해 가운데서 부셔지는 것을 예방하기 위해 가운데에 비슷한 세 번째 지지대를 놓아두는 것이 현명할 것으로 보였습니다. 이와 같은 제안은 대부분 사람들에게 적절한 것으로 보이지만, 결과는 반대로 되었습니다. 몇 달 지나지 않아서 그 기둥은 금이 가고 부셔졌는데, 바로 중앙의 새로운 지지대 위에서 그렇게 되었습니다.

심플리치오. 정말 대단한 일이군요, 또 가장 생각하기 힘든 일입니다. 만약 이게 정말 가운데에 새로운 지지대를 추가한 것에 기인한다면 말이지요.

살비아티. 확실히 그로 인해 그렇게 된 것이지요, 결과의 원인을 알고 나면 놀라울 것이 없습니다. 왜냐하면, 기둥의 양쪽 부분들이 땅 위에 편평하게 놓여 있었는데, 기둥의 한쪽 끝을 지지하던 짧은 보{beam-section}가 썩어서 오랜 시간 동안 밑으로 내려앉았고, 반면에 가운데의 지지대는 든든하고 강하게 유지되고 있는 것을 볼 수 있었습니다. 이렇게 되자 기둥의 반쪽은 공기 중에 매달려 있게 되었고; 따라서 반대쪽은 지지대에 의한 힘을 잃게 되어 기둥의 과도한 무게가, 만약 기둥이 양쪽 끝의 원래 [보들]에 의해 지지되었으면 일어나지 않았을 일을 일어나게 한 것이지요, 왜냐하면 두 보들 중의 하나가 내려앉는다고 하더라도 기둥은 그냥 보와 같이 밑으로 내려갔을 테니까요. 같은 돌로 된 더 작은 기둥이었다면 의심의 여지없이 그런 사건은 일어나지 않았겠지요,
54 만약 그 길이와 두께의 비가, 더 큰 기둥의 길이와 두께의 비와 같다면 말씀입니다.

사그레도. 여기까지 결과의 진실성에 대해 믿음은 가지만, 어떤 재료가 커지면 바로 그 [크기]의 축적에 의해 그 저항과 강도를 왜 배가시키지 않아야 하는지 이해하기가 쉽지 않군요. 재료의 크기가 증가한 것보다 내구력과 파괴에 대한 저항의 증가가 더 큰 다른 경우들을 보면 저는 더욱 더 모르겠습니다. 예를 들어, 두 개의 못이 벽에 박히는데, 그 중 하나가 다른 것보다 두 배 두껍다고 할 때, 두꺼운 못이 두 배의 무게, 아니 세 배 또는 네 배까지 견디어 내거든요.

살비아티. 여덟 배라고 하시지요, 그러면 그게 실제로부터 그렇게 멀지 않을 겁니다. 그러나 이 결과는 앞의 경우와 모순되는 것이 아닙니다, 비록 겉으로 보기에는 모순되는 것처럼 보이지만.

사그레도. 그러면 우리를 위해 이들 난해한 점들을 제거해 주시지요, 살비아티여, 그리고, 만약 당신이 그렇게 할 방법이 있다면, 이들 불명료한 부분을 명백하게 해 주시지요, 정말 저는 이제 저항이라는 이 주제가 아름답고 유용한 고찰들로 가득한 분야라는 것을 생각하기 시작했습니다. 그리고 만약 당신이 이 주제를 오늘의 우리 토론 주제로 하실 의향이 있으시다면 그건 저에게 가장 환영할 만한 일이며, 심플리치오에게도 그러할 것으로 생각합니다.

살비아티. 제가 봉사를 마다할 수 없지요, 만약 저의 기억력이 제가 한 때 우리의 **학회원**[갈릴레오]으로부터 배운 것을 되살려 낼 수 있도록 해준다면 말입니다, 그 분은 이 주제에 대해 많은 생각을 하셨으며, 그의 관습에 따라 기하학적으로 증명하였고, 그렇게 해서 이 분야가 새로운 과학이라고 불릴 수 있게 되었지요. 아리스토텔레스를 필두로 다른 사람들에 의해 이 분야의 결론들이 얻어진 것이 있기는 하지만, 그 결론들은 가장 멋있는 것들은 아니며; 게다가 더욱 중요한 것은, 그러한 결론들은 주요하고 의문의 여지가 없는 기초로부터 필연적인 논증에 의해 증명되지 않았다는 점입니다.

제가 말씀드린 바와 같이, 저는 이 결론들을 논증에 의해 증명하기를 원하기 때문에, 또 그럴 듯한 주장으로 그 결론들을 당신들에게 그냥 설득하고자 하는 것이 아니기 때문에, 우리의 목적에 필요한, 지금까지 다른 사람들에 의해 다루어진 역학적 결론들에 대한 지식을 당신들이 가지고 있다고 가정하기로 합니다.

무엇보다도, 지팡이, 또는 그 부재들이 견고하게 연결되어 있는 다른 고체의 파괴 시 어떤 영향이 작용하고 있는지 고려해야만 합니다; 왜냐하면 이것이야말로 주요한 개념이며, 알려진 것으로 가정해야만 하는 제일의 단순한 원리를 내포하고 있기 때문입니다. 이 부분을 명백히 하기 위해, 원기둥{cylinder} 또는
각기둥{prism} AB를 그리는데, 나무 또는 다른 딱딱하고 점착성 있는 55
{coherent} 재료로 만들어졌으며, 상단 A에서 고정되어 있고, 연직 상태로 놓여 있습니다; 그리고 다른 끝 B에는 중량물 C가 매달려 있다고 하지요. 이 고체의 강인함과 부분들 사이의 상호 점착력이 얼마이든지 간에, 단지 그들이 무한히 [강하지]만 않다면, 그들은 잡아 다니는 중량물 C의 힘에 의해 극복될 수 있으며, 그 중량물의 무거움[*gravità*]은 우리가 원하는 만큼 증가될 수 있으므로, 이 고체는, 꼭 밧줄처럼, 결국 부셔질 것이라는 것은 명백합니다. 그리고 밧줄의 저항이, 밧줄을 구성하고 있는 다수의 대마 올{hempen fibers}로부터 생기는 것을 이해하는 것과 같이, 나무에서도 올과 필라멘트들이 길이 방향으로 늘어나는 것을 볼 수 있으며, 이 올과 필라멘트들이 같은 길이의 대마보다 나무가 파괴에 더 저항적이도록 만들지요. 돌이나 쇠로 만들어진 원기둥에서는 부분들 사이의 점착력이 더 더욱 크며, 그들의 올이나 필라멘트 이외의 다른 점착료{cement}에 따라 점착력이 달라집니다. 심지어 이런 [원기둥들]도 충분히 큰 힘으로 잡아 다니면 파괴됩니다.

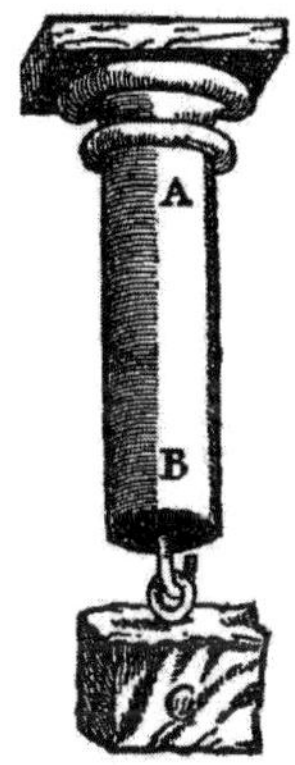

심플리치오. 이 일이 당신이 말씀하시는 것처럼 진행된다면, 나무 자체와 같은 길이인 나무 안의 필라멘트가 그것을 파괴하려고 가해지는 큰 힘에 저항하고 강하게 만드는 것에 대해서는 이해합니다. 그러나 각각 둘 또는 세 브라차보다 길지 않은 대마의 실로 만들어진 밧줄이 어떻게 해서 백 브라차 정도 길게 되는지 게다가 그렇게 강하게 되는지요? 그런 필라멘트들을 가지지 않지만, 제가 틀리지 않았다면, 더욱 강인한, 금속들, 돌들 그리고 다른 재료들의 부분들 사이의 결착{attachment}과 관련하여 또한 당신의 견해를 듣고 싶군요.

살비아티. 만약 우리가 지금 언급하신 문제점에 대한 해답을 찾으려면, 우리

목적과 크게 관련이 없는 새로운 문제로 벗어나야 합니다.

사그레도. 만약 그와 같은 벗어남이 새로운 진리에 대한 지식을 가져다 줄 수 있다면 어찌 문제가 되겠습니까? 우리는 어떤 폐쇄된, 간명한 방법에만 전념하겠다고 맹세한 것이 아니고, 다만 우리의 즐거움을 위해 만나잖아요. 우리가 지금 다른 문제를 다룬다는 것은 정보를 잃지 않기 위함이며; 만약 우리가
56 이 기회를 놓친다면, 언제 또 다시 그 문제를 다루게 될 지 누가 알겠습니까? 사실, 우리가 원래 찾던 대답보다 더욱 재미있는 진기한 것을 발견할 수 없을 것을 우리가 어떻게 알지요? 따라서 저는 심플리치오가 만족할 수 있도록 해 주시기 바랍니다; 저 또한 그보다 이 문제에 대해 덜 호기심이 있다거나, 또는, 최종적으로 파괴됨에도 불구하고, 고체의 부분들을 그렇게 강인하게 붙들어 매고 있는 점착료가 무엇인지 덜 알고 싶어 하는 것도 아닙니다. 게다가, 이 지식은 어떤 고체들을 구성하고 있는 바로 그들 필라멘트 부분들 사이의 점착력에 대한 이해에도 필수적이니까요.

살비아티. 저는 여기 봉사하기 위해 있으므로, 여러분이 원하시는 대로 하지요. 첫 번째 문제는, 각각 둘 또는 세 브라차 밖에 되지 않는데, 백 브라차 길이의 밧줄의 필라멘트가 그들을 분리시키기 위해서는 대단한 힘[*violenza*]이 필요할 정도로 어떻게 그렇게 견고하게 연결되어 있나 하는 것이지요. 좋습니다, 심플리치오여, 제게 말씀해 주시지요: 당신이 대마 실{thread}[4]의 한 끝을 손가락들 사이에 단단히 잡고 있는데, 반대쪽을 잡아당기는 제가 실이 당신 손에서 벗어나기 전에 그 실을 자를 수 있을 만큼, 단단히 잡고 있을 수 없습니까? 당연히 할 수 있지요. 이제, 만약 대마 실들이 한쪽 끝에서 충분히 강하게 잡아당겨지고 있지는 않지만, 그 실들이 그들을 둘러싼 실들에 의해 전체 길이에 걸쳐 단단히 붙들려 있다면, 누군가가 그 실들을 파괴하는 것보다 실들이 서로로부터 떨어져 나가도록 그들을 잡아당길 때 훨씬 힘들 것이라는 점이 명백하지 않습니까? 그러나 [밧줄을 만들 때] 실들을 꼰(twist) 바로 그 행위가 실들을, 나중에, 밧줄을 큰 힘으로 잡아당길 때, 그 필라멘트들이 서로로부터 분리되기보다는 잘라지도록, 그런 식으로 실들을 서로 결속하고 있지요. 이와 같은 점은 잘라진 끝들에 있는 필라멘트들이 매우 짧은 것을 보아 명백히 알 수 있

4) 실{thread}은 필라멘트{filament}나 올{fiber}보다는 두껍고, 줄{cord}보다는 얇으며, 밧줄{rope}은 줄보다 두꺼운 것을 뜻한다.

는데, 밧줄이 그 필라멘트가 잘라져서 분리된 것이 아니고, 단지 필라멘트들끼리의 분리와 미끄러짐 만에 의해 잘라졌을 때는 잘라진 끝의 필라멘트의 길이가 일 브라초 또는 그보다 약간 길게 됩니다.

사그레도. 이 사실을 입증하는 것으로, 때로는 밧줄이 길이 방향으로 잡아당기는 것에 의해서가 아니라 단지 밧줄을 과도하게 비틂으로써 잘라진다는 점을 첨언합니다. 이와 같은 점이 다음 사실을 결정적으로 확언하는 것처럼 보이는군요. 밧줄의 실들이 그들 사이에, 힘을 가하는 실들이 힘을 받는 실들로 하여금 조금도 움직일 수 없게 하는 방식으로, 서로 압축되어 있다는 것이지요. 만약 움직일 수 있도록 허용된다면 [바깥 쪽의] 턴{turn}들이 충분히 늘어나 밧줄을 감아 돌 수 있고, 비틀림을 받는 밧줄은 짧아지고 따라서 약간 두꺼워 지지요.

살비아티. 맞습니다; 이제 하나의 진리가 다른 진리를 어떻게 같은 대열에
동참시키는지 보기로 하지요. 그 단단히 잡혀있는 실의, 힘을 가하여 손가락 사 57
이에서 빼어 내려고 하는 사람에게 복종하지 않는 실의, 저항은 이중 압축에 의해 유지되는데, 서로를 누르고 있는 손가락의 아래 손가락에 못지않게 위의 손가락이 실을 누르기 때문입니다. 의심의 여지없이, 만약 두 누르는 힘이 분리될 수 있다면, 한 힘 혼자서는 두 힘이 결합해 있을 때의 힘이 만들어내는 절반의 저항만 만들어 낼 수 있을 것입니다. 하지만, 예를 들면 위의 손가락을 올려서, 나머지를 같이 제거하지 않으면서 그 하나의 힘을 없앨 수는 없으므로, 하나의 힘만을 유지하려면 무언가 새로운 도구가 필요한데, 그 실이 손가락 또는 실이 놓여 있는 무언가 다른 딱딱한 물체를 스스로 누를 수 있는 방법을 찾아야 합니다. 그러자면, 필라멘트를 자유롭게 하려고 잡아 다니는, 그 힘이 세면 셀수록 필라멘트를 더욱 세게 누르는 그런 방식으로 부품들을 배치해야만 하는데; 이것은 실을 고체 주위에 나선형으로 감음으로써 수행될 수 있습니다.

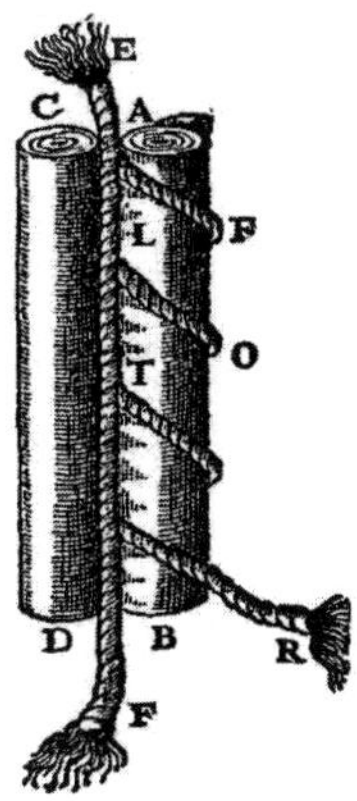

더 잘 이해할 수 있도록, 그림을 그려 보겠습니다. AB와 CD를 두 개의 원기둥이라고 하고, 그 사이에 실 EF가 있는데, 더 잘 알아볼 수 있도록 조그만 줄{cord}로 그리기로 하지요. 의심의 여지없이, 두 원기둥이 서로 세게 누른다면, 끝 F에서 잡아 당겨지는 줄 FE는, 서로 누르는 두 원기둥 사이를 움직이기 전에 상당한 힘을 버텨낼 것입니다. 만약 우리가 두 기둥 중의 하나를 제거하고 줄은 나머지 기둥에는 닿아 있도록 한다고 하더라도, [하나의] 기둥과 접촉하고 있다는 것만으로는 자유롭게 움직이는 것을 막지 못할 것입니다. 그러나

만약 우리가 줄을 원기둥의 꼭대기 A에 가볍게 닿게 하고, 나선 $AFLOTR$을 따라 기둥 주위를 돌아 감기도록 한 뒤, 이 줄을 끝 R에서 잡아당기면 명백히 원기둥에 꽁꽁 묶이기 시작하겠지요. 만약 나선의 턴이 많다면 우리가 세게 잡아당긴다고 하더라도 줄은 항상 기둥에 점점 더 압착될 것입니다; 또한 만약 나선의 [턴의 수]를 증가시킴으로써 접촉을 더 길게 한다면, 극복되기 더욱 힘들어져, 잡아당기는 힘과 같은 방향으로 줄을 움직이게 하는 것은 점점 더 어려워질
58 것입니다. 이제 누가 모르겠습니까? 수천 개의 동일한 감김으로 두꺼운 밧줄을 형성하는 저들 필라멘트의 저항이 이와 같다는 것을. 사실, 그와 같은 비틀림에 의한 결착은 부품들을 너무나 강인하게 붙들어 매는데, 몇 개의 그리 길지도 않은 골풀로부터 몇 번의 턴으로 엮어, 매우 강한 줄이 만들어 지며, 제가 알기로는, 그게 바로 포장용 끈줄{twine}이라고 불립니다.

사그레도. 당신의 일련의 논증으로, 제 마음이, 이유를 이전에 제가 잘 이해할 수 없었던 불가사의한 두 결과에 머물렀습니다. 그 하나는 윈치의 드럼 주위에 감긴 둘 또는 세 턴의 삼{으로 만든 밧줄}의 결과입니다; 밧줄이 지탱하는 중량물에 의해 엄청난 힘으로 잡아 당겨지지만, 두 세 턴의 밧줄이 단단하게 붙잡을 뿐만 아니라 미끄러지지 않도록 합니다. 게다가, 단지 드럼을 감고 있는 밧줄이 접촉해 있는 것만으로, 윈치가 돌아가면, 그 드럼이 계속 돌면서 굉장한 돌들을 들어 올려 위로 당깁니다; 그리고 소년의 팔로 밧줄을 붙잡고 있을 수 있고, 느슨한 곳을 죄일 수도 있습니다.

또 하나의 결과는 저의 젊은 친척에 의해 발명된, 간단하면서도 재치 있는 도구의 결과입니다. 그 도구는 밧줄을 사용하여 그의 손바닥을 끔찍하게 베지 않고, 창으로부터 그를 내려올 수 있게 해주는데, 얼마 전에 그는 손을 베어 상당한 부상을 입었지요. 쉽게 이해할 수 있도록 제가 조그만 스케치를 보여 드리지요. 지팡이만큼 굵고 4 인치 길이의 나무로 된 원기둥 AB 주위로, 그는 한 바퀴 반의 나선형 홈을 파냈지요, 그것뿐인데, 홈은 그가 사용하기 원하는 줄이 딱 들어갈 수 있을 정도로 넓게 했지요; 줄은 A로 들어가서 B로 나오거든요. 그런 다음 그는 원기둥과 줄을 나무나 얇은 금속으로 된 관{tube} 안에 끼워 넣었는데, 관은 길이 방향으로 잘려져 있으며, 힌지로 연결 되어 있어서 마음대로 열었다 닫았다 할 수 있게 되어 있습니다. 줄은 위의 고정된 물체에 이미 묶여져 있으므로, 이 관을 잡고, 두 손으로 눌러, 그는 줄에 팔로 매달린 채, 관과

원기둥 사이의 줄에 힘을 가하면, 마음먹은 대로 떨어지지 않고 줄을 붙들고 있으면서, 그의 손을 세게 누르거나 또는 그의 악력을 조금 느슨하게 함으로써, 그가 원하는 대로 천천히 내려올 수 있습니다.

살비아티. 정말 교묘한 발명인데요, 하지만 그 발명의 본질을 완벽하게 설명하기 위해서는 제 생각에는 어렴풋이나마 추가적인 이론이 더해져야 할 것으로 59
보입니다. 이 주제로 다시 벗어나기를 원치는 않습니다, 특히 당신들이 다음과 같은 물체에 있어서의 파괴에 대한 저항과 관련된 제 생각을 듣고 싶어 하시잖아요, 밧줄이나 대부분의 나무와는 달리 그 조직이 필라멘트로 이루어지지 않은, 다른 원인 때문에 그 부분들이 응집되어 있는 다른 물체들 말입니다. 이들은, 제 견해로는, 두 종류로 되어 있는데, 그 중 하나는 저 유명한 자연이 그렇게 혐오한다는 빈 공간{void}의 존재[5]를 허용하는 물체입니다. 다른 하나는, 이런 빈 공간만으로는 설명이 부족한 것으로 생각될 때, 무언가 끈적끈적하고, 점성이 있으며, 또는 물체를 구성하는 입자{particles}들을 강인하게 연결하는, 아교성{gluey} 물질의 도입을 요구합니다.

먼저 빈 공간에 대해 얘기하지요, 명백한 경험에 의해 자연과 그 힘의 범위를 보임으로써. 우선 민저, 두 조각의 내리석, 금속, 또는 유리를 정교하게 매끄럽게 하고, 세정하여, 잘 닦아낸 다음, 한 조각 위에 다른 조각을 포개 놓으면, 쉽게 미끄러져 움직이므로, 아교성 물질이 이들을 결합시키지 않는다는 확실한 증거이지요. 그러나 그들을 서로 평행하게 유지하면서 떼어 내려고 하면, 우리는 저항에 직면합니다; 들려지고 있는 위의 조각이 아래의 조각을 같이 잡아당겨서, 아래 조각이 꽤 크고 무거워도 영구적으로 붙잡고 있기 때문이지요. 이것은, 매우 짧은 시간이라고 하더라도, 주위의 공기의 부분들이 동시에 밀려들어 그 공간을 차지하고 채우기 전에, 조각들 사이에 존재해야만 하는 빈 공간을 허용하도록 강요당하는 자연의 혐오{nature's horror}를 명백히 보여줍니다. 만약 두 표면이 완벽하게 깨끗하지 않다면, 그래서 그들의 접촉이 모든 곳에서 완벽하지 않다면, 그리고 우리가 그들을 천천히 분리하기를 원한다면, 우

5) 아리스토텔레스는 그의 '물리학{Physica}' 제4권 제8절에서 자연은 빈 공간의 존재를 용인하지 않는다는 명제를 논증한 바 있는데, 이 명제는 '자연은 빈 공간을 혐오한다{nature abhors a void}'로 널리 알려져 있었다. 기존의 대부분의 책들에서는 void 대신 vacuum을 사용하고 있으나, 용어 풀이에서 밝힌 바와 같이 이는 부적절한 것으로 보인다.

리가 느끼는 유일한 저항은 [위 조각의] 무거움에 기인하는 것뿐인데 반하여, 만약 신속하게 분리하려고 하면, 아래의 돌도 들어 올려진 후 즉각적으로 다시 떨어지는데, 위의 조각을 단지 짧은 시간 동안, 불완전하게 접촉하고 있는 표면들 사이의 약간의 공기를 팽창시키고[*distrazzione*], 주위의 공기가 들어오는데 충분할 정도의 시간 동안만 따라 올라갑니다. 의심할 것 없이, 두 표면 사이에서 그토록 분명하게 느껴지는 저항은 고체들 사이에도 존재하며, 그들의 결착에 적어도 어느 정도는, 부수적인 원인으로서 관여합니다.

60 **사그레도**. 여기서 잠깐 멈추시고, 그리고 제가 지금 금방 떠올린 생각에 대해 말씀드리게 해 주시지요. 위의 조각을 신속하게 들어 올릴 때, 아래 조각이 위의 조각을 따라 올라가는 것을 보면, 아마도 아리스토텔레스[1] 스스로와 그 외의 많은 철학자들의 생각과는 달리, 빈 공간에서의 운동이 순간적이지 않으리라는 것을 확신시켜 줍니다. 만약 순간적이라면, 그 두 표면이 어떤 저항도 없이 분리되었을 테니까요, 그들의 분리를 위해서 그리고, [그렇지 않았을 경우] 그들 사이에 존재했을 빈 공간을 채우기 위해 주위의 공기가 같이 밀려들어 오는데 충분한 것과 같은 시간의 순간{instant of time} 동안. 따라서 아래 조각이 위 조각을 따르는 것으로부터, 빈 공간에서의 운동은 순간적이지 않을 것이라고 추론할 수 있습니다. 나아가 빈 공간의 일부는 적어도 매우 짧은 시간 동안은 정말 두 표면들 사이에 유지된다고 추론할 수 있습니다; 즉, 주위의 공기가 이 공간을 채우기 위해 밀려드는데 소요되는 시간만큼은. 만약 빈 공간이 그곳에 존재하지 않는다면, 주위의 공기 쪽에서 같이 밀려들어야 할 필요도 없고, 어떠한 운동의 측면에서도 그렇습니다. 그러므로 우리는 마땅히 힘에 의해서(또는 자연에 반하여) 빈 공간이 때로는 허용된다고 말해야만 합니다-비록, 제 생각에는 불가능한 것을 제외하고는, 아무 것도 자연에 반하는 것은 없지만, 물론 불가능한 것은 결코 일어나지 않습니다.

그러나 여기서 또 다른 어려움이 발생합니다, 그리고 이것은 경험이 그 결론의 진실성에 대해 확신을 줌에도 불구하고, 제 마음은 아직 그 결과가 생기는 원인에 대해 전적으로 만족하고 있지 않습니다. 왜냐하면 두 표면을 분리하는 것의 결과가 빈 공간의 [이 존재] 이전에 발생하기 때문인데, 빈 공간은 분리에 따라서 생기는 것이지요. 지금, 원인이 결과보다는 선행해야 한다고, 만약 물리적 존재[*자연*, *natura*]가 아니라면 적어도 시간상으로는, 제게는 그렇게 보이는데; 또한, 단정적인 결과가 있기 위해서는 단정적인 원인이 있어야만 한다고 보입니다. 그러므로 저는 두 조각의 결착{adherence}의 원인과 분리되어야 하는 것에 대한 그들의 거부가-실제적 결과들-어떻게, [먼저] 존재하는 것이 아니고 당연히 뒤따라야만 하는, 빈 공간일 수 있다는 것인지 이해할 수 없습니다. 그리고 존재하지 않는 사물들에 의한 작용은 없습니다, 철학자[2]의 명백한 진술에 따르면.

심플리치오. 당신께서 아리스토텔레스의 이 공리{axiom}를 용인하시므로, 저는 고상하면서도 진리인 다른 공리 또한 무시하지 않을 것으로 생각합니다; 즉, 자연은 되기를 거부하는[*repugna*] 그러한 것을 하려고 하지 않는다; 이 명제로부터 제게는 당신 문제의 해가 얻어지는 것으로 보입니다.[3] 빈 공간은 자기-거부이므로, 자연은 빈 공간이 부수되는 어떠한 작용도 금지하며, 두 표면의 분리는 바로 그러한 현상입니다.

사그레도. 음, 심플리치오가 인용한 것이 제 의문을 적절히 해결했다고 가정 61
하면, 제게는 돌, 또는 금속 고체의 부분들, 또는 [심지어] 더욱 견고하게 결합되어 있고 분할에 저항하는 사물들의 부분들을 하나로 유지하는데 이 동일한 빈 공간의 거부가 충분해야 할 것으로 보입니다, 만약 그러한 것이 조금이라도 있다고 한다면. 만약 하나의 결과에 대해 오직 하나의 원인만 있다면, 제가 항상 그렇게 이해하고 믿어왔듯이(또는 만약 여러 원인이 있다면, 그들은 하나로 환원될 수 있습니다), 그러면 명백히 실존하는 빈 공간의 이 이유가 모든 [분리에 대한] 저항에 대해 왜 충분하지 않지요?

살비아티. 저는 지금 빈 공간이, 어떠한 다른 고착제{retainer}도 없이 결합되어 있는 [일관된, *consistenti*] 물체들의 분리 가능한 부분들을 통합하여 유지하는데, 자체로 충분한지 아닌지에 대한 논쟁으로 들어가고 싶지는 않습니다. 하지만, 저는 저항하는 빈 공간, 두 판 사이에서 사라지는 그 빈 공간이 자체로, 대리석 덩어리나 금속 기둥의 부분들, 그들을 잡아 다니는 강력한 힘에 의해 [갑자기, *violentate*] 늘어나, 결국은 나뉘어져 분리되는 부분들의 단단한 결합[*collegamento*]에 대해 충분한 이유가 아니라는 것에 대해서는 말씀드리겠습니다. 이제, 만약 제가, 빈 공간에 따라 결정되는 이 알려진 저항이, 어떤 다른 저항들, 무엇이든지 간에, 이 빈 공간과 합하여 결합을 강하게 하는 저항들과 구분되는 것을 보이는 길을 찾을 수 있다면, 그리고 또 만약 빈 공간만으로는 전체 결과에 대한 충분한 것과는 거리가 멀다는 것을 당신들이 이해할 수 있게 한다면, 그러면 당신들은 다른 저항[resistance]이 도입되어야만 한다고 제게 인정하지 않으시겠습니까? -그를 도와주시지요, 심플리치오여, 그는 무엇을 답해야 하는지 망설이고 있군요.

심플리치오. 사그레도의 망설임은 다른 이유 때문임에 틀림없습니다, 명쾌하고 또 필연적인 귀결에 대해서는 의문의 여지가 없으니까요.

사그레도. 당신의 생각이 맞습니다, 심플리치오여. 저는, 육군에게 해마다 지출되는 것이 백만 스페인 금화보다 많기 때문에, 병사들의 급료로 푼돈 이상의 무언가가 주어져야만 하는 것이 아닐까에 대해 생각하고 있었습니다.[4] 하지만 계속하시지요, 살비아티여; 제가 당신 논증을 인정한다는 것을 가정하시고, 저희들에게 다른 모든 [작용, actions]들로부터 빈 공간의 작용{operation}을 어떻게 분리하는지를 보여 주시지요; 그러면 이것으로부터, 빈 공간이 우리가 토론하고 있는 그 결과로서 부적절하다는 것을 저희들이 이해할 수 있을 것입니다.

살비아티. 당신의 수호신이 당신을 인도하고 있군요. 저는 먼저 빈 공간의 힘을 다른 [힘들]로부터 어떻게 분리할 것인지, 연후에 어떻게 측정할 것인지에 대해 말씀드리겠습니다. 분리하기 위해서는, 어떤 연속적인 재료, 그 부분들이 빈 공간의 저항 이외에는 분리에 대한 어떤 저항도 가지지 않는 재료를 들어서
62 생각하지요. 물은, 우리들의 학자가 쓴 어떤 논문에서 상세하게 보인 바 있듯이, 그런 재료입니다.[5] 따라서 물 기둥이 [관 안에서] 배제될 때, 그것을 잡아당기는 중에, {접촉해 있는} 부분들과의 분리에 대항하는 저항이 느껴지는데, 빈 공간에 대한 거부 이외에는 이에 대한 다른 어떠한 원인도 인식될 수 없습니다. 실험을 하기 위해, 저는 하나의 장치를 생각해 보았는데, 그것을 설명하기 위해서는 그냥 말보다는 그림으로 설명하는 것이 나을 것입니다. 여기서 *CABD*가 금속, 또는 차라리 유리 원기둥의 측면 형상이라고 하고, 그 안은 비었으며 매우 정교하게 가공되었다고 하지요, 이 기둥의 빈 부분 안쪽으로 가장 부드러운 접촉을 유지하며 나무로 된 원기둥, 위 아래로 움직일 수 있고, 그 측면 형상은 *EGFH*인 원기둥이 들어가 놓인다고 하지요. 이것의 중심부에 구멍을 뚫어, 그 구멍을 통해 철사가 들어갈 수 있고, 철사의 끝 *K*에는 고리가 달려 있으며, 다른 쪽 끝 *I*는 원추형의 나사 머리와 같은 형상을 하여 조금 넓어진 형태입니다. 부품들은, 나무에 파인 구멍의 위 부분이 원추형으로 파여

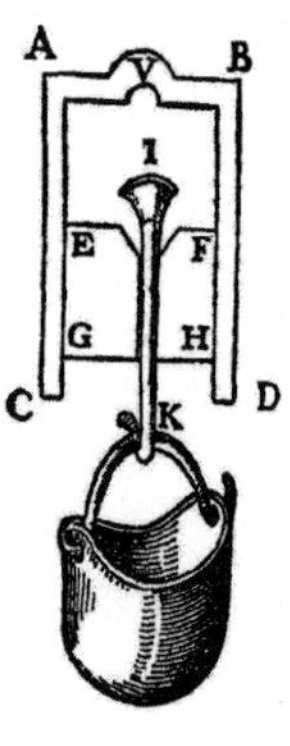

져 있어, 철사 *IK*의 원추형의 끝 *I*가, 철사가 *K*의 방향으로 아래로 잡아당겨질 때, 그 부분에 꼭 맞도록 배치되었다고 하지요. 우리가 피스톤[*zaffo*, 스토퍼][6] *EH*라고 불러도 좋을 나무를 원기둥-구멍 *AD*에 원기둥의 상부 표면에 닿지 않고, 이 내지 삼 인치 정도 떨어져 있도록 끼워 넣습니다. 이 공간은 처음에는, 그 입구 *CD*가 위를 향하도록 원기둥이 위치하고 있을 때 부어 넣은, 물로 채워지는데, 다음에 피스톤 *EH*를 끼워 넣습니다. 이때, 나사머리 *I*가 나무의 구멍으로부터 조금 떨어져 있도록 유지해야 하는데, 이는 피스톤에 반하여 눌려지는 공기의 탈출을 허용하기 위해서이며, 공기는 나무의 구멍을 통하여 배출되고, 따라서 이 구멍은 철사 *IK*의 가운데 부분{stem}보다 조금 크게 뚫려 있어야 합니다. 모든 공기가 탈출하면, 철사는 다시 잡아 당겨져서 피스톤을 나사머리 *I*로 막은 후, 전체 용기를 회전하여 입구 [*CD*]가 아래를 향하도록 합니다.

이제, 그 안에 모래 또는 무언가 다른 무거운 재료를 넣은, 그릇을 고리 *K*에 매달고, 피스톤의 상부 표면 *EF*가 결국 물의 하부 표면으로부터 떨어질 때까지 하중을 가합니다. 이 때 물의 하부 표면에는 빈 공간의 거부 이외에는
어떠한 것도 연결되어 있지 않습니다. 그러면, 철사, 무엇이 되었든지 간에 그 63
안에 담긴 것과 그릇을 피스톤과 함께 계량하여 빈 공간의 힘의 크기를 알 수 있을 것입니다.[7]

다음에는, {피스톤 위에 있던} 물의 원기둥과 같은 크기의 대리석 또는 유리로 된 원기둥에 무게를 매다는데, 대리석 또는 유리 자체의 무게를 포함하여, 이전에 계량한 모든 것의 무게와 같도록 해줍니다. 만약 이 무게에 의해 원기둥이 파괴된다면, 우리는 의심의 여지없이 오직 빈 공간이 대리석이나 크리스탈{유리}의 부분들을 같이 있도록 잡아주는 원인이라고 확언할 수 있습니다. 그러나 만약 충분하지 않다면, 그래서 그 기둥을 [the cylinder] 파괴하기 위해 우리가 위의 무게의 네 배를 다시 더해 주어야만 한다면, 우리는 그 빈 공간이 저항의 오분의 일만 제공한다고 말해야만 하는 한편 그 다른 저항은 [resistance] 빈

6) 원어의 뜻은 마개로 볼 수 있으나 약간 현대적으로 의역하였다.
7) 에반젤리스타 토리첼리{1608-1647, 이탈리아}의 진공에 대한 유명한 실험{1643}은 이 부분에 대한 연구의 연장선 상에서 갈릴레오의 사후 이루어졌다. 토리첼리는 갈릴레오의 삶의 마지막 삼 개월을 그와 같이 보냈으며, 사후에는 피사 대학에서의 그의 교수직을 계승하였다.

공간이 제공하는 저항의 네 배라고 해야지요.

심플리치오. 그 발명품이 정교하다는 것을 부인할 수 없군요; 하지만 그 장치는 저를 의혹 속에 남겨두는 많은 어려움을 가지고 있다고 생각합니다. 피스톤이 삼{tow} 또는 다른 압력에 대해 유연한 재료로 잘 패킹이 되었다고 하더라도, 유리와 피스톤 사이에 공기가 스며들지 않는다고 누가 보장해 줄 수 있습니까? 또 원추 *I*가 구멍과 잘 맞기 위해서는 구멍을 왁스나 송진으로 처리하는 것이 충분하지 않을 지도 모릅니다. 게다가, 물의 부분들이 왜 팽창하거나 또는 희박해 지지 않아야 하지요? 왜 공기 또는 증기 또는 희박한{subtle} 물질이 나무 또는 심지어 유리 자체의 공극들{porosities} 사이로 뚫고 들어가지 않아야 하지요?

살비아티. 심플리치오는 매우 솜씨 있게 우리에 대한 그의 어려움들을 열거하는군요, 또 부분적으로는 나무를 통한 공기의 틈입 또는 나무와 유리 사이의 틈입에 대해서 그는 해결책을 제시했습니다. 이 외에도, 저는, 우리가 스스로 제시된 어려움들이 정당한지에 대해 알아낼 수 있다는 것과 동시에 새로운 지식을 얻을 수 있다는 것에 유의합니다. 먼저, [단지] 힘에 의해서기는 하지만, 공기에서 일어나는 것과 같이, 팽창을 견디어 내는 것이 물의 본질이라면, 그러면 피스톤이 떨어지는 것이 보일 것입니다. 다음으로, 만약 우리가 유리의 상부에 작으며 위로 움푹 들어간 *V*와 같은 홈{indentation}을 만들면, 물질을 통하거나 또는 유리나 나무의 공극을 통해 틈입하는 공기 또는 그보다 더 희박한{tenuous} 휘발성{spiritous} 재료가 구멍 *V*에 모이는 것을 볼 수 있을 것이며, 물은 그 자리를 비우겠지요. 그러나 그러한 일들이 관찰되지 않으면, 우리는 실험이 모든 적절한 예방 조치를 취한 채 이루어졌다고 확신할 수 있으며, 그리고 우리는 물이 팽창할 수 없고, 또 아무리 희박한 물질이라고 하더라도 유리를 뚫고 들어갈 수 없다는 것을 알게 될 것입니다.

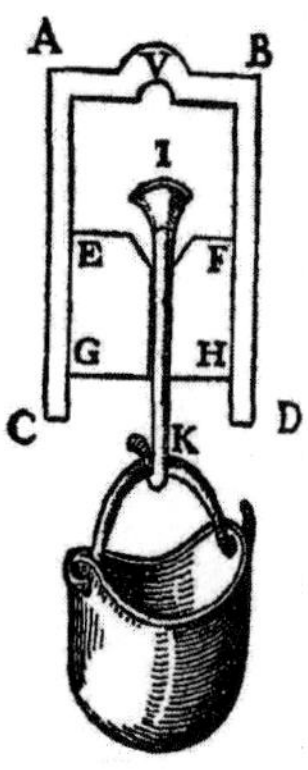

사그레도. 이 논증에 힘입어, 저는 오랜 동안 제 마음을 완전히 놀랍게 하고 또 이해를 거부하던 어떤 결과의 원인을 찾았습니다. 저는 언젠가 물을 끌어올
64 리기 위해 펌프가 안에 장착된 물통을 본 적이 있는데, 아마도 누군가 보통 양동이를 사용하는 것보다, [그렇게 하면] 더 작은 수고로 같은 양 또는 더 많은 물을 끌어올릴 수 있을 것이라고 헛되이 믿은 사람에 의해서 만들어 졌겠지요. 이 펌프는 위쪽에 피스톤과 밸브를 가지고 있었으며, 그래서, 물이 흡입에 의해

서 끌어올려졌습니다, 그 장치{피스톤과 밸브}를 아래에 가진 펌프들에서와 같이, 충격에 의해서가 아닌. 물통 안의 물이 어느 높이까지 차 있는 한에 있어서는, 이 [펌프]는 물을 훌륭하게 끌어올렸지요; 그러나 일단 물이 어느 높이보다 아래로 떨어지자, 그 펌프는 더 이상 작동하지 않았습니다. 이 일을 처음 보았을 때, 저는 그 장치가 닳아서 헐거워졌다고 생각했지요; 그러나 숙련공{*mater*[mechanic]}[8]이 그것을 수리하는 것을 보니, 그는 아무 것도 잘못 된 것이 없으며, 단지 물의 [높이]가 너무 아래로 내려가, 그러한 높이까지는 물을 끌어 올릴 수 없다고 말했지요. 그는 첨언하기를, 펌프 또는 흡입에 의해 물을 끌어 올리는 어떤 도구를 쓴다고 하더라도, 18 브라차보다 머리카락 하나라도 더 높은 거리를 끌어 올릴 수 없다; 펌프가 [구경]이 크거나 또는 작거나 간에 관계없이, 그 높이가 이 절대적인 한계 높이의 크기라고 말이지요.[6][9]

음, 지금까지 저는 너무 멍청했었군요, 밧줄, 나무 지팡이 또는 철봉이 매달려 있을 때 그 자신의 무게가 그들을 파괴할 때까지 그들의 길이가 늘어날 수 있다는 것은 이해했음에도 불구하고, 똑 같은 일이 더욱 더 쉽게, 물로 된 밧줄 또는 기둥의 경우에도 발생할 것임을 생각해 본 적이 없단 말씀이지요. 또 펌프에서 양륙되는 것은 물로 된 기둥 그 자체이며, 물은 위로 결착되어 있고, 길이가 점점 늘어나서, 결국 그 이상에서는, 마치 밧줄이기라도 한 듯이, 파괴되는 경계에 도달한다는 사실을 말이지요.

살비아티. 정확히 그렇게 되는 것이지요, 그리고 18 브라차와 똑 같은 높이가 어떤 양의 물의 경우에도 유지될 수 있는 예정된 높이의 한계이기 때문에, 펌프의 [원기둥]이 넓거나, 좁거나 또는 밀짚처럼 가늘거나 간에 관계없이, 그래서 만약 우리가 18 브라차 {길이}의 관에 들어있는 물의 무게를 재면, 관이 넓거나 좁거나 간에 관계없이, 우리는 어떠한 고체 재료의 기둥에 대해서도 빈 공간의 저항의 값을 이들 관의 비어 있는 부분과 같은 크기만큼 가지게 될 것입니다. 이렇게 말한 이상, 모든 금속, 돌, 나무, 유리 등등에 대해 원기둥, 실{threads}, 또는 어떤 두께의 봉이 가지게 되고, 그리고 그 값보다 커지면 그들

8) master mechanic에 해당하며, 이탈리아어로는 maestro이다.

9) 18 브라차는 10.51 미터이므로, 오늘날 알려진 수은주의 높이 0.76 미터, 즉 수주, 즉 물 기둥의 높이 10.34 미터보다는 약간 크다{수은의 비중은 13.6}. 이 책이 출간되던 당시, 아직 대기압의 존재, 크기는 확실히 알려지지 않았던 것에 유의하며 미주 6을 참조하기 바란다.

65 은 더 이상 그들을 유지할 수 없으며, 그들 자신의 무게 때문에 파괴될 때까지의 길이를, 우리가 얼마나 쉽게 알아낼 수 있는지 보이지요.

예를 들어, 임의의 두께와 길이를 가지는 동선(구리 줄)을 취해, 그 끝 중의 하나를 높게 고정하고, 다른 쪽 끝에 그 동선이 파괴될 때까지 무게를 점점 더 크게 가합니다. 그 동선이 버틸 수 있는 최대 무게를, 예를 들어, 오십 파운드라고 하지요. 동선의 무게인, 예를 들어 팔분의 일 온스보다 크고 많은 오십 파운드의 구리가 같은 두께의 동선에 늘려 들어간다면, {그 동선의 길이는} 스스로의 무게를 유지할 수 있는 최대의 길이임은 명백합니다. 다음으로, 파괴되었던 동선의 길이를 측정하여, 이것이 일 브라초라고 하지요; 이 동선은 무게가 팔분의 일 온스였고, 더해서, 팔분의 일 온스의 4,800 배인 오십 파운드를 버티었으므로, 우리는, 두께가 무엇이든지 간에 모든 동선들은 4,801 브라차, 그 이상은 아닌 길이까지 버티어 낼 수 있다고 말할 수 있습니다. 4,801 브라차의 길이까지 자중을 버티어 낼 수 있는 동봉은 빈 공간에 따라 결정되는 저항을 받는데, 이 저항은 다른 저항에 비해, 동봉과 두께가 같고, 길이가 18 브라차인 물 기둥의 무게와 같으며; 그리고 만약 우리가, 예를 들어, 구리가 물보다 아홉 배 무겁다는 것을 알면, 어떤 동봉의 파괴에 대한 저항은, 빈 공간에 관한 한, 동일한 동봉의 2 브라차의 무게와 같을 것입니다. 비슷한 논리와 절차에 의해 우리는 모든 재료로 된 선 또는 봉에 대해, 그들의 저항에서 빈 공간이 차지한 역할이 얼마나 되는지 뿐만 아니라, 자중을 버티어 낼 수 있는 최대 길이를 구할 수 있습니다.

사그레도. 아직 당신은 우리에게 이 저항의 균형이 어떻게 존재하는지에 대해 말씀해주셔야 합니다; 즉, 빈 공간으로부터 유도되는 저항과 더불어서, 어떤 아교성 또는 점착성 물질이 결착되어 있는 고체의 부분들을 붙잡고 있는 것인지에 대해서. 저는, 열 달 아니 백 달은 그만 두고, 두서너 달 동안만이라도 매우 뜨거운 용광로에서 타지 않거나 소멸되지 않는 점착료는 어떤 것도 생각할 수 없습니다. 하지만 은, 금, 또는 액화된 유리는 용광로에서 그 정도 유지될 수 있으며, 또 다시 밖으로 꺼내어 식히면, 이들의 부분들은 재결합되어 이전과 같이 하나로 결착되지요. 더구나, 유리의 부분들 사이의 결착에 대해 제가 느끼는 어려움은, 점착료의 부분들에 대해서도 같이 느끼고 있습니다; 즉 그들을 그렇게 단단하게 결합하고 있을 수 있는 것이 무엇인지.

살비아티. 조금 전에 저는 당신의 수호신이 당신을 인도하고 있군요 라고 말 66
씀드렸지요; 이제 저 자신이 같은 곤란에 처했습니다. 매우 큰 힘에 의한 것을 제외하면, 빈 공간에 대한 거부가 의심의 여지없이 두 조각으로 분리되는 것을 방지하는 것과, 또 아직도 더 큰 힘이 대리석이나 청동 기둥의 두 부분을 분리하는데 필요한 것을 명백하게 알고 있지만, 저는 왜 이 [빈 공간에 대한 거부가] 마찬가지로 존재하지 않아야 하는지, 또, 작은 부분들 사이의, 같은 물질의 최소의 궁극적인 [입자들]에 이르기까지에 대해, 응집의 원인이 아니어야 하는지에 대해 알 수 없습니다. 그리고 어떤 결과에 대해서도 오직 유일한 진정한 가장 유력한 원인이 있기 때문에, 만약 제가 어떤 다른 아교성 물질도 찾지 못한다면, 이 원인, 즉 빈 공간, 이미 찾아진, 이 원인이 충분한지 아닌지를 알아보고자 왜 시도하지 말아야 하는 것이지요?

심플리치오. 만약 당신이, 고체의 두 큰 부분들의 분리에 있어, 큰 빈 공간의 저항이, 최소의 입자들을 하나로 붙잡고 있는 것의 저항과 비교하여 매우 작은 것을 이미 논증하였다면, 왜 당신은, 후자의 [저항]이 전자의 저항과는 매우 다른 원인을 가짐이 확실하다고 인정하기를 원치 않는 것이지요?

살비아티. 이에 대해, 사그레도는, 백만 금화가 전체 육군에 대해 지불하기에는 충분하지 않음에도 불구하고, 모든 개개의 병사가 일반 세금으로 징수된 페니{pennies}와 파딩{farthing}[10)]으로 지불된다고 말했지요.7] 극도로 미세한 입자들에 대해 작용하는 다른 작은 빈 공간들{tiny voids}이 없으며, 그래서 그와 같은 동전들이 그 부분들이 결합되는데 전반적으로 사용되었는지를 누가 알겠습니까? 저는 당신들에게 이에 대해 때때로 제 생각을 스쳐간 것들에 대해 말씀드리겠습니다; 저는 이것을 참된 해답으로서 드리는 것이 아니고, 오히려 아직 이해되지 않은 것, 당신들의 더 높은 통찰의 대상으로 당신들에게 맡기는 것으로 가득 찬 일종의 환상으로서 드립니다. 제 말씀으로부터 {통찰의 대상이 될 만한 것은} 취하시고, 그 나머지는 당신들에게 가장 적절한 방향으로 판단하시지요.

때때로, 열{heat[*fuoco*, fire]}이 어떻게 이런 저런 금속의, 그렇게 단단히 결합되어 있는, 금속의 최소 입자들 사이에서 꾸물꾸물 움직이고{snaking}, 종국

10) 사분의 일 페니에 상당한다.

에는 그들을 떼어 놓고 분리시키는지를 생각하면서; 또 그러면 어떻게, 열이 떠난 후에, 금의 경우에는 그 양이 감소됨이 전혀 없이 그리고 다른 금속의 경우에도 양의 변화가 거의 없이, 비록 이들이 오랜 동안 분리된 채 있었지만, 그 전과 같이 동일한 강인함을 가지고 재결합 {상태}로 복귀하는지를 고찰하면서, 이것은 '매우 희박한 열-입자들{very subtle fire-particles}' 때문에 그렇게 되는 것 아닌가 하는 생각을 하였습니다. 금속의 작은 공극을, (그들의 촘촘함 때문에) 공기 또는 다른 유체들의 최소 [입자들]이 그 공극들 사이로는 통과할 수 없는, 그 공극을 지나 틈입하는 것을 보면 말입니다. 이들 [열-입자들]이, [금속의] 이 최소 입자들 사이에 분포되어 있는 최소의 빈 공간을 채움으로 인해,[8]
67 {금속의 최소 입자들을}, 그 빈 공간들이, 입자들의 분리를 막기 위해, [입자]들에 대해 평균적으로 잡아당기는 힘으로부터 해방하는 것일지도 모릅니다. 그리고 이제는 자유롭게 움직일 수 있으므로, 그들의 질량은[*massa*] 유체로 될 것이며, 또 그들 사이의 열-입자들이 떠날 때까지 그렇게 유지될 것입니다. 그러나 이들 열-입자들이, 원래의 빈 공간을 남긴 채, 사라지면, 일상적인 인력이 복원되며, 따라서 부분들의 결합도 복원됩니다.

그리고 심플리치오의 반대에 대해, 제게는, 그 빈 공간들이 매우 작기는 하지만, 작기 때문에 각각은 쉽게 무력해 지는데, 말하자면, 그들이 무수히 많으므로 그 저항도 무수히 배가하는 것이라고 답할 수 있는 것처럼 보입니다. 매우 약한 그러나 무수히 많은 수에 대해 합해진 운동량{momenta}에 기인하여 만들어지는 힘의 특성과 범위는 우리가 다음 사례에서 볼 수 있는 것처럼 확실히 논증될 수 있습니다. 매우 두꺼운 밧줄에 의해 유지되는, 수백만 파운드의 무게가 무수히 많은 물의 원자들의 공격에 의해 결국은 항복하고, 그 스스로가 양륙됨을 허용하는 것 말이지요. 그 물 원자들은 남풍에 의해 움직여지거나 또는 얇은 안개 속에 넓게 퍼져, 밧줄의 올들 사이를 지나갈 공기를 통과하여 움직입니다; {밧줄에} 매달려 있는 무게의 거대한 힘도 물 원자들의 들어옴을 방지할 수는 없지요, 물 원자들은 좁은 공극을 통하여 밧줄로 침투하며, 밧줄을 부풀리고{swelling} 따라서 그 길이를 감소시키며, 이와 같은 방법으로 그 엄청난 크기가 들려지는 것이지요.[9]

사그레도. 저항이 무한히 크지 않는 한에 있어서는 매우 작은 힘이지만 순전히 그들을 더함으로써 저항을 극복할 수 있다는 점에 대해서는 의심의 여지가 없습니다. 그래서 일군의 개미가 낟알을 실은 배를 상륙시킨다고 하지 않습니까, 우리가 일상적으로 볼 수 있는 바와 같이, 개미 한 마리는 낟알 하나를 쉽게 움직일 수 있고, 또 배 안에 낟알이 무한히 많은 것이 아니라, 어떤 제한된 숫자 밖에 없잖아요. 그래서 개미의 숫자를 몇 배 증가시켜, 그 개미들로 하여금 낟알을 나르게 시키면; 그 개미들은 낟알뿐만 아니라 배까지도 같이 땅으로 가져올 것입니다. 숫자가 커야 하는 것은 정말이지만, 제 생각으로는 금속의 최소 입자들을 결착시키는 빈 공간의 숫자도 역시 그 정도일 것입니다.

살비아티. 그러나 만약 무한대가 필요하다면, 당신은 아마도 이것을 불가능하다고 생각하겠지요?

사그레도. 아닙니다, 만약 금속의 크기가 무한대라면 불가능하지 않지만, [그러나] 그렇지 않다면 ... 10]

살비아티. 그렇지 않다면, 무엇이지요? 음, 역설을 얻었으니, 유한하고 연속적 68
인 전개{extension}에 무한히 많은 빈 공간이 있을 수 있다는 것이 불가능하지 않다는 것을 어떻게 논증할 수 있는지 보기로 하지요. 동시에 우리는, 만약 아무 것도 얻지 못한다고 하더라도, 최소한 아리스토텔레스에 의해 주어진, 그 스스로 훌륭하다고 칭한 문제들 중에서도, 가장 훌륭한 문제의 해답을 얻게 될 것입니다; 제 말씀은 그의 '역학 문제들{Mechanical Questions}' 중에서 말이지요. 그리고 그 해답은 아마도 아리스토텔레스가 스스로 주장한 것보다 계몽적, 결정적인 면에서 못하지 않으며, 또한 학자인 구에바라 주교님{Monsignor di Guevara}께서 매우 예리하게 고찰한 것과 다른 내용입니다.11]

먼저 다른 사람들에 의해 다루어지지 않은 한 정리{proposition[11]}에 대해 설명해 두는 것이 필요한데, 이 문제에 대한 해답은 이 정리에 의존하고 있으니까요; 또 만약 제가 잘못 생각한 것이 아니라면, 이 [정리]는 나중에 다른 새로운 훌륭한 결과들을 수반할 것입니다. 이것을 이해하기 위해, 주의 깊게 그림을 그리지요. 우리는 중심 G 주위에 그려진 임의 숫자의 변을 가지는 등변, 등각의 다각형을 생각하고자 합니다. 당분간, 이것을 육각형 $ABCDEF$라고 하고, 이것에 대해 상사하며 동심인 $HIKLMN$이라고 표기된 작은 육각형을 그리지요, 그리고 큰 육각형의 한 변 AB를 S 방향으로 무한히 연장합니다.

11) 이 단어는 경우에 따라 명제, 또는 정리로 번역하였다.

작은 육각형의 상응하는 변 HI도 같은 방향으로 선{line}[12] HT에 의해 AS에 평행하게 연장되며, 또 육각형의 중심을 지나도록 이들 두 선에 평행하게 GV를 그립니다.

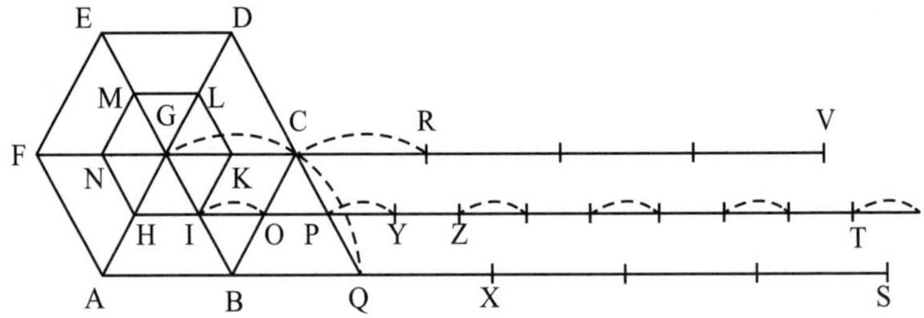

이렇게 했으면, 이제 큰 육각형을 선 AS를 따라 회전시키는 것으로 생각하
69 고, 또 작은 육각형도 같이 움직인다고 생각합니다. 변 AB의 한 끝인 점 B는 고정되어 있습니다. 회전이 시작될 때, 꼭지점 A는 올라가고 C는 호 CQ를 그리며 내려가서, 변 BC가 같은 길이의 선분 BQ와 꼭 맞을 것입니다. 이 회전에서 작은 육각형의 꼭지점 I는 선 IT 위로 올라가는데, 이는 IB가 AS와 비스듬하기 때문이며; 점 I는 점 C가 점 Q에 도달하기까지는 평행선 IT로 돌아오지 않고, 선 HT 바깥으로 호 IO를 그린 후 점 O에 떨어질 때, 변 IK는 OP로 이동해 있습니다. 이러한 모든 것이 진행되는 동안, 중심 G는 선 GV 바깥의 호를 따라 움직이는데, 중심 G는 호 GC 전체를 그리기까지는 선 GV로 돌아오지 않습니다.

이 첫 번째 단계가 수행되고 나면, 큰 육각형은 이제 변 BC가 선분 BQ 위에 위치하고 있습니다; 작은 육각형의 변 IK는, IO와 만나지 않으면서 그 위를 지나가 선분 OP 상에 있습니다; 또 중심 G는 전적으로 평행선 GV 바깥에 위치한 경로를 따라서 점 C에 오게 됩니다. 전체 그림이 위치는 바뀌었으나 처음과 상사한 형태가 되었습니다. 두 번째 회전을 시작하여 두 번째 위치에 오게 되면, 큰 육각형의 변 DC는 QX의 부분에 꼭 맞게 되며; 작은 육각형의 변 KL은, 처음에는 호 PY를 건너뛰었지만, YZ 위에 떨어집니다; 중심은 여전히 GV 바깥으로 움직여, 큰 점프 CR 뒤에 결국 R 위에 떨어집니다. 그리고 종국적으로, 한 바퀴를 완전히 돌면, 큰 다각형은, AS 상의, 그

12) 여기서 line은 경우에 따라 선, 또는 선분으로, 또 straight line은 직선으로 번역하였다.

주변 길이{perimeter}와 같은 여섯 선분의 [합]에서 접하며, 이 때 [그 선분들 사이에는] 아무 것도 중간에 끼어 있는{interposed} 것이 없습니다; 작은 다각형도 마찬가지로, 그 둘레 길이와 같은 여섯 선분에서 자국을 남기지만 다섯 호가 사이에 끼게 되어 중단되며[*discontinuate*], 그 호들의 밑에는 이 작은 다각형에 의해 접해지지 않은 HT의 부분들이 자리하고 있습니다; 또 중심 G는 평행선 GV와 여섯 점을 제외하고는 전혀 만나지 않습니다. 이것으로부터, 작은 다각형이 통과한 공간은 큰 공간이 통과한 거리와 거의 같은 것을 알 수 있습니다; 즉 AS와 [거의 같은] 선 HT는 이 호들 중 한 호의 현만큼만 작습니다, 만약 우리가 선 HT를 다섯 개의 [건너 뛴] 호들의 공간을 포함하는 것으로 이해하면 말입니다.[12]

이제, 제가 여기서 이들 육각형들의 예로서 말씀드리고 설명 드린 것이, 당신들이 원하는 만큼 많은 변을 가지는, 모든 다른 다각형들에 대해서도 일어난다는 것을 이해하셨으면 합니다, 단 그 다각형들이 상사하고, 동심{concentric} 70
이며, 서로 연결되어 있어 큰 다각형의 회전이, 아무리 더 작다고 하더라도, 작은 다각형의 회전을 수반한다면 말입니다. 제 말씀은, 이들 다각형에 의해 통과된 선분들이 근사적으로 같은 것을 이해하셨으면 합니다. 그 작은 호들 아래의 작은 구간들, 이 작은 다각형의 주변의 어떤 일부에 의해서도 접해지지 않은 그 구간들을, 작은 다각형에 의해 통과된 공간으로 셈하면 말이지요. 그러므로 천 개의 변을 가지는 큰 다각형이 통과하면 그 주변의 길이와 같은 길이의 직선이 만들어지며, 한편, 동시에 작은 다각형은 거의 같은 길이의 선을 통과하지만, 그 선은 단속적인 천 개의 변과 같은 천 개의 작은 입자들과, 그 사이에 낀 천 개의 빈 공간{void space}으로 구성됩니다-왜냐하면 우리는 이들 다각형의 변들이 접한 천 개의 선소들(linelets)과 관련하여 이들을 '빈 공간'으로 불러도 좋겠지요. 그리고 지금까지 말씀드린 것은 어떤 어려움이나 의문을 야기하지 않겠지요.

그러나 이제 제게 말씀해 주시지요: 만약 어떤 중심 주위에, 예를 들어 이 점 A 주위에, 우리가 두 개의 동심이며 연결된 원들을 그리고, 그 반경 상의 점 C와 B로부터 접선들 CE와 BF, 또 중심 A를 [지나고] 이들에 대한 평행선 AD를 그리고; 또 만약 큰 원이 선 BF 위를 회전한다고 가정하면, BF

는 큰 원의 원주와 같고, 마찬가지로 선 CE, AD와도 같습니다; 그러면 큰 원이 한 바퀴를 완전히 돌았을 때, 작은 원과 중심은 무엇을 했지요? 중심은 당연히 선 AD 전체를 접하면서 지나갑니다; 또 작은 [원]의 원주는 CE 전체를 접촉을 유지하며 지났겠지요, 위에서 생각한 다각형과 같은 양식으로 말입니다. 유일한 차이는 다각형의 경우에는, 변들에 의해 접해진 부분과 똑 같은 수의 건너 뛴 빈 공간의 삽입에 의해서,[13] 접하지 않은 채로 놓아두었으므로, 선 HT가 작은 다각형의 주변에 의해서 모든 부분이 접해지지는 않았다는 것입니다. 그렇지만 여기서, 원들의 경우, 작은 원의 원주는 선 CE로부터 결코 떨어진 적이 없으며, 따라서 CE의 어떤 부분도 원이 접하지 않은 부분이 없습니다; 이 원주에서 접해가는 부분이 직선 [CE] 안에서 접해지는 부분보다 작은 적이 없습니다. 그러면 어떻게, 건너뜀이 없이, 작은 원이 그 원주보다 훨씬 긴 선을 통과해서 지나가지요?

사그레도. 저는 우리가, AD를 따라서 그려진 하나의 점일 뿐인, 원의 중심이, 혼자서, 그 선의 전체를 접하는 것과 같이, 작은 원의 원주의 점들도, 큰 원의 원주에 의해 구동되어, 선 CE의 어떤 입자들을 통과하여 끌려간 것이라고 말할 수 있지 않나 의아해 하고 있었습니다.

71 **살비아티.** 그럴 수는 없지요, 두 가지 이유 때문에. 첫째는, 다른 것들보다도 C와 유사한 일부의 접촉들은, 선 CE의 일부를 따라 끌려가야만 하는 것 이상의 이유가 없을 것이기 때문입니다. 만약 이런 경우였다면, 그러한 접촉이 그들이 점이라는 이유로 무한히 많으므로, CE를 따른 끌려감들{draggings}은 무한히 많아야 합니다; 또 크기를 정할 수 있는 양[*quanti*]이므로, 이렇게 되면 무한히 긴 선이 되어야 하지만; CE는 유한하지요. 두 번째 이유는 큰 원은 그

회전 중에 지속적으로 그 접촉 [점]을 바꾸므로, 작은 원도 마찬가지로 [지속적으로] 그 접촉을 바꾸는 것을 피할 수 없으며, 그것은 한 선이 중심 A까지 그려지며 또 점 C를 지나려면 점 B를 지나야만 하기 때문입니다. 그러므로 큰 원이 접촉을 바꿀 때는 언제나, 작은 원도 그렇게 합니다; 작은 [원]의 어떤 점도 직선 CE의 한 점보다 많은 점에서 접할 수 없습니다.

게다가, 심지어 다각형들의 회전의 경우에도, 작은 다각형의 주변의 어떤 점도 직선의, 그 동일한 주변과 같은 길이를 가지는 선의, 한 점보다 많은 점에 꼭 맞을 수 없습니다. 이것은 선분 IK가, BC에 평행하므로 BC가 BQ에 떨어지기 까지는 IK가 IP 위에 떠 있으며, 또한 BC가 BQ와 합일하는 바로 그 순간 전에는 떨어지지 않는다는 것을 생각함으로써 쉽게 이해될 수 있을 것입니다. 그러나 그 순간에 IK는 전체로서 OP와 합일되며, 또 나중에는 그 위로 마찬가지로 갑자기 들려집니다.

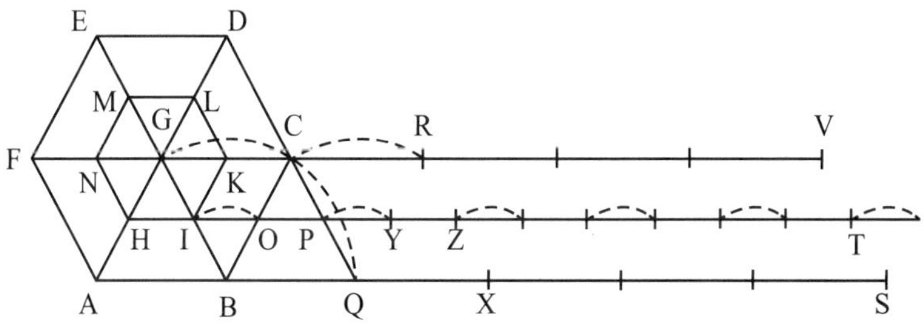

사그레도. 이 문제는 정말 매우 복잡하군요, 저는 아무런 해답도 생각나지 않습니다; 그러니 당신에게 생각난 것을 저희들에게 말씀해 주시지요.

살비아티. 저는 전에 논의한 다각형에 대한 고찰로 돌아가겠습니다, 그 토론의 결과는 명료했고 또 이미 이해하셨잖아요. 말하자면 십만 변의 다각형에서 큰 다각형의 주변과 같은 길이이며 통과된 선의-즉 십만 변에 의해 [직선으로] 연속적으로 펼쳐진-길이는 작은 다각형의 십만 변의 길이와 같으나, 단 십만 개의 빈 공간이 [이들 사이에] 끼어 있습니다.[14] 바로 그래서, 저는 말씀드려야 합니다, 원들에서는 (이들은 무한히 많은 변을 가지는 다각형이지요), 큰 원의 무한히 많은 변들에 의해서 통과된 선은, [직선으로] 연속적으로 배치될 때, 그 길이가, 작은 원의 무한히 많은 변들에 의해 통과된 선과 같은데, 단 후자의 경우, 많은 빈 공간이 그들 사이에 끼어 있습니다. 그리고 [원들의] '변들'이 정량화되지 않지만, 무한히 많으므로; 즉 전자[큰 원에 의해서 접해진 선]에 대해서는 무한히 많은 점들이 있고, 모두 채워졌으며[*tutti pieni*], 후자[작은 원에 의해 접해진 선]에 대해서는, 무한히 많은 점들이지만, 그들 중의 일부는 채워진 점들과 또 다른 일부는 빈 공간들입니다.

여기서 저는 당신들이, 만약 선이 분해되어, 정량화된 부분들 또 따라서 셀
72 수 있는[*numerate*] 부분들로 분리된다면, 우리가 다시 이들을 배치하여, 많은 [유한한] 빈 공간이 끼어 있지 않고, 그들이 연속이고 결합되어 있을 때 차지하고 있던 것보다 더 긴 범위를 가지도록 어째서 배치할 수 없는지, 유의하시기 바랍니다. 그러나 정량화할 수 없는 부분들로 분해된 선을 상상하면-즉, 무한히 많은 분할불능량들{indivisibles}로 분해하면-우리는 선이 무한히 확장된 것을 생각할 수 있습니다, 어떤 정량화된 빈 공간들도 끼어 있지 않게 말입니다. 물론 무한히 많은 분할불능의 빈 공간들이 없다는 것은 아니지만 말씀입니다.

그러므로 단순한 선분들에 대해 말씀드린 모든 것이 표면들과 고체 물체들에 대해서도 동일하게 이해되어져야 합니다, 표면과 고체 물체를 정량화할 수 없는 무한히 많은 원자들로 구성되었다고 생각하면 말씀이지요; 왜냐하면 우리가 그들을 정량화할 수 있는 부분들로 분할하고자 할 때, 의심의 여지없이 우리는 고체에 의해 차지된 원래의 공간보다 더 큰 공간에 그들을 배치할 수 없으니까요, 단 정량화된 빈 공간들이 끼어 있지 않다면-빈 공간, 제 말씀은, 적어도 고체 물질의 빈 공간을 뜻합니다. 그러나 만약 우리가 가장 높고 최종적인 분해를 [표면들과 물체들의] 정량화할 수 없고 무한히 많은 근본 성분들{prime components}에 대해 취한다면, 우리는 그런 성분들이 무한한 공간에 확장되는 것을 생각할 수 있습니다. 어떤 정량화된 빈 공간들도 끼어 있지 않은, 다만 무한히 많은 정량화할 수 없는 공간들이 끼어 있는. 이와 같이 하여 확장에는 어떠한 모순도 없을 것이며, 예를 들어, 작은 금으로 된 공을 정량화된 빈 공간들을 도입하지 않고도 매우 큰 공간으로 확장할 수 있지요-단, 그렇지만, 금이 무한히 많은 분할불능량들로 구성되었다고 가정하면 말씀이지요.[15]

심플리치오. 제게는 당신이 누군가의 옛날 철학자에 의한 그들 흩어진 빈 공간의 길을 따라 여행을 하시는 중으로 보이는군요.[16]

살비아티. 최소한 당신이 '신의 섭리를 부인했던' 이란 수식어를 덧붙이지는

않는군요, 비슷한 경우에 우리의 학자에 적대적인 어떤 사람이 매우 부적절하게 덧붙였던 것처럼.[17]

심플리치오. 사실 저는 느꼈어요, 혐오스럽지 않은 것은 아니었는데, 그 악의에 찬 적대자의 증오를 말이지요; 하지만 저는 그것에 대해 말씀드리려고 하는 것은 아닙니다, 품위를 지켜야 한다는 이유뿐만이 아니고, 저는 그와 같은 생각들이 당신과 같이 온화하고 예의바른 사람의 마음과 얼마나 멀리 떨어져 있는지 알기 때문인데, 당신이야말로 종교적이고 경건할 뿐만 아니라, 또한 천주교적{Catholic}이고 독실하시지요.

다시 문제로 돌아가면, 저는, 방금 들은 논증으로부터 생기는 많은 어려움을 느낍니다; 저 스스로를 어떻게 자유롭게 하는지 제가 정말 잘 모르는 것으로부터 생기는 의문들 말입니다. 그 중의 하나로, 저는 이 문제를 말씀드리겠습니다: 만약 두 원의 원주들이 두 직선들 CE, BF와 같다면, 후자는 연속적으로 보고, 전자는 무한히 많은 빈 공간 점들이 끼어 있는 것으로 보았을 때, 어떻게 AD가, 한 점일 뿐인 중심에 의해 그려진, 이 점과, 무한히 많은 [실체들{entities}]을 포함하는 이 점과 같다고 말할 수 있지요? 또한, 이것은 점들의 선분, 분할불능량들의 분할, 정량화할 수 없는 양들의 정량화된 양으로 되어 있 73
는데-이들 암초들은 제게는 통과하기가 어렵습니다. 그리고 제 어려움들로부터 없어지지 않는 것은 빈 공간을 가정해야하는 필요성입니다. 아리스토텔레스에 의해서 그렇게 결정적으로 반증되었는데 말입니다.

살비아디. 정말 이런 저런 [어려움들]이 있군요; 그러나 우리가 무한대들과 분할불능량들 중에 있다는 것을 기억하기로 하지요, 전자는 그것들이 크다는 것 때문에 후자는 그 작다는 것 때문에 우리의 유한한 이해력으로는 이해할 수 없습니다. 하지만 인간의 이성은 그들에 대한 현기증을 단념하게 하지 않는 것을 우리는 알고 있습니다. 그 때문에 실례를 무릅쓰기로 하고, 저는, 만약 그것이 반드시 무언가 결론을 내려주지 않는다고 하더라도, 최소한 그 신기함 때문에 사람들에게 놀라움을 줄, 저의 환상적인 생각을 제시하도록 하겠습니다. 아니면 아마도 우리가 시작한 길로부터 너무 멀리 떨어진 길을 가는 것은 당신에게 합당치 않은 것으로 보일 수도 있고, 따라서 별로 마음이 내키지 않을 수도 있습니다.

사그레도. 저희들이 현존하는 벗들과 또 벗들끼리, 강요에 의해서가 아니고, 우리 스스로 택한 것들에 대해서 대화하는 것으로부터 오는 이익과 특권을 꼭 즐기도록 해 주시지요. 그런 대화는 천 가지의 의문을 유발하면서 해답은 하나도 주지 않는 죽은 책들과 씨름하는 것과는 전혀 다르지요. 그래서 무슨 생각들이든지, 우리의 토론 과정에서 그들이 당신에게 시사하는 고찰에서 저희들을 파트너로 대해 주시기 바랍니다. 우리가 {대화를} 계속하고, 또 우리가 시도한 다른 문제들을 해결할 시간이 없는 것은 아닙니다. 해야만 하는 일들에 대한 저희들의 현재의 자유 덕분에 말씀이지요. 특히, 심플리치오에 의해 제기된 의문들은 결코 그냥 넘어갈 수 있는 것은 아니지요.

살비아티. 그렇게 하지요, 그게 당신들이 원하시는 길이니까요. 그럼 첫째 {문제}부터 시작하겠습니다-어떻게 한 점이 도대체 한 선과 같은 것으로 이해될 수 있는지에 대해서. 당장 할 수 있는 최대의 것은, 같은 것 또는 더 큰 것에 대한 이 불가능성{improbability}을 제가 해결하고자 하거나 또는 적어도 완화시키고자 시도하는 것이겠지요. 놀라운 일이 때로는 기적에 의해 해결되니까요. 당신들에게, {앞에서} 언급한 표면들을 그 토대로 삼아, 두 같은 표면과 역시 같은 두 물체를 보임으로써 저는 이것을 할 것입니다. 이들은 [모두] 지속적으로 또 동등하게 같은 시간 동안 감소하는데, 그들의 남은 부분들은 항상 같은데, 결국 표면들과 물체들은 이전에 지속되었던 동등성이 종료될 때까지는 말입니다, 그 때 한 면과 한 물체는 매우 긴 선이 되며, 또 다른 물체와 다른 면은 한 점이 됨으로써 말이지요; 즉, 후자의 둘은 하나의 점이 되고, 전자의 둘은 무한히 많은 점들이 되는 것이지요.

74 **사그레도.** 이것은 정말 굉장한 제안처럼 보입니다; 제가 그 설명과 논증을 들을 수 있게 해 주시지요.

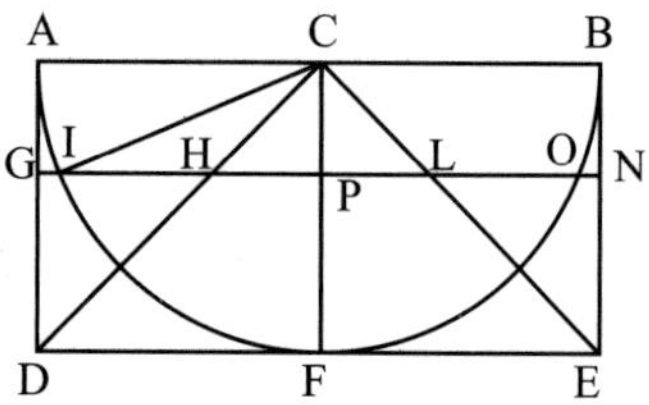

살비아티. 그것을 위해 그림을 하나 그리지요, 왜냐하면 증명이 순전히 기하학적이거든요.[18] 그 중심이 C인 반원 AFB를 잡고, 그 주위에 평행 직사각형 $ADEB$를 취합니다; 중심으로부터 점들 D와 E까지, 직선들 CD와 CE를 그립니다. 다음에 전체 그림을 고정된 반경 CF를 {축으로 삼아} 그 주위로 회전시켰다고 가정하지요, 여기서 CF는 직선들 AB와 DE에 수직합니다. 그러면 사각형 $ADEB$는 원기둥을, 반원 AFB는 반구를, 그리고 삼각형 CDE는 원추를 그릴 것이라는 점은 명백하지요. 이제 반구를 없앤다고 가정하면, 원추는 [원래대로] 그냥 놓아두기로 하고, 원기둥으로부터는 국그릇{soupdish}과 닮은 모양을 가진 형상이 남을 텐데, 따라서 이와 같은 이유로 이것은 국그릇이라고 부르기로 하지요.

첫째로, 이 국그릇이 [체적 상] 원추와 같다는 것을 증명할 것입니다. 그리고, 직경이 DE이고 중심이 F인 국그릇 바닥에 위치한 원에 평행한 평면을 그리고, 예를 들어 선 GN을 지나고, 국그릇을 점들 G, I, O, N에서, 또 원추를 점들 H, L에서 자르는, 이 평면이, 원추의 부분인 CHL과 국그릇의 부분이, 그 단면이 '삼각형들' GAI와 BON으로 주어지는, 부분이 항상 (체적 상) 같도록 한다는 것을 보일 것입니다. 나아가, 우리는 원추의 어떤 바닥도, 예를 들면 그 직경이 HL인 원도, 국그릇의 그 부분의 바닥인 환형 표면{circular surface}[13]과 같다는 것을 보일 것입니다; 이것은, 말하자면, 폭이 GI인 와셔{washer[*nastro*, ribbon]}지요.

여기서 수학적 정의들이 어떤 종류의 것들인지에 유의하시지요; 즉, {정의는} 단지 이름의 부과, 또는 당신들과 제가 한 평면을 '와셔'라고 부르는데 동의하기 전에 느꼈던, 그리고 국그릇의 [단면의 위 부분을] '주형 면도날{cylindrical razor}'이라고 부를 때까지 느끼는 지루함과 고됨을 제거하기 위해 배려되고 도입된 말의 축약이라고 할 수 있겠지요. 이제, 당신들이 이들을 무엇이라고 부르든지 간에, 어떤 높이에 있든지 그 평면이, 만약 평면이 바닥 또는 직경 DE의 원에 평행하다면, 두 고체들을 {체적 상} 같게 만든다는 것만 이해하시면 충 75
분합니다; 즉, 원추 CHL과 국그릇의 위 부분 [즉, 주형 면도날]을 말씀이지요. 마찬가지로, 그들 고체들의 바닥인 두 평면도 {면적 상} 동등하게 만들 것입니다; 즉 그 와셔와 원 HL을 말이지요.

이것으로부터 위에서 언급한 놀라운 일이 결과로 일어납니다: 즉, 만약 우리가 절단 평면을 점차적으로 선 AB를 향해 올린다고 생각하면, 그 평면이 자른 고체의 부분들은 항상 같다는 것이지요. 마치 그들의 바닥을 형성하는 표면들이 그런 것처럼 말이지요. 절단 평면을 점점 올리면, 그들의 항상-같은 바닥과 같이, 두 개의 항상-같은 고체는 결국 사라집니다-둘 중의 하나는 한 원의

13) 본문의 자귀대로 하면 원형 표면이라고 번역해야 하나, 내용상 환형 표면{annular surface}이므로 이렇게 번역하였다.

원주로, 그리고 또 다른 하나는 하나의 점으로 말이지요, 왜냐하면 그들은 바로 국그릇의 위쪽 가장자리와 원추의 정점이니까요. 이제, 두 고체가 사라져가는 도중에 그들의 동등함은 마지막까지 유지되었죠; 따라서 가장 높고 또 마지막인 줄어든 경계들 역시 같다고 말하는 것이 일관된 것처럼 보이지요, 하나가 다른 것보다 무한히 크다고 말하는 것보다는, 그래서 거대한 원의 원주는 하나의 점과 같다고 말해야 하는 것처럼 보입니다!

고체에 대해서 일어난 일은 모두 그들의 바닥인 표면에 대해서도 똑 같이 일어납니다. 이들 역시 그들이 공유하는 줄어든 과정을 통해 역시 동등함을 유지합니다; 그리고 끝에는, 그들의 최종적인 줄어듬의 순간에, 와셔는 원의 원주로 그 극한에 도달하며, 그 원추의 바닥은 한 점으로 극한에 도달하지요.[14] 이제, 왜 이들이 같지 않다고 불려 져야만 하지요? 만약에 그들이 동등한 크기들의 최후의 잔존자이며 자취라면 말입니다.[19]

다음으로 만약 이들 용기들이 광대한 천체의 반구라면, 그리고 그 최종의 가장자리와 원추에 속한 점들이 항상 그들의 동등성이 유지된다면, 그들 가장자리는 천체들의 궤도의 대원{great circles}들과 같은 원주에서 종료되며, 원추들은 한 점에서 종료된다는 것에 유의하시지요. 따라서 그와 같은 고찰이 저희들을 인도하는 그런 선을 따라, 모든 원들의 원주는, 그들이 크기가[in size] 얼마나 다르다 하더라도, 서로 같다고 말할 수 있으며, 그리고 그들의 각각은 한 점과 같다고 [말할 수] 있습니다!

사그레도. 그 고찰은 제게는 너무나 정교하고 기가 막힌 것으로 보여, 제가 반박할 수 있다손 치더라도 반대하지 않겠습니다. 그렇게 섬세한 구조의 증명을 더럽힌다거나, 무언가 현학적인 공격으로 짓밟는다는 것은 제게는 일종의
76 신성모독으로 보일 겁니다. 그래도, 저희들의 완벽한 만족을 위해, 당신이 기하학적이라고 말한, 그 증명을, 그들 고체들 그리고 그들 바닥 사이의 동등성이 항상 유지된다고 하는 증명을 저희들이 알 수 있게 해 주시지요. 저는 이 결론으로부터 연유한 철학적 명상이 너무나 미묘하기 때문에, 그 증명은 매우 숙련된 것임에 틀림없다고 생각합니다.

14) 오늘날 수학에서의 극한은 차후 18세기의 달랑베르{d'Alembert}, 19세기의 코쉬{Cauchy} 등에 의해 확립된 개념임에 유의한다.

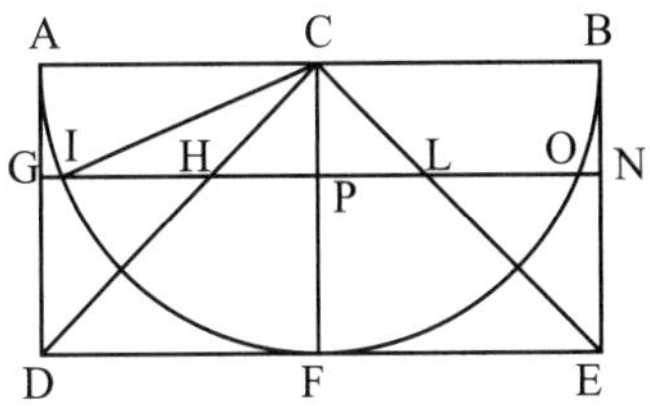

살비아티. 그 논증은 또한 잠깐이면 되고, 쉽습니다. 위에서 그려진 그림에서, 각 IPC는 직각이므로, 반경 IC의 제곱은 변 IP, PC와 제곱 등가[15]입니다. 하지만 반경 IC는 AC와 같고, 또 이것은 GP와 같지요; 그리고 CP와 PH는 같습니다. 그러므로 선분 GP의 제곱은 IP, PH와 제곱 등가이고, 전자{GP의 제곱}의 네 배는 후자{IP의 제곱과 PH의 제곱}의 합의 네 배와 같지요; 즉 직경 GN의 제곱은 IO, HL과 제곱 등가입니다. 또 원들의 {면적은} 그들의 직경의 제곱에 {비례하므로}, 직경 GN의 원은 직경이 IO와 HL인 두 원과 {면적이} 같고; 따라서 직경이 IO인 공통의 원을 제거하면, 원 GN의 나머지와 직경이 HL인 원은 {면적이} 같을 것입니다.

첫 번째 부분 [면적들]에 대해서는 그러면 되었지요. 다른 부분 [체적들]에 대해서는 그 증명을 당분간 거르기로 하지요; 만약 그 증명을 보시기를 원한다면, 우리 시대의 새로운 아르키메데스인 루카 발레리오 선생에 의한 '고체의 무게 중심에 대하여'{*De centro gravitatis solidorum*}의 2권의 열두 번째 정리에서 찾을 수 있습니다.[20] 거기서 그는 또 다른 정리를 증명하기 위해 이 정리를 사용하고 있습니다. [우리가 증명을 생략하는 것은] 또한 우리의 경우에는 어떻게 위에서 기술된 두 표면들이 항상 같은 지, 항상 동등하게 줄어들고, 결국은 하나는 점으로, 또 하나는 어떤 크기든지 간에 원의 원주가 되는 것을 본 것으로 이미 충분하기 때문입니다; 왜냐하면 단지 이 결론만으로 우리들의 놀라움이 얻어질 수 있으니까요.

사그레도. 그 증명은 증명에 근거한 고찰들이 훌륭한 만큼이나 정교하군요. 이제 저희가 심플리치오에 의해 말씀드려진 두 번째의 어려움에 대해 무언가를 들을 수 있게 해 주시지요, 만약 당신께서 그것에 대해 무엇이든 새로운 것을 말씀하실 것이 있으시면 말입니다. 사실 그 문제에 대한 논쟁이 너무나 널리 요동쳤으므로, 제 생각에는 그렇지 않을 것으로 믿습니다만.

살비아티. 저는 그 문제에 대해 저 자신의 특별한 생각을 드리고자 합니다, 먼저 얼마 전에 제가 말씀드린 것을 반복함으로써; 즉, 무한대는 원천적으로 우리가 이해할 수 없거든요, 분할불능들이 그런 것과 같이; 그러므로 그들이 {즉

15) 수학에 대한 용어 풀이에서 설명한 바와 같이, 이는 IP의 제곱과 PC의 제곱의 합과 같다는 뜻이다.

77 무한대와 분할불능들이} 같이 취해지면 무엇이 될 것인지 생각해 보시기 바랍니다!

만약 우리가 분할불능인 점들로 된 선분을 구성하기 바란다면, 우리는 이들을 무한히 많게 해야만 할 것입니다, 그러므로 [여기서] 무한대와 분할불능을 동시에 이해하는 것이 필요합니다. 많은 것이 이 문제와 관련하여 제 마음 속에서 수없이 왔다 갔던 것들입니다. 그들 중의 일부는, 아마도 가장 중요하겠지요, 제가 즉석에서 기억할 수 없을 것입니다; 하지만 우리가 얘기를 진행해 가면서 제가 여러분의 반대와 어려움을 깨울 수도 있을 테니까요, 특히 심플리치오에게서 말이지요, 그들과 부닥치면서 그와 같은 자극이 없었으면 제 생각 속에서 잠든 채로 있었을 것들을 기억해낼 수도 있겠지요. 그러니, 우리가 지금까지 해온 것과 같이 자유스럽게, 우리들의 인간적인 무정견들{caprices}을 제기하는데 동의하기로 하지요, 그들을 인간적인 무정견들이라고 부른 것은 우리가 그들 신학적인[*sopranaturale*][16] 교리들과는 대조적으로 보기 때문이며, 교리들은 우리들의 논쟁점들에 대한 유일의 진정하고도 확실한 판단자이며, 우리들의 모호하며, 의심스러운, 또는 오히려 미로 투성이인 견해들을 통과해 나가는데 있어 무오류의 지침입니다.21]

분할불능들로부터 연속체를 만들어내는 사람들에 대해 보통 행해지는 우선적인 반대들의 하나는 다른 분할불능에 연결된 하나의 분할불능은 분할할 수 있는 것을 만들지 않는다는 것이지요, 만약 만든다면 심지어 분할불능도 분할할 수 있다는 결론이 얻어지며; 왜냐하면 만약 두 분할불능이, 예를 들어 두 점이, 결합되었을 때 하나의 양을 만든다면, 분할할 수 있는 선분일 텐데, 그러면 이것은 셋, 또는 다섯, 또는 일곱, 또는 다른 무언가 홀수의 [분할불능들]로 이루어진 편이 더 낫겠지요. 왜냐하면 이 선들은 이등분할 수 있으며, 가운데의 분할불능이 잘려질 수도 있게 합니다. 이 부분, 또 같은 종류의 다른 반대들에서, 이를 열렬히 지지하는 반대자들의 만족은 그들에게 다음과 같이 말하는 것으로부터 얻어집니다, 두 분할불능 뿐만 아니라 열, 또는 백, 또는 천 개의 분할불능으로부터도 분할할 수 있고 정량화할 수 있는 크기는 만들어지지 않는다; 오직 무한히 많은 분할불능만이 그렇게 할 수도 있다고.22]

16) 드레이크는 신학적{theological}이라고 영역하였으나, 갈릴레오는 오히려 초자연적{supernatural}이라는 뜻으로 쓴 것으로 보인다.

심플리치오. 이것으로부터 즉각적으로 제게는 해결할 수 없어 보이는 의문이 떠오릅니다. 무엇이냐 하면, 우리가 한 선분이 다른 선분보다 크다고 해도 좋은 그런 선분들을 분명히 알고 있다는 것이지요; 따라서, 만약 두 선분이 모두 무한히 많은 점을 포함하면, 같은 종류에서 무한대보다 큰 것을 찾을 수 있다는 것을 용인해야만 하는 것이 되지요, 왜냐하면 큰 선분의 무한히 많은 점들은 작은 선분의 무한히 많은 점들보다 커야 하니까요. 이제, 무한대보다 큰 무한대의 존재는 제게는 어떤 뜻으로도 이해될 수 없는 생각처럼 보입니다.

살비아티. 이와 같은 문제들은 무한대들에 대한 우리들의 유한한 이해로부터 연유되는 그러한 어려움의 일부입니다. 무한대들에 대해 우리가 유한하고 한계가 있는 것들에 대해 부여하는 것과 같은 성질을 주는 것 말씀입니다. 제 생각 78
에, 이것은 일관성이 없습니다, 왜냐하면 크다, 작다, 그리고 같다는 속성은 무한대에 대해서는 적합하지 않는 것으로 생각하기 때문입니다. 무한대들에 대해서는 한 무한대가 다른 무한대와 비하여 크거나, 작거나, 또는 같다고 할 수가 없습니다.23] 이 문제의 증명과 관련하여 어떤 논점이 한 번 떠오른 적이 있는데, 더 명쾌한 설명을 위해 어려움을 제기했던 심플리치오에게 질문함으로써 그에 대해 말씀드리기로 하지요. 저는 당신이 제곱수와 그렇지 않은 수에 대해 아주 잘 아신다고 가정합니다.

심플리치오. 제곱수가 어떤 숫자를 자신과 곱함으로써 얻어진다는 것을 알 정도는 되는데요; 그래서 넷과 아홉 등등은 제곱수들이고, 넷은 둘로부터, 아홉은 셋으로부터 각각 자신과 곱하여 얻어집니다.

살비아티. 매우 좋습니다. 그리고 당신은 또한 이들 곱셈의 결과가 제곱수라고 불리는 것처럼, 그들을 만들어 내는 숫자들은 (즉 곱해지는 숫자들) 변들{sides}[17] 또는 근들{roots}이라고 불리는 것도 아실 것이 분명합니다. 그리고 자신과 곱함으로써 얻어지지 않는 다른 [숫자들]은 제곱수가 아닙니다. 따라서 만약 제가, 제곱수와 비-제곱수{non-squares}를 포함하는, 모든 숫자들이 제곱수의 수보다 많다고 하면, 저는 완벽하게 참인 명제를 얘기한 것이 되겠지요; 그렇지 않습니까?

17) 정사각형의 면적은 변의 길이의 제곱으로 주어진다는 점에서, 변은 제곱수를 만들어 내는 숫자로 불렸다.

심플리치오. 그와 다르게 말할 수는 없습니다.

살비아티. 다음에, 제가 제곱수가 몇 개나 되냐고 여쭙겠습니다; 그러면 아마도 그들 자신의 근들과 꼭 같은 정도로 많이 있다고 바르게 대답하실 겁니다, 왜냐하면 모든 제곱수는 그 근을 가지고 있고, 또 모든 근은 그 제곱수를 가지고 있으니까요; 어떤 제곱수도 하나 이상의 근을 가지지 않고, 또한 어떤 근도 하나 이상의 제곱수를 가지지 않으니까요.[24]

심플리치오. 정확하게 그렇습니다.

살비아티. 그러나 만약 제가 근들이 몇 개인지 여쭈어 본다면, 모든 숫자의
수만큼 많다는 것을 부정하실 수는 없을 겁니다, 왜냐하면 어떤 제곱수의 근이
아닌 숫자는 없기 때문입니다. 그것이 사실이라면, 제곱수들은 모든 숫자의 수
만큼 많다고 말해야만 하지요, 왜냐하면 제곱수는 그들의 근들과 똑 같이 수가
많고, 또 모든 숫자들은 근들이니까요. 그러나 처음에 우리는 모든 숫자들은 모
든 제곱수들의 수보다 많다고, 대다수가 비-제곱수라는 점에서, 말했습니다. 게
다가, 제곱수의 군집{multitude}은 더 큰 숫자로 가면 갈수록 더욱 더 큰
79 {ever-greater} 비율로 감소하는데, 백까지는 열 개의 제곱수가 있고, 따라서 십
분의 일이 제곱수들이지만; 만까지는, 오직 백분의 일만 제곱수이지요; 백만까
지는 오직 천분의 일뿐입니다. 그러나 무한대까지는, 만약 무한대를 생각할 수
있다면, 모든 숫자들의 수만큼이나 많은 제곱수가 있다고 해야만 합니다.

사그레도. 이거 참 그러면, 이 문제에 대해서 어떻게 결론을 내려야 합니까?

살비아티. 저는 다음 이외의 어떤 다른 결론이 내려질 수 있을지 알지 못합니다; 모든 숫자는 무한히 많다; 모든 제곱수는 무한히 많다; 그들의 모든 근은 무한히 많다; 제곱수의 군집이 모든 수의 군집보다 작지 않다, 모든 수의 군집이 제곱수의 군집보다 크지 않다. 그리고 마지막 결론으로, 같고, 크고, 작다는 속성은 무한대에 대해 어떠한 뜻도 가지지 않으며, 다만 유계인{bounded} 양들에 대해서만 의미가 있습니다. 그러므로 심플리치오가 몇 개의 같지 않은 선분들을 제안하고, 어떻게 큰 선분 안에 작은 선분 안에 있는 것보다 더 많은 점들이 있지 않을 수 있느냐고 묻는다면, 저는 많지도 않고, 작지도 않으며, 같은 수도 아닌[*altrettanti,* just as many], 하지만 각각의 안에 무한히 많은 점들이 있다고 그에게 답합니다. 아니면 사실은, 다음과 같이 대답해도 좋지 않겠습니

까? 한 선분 안에 있는 점들은 제곱수의 수와 같이 많고; 다른 큰 선 안에 있는 점들은 모든 숫자의 수와 같이 많다; 또 어떤 매우 작은 [선분] 안에는, 삼제곱수 만큼 밖에 많지 않다-이런 방식으로 한 선분 안에 다른 선분 안에 보다 더 많은 점들을 넣음으로써 그를 만족시킬 수 있겠지요.[25] 첫 번째 어려움에 대해서는 이 정도로 끝내지요.

사그레도. 잠깐만요, {당신께서} 말씀하신 것에 금방 스치고 지나간 제 생각을 추가하도록 허락해 주시지요. 만약 상황들이 지금까지 말씀하신 것처럼 성립한다면, 하나의 무한대가 다른 무한대보다 크다고 말하지 않아야 되는 것뿐만 아니라, 심지어 어떤 무한대가 어떤 유한한 것보다 더 크다고도 말하지 않아야 하는 것처럼 제게는 보입니다. 왜냐하면 숫자 무한대가 백만보다 크다면, 예를 들어, 백만으로부터 지속적으로 다른 더 큰 숫자들을 지나감에 따라 [숫자] 무한대를 향해 옮겨 가야 되지요, 그런데 그렇지 않습니다; 오히려, 그 반대지요, 우리가 더 큰 숫자로 옮겨 가면 갈수록, 우리는 숫자 무한대로부터 멀어집니다. 왜냐하면 더 큰 숫자들이 택해질수록, 그 안에는 제곱수들이 점점 드물어지며, 반면에 숫자 무한대에는, 지금 금방 결론지어진 것처럼, 제곱수들이 모든 숫자들의 수보다 작을 수 없으니까요. 그래서 더 큰 숫자로 간다는 것은 숫자 무한대로부터 멀어진다는 것이지요.

살비아티. 그렇게 해서, 당신의 교묘한 논리로부터, 크다, 작다, 또는 같다는 80
속성은 무한대들 사이에서뿐만 아니라 심지어 무한대들과 유한한 것들 사이에서도 설 자리가 없다고 결론지어집니다.[26]

이제 다른 문제로 넘어가 보지요, 무엇이냐 하면, 영원히 분할될 수 있는 것으로 분할될 수 있는, 선과 모든 연속체인데, 이들이 무한히 많은 분할불능들로 이루어진 구성을 어떻게 피하는지 알 수 없습니다; 영원히 수행될 수 있는 분할과 재분할{subdivision}은 그들의 부분들이 무한히 많다는 것을 당연한 것으로 여긴다는 것이지요. 그렇지 않다면, 그 재분할은 끝이 있어야 하겠지요. 또 무한히 많은 부분들의 존재는 결과적으로 그들이 정량화될 수 없다는 것이니까요, 왜냐하면 무한히 많은 정량화할 수 있는 [부분들]은 그 크기가 무한하게 되어야 합니다. 또 따라서 우리는 무한히 많은 분할불능들로 구성된 연속체를 가지는 것이지요.

심플리치오. 그러나 만약 우리가 정량화할 수 있는 부분들로 영원히 분할을 계속할 수 있다면, 이런 견지에서는, 분할불능을 도입해야 하는 필요가 무엇이지요?

살비아티. 정량화할 수 있는 부분들로 영원히 분할을 계속할 수 있다는 바로 그 성질이 무한히 많은 정량화할 수 없는 것들로 구성되어야 하는 필연성을 시사합니다. 진짜 두통거리와 마주하기로 하고, 저는 당신이 다음 질문에 대답하게 말씀해 주시기를 청합니다. 당신의 견해로는 연속체의 정량화된 부분들은 유한히 많습니까 아니면 무한히 많습니까?

심플리치오. 저의 대답은, 그들은 무한히 많기도 하고 또 유한히 많기도 하다 입니다; 잠재적으로{potentially[in *potenze*]} 무한히 많으며; 또 실제적으로{actually[*in atto*]} 유한하지요; 즉, 분할 전에는 잠재적으로 무한히 많지만, 그들이 분할된 후에는 실제적으로 그 수가[in number] 유한하지요. 왜냐하면 부분들은, [그들이] 분할된 후에야, 아니면 최소한 {분할의} 표기라도 된 후에야, 실제로 그들 전체 안에 있다고 이해되어야 합니다. 그렇지 않으면, 그들은 잠재적으로 거기에 있다고 합니다.[27]

살비아티. 그러므로 스무 뼘{spans}[18]의 길이를 가지는 선분은, 예를 들면, 스무 개의 같은 부분들로 분할된 후에야, 실제로, 각각 한 뼘 길이의 스무 개의 선분을 포함한다고 해야 하는군요. 그러기 전에는, 오직 잠재적으로 포함한다고 하는군요. 이것 참, 이것은 당신께서 원하시는 대로 생각하시고, 제게 말씀해 주시지요, 그런 부분들의 실제적인 분할이 이루어졌다면, 원래의 전체가 증가하거나, 감소하거나, 아니면 여전히 같은 크기를 유지하는지 말씀이지요.

심플리치오. 그건 증가하거나 감소하지 않습니다.

살비아티. 저도 그렇게 생각합니다. 그러므로 연속체 안의 정량화된 부분들은, 잠재적 또는 실제적으로 있든지 간에, 그 양을 크게 또는 작게 하지 않습니다. 그러나 실제적으로 그들 전체에 포함되어 있는 정량화된 부분들은, 만약 그들이 무한히 많다면, 그 전체를 무한히 크게 한다는 것은 명백하지요; 따라서 무한히 많은 정량화된 부분들은, 무한히 큰 크기의 안을 제외하고는, 심지어 잠재적으로라도 연속체 안에 포함될 수 없습니다. 그래서 유한한 {연속체} 안에,
81

18) 한 뼘은 9 인치 정도, 약 23 센티미터이다.

무한히 많은 정량화된 부분들은 실제적으로나 또는 잠재적으로도 포함될 수 없습니다.

사그레도. 그러면, 연속체는 항상 새로운 분할을 할 수 있는 부분들로 계속 분할될 수 있다는 것이 어떻게 참이지요?

살비아티. 실제와 잠재의 그 구분은 다른 방법으로는 불가능한 것을 일면 가능하게 하는 것처럼 보이지만, 저는 다른 부기법{bookkeeping}을 사용하여 설명이 더 균형 잡힐 것을 기대합니다. 유계인 연속체 안에 정량화된 부분들이 유한히 많은지 아니면 무한히 많은지를 묻는 질문에 대해, 저는 심플리치오가 답했던 것과는 딱 반대로 대답할 것입니다; 즉, [저는 말씀드리기를] '유한하지도 무한하지도 않습니다' 라고.

심플리치오. 저 같으면 도저히 그렇게 말할 수 없었을 것입니다, 유한과 무한 사이에 무언가 중간지대[*termine mezzano*, mean term]가 발견될 수 있다고 믿지 않기 때문인데요, 사물을 유한 또는 아니면 무한으로 보는 이분법 또는 그 구분이 무언가 부족하거나 또는 결함이 있다는 것처럼 말이지요.

살비아티. 제게는 그런 것처럼 보입니다. 불연속적인{discrete} 양에 대해 말할 때, 제게는 유한과 무한 사이에 세 번째 또는 가운데 항{term}이 있는 것처럼 보입니다; 그 항은 모든[*ogni*] 명명된 숫자에 대응하는 숫자이지요.[19] 따라서 현재의 경우에는, 연속체 안에 정량화된 부분들이 유한히 많은지 아니면 무한히 많은지에 대해 질문을 받으면, 가장 적절한 대답은 '유한히 많지도 않고 무한히 많지도 않지만, 모든 명시된 숫자에 상응할 정도로 많다' 입니다. 그렇게 되기 위해서는, 이들이 어떤 한정된 숫자 안에 속하지 않아야 하는 것이 필수적인데, 왜냐하면 만약 속한다면 그들이 더 큰 [숫자]에 대해 대응할 수 없기 때문이지요; 하지만 그들이 무한히 많아야만 할 필요는 없는데, 이는 어떤 명시된 숫자도 무한대가 아니기 때문입니다. 그래서 질문자의 선택에 따라 우리는 백 개, 천 개 또 십만 개의 정량화된 부분들로 주어진 선분을 절단할 수도 있지만, 질문자가 어떤 숫자를 좋아하는지에 따라, 그러나 무한히 많은 [정량화된 부분들]로는 아닙니다. 그러므로 저는 명망 높은 철학자들에게 양보하여 연속체는 그들이 원하는 만큼의 정량화된 부분들을 포함한다고 하지요; 그리고 저는

19) 여기서 숫자는 자연수를 뜻함에 유의한다.

연속체가 실제적으로 또는 잠재적으로, 원하시는 대로 그리고 그분들 신사들의 만족을 위해, 포함한다고 인정합니다. 그러나 다음에 저는 어떤 방식으로든지 십 패덤{fathom}[20] 선분 안에 각각 일 패덤인 열 개의 선분들이, 또 각각 일 브라초인 사십 개의 선분들이, 그리고 반 브라초인 팔십 개의 선분들이, 등등 포함되고, 따라서 같은 방법으로 연속체는 무한히 많은 점들을 포함한다고, 더 나아가서 말씀드립니다. 당신께서 이것을, 심플리치오여, 당신이 고르는 대로, '실제적으로' 또는 '잠재적으로' 라고 불러도 좋습니다, 이 특정한 문제에 대해 당신의 선택과 판단에 저를 맡기기로 하지요.

심플리치오. 저는 당신의 논리에 찬사를 보낼 수밖에 없군요, 하지만 저는
82 이 점들을 포함하는 것과 정량화된 부분들을 [포함하는 것] 사이의 유사성이 제대로 성립하지 않을까, 또 당신께서 주어진 선분을 무한히 많은 점들로 분할하는 것이 그들 철학자들이 열 개의 일 패덤, 사십 개의 일 브라차 선들로 나누는 것처럼 쉬울지 크게 걱정되는군요. 사실 저는 당신의 분할을 실행으로 옮기는 것은 실로 불가능할 것으로 생각합니다, 그래서 결코 실제화 될 수 없는 그 잠재성들{potentialities}[*potenze*]의 하나로 남을 것입니다.

살비아티. 어떤 일이 노동과 관심 만에 의해, 또는 긴 시간에 걸쳐서만, 될 수 있다고 해서 그것을 불가능하다고 할 수는 없습니다. 제 생각으로는 당신도 마찬가지로 노동과 관심으로부터 쉽게 피할 수 없을 것 같은데요, 선을 천 개의 부분들로 분할한다고 할 때 말씀이지요, 또 그보다 작지만 만약 937 개로 분할해야 하거나 또는 어떤 [다른] 큰 소수들{prime numbers}의 [부분들]로 분할해야 한다면 말씀입니다. 그러나 당신이 아마도 불가능하다고 생각하는 그 분할에 대해, 만약 제가, 마치 어떤 다른 사람이 선분을 사십 개의 [같은 부분들]로 절단하는 것과 같이, 당신이 이것을 쉽게 하도록 만들 수 있다면, 당신께서는 위의 내용을 우리들의 대화에 더 조용히 용인하는 것을 즐거이 하시겠습니까?

심플리치오. 저는 때로는 문제들과 그렇게 즐겁게 대하시는 당신의 방식을 즐기고 있습니다. 당신의 질문에 대해 저는 만약 점들로 분해하는 경우가 천

20) 길이의 단위로 1 패덤은 4 브라차에 상당한다. 용어 풀이에서 밝힌 바와 같이 1 브라초는 58.4 센티이므로, 1 패덤은 2.34 미터 정도이다.

개의 부분들로 분할하는 것보다 덜 곤란하다면 충분한 것 이상으로 보인다고 답합니다.

살비아티. 여기서 저는 아마도 당신을 놀라게 할 어떤 것을 말씀드리고 싶습니다. 하나의 선분을 무한히 많은 [점들]로 분해하는 것의 가능성과 관련해서 말씀이지요, 저는, 다른 사람들이 사십, 육십, 또는 백 개의 부분들로 분할하는데 쓰는 절차를 따를 것인데요; 즉, 그 선을 둘, 다음에 넷, 등등으로 분할함으로써 말입니다. 그 방법을 따름으로써, 무한히 많은 점들을 찾아낼 수 있다고 믿는 사람은 누구라도 심각하게 잘못 생각하고 있습니다, 왜냐하면 그러한 절차로는 그는 결코 선분을 선분의 모든 정량화된 부분들로 분할하는 것을 이룰 수 없기 때문입니다, 심지어 그가 영원히 계속한다고 하더라도 말씀이지요; 그리고 선분의 분할불능들에 대해서는, 그는 그와 같은 경로를 따르면 의도한 결말에 도달하는 것으로부터 너무나 멀리 떨어져 있을 것입니다, 대신에 그는 오히려 그 결말로부터 먼 곳으로 움직이고 있을 것입니다. 만약 누구라도 분할을 계속하고 또 부분들의 군집을 증가시킴으로써 그가 무한대에 가까이 가고 있다고 생각한다면, 제 생각으로 그는 무한대로부터 항상 더 먼 곳으로 물러나고 있는 것이지요.

제 논리는 이렇습니다. 우리들의 조금 전 토론에서, 우리는 숫자 무한대 안에는 모든 숫자의 수와 똑 같은 수의 제곱수 또는 삼제곱수가 있다고 결론을 내렸는데, 왜냐하면 [제곱수들과 삼제곱수들]은 모두 그들의 근들과 수가 같고, 또 모든 숫자가 근들이기 때문입니다. 다음으로, 우리는 큰 숫자들을 택하면 택할수록, 그들 중에서 더 작은 수의 제곱수가 찾아질 수 있고, 삼제곱수는 더
작은 수가 되는 것을 보았습니다. 그러므로 우리가 더 큰 숫자들로 가는 한에 83
있어서는, 바로 그만큼 더 숫자 무한대로부터 멀어진다는 것이 명백합니다. 이것으로부터 반전{turning back}을 (우리의 방향이 우리를 항상 우리의 목표로부터 먼 곳으로 데려가므로) 얻는데, 만약 어떤 숫자가 무한대라고 불릴 수 있다면, 그것은 단일{unity}입니다. 그리고 사실은, 단일 안에 숫자 무한대에 대한 그 조건들과 요구되는 필수 조건들이 다 있습니다. 저는, 그 스스로 안에 똑 같은 수의 제곱수와 삼제곱수를 가지며 또 [포함된] 모든 숫자들과 같은 수의 숫자를 가져야 하는 그들 [조건들]에 대해 말씀드리고 있습니다.

심플리치오. 이 건이 어떻게 이해되어야 하는지 저는 정말 모르겠습니다.

살비아티. 그 건은 의문의 여지가 전혀 없습니다, 왜냐하면 단일은 제곱수이며, 삼제곱수이고, 사승이며, 또 모든 다른 승{power}의 수이기 때문입니다. 제곱수, 삼제곱수, 등등에 속하는 본질적인 성질 중에 [숫자] 일에 속하지 않는 것은 하나도 없습니다. 예를 들면, 두 제곱수의 성질은 그 둘 사이에 [그들의] 평균 비례{mean proportional}[21]인 수를 가진다는 것입니다. 한 극단으로 임의의 제곱수를 취하고, 그리고 다른 하나는 단일로 잡으면; 수치적으로 평균 비례를 항상 찾을 수 있을 것입니다; 그래서 두 제곱수를 9와 4라고 하면; 9와 1 사이의 평균 비례는 3이며, 4와 1 사이의 평균 비례는 2이고; 두 제곱수 사이에는 6을 얻는데, 6은 중간 [기하학적 비례의 항으로서]입니다.[22] 삼제곱수들의 성질은 그 둘 사이에 두 개의 평균 비례가 필수적으로 있어야 한다는 것인데; 8과 27이 주어졌다고 하면; 그 둘 사이에 [기하] 평균들 12와 18이 있고[23]; 1과 8 사이에는 2와 4가 있으며; 1과 27 사이에는 3와 9가 있습니다. 따라서 우리는 단일 이외에는 숫자 무한대가 없다고 결론짓습니다.

이러한 것들은 우리의 상상의 한계를 뛰어넘는 놀라울 만한 일들에 속하며, 또한 우리가 유한한 것들에 대해 적용하는 것과 같은 속성들을 사용하여 무한대들에 추론을 시도함으로써 얼마나 심각하게 오류를 범하는지에 대해 우리에게 경고하지 않으면 안 되는 놀라울 만한 일들에 속하지요; 이들의 {유한한 것들과 무한대} 성질은 그들 사이에 어떠한 필수적인 관계[*convenienza*]도 가지고 있지 않기 때문입니다. 이 말이 나왔으니 말씀인데, 주목할 만한 일에 대해 아무 말도 하지 않고 지나치기를 원치 않습니다. 방금 생각이 났는데, 유계인 양이 무한대로 넘어갈 때 만나게 되는 성질의 무한한 차이, 심지어는 혐오와 모순을 조명해주는 것에 대해서입니다. 직선 AB를 택하고, 그 길이는 무엇이든지 간에, 그 안에 그 직선을 같지 않은 부분들로 분할하는 어떤 점 C를 잡습니다. 점들 A와 B로부터 시작하고, 그들 사이의 비가 부분들 AC와 BC의 비를 유지하는, 한 쌍의 선분들이 동일한 원의 원주 상에 위치한 점들에서

21) 용어 풀이에서 설명한 바와 같이 평균 비례는 오늘날 용어로 기하 평균이며, 두 숫자 a, b에 대해 $\sqrt{ab}$ 를 뜻한다.

22) 기하학적 비례는 오늘날의 용어로 등비 수열이며, 4, 6, 9는 등비가 $3/2$인 등비 수열이므로, 6을 중간{항}이라고 한 것이다.

23) 여기서 기하 평균들은 기하 수열, 즉 등비 수열의 항들이라는 뜻으로, 8, 12, 18, 27은 등비가 $3/2$인 등비 수열의 항들이다.

교차한다고 하지요. 예를 들어, A와 B로부터 시작하고, 부분들 AC와 BC의 84
비와 같은 비를 가지는 AL과 BL은 한 점 L에서 만나지요; 같은 비를 가지며 다른 한 쌍 AK와 BK는 K에서 만나구요; 또 다른 선들로는 AI와 BI, AH와 HB, AG와 GB, AF와 FB, AE와 EB 등이 있습니다. 만나는-점들 L, K, I, H, G, F와 E는 모두 같은 원의 원주 상에 있다고 하지요. 그래서 만약 점 C가 연속적으로 움직인다고 가정하면, 그 점과 고정된 끝점들 A와 B를 잇는 선분들이 항상 원래의 부분들 AC와 BC의 비와 같은 비를 유지하는 규칙을 지키면서, 그 점 C는 한 원의 원주를 그릴 것이며, 이것을 다음에 증명할 것입니다. 그리고 이와 같이 그려지는 원은, 점 C가 [AB의] 중점 O에 가까이 감에 따라, 점점 더 커져 무한히 커질 것입니다. 그러므로 위의 규칙을 따라, 선 OB 상에서 택해질 수 있는 무한히 많은 점들의 운동에 의해 원들이 그려질 것이며, 모든 크기의 원들이 그려질 것입니다-벼룩의 눈의 눈동자보다 작은 것으로부터, 주천구[*primo mobile*][24]의 적도보다도 더 큰 것 {에 이르기까지}.

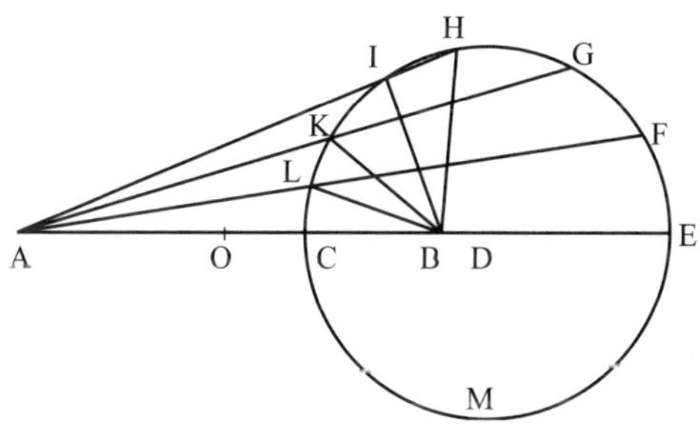

이제, 만약 하나의 원이 끝점들 O와 B 사이에 있는 어떤 점에 의해 그려지며, 또 그 점을 점 O에 가까이 가져감으로써 무한히 큰 원들이 그려진다면, 위에서와 같은 규칙을 준수하면서(즉, O로부터 끝점들 A와 B까지 이어서 만들어지는 선분들이 원래의 선분들의 비 AO와 OB의 비를 유지하면서) 점 O 자체를 움직일 때, 점 O는 어떤 곡선을 그리겠습니까? 점 O는 한 원의 원주를 그리는데, 단 다른 어떤 큰 원보다 더 큰 원의 원주를 그릴 것이며, 그래서 무한히 큰 원의 원주를 그릴 것입니다. 그러나 [실은] 점 O는 BA에 수직하

24) 프톨레마이오스의 천동설 또는 지구 중심설에서 지구를 둘러 싼 아홉 번째, 즉 가장 바깥 쪽의 하늘 또는 천구로, 신이 가장 먼저 움직이도록 하였다는 설로부터 주천구라고 불린다.

고, 점 O로부터 올라가 그 마지막 점이 그 첫 점으로 되돌아와 만남이 영원히 없이 무한히 먼 곳{*in infinitum*}으로 연장되는 한 직선을 그리는데, 다른 모든 선들은 모두 첫 점으로 되돌아옵니다. 왜냐하면, 점 C의 제한된 운동에 의해
85 그려진 선은, 위의 반원 CHE를 지난 후, 아래의 {반원} EMC를 이어서 지나, 결국 점 C에서 끝점들이 다시 만나게 되기 때문입니다. 그러나 (OA의 반대 편에서 취해진 점들도 원들을 그리기 때문에, O에 가까운 점들은 가장 큰 원들을 그리고) 점 O는, 선 AB의 모든 다른 점들과 같이 움직여져서, 그 원을 그리는데 그 중에서 가장 큰 원이 되도록 그려지므로, 따라서 무한하며, 원래의 끝점으로 결코 돌아올 수 없지요; 간단히 말씀드리면, 그 무한히 큰 원의 원주로서 무한한 직선을 그립니다.[28]

그러면, 유한한 것으로부터 무한한 원으로 [움직이게 되면], 무슨 차이가 있는지 생각해볼까요. 무한한 원은 그 모양이(being) 너무나 완전하게 달라져서, 그 존재 자체 그리고 [하나의 원]이 될 가능성마저 잃습니다. 우리는 무한한 원이 있을 수 없다는 것을 잘 알고 있으며, 이로부터 무한한 구는 그 이상으로 더 존재할 수 없다는 결과를 얻습니다; 어떠한 고체 또는 표면도 그 형상이 무한하게 될 수는 없지요. 유한한 것으로부터 무한한 것으로 바뀌어 갈 때의 이와 같은 변질을 무엇이라고 해야 하지요? 또 왜 우리는, 숫자에서 무한한 것을 찾으면서, 그것이 [숫자] 일이라는 결론에 도달할 때, 더 심한 반감을 느껴야만 하지요? 어떤 고체를 많은 부분들로 부수고, 또 그것을 매우 미세한 가루로 만들었다고 하지요; 만약 그 고체가 더 이상 분할할 수 없는, 무한히 많은 원자들로 분해되었다면, 우리는 왜 그 고체가 단일 연속체로 돌아갔다고 말하면 안되지요? 아마도 유체로, 물이나 수은 같은, 또는 원래의 액체 금속으로 말이지요. 돌이 유리로 액화되고, 또 유리가 엄청난 열을 받아 물보다도 더한 유체로 되는 것을 우리는 보지 않습니까?

사그레도. 그러므로 유체들이, 그들의 무한히 많은 근본적 성분들{prime components} [로서의], 분할불능들로 분해되어 있기 때문에, 우리는 유체들이 그들 자신임{what they are}을 믿어야만 한다는 말입니까?

살비아티. 저는 느껴질 수 있는 현상들의 일부를 해결하는 것보다 더 좋은 방편을 찾을 수 없군요. 현상들 중의 하나는 다음과 같습니다, 제가 하나의 돌 또는 금속의 딱딱한 물체를 취해, 망치나 줄{file}로 가능한 한 미세하게 하여, 느

낄 수 없을 정도의 가루로 분할할 때, 명백히 그 최소의 입자들[particles]은, 개별적으로는 보거나 만질 수 없어도, 여전히 정량화되어 있으며, 형상을 가지고 있고, 또 셀 수 있습니다. 그래서 그들은 하나의 더미{heap}에서 그들 스스로를 누적적으로 입증하며, 또 이 더미에서 움푹 팬 곳{dent}은, 어느 정도까지는, 주위의 부분들이 그것을 채우려고 밀려듦이 없이 움푹 팬 곳으로 남습니다. 휘젓고 뒤섞는다고 하더라도, 외부의 동인{mover}이 그들에게 작용하지 않으면 이들 입자{particles}는 곧 정지합니다. 모든 이들 결과는 모든 형상의 더 큰 입자 86
{corpuscles}의 모든 집합체에서도 똑 같이 발생합니다. 우리가 밀가루, 곡식, 총알, 또 다른 물질들의 더미에서 보는 바와 같이, 심지어 구형{spherical} {입자}에서도 똑같이 발생합니다. 그러나 만약 우리가 이들 현상을 물에서 찾으려고 하면, 아무 것도 찾을 수가 없지요. 물 {표면의 한 부분}을 위로 올리면 곧 편평한 모습으로 돌아가지요, 그릇이나 또는 다른 외적인 구속에 의해 그것을 유지하지 않는다면 말이지요; {표면의 한 부분을} 움푹 패게 하면, 물은 즉시 그 빈 부분을 채우기 위해 달려듭니다; 휘저으면, 오랜 시간 동안 출렁거리며, 그 파도들이 매우 먼 거리를 지나 퍼집니다.

이것으로부터, 저는 물이 분해된 것처럼 보이는 최소의 [입자들]은, 가장 미세한 가루보다 일관성{consistency}을 덜 가지고 있기 때문에(또는 차라리, 어떠한 일관성도 가지고 있지 않습니다), 정량화되고 또 분할가능한 최소 [입자들]과는 매우 다르다고 주장하는 것이 타당하다고 생각하며, 그리고 저는 여기서 그들의 분할불능이라는 성질 이외의 어떤 차이점도 발견할 수 없습니다. 또한 제게는 물의 완벽한 투명성{transparency}이 이러한 추론을 뒷받침하는 것처럼 보입니다. 만약 우리가 현존하는 것 중 가장 투명한 결정{crystal}을 택하여 두드려 부순다고 하면, 가루로 되었을 때 그 결정은 투명성을 잃으며, 더욱 미세하게 부서질수록 더욱 투명성을 잃습니다. 그러나 물은, 최고의 수준으로 부서져 있으므로, 최고의 수준으로 투명합니다. 금과 은은, 질산{aqua fortis}을 사용하여 어떤 줄{file}로 분쇄한 것보다 더욱 미세한 가루로 만들어도, 여전히 가루로 남아 있으며 유체로 되지 않지요; 또한 금과 은은, 불의 분할불능들 또는 태양의 햇빛들이 그들을 (제가 생각하는 바와 같이) 그들의 무한히 많고 분할불능인 제일, 최고의 성분으로 녹일 때까지 액화하지도 않습니다.

사그레도. 당신이 언급한 [태양의] 빛에 대해, 저는 자주 놀라움으로 관찰하고 있습니다. 저는 납이 직경이 세 뼘인 오목거울에 의해 순간적으로 액화하는 것을 본 적이 있으며, 또 만약 거울이 매우 크고, 매끄럽고 또 포물선 형상이라면, 어떤 금속도 짧은 시간 안에 녹일 것이라고 생각합니다. 왜냐하면 우리는 하나의 구형{spherical}의 오목거울이, 매우 크지도 않고 또 잘 닦이지도 않았지만, 납을 엄청난 힘으로 녹이고 모든 가연 물질을 태우는 것을 보기 때문이지요-아르키메데스의 거울의 기적에 믿음을 주는 결과들이지요.[29]

살비아티. 다른 저자들의 {책}에서 볼 수 있는, 아르키메데스와 그의 거울의 결과, 또 모든 기적들에 대해, 저는, 아르키메데스 자신의 책들을, 오래 전에 무한한 놀라움으로 제가 공부한 그 책들을 읽음으로써 믿게 되었지요. 만약 조금이라도 의심이 남는다면, 최근에 화경(火鏡) {*Burning glass*}에 대해 보나벤투
87 라 카발리에리 신부에 의해 발간된 책을, 저는 감탄하며 읽었습니다만, 보시면 제가 느낀 모든 어려움에 대해 종지부를 찍는데 충분합니다.[30]

사그레도. 저도 그 책을 보았고, 즐거움과 놀라움으로 읽었습니다; 저는 이미 그 책의 저자를 알고 있었는데, 이 책으로 보아 제가 그에 대해 가지고 있던 생각이 입증된 것이지요-그가 우리 시대 최고의 수학자들 중 한 사람이 될 것이라는 생각 말씀입니다. 이제 금속을 녹이는데 있어 태양 광선의 놀랄 만한 결과로 다시 돌아가서, 우리는 그렇게 격렬한 작용이 운동이 없이 발생한다고 믿어야 되겠습니까, 아니면 가장 빠른 운동으로 그렇게 된다고 믿어야 되겠습니까?

살비아티. 우리는 다른 불들 그리고 운동, 매우 빠른 운동에 의해 만들어지는 용해를 봅니다; 번개의 작용을 보시지요, 또 광산과 폭탄에서의 화약의 작용도. 우리는 풀무의 사용이 짙고 불순한 증기들과 섞인 석탄의 화염에 속력을 얼마나 더해 주고, 금속을 녹이는데 그 힘을 얼마나 증대시켜주는지 알고 있습니다. 그러므로 빛의 작용이, 아무리 순수하다고 하더라도, 운동, 그것도 가장 빠른 운동 없이 일어날 수 있다는 것을 저는 믿을 수 없습니다.

사그레도. 그러나 우리는 빛의 속력을 무엇이라고 하고 또 얼마나 빠르다고 해야 되지요? 아마도 빛은 순간적, 그리고 일시적입니까? 아니면 빛은, 다른 운동과 마찬가지로, 시간을 요구하는지요? 우리가 우리 스스로로 하여금 실험에 의해 빛에 대한 결론, 어떤 결론이든지 간에, 그 결론에 대해 확신하게 할 수

있는지요?

심플리치오. 일상적인 경험에 따르면, 빛의 확장은 순간적인 것으로 보입니다. 우리가 멀리서 대포가 쏘아진 것을 볼 때, 화염의 밝기는 시간의 지체 없이 우리들의 눈에 도달하지만, 그 소리는 우리들의 귀에 알아챌 수 있을 만한 시간이 지난 후에야 들립니다.

사그레도. 뭐라고요? 이 잘-알려진 경험으로부터, 심플리치오여, 소리는, 빛이 우리에게 전달되는 시간보다 덜 짧지 않은 시간 동안 우리들의 청각에 전달된다는 것 이상은 추론될 수 없습니다. 그 경험이 저를, 빛이 순간적인지 아닌지, 또는 시간을 요하지만 매우 빠른 것인지에 대해 확신하게 하지는 않습니다. 당신의 관찰은 다음과 같이 말하는 것보다 더 결정적이지 않거든요: '해가 지평선에 다다르자 즉각적으로, 그 광채가 우리의 눈에 도달한다.' 왜냐하면 누가 저로 하여금, 광선들이 우리의 시각에 [도달하기] 전에 지평선에 도달하지 않았다는 것을 확신하게 할 것인지요?

살비아티. 이것들 그리고 이와 비슷한 관찰들의 불확정성은 제게 언젠가 우리가 오차 없이 조명(즉, 빛의 확장)이 정말 순간적인지 아닌지를 결정할 수 있는 어떤 방법을 생각하게 했습니다.[31] 소리의 빠른 운동은 우리를 빛의 운동 88
또한 매우 빠를 것이라고 확신하게 하며, 제게 생각났던 실험은 이렇습니다. 두 사람이 각각 하나의 등을 가지게 하는데, 그 등은 어두운 등롱{lantern}이나 다른 덮개 안에 있어서, 또 각자가 그의 손을 써서 가리고 또 드러낼 수 있으며, 이 등을 상대방의 시각을 향하게 할 수 있습니다. 서로 몇 브라차 거리를 두고 마주 보게 한 후, 그들은 등을 상대방의 시야로부터 드러내고 가리는 것을 연습하여, 둘 중의 한 사람이 상대방의 불빛을 볼 때, 그는 즉각 그의 등을 가리도록 할 수 있겠지요. 상호간의 교환이 몇 차례 벌어지고 나면, 이 신호는 어떠한 느껴질 만한 편차 없이 조정될 수 있으며, 둘 중의 하나가 상대방의 신호에 즉각 답한다면, 그래서 한 사람이 그의 등을 가릴 때 그는 상대방의 등을 순간적으로 볼 것입니다.

이와 같은 연습을 짧은 거리에서 완벽하게 치른 다음, 같은 두 사람이 이 또는 삼 마일 정도의 거리를 두고 비슷한 등을 가진 채 자리한 다음, 밤에 실험을 시작하는데, 그들의 노출과 가림에 대한 응답이 가까운 거리에서 했던 것과 같은 방식으로 순간적으로 되는지를 조심스럽게 관찰하면서 말이지요. 만약 그렇게 된다면, 그들은 빛의 확장이 순간적이라는 것을 안전하게 결론지을 수 있는데, 왜냐하면 만약 빛이 삼 마일 거리에서 어떤 시간을 요구한다면, 이것은 한 {등의} 빛이 가고, 또 다른 {등의} 빛이 와야 하므로 육 마일에 해당하는데, 그 시간 간격이 상당히 느껴질 만한 것이어야만 합니다. 만약 그러한 관찰을, 팔 또는 십 마일의, 더 먼 거리에 대해 수행하는 것이 요구된다면, 우리는 망원경을 사용할 수 있지요, 그 등들이 밤에 사용될 장소들에 각각의 관찰자를 위해 하나의 망원경의 초점을 맞추어 둘 수 있지요. 등들이 가리고 덮기에 쉬우려면 그리 크게 할 수 없으며, 따라서 그렇게 먼 거리에서 맨 눈으로 보기는 힘들지만, 미리 위치되고 초점이 맞추어진 망원경들의 도움으로 그들은 쉽게 관찰될 수 있습니다.

사그레도. 이 실험은 제게는 확실하고 또 교묘한 것으로 보이는군요. 하지만 저희들에게 그와 같은 시도의 결론에 대해 말씀해 주시지요.

살비아티. 사실은, 제가 이것을 짧은 거리, 일 마일보다 짧은 거리 이외에서는 시도하지 않았는데, 그 [시도]로부터 저는 상대방의 등이 순간적으로 나타나는지를 확신할 수 없었습니다.[25] 그러나 만약 순간적이 아니라면, 빛은 매우 빠르며, 또, 제 생각에, 일시적{momentary}입니다; 현재로서는 저는 팔 내지
89 십 마일 정도 멀리 있는 구름 사이에서 보이는 번개의 빛남에 의해 만들어지는 운동에 비유하고 싶군요. 여기에서, 우리는 빛의 시작과 출처를 구름들 사이의 어떤 특정한 곳으로 구별하고, 또 이것은 주위의 구름을 통해 매우 넓게 즉각적으로 확장하는 것을 동반합니다. 이것은 제게는 번개가 친다고 하는 것이 짧지만 약간의 시간{some little time}이 걸리는 것을 주장하는 것처럼 보입니다, 왜냐하면, 조명이 부분적으로 이루어지지 않고 전체적으로 이루어졌다면, 우리는 그 출처와 중심을 번개의 흘러감과 팽창의 끝부분으로부터 구별할 수 없었어야만 했던 것처럼 보이기 때문입니다.

그러나 어떤 바다로 뜻하지 않게 우리 스스로를 조금씩 들어가게 하고 있지요? 빈 공간들, 무한대들, 분할불능들, 그리고 순간적인 운동들에 둘러 싸여 있

25) 오늘날 우리가 아는 광속은 $300,000\ km/s$ 이므로, 갈릴레오가 고안한 종류의 실험을 통해 광속을 정확히 잰다는 것은 그 당시의 상황으로는 거의 불가능했던 것임을 알 수 있다.

다가, 우리가 심지어 천 번의 토론을 한다고 하더라도, 도대체 {우리가 원하는} 항구에 도달할 수 있겠습니까?

사그레도. 이들은 정말 매우 우리의 목적에 부적합{ill-adapted}하군요. 숫자 중에서 구하고자 했던 무한대는 단일에서 끝난 것으로 보이고요; 분할불능들로부터는 영원-분할가능한 것이 태어났지요; 빈 공간{void}은 꽉 찬 공간{plenum}과 나눌 수 없는 방식으로 혼합된 상태로만 존재하는 것으로 보이고요; 한 마디로, 이들 각자의 성질은 우리의 일반적인 이해와는 다른 것입니다, 원의 원주는 직선에 의해 대체된다는 것까지 말씀이지요. 제가 정확하게 기억한다면, 살비아티여, 그것이 당신께서 기하학적 증명으로 저희들에게 확실하게 보이려고 했던 명제이지요. 따라서 더 이상 주제에서 벗어나지 말고, 당신께서 그것을 알려 주시면 좋겠습니다.

살비아티. 무엇이든 분부만 하시지요; 그러면 완벽한 이해를 위해, 저는 다음 문제를 증명할 것입니다:

> 직선이 임의의 비로 같지 않은 부분들로 분할되어 있다고 가정하면, 다음과 같은 원을 그릴 수 있다. 즉 주어진 직선의 두 끝점으로부터, 그 원주상의 임의의 점까지 그려진 두 직선들이, [이 선들이] 주어진 직선의 언급된 부분들의 비와 같은 비를 유지하면, 같은 끝점들에서 떠난 모든 [쌍들]이 상동{homologous}이다.

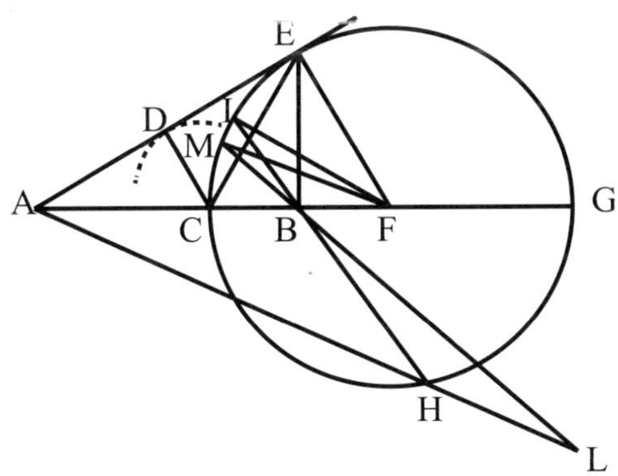

AB를 주어진 직선이라고 하고, 점 C에서 같지 않은 부분들로 임의의 방법으로 분할되어 있다고 하면; 다음과 같은 원을 그려야 하는데, 그 원주 상의 어떤 점에서도, A와 B로부터 그려진 두 선들이 만나고, 또 그 선들이 부분들 AC와 BC의 비와 같은 비를 가지도록 하면, 같은 끝점들 [A와 B]로부터 그려진 선들은 상동이 되어야 합니다. 중심 C인 원을 그리는데, 반경은 작은
90 부분 CB와 같도록 하고, 선 AD는 그 원에 접하도록 한 뒤, 이 선을 점 A로부터 E의 방향으로 무한히{indefinitely} 연장하되 접선 상의 점은 D입니다. C와 D를 이으면; [CD]는 AE에 수직할 것이고, BA는 BE에 수직하도록 하면, 각 A는 예각이므로, {BE}는 AE와 만날 것입니다. 이 교차점 E로부터, AE와 수직한 직선을 내리면, AB를 무한히 연장한 선과 F에서 만날 것입니다.

저는 먼저 두 선들 FE와 FC는 같다고 말씀드리는데, 왜냐하면 만약 EC가 그려지면, 두 삼각형 DEC와 BEC에 대해 삼각형 {DEC}의 두 변, DE, EC는 다른 삼각형 {BEC}의 두 변, BE, EC와 같습니다.26) 또 DE와 EB는 [점선으로 그린] 원 DB와 접하므로, 그 밑변 DC와 CB는 같으며, 따라서 각 DEC와 각 BEC는 같습니다. 각 BCE와 각 CEB는 보각이고, 각들 CEF와 CED도 보각이므로, 각들 FCE와 FEC는 같습니다; 따라서 변들 FE와 FC도 같습니다. 이제 점 F를 중심으로 하며 반경을 FE로 하고 점 C를 지나는 원을 그립니다. 저는 이것이 구하고자 하는 원이라고 말씀드리는데, 그 원주 상의 어떤 점에서도, 그 점에서 교차하고 끝점들 A와 B를 지나는 모든 선들의 쌍이, 점 C에서 연결되는 두 부분들 AC와 BC의 비와 같은 비를 가집니다. 이런 사실은 점 E에서 만나는 두 선들 AE와 BE에 대해서는 명백한데, 왜냐하면 삼각형 AEB의 각 E는 CE에 의해 이등분되므로, AC가 CB에 대해 어떤 비를 가지든 AE와 BE의 비와 같을 것입니다.27) 점 G에서 만나는 AG와 BG에 대해서도 똑 같은 것을 증명합니다. 삼각형 AFE와 EFB의 상사성에 의해, EF와 FB의 비는 AF와 FE의 비와 같으

26) 두 직각 삼각형 DEC와 BEC에 대해 $DC = CB$이고 EC는 공통이므로, 두 직각 삼각형은 합동이며{congruent}, 따라서 $DE = EB$를 얻는다.

27) 앞에서 이미 구했지만, $DC = CB$이며, 또 두 직각 삼각형 ACD와 ABE는 상사하므로{similar}, $AC : DC = AE : EB$를 얻는다.

며, 즉 CF와 FB의 비는 AF와 FC의 비와 같습니다; 그러면 분할[28]에 의해 CB와 BF의 비는 AC와 CF(즉 FG)의 비와 같고, 또 AB 전체와 BG 전체의 비는, {AB의} 부분 CB와 {BG}의 부분 BF의 비와 같습니다.[29] 그 91
러면 복합에 의해서, CF와 FB의 비는 AG와 GB의 비와 같으며, 즉 EF와 FB의 비와 같고, 다시 말하면 AE와 EB의 비, 결국 AC와 CB의 비와 같으며, 이는 증명하고자 하던 것입니다.[30]

이제 원주에 임의의 점 H를 잡고, 그 점에서 두 선 AH와 BH가 만난다고 하지요. 저는 AH와 HB의 비는 AC와 CB의 비와 같다고 말씀드립니다. HB를 원주의 I까지 연장하고, I와 F를 잇습니다; (앞에서 본 바와 같이) CB와 BF의 비는 AB와 BG의 비와 같으므로, 직사각형 $AB-BF$는 직사각형 $CB-BG$와 같고, 즉 $IB-BH$와 같지요.[31] 그러므로 IB와 BF의 비는 AB와 BH의 비와 같으며, 또 B에서의 각들도 같습니다;[32] 따라서 AH와 HB의 비는 IF(즉 EF)와 FB의 비와 같고, 또 AE와 EB의 비와 같습니다.

이뿐만 아니라, 이와 같은 비{AC와 CB의 비}를 가지고 끝점 A와 B를 지나는 선들이 원 CEG의 바깥이나 안에서 만나는 것은 불가능하다고 말씀드립니다. 왜냐하면 만약 가능하다면, 두 선 AL과 BL이 원의 바깥에 있는 L에서 만난다고 하지요. LB를 원주의 M까지 연장하고, MF를 그리지요. 그러면 만약 AL과 BL의 비가 AC와 BC의 비(즉 MF와 FB의 비)와 같으

28) 분할은 용어 풀이에서 언급한 바와 같이 $a:b$에 대해 $(a-b):b$를 뜻하므로, $AF:FC$의 분할은 $AC:FC$이며, $CF:FB$의 분할은 $CB:FB$이다.

29) 위에서 구한 바와 같이 $AC:FC=CB:FB$이므로, $AC:CB=FC:FB$인데, $AC:CB$의 복합은 $AB:CB$이고, $FC:FB$의 복합은 $BG:FB$이므로 $AB:CB=BG:FB$를 얻고, 따라서 $AB:BG=CB:FB$를 얻는다. 복합은 용어 풀이에서 언급한 바와 같이 $a:b$에 대해 $(a+b):b$를 뜻한다.

30) 여기서는 각 CAD, FEB가 같으므로, 세 직각 삼각형 EFB, AEB, ACD의 상사성과 $CD=CB$를 이용하여 원하는 결과를 얻는다.

31) 여기서 직사각형은 직사각형의 면적에 해당하는 숫자를 뜻하며, 그 당시의 비에 대한 수학적 표현이다. 오늘날은 $AB:BG=CB:BF$이면, $AB\times BF=BG\times CB$로 나타낼 것을, 당시에는 직사각형 $AB-BF$와 직사각형 $CB-BG$는 같다고 표현하였다.

32) 여기서의 각들은 각 ABH와 IBF를 뜻하며, 이 각들이 같고, 또 $AB:BH$는 $IB:BF$와 같으므로, 두 삼각형 ABH와 IBF는 상사하다.

면[33], 우리는, 각들 ALB와 MFB를 끼고 있는 두 변이 비례하는 두 개의 삼각형 ALB와 MFB를 가지며, 한편 꼭지점 B에서의 각들은 같고, 나머지 두 각들 FMB와 LAB는 직각보다 작은데, 왜냐하면 점 M에서의 직각은 그 밑변으로 전체 직경 CG를 가져야지 그 부분인 BF만을 가지지는 않기 때문이며, 점 A에서의 각은 예각인데, 이는 AC에 대응하는 선 AL이 BC에 대응하는 BL보다 크기 때문입니다. 그러므로 삼각형들 ABL과 MBF는 상사하며, MB와 BF의 비는 AB와 BL의 비와 같고, 따라서 직사각형 $AB-BF$는 직사각형 $MB-BL$과 같을 것입니다. 그러나 직사각형 $AB-BF$는 직사각형 $CB-BG$와 같음을 이미 보였으므로; 직사각형 $MB-BL$은 직사각형 $CB-BG$와 같지요, 그렇지만 이것은 불가능합니다; 그러므로 교차점 [L]은 원의 바깥에 있을 수 없습니다. 같은 방법으로 교차점이 원 안에 있을 수 없는 것을 입증할 수 있으며, 그러므로 모든 교차점들은 원주 자체에 있어야 합니다.

그러면 이제는 심플리치오에게, 하나의 선을 무한히 많은 점들로 분해하는 것이 불가능하지 않다는 것을 보임으로써 만족을 주어야 할 때군요. 또 그뿐만 아니라, 그와 같이 분해하는 것이 선의 정량화된 부분들을 구별하는 것보다 더 큰 어려움을 야기하지 않는다는 것도 말씀입니다. 먼저, 하나의 가정; 저는, 심플리치오여, 당신이 저에게 이것을 부인할 것이라고는 생각하지 않습니다. 저는 당신께서 저에게 점들을 서로로부터 분리시키고, 그 점들을 하나하나씩 이 종이 위에 개별적으로 당신에게 보이기를 요구하지는 않는다고 가정합니다. 그
92 보상으로 저는 만약, 당신께서 한 선분의 넷 또는 여섯 부분들을 서로로부터 분리시킴이 없이, 당신이 이들 분할을 표시된 것을 보여주시면, 또는 심지어 모서리들에서 휘어져 사각형 또는 육각형을 형성하도록 하시기만 해도 만족할 것입니다. 저는 당신께서도 그러한 [부분들이] 충분히 구별되었고 실제화 되었다고 하실 것으로 확신하고 있습니다.

심플리치오. 물론입니다.

살비아티. 그러면, 만약 하나의 선을 모서리들에서 휘는 것이, 사각형을 만들고, 나아가 팔각형을 만들고, 이제 또 사십각형 또는 백각형 또는 천각형을 만드는데, 당신의 말대로, 그 선 안에 이전에는 '잠재적으로' 있었던 네, 여덟, 마

33) 위에서 $AH:HB$가 $IF:FB$와 같다고 한 것에 상응한다.

흔, 백, 천 개의 부분들을 활성화하는데 있어 충분한 변화 [*mutazione*]라면, 제가 이 선으로부터 무한히 많은 변을 가지는 다각형을 만들 때-즉, 제가 그것을 휘어서 원을 만들 때-똑 같은 권리로, 그 선의 무한히 많은 부분들을 활성화하였다고 말해도 되지 않겠습니까? 왜냐하면 당신이 그 선분이 직선일 때는 그 부분들이 그 선분 안에 잠재적으로 포함되었다고 말할 수 있다고 인정하셨으니까요. [한 선분의] 그와 같은 분해가 무한히 많은 점들로 실행된다는 것은 부인될 수 없으며, 이것은 사각형을 만들면 그 선분이 네 부분들로 [분해되었다고], 또는 천각형을 만들면 천 개의 [부분들]로 분해되었다고 말할 수 있는 것과 다르지 않습니다. 천 개 또는 십만 개의 변을 가지는 다각형에서 볼 수 있는 조건이 원에서 하나도 빠진 것이 없는 한에 있어서는. 위에서 언급한 십만 개의 변을 가지는 다각형은, 직선에 적용하고 그 위에 있다고 하면, 그 선분에 한 변에서 접하는데, 즉 그 선분의 십만 분의 일인 부분과 접합니다. 무한히 많은 변을 가지는 다각형인, 원은 그 직선과 변들 중의 하나에서 접하는데, 그것은 모든 이웃한 것들과 다른, 하나의 점이며, 따라서, 다각형의 한 변이 그 이웃한 [변들]로부터 분할되고 또 구별된 것과 똑 같이 분할되고 구별됩니다. 그리고 평면 상에서 회전되는 다각형이 그 주변의 길이와 같은 직선을 그 변들의 연속적인 접촉으로 찍어내는 것과 같이, 원 또한 마찬가지로, 평면 상에서 구를 때, 그 원주와 같은 길이의 직선을 무한히 많은 연속적인 접촉들로 그려냅니다.

저는 다음을 알지 못합니다, 심플리치오여, 저는 소요학파{Peripatetics}의 학자들에게, 연속체는, 분할과 재분할을 계속함에 있어 결코 종국에 도달할 수 없을 그런 방식으로 {분할하여}, 영원히-분할가능한 것들로 분할할 수 있다는, 개념을 확실한 참이라고 인정하는데, 그들이, 그 분할들 중 어떤 것도 최종이 아니라는 것과-항상 그 다음이 남아 있으므로, 정말 그런 것이 없으니까-또 정말 마지막이고 최고인 분할이 존재하며, 그 분할은 그 선을 무한히 많은 분할불능들로 분해한다는 것을 제게 즐겁게 용인할지 아닐지 저는 알지 못합니다. 저는 인정합니다. [그 선을] 점점 더 많은 부분들의 군집으로 연속적으로 분할 93
함으로써는 결코 이와 같은 것에 도달할 수 없다는 것을. 그러나 제가 제안하는 방법을, 단번에 전체의 무한히 많은 것을 구별하고 분해하는 방법을 채택함으로써-제게 부인되어서는 안 되는 고안이지요-제가 믿기에는, 그 소요학파의 학자들은 만족할 수 있을 것이며, 또 절대적으로 분할불능인 원자들로 된 연속체의 이와 같은 구성을 허용해야만 합니다. 특히 이 방법은 우리들 스스로를 많은 난해한 미로들로부터 탈출시키는데 있어 어떤 다른 방법보다도 직접적인 길이기 때문입니다. 이미 언급된 고체의 부분들의 응집성{coherence}[에 대한 문제]에 추가하여, 그러한 난해한 미로들의 하나는 희박화{rarefaction}와 응축{condensation}을 이해하는 것인데, 단 전자인 희박화에 의해 빈 공간들{void spaces}을 허용하는 것을 강요당하는 비일관성으로 빠져들지 않으면서 말이지요,[32] 또한 후자인 [응축에 의해서는] 물체들로의 틈입{[inter]penetration}을 [허용하는 것을], 이 양자는 위에서 언급된 분할불능들의 구성을 가정함으로써 제게는 현명하게 피할 수 있는 것처럼 보이는 모순들을 내포합니다.

심플리치오. 저는 소요학파들이 무엇이라고 말할지 알지 못합니다만, 당신이 말씀하신 고려 사항들이 그들에게 충격을 줄 것이므로, 제가 믿기에는, 대부분의 내용이 새로운 것들이므로, 고찰되어야 할 필요가 있습니다. 어쩌면 소요학파들은 그들 매듭을 풀 수 있는 응답과 해답들을 찾을 수도 있겠지만, 시간의 짧음과 제 지식의 모자람 때문에, 저는 현재로서는 풀 수 없습니다. 그러니까 그 [소요학파들]과의 싸움은 이제 제쳐 놓고, 저는 정말 이들 분할불능들의 도입이 어떻게 응축과 희박화의 이해를 도와줄 것인지, 또 동시에 그것이 빈 공간과 물체들로의 틈입 [양자] 모두를 우회할 수 있게 하는지 듣고 싶습니다.

사그레도. 저 또한 이것을 즐겁게 들을 것입니다, 이게 아직 제 마음에는 불분명하니까요. 만약, 즉, 조금 전에 심플리치오에게 당신께서 말씀하신 것처럼, 빈 공간을 반박하는 아리스토텔레스의 논리들과 또 당신께서 도달하신 해답, 그가 부인한다는 것을 당신이 가정한다면 유일하게 적절한 해답에 대해 듣는 기회를 뺏기지 않을 것입니다.

살비아티. 둘 다 모두 말씀드리지요. 첫 번째에 대해서는, 희박화와 관련하여, 작은 원이 큰 원의 회전에 의해 구동될 때, 작은 원에 의해 그려지는 선을 우리가 이용하는데, 그 선의 길이가 원주 자신의 길이보다 길다는 것이 필요합니다; 그러므로, 응축에 대한 이해를 위해서는, 우리는 어떻게, 작은 원에 의해 [구동된] 큰 [원]이, 그 자신의 원주보다 짧은 길이의 직선을 그리는지 보여야만 합니다. 이에 대한 명확한 이해를 위해, 다각형들의 경우 무엇이 일어나는지 생각해 보지요.

이전의 것과 비슷한 그림에서, 두 개의 정육각형들, ABC와 HIK가 공통의 94
중심 L 주위에 있고, 정육각형들이 그들 위에서 회전해야만 하는 평행한 선들 HOM과 ABc를 생각하지요. 작은 다각형의 모서리 I는 고정되어 있다고 생각하고, 이 다각형을 변 IK가 평행선 [MH] 상에 올 때까지 회전시킵니다. 이 운동에서, 점 K는 호 KM을 그릴 것이며, 또 변 KI는 부분 IM과 합쳐질 것입니다. 큰 다각형의 변 CB가 무엇을 할 것인지 보기로 하지요. 회전은 점 I에 대해서 이루어지므로, 끝이 B인 선 IB는 뒤로 갈 것인데, 평행선 cA 아래에서 호 Bb를 그릴 것입니다, 따라서, 변 KI가 선분 MI와 합쳐질 때, 변 BC는 선분 bc와 합해질 것인데, 부분 Bc만큼만 앞으로 움직이며, 호 Bb에 대하는{subtended} 부분을 뒤에 남기는데, 이 부분은 선분 BA에 중첩됩니다. 작은 다각형에 의해 구동되는 회전이 이와 같은 방식으로 계속되는 것을 가정하면, 작은 다각형은 스스로의 평행선을 따라 그 주변과 길이가 같은 거리를 답파합니다. 그러나 큰 [육각형]은 그 주변과 비교하여 그 변들 [의 수]보다 하나 작으며 {각각의} [길이가] bB만큼 짧은 선을 지나갈 것이며, 이 선은 작은 다각형에 의해 그려진 선의 길이와 근사적으로 같고, 단지 길이 bB만큼 더 클 것입니다. 여기서, 그러면, 어떠한 모순 [*repugnanza*]도 없이, 왜 큰 다각형의 변들이, 작은 다각형에 의해 구동될 때, 작은 것에 의해 이동된 것보다 더 큰 선을 답파하지 않는지에 대한 이유가 밝혀지지요; 각 변의 한 부분은 그 변과 이웃하며 앞선 변의 선 위에 중첩되기 때문입니다.

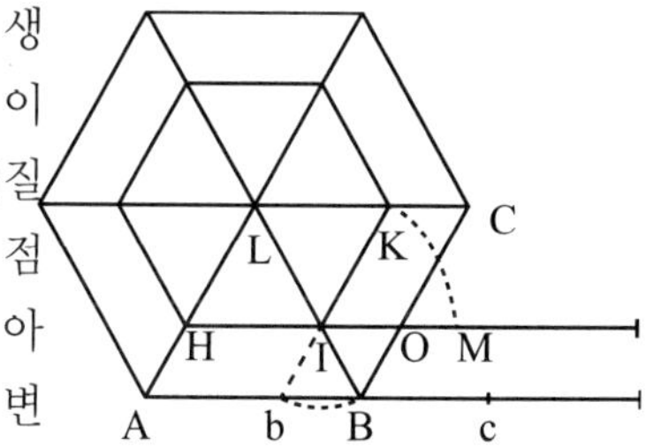

이제 중심 A 주위의 두 개의 원을 생각하지요, 그들의 평행선 위에 놓여 있고 그래서 작은 원은 이 평행선들 중의 하나와 점 B에서 접하고, 큰 원은
다른 평행선과 점 C에서 [접합니다]. 작은 [원]이 구르기 시작하면, 그 점 B 95
는, [상상의] 선분 BC가 점 C를 운반하여 뒤로 가는 동안, 어떤 시간 동안도 운동이 없는 상태로 유지되지 않으며, 이는 다각형에서 일어났던 것과 같지요, 다각형에서는 점 I는 변 KI가 선분 IM 위에 떨어질 때까지 고정된 채로 유지되었지요. 다각형에서는, 선분 IB가 실제로 b까지 뒤로 B를 운반하였고 (변 CB의 한 끝) 그래서 변 BC는 bc 위에 떨어졌으며, 부분 Bb를 선분 BA 위에 중첩하였고, 부분 Bc만큼만 전진하였는데, 이는 IM과 같고, 또는 작은 다각형의 한 변과 같습니다. 큰 변들의 작은 변들에 대한 초과분과 같은, 이들 중첩 때문에, 작은 다각형의 변들과 같은, 생성된 여분의 전진은 한 바퀴

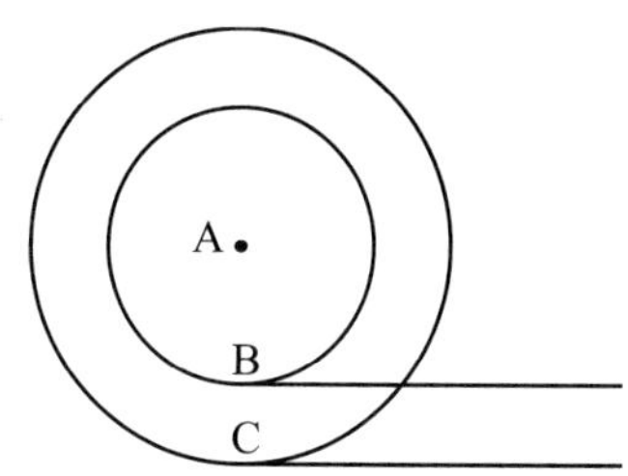

를 완전히 도는 동안 작은 다각형에 의해 표시되고 그려진 것과 같은 직선을 구성하게 됩니다.

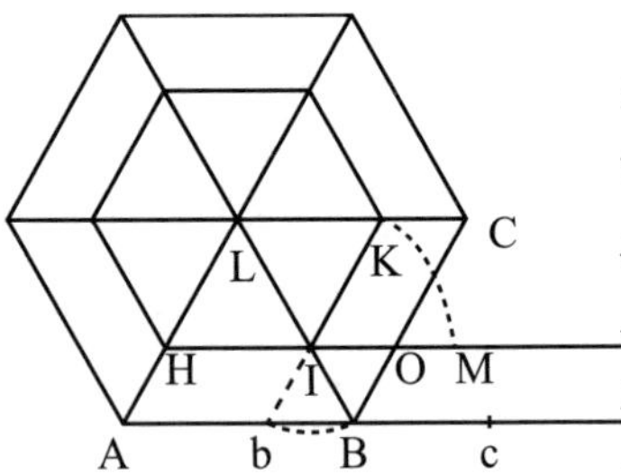

만약 우리가 비슷한 논리를 원들에 대해 적용한다면, 우리는, 어떠한 다각형의 변들도 어떤 숫자 안에 포함되지만, 어떠한 원들의 변들도 무한히 많다고 말해야만 합니다; 전자는 정량화되고 분할가능이며 후자는 정량화될 수 없고, 분할불능입니다; 회전하는 다각형의 변의 두 끝 중 하나는 한 동안 고정된 채 유지되지만(즉 전체 회전 중, 전체 주변 중의 한 변에 해당하는, 시간의 그 부분 동안), 원들에서는 무한히 많은 변들의 끝들의 지체가 순간적{momentary}인데, 이는 유한한 시간 중의 순간은 무한히 많은 [점들]을 포함한 선분의 한 점이기 때문이지요. 큰 다각형의 변들, 각각의 변은 작은 [다각형]의 변만큼 전진한, 변들에 의해 행해진 뒤쪽을 향한 회전은 변 전체의 회전은 아니며, 단지 작은 다각형의 한 변에 대한 초과량의 회전일 뿐입니다; 원들에서는, 점(또는 '변') C가, 끝 B의 순간적인 정지 동안, 뒤로 '변' B에 대한 초과분만큼 움직이고, 또 [점] B만큼 전진합니다.[33] 요약하자면, 큰 원의 무한히 많은 분할불능의 변들은, 그들의 무한히 많은 분할불능의 후진과, 그들의 무한히 많은 전진과 더불어, 하나의 선을 구성하고 그리는데[*disegnano*, mark], 여기서 전진의 수는 작은 원의 무한히 많은 변의 수와 같고, 후진은 작은 원의 무한히 많은 변들의 무한히 많은 끝점들의 무한히 많은 순간적인 정지들에 의해 만들어지지요, 또한 큰 원이 그린 그 선은 작은 원에 의해 그려진 선과 같으며, 스스로 안에 무한히 많은 정량화할 수 없는 중첩들을 포함하는데, 정량화된 부분들의 어떠한 틈입{[inter]penetration}도 없이 조밀화{compacting}와 응축을 생성해냅니다.[34]

이와 같은 것이 정량화된 부분들로 분할되는 선분에서 일어나는 것으로 이해
96 되면 안 됩니다. 임의의 다각형의 주변의 경우와 같이 말씀이지요. 직선으로 확장된 다각형은, 그 변들의 중첩이나 틈입이 없다면, [조금이라도] 더 짧은 길이로 압축될 수 없습니다. 정량화된 부분들의 틈입이 배제된 무한히 많은 정량화될 수 없는 부분들의 조밀화와, 또 전에 설명된, 분할불능인 빈 공간들이 삽입된 무한히 많은 분할불능들의 팽창이, 제가 믿기로는, 물체들의 응축과 희박화를 설명하는데, 물체들의 틈입을 도입하고 또 정량화된 빈 공간들에 [의지하지] 않는다면, 우리가 말할 수 있는 최대입니다. 그 안에 있는 어떤 것이라도 당신

을 즐겁게 한다면, 그것을 이용하시지요; 아니면, 위에서 말한 것과, 그에 대한 저의 논리를 쓸모없는 것으로 보아 무시하시지요, 당신에게 마음의 더 많은 평화를 가져올 무언가 다른 설명을 가서 찾으시지요. 저는 단지 다음을 반복합니다: 우리는 무한대들과 분할불능들로 둘러싸여 있다.

사그레도. 저는 그 생각이 난해하며 또 제 귀에는 기발하고 놀랄 만한 것으로 들린다고 거리낌 없이 고백합니다. 실제로 자연이 그와 같은 방식으로 진행하는지 아닌지, 저는 결정할 수 없습니다. 사실은, 저를 더 잘 만족시키는 무언가를 제가 들을 때까지, 완전히 침묵으로 일관하는 것보다는 차라리 위의 결론에 충실할 것입니다.

그러나 심플리치오는 제가 아직 발견하지 못한 무언가를 알았을지 모르지요- 이 가장 난해한 문제에 대해 그의 철학자들에 의해 지지되는 주장을 설명하는 어떤 방법 말이지요. 제가 지금까지 응축과 관련하여 읽은 모든 것은, 제게는, 너무나 빽빽하고{dense}, 또 희박화에 관하여 제가 읽은 모든 것은 너무나 포착하기 힘들어{subtle}, 저의 약한 시력으로는 후자를 붙잡을 수도 없고, 전자를 파고들 수도 없습니다.

심플리치오. 저는 혼동으로 가득 차 있고, 양쪽 의견에 대해 모두 심한 장애를 느끼고 있습니다. 특히 이 새로운 것에 대해서는; 왜냐하면 이 해법{rule}에 따르면, 일 온스의 금이 지구 전체보다도 큰 크기로 희박해지고 또 팽창될 수도 있으며, 지구 전체가 호두보다도 작은 크기로 응축되고 축소될 수도 있기 때문입니다. 이러한 일들을 저는 믿지 않으며, 당신들 스스로도 그러한 일들을 믿는다고 생각하지 않습니다. 지금까지 당신에 의해 행해진 고찰들과 증명들은, 우리가 감지할 수 있는 물질로부터 분리되고 추상화된 수학적인 것들이므로, 제가 믿기로는, 만약 물리적인 자연의 물질들에 대해 적용된다면, 당신의 해법들에 따라서 일들이 일어나지는 않을 것입니다.

살비아티. 제가 당신이 분할불능을 보게 만들도록 당신이 원한다고 믿지 않으며, 또한 제가 그렇게 할 수도 없습니다; 우리들의 감각에 의해 이해될 수 있는 것과 관련된 한에 있어서는, 또 당신이 금을 언급하였으므로, 그 부분들에 의해 만들어지는 엄청난 팽창들을 보지 않습니까? 장인들이 도금{gilding}을 위해 금을 잡아 늘릴 때 쓰는 방법을 당신이 생각해 보았는지에 대해서는 모르겠 97

는데, 도금은 실제로 단지 표면만 금일뿐, 안의 물질은 은이지요. 장인들이 도금을 하는 방법은 은으로 된 십 인치 정도 길고, 서너 손가락 정도 두꺼운 기둥이나 봉을 취하고; 이것을 두드려서 편 금박{gold leaf}으로 감싸지요, 이 금박은 아시다싶이 매우 얇아서 공기 중에서 날라 다닐 수 있을 정도입니다. 장인들은 여덟 내지 열 개 정도, 이보다 많지 않은, 수의 금박을 {은} 위에 올려놓고; 그것을 잡아당기기 시작합니다, 그래서 도금이 되면, 엄청난 힘으로 와이어다이[34]{wire die}의 구멍들을 몇 차례에 걸쳐 통과시키고, 또 더 작은 구멍을 통과시키며 잡아당기지요. 엄청 많은 횟수를 거친 후에 그 기둥이나 봉들은 숙녀의 머리카락 또는 더 가늘게 되지요; 하지만 그 표면은 아직 금으로 덮여 있습니다. 저는 금이라는 물질이 이와 같은 과정에서 겪게 되는 가늘기와 팽창에 대해 생각하는 것은 당신에게 맡기도록 하겠습니다.

심플리치오. 이와 같은 과정으로부터 당신이 하시고자 하는 놀라운 일들을 그것에 가함으로써 금이라는 물질의 가늘어지는 결과가 생긴다는 것을 저는 이해하지 못하겠습니다. 첫째는, 원래의 도금은 열 개의 금박으로 되었는데, 그들은 감지될 수 있을 정도의 두께를 가지고 있지요; 둘째로는, 은이 잡아당김과 가늘어짐에 의해서 그 길이가 늘어나기는 하지만, 동시에 그 두께도 같은 양만큼 줄어들지요, 따라서 하나의 차원이 다른 차원을 상쇄하지요, 또한 그 표면은 금으로 은을 덮어씌우기 위해 원래의 금박들의 두께보다 훨씬 더 희박해져야만 하는 그런 방식으로 증가하지는 않습니다.

살비아티. 당신께서는 상당히 많이 잘못 생각하고 있습니다, 심플리치오여, 왜냐하면 표면의 증가는 길이 증가의 제곱근{square root}에 비례하기 때문이며, 이것은 제가 기하학적으로 증명할 수 있습니다.

사그레도. 심플리치오뿐만 아니라 저를 위해서, 만약 당신 생각에 저희들이 그것을 이해할 수 있다고 보시면, 저는 당신께서 저희들에게 그 증명을 부디 말씀해 주시기 바랍니다.

살비아티. 제가 그것을 즉석에서 기억할 수 있는지 보기로 하지요. 원래의 두꺼운 은 기둥과 도금에 의해 길게 뽑아져 나온 매우 긴 와이어는, 동일한 은

34) wire는 통상 철사로 번역하지만, 여기서는 은 또는 금으로 된 가는 실과 같은 것을 뜻하고 있으므로, 그냥 와이어로 번역한다. 다이{die}는 원래 수나사의 나사 형상을 깎는 공구를 뜻하지만, 여기서는 철사 형상의 것을 만들 때 사용되는 도구를 뜻한다.

으로 되어 있으므로, 체적이 같다는 점은 명백합니다. 그래서 만약 제가 {체적이}[35] 같은 기둥들의 표면들 사이에 성립하는 비를 보인다면, 우리는 원하는 것을 가질 것입니다. 그러므로 저는 다음과 같이 말합니다: 98

> {체적이} 같은 원기둥들의 비는, 밑면{들의 면적}을 제외하면, 그들 길이들의 제곱근의 비와 같다.

높이가 AB와 CD인 두 개의 {체적이} 같은 원기둥들이 있다고 하고, 선 E가 그들 사이의 평균 비례라고 하지요; 그러면 저는 그 밑면들을 제외한, 원기둥 AB의 표면과, 마찬가지로 밑면을 제외한, 원기둥 CD의 표면의 비는 선 AB와 선 E의 비와 같은데, 이 비는 AB와 CD의 비의 제곱근이라고 말씀드립니다.[36] 원기둥 AB를 F에서 자르는데, 높이 AF가 CD와 같게 합니다. 이제, {체적이} 같은 원기둥의 밑면들{의 면적}은 그들의 높이들에 반비례하므로, 원기둥 CD의 밑면에 있는 원과, 원기둥 AB의 밑면에 있는 원의 {면적} 비는, 높이 BA와 CD의 비와 같습니다. 또한 원들{의 면적} 비는 그들의 직경들의 제곱들의 비와 같으므로, 이 [두 제곱들의 비]는 BA와 CD의 비와 같은 비를 가집니다. 하지만 BA를 한 변으로 하는 정사각형과 E를 한 변으로 하는 정사각형의 비는 BA와 CD의 비와 같으므로, 네 개의 제곱들은 비례합니다.[37] 따라서 그들의 변들{sides}도 비례하므로[38], 원 C의 직경과 원 A의 직경의 비는 AB와 E의 비와 같습니다. 그리고 원주들의 비는 직경들의 비와 같고; 또 높이가 같은 원기둥들의 표면의 비는 원주들의 비와 같습니다. 그러므

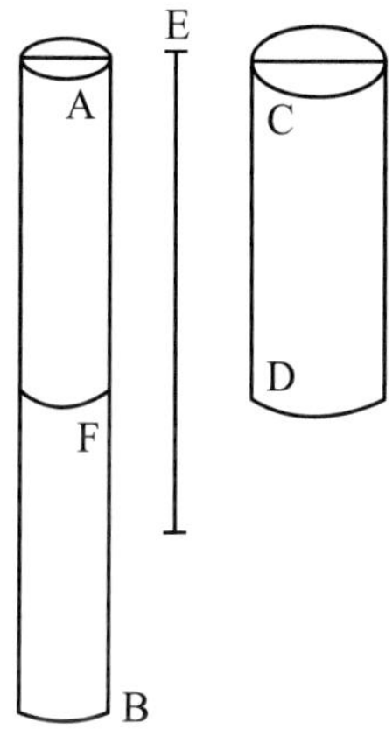

35) 당시의 기하학에서는 선에 대해서는 길이, 표면에 대해서는 면적, 입체에 대해서는 체적이 각각에 대해 유일하게 관련된 양이었으므로, 예를 들어, 입체가 같다{equal}는 것은 즉 입체의 체적이 같다는 뜻이며, 형상이 같은 경우에는 상동{homologous}이라고 하였다. 원문의 문체를 살리기 위해 이하에서는 그 당시의 용어를 그대로 사용하여 번역하는 경우도 많이 있음에 유의한다.

36) 이 결과는 마지막 결론을 얻기 위해 사용된다.

37) $BA = l_1$, $CD = l_2$, $E = l_3$, 원기둥 AB의 밑면의 원의 반경을 r_1, 원기둥 CD의 밑면의 원의 반경을 r_2라고 하면, 네 개의 제곱들은 πr_2^2, πr_1^2, l_1^2, l_3^2인데, 체적 V는 동일하므로 $\pi r_2^2 = \frac{V}{l_2}$, $\pi r_1^2 = \frac{V}{l_1}$이고, $l_3^2 = l_1 l_2$이므로, 네 개의 제곱을 다시 쓰면 $\frac{V}{l_2}$, $\frac{V}{l_1}$, l_1^2, $l_1 l_2$을 얻는다. 따라서 $\frac{V}{l_2} : \frac{V}{l_1}$와 $l_1^2 : l_1 l_2$, 즉 $l_1 : l_2$를 얻으므로, 앞의 두 제곱들의 비와 뒤의 두 제곱들의 비가 같으며, 이를 여기서는 네 개의 제곱들은 비례한다고 하였다.

38) 제곱은 정사각형의 면적으로 생각할 수 있으므로, 제곱근을 취하면, 변들의 비례 관계를 얻는다.

로 원기둥 CD의 표면과 원기둥 AF의 표면의 비는 AB와 E의 비와 같습니다. 높이 AF와 AB의 비는 AF의 표면과 AB의 표면의 비와 같으며, 또 표면 CD와 표면 AF의 비는 선분 AB와 E의 비와 같으므로, 교란 [비례]에 의해, 표면 CD와 표면 AB의 비는 높이 AF와 E의 비와 같을 것이며; 또 전환{conversion}[39]에 의해, 선분 E와 AF(또는 CD)의 비는 원기둥 AB의 표면과 원기둥 CD의 표면와 같고, 또는 AB와 E의 비와 같은데[40], 이는 AB와 CD의 비의 제곱근과 같습니다; 이것은 증명하고자 하던 것이지요.[41]

이제, 만약 우리가 위에서 증명된 것을 우리들의 원래 목적에 적용한다면,
99 또 도금된 은 기둥이, 일 푸트보다 길지 않고[*mezzo braccio*][42], 서너 손가락 두께일 때, 그리고 머리카락과 같이 가늘게 잡아당겨져서 그 기둥이 사만 피트 또는 더 길게 되었을 때라고 가정하면, 우리는 그 표면은 원래의 크기보다 이백 배 증가한 것을 알 수 있을 것입니다. 따라서 수가 열 개로 가정되었던 그 금박들은, 이백 배의 표면에 걸쳐 확장되어서, 사만 피트 길이의 와이어의 표면을 덮고 있는 금은 보통의 두드려서 편 금박 하나의 [두께의] 이십분의 일보다 두껍지 않아야 한다는 것을 보여줍니다. 이제 이 얇기가 부분들의 엄청난 팽창이 없다고 할 때, 생각하는 것이 가능한지 아닌지를 생각해 보고, 또 이것이 당신에게, 무한히 많은 분할불능들로 구성된 것이 물리적 물질들이라고 하는 방향의, 실례로 보이는지 아닌지를 판단하시지요-이를 위해서는, 더 강력하고

39) 용어 풀이에서 설명한 전환과는 내용이 다르므로, inversion의 오류로 보인다. 왜냐하면 바로 다음에서 사용된 것은 $a:b=c:d$이면 $b:a=d:c$가 성립한다는 것이기 때문이다.

40) E가 AB와 CD의 평균 비례이므로, $AB:E=E:CD$가 성립한다.

41) 갈릴레오 당시의 수학은 곧 기하학을 뜻하였으며, 대수학은 비례 관계 이외에는 대단히 초보적인 단계였고, 미적분은 아직 생기지도 않았다. 따라서 현대적인 대수학에 익숙한 우리가 갈릴레오의 기하학적 증명을 따라가려면 상당한 인내가 필요하다. 여기서의 증명은 위의 각주 37에서와 같이 미지수를 문자를 써서 나타내고, 방정식을 사용하면 훨씬 쉽게 얻을 수 있다. 원기둥 AB, CD의 표면의 면적을 각각 S_1, S_2라고 하면, $V=\pi r_1^2 l_1=\pi r_2^2 l_2$이므로, 이 조건을 사용하여 다음을 얻고,

$$S_1=2\pi r_1 l_1=2\pi\sqrt{\frac{V}{\pi l_1}}\,l_1=2\sqrt{\pi V l_1},\quad S_2=2\pi r_2 l_2=2\pi\sqrt{\frac{V}{\pi l_2}}\,l_2=2\sqrt{\pi V l_2},$$

따라서 $\dfrac{S_1}{S_2}=\sqrt{\dfrac{l_1}{l_2}}$ 를 얻는다.

42) 원래 뜻은 반 브라초이다.

결정적인 다른 [실례들]이 없는 것도 아닙니다만.

사그레도. 이 증명은 제게는 대단히 정연한 것으로 보여서, 심지어 원래의 목적에, 그것을 위해 제시된, 목적에 대해 저를 설득하지 못한다고 하더라도(실제로는 저의 경우에는 설득이 되었습니다만), 증명을 듣기 위해 바친 짧은 시간이 어떤 경우에도 잘 사용되었습니다.

살비아티. 당신께서 이들 기하학적 증명들을, 보증된 이득들을 우리에게 전달해주는 자들인, 증명들을 얼마나 즐기시는지를 보니, 저는 이 증명의 동반자 격인 증명을 보여드리기로 하지요, 이 증명은 매우 호기심을 자극하는 하나의 의문을 풀어 줍니다. 위로부터, 우리는, {체적이} 같고 높이 또는 길이가 다른 두 원기둥에 대해 무슨 일이 생기는지 압니다. 표면들은 같지만 높이가 다른 원기둥들에 대해, 여기서 표면도 위쪽과 아래쪽의 밑면을 제외한 옆면의 표면들을 뜻하지요, 무슨 일이 생기는지를 듣는 것도 역시 좋은 일입니다. 저는 말씀드립니다:

> 밑면{들의 면적}을 제외하고, 표면이 같은 직립 원기둥들은, [체적들의 비가] 그들 높이들의 비의 역과 같다.

두 원기둥 AE와 CF의 표면들이 같다고 하고, 하지만 CD의 높이는 AB의 높이보다 크다고 하지요; 저는 원기둥 AE와 원기둥 CF의 {체적의} 비는 높이 CD와 AB의 비와 같다고 말씀드립니다. CF의 표면은 AE와 같으므로, 체적 CF[*cilindro*]는 AE보다 작습니다; 왜냐하면 이들이 같으면, 앞에서
언급한 정리의 논리에 이해, 표면 CF는 표면 AE보다 커야 하며, 또 만약 원 100
기둥 CF가 AE보다 크다면 더욱 더 그러할 것입니다. 원기둥 ID를 AE와 같도록 하면; 그러면, 앞{의 정리}에 의해, 원기둥 ID의 표면과 AE의 표면의 비는 높이 IF와 IF, AB 사이의 [기하] 평균의 비와 같습니다. 그러나 AE의 표면은 CF와 같다고 주어졌으므로; 또 표면 ID와 CF의 비는 높이 IF와 CD의 비와 같으므로, CD는 IF와 AB 사이의 평균 비례임이 얻어집니다. 나아가, 원기둥 ID는 원기둥 AE와 같으므로, 둘 다 원기둥 CF와 같은 비를 가집니다. 하지만 ID와 CF의 비는 높이 IF와 CD의 비와 같으므로; 따라서 원기둥 AE와 원기둥 CF의 비는 선분 IF와 CD의 비와 같습니다; 즉 CD와 AB의 비와 같으며, 이것은 바로 {얻고자 하던} 정리입니다.[43]

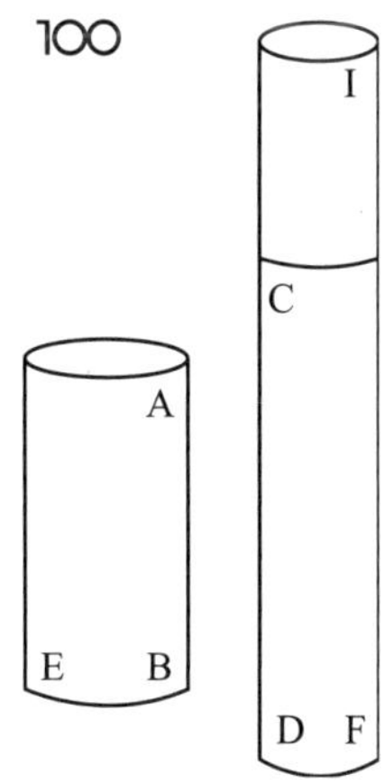

이 결과로부터 우리는 대부분 사람들이 놀라며 듣게 되는 사건에 대한 논리를 이해합니다; 즉, 같은 천 조각으로, 한 쪽이 다른 쪽보다 길다고 하면, 곡식을 담는 자루{sack}를 만드는 경우, 자주 하는 것처럼 바닥에 받침판{board}을 놓고, 우리가 천의 짧은 쪽을 자루의 높이 방향으로 놓고, 긴 쪽으로 받침판을 둘러쌀 때, 그와는 반대로 자루를 만들 때보다, 더 많이 담을 수 있지요. 예를 들어, 천이 한 쪽으로 육 브라차, 다른 쪽이 십이 브라차이면, 길이가 십이인 쪽으로 바닥의 받침판을 둘러싸서 자루가 육 브라차 높이일 때, 둘러싼 주변이 육 브라차이고 높이가 십이일 때보다, 더 많이 담을 수 있을 것입니다.

이제, 전자의 방법이 후자의 방법보다 더 큰 용량을 제공한다는 이 일반적인 정보에, 얼마나 더 담겨질 수 있는지에 대해 금방 증명된 개별적이고 특수한 지식[*scienza*]이 추가됩니다. 그 자루는 낮으면 낮을수록 많이 담을 수 있으며, 높으면 높을수록 작게 밖에 담지 못합니다. 구체적인 양으로는, 만약 천이 폭보다 길이가 두 배이면, 길이 방향으로 꿰맬 경우, 폭 방향으로 꿰맨 경우보다
101 반밖에 담지 못할 것입니다. 마찬가지로, 밀짚 멍석으로 바구니를 만드는 경우, 예를 들어 길이가 이십오 브라차, 폭이 칠 브라차이면, 길이 방향으로 세워서 말았을 때는, 칠 단위를 담을 수 있고, 반대로 말았을 때는 이십오 단위를 담을 수 있을 것입니다.

사그레도. 이렇게 하여, 매우 즐겁게, 호기심을 끌고 또 유용한 지식을 우리는 계속 습득하는군요. 그런데 이 마지막 명제에서, 저는 기하학의 지식을 가지지 않은 사람들 중에 처음부터 제대로 알 사람을 당신께서 백 명 중에 넷을 찾을 수 있을 지 어떨지 의심합니다, 그들은 같은 표면에 넣어져 있는 물체들은 모든 면에서 같을 것이라고 [생각하지요]. 그들은 표면들에 대해 논할 때 같은 오류를 범합니다; 다른 도시들의 크기를 결정하는 경우, 그들은 자주 도시 경계들의 길이들[*quantità*]이 주어질 때 모든 것이 알려진 것으로 생각하지요, 하나의 경계가 다른 경계와 {길이가} 같지만 경계가 둘러싼 면적은 한 쪽이 다른

43) 원기둥 AE, CF의 체적을 각각 V_1, V_2라고 하면, $S = 2\pi r_1 l_1 = 2\pi r_2 l_2$이므로, $V_1 = \pi r_1^2 l_1 = \pi\left(\frac{S}{2\pi l_1}\right)^2 l_1 = \frac{S^2}{4\pi}\frac{1}{l_1}$, $V_2 = \pi r_2^2 l_2 = \pi\left(\frac{S}{2\pi l_2}\right)^2 l_2 = \frac{S^2}{4\pi}\frac{1}{l_2}$를 얻으며, 따라서 $\frac{V_1}{V_2} = \frac{l_2}{l_1}$를 얻는다.

쪽보다 훨씬 클 수도 있다는 것을 모른 채 말씀입니다. 이것은 불규칙적인 표면들에 대해서만이 아니고 규칙적인 표면들{즉 정다각형들}에 대해서도 일어나는데, 정다각형들의 경우에는 더 많은 변을 가지는 것들이 작은 변을 가지는 것보다 항상 더 넓지요[주변이 같을 경우]. 종국적으로는 원, 무한히 많은 변을 가지는 정다각형인, 원이 모든 등주{isoperimetric} 정다각형 중에서 가장 면적이 넓지요. 저는 사크로보스코{Sacrobosco}의 '구'{Sphere}[44]와 첨부된 해박한 주석을 공부할 때, 매우 만족스럽게 이에 대한 증명을 본 적이 있는 것을 기억합니다.[35]

살비아티. 정말 그렇습니다: 저도 그 문구를 본 적이 있는데, 그것으로부터 원이 모든 등주 정다각형 중에서 가장 크고, 또 등주 정다각형들 중에서는 더 102
많은 수의 변을 가진 것들이 작은 수의 변을 가지는 것들보다 크다고 결론짓는 유일하고 짧은 증명을 발견한 적이 있었지요.

사그레도. 저는 일상적인 것들과는 구별되는 증명된 명제들과 또 추려진 증명들로부터 큰 즐거움을 얻으므로, 당신께서 이것을 꼭 저와 공유하시기를 간청합니다.

살비아티. 짧고 간략하게 다음 정리를 당신에게 증명해드리지요:

> 원은 두 상사한 정다각형의 평균 비례인데, 하나는 원에 외접하는 정다각형이고, 다른 하나는 원과 등주인 정다각형이다. 또한, 원은 그에 외접하는 모든 [도형들]보다 작지만, 등주인 [도형들] 중에서는 가장 크다. 그리고 외접하는 [다각형들] 중에서는, 각의 수가 많은 다각형이 적은 다각형보다 작으며; 반면에, 등주인 [다각형들] 중에서는, 각의 수가 많을수록 크다.

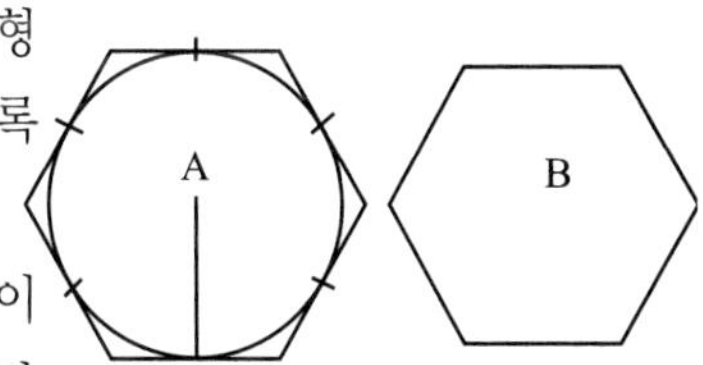

상사한 두 다각형 A, B를 잡고; A는 원 A에 외접한다고 하며, B는 이 원과 등주라고 하지요; 저는 원이 이들의 평균 비례라고 말씀드리겠습니다. 반경 AC를 그리지요. 원 [A]는 [면적이] 한 변이 반경 AC이고, 다른 한 변은 원주와 같은 직각 삼각형과 같습니다; 마찬가지로, 다각형 A는 한 변이 AC
이고 다른 변이 다각형과 등주인 직각 삼각형과 같습니다; 따라서 외접한 다각 103
형{의 면적}은 원{의 면적}에 대해서 그 주변의 길이가 이 원의 원주에 대해 가

44) Johannes de Sacrobosco(약 1195-1256)의 '천체론'{Tractatus de Sphaera}을 가리킨다.

지는 비와 같은 비를 가진다는 것은 명백하며, 또는 다각형 B의 주변의 길이에 대한 비와 같지요, 이 길이는 원주와 같다고 가정되었으니까요. 그런데 다각형 A와 B의 {면적의} 비는 그 주변의 길이의 비의 제곱과 같지요, 두 다각형은 상사하니까요; 따라서 원 A는 다각형 A와 B의 평균 비례입니다.[45] 다각형 A는 원보다 크기 때문에, 이 원 A는 [면적이] 원과 등주인 다각형 B보다 큰 것이 명백하며, 따라서 원은 그 원과 등주인 모든 정다각형 중에서 가장 큽니다.

나머지 부분에 대해서는, 같은 원의 주위에 외접하는 다각형들 중에서 변의 수가 작은 다각형이 많은 다각형보다 크다는 것을 우리는 증명해야만 합니다; 반면에, 등주인 모든 다각형 중에서, 변의 수가 많은 다각형이 작은 다각형보다 크다는 것을 증명해야만 합니다. 따라서 이들 명제를 증명하지요.

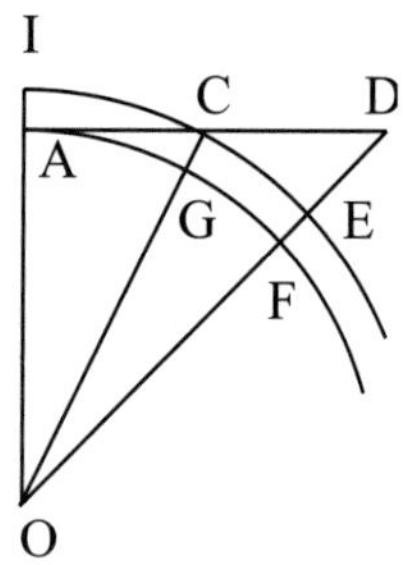

반경 OA, 중심 O인 원에 대해, 접선 AD를 그립니다; AD는 외접하는 오각형의 반-변{half-side}, AC는 칠각형{heptagon}[46]의 반-변이라고 하지요. 선들 OGC와 OFD를 그리고, O를 중심, OC를 반경으로 잡아, ECI를 그립니다. 삼각형 DOC는 부채꼴 EOC보다 크고, 또 부채꼴 COI는 삼각형 COA보다 크므로, 삼각형 DOC와 삼각형 COA의 비는 부채꼴 EOC와 부채꼴 COI의 비보다 크며, 즉 부채꼴 FOG와 부채꼴 GOA의 비보다 큽니다. 복합과 순열에 의해, 삼각형 DOA와 부채꼴 FOA의 비는 삼각형 COA와 부채꼴 GOA의 비보다 크며[47], 열 개의 삼각형 DOA와 열 개의 부채꼴

45) 다각형 A, B의 주변의 길이를 l_A, l_B, 또 면적을 A_A, A_B라고 하고, 원의 원주를 l_C, 또 면적을 A_C라고 하면, 위의 증명은 다음과 같이 얻을 수 있다.

$A_A : A_C = l_A : l_C = l_A : l_B$, $A_A : A_B = l_A^2 : l_B^2$, 그러므로 $\left(\frac{A_A}{A_C}\right)^2 = \frac{A_A}{A_B}$를 얻으며, 양변을 A_A로 나누면, 결국 $\frac{A_A}{A_C^2} = \frac{1}{A_B}$을 얻는다.

46) 영역본에는 10여 군데에서 hectagon이라고 되어 있으나 heptagon의 오류로 보여 바로 잡는다.

47) 삼각형 DOC, COA의 면적을 α, β, 부채꼴 FOG, GOA의 면적을 γ, δ라고 하면, 위에서 얻은 결과는 다음과 같이 쓸 수 있고, $\frac{\alpha}{\beta} > \frac{\gamma}{\delta}$, 복합에 의해서 $\frac{\alpha+\beta}{\beta} > \frac{\gamma+\delta}{\delta}$를 얻으며, 순열에 의해 $\frac{\alpha+\beta}{\gamma+\delta} > \frac{\beta}{\delta}$를 얻는다. 여기서는 복합이 등식 또는 부등식의 양변에

FOA 의 비는 열 네 개의 삼각형 COA 와 열 네 개의 부채꼴 GOA 의 비보다 크지요. 따라서 외접 오각형과 원의 비는 외접 칠각형과 원의 비보다 클 것이며, 그러므로 오각형은 칠각형보다 클 것입니다.

이번에는 같은 원과 등주인 칠각형과 오각형을 잡지요; 저는 칠각형이 오각형보다 크다고 말합니다. 왜냐하면 그 원은 외접 오각형과 원과 등주인 오각형의 평균 비례이며, 또 마찬가지로 외접 칠각형과 등주 칠각형의 평균 비례이 104
기 때문입니다. 외접 오각형이 외접 칠각형보다 크다는 것은 증명이 된 바 있습니다; 따라서 이 {외접} 오각형과 원의 비는 {외접} 칠각형과 원의 비보다 클 것입니다. 즉, 원과 등주 오각형의 비는 {원과} 등주 칠각형의 비보다 클 것입니다; 따라서 오각형은 등주 칠각형보다 작고, 이것은 증명하려고 하던 바입니다.48)

사그레도. 매우 세련된 증명이며, 전혀 빈틈이 없고,36] 또한 첫 눈에는 일종의 모순을 내포한 것처럼 보이는 증명인데요, 왜냐하면, 변의 수가 많은 다각형이 등주인 변의 수가 작은 다각형보다 크다는 것에 대한 이유가 변의 수가 많은 외접 다각형은 변의 수가 작은 외접 다각형보다 작다는 것으로부터 얻어지기 때문입니다. 그런데 우리가, 기하학에 몰두하면서, 어디서 길을 잃었지요? 우리가 심플리치오에 의해 제기된 어려운 점들을 고려하려고 하지 않았나요, 그 문제들은 정말 세밀하게 살필 필요가 있는데-특히 응축의 문제는 말씀이지요, 이 문제는 제게는 매우 어려운 것처럼 보입니다.

살비아티. 만약 응축과 희박화가 대응되는 변화들[*moti*]이라면, 대단한 희박화가 발견되는 어디에서도, 응축 또한 그에 못지않게 보여야 할 것입니다. 우리는 매일 엄청난 희박화를 봅니다; 또한 더욱 주목할 만한 것은, 이것이 거의 순간적이라는 것입니다. 저는 조그만 양의 화약에 대해 말씀드리고 있는데요, 화약이 엄청난 양의 불로 변화할 때 말입니다. 그리고 거의 무한한 빛의 팽창은 어떻지요? 만약 그 불과 그 빛이 다시 원래로 돌아간다면-이게 불가능한 것

같은 양을 더하는 연산, 또 순열은 양변에 같은 양을 곱하는 연산과 등가이다.

48) 외접 n 각형의 면적을 C_n, 등주 n 각형의 면적을 I_n 이라고 하면, 평균 비례에 관한 사항은 다음과 같이 쓸 수 있으므로, $C_5 I_5 = C_7 I_7$, $\frac{C_5}{C_7} > 1$ 로부터 $\frac{I_5}{I_7} < 1$ 을 얻는다.

은 아닙니다, 그들이 변화 전에 그렇게 매우 작은 공간을 차지하고 있었던 것을 보면 말씀이지요-그건 엄청난 응축이 되겠지요! 이런 식으로 생각하면, 당신들은 같은 종류의 희박화를 수천 개 찾을 것입니다, 이들 희박화는 응축보다는 더 쉽게 관찰되는데, 이것은 처음에 조밀한 물질들은 더 다루기 쉽고, 또 우리들의 감각에 더 [쉽게] 드러나기 때문이지요. 우리는 나무를 다룰 수 있고, 또
105 그것이 불과 빛으로 분해되는 것을 보지만; 그렇다고 불과 빛이 응축되어 나무가 되는 것은 본 적이 없습니다. 우리는 과일, 꽃, 그리고 천 가지의 다른 고체 물질들이 분해되어 (일반적인 규칙으로) 냄새로 되는 것을 보지만; 냄새가 나는 원자들이 함께 모여 냄새나는 고체들로 되는 것을 본 적은 없습니다.

그러나 감각적 관찰이 불가능한 곳에서는, 추론에 의해서 그들의 입지가 설명될 수도 있으며, 추론은 우리가 응축에 의한 묽고 희박한 물질들의 변화에 못지않게 희박화와 분해에 의한 고체들의 변화[*moto*]를 이해할 수 있게 합니다. [우리가] 빈 공간과 물체들에 대한 틈입을 도입하지 않고, 희박화 되거나 응축될 수 있는 물체들이 어떻게 그렇게 될 수 있는가에 대해 이론화함으로써 우리는 응축과 희박화의 가능성을 조사할 것입니다. 이것은 물질들이 그러한 것들을 배제하고 자연 상태에서 존재할 수도 있으며, 따라서 당신이 모순이며 불가능하다고 말하는 사건들을 내포하지 않는 가능성을 남겨 둘 것입니다. 마지막으로, 심플리치오여, 당신과 당신의 나머지 친우들인 가장 현명한 철학자들에 대한 존경심으로부터, 저는 응축과 희박화의 이론을 고안하였는데, 이 이론에서는 응축과 희박화가, 물체들에 대한 틈입을 가정하지 않고, [동시에] 빈 공간을 도입하지도 않고, 발생할 수 있는데, 왜냐하면 틈입과 빈 공간은 당신들이 경멸하고 혐오하는 결과들이기 때문입니다-만약 당신들이 틈입과 빈 공간들을 그저 인정만 한다면, 저[로서는] 그들에 대해 그렇게 완고하게 반대하지 않아야 함에도 불구하고 말씀이지요.[37] 그러므로 당신들이 그들 모순들을 인정하든가, 또는 저의 이론들을 인정하든가, 또 더욱 적절한 다른 이론들을 찾을 수도 있겠지요.

사그레도. 틈입을 부인하는 것에 있어서, 저는 전적으로 소요학파 철학자들과 같은 편입니다. 빈 공간에 대해서는, 아리스토텔레스가 그것을 반박하는 증명과, 당신[살비아티]께서 그를 반박하는 증명을 신중하게 비교 고찰하면서 들어보고 싶군요. 부탁이 있는데요, 심플리치오여, 아리스토텔레스의 증명을 정확하게 말씀해 주실 수 있는지요; 그리고 당신, 살비아티께서는 그것에 대한 답변을

해주시지요.

심플리치오. 제가 기억하는 바로는, 아리스토텔레스는 빈 공간을 운동에 대해
필요한 것으로 도입한 어떤 고대학자들과 논전을 벌였습니다, 그들은 빈 공간이
없으면 운동이 있을 수 없다고 주장했지요. 이 [관점]에 반대하였던, 아리스토텔
레스는 반대로, 우리가 보는 운동의 발생이 빈 공간의 가정을 소멸시킨다는 것
을 증명하였는데; 다음은 그가 밟은 단계들입니다.[38] 그는 두 개의 가정을 합니
다; 하나는 무거움이 다르지만 같은 매체 안에서 움직이는 움직일 수 있는 것들
{moveables}에 대한 것이고, 다른 하나는 다른 매체들 안에서 주어진 움직일 수
있는 것에 대한 것입니다. 첫 번째 가정과 관련하여, 그는 무거움이 다른 움직 106
일 수 있는 것들은 같은 매체 안에서 다른 속력으로 운동한다고 가정합니다. 그
속력들의 비는 그들의 무게들[*gravità*]과 같은 비를 유지하지요. 따라서 예를 들
면, 다른 움직일 수 있는 것에 비해서 열 배 무거운 움직일 수 있는 것은 열
배 빠르게 움직입니다. 두 번째 가정에서 그는 다른 매체들을 통과하는 동일한
움직일 수 있는 것의 속력들의 비는 매체들의 성긴 정도{crassitudes} 또는 밀도
들{densities}의 역 비{inverse ratio}와 같다고 하였습니다. 가정하기를, 예를 들
면, 물의 성긴 정도가 공기의 열 배라면, 그는 공기 중에서의 속력이 물에서의
속력의 열 배라는 것이지요.

이 두 번째 가정으로부터, 그는 그의 증명[빈 공간에 반대하는]을 다음 형태로 유도합니다: 빈 공간의 희박함{tenuity}은, 어떤 채워진 매체[*mezzo pieno*]의 가장 희박한[*sottilissima*] 매체에 대해서도, 희박함의 크기{corpulence}를 무한히 초과하므로, 어떤 공간을 어떤 시간 동안에 어떤 채워진 매체를 통과하여 움직인 모든 움직일 수 있는 것은 빈 공간을 통해서는 한 순간에 움직여져야만 하는데; 그러나 운동이 순간적으로 일어나는 것은 불가능하기 때문에; 그러므로 운동 덕분에, 빈 공간은 불가능하다.

살비아티. 이 논증은 사람에 따라 {달라지는}{*ad hominem*} 것으로 보이는군요; 즉 이 논증은 빈 공간이 운동을 위해 필요한 것으로 생각하는 사람들을 반박하기 위한 것이지요. 따라서 만약 제가 그 논증을 확정적이라고 인정하고 운동이 빈 공간 안에서 일어나지 않는다는 것을 용인하면, 절대적인 의미에서의 빈 공간의 가정, 단지 운동과 관련된 것이 아닌, 그 가정은 따라서 무력화되지 않습니다.

그러나 [아리스토텔레스에 의해 반박된] 그 고대인들이 대답했을 법한 것을 말하면, 그렇게 해서 우리가 아리스토텔레스의 주장의 확정성을 더 잘 판단하기 위해, 저는 그의 가정들을 반박하는 것이 가능하며, 두 가정 모두 부정하는 것이 가능하다고 생각합니다. 첫 번째 가정에 대해, 저는 아리스토텔레스가 다음을 한 번이라도 시험해[*sperimentasse*] 보았는지 심각하게 의심합니다. 즉 두 개의 돌들이, 하나가 다른 것보다 열 배 무거운 경우, 동시에 어떤 높이에서, 예를 들어 백 브라차 높이에서 떨어진 두 돌들이, 큰 돌이 땅에 떨어질 때, 다른 돌은 십 브라차 밖에[*né anco*] 내려오지 않을 정도로 속력의 차이가 크게 나는 것이 사실인지 아닌지에 대한 시험 말씀이지요.

심플리치오. 하지만 그의 문구들에서 그가 이것을 시험했던 것으로 간주할 수 있는 표현이 보이는데, 왜냐하면 그는 말하기를 '우리는 더 무거운 것이 ---를 본다'라고 했지요. 이제 이 '우리는 본다'라는 표현은 그가 실험[fatta l'esperienza]을 수행했던 것을 시사합니다.

사그레도. 하지만 저는, 심플리치오여, 그 시험을 해 보았는데, 당신에게 백
107 파운드(또는 이백, 아니면 더 무거운) 대포알{cannonball}이 단지 반밖에 무게가 나가지 않는 로비넷{robinet}[39]의 포알보다, 둘 다 모두 이백 브라차의 높이에서 떨어질 때, 땅에 도착하는데 한 뼘{span}이라도 앞서지 않을 것이라는 것을 보장할 수 있습니다.

살비아티. 다른 경험들이 없다고 하더라도, 짧고 결정적인 입증에 의해, 우리는 명쾌하게 다음이 사실이 아니라는 것을 증명할 수 있지요, 즉 두 움직일 수 있는 것들이 같은 물질로 되어있는 경우, 더 무거운 움직일 수 있는 것이 덜 무거운 다른 것보다 더 빨리 움직인다는 것인데, 한 마디로 하면, 아리스토텔레스가 말하는 것들입니다. 말씀해 주시지요, 심플리치오여, 모든 무거운 떨어지는 물체에 대해 자연에 의해 결정된, 힘 또는 반대되는 저지력을 그 물체에 사용하지 않는 한 더 커질 수도 없고 작아질 수도 없는, 하나의 속력이 있다는 것을 당신이 가정하는지 아닌지를.

심플리치오. 주어진 매체 안에 있는 주어진 움직일 수 있는 것이 자연에 의해서 결정된 속력, 그 움직일 수 있는 것에 새로운 격동량을 주지 않는 한 증가시킬 수 없고, 또는 그것을 감속시키는 어떤 저지력을 가하지 않는 한 감소시킬

수 없는, 하나의 확고한 속력을 가진다는 것은 의심의 여지가 없습니다.40]

살비아티. 그러면 만약 우리가 자연이 정한 속력들{natural speeds}이 다른 두 개의 움직일 수 있는 것들을 가지고 있을 경우, 느린 것을 빠른 것과 연결시킨다면, 빠른 것은 느린 것에 의해 부분적으로 감속되고, 느린 것은 빠른 것에 의해 부분적으로 가속될 것은 명백하지요. 이 견해에 대해 저에게 동의하지 않으십니까?

심플리치오. 제게는 확실히 그렇게 될 것으로 보이는데요.

살비아티. 하지만 만약에 그렇다면, 또 만약 큰 돌이 예를 들어, 팔 단계의 속력으로, 작은 돌은 사 [단계]로 움직이는 경우, 그들 둘을 연결하면, 합해진 물체{composite}는 팔 단계보다 작은 속력으로 움직일 것입니다. 그러나 그 연결된 두 돌은 팔 단계로 움직이던 큰 돌보다도 더 큰 하나의 돌이 됩니다;41] 그러므로 이 더 큰 돌은 더 작은 돌보다 덜 빠르게 움직입니다. 그러나 이것은 당신의 가정에 어긋나지요. 따라서 당신은, 더 무거운 물체가 덜 무거운 것보다 108
더 빨리 움직인다는 가정으로부터, 어떻게 제가 더 무거운 것이 덜 빠르게 움직인다는 결론을 얻는지 보셨습니다.

심플리치오. 저는 혼란스럽군요, 왜냐하면 제게는 아직도 큰 돌에 더해진 작은 돌이 무게를 더해주는 것으로 보이거든요; 또 무게를 더해줌으로써, 저는 조그만 돌이 왜 큰 돌의 속력은 더해 주면 안 되는지, 또는 최소한 자신의 이 [속력]을 감소시키지 않아야 하는지 모르겠습니다.

살비아티. 여기서 당신께서는 또 다른 오류를 범하시는군요, 심플리치오여, 왜냐하면 작은 돌이 큰 돌에게 무게를 더하는[*accresca*] 것이 사실이 아니기 때문입니다.

심플리치오. 음, 그건 정말 제 이해 범위를 벗어나는군요.

살비아티. 당신의 이해를 조금도 벗어나는 것이 아닐 겁니다, 제가 당신이 빠져있는 양의성{equivocation}을 아시도록 한다면. 우리는 운동하고 있는 무거운 물체들과 정지 상태에 있는 동일한 물체들을 구분해야만 한다는 것에 유념하시지요. 저울에 놓인 하나의 큰 돌은 다른 돌을 그 위에 올려놓음으로써 무게를 얻으며, 뿐만 아니라, 심지어 마 한 사리{a coil of hemp}를 더해도 사리의 무게인 육칠 온스 정도 더 무게가 나갈 것입니다. 그러나 만약 당신이 그 돌에 마 한 사리를 묶어 어떤 높이로부터 자유롭게 떨어지도록 하면, 당신은 이 운동 중에 그 사리는 돌에 무게를 더해서 따라서 그 운동의 속력을 필수적으로 빠르게 할 것으로 믿으십니까? 아니면 돌을 부분적으로 저지함으로써 감속시킬 것으로 믿으십니까?

{어깨 위에서 우리를} 힘들게 하는 중량물이 하려고 하는 운동에 우리가 맞서려고 할 때 우리의 어깨에 무게를 느낍니다; 하지만 만약 우리가 그러한 무거운 물체가 자연적으로 떨어질 것과 같은 속력으로 아래를 향해 움직인다면, 당신께서는 어떻게 그 물체가 우리를 누르도록 할 것이며, 또 우리에게 무게를 가하도록 할 수 있습니까? 당신께서는 이것이 뒤따르는 자와 같거나 또는 더 큰 속력으로 앞서서 뛰고 있는 누군가를 창으로 찌르려고 하는 것과 같다는 것을 보지 못하십니까? 그러면, 자유롭고 또 자연적인 낙하에서 그 더 작은 돌이 더 큰 돌에 무게를 더하지 않는다는 것을, 정지 상태에서 하는 것처럼 말입니다, 추론하셔야지요.

심플리치오. 그러나 만약 더 큰 [돌]이 더 작은 돌 위에 얹히면 어떻게 되지요?

109 **살비아티**. 더 큰 돌이 더 빠르게 움직이고 있다면 무게를 증가시킬 것입니다. 그러나 더 작은 돌이 더 천천히 움직인다면, 더 큰 돌의 속력을 부분적으로 감소시킨다는 것, 그래서 그들이 합해진 것은, 이전보다 크지만, 덜 빠르게 움직일 것임은 이미 결론 내려졌지요. 이것은 당신의 가정에 반하는 것입니다. 이것으로부터 우리는 같은 비중을 가진 크고 작은 두 물체가 모두 같은 속력들로 움직인다고 결론짓습니다.[42]

심플리치오. 확실히, 당신의 추론은 매우 매끄럽게 진행되는군요; 하지만 산탄 총알이 대포알과 같이 빨리 움직여야한 한다는 것을 저는 아직도 믿기 힘듭니다.

살비아티. 당신은 '모래알이 맷돌처럼 [빠르게]' 라고 말씀하여야 합니다. 그러나 저는, 심플리치오여, 당신이 많은 다른 사람들이 하는 것을, 또 그 주장의 주요한 목적으로부터 주장을 딴 데로 돌리기를, 제가 말씀 드린 것에서 진실로부터 머리카락 한 오라기 벗어난 어떤 것을 공격하기를, 그리고 이 머리카락 밑에 배의 닻을 오르내리는 줄{hawser}만큼이나 큰 다른 오류를 감추기를 원치 않습니다. 아리스토텔레스는 말합니다, '백 브라차의 높이로부터 떨어지는 백 파운드의 쇠 공은 일 파운드의 공이 딱 일 브라초를 내려 왔을 때 땅을 칩니다.' 저는 말합니다, 그들은 같은 시간에 도착합니다. 당신께서는, 실험을 하신다면,[43] 더 큰 공이 작은 공보다 이 인치 앞선다는 것을 알게 됩니다; 즉 더 큰 공이 땅을 때릴 때, 작은 공은 그보다 이 인치 뒤에 있습니다. 이제 당신은 그 이 인치 뒤에, 아리스토텔레스의 구십구 브라차를 감추기를, 또 그의 엄청난 오류에 대해서는 침묵을 지키면서, 저의 작은 오류에 대해서만 말씀하시기를 원합니다.

아리스토텔레스는 다른 무게를 가진 움직일 수 있는 것들은 (무게가 무거움에 의존하는 범위 내에서) 그들의 무게들에 비례하는 속력들로 같은 매체를 통과하여 움직인다고 선언합니다. 그는 하나의 예로서 순수하고 절대적인 무게의 결과를 식별할 수 있는 움직일 수 있는 것들을 주는데, 형상들과 어떤 매우 작은 힘들[*momenta*]에 대한 다른 고려 사항들은 옆으로 재껴두고 말입니다. 이 작은 힘들은 매체에 큰 변화[*alterazione*]를 일으키고, 또 무거움만의 단순한 결과를 변화시킵니다. 그래서 우리는 가장 무거운, 어떤 다른 물질보다도 무거운 금을 만나는데, 마치 바위들이 부셔져 고운 먼지로 된 것처럼, 공기 중을 떠다니는 매우 얇은 금박으로 변형된 금을 말이지요. 만약 당신이 당신의 일반적인 명제를 유지하고 싶다면, 당신은 속력들의 비가 모든 무거운 물체들에서 관찰 110
된다는 것을, 또 이십 파운드의 한 바위가 하나의 이-파운드 바위보다 열 배 빨리 움직인다는 것을 보여야만 합니다. 저는 이것은 오류라고 말씀드리며, 또 오십 또는 백 브라차의 높이로부터 떨어질 경우, 두 바위는 같은 순간에 땅을 친다고 말씀드립니다.

심플리치오. 어쩌면 매우 큰 높이로부터, 수천 브라차의, 높이로부터라면, 이들 더 낮은 높이들에서는 보이지 않는 것들이 일어나겠지요.

살비아티. 만약 그것이 아리스토텔레스가 뜻하였던 것이라면, 당신은 거짓말이 되는 또 하나의 오류를 그에게 짊어지우는 것입니다. 왜냐하면 그러한 수직 높이들은 지구 상에서 발견될 수 없으며, 따라서 아리스토텔레스가 그것을 시도할 수 없었다는 것이 명백합니다; 하지만 그 결과가 '보인다'라고 그가 말했기 때문에 그가 실험을 했다고 당신은 우리를 설득하고자 합니다.[44]

심플리치오. 음, 사실은 아리스토텔레스는 이 규칙을 사용하지 않았으며, 다른 규칙, 제가 믿기에는, 이들 어려움에 시달리지 않는 규칙을 사용했습니다.

살비아티. 그 다른 [규칙]도 이 규칙보다 덜 오류는 아닙니다, 또 저는 당신 스스로 그 허구성을 뚫어보지 못하고, 또 다음을 추론하지 못하는 것이 놀랍습니다. 다른 희박성을 가지며 또 다르게 순종하는{yield} 매체들 중에서, 예를 들면 물과 공기와 같은 매체들 중에서, 동일한 움직일 수 있는 것이 물에서보다 공기 중에서 더 빨리, 공기의 희박도와 물의 희박도의 비와 같은 비로, 움직이는 것이 사실이라면, 공기 중에서 낙하하는 모든 움직일 수 있는 것은 물 안에서도 밑으로 움직여야 한다는 결과가 따라야지요. 그러나 그것은 허위입니다. 공기를 통하여 낙하하는 많은 물체들이 물에서 밑으로 운동하지 않고 오히려 위로 올라가기 때문이지요.

심플리치오. 저는 어떻게 그런 결과가 따라야 하는지 모르겠습니다; 게다가 저는 아리스토텔레스는 두 매체 모두에서 아래로 움직이는 무거운 움직일 수 있는 것들에 대해서 논하였다고 말씀드립니다; 공기 중에서는 떨어지고 물에서는 올라가는 그러한 것들에 대해서가 아니고요.

살비아티. 당신은 그 철학자가 스스로를 위해, 그가 원래 저지른 오류를 더 이상 악화시키지 않기 위해서, 단연코 예증하지 않을 변호를 하고 계시는군요.
111 제게 말씀해 주시지요, 물의 물질성{materiality[*corpulenza*]}, 또는 무엇이 되었든 간에 운동을 감속시키는 것이 공기의 물질성, 운동을 덜 감속시키는, 물질성에 대해 어떤 비를 가지는지 아닌지에 대해; 또 만약 가진다면, 당신이 원하시는 대로 그 비를 정하시지요.

심플리치오. 가지고 말구요, 그 비가 십대 일이라고 가정하기로 하지요, 그러면 두 매체 모두에서 아래로 움직이는 무거운 물체의 속력은 물에서 공기에서보다 열 배 느립니다.

살비아티. 다음에는, 공기 중에서는 내려가지만 물에서는 내려가지 않는, 그들 무거운 물체들 중의 하나를 고르지요; 예를 들어 나무로 된 공을 말이지요. 당신께서는 이 물체가 공기 중에서 내려갈 때의 속력을 무엇이든지 원하시는 대로 정해 주시기 바랍니다.

심플리치오. 그 물체가 이십 등급의 속력으로 움직인다고 가정하지요.

살비아티. 매우 좋습니다. 이 속력은 더 느린 속력과의 비가 물의 물질성이 공기의 물질성에 대해 가지는 비와 같은 값을 가지는 것은 분명하지요; 이 속력은 이 등급밖에 되지 않습니다. 따라서 아리스토텔레스의 가정과 부합하기 위해서는, 물보다 열 배 순종하는 공기 중을, 이십 등급의 속력으로 내려가는, 나무로 된 공은 물에서는 이 [등급의 속력]으로 물을 통과하여 내려갈 것이며, 실제로는 떠오르지만, 바닥으로부터 떠오르지 않는다고 우리는 결론지어야 합니다. 물론, 당신이 나무에 대해, 물에서 올라오는 것이 이 등급의 속력으로 내려간다는 것을 뜻한다고 하지 않는다면 말씀이지요. 당신께서 그러실 것으로는 믿지 않거든요. 그러나 나무로 된 공이 바닥으로 내려가지 않기 때문에, 저는, 나무가 아닌, 다른 물질로 된 어떤 공, 물에서 이 등급의 속력으로 내려가는 공을 찾을 수 있다는 것을 당신께서 인정하실 것으로 생각합니다.

심플리치오. 의심의 여지없이 무언가 있을 것이지만, 나무보다는 훨씬 무거운 물질로 된 공이겠지요.

살비아티. 그게 제가 구하던 답입니다. 그러나 이 두 번째 공, 물에서 이 등급의 속력으로 내려가는, 공은 공기 중에서 어떤 속력으로 내려갈까요? 당신께서는, 만약 아리스토텔레스의 규칙을 사용하시기를 원하면, 이십 등급으로 움직일 것이라고 대답해야만 합니다. 그러나 이십 등급의 속력은 당신 자신에 의해서 나무로 된 공에 배정되있잖아요, 따라서 나무로 된 공과 (훨씬 무거운) 다른 공이 모두 공기 중에서 같은 속력으로 움직일 것입니다. 이제, 그 철학자께서는 이 결론을 그의 다른 결론, 무거움이 다른 움직일 수 있는 것들은 같은 매체 내에서 그들의 무게들[*gravità*]에 따라 결정되는 다른 속력으로 움직인다는, 결론과 어떻게 일치시킬 것인지요?

깊이 생각하지 않아도, 당신께서는 자주 발생하는 명백한 사건들을 보시거나, 112
또는 다음을 인지하지 못하실 수가 없었을 것입니다. 두 물체 중의 하나는 물에서 다른 것보다 백 배 빠르게 움직이지만, 이들 중의 더 빠른 것이 공기 중에서는 다른 것보다 백 분의 일도 더 빠르지 못한 것을 말씀이지요. 예를 들어, 대리석으로 된 달걀은 진짜 달걀보다 물에서 백 배 빠르게 낙하하지만, 공기 중에서는 이십 브라차의 거리에서 사 인치도 앞서지 못합니다. 물에서 십 브라차의 바닥에 도달하는데 세 시간이 걸리는 무거운 물체는 공기 중에서 같은 거리를 하나 또는 두 맥박 시간 동안에 통과할 것입니다.[45] 이 경험으로부터는 물의 밀도가 공기의 밀도를 수천 배 초과한다는 결론이 따라져야 할 것입니다. 하지만 반면에 다른 어떤 물체는, 납으로 된 공일 수도 있지요, 물에서 십 브라차를 통과하는데, 공기 중에서 같은 거리를 가는데 걸리는 시간의 두 배보다 조금 더 긴 시간이면 됩니다. 이 두 번째 경험으로부터 우리는 물의 밀도는 공기의 밀도의 약 두 배 정도라고 결론지어야만 할 수도 있습니다.

여기서 심플리치오여, 어떠한 강변[*distinzione*], 또는 어떤 종류의 답변의 여지도 없다는 것을 당신께서 이해하신다는 것을 저는 매우 잘 압니다. 그러면 [아리스토텔레스의 주장과 같은] 그러한 주장은 빈 공간에 대해 반하는 어떠한 것도 증명할 수 없다고, 또 만약 증명할 수 있다고 하더라도, 단지 감지될 수 있을만한 크기의 빈[void] 공간들만을 파기할 수 있을 것이라고 결론짓기로 하지요.

저는, 고대인들이 빈 공간들이 자연에서 발생한다고 가정하였다고, 가정하지도 않고, 또 제 스스로 이것을 가정하지도 않습니다, 단지 빈 공간들은 강제로는 확실히 만들어질 수 있습니다만; 이것은 지금 예증하기에는 너무나 긴 시간이 걸리는 그러한 다양한 경험들로부터 추론될 수 있지요.

사그레도. 심플리치오가 침묵하는 것을 보니, 제가 한 말씀 드려야겠군요. 같은 매체 안에서 움직이는 무거움이 다른 물체들이 그들의 무게들[*gravità*]에 비례하는 속력을 가진다는 것은 전혀 사실이 아니며, 오히려 같은 [속력들]을 가진다는 것을 당신께서는 명쾌하게 입증하셨습니다. 당신은, 같은 물질로 된(아니면 차라리 같은 비중의), 다르지 않은(아니면 제 생각에는) 밀도의 물체들을
113 가정하였는데, 왜냐하면 저는, 우리들이 코르크로 된 공이 납으로 된 공과 같은 속력으로 움직인다고 결론짓기를, 당신이 뜻하지 않았다고 생각하기 때문입니다. 게다가, 저항들이 다른 매체들 안에서, 같은 움직일 수 있는 것이 속력들(또는 느린 정도)의 비를 저항들의 비와 같도록 유지한다는 것이 사실이 아님을 당신께서는 매우 분명하게 입증하셨습니다. 이제 두 가지 경우에 어떤 비들이 관찰되는지 들을 수 있다면 제게는 가장 만족스러운 일이 되겠습니다.

살비아티. 질문들이 훌륭하며, 저도 가끔 그 문제들에 대해 생각하곤 했습니다. 저는 제 추론을 말씀드릴 것입니다, 또 제가 최종적으로 그 추론으로부터 연역해낸 모든 것을 말씀드리지요. 저항이 다른 매체들 안에서, 같은 움직일 수 있는 것이 그 속도의 비가 이들 매체들의 순종의 비와 같다는 것은 확실히 사

실이 아닙니다; 같은 매체 안에서, 다른 무거움의 움직일 수 있는 것들이, 그 속도들의 비를 무게들의 비와 같이 유지한다는 것은 더군다나 아니지요, 이것은 [그 움직일 수 있는 것들이] 다른 비중들일 때에도 역시 마찬가지라는 것을 뜻합니다. 제 스스로 이에 대해 확신하게 된 후, 저는 이들 두 현상을 엮기 시작하였습니다, 저항이 다른 매체들 안에 놓인 다른 무거움의 움직일 수 있는 것들에 무엇이 발생하는지에 주목하면서 말씀이지요, 속력들의 같지 않음이 저항이 더 큰 매체들에서, 더 순종적인 매체들과 비교하면, 항상 더 크다는 것을 저는 발견하였습니다. 이 차이는, 운동의 속력에 거의 차이가 없는, 공기 중에서 낙하하는 두 움직일 수 있는 것들 중, 그들 중의 하나는 다른 것보다 물에서는 열 배 빠르게 움직일 정도의 것입니다, 또는 심지어는 그들 중의 하나가 공기 중에서는 빨리 낙하할 수 있지만, 물에서는 낙하하지 않을 뿐만 아니라, 전혀 움직이지 않은 채로 한 곳에 정지할 수도 있고, 또는 아예 위로 움직이기까지 합니다. 그러므로 때로는, 물에서는 정지 상태에 있지만, 공기 중에서는 빠르게 낙하하는, 어떤 종류의 목재, 예를 들어 옹두리{knot} 또는 나무뿌리를 볼 수 있습니다.

사그레도. 저는 여러 번 시도한 적이 있습니다, 대단한 인내심을 가지고, 왁스로 된 공이 지절로 가라앉지[또는 올라가지] 않도록 하기 위해 조정하기를 말씀이지요, 미량의 모래를 그 공에 더함으로써 [같은 체적의] 물의 무게와 유사하게 되어 물 한가운데에 그 공이 정지 상태를 유지하도록 하는 수준을 알아내고자 하였지요. 그러나 아무리 부지런을 떨었어도 저는 한 번도 이 목적을 달성하는 것을 성공한 적이 없기 때문에, 저는 물리적으로[*naturalmente*] 무거움에 있어서 어떤 곳에 놓더라도, 그 곳에 정지해 있을 정도로 물과 유사한 어떤 고체 물질을 찾을 수 있을지 아닌지를 모릅니다.

살비아티. 여기에는, 천 가지의 다른 경우와 마찬가지로, 우리 인간들보다 훨씬 능숙한 많은 동물들이 있습니다. 물고기는 당신께서 언급한 문제에 있어 이에 대한 좋은 증거이지요, 물고기들은 이런 일에 매우 능숙하여 마음대로 그들 스스로를 보통의 물뿐만 아니라, 현저히 다른 물들과도, 평형 상태에 있도록 할 수 있으며, 다른 물은 본질적으로 다르거나, 아니면 탁도{turbidity} 또는 염도 114
를 도입함으로써 얻어지는데, 이 경우 정말 매우 큰 차이가 나게 됩니다. 물고기들은 매우 정확하게 평형 상태에 있을 수 있는데, 저는 말씀드립니다, 조그만 움직임도 없이 어떤 곳에서도 조용히 휴식을 취할 수 있을 정도이지요. 물고기들은 이것을, 제가 믿기에는, 그 목적을 위해 가지고 태어난 기관을 사용함으로써 수행합니다; 즉, 그들의 몸속에 가지고 있고, 입과 매우 가는 관으로 연결되어 있는 조그만 부레 말씀입니다. 이 부레를 사용하여 물고기들은 마음대로 이 부레 안에 포함되어 있는 공기의 일부를 내뿜을 수 있으며; 또는, 헤엄쳐서 표면으로 떠올라, 물고기들은 더 많은 [공기]를 들이쉴 수 있지요, 이런 방법으로 그들 스스로를 물보다 더 무겁거나 또는 덜 무겁게 하고, 또 스스로를 마음대로 평형 상태에 있도록 합니다.

사그레도. 다른 교묘한 방법을 사용하여, 저는 제 친구들을, 제가 왁스로 만든 공을 정확하게 물과 평형 상태에 있도록 할 수 있다고 자랑한 적이 있었던, 친구들을 한 번 속였었지요. 소금물을 용기의 아래 부분에 부은 후, 청수를 이 위에 붓고, 그 공이 가운데 정지 상태에 있는 것을 보여 주었습니다; 내려 누르거나 또는 밀어 올리거나 간에, 그 공은 정지 상태에 있으려고 하지 않고, 가운데 위치로 되돌아 왔지요.

살비아티. 이 실험이 유용하지 않은 것이 아닙니다; 의사들은 특히 성질이 다른 물을 다루는데, 그 중에서 무엇보다도 물의 가벼움 또는 무거움의 비교를 다루어야 하지요. 그들은 이것을 그와 같은 [당신의 것과 같은] 공을 사용하여 수행하지요, 말하자면, 주어진 물에서 가라앉거나 떠오르는 것을 결정할 수 없도록 준비된 공을 말입니다. 두 물들 사이의 무게 차이가 아무리 작다고 하더라도, 만약 그와 같은 공이 하나의 물에서는 가라앉는다면, 다른 물에서는 떠오를 것입니다. 그와 같은 실험은 매우 정확하여, 육 파운드의 물에 단지 소금 두 알갱이를 더하여도, 더하기 전에는 가라앉았을, 공을 꼭대기까지 떠오르도록 할 것입니다.

저는 또한 다른 것에 대해서도 말씀드리기 원하는데요, 이 실험의 섬세함을 확인하는 뜻에서, 또한 동시에 물은 분할에 대한 어떠한 저항도 가지지 않는다는데 대한 확실한 증명으로서 말씀입니다. 물보다 무거운 어떤 물질과의 혼합이 그 무거움에 있어서 현저한 차이를 만들어 낼 뿐만 아니라, 또한 약간의 가열 또는 냉각도 같은 결과를 만들어 냅니다. 이와 같은 작용은 매우 미묘하여 원래의 육 파운드의 물보다 더 뜨겁거나 더 차가운 몇 방울의 물을 섞음으로써
115 그 [언급된] 공을 낙하하거나 떠오르게 할 것이며, 뜨거운 물이 더해졌을 때는 가라앉고, 또 찬 물을 더하면 떠오르게 될 것입니다. 따라서 당신께서는 그들

철학자들이, 물이 분할과 틈입에 대해 저항할 수 있도록 하기 위해 물이 점성이나 또는 부분들의 응집력을 가지도록 하는, 철학자들이 얼마나 오류에 빠졌는지를 아실 수 있을 것입니다.

사그레도. 이 주제에 관하여, 저는 매우 결정적인 추론을 우리의 **학회원**{Academician}에 의해 저술된 논문에서 본 적이 있지요.46] 하지만 강한 의심이 아직 제게 남아 있는데, 이 의심을 어떻게 없앨지 저는 잘 모르겠습니다. 만약 물의 부분들 사이에 내인력[49]{tenacity}이나 응집력이 없다면, 우리가 특히 배추 잎들 위에서 보는 바와 같이, 어떻게 큰 물방울들이 커진 후에, 퍼지거나 편평해 짐이 없이 스스로를 유지할 수 있지요?47]

살비아티. 맞는 답을 그 자신의 것으로 가지고 있는 사람은 그 답에 반하여 제기되는 모든 반론들을 해결할 수 있다는 것은 사실이지만, 저는 {반론들을 해결하기 위해} 저 스스로에게 그러한 힘을 주지는 않겠습니다. 하지만, 저 자신의 무능함이 진리의 명확성을 손상시켜서는 안 되겠지요. 무엇보다도, 저는 크고 팽창된 물방울들이 유지되는 일련의 과정이 어떻게 이루어질 수 있는지 제가 모른다는 것을 고백합니다; 그러나 저는, 그 과정이 그들의 부분들 사이에 존재하는 어떠한 내적인 내인력에 기인하여 발생하지 않는다는 것에 대해서는 확신하며, 이 결과의 원인은 외부에 있어야만 한다고 생각합니다. 그 원인이 내적인 것이 아니라는 점을, 저는 앞에서 말씀드린 것과는 다른 실험에 의해서 확인할 수 있습니다.

만약, 공기에 의해 둘러싸였을 때 위로 올려진 물의 부분들이 유지되는 것이 어떤 내적인 원인 때문이라면, 물이 공기 중에서 가라앉으려고 하는 성질보다, 다른 매체 중에서 가라앉으려고 하는 성질이 작은 그런 매체로 둘러 싸여있을 때 그 물방울은 더욱 잘 유지되어야만 합니다. 그와 같은 매체는 공기보다 무거운 어떤 유체이겠지요; 포도주를 예로 들지요. 그러므로 그 물방울 주위로 그 포도주를 부으면, 포도주는 물의 부분들을 교란함이 없이 조금씩 위로 올라가야만 하며, 그들의 [가상된] 내적인 점성 때문에 같이 결착된 채로 말입니다. 그러나 실제로 그렇게 일이 되지는 않습니다. 오히려, 물방울 주위에 [부어진] 그 액체가 접근하자마자, 물방울 주위로 올라가는 것을 기다리지 않고, 그 물은

49) '인장에 버티는 능력'의 뜻을 나타내기 위해 신조된 용어이다.

분리되어 편평해 지며, 포도주가 빨간 색이라면, 그 아래에 머무는 것을 [볼 수 있지요].

따라서 그 결과의 원인은 외적인 것이며, 또 아마도 그 원인은 주위의 공기에 속할 것입니다. 실제로, 공기와 물 사이에 상당한 대립이 관찰되는데, 그와 같은 대립은 저는 다른 실험에서도 본 적이 있고, 또 이 대립은 다음과 같지요, 제가 만약 밀짚 크기 정도의 작은 구멍을 가진 유리로 된 공을 물로 채우
116 고, 채워진 입을 아래로 향하도록 뒤집으면, 물은 매우 무거워서 공기 중에서 아래로 움직이는 성질을 가지고 있음에도 불구하고, 또 공기도 마찬가지로, 가볍기 때문에, 물을 통해서 위로 올라가는 성질을 가짐에도 불구하고, 구멍을 통해서 나와 낙하하는 것과, 구멍을 통해서 들어가 위로 올라가는 것이 우리가 예상하는 것과 일치하지 않으며, 오히려 물과 공기는 고집스럽게 그들의 위치를 유지하며 우리들의 예상에 반하지요. 그런데 제가 만약 그 구멍에 빨간 포도주를 한 잔 대면, 이 포도주는 물보다 거의 알아챌 수 없을 만큼 덜 무거운데도, 장미 빛 줄무늬를 남기며 물을 통해 위로 올라가고, 반면에 물은 같은 느리기로 포도주를 통해 밑으로 내려가는 것을 우리는 즉각적으로 보게 되며, 그 공이 결국 포도주로 완전히 찰 때까지 그들은 서로 섞이지 않고, 물은 아래의 유리 잔 바닥에 떨어질 것입니다.48]

이제, 여기서는 무엇이라고 말씀드려야 되지요? 이와 같은 물과 공기의 대립 [*disconvenienza*]일 뿐인 것으로부터 어떤 결론을 얻어야 하는지, 제게는 확실치 않지만, 아마도 …

심플리치오. 저는 혐오{antipathy}라는 단어에 대한 살비아티의 대단한 혐오를 보며 도저히 웃음을 참을 수 없군요, 왜냐하면 그는 그 단어조차도 사용하려고 하지를 않으니 말이지요; 하지만 혐오라는 단어는 문제를 해결하는데 매우 적합합니다.49]

살비아티. 음, 심플리치오의 호의에 따라, 그 단어가 우리 문제의 해답이 되도록 하지요; 이제 지엽적인 문제에 대한 것은 그만 접고, 원래 문제로 돌아가기로 하지요. 우리는 다른 무거움을 가지는 움직일 수 있는 것들의 속력의 차이가 저항이 더 큰 매체들에서 더 큰 것을 보았습니다. 이제 무엇을 원하시지요? 매체로서의 수은 안에서 금이 납보다 더 빨리 바닥에 가라앉을 뿐만 아니

라, 또한 오직 금만 가라앉고, 모든 다른 금속들과 돌들은 수은 안에서 위로 향하며 떠오릅니다. 하지만 금, 납, 구리, 반암{porphyry}과 모든 다른 물질들은 공기 중에서의 운동에서의 차이는 거의 느낄 수 없을 정도입니다. 금으로 된 공은 백 브라차를 낙하할 때 그 마지막 순간에 분명히 구리로 된 공보다 사인치 이상 앞서지 못할 것 입니다. 이것을 안다면, 저는 말씀드립니다, 만약 우리가 매체의 저항을 완전히 없앤다면, 모든 물질들은 같은 속력으로 낙하할 것이라는 견해를 가지게 되었습니다.[50]

심플리치오. 이건 어처구니가 없군요, 살비아티여. 저는 결코 심지어 빈 공간 안에서도-만약 정말 운동이 그런 곳에서 발생할 수 있다고 한다면-양털 한 타래가 납 한 조각과 같은 속력으로 운동한다는 것을 믿지 않을 것입니다.

살비아티. 진정하시지요, 심플리치오여; 당신이 어렵게 여기는 점이 그렇게 난해한 것도 아니고, 예견할 수 없는 것도 아니므로, 제가 그 문제를 생각해 보지 않았고 또 따라서 그에 대한 해답을 찾지 못했다고 짐작하지 마시지요. 따라서 제 의사를 확실히 하기 위해, 또 당신 자신의 이해를 위해서, 저의 추 117
론을 들어 보시지요. 우리는, 저항이 전혀 없는 매체 안에서, 무게가 매우 다양한 움직일 수 있는 것들에게 어떤 일이 일어날 것인지에 대해 조사하고자 하며, 따라서 움직일 수 있는 것들 사이의 속력의 차이는 전부 무게의 같지 않음만에 의한 것으로 논의되어야지요. 그러므로 공기를 완벽하게 제거한 하나의 공간-그리고 아무리 희박하고 순종적이라고 하더라도 다른 모든 물질들이 제거된-이 공간은 우리가 구하고자 하는 것을 우리들에게 확실하게 보여 주는데 적절할 것입니다. 우리는 그와 같은 공간을 가지고 있지 않으므로, [대신에] 가장 희박하고 가장 저항이 작은 매체들 안에서 벌어지는 일을 보기로 하고, 이것을 덜 희박하고 더 저항이 큰 다른 매체들 안에서 벌어지는 일과 비교하기로 하지요. 만약 우리가 실제로 다른 무게를 가진 움직일 수 있는 것들이, 더 순종적인 매체들 안에 놓여 있을 때, 속력에 있어 점차 차이가 작아진다는 것을 알게 된다면; 그리고 결국, 무게의 극단적인 차이에도 불구하고, 모든 매체 중에서 가장 희박한 매체(빈 공간이 아니라고 하더라도) 안에서 그들의 속력의 다름은 매우 작고 또 거의 관찰될 수 없다는 것을 알 수 있으며, 따라서 상당히 가능성이 높은 추측에 의해, 빈 공간에서는 모든 속력들이 완전히 같다고 우리가 믿을 수도 있다는 것처럼 제게는 보입니다.

그러면 공기 중에서 일어나는 일에 대해 생각하시지요. 잘 정의된 표면을 가지고 있고, 매우 가벼운 물질로 만들어진 어떤 형상을 생각하기 위해, 팽창된 부레를 취하기로 하시지요. 부레 자신은 매체로서의 공기 안에 있고, 부레 안의 공기는 무게가 거의 또는 아주 없을 것입니다, 왜냐하면 부레 안으로 공기를 그렇게 많이 압축시켜 넣을 수 없으니까요. 따라서 [유효한] 무거움은 부레의 박막 자체의 무게일 뿐이며, 이 무게는 팽창된 부레의 크기와 같은 납의 무게의 천분의 일도 되지 않을 것입니다. 자, 심플리치오여, 넷 또는 여섯 브라차의 높이로부터 부레와 납을 떨어뜨릴 때, 당신 생각에는 낙하 중에 납은 부레보다 얼마나 앞서겠습니까? 당신께서 납의 속력을 천 배 빠르게 만든다고 하더라도, 세 배 또는 심지어 두 배의 [속력]으로 앞서지 못한다는 것을 당신께서는 확신할 수 있습니다.

심플리치오. 운동의 초기에는 그럴지도 모르겠습니다, 즉 처음의 넷 또는 여섯 브라차에서는 당신께서 말씀하신 대로 일들이 벌어질 것입니다. 그러나 더 길게 떨어지는 과정 중에, 납이 부레를 거리로 보아 열둘 중의 여섯 부분 정도가 아니라, 여덟 또는 열 부분 정도 앞설 것으로 저는 믿습니다.

살비아티. 저 또한 같은 것을 믿으며, 매우 먼 거리를 낙하하면 부레가 일
118 마일을 가기 전에 납은 백 마일을 갈 것임을 저는 의심하지 않습니다. 그러나 나의 현명한 심플리치오여, 저의 정리에 모순되는 결과로 제게 말씀하시는 것이 저의 정리를 더욱 결정적인 것으로 만들 뿐입니다. 저는 반복하여 말씀드립니다, 저의 의도는 다른 무거움을 가지는 움직일 수 있는 것들의 다양한 속력의 원인이 결코 그 다른 무거움이 아니라, 외부의 상황들에, 특히 매체의 저항에, 의존하며, 만약 저항을 송두리째 없애 버린다면 모든 움직일 수 있는 것들은 속력의 같은 정도들{degrees}로 운동한다는 것을 설명 드리는 것입니다.[51] 저는 이 결론을 주로 당신 스스로 지금 인정한 것, 그리고 실제 정말 사실인 것으로부터 얻습니다; 즉 무게가 매우 다른 [두] 움직일 수 있는 것의 속력들은, 그들이 통과한 공간들이 커지면 커질수록, 더욱 더 달라진다. 이 결과는 만약 속력들이 무게들의 다름에 따라 결정된다면 얻어질 수 없습니다; 왜냐하면 무게들은 항상 변하지 않으므로, 그들이 통과한 거리들의 비도 항상 변하지 않아야 합니다. 그러나 운동이 계속됨에 따라 항상 증가하는 것으로 우리가 보게 되는 것은 바로 이 비입니다. 일 브라초를 낙하하는 매우 무거운 움직일 수 있

는 것은 가장 가벼운 움직일 수 있는 것을 그 거리의 십분의 일도 앞서지 못할 것입니다; 그러나 십이 브라차의 거리를 낙하하는 동안에는 삼분의 일만큼 앞설 것이며; 백 브라차의 낙하 동안에는 구십 퍼센트만큼; 등등 일 것입니다.

심플리치오. 이건 다 좋습니다; 그러나 당신의 논법을 따르자면: 만약 무거움이 다른 움직일 수 있는 것들의 무게의 차이가 [거리에 따른] 속력들의 비의 변화를 야기할 수 없다면, 왜냐하면 무거움이 변화하지 않으므로, 그러면 매체 또한 속력들의 비의 어떠한 변화도 야기할 수 없습니다, 왜냐하면 그것 또한 항상 변하지 않는다고 가정되어 있으니까요.

살비아티. 당신께서는 훌륭하게 제가 말씀드린 것에 반하여 절대적으로 해결해야 하는 반박을 제기하십니다. 그러면 저는 말씀드립니다, 무거운 물체는 무거운 물체들의(즉, 우리 지구의) 공통의 중심을 향하여, 지속적으로 가속되는 움직임으로, 운동하는 자연으로부터 부여받은 본질적인 원리를 가진다고, 또 항상 같은 양만큼 가속되고, 그래서 같은 시간들 동안에는 같은 새로운 운동량들과 속력의 정도들이 추가되지요. 이것은 모든 우발적이고 외부적인 장애들이 제거되면 증명되어야 할 것으로 가정되어야만 합니다. 장애들 중에는, 우리가 제거할 수 없는 장애가 하나 있습니다, 즉 채워진 매체의 장애인데, 낙하하는 119
움직일 수 있는 것에 의해 열려야만 하고, 또 옆으로 제쳐 져야만 하는 매체 말씀입니다. 유체이며, 순종적이고, 또 조용하다고 하더라도, 매체는 그 옆으로의 운동에 저항하지요, 때로는 작게, 또 때로는 더 큰 저항을 가합니다, 움직일 수 있는 것이 동과할 수 있노록 느리게 또는 빠르게 매체가 {길을} 열어주어야 하는 정도에 따라 이 저항은 결정되는데, 제가 말씀드린 바와 같이, 움직일 수 있는 것은 본래 지속적으로 가속되며 움직이므로, 그 결과 매체 안에서 지속적으로 더 큰 저항을 겪게 됩니다.[52] 이것은 부분적인 감속과 속력의 새로운 정도들{degrees}의 획득에 감소가 생기는 것을 뜻하며, 따라서 최종적으로 속력은 다음과 같은 상태에, 매체의 저항도 다음과 같은 크기에 다다르게 되지요. 즉 양자가 서로 균형을 이루며, 더 이상의 가속을 방지하고, 움직일 수 있는 것을 동일하고 균일한 운동을, 따라서 [이후에는] 항상 그 상태의 유지를 계속하는 운동을 하게 됩니다. 따라서 매체의 저항이 증가하는데, 이 증가는 그 본질을 변화시키기 때문이 아니라, 속력의 변화 때문이며, 그 속력으로 매체는, 지속적으로 가속되는 낙하하는 물체에게 통로를 내어 주기 위하여, 스스로를 개방하고 또 옆으로 움직여야만 하기 때문이지요.

이제 부레의 작은 운동량에 대해 공기의 매우 큰 저항이 있는 것을 알게 되었고, 납의 큰 무게에 대해서는 저항이 거의 없는 것을 알게 되었으므로, 만약 공기가 완전히 제거될 수 있다면, 부레는 크게 도움을 받지만 납은 거의 도움을 받는 것이 없으므로, 그들의 속력들은 같아질 것이 확실하다고 저는 주장합니다. 만약 우리가 그래서, 그것이 빈 공간이기 때문이거나 또는 어떤 다른 이유에 의해서라도, 매체 안에서 운동의 속력에 대한 저항이 전혀 없어서, 모든 움직일 수 있는 것들의 속력들이 같다는 원리를 가정하면, 우리는 매우 일관되게, 같은 그리고 다른 채워진(따라서 저항이 있는) 매체들 안에서 움직이는 같은 그리고 다른 움직일 수 있는 것들의 속력들의 비들을 정할 수 있습니다. 우리는, 매체의 무거움이 움직일 수 있는 것의 무거움으로부터 빼어가는, 움직일 수 있는 것이 그 갈 길을 만드는데 필요한 도구로서의 무거움의 범위를 생각함으로써 이것을 할 것입니다. 그와 같은 작용은 빈 공간[*nel mezzo vacuo*]에서는 일어날 수 없으며, 따라서 [속력의] 어떠한 차이도 무거움이 다름에 기인하지 않습니다. 또한 매체가 매체 안에 놓인 물체의 무거움으로부터 물체와 {체적이} 같으며 매체와 같은 물질로 된 만큼의 무게를 뺏고, 무-저항성{non-esistant} 매체 안에서는 같게 유지될 것인(가정된 것처럼), 움직일 수 있는 것들의 속력들의 비를 감소시키는 것이 명백하기 때문에, 우리는 우리의 목적을 달성할 것입니다.

그러면 납이 공기보다 만 배 무겁지만, 흑단목{ebony}은 단지 천 배밖에 되
120 지 않는다고 가정하지요. 이 두 물질의 속력들로부터, 절대적으로(즉 모든 저항이 제거되어) 취해져서 같을 것인, 이 속력들로부터 공기는 납에 대해서는 만의 [속력에서] 한 등급{degree}을, 그리고 흑단목에 대해서는 천의 일 등급을, 또는 만의 열 등급을 앗아 갑니다. 따라서 만약 납과 흑단목이 어떤 높이로부터 낙하한다면, 또 공기에 의한 감속이 없는 가운데 같은 시간 동안 낙하했다면, 공기는 납의 속력에서는 만에서 한 등급의 속력을, 또 흑단목으로부터는 열 등급을 뺏어 갑니다. 이것은, 납과 흑단목이 낙하할 높이를 만 개의 부분들로 분할하면, 납은 흑단목이 열, 아니 더 정확하게는 아홉, 부분 뒤에 있을 때 땅을 치게 될 것이라고 말씀드리는 것이지요. 이것은 이백 브라차 높이의 탑으로부터 낙하하는 납으로 된 공이 흑단목으로 된 공보다 4 인치보다 작게 앞서는 것을

보게 될 것을 뜻합니다.

흑단목은 공기보다 천 배 무겁지만, 팽창된 부레는 단지 네 배밖에 무겁지 않습니다; 그래서 흑단목이 가지는 본래의 자연적인 속력으로부터, 공기는 천에서 한 등급을 앗아 가지만; 부레의 속력으로부터는, 절대적으로 생각하면, 넷에서 한 등급을 뺏어 가며; 따라서 탑으로부터 낙하하는 흑단목으로 된 공은 부레가 탑으로부터 단지 사분의 삼만 통과했을 때 땅을 치게 될 것입니다. 납은 물보다 열두 배 무겁지만, 상아는 단지 두 배이지요; 그러므로 물은 납으로부터 십이분의 일이지만, 상아로부터는 절반을 그들의 같은 속력들로부터 앗아 갑니다. 따라서 납이 물에서 십일 브라차를 내려올 때, 상아는 단지 육 브라차만을 내려올 것입니다. 이 규칙으로 추론하면, 제가 믿기로는, 경험이 아리스토텔레스의 규칙과 맞는 것보다는 {우리의} 계산과 훨씬 더 잘 맞는다는 것을 알게 될 것입니다.

같은 방법으로 우리는 다른 유체 매체 중의 같은 움직일 수 있는 것들의 속력들 사이의 비를 찾아낼 수 있는데, 매체들의 다른 저항들을 비교함으로써가 아니라, 움직일 수 있는 것들의 무거움이 매체들의 [같은 체적의] 무게보다 큰 초과량들을 고려함으로써 말씀이지요. 주석은 공기보다 천 배 무겁고, 물보다는 열 배 무겁습니다; 그러므로, 주석의 절대 속력을 천 등급으로 분할하면, 천분의 일을 앗아가는 공기 중에서, 주석은 구백구십구[등급]의 속력으로 움직일 것이지만, 물에서는, 물이 그 무거움의 십분의 일을, 공기는 천분의 일임에 반하여, 뺏어 가므로, 단지 구백 등급으로 움직일 것입니다. 물보다 조금 무거운 고체와, 예를 들어, 천 드램[50]{drachms}의 무게를 가지는 오크로 된 공일 수도 121
있는데, 이 공과 같은 양의 물은 구백오십 드램인 반면에, 같은 양의 공기는 2 드램이라고 가정하고, 공의 절대적인 속력을 천 등급이라고 하면, 공기 중에서는 구백구십팔이 남겨질 것이며, 반면에 물에서는 [그것은], 물이 공의 무게 천 등급에서 구백오십을 가져가고 단지 오십만 남기므로, 오직 오십만을 유지할 것은 명백합니다. 그러므로 이 고체는 공기 중에서 물에서보다는 거의 스무 배 빠르게 움직일 것이며, 공의 무게가 물의 무게보다 큰 초과량이 그 자신 [무게]의 이십분의 일인 것처럼 말씀이지요.

50) 1 드램{dram}은 1.772 그램{gram}중이다.

여기서 우리는, 오직 물보다 더 큰 비중을 가진 그 물질들만 물에서 아래로 움직일 수 있기 때문에-그리고 이들은 따라서 공기보다 수백 배 무겁습니다-우리가 공기 중과 물에서의 그들의 속력들의 비를 구하고자 할 때, 우리는 공기가 그러한 물질들의 절대적인 무거움이나 또는 절대적인 속력으로부터 그다지 많은 것을 빼어 갈 수 없다는 것을 큰 오차 없이 가정할 수 있는 점을 고려해야 합니다. 그들의 무게들이 물의 무게보다 큰 초과량은 쉽게 구할 수 있으므로, 우리는 공기를 지나갈 때의 그들의 속력과 물을 지나 갈 때의 속력의 비는 그들의 전체 무게와 물의 무게보다 큰 초과량의 비와 같다고 말할 것입니다. 예를 들어, 상아로 된 공이 이십 온스의 무게를 가지며, 같은 양의 물이 십칠 온스라면; 공기 중에서의 상아의 속력과 물에서의 속력의 비는 근사적으로 20 : 3 입니다.53]

사그레도. 저는 이 본질적으로 재미있는 문제로부터 많은 것을 배웠으며, 이 문제에 대해 저는 얻는 것 없이 제 마음을 몇 번이고 괴롭힌 적이 있습니다. 이제 이와 같은 생각들을 실제로 이행하기 위해 부족한 것은 아무 것도 없고, 단지 물의 무게에 대해 공기의 무게를 알아낼 수 있는 방법을 제외하고는 말씀이지요, 위의 값을 알면 다른 무거운 물질들에 대한 비들도 알 수 있지요.

심플리치오. 만약 공기가, 중성{gravity}보다는, 경성{levity}을 가진다고 알려지면 어떻게 되지요? 그러면 저희들이 지금까지 들어온 이 추론에 대해서는 뭐라고 말해야 하나요? 그렇지만 않으면 대단히 정교할 텐데요.

살비아티. {만약 그렇다면 제 추론은} 공허하고, 경박하며, 또한 무의미하다고 해야 되겠지요. 하지만, 당신은 아리스토텔레스의 확실한 원전을 알고 계시잖아요, 불을 제외한 모든 원소들은 무거움을 가진다, 심지어 공기조차도, 그런데 어떻게 공기가 무겁다는데 대해 의문을 제기할 수 있습니까? 그는 이에 대한 예시로 부풀려진 가죽으로 된 병은 비어 있는 병보다 무게가 더 나간다는 것까지 덧붙였잖아요.54]

122 **심플리치오.** 가죽으로 된 병이, 또는 축구공이, 부풀려졌을 때 무게가 더 나간다는 것은, 제가 믿기로는, 공기의 무거움으로부터 결과된 것이 아니라, 많은 조밀한 증기들{thick vapors}의, 여기 우리들의 기본적인 영역에서 공기와 혼합되어 있는, 무거움으로부터 결과된 것입니다. 가죽으로 된 병의 무거움이 증가

하는 것은 바로 이것에 기인하는 것이라고 저는 말씀드립니다.

살비아티. 저는 당신이 이와 같이 얘기하는 것을 좋아하지 않으며, 더구나 당신이 아리스토텔레스로 하여금 그것을 말하게 하는 것은 더욱 좋아하지 않습니다. 왜냐하면 그는, 그 원소들에 대해 언급하면서 그리고 공기의 원소가 무겁다는 것을 저에게 설득하기 원하면서, 제가 이것을 경험에 의해 알게 되도록 하고자 하기 때문입니다; 만약 그의 증명이 다음과 같이 말하고자 하는 것이라면: "가죽으로 된 병을 취하고, 이 병을 짙은 증기{gross vapor}로 채운 뒤, 병의 무게가 증가하는지 관찰해 보자," 저는 그 병이 겨로 채워진다면 더욱 무거울 것이라고 그에게 말하고 싶으며, 또한 그와 같은 경험들은 겨와 짙은 증기가 무겁다는 것을 증명하지만, 반면에 공기 원소에 대해서는, 저는 여전히 의문시한다고 첨언할 것입니다. 아리스토텔레스 자신의[own] 실험은, 하지만, 유효합니다; 또 그의 정리는 참입니다. 그러나 저는 다른 논증, 비록 제가 읽은 적이 있다는 것을 알지만, 그 이름을 잊은 어떤 철학자에 의해 주어진, 논증에 대해서는 그와 같이 말할 수 없습니다(하지만, 단지 예시로 받아들이지요).55] 그 논증은, 공기가 가벼운 물체들을 위로 움직이는 것보다 무거운 물체들을 아래로 더 쉽게 운반하기 때문에, 공기는 경성이라기보다는 중성이라는 것입니다.

사그레도. 정말, 그거 대단하군요, 그러므로 이 논증에 따르면, 공기는 물보다 훨씬 무거울 것이며, 모든 무거운 물체들이 물을 통해서보다 공기를 통해서 더욱 쉽게 아래로 운반되는 만큼, 또 모든 가벼운 물체들은 공기 중에서보다 물에서 더욱 쉽게 위로[upward?] 움직이는 만큼이나 말씀입니다. 참말로,56] 무한히 많은 물질들이 공기를 통해 낙하하는 물을 통해 상승합니다.

그러나 부풀려진[inflated] 병 안에 증가된[increased] 무거움이 존재한다고 하지요, 심플리치오여, 짙은 증기 또는 순수한 공기 때문이건 간에; 이것이 우리의 관심 영역, 이 증기 영역 안에서 움직이는 물체에 발생하는 것을 알고자 하는 우리들의 목적을 방해할 수는 결코 없습니다. 제가 더욱 어렵게 느끼는 무언가 다른 문제로 되돌아간다면, 저는, 현재의 문제에 대해 완벽한 가르침을 위해, 단순히 공기가 무겁다(저는 이미 확신하고 있으므로)는 것을 확인하고 안주하는 것이 아니라, 가능하다면, 그 무게를 알기를 원합니다. 그러므로 이 문제에 대해서도 저를 만족시킬 수 있다면, 살비아티여, 저에게 그 호의를 베푸시기를 간청합니다.

살비아티. 공기에는, 어떤 사람들이 믿어 온 것처럼 경성이 아니라, 실재적인 무게가 존재합니다; 경성은 아마도 어떠한 물질{material}이건 간에 가진 것을 찾
123 을 수 없을 것입니다. 이것은 아리스토텔레스에 의해 주어진 부풀려진 축구공의 경험에 의해 매우 확정적으로 논증됩니다. 왜냐하면 만약 절대적이고 실재적인 경성의 성질{quality}이 공기 중에 존재한다면, 그러면 공기가 배가되고 압축될 때, 경성이 증가되어야 하지만, 또 그와 더불어 그 성질도 커져야 하지만; 그러나 경험은 우리에게 그 반대를 보여줍니다. 당신의 질문에 대해서, 공기의 무게를 조사하는 방법과 관련하여, 저는 다음과 같은 방법으로 수행한 적이 있습니다.

저는, 좁은 목을 가지는 하나의 큰 유리로 된 플라스크를 취하여, 그 목에 가죽으로 된 칼라를 매우 단단히 부착하였습니다; 이 칼라에 축구공-밸브[*animella da pallone*]를 삽입하고 단단하게 고정시킨 뒤, 이 밸브를 통하여 주입기를 사용하여 대량의 공기를 강제적으로 플라스크 안에 넣었습니다; 이렇게 하여 공기는 매우 크게 응축될 수 있으며, 따라서 자연적으로 포함되는 공기의 양을 초과하여 두 배 내지 세 배의 추가적인 체적[*altri fiaschi*]을 넣을 수 있습니다. 연후에, 매우 정밀한 천칭 위에서, 저는 그 안에 압축된 공기를 포함한 플라스크를 가장 정확하게 무게를 재고, 천칭을 가는 모래를 사용하여 조정하였습니다. 그리고는 그 밸브를 열어 플라스크 안에 강제로 갇혀 있던 공기에게 출구를 제공하였지요, 그리고 이 플라스크를 다시 천칭 위에 놓고 한결 가벼워진 것을 알 수 있었지요. 평형추{counterweight}로부터 플라스크가 나머지 모래와 평형을 이루어 천칭이 정지 상태에 이를 때까지 모래를 빼어내고, 이를 따로 보관하였습니다. 옆으로 빼어 놓은 모래의 무게가 플라스크에 강제로 주입되었다가 나중에 해방된 공기의 무게라는 것은 의심의 여지가 있을 수 없습니다.

여기에 이르기까지, 그 실험은 저에게 용기 중에 강제적으로 주입된 공기가 보관된 모래와 같은 무게라는 것만을 확인시켜 줍니다. 저는, 물 또는 다른 무거운 물질들과 비교하여, 공기가 얼마나 무거운지 아직 확정적으로 또 이론의 여지가 없는 방식으로 알지 못하며, 제가 압축된 공기의 양을 계측하지 않는 한 이것을 알 수가 없습니다. 이것을 조사하기 위해 우리는 하나의 규칙을 필요로 하며, 저는 우리가 따를 수 있는 두 가지 방법을 찾았습니다.

이 중의 하나는, 첫 번째와 같이 좁은-목을 가진, 다른 하나의 플라스크를

택하고, 이 플라스크의 목에 첫 번째 밸브를 수용할 다른 칼라를 단단히 부착한 후, 이 밸브 주위에 단단한 매듭을 사용하여 고정합니다. 이 두 번째 플라스크는, 철봉(iron rod)을 삽입할 수 있도록, 바닥에 조그만[small] 구멍을 가져야만 하는데, 이 철봉으로 우리는, 그 무게를 잰 후, 원할 때 밸브를 열어 첫 번째 플라스크 안의 여분의 공기에 출구를 제공할 수 있습니다; 이 두 번째 용 124
기는 물로 채워질 것입니다. 모든 장치가 이렇게 준비되면, 철봉을 사용하여 밸브가 열리고; 격렬하게 나와 물 용기로 들어가는 공기는 바닥에 있는 구멍을 통하여 물을 밖으로 밀어냅니다. 이렇게 축출된 물의 양이 원래의 용기로부터 나온 공기의 체적과 같다는 것은 명백합니다; 이 물은 따로 보관되어야지요. 이제 압축된 공기의 탈출에[escape of the] 의해 더 가벼워진, 첫 번째[first] 플라스크의 무게를 다시 잽니다; 압축 공기를 포함한 플라스크의 무게는 이미 전에 재었다고 가정합니다. 이전에 기술한 바와 같은 방법으로 제거된 초과분의 모래는, 축출되어 보관된 물의 체적과 같은 체적의 공기의 정확한 무게를 줄 것임은 명백합니다. 그 물[water]의 무게를 잼으로써, 우리는 따로 보관한 모래의 무게가 그 무게의 몇 배인지를 알 수 있을 것입니다; 틀림없이 우리는 물이 공기보다 몇 배 무겁다고 말할 수 있습니다. 이 숫자는, 아리스토텔레스가 믿었던 것처럼, 열 배가 아니고, 이 실험에 의해서 보이는 바와 같이, 대략 사백 배 정도입니다.57)

다른 방법은 조금 빠른데, 하나의 플라스크로 수행될 수 있습니다, 즉 이전에 준비된, 처음 것을 사용하여. 이 플라스크에 이번에는[this time] 자연적으로 들어있는 공기보다 많은 공기를 주입하지 않을 것이며, 공기가 빠져 나가게 함이 없이 물을 주입할 것입니다; (플라스크 안의 공기는) 들어오는 물을 받아들일 것이며, 압축될 것입니다. 가능한 한 많은 물을 주입한 후-그리 큰 힘을 사용하지 않은 채, 플라스크 용량의 사분의 삼까지 채울 수 있습니다-플라스크를 천칭 위에 놓고 매우 조심스럽게 무게를 잽니다. 이렇게 한 후, 플라스크의 입구를 위로 향하게 하고, 공기가 빠져 나가도록 밸브를 열면, 플라스크에 포함된 물과 같은 양만큼의 공기가 빠져나갈 것입니다. 공기가 빠져 나가면, 플라스크를 다시 천칭 위에 놓습니다. 공기가 빠져나간 만큼 가벼워진 것을 알 수 있을 것이며, 평형추로부터 초과분을 이전과 같이[as before] 제거하면, 이 무게로부터 플라스크에 있는 물의 양과 같은 양의 공기의 무게를 얻습니다.

심플리치오. 당신이 고안한 장치들은 미묘하고 정교하다고 할 수밖에 없군요; 그러나 그들이 제 마음에 전적인 만족을 준 것으로 보이지만, 다른 한 편으로는 저를 혼동 시키는군요. 그들 스스로의 영역들에 있는 원소들은 무겁지도 가볍지도 않다는 것은 의심할 것 없는 참 입니다; 그러므로, 말하자면, 모래 네 드람{drachms}의 무게가 나가는 것으로 보이는, 공기의 그 부분이, 어떻게 또는 어디에서 이것이 공기 중에서 그 무게를 가진다고 말해질 수 있는 지에 대해 이해할 수 없어요, 그 공기 중에서 공기와 평형을 이룬 그 모래는 정말 그
125 무게를 유지하지만 말씀이지요. 그러므로 제게는 그 실험이 공기 원소 중에서가 아니고 공기 자체가 무게의 짐{burden [*talento*]}을 느끼게 할 수 있는, 만약 공기가 정말 무게를 가졌다면 말씀이지요, 다른 매체 중에서 이루어져야 할 것으로 보입니다.

살비아티. 심플리치오의 반박은 정말 날카롭군요, 그렇습니다, 그 문제는 풀 수 없거나, 또는 그 해결책이 매우 미묘할 것임에 틀림없습니다. 압축될 때 모래와 같이 무게가 나가는 것으로 보인 공기가, 그 자신의 원소 중으로 해방되면, 더 이상 어떤 무게도 나가지 않지만, 반면에 모래는 여전히 무게가 나간다는 것은 확실히 명백합니다. 따라서 실험을 제대로[properly] 수행하기 위해서는 공기가 모래보다 못지않게 무게가 나가는 장소와 매체를 선택해야만 합니다. 우리가 전에 말했듯이, 공기 중에 잠긴 모든 물질의 무게로부터 매체는 그 안에 잠긴 물질의 체적과 같은 체적의 매체의 무게를 감소시킵니다. 따라서 공기는 공기로부터 자신의 모든 무게를 뺏어가며, 정확하게 계측하기 위해서는 실험이, 모든 무거운 물체가 어떠한 감축도 없이 스스로의 무게를 행사하는, 빈 공간에서 수행되어야 합니다. 그렇다면, 심플리치오여; 만약 우리가 일정량의 공기를 빈 공간에서 무게를 잰다면, 당신은 만족하여 안심하며, 그 사실에 대해 믿을 수 있겠습니까?

심플리치오. 확실히 그렇습니다; 그러나 그건 불가능한 일을 청하거나 바라는 것이 아닐까요.

살비아티. 그러므로 당신께서는 제게 매우 고마워 하셔야 되겠지요, 당신에 대한 사랑으로부터 만약 제가 그 불가능한 일을 해낸다면 말이지요. 하지만 저는 당신께 이미 드린 것을 다시 팔고 싶지는 않군요. 이미 말씀드린 실험에서, 우리는 공기를, 공기 또는 어떠한 다른 매체 중에서가 아닌, 빈 공간 중에서

무게를 재었습니다. 왜냐하면 유체 매체 중에 잠긴 체적으로부터, 심플리치오여, 매체가 무게를 감소시키는 것은, 오로지 열리는 것에 저항하고, 옆으로 제쳐 지고, 결국 위로 올려 지기 때문입니다.[58] 이런 암시{signal}가, 그 잠긴 체적이 공기 안에서 점하고 있던 공간을, 그 공간을 떠나자마자, 다시 채우기 위해 즉각적으로 되돌아 갈 때의 신속함에 의해 우리에게 주어집니다. 만약 공기가 잠겨져있는 것에 대해 전혀 느끼지 않는다면, 그에 대해 반하지 않을 것이기 때문입니다. 이제, 제게 말씀해주시지요: 당신께서, 공기 중에, 공기가 자연스럽게 담겨있는 상황으로 채워진 플라스크를 가지고 있을 때, 어떤 분할, 어떤 옆으로 제껴짐, 또는 한 마디로 하면 어떤 변화를 주변의 외부 공기는, 그때 용기 안으로 강제적으로 주입된 부가적인 공기로부터 받습니까? 이것이 어쩌면 용기를 팽창시켜서, 주변의 공기[air]가 그에 대한 여지를 만들어 주기 위해 약간 물러나야만 했습니까? 확실히 그렇지 않지요. 따라서 우리는 새로운 공기는 126
주변 안에 잠겨 있지 않다고 말해도 좋습니다; 그 새로운 공기는 그 주변 공기 안에 어떤 공간도 점하지 않으며, 마치 빈 공간에 처해 있는 것과 같습니다.[59] 실제로, 그 공기는 정말, 원래의 응축되지 않은 공기에 의해 완전히 채워지지 않은, 빈 공간에 자리 잡고, 스며들은 것입니다.

저는 정말 둘러 싸여진 것{ambit}과 둘러 싼 것{ambient}의 두 상황 사이의 차이를 알 수 없습니다. 즉 한편으로는, 둘러 싼 것이 둘러 싸여진 것을 밀지 않고, 다른 한편으로는, 둘러 싸여진 것이 둘러 싼 것을 밀지 않는 두 상황 말입니다. 그러한 것이 빈 공간에서의 물질, 그리고 플라스크 안에서 새롭게 압축된 공기의 상황들입니다. 그러면, 응축된 공기에서 얻은 그 무게는 빈 공간에서 자유롭게 퍼져 있을 때 가지게 될 바로 그 무게입니다. 사실 공기와 평형을 이루었던 모래의 무게는, 만약 트여 있는 공기{open air} 중에서가 아니고 빈 공간에서 무게를 재었다면, 좀 더 정확했을 것이라는 점은 참입니다: 따라서 재어진 공기는 실제로 평형을 이루었던 모래보다 조금 무겁다고 해야 되겠지요; 즉, 모래의 체적과[to that of the sand] 같은 공기의 체적이 빈 공간에서 나갈 무게만큼 말이지요.

사그레도.[60] 매우 예리한 추론이며, 기적의 부분과 같아 보이는 문제의 해를 [126]
포함하고 있군요. 본질적으로, 짧게 말하면, 이와 같은 추론에 의해, 비록 우리가 물체의 무게를 공기로 채워진 매체 안에서만 잰다고 하더라도, 빈 공간에서 재어진 어떠한 물체의 무게도 얻을 수 있는 방법을 알려주고 있다는 거지요. 설명은 이렇습니다. 공기는 감소시키지요, 그 안에 놓인 모든 무거운 물체의 절대적인 무게로부터 원래 물체의 체적과 같은 체적의 공기의 무게와 같은 무게만큼. 따라서 누구라도 주어진 물체를 그 자신의 체적과 같은 공기와 결합시켜 생각하면, 물체를 확장하지 않고도 무게를 재어서, 빈 공간에서 재었을 때 가지게 될 그 절대적인 무게를 얻을 수 있다는 것이지요. 체적을 증가시키지 않았어도, 매체로서의 공기에 의해 무게로부터 공제되는 바로 그 무게가 더해졌기 때문이지요. 따라서 자연적으로 그 안에 포함되는 공기로 이미 채워진 플라스크 안에, 포함된 공기의 어떤 부분의 탈출도 허용함이 없이 일정량의 물이 주입될 때, 자연적으로 포함된 공기는 제약되어 작은 체적으로 응축되며, 주입되는 물에게 자리를 내어준다는 것은 명백합니다. 그리고 그렇게 감소된 공기의 체적은 도입된 물의 체적과 같다는 것도 확실합니다. 따라서 우리가 그렇게 준비된 플라스크를 공기 중에서 무게를 잰다면, 물의 무게는 같은 체적의 공기의
[127] 무게에[that of] 의해 동반된다는 것은 명백합니다. 전체[total] 무게로, 같은 체적의 공기와 결합된 물의 무게인 그 양은, 물만이 빈 공간 중에서 가질 무게와 같은 무게이지요. 이것을 알아내기 위해[To find this], 전체 용기의 무게를 재고, 그 전체 무게를 기입합니다. 그런 후, 압축된 공기를 빠져나가게 하고, 남아 있는 모든 것을 다시 무게를 재면; 공기가 빠져 나갔으므로, 이 무게는 줄어들 것입니다. 두 무게의 차이를 구하면, 물의 체적과 같은 체적을 가졌던 압축된 공기의 무게를 알 수 있습니다. 그러면 물만의 무게를 취하고, 여기에 압축된 공기의 무게, (우리가 따로 기입해 두었던), 그 무게를 더하면, 우리는 빈 공간에서 위에서 생각했던 물만의 무게를 얻습니다. 다음으로, 공기 중에서의[in air] 물의 무게를 알기 위하여, 용기로부터 물을 비워내고, 용기만을 잰 후 이 무게를, 이전에 무게를 재었던, 용기와 물의 무게를 더한 것으로부터 빼줍니다. 그 나머지가 공기 중에서의 물만의 무게라는 것은 명백합니다.

127 **심플리치오.** 제게는 예시된 실험에서 무언가 아직 좀 부족한 것이 있는 것처럼 보였으나, 이제는 전적으로 만족하였습니다.

살비아티. 제가 지금까지 말씀드린 것은 새로운 것입니다; 특히 무게의 차이가, 아무리 크다고 하더라도, 움직일 수 있는 것들의 속력을 다르게 하는데 어떠한 역할도 하지 않는다는 것, 그래서 속력이 무게에 의존하는 것이 있다면,

모든 움직일 수 있는 것들은 같은 속력으로 움직인다는 것뿐입니다. 언뜻 보기에, 이것은 너무나 가능성이 적어서, 제가 그 같은 사실을 밝혀내는 방법을 알지 못했고, 그것을 햇빛처럼 명백하게 만들 수 없었다면, 그 사실을 주장하기보다는 침묵을 지키는 것이 나을 뻔 했습니다. 그런데 이제 그 사실이 제 입술을 벗어났으므로, 저는 그 사실을 확증할 수 있는 어떠한 실험이나 추론도 무시하지 말아야만 합니다.

사그레도. 이 정리뿐만 아니라, 당신의 많은 다른 정리들이 일반적으로 인정되는 견해나 가르침과 너무 달라, 그 정리들을 공공연히 전파하는 것은 그 정리들에 반하여 엄청난 수의 반대자들을 만들 것입니다; 사람들의 타고난 성질이, 다른 사람들의 연구 결과가 그들의 분야에서 그들 자신들이 인식할 수 없는 진리나 허위를 밝혀낼 때, 그 다른 사람들을 탐탁지 않게 여기기 때문입니다. 당신과 같은[as you] 그런 사람들을, 대중의 귀에 가장 불쾌하게 들리는 칭호인, '교리의 발명자들'이라고 부름으로써, 그들은 그들이 풀 수 없는 매듭들을 잘라 버리기 위해, 그리고 인내심 있는 명장들에 의해 지어진 그 대단한 건축물들을 지하의 광산과 같이 무너뜨리기 위해 보통의 도구를 사용하여 필사의 노력을 경주합니다. 그러나 그와 같은 동기와는 거리가 먼 저희들에게는, 지금 128
까지 예시된 그 실험들과 추론들이 매우 만족스럽습니다.

살비아티. 무게가 다를 수 있을 만큼 다른, 두 움직일 수 있는 것들로 행해진 실험, 그들이 같은 속력을 가지는지를 관찰하기 위해 일정한 높이로부터 떨어지도록 한, 그 실험은 어떤 난제들 때문에 곤란에 처하게 됩니다. 만약 높이가 매우 높으면, 낙하하는 물체의 격동량에 의해 열리고 옆으로 제쳐 져야만 하는 그 매체가 매우 무거운 움직일 수 있는 것의 힘보다는 매우 가벼운 움직일 수 있는 것의 작은 운동량을 훨씬 더 선호하므로, 긴 거리를 지나면 가벼운 것이 뒤로 처지게 될 것입니다. 그러나 작은 높이에서는 속력에[in speeds] 정말 어떤 차이도 없는지에 대해, 또는 차이는 있지만 관찰될 수 없는 것인지에 대해 의심쩍어 할 수 있지요. 그래서 저는 어떻게 하면 작은 높이에서의 하강을 여러 번 반복할 수 있는지에 대해 생각하게 되었습니다. 그러면 여러 개의 시간의 아주 작은 차이들, 무거운 물체와 가벼운 물체가 종점에 도착하는 것의 그 차이들을 누적하여, 그렇게 같이 더하면 이와 같은 방식으로 그 차이들은 관찰할 수 있을 뿐만 아니라 쉽게 관찰할 수 있는 시간을 줄 것입니다.

가능한 한 느린 운동들, 그 운동 중에 매체에 의한 저항이 단순히 무거움에 의존하는 결과를 덜 변경시키는 운동들을 활용하기 위해, 저는 또한 움직일 수 있는 것들을 수평면 위로 별로 많이 올리지 않은 경사면을 따라 하강하도록 하는 것에 대해 생각하였습니다. 이와 같이 하면, 수직선을 따른 것에 못지않게, 무게가 다른 무거운 물체들에 의해 무엇이 행해지는지 관찰할 수 있습니다. 더 나아가, 저는, 이들 움직일 수 있는 것들과 말씀드린 경사면의 접촉으로부터 발생하는, 어떠한 장애도 받고 싶지 않았습니다. 결국, 저는, 하나는 납으로 또 하나는 코르크로 된, 전자가 후자보다 최소한 백 배 이상 무거운, 두 개의 공을 취해, 그들을 같이 네댓 브라차[51] 정도의 가느다란 실들에 매달고, 실들의 상단은 높은 곳에 고정시켰습니다. 연직선에서 벗어난 위치에서, 이들을 동시에 움직이기 시작하도록 하면, 반경들인 같은 길이의 실들이 그리는 원들의 주변들을 따라서 떨어지며, 연직 위치를 통과하고 또 같은 경로를 따라서 되돌아갔습니다. 그들의 가고 옴을 수백 번 저절로 반복시키면, 무거운 것은 가벼운 것과 박자를 너무나 잘 맞추어 백 번, 아니 천 번의 동요에서도 한 순간의 앞섬도 없
129 이, 그 두 물체가 같은 페이스로 움직이는 것을 놓칠 수 없게 확실히 보여주었습니다. 매체의 작용도 느껴졌는데; 운동에 약간의 방해를 주었으며, 그 방해는 납으로 된 물체의 동요들보다 코르크로 된 물체의 동요들을 훨씬 더 감소시켰습니다. 그러나 그 방해는 물체들이 더 또는 덜 자주 동요하도록 하지는 않았습니다; 명백히, 코르크에 의해 통과된 호들이 5 ~ 6°보다 크지 않을 때, 납에 의한 것은 50 ~ 60°였으며, 그 호들은 같은 시간 동안에 통과되었습니다.[61]

심플리치오. 만약 그렇다면, 그러면 왜 납의 속력이 코르크의 속력보다 크다고 하지 않지요, 코르크가 간신히 6° 움직이는 동안 납이 60°를 움직이는 것을 보면서 말씀이지요?

살비아티. 그러면 심플리치오여, 당신은 무엇이라고 말씀하시겠습니까? 연직선으로부터 30° 만큼 옮겨진 코르크가 60°의 호를 움직일 때와, 그리고 납이, 연직선으로부터 2° 만큼 옮겨진 후, 4°의 호를 움직일 때, 만약 두 공이 움직이는데 같은 시간이 걸린다면 말씀이지요. 그러면 코르크가 훨씬 빠른 것 아닌가요? 그러나 경험은 이와 같은 일이 일어나는 것을 보여주고 있습니다. 만약

51) 용어 풀이의 물리적 용어에서 설명한 바와 같이 1 브라초는 약 0.6 미터이므로, 네댓 브라차는 약 2.4 ~ 3.0 미터이다.

납으로 된 진자가 예를 들어 연직선으로부터 50° 만큼 잡아 당겨졌다가 놓아진다면, 연직선을 지나서 반대쪽으로 거의 50° 만큼 가므로, 거의 100°의 호를 그린다는 점에 유의하시지요. 그리고는 저절로 돌아오는데, 다시 한 번 약간 작은 호를 그립니다; 이렇게 동요를 계속하는데, 대단히 많은 횟수 후에야 진자는 결국 정지 상태로 환원됩니다. 이들 진동의 각각은 같은 시간 안에 이루어지며, 90°일 때나, 또 50°일 때, 또는 20°, 또는 10°, 또는 4°일 때도 그렇습니다. 따라서 움직일 수 있는 것의 속력은 항상 약해지고 있으며, 같은 시간 동안 그것은 점점 더 작아지는 호를 연속적으로 통과하기 때문이지요. 비슷한 결과, 아니 사실은 동일한 결과가 같은 길이의 다른 실에 매달려 있는 코르크에 의해서도 만들어집니다, 단지 코르크는 더 작은 횟수의 동요 후에 정지 상태로 환원되는 것을 제외하면 말이지요. 공기의 방해를 극복하는 데는 이것의 가벼움 때문에 덜 적절하기 때문이지요. 그럼에도 불구하고, 크거나 작거나 간에 모든 그 진동들은, 모두 같은 시간 안에 이루어지며, 납의 진동에 대한 시간과도 역시 같습니다. 그러므로 만약 납이 50°의 호를 통과하는 동안 코르크가 단지 10°의 호를 통과한다면, 그러면 코르크는 납보다 느린 것이 참입니다; 130
그러나 그 반대 현상도 발생하여 납이 10° 또는 6°의 호를 통과하는 동안 코르크는 50°의 호를 통과하기도 합니다; 그러므로 따라서 다른 경우들에 이번에는 납이 빠르기도 하고, 다시 코르크가 빠르기도 하지요. 그러나 만약 같은 움직일 수 있는 것들이 같은 시간 동안 같은 호들을 통과한다면, 확실히 그들의 속력은 같다고 할 수 있습니다.

심플리치오. 이 추론은 제게 확정적인 것처럼 보이는데, 한편 그렇지 않기도 합니다; 제 마음은 일종의 혼동을, 두 움직일 수 있는 것들의 운동이 지금은 빠르다가 이제는 느리고 또 다시 극도로 느린 것으로부터 생기는, 혼동을 느낍니다. 그래서 저는 제 머리 속에서 그들의 속력이 항상 같다는 것이 참인지 아닌지를 확실히 할 수가 없습니다.

사그레도. 제가 한 말씀 드리고 싶군요, 살비아티여. 심플리치오여, 코르크와 납이 정지 상태로부터 같은 순간에 출발하여 같은 경사를 따라서 움직이고, 같은 시간 안에 항상 같은 공간을 통과한다면, 두 물체의 속력이 매번 같다고 한 치의 착오도 없이 말해도 되는 것을, 당신께서 인정하시는지 아닌지 제게 말씀해 주시지요.

심플리치오. 여기에는 의심의 여지가 없군요 ; 그것은 반박되어질 수 없습니다.

사그레도. 그럼 둘 중의 한 진자에 대해 이제는 60°, 이제는 50°, 이제는 30°, 이제는 10°, 이제는 8°, 이제는 4°, 이제는 2° 등등의 호를 통과한다고 하지요. 두 진자가 60°의 호를 통과할 때, 그들은 같은 시간 안에 통과하며; 50°의 호에 대해 두 물체는 같은 시간을 필요로 하며; 30°의 호, 또 10°의 호, 또 나머지에 대해서도 그렇습니다. 따라서 60°의 호에 대한 납의 속력은 같은 60°의 호에 대한 코르크의 속력과 같고, 50°의 호에 대한 속력들도 역시 서로 같으며; 또 나머지에 대해서도 그렇다고 결론짓습니다. 그러나 아무도 60°의 호에 대해서 얻어졌던 속력이 50°의 호에 대해서 소모되었던 속력과 같다거나, 또는 이 속력이 30°, 등등의 호에 대한 속력과 같다고 말하지 않습니다. 속력들은 작은 호들에 대해 항상 작으며, 이것은, 같은 물체가 60°의 큰 호를 통과하거나, 더 작은 50°의 호, 또는 매우 작은 10°의 호를 통과하는데 같은 시간이 소요된다는 것을, 요컨대 모든 호가 같은 시간 안에 통과된다는 것을 우리가 우리 눈으로 직접 보고 추론한 것입니다. 그러므로 납과 코르크가
131 호가 감소함에 따라 그들의 운동을 감속시키지만, 그 둘 다에 의해서 통과되는 모든 호에서의 속력의 동등함을 유지하는 그들의 합의는 변하지 않고 유지된다는 것은 참입니다.

저는 제가 살비아티의 생각을 정확하게 이해했는지 아닌지를 배우기 위해, 모든 것에서와 같이 여기서 가장 명쾌한 살비아티의 설명보다 더욱 알기 쉬운 설명을 심플리치오가 들을 자격이 있었다고 제가 믿기 때문에보다는, 이것을 말하기를 원하였습니다. 대개 살비아티는 애매할 뿐만 아니라 자연과 진리에 반하는 의문을, 모두에게 잘 알려져 있고 익숙한 논리, 관찰, 또는 경험을 이용하여, 해결합니다. 저는 여러 사람들로부터 살비아티의 이와 같은 능력이 어떤 높이 존경받는 교수로 하여금 그의 발견들을 비난하게 하였으며, 그 발견들이 너무나 낮고 일상적인 근거들에 의존한다는 이유로, 천박하다고 간주했다는 것을, 들은 적이 있습니다-마치 발견들이 모든 사람들에 의해서 이해되고 용인되는 잘-알려진 원리들로부터 생겨나고 발원하는 것이 실증적 과학들(demonstrative sciences)의 가장 존경할 만하고 칭송해야 할 조건이 아닌 것처럼.

하지만 이들 가벼운 음식들로 축제를 계속하기로 하지요, 심플리치오가 다른

움직일 수 있는 것들의 내부의 무거움이 그들의 속도를 다르게 하는 데는 어떠한 역할도 하지 않는다는 것을, 그래서 모든 움직일 수 있는 것들이 무게에 관한 한, 같은 속력들로 움직인다는 것을 이제는 기꺼이 가정하고 받아들이는 것으로 상정하고 말이지요. 살비아티여, 저희들에게 당신이 운동의 느껴질 만한 그리고 명백한 같지 않음에 대해 어떻게 설명하는지 말씀해 주시지요, 그리고, 저도 역시 지지하는, 심플리치오의 반박에 대답해 주시지요, 즉 납으로 된 탄환보다 대포알이 더욱 빨리 떨어지는 것을 보는데, 반면에 당신에 따르면, 속력의 차이는 작을 것입니다. 저는 그와 같은 당신의 견해를 같은 물질로 된 어떤 움직일 수 있는 것들을 들어 반박합니다. 즉 더 작은 것들이 한 시간, 또는 네 또는 스무 시간 안에 통과하지 않을 공간을 통하여, 더 큰 것은 맥박 한 번 뛰는 시간보다 짧은 시간에 한 매체 내에서 떨어지지요. 제가 말씀드리는 것들은, 돌들, 가는 모래, 그리고 물을 뿌옇게 만드는 먼지는 말할 것도 없습니다. 물, 이 매체 안에서 먼지는 몇 시간 동안 두 브라차도 떨어지지 않지만, 그 거리는 바위들, 그렇게 클 필요도 없는 바위들이 맥박 한 번 뛰는 시간에 떨어지지요.

살비아티. 그들의 비중이 작음에 따라, 움직일 수 있는 것들을 더 크게 감속시키는데 있어서의 매체에 의해 행해지는 역할은 이미 설명드렸지요; 이것은 무게를 감축시키는 것에 의해서 발생합니다. 주어진 매체가 어떻게 단지 크기만이 다른, 같은 재료로 만들어져 있고 형상{shape}이 같지만, 물체들의 속력을 132
매우 다르게 감소시키는지에 대한 설명은 편평한 형상의 움직일 수 있는 것이, 또는 그것에 반한 매체의 운동이 그것의 속력을 감소시키는 지를 이해하는데 충분한 논증보다 더욱 미묘한 논증이 필요합니다.

당면한 문제에 대해, 대부분 고체 물체에 대해 일반적으로, 또 필연적으로, 그 표면에서 발견되는 거칠기와 공극성으로 저는 그 이유를 귀속시킵니다. 운동 중에, 그와 같은 불규칙성들은 공기 또는 주변의 매체에 부딪히는데, 이의 명백한 증거로 그들이 공기 중을 빠르게 날아갈 때 우리는 물체가 윙윙거리는 소리를 내는 것을 듣습니다, 이 소리는 물체를 아무리 둥그렇게 해도 들리지요; 물체들은 윙윙거릴 뿐만 아니라, 만약 알아챌 수 있을만한 구멍이나 돌출부가 물체 중에 있다면, 휘파람 소리나 쉬쉬하는 소리까지 내게 되지요. 또한 선반{lathe}에 얹힌 모든 둥그런 물체들은 돌아가면서 바람 소리를 내는 것도 볼 수 있습니다. 또, 우리는 팽이가 땅 위에서 매우 빨리 돌아갈 때 내는, 윙윙거리는 소리를 매우 높은 소리로 듣습니다. 이 음의 높이{pitch}는 팽이가 도는 속력이 점차 작아질수록 낮아지는데; 이것 역시 공기에 의한, 아무리 작다고 하더라도, 표면 거칠기의 방해를 필연적으로 입증하고 있습니다. 움직일 수 있는 것들이 떨어질 때 이들 불규칙성[irregularities]이 주변의 유체와 맞스치면서, 그 표면이 크면 클수록 더 많이, 속력의 감소를 초래한다는 것은 의심할 수 없는데, 바로 큰 것들에 비하여 더 작은 것들의 경우가 그렇습니다.

심플리치오. 기다려 주시기 바랍니다, 여기서 저는 혼동되기 시작하는군요. 매체와 움직일 수 있는 것의 표면 사이의 마찰이 운동을 감속시킨다는 것을 이해하고 인정함에도 불구하고, 또한 그 감속이 표면이 클수록 커진다는 것도(다른 것들이 같다고 할 때), 저는 어떤 근거에서 당신께서 작은 고체의 표면이 더 크다고 말씀하시는지 이해할 수 없습니다. 게다가, 만약 당신 말씀대로, 더욱 큰 표면이 더 큰 감속을 초래한다면, 더 큰 고체가 더 느려야만 하는데, 그렇지가 않잖아요. 이 반박은, 그러나, 비록 더 큰 것이 더 큰 면적을 가지지만, 또한 더 큰 무거움을 가지고 있다고 말함으로써 쉽게 퇴출될 수 있습니다; 그리고 이 더 큰 무거움에 대해서, 더 큰 표면의 방해가 더 작은 표면의 더 작은 무거움에 대한 방해를 초과하지 않으므로, 더 큰 고체의 속력이 더 작아지지 않지요.[62] 그러므로 저는 왜 속력의 같음이 바뀌어야만 하는지 그 이유를 알
133 수가 없습니다, 운동의 무거움이 감소하는 하는 만큼, 표면의 감속적인 성질이 똑 같이 감소하니까요.

살비아티. 저는 당신께서 제게 반박한 모든 것들을 묶어서 해결할 것입니다. 심플리치오여, 당신께서는 같은 재료로 만들어지고 형상이 같은 두 움직일 수 있는 것들이 의문의 여지없이 같은 속력으로 움직이는 것을 가정하고, 만약 이들 중의 하나에 대해 무거움과 면적이 같이 감소한다면, (그러나 형상의 상사성은 유지한 채), 그 속력이 작은 것의 경우 더 감소되지 않을 것이라고 말씀하셨지요.

심플리치오. 정말 제게는 당신의 가르침을 따른다면 그렇게 되어야만 하는 것으로 보이는데요, 무거움의 크고 작음이 운동을 가속하거나 감속하지 않는다는.

살비아티. 이것은 제가 확인해드리지요, 또한 당신의 말씀 또한 받아들이겠습

니다, 그런데 그 말씀으로부터 무거움이 면적보다 더 많이 감소된다면, 그렇게 작아진 물체에 대해 운동의 감속이 어느 정도 고려되어야 한다는 결론이 따르는 것으로 제게는 보이는군요; 더욱, 무게의 감소가 면적의 감소 보다 큰 것에 비례해서 말씀이지요.

심플리치오. 이에 대해서는 어떠한 이의도 없습니다.

살비아티. 그러면, 심플리치오여, 당신께서는 고체의 표면을 그 무게와 똑 같이 감소시킬 수 없다는 것을 아시잖아요, 그 형상을 상사하게 유지하면서 말씀이지요. 명백히, 무거운 고체를 작게 하면, 그 무게는 체적과 같이 감소하고; 그리고 형상을 상사하게 유지하면 체적은 항상 표면보다 더 감소되므로, 무게 또한 표면보다 더 많이 감소될 것입니다. 그러나 기하학에 따르면, 상사한 고체들의 경우, 체적들 사이의 비는 표면들 사이의 비보다 훨씬 크지요. 당신이 이것을 더 잘 이해하실 수 있도록, 저는 하나의 예를 들도록 하겠습니다.

예를 들어 한 변의 길이가 2 인치인 주사위를 생각하지요, 그러면 한 면은 4 제곱인치가 될 것이며, 여섯 개의 면들[faces], 즉 전체 표면은 24 제곱인치가 될 것입니다[will be]. 다음으로, 주사위를 세 번 잘라 여덟 개의 더 작은 주사위로 만들었다고 하지요. 이들의 각각의 변은 1 인치이고, 각각의 면은 1 제곱인치, 그 전체 표면은 6 제곱인치가 될 것입니다, 반면에 원래의 주사위의 134
표면은 24 제곱인치였지요. 자 이제, 당신께서는 조그만 주사위의 표면은 더 큰 주사위의 사분의 일인 것을 알 수 있으며, 이는 6과 24의 비입니다. 그러나 잘라진 주사위의 체적은 오직 팔분의 일이지요. 그러므로 그 체적은 따라서 그 무게는, 그 표면보다 훨씬 빨리 감소하지요. 당신께서 작은 주사위를 여덟 개로 더 자른다면, 이들 중 하나의 전체 표면은 1과 이분의 일 제곱인치가 될 것이며, 이것은 원래 주사위의 십육 분의 일이며, 반면에 그 체적은 단지 육십사 분의 일이지요. 단지 두 번의 분할에 의해, 체적들은 표면들이 감소한 것보다 네 배 더 감소했습니다; 그리고 만약 우리가 이와 같은 분할을 원래의 주사위가 고운 가루가 될 때까지 계속한다면, 우리는 미세한 원자들의 무게가 그들 표면들보다 수만 배 감소된 것을 알 수 있을 것입니다.

정육면체의 예에 의해 제가 당신들께 예시한 것은 모든 상사한 고체들에 대해 발생하며, 체적들은 그들의 표면들의 1.5승과 같이 변화합니다. 그러므로 당신들께서는 매체와 움직일 수 있는 것의 접촉 표면의 방해가, 큰 것들에 비해 작은 움직일 수 있는 것들의 경우, 얼마나 큰 비로 증가하는지 아셨을 것입니다. 그리고 만약 고운 가루들의 그 작은 표면들의 거칠기가 아마도 매우 잘 연마된 큰 고체들의 표면 거칠기에 비해 작지 않다는 것을 추가하면, 매체가 유체이어야만 하는 것이 얼마나 필요한 것인지를 알 수 있습니다. 만약 매체가 매우 작은 힘이 작용하는 경우에도 그 통과를 허용하기 위해서, 매체가 분리되어야 하는데 대한 저항이 전적으로 없는 유체 말씀이지요. 심플리치오여, 또한 조금 전에 더 작은 고체들의 표면이 더 큰 고체들의 표면과 비교하여 더 크다고 말씀드린 것은 제가 결코 잘못 말씀 드린 것이 아니라는 점에 주목하시지요.

심플리치오. 저는 정말 만족합니다; 그리고 당신들 두 분께서는 제가 만약 공부를 다시 시작한다면, 플라톤의 충고를 따라 수학부터 시작하도록 할 것이라는 점을 믿으셔도 좋습니다, 수학은 정말 조심스럽게 진행하며, 확정적으로 증명되지 않은 것은 어떤 것이라도 확실한 것으로 받아들이지 않는군요.

사그레도. 저는 이 토론을 매우 좋아했습니다, 그러나 우리가 더 나가기 전에, 저는 제게 생소한 용어를 이해하고 싶군요. 당신께서는 금방 상사한 고체들은 서로에 대해 그들의 표면들의 '1.5승'{the three-halves power}과 같이 변화한다고 말씀하셨지요. 저는 다음 정리들을 그들에 대한 증명과 함께 보았고
135 또 알고 있습니다. 즉 상사한 고체들의 표면들은 그들의 변들의 갑절 비{doubled ratio} [즉 제곱]처럼 변화하며, 나아가 체적은 변들의 삼중 비{tripled ratio} [즉 세제곱]처럼 변화한다는 것 말씀이지요. 그러나 저는 고체의 비가 그들 표면들에 대해 어떤 관계에 있다고 이전에 부르는 것을 한 번이라도 들은 적이 있다는 것을 기억할 수 없습니다.

살비아티. 예, 당신께서는 스스로 응답을 하고 계시잖아요, 스스로의 질문에 답을 하고 계시는데요. 어떤 것의 세 배인 것이 또 그것의 두 배인 것에 대해, 그 두 배의 1.5 배라고 말하지 않는가요? 이제, 체적들은 선들의 삼중 비인데, 표면들이 선들의 갑절 비라면, 고체들은 표면들의 1.5승처럼 변화한다고 말할 수 없습니까?[63]

사그레도. 알았습니다; 그리고 다루어진 내용과 관련하여 자세한 부분들에 대해 아직, 질문드릴 것들이 남아 있지만, 만약 그런 식으로 계속 다른 문제로

벗어 나간다면, 알고자 하는 주요한 질문들, 고체들이 파괴될 때 그들에 의한 저항의 다양한 현상들과 관련된, 질문들에 도달하는데 너무 늦어질 것입니다. 그러므로 만약 두 분들에게 적절하다면, 우리가 시작했던 원래의 줄기로 되돌아가기로 하지요.

살비아티. 잘 말씀하셨습니다. 그러나 지금까지 고려한 문제들이 매우 다양하여, 꽤 많은 시간을 빼어갔군요, 그래서 주요한 주제를 다루기에는 너무 짧은 시간밖에 남지 않았네요, 그 주제는 주의 깊게 고려되어야 하는 기하학적 증명으로 가득 차있거든요. 저는 내일 만날 때까지 이에 대한 논의를 연기하는 것이 좋다고 생각합니다. 내일은 제가 그 주제의 다양한 본질적인 것들에 대해 기술하고 증명하는 정리들과 문제들을 순서대로 기록한 작은 책자를 준비하여 올 수 있을 것입니다. 기억력만으로 순서에 따라 이들을 생각해 내지는 말아야 할 것 같습니다.

사그레도. 저는 기꺼이 그 조언을 받아들이겠습니다, 오늘 토의를 끝내면서, 우리가 조금 전에 논의한 문제들에 대해 제가 아직도 가지고 있는 몇 질문들에 대한 설명을 들을 수 있는 시간을 가질 수 있으므로 더욱 그렇지요. 이 질문들 중의 하나는 매체의 방해[만]을, 큰 크기와 구의 형상을 가진 매우 무거운 물질의 가속을 정지시키는 적절한 것으로 꼭 받아들여야 하는가에 대한 것입니다. 136
저는 '구'라고 말씀드렸습니다, 가장 작은 표면으로 둘러싸인, 따라서 감속을 가장 작게 받는 것을 고려하기 위해.

다른 [질문]은 진자들의 동요에 관한 것인데요, 두 부분으로 나누어집니다. 하나는 크든, 중간이든, 작든, 모든 동요가 정말 정확하게 같은 시간에 이루어지는지에 관한 것입니다. 다른 하나는 길이가 다른 실에 매달린 물체들의 시간들의 비에 대한 것이지요; 그 진자들의 진동들의 시간들 말입니다.

살비아티. 질문들이 좋습니다, 모든 진리가 그러하듯이, 둘 중의 하나를 다루는데 다른 참이며 흥미로운 결과들이 유도될 것에 대해 신경이 쓰입니다. 저는 그들을 모두 오늘 토의할 시간이 있을지 모르겠습니다.

사그레도. 그 문제들이 이미 다루어진 것들과 비슷한 것들이라면, 저는 며칠이 든다고 하더라도 즐거이 할 것입니다, 어두워질 때까지 남은 몇 시간은 말할 것도 없지요. 저는 심플리치오 역시 그런 토론에 싫증내지는 않을 것이라고 믿습니다.

심플리치오. 물론 아니지요; 만약 그들에 대한 다른 철학자들의 의견 또는 견해가 책에서 찾을 수 없는 것들에 대한 물리적인 질문들에 대해 다룬다면 특히 그렇지요.

살비아티. 그러면 저는 첫 번째 질문에 대해 말씀드리도록 하지요, 의심 없이, 아무리 희박한 매체라고 하더라도 그 저항이 가속을 억제하여, 계속되는 운동이 균일 상태에 도달하는 것을 못하게 할 정도로 그렇게 큰 구, 또 무거운 재료는 없다는 것을 확언합니다. 우리는 경험 자체로부터 이에 대한 명백한 논증을 얻습니다. 만약 어떤 낙하하는 움직일 수 있는 것이, [매체를 통과하여] 그 운동을 계속하면서, 아무리 큰 속력도 얻을 수 있다면, [그 매체의]64] 외부에 있는 어떤 움직이도록 하는 것{mover}에 의해서 그것에 가해질 수 있는 어떠한 속력도, 그 움직일 수 있는 것이 그 매체의 방해에 힘입어 그 속력을 거부하고 또 그 속력을 빼앗길 정도로, 그렇게 클 수는 없습니다; 그러므로, 예를 들어, 공기 중에서 네 브라차 낙하한 대포알이 열 정도의 속력을 얻어 그 속력으로 물로 들어간다면, 그리고 물의 방해가 대포알의 격동량을 상쇄시킬 수 없다면, 그 격동량은 증가하거나, 또는 적어도 바닥까지 지속될 텐데, 실제 그런 일은 일어나지 않습니다. 실제로, 몇 브라차 이상의 깊이를 가지지 않는, 물은 격동량을 저해하고 약화하여 대포알은 강이나 호수 바닥에 매우 약한 충격을
137 가할 것입니다. 따라서 물이 대포알로부터 짧은 동안 빼앗을 수 있었던 속력은, 결코 [물에 의해서] 심지어 천 브라차의 깊이에서도 허용되지 않을 것이 명백합니다. 오직 차후에 몇 브라차 안에 빼앗아 갈 것을, 왜 천 브라차 안에 얻도록 허용하겠습니까?

그러나 다음에 어떻게 되지요? 같은 대포로부터 발사된 대포알의 엄청난 격동량은 몇 브라차의 물의 개입에 의해 대단히 크게 감소되어 배에 어떠한 손상도 입히지 못하며, 심지어는 때리기 위해 배까지 도달할 수도 없는 것을 보게 됩니다. 공기 [자체도], 매우 유연하기는 하지만, 그럼에도 불구하고 아무리 무게가 나간다고 하더라도, 유사한 실험들로부터 우리가 알 수 있는 바와 같이, 낙하하는 움직일 수 있는 것의 속력을 억제합니다. 만약 높은 탑의 꼭대기로부터 화승총을 쏜다면,65] 그 총알은, 지면의 넷 내지 여섯 브라차 밖에 되지 않

는 위의 점으로부터 발사된 총알이 지면에 남기는 흔적보다 더 작은 흔적을 남길 것이며, 이는 탑의 꼭대기로부터 발사된 대포알이 포신으로부터 나올 때 가진 격동량은 공기를 통과하여 낙하하면서 감소한다는 확실한 증거이지요. 따라서 아무리 높은 곳에서부터라고 하더라도, 대포알이 공기의 저항에 의해서 빼앗기는 격동량을 얻도록 하기에는 어떠한 낙하도 충분치 않을 것입니다. 그 격동량이 어떤 방식으로 그 대포알에 주어지든 간에 말씀입니다. 마찬가지로, 저는 믿습니다. 이십 브라차 떨어진 대포로부터 발사된 대포알에 의해 벽에 가해지는 손상은 연직 방향으로는 아무리 높은 높이로부터 낙하하는 대포알에 의해서도 가해질 수 없을 것입니다. 어떤 자연적인 움직일 수 있는 것의 가속에 대해서도, 정지 상태로부터 떨어진 경우, 한계가 있다는 것을 저는 믿으며, 또한 매체의 방해는 결국 이것을 균일 운동에 도달하여 이후에 그 물체는 항상 그 상태를 유지하도록 한다는 것을 믿습니다.

사그레도. 이들 실험들은 매우 효과적인 것으로 제게는 보이며, 여기에 어떠한 것도 남아 있는 것이 없습니다, 단 다음을 제외하고, 즉 어떤 반대자는, 달의 궤도로부터 또는 공기 영역의 가장 높은 곳으로부터 오는 대포알은 대포로부터 발사된 대포알보다 더욱 세게 칠 것이라고 [단언함으로써], 이것은 매우 큰 그리고 무거운 사물들(bulks)에 대해 증명될 수 있다는, 부인 뒤에 자신을 숨길 수도 있지요.

살비아티. 의심할 바 없이 반대를 위하여 많은 것들이 언급될 수 있으며, 그들 모두를 실험들에 의해서 논박할 수 있는 것은 아니지요. 하지만, 이 반론에 대해서는, 무언가를 고려할 수 있는 것처럼 보입니다; 즉, 어떤 높이로부터 낙 138
하하는 무거운 물체도, 지상에 도착할 때, 그 물체를 그 높이에 올려놓는데 충분한 그 격동량을 얻는다는 것이 매우 가능성이 높다는 것이지요. 이것은 무거운 진자의 경우, 연직선으로부터 50° 내지 60° 끌어 올려진 진자가 그 물체를 정확하게 같은 높이로 밀어 올리는데 충분한 속력과 힘[*virtù*]을 얻는다는 것으로부터 확실히 알 수 있습니다, 단 공기의 저항에 의해 빼앗기는 매우 작은 그 양을 제외하고는 말씀이지요. 그러므로 대포로부터 나올 때 화약[*fuoco*]에 의해 대포알에 주어지는 격동량을 [낙하에 의해] 얻기 위해 충분한 그러한 높이로 대포알을 올리기 위해서는, 그 대포알을 같은 대포로 연직 상방으로 쏘아 올리고, 그 대포알이 다시 떨어질 때, [대포로부터] 나올 때와 비슷한 충격을 지상에 가하는지, 아닌지를 보면 충분할 것입니다. 멀리 쏘아 올려진 것에 의한 충격이 더 세지는 않을 것으로 저는 믿습니다; 따라서 대포의 출구 부근에서 대포알이 가진 속력은 공기의 저항이 어떠한 높이라고 하더라도 정지 상태에서부터 출발한 자연적인 운동에서 이와 같은 속력이 발생하는 것을 결코 허용하지 않을 것으로 저는 생각합니다.

다음으로 저는 그들 다른 질문들, 진자들에 관련된 질문들에 대해 말씀드리지요, 이 주제는 매우 무미건조한 것으로 보일 수도 있는데, 특히 물리학에 대한 가장 난해한 추론들에 영원히 몰두하는 철학자들에게는 말씀입니다. 저는 아리스토텔레스 자신의 예에 의해 고무된, 그들을 비난하고자 하는 것은 아니며, 무엇보다도 아리스토텔레스는 고려할 만한 가치가 있는 어떤 문제에 대해서도 무시하지 않았거나 또는 그에 대해 언급하지 못한 것이 없다고 말할 수 있어 저는 그에 대해 감탄합니다. 당신의 질문들에 감동하여, 저는 이제 당신에게 음악에 관한 저의 생각들을 무언가 말씀드리기로 하지요-음악은 가장 고귀한 주제이며, 아리스토텔레스 자신을 포함하여 많은 위대한 사람들이 음악에 대해 저술을 남겼지요.66] 그는 음악과 관련된 매우 흥미 있는 많은 문제들을 고려하였는데; 따라서 만약 쉽고 지각할 수 있는 경험들로부터 소리의 문제와 관련하여 불가사의한 것들에 대해 저도 몇 개의 전제들을 유도할 것인데, 제 토론을 당신들께서 환영할 것을 바라도 되겠지요.

사그레도. 그저 환영하는 것이 아니라, 저는 모든 악기를 즐기기 때문에, 적어도 제게는 매우 바람직한 것이지요. 협화음들에 대해 꽤 철학적으로 생각해
139 본 적이 있지만, 저는 항상 이해하지 못했으며, 당혹해 하고 있습니다. 어떤 협화음은 다른 무엇보다도 저를 즐겁게 하고 기쁘게 하지만, 어떤 것은 즐거움을 주지 않을 뿐만 아니라 실제로 기분을 나쁘게 하거든요. 게다가 그 오래된 문제, 한 현이 움직여서 다른 현의 소리에 들릴 수 있을 만큼 되울림하는, 즉 일치하여{in unison} 음을 내는 두 현들의 문제가 있지요. 저는 이 문제를 풀지 못하고 있으며, 협화음들의 음형들{forms}[52]과 기타 개별적인 것들에 대해서도 명확하지 않습니다.67]

살비아티. 우리가 생각한 이들 진자들이 그들 모든 난제들에 무언가 만족을

52) 음형은 오늘날의 용어로는 음높이가 다른 소리의 진동수들의 비이다.

가져올 수 있을지 볼 것입니다. 앞의 질문에 대하여, 같은 진자가 모든 그 동요들을-가장 큰, 평균의, 가장 작은-정말 정확하게 같은 시간 안에 하는지에 대하여, 저는 제가 언젠가 우리들의 **학회원**으로부터 들은 적이 있는 것에 따르기로 합니다. 그는 [주어진 한 원의] 모든 호에 대응하는 현들을 따라 낙하하는 움직일 수 있는 것은 필연적으로 그 현들을, 180°에 대응하는 현, 그것은 전체 직경이지요, 또 100°, 60°, 10°, 2°, $\frac{1}{2}$°, 그리고 몇 분{minutes}의 호{of arc}에 대응하는 현들까지도 모두 같은 시간 안에 통과한다는 것을 입증하였습니다. 이들 모든 호들은 수평면에 접하는 [원의] 최저점에서 끝난다는 것을 가정하고 말이지요.

이제, 이들 수평선으로부터 올라오는 현에 대응하는 호들을 따른 하강들에 대해, 실험은 마찬가지로 우리들에게 90°, 즉 원의 사분의 일을 초과하지 않는 모든 호들은 같은 시간, 그러나 현들을 따른 통과에 비하면 짧은 시간에, 통과되어 지는 것을 보여줍니다. 이 결과는 무언가 기적적인 것을 포함하고 있는데, 언뜻 보기에는 그 반대가 되어야만 하는 것처럼 보이기 때문입니다. [그 경로들]은 운동의 시작점과 종착점들을 공유하며, 또 직선은 같은 끝점들을 잇는 가장 짧은 경로이므로, 직선을 따라 이루어지는 운동이 가장 짧은 시간 안에 이루어져야만 하는 것이 타당한 것처럼 보입니다. 그렇지가 않거든요; 가장 짧은 시간의 운동, 따라서 가장 빠른 운동은 그 직선이 현인 호를 따라서 이루어지는 운동입니나.

길이가 다른 줄들에 매달린 물체들의 동요의 시간들의 비에 대해서는, 줄의 길이의 제곱근처럼 변화합니다; 또는 그 길이들이 시간들의 갑절 비, 또는 제곱들이라고 말해야만 하겠지요. 따라서 만약, 예를 들어, 당신이 한 진자의 동요 시간을 다른 진자의 두 배가 되도록 하고 싶으면, 그 진자의 줄의 길이는 다른 진자의 네 배가 되어야만 합니다; 또는 첫 번째 진자의 한 번 진동 시간 안에 140
다른 진자가 세 번 진동을 하려면, 첫 번째 진자의 길이는 다른 진자의 길이의 아홉 배가 되어야 할 것입니다. 이것으로부터 줄들의 길이들은 서로 주어진 시간 동안 진동하는 횟수의 제곱의 [역]비를 가진다는 것이 얻어집니다.[68]

사그레도. 그러면, 만약 제가 정확하게 이해했다면, 아무리 높은 곳에 매달린 줄의 길이도 쉽게 알 수 있군요, 심지어 위쪽 끝의 연결 부분을 제가 볼 수 없고, 단지 아래쪽 끝만 본다고 하더라도 말씀이지요. 만약 줄의 아래 여기에 무거운 추를 매달고, 앞뒤로 동요하게 하면; 동료가 그 진동 횟수를 세고, 동시에 저는 마찬가지로 정확하게 길이가 일 브라초인 실에 매달린 다른 움직일 수 있는 것의 진동 횟수를 센다면, 저는 같은 시간 동안의 이들 두 진자의 진동 횟수로부터 줄의 길이를 알아낼 수 있습니다. 예를 들어, 제 친구가 긴 줄이 스무 번 진동한 것을 세었고, 저는 일 브라초의 길이를 가진 제 실에 대해 이백사십 번을 세었다고 가정하지요. 그러면 숫자 20과 240을 제곱하여 400과 57,600을 얻으므로, 저는 제 실이 400 단위를 가지는 단위로 긴 줄은 57,600 단위[*misure*]의 길이를 가진다고 말할 것이며; 제 실이 일 브라초이므로, 57,600을 400으로 나누어 144를 얻는데, 따라서 144 브라차가 줄의 길이입니다.

살비아티. 당신은 한 뼘{span}의 오차도 범하지 않을 것이며, 특히 만약 당신이 매우 많은 진동 횟수를 사용한다면 말씀입니다.

사그레도. 당신께서는 가끔 제게 자연의 풍부함과 위대한 관대함에 대해 탄복을 금치 못할 기회를 주시는군요, 그렇게 일상적인 것들로부터, 아니면 제가 심지어 그렇게 흔해빠진 일들이라고 해도 좋을까요, 당신께서는 새롭고 흥미로운, 그리고 제 상상을 종종 훨씬 뛰어넘는 지식을 끌어내실 때 말씀이지요. 제가 동요에 대해 천 번 주의를 기울였지만, 특히 매우 긴 줄들에 매달린 어떤 교회들의 등불들의, 누군가에 의해 의도되지 않은 채 움직이도록 된, 동요에 대해서입니다, 하지만 제가 그러한 관찰로부터 얻을 수 있었던 최대한은 많은 사람들의 견해가 불가능하다는 것이었는데, 그들은 이런 종류의 운동들은 매체, 즉 공기에 의해서 유지되고 지속된다는 견해를 가지고 있습니다. 제게는 공기가 절묘한 판단력을 가지고 있으며 또한 다른 할 일은 거의 없는 것처럼 보입니다. 수없는 시간 동안 매달린 추를 그렇게 규칙적으로 앞뒤로 미느라고 소비하는 것을 보면 말이지요. 그리고 이제 저는, 주어진 움직일 수 있는 것이, 백
141 브라차 길이의 줄에 매달린, 그리고 최저점으로부터 이제 90° 들어 올려진, 아니면 1° 들어 올려진, 아니면 $\frac{1}{2}$° 들어 올려진 경우, 이 최단의 호를 통과하는데 최대의 호를 통과하는데 걸린 시간과 같은 시간을 쓸 것이라는 점을 알았습니다. 저는 정말 믿지 않습니다, 제가 이것을 발견했을 것이라고는, 아직도 제

게는 무언가 불가능한 것을 간직하고 있는 것처럼 보이는 이것 말입니다. 이제 저는, 이들 동일하고 간단한 세부 사항들{minutiae}이 어떻게, 제 마음을 최소한 부분적으로는 음악 문제들에 대해서는 안식에 들 수 있도록 하는, 논리를 제공할 것인지 듣기를 기다립니다.

살비아티. 무엇보다도, 각각의 진자가 그들 자신의 진동 시간, 제한되어 있고, 사전에 미리 고정되어 그 시간을 자기 자신의 유일하고도 고유한{natural} 주기로부터 다른 주기로 변경하는 것은 불가능한, 그런 주기를 가진다는 점에 주목하는 것이 필수적입니다.53) 당신이 좋아하는 어떤 줄이라도 손에 잡고 들고, 거기에 추를 매단 후, 그 진동의 진동수를 증가시키거나 감소시키기 위해 최선을 다 해보시지요; 이건 단지 노력의 낭비일 뿐일 것입니다. 반면에, 우리가 어떤 진자라도 좋으니 그 진자에 대해, 무겁고 정지 상태에 있지만, 단지 그것을 입으로 불어줌으로써, 운동을 주기로 하지요. 이 운동은, 만약 우리가 입으로 불기를 반복한다면, 매우 크게 만들 수도 있습니다; 그러나 진자의 운동은 그 진자의 동요에 적합한 시간과 일치하는 방식으로만 발생할 것입니다. 만약 첫 번째 불기로 우리가 추를 반 인치만큼 연직선으로부터 움직였다고 하면, 우리를 향해 돌아와서 그 두 번째 진동을 시작할 때, 두 번째 불기를 추가함에 의해 추에 새로운 운동을 줄 수 있습니다; 그래서 거듭하여 이루어지는, 적절한 시기에(그 진자가 우리를 향해 올 때가 아닙니다, 그러면 운동을 도와주는 것이 아니라 저해할 것입니다) 행해진 더 많은 불기로, 많은 횟수의 충격을 계속 가하여, 우리는 그 추를 정지시키는데 한 숨보다 훨씬 큰 힘이 필요할 정도의 격동량을 그 추에 가할 것입니다.

사그레도. 소년이었을 적에 저는 본 적이 있습니다, 적절한 때에 가한 충격들로, 한 사람이 혼자 매우 큰 종을 울릴 수 있었는데, 나중에 타종을 멈추고자 할 때, 여러 사람이 밧줄을 붙잡고서도, 그들 모두가 공중으로 잡아 올려졌지요; 여러 사람들이 같이 힘을 모아도 [즉각적으로] 오직 한 사람이 규칙적인 잡아당김으로 종에 가한 격동량을 저지할 수 없었습니다.

살비아티. 당신의 예가 저의 의도를 저의 서두의 견해, 주목할 만한 문제에 대한 답에 적합한 그 견해보다 결코 덜 예리하지 않게 설명합니다. 그 문제는

53) 아마도 진동하는 계의 고유 주기{natural period}에 대한 역사상 최초의 언급으로 생각된다.

즉 움직이고 나아가 되울림하여, 동일음{unison}으로 일치하는 것뿐만 아니라 8
142 도음{octave}과 5도음{fifth}[54]의 화음을 내는 치터-현 또는 하프시코드-현의 문제입니다. 튕겨진 줄은 진동을 시작하고 그 소리가 들리는 전 시간 동안 진동을 계속하는데; 이들 진동들은 그 가까이에 있는 공기를 진동하게 하고 또 떨게 합니다; 그 떨림들과 파동들[*increspamenti*]은 넓은 공간을 통해 확장하며, 가까이 있는 어떤 다른 악기의 현들뿐만 아니라 같은 악기의 모든 현들을 치게 됩니다. 한 번의 때림에 의해 일치하는 음을 내도록 동조된 현은, 같은 시간 안에 그 진동을 하도록 움직이므로, 첫 번째 충격 시에 조금 움직이기를 시작하고; 두 번째, 세 번째, 스무 번째, 그리고 더 많은 [충격들]이 더해지므로, 모두 정확하게 주기적인 시간에, 그 현은 결국 원래 때려졌던 것과 같은 떨림을 받게 되며, 그 현의 진동들이, 그 현을 움직이도록 한 것이 확장해 나간 것과 같은 만큼의, 공간을 점할 때까지 널리 퍼지는 것을 볼 수 있습니다.[55]

공기를 통해 퍼져 나가는 이 파동 작용[*ondeggiamento*]은 다른 현들을 움직이고 진동하게 할뿐만 아니라, 떨리고 진동하도록 된 어떤 다른 물체도 진동하는 현과 같은 시간에 진동하게 합니다. 만약 당신께서 악기의 바닥에 여러 가지 센털{bristle}이나 또는 유연한 물질을 매단다면, 하프시코드가 연주될 때 이 작은 물체 또는 저런 것이 그 현이 때려짐에 따라 그 진동들이 현과 같은 시간 안에 이루어지며 떨리는 것을 보게 될 것입니다. 다른 것들은 이 현의 소리에 움직여지지 않으며, 또한 문제의 그 현은 다른 현의 소리에 떨지도 않습니다. 만약 두터운 비올라-현이 얇고 섬세한 유리잔 부근에서 세게 켜진다면, 그리고 현의 음조{tone}가 그 술잔{goblet}의 음조와 일치한다면, 술잔은 떨릴 것이며 느낄 수 있을 만큼 되울릴{resound} 것입니다. {되울리는 즉} 공진하는{resonant} 물체 가까이에 있는 매체의 더욱 꽉 찬 파동침을, 술잔에 물이 들어 있을 때, 손가락 끝의 볼록한 부분으로 술잔의 가장자리를 문질러줌으로써, 술잔이 소리를 내도록 하여 쉽게 볼 수 있습니다. 담겨진 물이 규칙적인 순서로 파도 형상을 만들어 내는 것을 볼 수 있으며, 그 결과는 술잔의 바닥을 훨씬 큰 어떤 용기, 그 안에 술잔의 가장자리까지 거의 물이 차있는, 용기의 바닥에 올려놓음으로써 더욱

54) 5도음은 예를 들면 같은 옥타브에 속하는 도와 그 위의 솔을 뜻한다.
55) 아마도 공진{resonance} 현상에 대해 합리적인 물리적 설명을 제시한 역사상 최초의 기술로 생각된다.

잘 볼 수 있습니다. 이렇게 놓은 후, 손가락의 마찰에 의해 다시 되울리게 하면, 물 안에 이 규칙적인 파동침이 꽤 빠른 속력으로 술잔 부근의 꽤 먼 거리까지 퍼져 나가는 것을 볼 것입니다. 거의 물이 가득 찬 매우 큰 용기를 이런 식으로 소리를 내게 하여, 저는 종종 물 안에 극단적일 정도로 규칙적인 파도가 형성되 143
는 것을 본 적이 있습니다; 그리고 때로는 술잔의 음조가 한 옥타브 높은 음으로 점프하기도 하지요, 그 순간에 저는 각각의 파도가 둘로 나뉘는 것을 보았으며; 이는 8도음의 음형이 두 배의 [비]임을 매우 명확하게 증명하는 현상이지요.

사그레도. 같은 일이 제게도 몇 번 일어났는데, 저로서는 매우 기쁘게도, 또한 저에게 이득이 되는 방식으로, 왜냐하면 저는 오랜 동안 협화음의 [이상적인] 음형들56)에 대해 당혹해 하고 있었기 때문입니다. 제게는, 음악에 대해 지금까지 저술을 했던 필자들에 의해 그것에 대해 일상적으로 예시되는 이유는 결정적이기에는 불충분한 것처럼 보입니다. 그들은 8도음{diapason}, 즉 옥타브는 곱절 [비]에 포함되며; 우리가 [완전] 5도음{fifth}이라고 부르는, 5도음{diapente}은 한 배 반{sesquialter}, 즉 [3 : 2] 비에 의해; 등등이라고 말합니다. 그들의 논거는, 현이 일현금{monochord} 상에 걸려 있을 때, 먼저 전체를 소리 내고, 다음에 중앙에 줄받침을 놓아 반의 소리를 내면, 8도음을 듣게 되고; 줄받침을 전체 현 [길이]의 삼분의 일 지점에 놓았을 때, 전체 현과 삼분의 이에 대해 소리를 내면 5도음을 듣게 된다는 것입니다; 그러므로 그들은 말하기를 8도음은 2와 1 사이에, 또 5도음은 3과 2 사이에 포함된다고 합니다. 이런 논증은, 말하자면, 8도음과 5도음의 자연적인 음형들로 두 배와 한 배 반을 부여하기에 결정적인 것으로 보이지는 않았는데, 제 생각은 다음과 같습니다.

현의 음높이{pitch}를 올릴 수 있는 방법은 세 가지가 있습니다. 하나는 현을 짧게 하는 것이지요; 다른 하나는 더욱 팽팽하게 하거나 또는 잡아당긴다고 할까요; 세 번째는 현을 더욱 가늘게 하는 것입니다. 만약 장력과 현의 두께를 동일하게 유지하면서, 8도음을 듣기 원하면, 현의 길이를 반으로 줄여야만 합니다. 길이와 두께를 동일하게 유지하면서, 하지만, 만약 더욱 세게 잡아당김으로써 한 옥타브 높은 소리를 듣기 원하면, 두 배 세게 잡아당기는 것으로는 충분

56) 1도음{unison}, 4도음{fourth}, 5도음{fifth}, 8도음{octave}은 진동수의 비가 각각 1:1, 4:3(예를 들면 한 옥타브 안의 파와 도), 3:2, 2:1로 정수들의 비로 이루어지므로, 완전{perfect} 또는 이상적{ideal}이라고 불린다.

치 않으며, 네 배의 [장력]이 필요합니다; 따라서 만약 처음에 일 파운드의 추로 잡아당겨졌다면, 그 소리를 한 옥타브 높이기 위해서는 사 [파운드]를 매다는 것이 필요할 것입니다. 마지막으로, 만약 길이와 장력을 동일하게 유지하면서, 현이 더욱 얇아짐으로써 한 옥타브 높은 음을 내기를 원하면, 두꺼웠던 현의 두께를 사분의 일만으로 유지해야 합니다.[57]

제가 8도음에 대해 말씀드린 내용은-즉, 장력, 또는 현의 두께로부터 유도된 음형이 그 길이로부터 얻은 음형의 제곱 비라는 것-모든 음악의 음정들{musical
144 intervals}에 대한 것으로 이해되어야 합니다. 현의 전체와 그리고 삼분의 이{two-thirds} 길이로 소리를 낼 때와 같이, 길이로 이분의 삼{three- halves}의 비가 우리에게 주는 것은, 장력 또는 가늘기로부터도 얻어질 수 있으며, 단 이때 이분의 삼 비의 제곱을 요구하므로, 그 비를 구 대 사로 해야만 합니다. 따라서 낮은 음의 현이 사 파운드의 추에 의해 잡아당겨져 있다면, 육이 아닌 구 파운드가 높은 음의 현에 매달려져야 만하는 것이지요; 또 두께에 대해서는, 5도음을 얻기 위해서는, 낮은 음의 현이 높은 음에 대해 구 대 사의 비를 가져야만 합니다.[69] 이들은 실제의 실험들이므로, 저는 왜 현명한 철학자들이 8도음의 음형을, 사분의 일이 아닌 두 배 비로, 또 5도음의 음형을 사분의 구 비가 아닌 이분의 삼 비로 설정했어야만 하는지 이유를 알 수 없었습니다.

그러나 소리를 내는 현의 진동들을 센다는 것은, 너무나 많은 진동을 하기 때문에, 확실히 불가능하므로, 저는 옥타브 높은 음을 내는 현이 낮은 음을 내는 현에 비해 같은 시간 동안 두 배 진동을 하는 것이 사실인지 항상 의심했어야만 했습니다, 만약 술잔을 소리 내고 진동하게 하여 원하는 만큼 오랜 동안 파도들을 지속되게 할 수 없었다면. 이 실험은, 음정이 가끔 한 옥타브 점프할 바로 그 순간에, 이전에 그 곳에 있던 파도들을 정확하게 반으로 자르는 더 작은 파도들이 만들어지는 것을 관찰할 수 있다는 것을 입증하였습니다.

살비아티. 정말 멋있는 관찰이었습니다, 되울리는 물체의 진동으로부터 만들

57) 이 단락 전후의 내용을 현대적으로 표현하면, 음높이 즉 음의 진동수 f는 현의 길이 l, 장력 T, 그리고 단면적 A의 함수이고; 길이의 역수, 장력의 제곱근, 단면적의 역제곱근에 비례하며, 식으로는 $f \propto \frac{1}{l}\sqrt{\frac{T}{A}}$으로 쓸 수 있다. 조화함수와 그 진동수, 나아가 함수의 개념이 아직 없었던 시대에 갈릴레오가 살고 있었던 점에 다시 한 번 주목한다.

어진 파도들을 하나씩 구분하는 것이 가능했었군요. 공기를 통하여 퍼져 나가, 고막을 간지럽게 하고, 또 마음 속에서 소리가 되는 것이 바로 이들 진동입니다. 그러나 그와 같은 관찰들이, 물에서의 파도들을 볼 때와 같이, 손가락과의 마찰이 지속되는 동안만 유지되며, 심지어 그 동안에도 파도들이 변화하지 않는 것이 아니라 지속적으로 만들어지고 없어지므로, 만약 몇 달 또는 몇 년 동안의 오랜 시간 동안 매우 정확하게 그 파도들이 유지되어 그들을 더욱 쉽게 측정하고 또 시간이 있을 적에 그들을 셀 수 있다면 좋은 일이 아니겠습니까?

사그레도. 그건 정말 대단한 발명이겠군요!

살비아티. 그 발명은 우연히 이루어졌는데, 제 관찰은 단지 이것을 이용하고, 그것을 훌륭한 이론의 새로운 증명으로 삼는데 그쳤습니다. 그 자체로는 매우 보잘 것 없는 성취지만요.

놋쇠로 된 판을 철로 된 끌로 긁어서 반점들을 없애는데, 제가 끌을 판 위로 145
재빨리 움직일 때 여러 번을 내려치면 한두 번은 그 판이 비교적 세고 뚜렷한 음을 내는 것을 들었습니다. 제가 그 판을 들여다보니, 길게 일렬로 늘어선 가는 선들, 서로 평행하고 정확히 같은 거리만큼 떨어진, 선들이 보였습니다. 다시 긁기를 여러 번 했는데, 저는 끌이 판 위에 자국들을 남기는 것은, 내려쳐서 오직 이 소음을 만들 때만 인 것을 알게 되었고, 또 예리한 음이 만들어지지 않을 때는 그와 같은 선들의 희미한 흔적조차 없는 것을 알게 되었습니다. 저는 그 동작을 여러 번 반복하였는데, 이제 더 세게 그리고 더 느린 속력으로 내려치면, 그 소리가 높거나 혹은 낮은 음높이를 가졌습니다; 더욱 예리한 음이 나는 동안 만들어진 자국들은 더욱 가깝게 모여 있었으며, 낮은 음의 경우에는 덜 그런 것을 관찰하였습니다. 때로는 또, 내려침 자체가 마지막에 그 처음보다 빠름에 따라서, 그 소리의 높이가 높아지는 것이 들렸고, 그 선들은 진동수가 증가하는 것이 보였으며, 비록 항상 극도로 선명하고 완벽하게 평행한 자국들이었지만요.

쉬 소리가 들리는 내려침 동안, 더욱이 저는 철이 제 손 안에서 떠는 것을 느꼈는데, 이 떨림으로부터 일종의 긴장감이 저를 통과하였지요; 간단히 말씀드리면, 우리가 낮고 조용하게(*sotto voce*)[58] 말하다가 소리를 높여 큰 목소리를

58) 미켈란젤로의 시 중에도 같은 표현이 있다.

낼 때 느끼는 바로 그와 같은 것이 철로 된 끌 안에서 느껴졌습니다. 속삭임 안으로 들여보내지는 날숨이 소리를 만들 때, 목과 입 안에서는 거의 어떤 움직임{movement}도 느낄 수가 없지요, 우리가 말할 때, 특히 낮고 강력한 소리로 말할 때, 후두와 턱들에서 느껴지는 굉장한 떨림에 비하면 말씀입니다. 때로 저는, 하프시코드의 현들 중에서, 말씀드린 것과 같이 판을 긁어서 만들어진 두 소리들과 일치하는 두 현들에 대해서도 주목하였습니다. 음높이가 다른 이들 두 현의 음들은 완전 5도음만큼 분리되어 있었으며; 두 가지 내려침의 각각에 의해 만들어진 선들 사이의 간격들을 측정하였더니, 한 경우 45 개의 선들을 포함한 거리에, 다른 경우 서른 개가 포함되어 있음을 알게 되었습니다, 즉 정말로 5도음에 속한 [비의] 음형인 것이지요.

더 나아가기 전에, 저는 여기서 당신들에게 음높이를 높이는 세 가지 방법
146 중에, 당신께서 현의 얇음이라고 칭한 것은 무게에 기인하는 것이라고 하는 것이 더욱 적절하다는 사실에 대해 주의를 환기하고 싶군요. 두께에 따른 [음높이의] 변화는, 현들이 같은 물질로 되어 있을 때, [제곱 비로] 반응하므로, 어떤 거트 현{gut string}이 다른 거트 현이 내는 음의 8도음을 내기 위해서는 네 배 두꺼워야만 하며; 또는 어떤 놋쇠 현{brass string}이 다른 놋쇠 현의 네 배 두꺼워야 합니다. 하지만 만약 놋쇠 현과 거트 현 사이에 8도음을 만들고 싶다면, [낮은] 소리를 내는 것의 두께를 네 배 두껍게 하여 될 수 있는 것이 아니라, 네 배 무겁게 만들어야만 됩니다. 두께에 관해서는, 금속 현이 네 배 두꺼울 리가 없고, 네 배 무겁게 되며, 또 어떤 경우에는 금속 현이 심지어 음높이가 한 옥타브 높은 것에 대응되는 거트 현보다 더욱 가늘 수 있습니다. 그러므로 어떤 하프시코드에 금 현들{gold strings}을 사용하고, 다른 것은 같은 길이, 장력, 그리고 두께의 놋쇠 현들을 사용하면, 금이 두 배 정도 무겁게 때문에, 금 현의 하프시코드가 5도음 정도 낮은 소리를 내게 됩니다.[70] 여기서 움직일 수 있는 것의 무거움이 그 두께에 대한 것보다 속력에 대해 더욱 저항한다는 점에 유의하시지요, 왜냐하면 무겁고 가느다란 움직일 수 있는 것보다 두껍고 가벼운 움직일 수 있는 것에 대한 매체의 저항에 의해 속력이 더욱 감소된다는 것이 합리적으로 보이기 때문인데; 허나, 이 예에서는 그 반대가 발생합니다.[71]

우리의 원래의 목적으로 되돌아가서, 현들의 길이는 음정들의 음형들 뒤에 있는 직접적이고 즉각적인 원인이 아니라고 말씀드리는데, 장력 또한 아니며,

그들의 두께 또한 아니고, 오히려 진동들의, 그리고 우리의 고막을 가서 치게 되는 공기 파동들의 충격들의 횟수들의 비입니다. 고막은 마찬가지로 동일한 횟수만큼 진동하게 되는 것이지요. 이 점이 확립되었다면, 우리는 아마도, 왜 음높이가 다른 소리들 가운데, 어떤 짝들은 우리들의 감각중추{sensorium} 안에서 대단한 즐거움으로 받아들여지고, 다른 것들은 덜 하며, 또 어떤 것들은 대단히 참기 힘들게 때려 치는 일이 생기는지에 대한 매우 적절한 이유를 확정지을 수도 있습니다; 따라서 우리는 완벽한 협화음들, 불완전 협화음들, 그리고 불협화음들 뒤의 원인에 도달할 수도 있습니다. 불협화음들로부터의 참기 힘든 자극{irritation}은, 제 생각에는, 우리의 고막을 전혀 비례에 맞지 않게 때리는, 두 개의 다른 음정의 부정합성 맥동들{discordant pulsations}로부터 만들어집니다; 진동의 횟수들이 비공측수들{incommensurables}일 때, 불협화음들은 정말 매우 귀에 거슬릴 것입니다. 두 현들이 같이 소리 내어 졌을 때, 그러한 [소음]이 발생할 것입니다. 즉 한 현의 진동의 횟수가 다른 것에 대해 정사각형의 147
한 변이 그 대각선에 대한 것과 같은 관계에 있을 때[59], 3온음{tritone} 또는 단3도음{minor third}의 불협화음과 같은 불협화음이 만들어지겠지요. 다음과 같은 소리들의 짝들은 협화음일 것이며, 즐겁게 들릴 것이고, 그 소리들은 고막을 적절한 순서로 때립니다; 먼저 같은 시간 동안 만들어진 충격들이 그 횟수가 공측{commensurable}이어야 합니다. 그래서 고막의 연골{cartilage}이, 항-부정합성{ever-discordant} 때림들{beatings}을 받아들이고 그들에 따름에 따라 생기는 두 가지 다른 방식으로 휘어짐에 기인하는 지속적인 고통 속에 있을 필요가 없어야 합니다. 그러므로 첫 번째 그리고 가장 기꺼이 받아들여지는 협화음은 8도음입니다. 낮은 음의 현이 고막에 전달하는 매 회의 충격에 대해, 높은 음은 두 회를 가하며, 따라서 높은 음의 현의 진동 중 번갈아 한 번씩 두 음들이 연합하여 때리고, 따라서 충격들의 전체 횟수의 절반은 같이 때리게 됩니다. 완전 1도음{unison, 또는 동일음}의 경우에는, 현들의 때림들이 항상 같이 연합하며 따라서 한 현의 때림들과 같아서, 제대로 얘기하면 협화음을 형성하는 것은 아닙니다. 5도음도 역시 즐거움을 주는데, 낮은 현의 매 두 번의 맥동들에 대해, 높은 현은 세 번을 때리므로, 따라서 높은 현의 진동들을 세면,

59) 정사각형의 한 변의 길이를 1이라고 하면 대각선의 길이는 $\sqrt{2}$ 이므로 두 길이의 비는 무리수, 즉 비공측수이다.

전체 [맥동들]의 삼분의 일은 때림을 같이 하며, 두 개별적인 [맥동들]이 각각의 한 쌍의 일치점들{concords} 사이에 놓이게 됩니다; [완전] 4도음에서는 세 개의 [개별적인 때림들]이 사이에 놓이게 되지요. 온음{whole tone} 또는 한 배 반의 옥타브{sesquioctave}는, 매 아홉 번의 맥동들에 대해 하나가 낮은 현의 맥동과 일치하여 치게 됩니다; 나머지 모두는 부정합성이며, 고막에서 참기 힘든 자극으로 받아들여지므로 우리의 청각에 따르면 불협화음으로 판단되는 것이지요.

심플리치오. 저는 이 논증을 좀 더 자세히 설명해 주시는 것을 듣고 싶습니다.

살비아티. 이 선분 AB를 낮은 현의 한 진동의 크기[60] [*spazio e la dilatazione*]라고 하고, 또 선분 CD를, 첫 번째에 대해 8도음을 주는, 높은 현의 그것이라고 하지요. AB를 그 중앙 E에서 분할하고, 현들이 A와 C 점들에서 움직이기 시작한다고 하지요. 그러면 높은 진동이 점 D에 도달하였을 때, 낮은 진동은 중앙 E밖에 오지 못하였는데, 점 D에서는 때림이 만들어 짐에도 불구하고, 점 E는 운동의 끝이 아니므로 아무런 충격도 가하지 않을 것이라는 점은 명백합니다.[61] 그리고 진동 D는 C로 되돌아오고, 다른 진동은 E로부터 B까지 통과하며, 따라서 B와 C에서의 두 충격은 고막을 연합하여 때립니다. 연후에는 되돌아오고 또 유사한 진동들을 반복하므로, 번갈아, 진동들 C와 D 중의 하나에서, 다른 것은 아닌, A와 B에서의 충격들의 연합이 발생

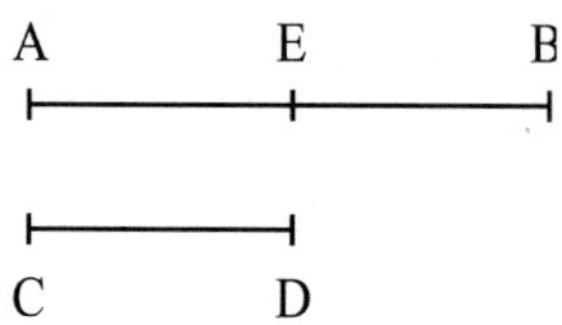

148 할 것이라고 결론지어집니다. 그러나 끝들 [A와 B]에서의 맥동들은 항상 C 또는 D 중에서 항상 같은 것을 동반합니다. 이것은 명백한데, 왜냐하면 A와 C가 같이 때린다고 가정하면, A가 B로 가는 동안에 C는 D로 갔다가 다시 C로 돌아오므로, C는 B와 같이 때리고; 또 B가 A로 돌아오는 시간에 C는 D를 통과하여 C로 돌아오므로, A와 C의 때림은 같이 일어나기 때문입니다. 다음으로, 두 진동들 AB와 CD가 5도음을 생성하는 음들의 것이라고 하면,

60) 드레이크는 진폭{amplitude}으로 번역하였으나, 예를 들어 코싸인 함수의 경우, 대칭인 음, 양의 부분을 가지는데, 진폭은 그 중 한 부분의 최대값을 나타내는 용어이므로 부적합하다고 생각하여, 여기서는 크기로 번역하였다. AB와 CD의 끝점이 충격에 상응하는 것으로 생각하고 아래를 읽으면 좋을 것이다.

61) 높은 현과 낮은 현은 진동수의 차이로 구분되므로, AB와 CD는 원래는 시간을 나타내는 양이어야 하나, 갈릴레오처럼 비례만을 사용하는 경우, 시간과 공간의 반복성은 같은 비를 가지므로 공간으로 보아도 문제가 없음에 유의한다.

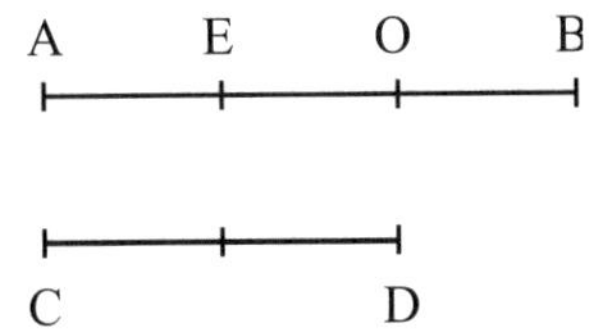

그들의 시간은 3 : 2의 비를 가집니다; 낮은 현의 AB를 E와 O에서 삼등분으로 분할하지요. 진동들이 같은 순간에 점들 A와 C로부터 시작한다고 가정하면, D에서 만들어지는 때림에서, 진동 AB는 단지 O에 도달할 것이며, 따라서 고막은 D의 충격만을 받을 것이 명백합니다; D가 C로 되돌아가는 중에, 다른 진동은 O로부터 B를 통과하여 O로 되돌아오며 그 사이에 B에서 맥동을 만듭니다; 그러나, 이것은 고립되어 있고 시간이 어긋나 있으며{countertimed}, 이 부분은 아직 고려되어야 하는 부분입니다. 첫 번째 맥동들이 점들 A와 C에서 같은 순간에 이루어졌다고 가정하였고, 두 번째는, 점 D에서 만들어진 것뿐이었는데, CD 또는 AO를 통과하는데 걸리는 시간만큼 뒤에 이루어졌습니다. 그러나 그 다음은, B에서 만들어지는데, {앞의} 고립된 [맥동]으로부터 OB의 시간만큼 떨어져 있고, 이 시간은 [앞의 시간의] 절반입니다. C가 D로 가는 동안에, 이제 계속하여 O로부터 A로 되돌아오는데, A와 D에서 두 개의 연합된 맥동들이 만들어 지게 됩니다. 그런 다음 위와 유사한 다른 기간들이 뒤따르며; 즉, 높은 현의 두 맥동들이 별도로 고립되어 사이에 끼게 되며, 낮은 현의 한 맥동 또한 고립적으로 높은 현의 고립적인 두 [맥동들] 사이에 끼게 됩니다.

그러므로 만약 시간이 순간들로 분할되었다고 상상하면, 즉 최소의 같은 작은 부분들로 분할되었다면, 그리고 A와 C에 이루어진 정합성{concordant} 맥동들로부터 처음 두 [순간들] 동안에 O와 D까지 가고 D에서 때림이 있다고 가정하면, 세 번째와 네 번째 순간들 동안에는 D로부터 C로 되돌아와서 C에서 한 번 때림이 있으며,[72] 그리고 O로부터 B를 통과하여 다시 O로 되돌아오고, B에서 한 번 때림이 있으며, 그리고 마지막으로 다섯 번째와 여섯 번째 순간들 동안에는 O와 C로부터 A와 D까지 통과하고, 둘 다 때림이 있습니다. 그러므로 우리는 고막에 다음과 같은 순서로 분포된 맥동들을 가질 것입니다, 두 현들의 맥동들이 같은 순간에 이루어졌다고 가정하면, 두 순간들 뒤에는 고막이 고립적인 충격을 받을 것이며; 세 번째 순간에는 또 다른 고립적인 충격을 받고; 네 번째에는 또 다른 고립적인 충격을 받고; 그 후 두 순간들 뒤에, 즉, 여섯 번째 순간에 두 [맥동들]이 한꺼번에 합쳐집니다; 이것으로 그 주기, 다시 말하면, 특별한 경우{anomaly}는 끝이 나며, 이 주기는 그 뒤 여러 번 반복됩니다.[73]

사그레도. 저는 더 이상 침묵하고 있을 수 없군요; 저를 그렇게 오랜 동안 어두운 곳에 잡아두고 눈멀게 했던 현상들에 대한 그와 같이 완벽한 설명을 듣게 되니 엄청난 즐거움으로 외쳐야만 하겠습니다. 왜 완전 1도음이 하나의 음정과 다르지 않은지 이제 이해하였습니다; 왜 8도음이 으뜸 협화음이지만 완전 1도음과 매우 같아서 마치 완전 1도음처럼 다른 협화음들과 받아들여지고 섞이는지 알게 되었습니다. 8도음은 완전 1도음을 닮았는데, 왜냐하면 완전 1도음인 현들의 모든 맥동들은 항상 같이 치고, 8도음에서 아래 현의 맥동들은 높은 현의 맥동들에 의해 항상 동반되어지기 때문이지요. 단 높은 현의 한 [맥동]은 사이에 혼자 끼게 되며 또 같은 간격으로 (말하자면) 어떤 우스꽝스런 짓도 하지 않으므로, 따라서 얻어지는 협화음은 좀 너무 부드러운 편이어서 정열적이지는 않습니다.

그러나 5도음은 그 배제된 떨림들에 의해 특징 지워 지는데; 즉, 한 쌍의 연합된 맥동들 사이에 있는 높은 현의 두 개의 고립적인 떨림들과 낮은 현의 한 개의 고립적인 떨림의 존재에 의해서지요. 이들 세 개의 [고립적인 떨림들]은 더구나 각각의 연합된 떨림들의 쌍과 높은 현의 고립적인 떨림 사이의 간격의 절반과 같은 시간 간격만큼 떨어져 있습니다. 5도음은 고막의 연골을 기분 좋게 하면서도 지분거리므로 자극성 있는 것의 뿌려짐에 의해 달콤함이 부드러워지고, 달콤하게 키스되고 또 쏘인 것 같은 느낌을 동시에 주지요.

살비아티. 당신께서 이들 새로운 것들을 그렇게 좋아하시는 것을 보니, 저는 단지 청각뿐만 아니라, 시각도, 귀가 듣는 것과 같은 연주를 봄에 의해서, 어떻게 즐거움을 느낄 수 있는지 보여드려야만 하겠군요.

길이가 다른 세 개의 실에, 납으로 된 공 또는 비슷한 무거운 물체들을 매달고, 그래서 가장 긴 것이 두 번의 동요를 하는 동안에, 가장 짧은 것이 네 번을, 그리고 다른 것이 세 번을 한다고 하지요. 이것은 가장 긴 것이 열여섯 뼘, 또는 무언가 다른 단위를 사용한다고 하더라도, 그 단위로 중간 [길이의] 것이 아홉 단위,[74] 그리고 가장 짧은 것은 네 단위일 때 발생합니다. 이들을 모두 연직선으로부터 이동시키고 연후에 놓아주면, 재미있는 실들의 뒤섞임을 볼 수 있는데, 가장 긴 것의 매 네 번 동요마다 세 개 모두 한꺼번에 같은 종점에 도달하는 것과 같은 다양한 만남들 말씀이지요; 이것으로부터 그들은 떠나서 다시 같은 주기로 반복합니다. 동요들의 뒤섞임은 [동조된] 현들에 의해 만들어질

때 8도음과 중간 5도음{intermediate fifth}을 듣는 것과 같습니다. 또 만약 비 150
슷한 장치로 다른 줄들의 길이를 바꾸어 그들의 진동들이 다른 협화음들인 음정들의 맥동들에 대응하게 한다면, 다른 뒤섞임들을 볼 수 있습니다. 정해진 시간들에 그리고 일정한 수의 진동들 뒤에 모든 줄들(그들이 셋 또는 넷이 되게 하지요)이 동시에 그들 동요들의 종점에 오고, 또 그것으로부터 또 다른 동일한 주기를 시작하는 뒤섞임 말이지요. 그러나 만약 둘 또는 그 이상의 줄들의 진동들이 비공측이라거나, 그래서 일정한 수의 동요들의 끝에 일치하여 돌아오는 일은 결코 없으며, 또는 만약, 비공측은 아니지만, 그들이 [단지] 긴 시간 후에 그리고 많은 수의 동요들 뒤에야 같이 되돌아온다면, 매우 불규칙적으로 뒤섞여 있어 난잡한 상태에 의해 시각은 혼란스럽게 됩니다. 그 상태는 마치 청각이 적절히 조절되지 않은 공기 떨림의, 질서나 법칙이 없이 고막을 때리는, 그 떨림의 맥동에 의해 괴롭혀지는 것과 같습니다.

그런데, 여러분, 어디서 우리들 스스로가 다양한 문제들과 예측할 수 없는 토론들에 의해 몇 시간 동안을 뚫고 나가도록 했지요? 이제 저녁인데, 제안되었던 문제들에 대해서는 거의 또는 전혀 논의하지 않았습니다; 오히려, 우리는 길을 잃어버려, 저는 원래의 시작과, 그리고 미래의 논증들을 위해 가설과 원리에 의존하여 우리가 만들었던 그 소박한 출발을 거의 기억조차 할 수 없습니다.

사그레도. 그러므로 오늘은 우리의 토론은 끝을 내는 것이 제일 나을 것입니다, 우리들의 마음들이 밤에 스스로 차분히 진정하도록 시간을 주고, 그래서 우리가 내일 (만약 당신께서 우리를 기꺼이 좋아 하신다면) 원하는 토론들과 합의된 주제로 되돌아오도록 말씀이지요.

살비아티. 저는 오늘과 같은 시간에 반드시 여기로 올 것입니다, 여러분께 봉사하고 또 여러분을 즐겁게 해 드리기 위해서 말씀입니다.

첫째 날이 끝나다.

1] 아리스토텔레스는 유한한 것과 존재하지 않는 것, 또는 무한한 것 사이에 비가 존재하지 않는다는 원리와 운동의 속력을 사용하는 귀류법{reductio ad absurdum}을 적용하여 빈 공간의 존재에 대해 반하는 내용을 논증한 바 있다. 참조 '물리학{Physica}' 215a.24-216a.26, 그리고 아래 미주 26을 보시오.

2] 참조, '물리학' 225a.25-26; '영혼에 대하여'{De anima} 217a.17.

3] 참조, '천체에 대하여'{De caelo} 311b.33: 또한 '대화'{Dialogue}, 19쪽('총서', 7권, 56), 여기에서도 그 공리가 갈릴레오에 의해 아리스토텔레스가 말한 것으로 되어 있으나, 위에서 인용한 참고문헌과 정확하게 일치하지는 않는다. 이 문장에서, 1638년 판은 '우리의 문제'라고 되어 있다. 파바로는 피에로니{Pieroni} 원고{MS}의, 뜻이 더 잘 통하는{better reading} 버전을 따랐다. {역자 주} Giovanni de Galliano Pieroni(1586-1654, 피렌체)를 가리키는데, 그는 건축가, 천문학자로 케플러, 갈릴레오와 교분이 두터웠으며, 갈릴레오는 그에게 중부 유럽에서의 TNS의 발간을 위한 도움을 요청하며 원고의 일부를 보낸 바 있다.

4] 사그레도는 빈 공간과 본질적으로는 다르지 않은 작은 저항이 많이 모여서 종국에는 다른(훨씬 큰) 저항이 나타나는 것을 시사하고자 한다, 백만 금화가 얼마 되지 않은 동전들을 더하여 만들어지는 것과 똑 같이; 아래의 **66**쪽과 미주 7을 더 보기 바란다.(볼드체로 주어진 인용은 '총서' 8권의 쪽수인데, 여백 란에 주어졌고, 본문의 머리에도 기재되어 있다.)

5] 갈릴레오는 이전의 책에서, 미세한 먼지가 탁한 물로부터 침전되는 것에 의해 볼 수 있는 바와 같이, 물에는 분리에 대한 내부 저항이 없다는 것을 논증하였다, 참조, '수중 물체들' 40쪽 및 그 뒤 ('총서' 4권, 103-8).

6] 갈릴레오는 1630년 발리아니{G. B. Baliani (1582-1666)}에 의해서 그에게 시사된 사이폰{siphons}과 흡입 펌프의 30 피트 이상에서의 실패는 대기압에 기인하는 것이라는 사실을 인정하지 않았다; 참조, '총서' 14권, 158-60.

7] 이 문장으로 **61**쪽에서의 사그레도의 은유적 언급은 완결된다; 참조, 위의 미주 4.

8] 물질의 원자들의 응집력이 여기서는, 물질 원자들에 속하는 어떤 고유의 그 자체의 성질이 아닌, 간극간 빈 공간 점들의(또는 아마도 극히 미소한 공간들의) 존재 탓으로 돌려졌다. 이와 같은 방식으로 빈 공간에 대한 자연의 혐오는(아리스토텔레스 원리의 하나) 지켜졌는데, 단 오직 점들(또는 영에 가까운 작은 구간들)에 대해서 만이다. 추가 참조, **93**쪽과 이하, 아래의 미주 10, 32, 그리고 37.

9] 당시의 널리 알려진 얘기는 1586년, 바티칸{Vatican}의 오벨리스크{obelisk}를 들어 올릴 동안, 중요한 순간에 밧줄들에 물을 부음으로써 밧줄들의 늘어남이 발생하였다는 것이다.

10] 1638년 판에는 사그레도가 계속하기 난처하여 여기서 멈춘 것을 나타내는 이 점들이 없다. 비비아니{Viviani}는 그의 사본에서 다음 구절을 추가하였다. '... 만약 그들이 무한대라면, 그들은 크기를 가질 수 없습니다; 하지만 조금 전에 그들에게 크기가 주어졌습니다.' 실제로 말해진 것은(**66**쪽) 열-입자들이 그들을 채울 수 있겠지만, 그 입자들이 일정한 크기를 가진 것은 아니었다; 참조 위의 미주 8. 사그레도가 멈추었을 때 생각하고 있었던 것은 아마도 이어지는 토론으로부터 알 수 있는 바와 같이 다음과 같았을 것이다. '... 무한히 많은 빈 공간이 들어갈 자리가 없습니다.'

11] 죠반니 디 구에바라{Giovanni di Guevara (1561-1641)}, 티아노{Teano}의 주교였던, 그는 갈릴레오와 이 문제에 대해 토론한 적이 있으나, 그의 저서 '아리스토텔레스의 역학 주석에 대하여'{In Aristotelis Mechanicas comentarii, (Rome, 1627)}에서는 다른 식으로 접근하였다.

12] 정확하게 다섯 개의 건너 뛴 공간인지, 또는 그것보다 더 많은 것인지는 이 역설과 관련하여 중대한 내용이다. 이 어려움은, 갈릴레오가 '갑자기(at one fell swoop)' 원에 대해 얘기 할 때, 실제적으로 사라지지 않는다. (**92-93**쪽), n 이 $n+1$ 또는 그 사이의 어떤 값으로 되는 것이 언제나 될 수 없는 것과 마찬가지

로. 참조, 아래의 미주 13, 14.

13] 여기서 갈릴레오는 육각형에 대해 다섯 개가 아닌 여섯 개의 건너 뛴 공간들이라고 얘기하고 있다; 참조, 위의 미주 12.

14] 엄밀하게 말하면, '... 이 중 99,999개의 각각은 작은 다각형의 변의 길이와 같고, 하나는 큰 다각형의 변의 길이로 앞의 것에 더해진다.'를 추가할 필요가 있다.

15] 참조, 위의 미주 10; 여기서 갈릴레오는 금의 점-원자들{point-atoms}에 대해 얘기하고 있는 것 같다, 왜냐하면 '자연 내의 최소 존재들'{*minima naturalia*}은 물리적으로는 분할불능이지만 수학적으로는 분할가능이며, 따라서 유한한 크기 내에 무한히 많이 있을 수 없다.

16] 여기서의 철학자는 아마도, 루크레티우스{Lucretius (98-55BC)}에 의해 밝혀진 바와 같이, 에피쿠루스{Epicurus (341-270BC)}를 지칭하는 것 같은데, 왜냐하면 흩어진 빈 공간들은 간극적{interstitial}이며, 또한 아래의 미주 17에서 시사된 이유 때문이다.

17] 오라찌오 그라시{Orazio Grassi (1583-1654)}, 그의 '*천칭*과 시금기의 무게의 비에 대하여'{Ratio ponderum librae et simbellae(Paris, 1626)}에서, 이 책은 갈릴레오의 1623년의 '시금기'{Il Saggiatore}에 대한 공격이었다. 참조, '총서' 6권, 475-76, 여기서 지칭된 것은 에피쿠루스 학파였는데, 오히려 고대의 주요한 원자론자로 통상 간주되는 사람은 데모크리투스{Democritus (460-357BC)}이다. 참조, 위의 미주 16.

18] 이어지는 역설은 '대화', 247쪽('총서', 7권, 271-72)에서 시사된 바 있었다. 갈릴레오는 기하학에서 '분할불능법{method of indivisibles}'의 위험과 관련하여 이 내용을 이전에 보나벤투라 카발리에리{Buonaventura Cavalieri (1598?-1647)}에게 경고 차 보낸 바 있었다. 이 역설은 여기서 이중의 목적을 가지고 있다: 수학적 정의들의 본질을 보이기 위해서이고, 또 n차원 양들로부터 그들의 대응량으로 생각될 수 있는 $n-1$차원 양들로 '동등'이라는 단어를 전이함에 있어서 생기는 유사한 함정을 보이기 위해서이다. 참조, 아래의 미주 19와 22.

19] '동등한{equal}'이라는 단어의 이와 같은 사용은, 주어진 실체들의 양태로부터 도달된, 그리고 그들의 존재에 의존적인 결론들은 실체가 사라질 때, 원래의 실체가 아닌 그들로부터 얻어지는 다른 실체들에 엄밀하게 적용될 수 없다고 하는 버클리{Berkeley}의 공리에 어긋난다. 사그레도의 대답은 애브라햄 캐스트너{Abraham Kästner (1719-1800)}와 베르나르 볼자노{Bernard Bolzano (1781-1848)}의 견해, 갈릴레오가 이 역설을 집어넣은 것은 결론으로서 받아들여지기를 원해서가 아니고, 단지 신중한 사고를 고무하기 위함이었다는, 견해가 정당함을 보여준다.

20] 루카 발레리오(1552-1618)는 1590년경에 갈릴레오를 피사에서 만났으며, 나중에 갈릴레오가 파도바에 있을 때 교신이 있었다. 인용된 책은 처음 로마에서 1603/04년에 발간되었다; 2권 정리 12는 갈릴레오가 앞의 역설을 유도한 {정리의} 증명을 포함하고 있다.

21] 뒤따르는 논의는 매우 세련된 논법을 요구했었다, 왜냐하면 선분이 분할불능들로 구성될 수도 있다는 명제는, 아리스토텔레스에 의해 강하게 반박된 바 있으며, 1415년 콘스탄스 공회의{Council of Constance}에 의해 이단으로 선고받은 바 있다. 이 명제와 다른 에피쿠루스 교리들 때문에 존 위클리프{John Wyclif}는 시체가 발굴당하여 화형에 처해졌다. 참조, 위의 미주 17, 또한 위서{pseudo}-아리스토텔레스 논문인 '분할불능의 선분들에 대하여'{On Indivisible Lines}와 아리스토텔레스의 '물리학' 6권; '천체에 대하여'{De caelo}, 299a.10 이하 참조.{역자 주} 위서-아리스토넬레스 논문은 후세에 다른 사람들이 아리스토넬레스의 이름을 빌어 저작한 논문을 뜻한다.

22] 이 문장의 뜻은, 반대자들이 문자 그대로 만족한다는 것이 아니고, 이것이 그들에게 적절한 대답이라는 것이다. 갈릴레오의 입장은 미주 21에서 인용된 이전의 토론, 또는 토마스 브래드워다인{Thomas Bradwardine (1290?-1349)}의 책 '연속에 대하여'{De continuo}에서의 토론과 전혀 관련이 없었다. 이 토론들은 모두 '분할불능들'에 대한 논쟁이었으며, 이 분할불능들은 그들이 구성하게 되는 것들과는 단지 그 크기에서만 달랐다. 갈릴레오는 여기서 그들이 그 안에 존재하는 것으로 가정되는 집합체보다 차원이 하나 작은 요소에 대해 논하고 있으며; 카발리에리가 (위의 미주 18) 그의 기하학에서 사용한 그와 같은 '분할불능들'에 대한 논의였다. 미적분학의 전개에 있어서 카발리에리의 연구가 한 역할을 평가함에 있어서, 그의 '분할불능들'은 역사가들에 의해 무한소의 크기{infinitesimal magnitudes}들과 자주 혼동되는데, 무한소의 크기는 해석될 연속체와 같은 차원을 가지며, 이와 같은 접근은 카발리에리 자신에 의해 열성적으로 회피되었던 접근이다.

23] 이전에 '동등한'이라는 단어를 무한대들에 대해 유한한 크기들에 대해서와 같은 뜻으로 적용하는 것의 위험에 대해 경고한 바 있었는데(위의 미주 18과 19), 갈릴레오는 다음에는 양의 정수로 생각을 돌려 일대일 대응의 개념을 도입하기 시작한다. 그의 결론은 정당하며 일관되는데, 훨씬 이후의 숫자 개념의 확장에 의해서기는 하지만, 이제는 무한 집합체의 다른 오더들(orders)에 대해 얘기해도 좋다.

24] 음의 근들은 유클리드의 숫자의 정의에 따라 배제되어 있었다; 수학적 용어의 용어 풀이 참조.

25] {여기서} '많은'이라는 단어는 인용 부호 안에 있는 것으로 이해되어야만 한다. 갈릴레오는 이미 이 단어가 이와 같은 맥락에서는 아무런 뜻을 가지지 않는 것을 보인 바 있지만, 그는 여전히 그렇게 생각하지 않는 모든 이들에게 이와 같이 교묘한 합리화를 제공하였다.

26] 아리스토텔레스의 주요 원리 중 하나는 유한한 수와 무한한 수 사이에 비{ratio}는 있을 수 없다는 것이었다; 참조, 위의 미주 1, 그리고 '천체에 대하여'{De caleo} 274a.10; 274b.12. 그 원리가 사그레도의 입을 통해 말해진 것인데, 왜냐하면 장년기의 갈릴레오는 그 원리를 전적으로 부인하거나 또는 완전히 인정하지도 않았기 때문이다.

27] 아리스토텔레스의 잠재성과 실제성의 구분은 그의 물리학에 있어 근본적이었는데, 왜냐하면 그 구분이 운동에 대한 바로 그의 정의에 들어가 있었기 때문이다; '물리학' 206a.15-206b.25 참조. 갈릴레오는 여기서 그 구분이, 양이나 크기에 영향을 미치지 않는다면, 수학적으로 무의미하다는 것을 보이기 시작한다.

28] 참조, '대화', 377쪽('총서', 7권, 404)

29] 아르키메데스가 적군의 배들을 강력한 거울을 사용하여 태웠다는 이야기는 12세기 전에는 보이지 않는다. 아마도 이 이야기는 방화성 물질을 날려 보내는데{catapulting} 무엇을 사용했는지에 대해 언급하지 않은, 시라큐스{Syracuse}의 방어전에서 적선을 불태운 것에 대한 설명으로부터 나왔을 것으로 짐작된다.

30] 언급된 책은 카발리에리에 의해 볼로냐에서 1632년에 출간되었다; 이 책은 투사체의 포물선 궤적의 유도를 포함하고 있었으며, 이 결과는 갈릴레오의 의해 1608년 늦게 {이미} 발견된 바 있었지만 {그때까지} 아직 발표된 바 없었다; 참조, **넷째 날**의 미주 5. 이 책이 출판되었다는 소식을 처음 들었을 때 갈릴레오는 격분하였지만, 갈릴레오에 대한 감사가 표시된 그 책을 보고, 또한 카발리에리는 그가 이 내용을 이미 발표했을 것으로 믿고 있었다는 것을 알고, 노여움을 가라앉혔다. 카발리에리의 스승은 갈릴레오의 학생이었던, 베네뎃또 카스텔

리{Benedetto Castelli (1578-1643)}였다.

31] '시금기'(1632)에서 갈릴레오는 빛에 대해, 물질의 진정한 분할불능들로의 종국적인 세부분할에 의해, 순간적으로 전파된다고 언급한 적이 있다; 참조, '시금기', 313쪽('총서', 6권, 352).

32] 유한한 차원의 비어있는 공간들{empty spaces}은 물리적인 문제들을 만들어낼 수 있는데, 이는 갈릴레오의 관점에 따르면 자연의 영향들이 그들을 지속적으로 파괴할 것이기 때문이다(빈 공간에 대한 자연의 혐오 {nature's horror of a void}). 수학적인 의미에서 비어있는 점{empty points}들은 아무런 물리적 문제를 만들지 않았으므로; 따라서 갈릴레오는 그들을 물리적으로 인접한 입자들을 잡아당기는데 사용하였으며, 또 그들을 파괴에 대한 저항의 한계까지 결합된 상태로 유지하였다. 참조, 위의 미주 8과 10.

33] 버클리{Berkeley}의 공리에 따르면 (위의 미주 19), 갈릴레오는, 변의 수가 아무리 많다고 하더라도 다각형의 변들 사이에 존재하는 초과분과 유사한 어떠한 초과분에 대해서도 말할 권리를 잃음이 없이, 매우 작은 변들로부터 원에 대한 점-변들로 이행해 갈 수 없었다. 한 원 안의 점들이 다른 원 안에 있는 점들보다 무언가 많다는 그 자신의 견해를 일관되게 주장할 수 없게 되자, 여기서의 비유에 대한 적절한 기반을 잃게 되었다.

34] 표면상의 요약의 이와 같은 명백히 고의적인 복잡성의 목적은, 갈릴레오의 견해로는 거짓이 아니었고, 고려될 필요가 있는, 또한 재삼재사 고려되어야 하는 역설들을 단순화하기 위한 모든 시도들을 억제하기 위함이었다.

35] 십삼 세기에 작성된, 이 저술은 많은 필사본으로 전해 졌으며, 또 여러 번 출판되었다; 갈릴레오 스스로도 이에 대해 파도바에서 천문학에 대한 기본 표준 교과서로 강의하였다. 여기서 언급된 해박한 주석은 크리스토퍼 클라비우스{Christopher Clavius (1537-1612)}에 의해 작성되었으며, 그는 로마의 예수회 소속 수학자였고, 갈릴레오와는 일찍부터 서신왕래가 있었다. 참조, 클라비우스, '요한 데 사크로보스코의 천체론에 대한 주석'{In sphaeram Ioannis De Sacro Bosco commentarius(Romc, 1581)}, 81쪽.

36] 이 문장의 다음 부분은 출판된 책의 갈릴레오 소장본의 여백에 부기되었다.

37] 여기서 갈릴레오는 점-빈 공간들{point-voids} 이라기보다는 미세한 자연적 빈 공간들의 가정 쪽으로 기우는 것처럼 보인다; 참조, 위의 미주 10, 15, 32.

38] 참조, '물리학' 215a24-216a.21; 'De caelo' 301b.

39] 원문은 Moschetto인데, 보통 소총{musket}을 뜻하지만, moschetto da gioco는 일종의 소형 대포인 로비넷{robinet}을 뜻한다. 작자의 여기서의 의도는 무게가 백, 이백 파운드, 또는 더 무거운 대포알의 반인 다른 대포알을 나타내는 것이었다. 따라서 소총이 아닌, 로비넷이 그가 뜻하고자 했던 것이었음이 분명하다.

40] 이 견해는 보통의 소요학파의 그 당시의 해석보다 더 극단적이다. 갈릴레오의 주장의 진수는 '운동에 대하여' 29-30쪽('총서', 1권, 265-66)에서 주어진 바 있다. 베네뎃띠{G. B. Benedetti}(1530-90)는 두 개의 결합된 물체는 자유 낙하{free fall} 중에 분리될 경우에도 속력이 변화하지 않는다고 이미 주장한 바 있다; 참조, '이탈리아의 역학'{Mechanics in Italy}. 206쪽.

41] 갈릴레오 소장본의 여백에 부기된 바는 이 문장의 뒷부분을 다음과 같이 바꾸었다. '그러므로 이 합해진 돌(첫 번째 [돌]만보다는 큰)은 합해진 돌보다는 작은, 첫 번째 돌만보다는 더 천천히 움직일 것입니다.' 그는 아마도, 연결된 두 개의 돌을 '하나의 더 큰 돌'로 부르는 것이 심플리치오에 의해 설명되는 바와 같이 아리스토텔레스의 규칙 하에서는 논리적으로 정당화되지 않는다는 것을 알아챈

것 같다; 왜냐하면 이것은 하나의 돌이 아니고, 아직도 두 개의 돌들, 각각이 무게에 의해 정해진, 운동에 대한 스스로의 규칙을 가지고 있는 돌들이다.

42] 비중에 대한 언급이 여기서 불필요한 것으로 보이지만, 그렇지 않다; 지금까지의 토론은 같은 물질로 만들어진 물체들의 비교를 요구하였다. 단지 매체의 저항을 논한 이후에야 한정적이지 않은 표현을 할 수 있다; 아래의 미주 50 참조.

43] '실험을 하신다면'이라는 문구는 피에로니{Pieroni} 원고에 갈릴레오 자신의 손으로 삽입되었으나, 1638년 판에는 인쇄되지 않았다.

44] 이 대사의 다른 버전이 피에로니 원고에는 보이며, 다음과 같다:
살비아티. 만약 아리스토텔레스가 이것을 뜻하였던 것이라면, 당신은 두 개의 부가적인 오류를 그에게 부담지우는 겁니다, 반면에 저는 세 오류 중의 두 개를 제거한 것입니다, 왜냐하면 그는 실제로 그 실험들을 하지 않았기 때문입니다. [당신이 더하게 되는] 두 오류 중의 하나는 거짓말로 귀결되는데요; 왜냐하면 그러한 수직 높이들은 지구 상에서 발견될 수 없으며, 따라서 아리스토텔레스가 그것을 시도할 수 없었다는 것이 명백합니다. 하지만 (당신은 말합니다) 그 결과가 '보인다'라고 그가 말했기 때문에 그가 정말 실험을 했다고 그가 우리를 설득하기 원한다고 말입니다. 또 다른 하나의 오류는 만약 그가 채워진 매체들에서 성립하는 속력들의 비들에 대한 이들 고려들을 도입한다면, 빈 공간들 [*mezzi vacui, void mediums*] 내에서 그들을 유지하고자 하는 것으로부터 따르는 모순들을 보이는데 다다르기 위해서는, 그리고 그러한 [비들]은 측정이 불가능한 수천 브라차의 깊이들의 매체 안에서만 발견될 수 있으므로, 그는 그 엄청난 빈 공간들이 자연 내에서는 찾아질 수 없다는 것 이상을 결론지을 수 없었다는 것입니다-아니면 적어도 [그들이] 무거운 물체들이 보통 움직이는 곳에서는 발견될 수 없다는 것; 이 결론은, 제가 아는 한, 모든 현대의 철학자들뿐만 아니라 그들 고대의 모든 철학자들에 의해서도 아리스토텔레스에게 용인될 수도 있는 것입니다.

45] 이 단락의 나머지 부분은 출판된 책의 갈릴레오의 소장본 여백에 부기되었으며, 출판된 책에서는 간단히 다음과 같이 결론지었다: '또 그와 같은 한 물체(예를 들면, 납으로 된 공)는 두 배보다 짧은 시간 내에 쉽게 통과할 것입니다.'

46] 위의 미주 5 참조.

47] 갈릴레오는 표면장력의 여러 현상에 주목하여 논의하였으나, 그 현상들이 물의 어떠한 내적인 성질들에도 의존하지 않는다고 이해하였으며, 그 현상들을, 아래에서와 같이, 물과 공기 사이의 자연적인 대립에 기인하는 것으로 여겼다; 참조, '수중 물체들', 33-39쪽('총서', 4권, 95-103); '시금기', 283쪽('총서', 6권, 323). {역자 주} 이 주석은 약간 오해의 소지가 있어 보이는데, 왜냐하면 표면장력은 관련된 두 유체들 사이의 경계면 현상이므로 갈릴레오의 이해는 상당히 정확한 것으로 생각되기 때문이다.

48] 포도주의 물 속에서의 가용성에도 불구하고, 실험이 갈릴레오가 묘사한 바와 같이 수행되면 실제로 섞임이 거의 발생하지 않으며, 이 때 구멍은 물이 대기압을 이겨내고 흘러나올 수 없을 정도의 크기여야 한다.

49] 여기서 심플리치오는 '대화', 410쪽('총서', 7권, 436)의 일부를 인용하고 있다.

50] 참조, 위의 미주 42. 비중에 대한 제한이 이제는 없어졌다. 하지만 진공 중에서의 운동은 아래에서 오로지 '가능한 상상'{probable guess}이라는 용어를 사용하여 논의되었는데, 실제 실험들은 차후에 곧 발전되는 공기-펌프가 아직 없었으므로 갈릴레오에 의해서 수행될 수 없었다.

51] 복수형, '정도들'은 계속되는 가속 운동의 논의에 대비한 것이다. 논의의 편이를 위해, 갈릴레오는 여기까지는 고정된 자연적인 속도들이라고 하는 통상적이고 아리스토텔레스적인 개념을 사용하여 자유 낙하를 다루었다.

52] 여기서 매체의 부력의 영향을 초과하는 매체의 저항이 최초로 도입된다. 이 저항은 함수적으로는 속도의 제곱에 비례하며, 갈릴레오가 가정하는 바와 같이 속도에 비례하지 않는다; 아래의 **넷째 날**의 미주 11 참조. 몇 년 전에 갈릴레오는 일정한 최종 속력의 개념을 완전히 부정확한 가속도의 개념에 근거하여 제안한 바 있었다; 참조, '운동에 대하여', 104-5쪽('총서', 1권, 332-33).

53] 가속은 다시 한 번 무시되며, 전 거리에 걸쳐 같은 속력이 가정되는데, 아마도 공기와 비교하여 물의 부력에서의 큰 차이가 나기 때문일 것이다; 참조, 위의 미주 51.

54] 'De caelo' 311a.10-11. '불을 제외한'의 문구는 피에로니 원고로부터 가져온 것이며, 1638년 판에는 인쇄되지 않았다.

55] 지로라모 보리{Girolamo Borri} (1512-92), '중성과 경성의 운동에 대하여'{De motu gravium et levium} (Florence, 1576), 231쪽, 보리는 피사에서의 갈릴레오의 스승 중 하나였으며, 갈릴레오의 초기 저작, 운동에 대한 대화에서 호의적으로 언급되었다; 참조, '이탈리아의 역학'{Mechanics in Italy}. 331쪽 ('총서', 1권, 367쪽). 보리에 의해 보고된 한 실험은 한 동안 갈릴레오로 하여금 조밀한 물체들은 덜 조밀한 물체들에 비해 자유 낙하의 초기에 약간 더 천천히 운동한다는 것을 믿게 하였다.

56] 이 부분에서 피에로니{Pieroni} 원고는 인쇄본에서는 생략된, 본질적으로 그 뜻이 중복인 다음 절을 포함한다: '무한히 많은 무거운 물체들은 물 중에서 상승하는 공기 중에서 하강하며, 또'.

57] 갈릴레오의 값은 정확한 값의 반 정도이다. 그는 발리아니{G.B. Baliani}에게 보낸 1614년의 편지에서 이 실험을 처음 기술하였으며, 거기서 그는 460 : 1 의 비를 주었다('총서', 12권, 354쪽).

58] 만약 배제된 공기가 결국 올려 지지 않았다면 그 배제량{displacement}은 움직이는 물체에 대해 전혀 저항하지 않을 것이라는 의미를 함축하고 있다. 다른 곳에서도, 갈릴레오는, 부력의 영향과는 전혀 상관없이, 유체는 어떤 감지될 만한 속력을 가진 운동에 대해서도 저항한다는 것을 거듭해서 인정하고 있다.

59] 이런 대단히 예리한 통찰은 갈릴레오에 의해 곧바로 그가 이전에 **96**쪽과 그 이하에서 표명한 바 있는 응축론{theory of condensation}과 관련된다: 아래 참조.

60] {이 부분의} 사그레도의 말은 갈릴레오에 의해 구술되었으며, 인쇄된 책의 그의 소장본에 삽입되었다.

61] 이전의 토론에서, 갈릴레오는 모든 호들의 등시성{isochronism}을 강조하는 것을 피하여 왔다; 참조, '대화'{Dialogue}, 230쪽, 450쪽 ('총서', 7권, 256쪽, 475쪽). 여기서 진술된 오차는 오류인 가정, 공기 저항이 속력에 비례한다는, 그 제곱에보다는, 가정으로부터 추론된 것으로 보인다; 참조, 위의 미주 52. **넷째 날**에, 다른 실험이 이 가정된 등시성을 입증하기 위해 예시된다(아래, **277**쪽).

62] 심플리치오가 여기서 말하고 있는 것이야말로 오랜 동안 정확한 실증적인 수리물리의 발전을 저해한 바로 그러한 종류의 그럴듯하게 들리는 말뿐만의{verbal} 설명이며, 또한 갈릴레오의 초기 저술에 대해서도 영향을 주었다. '운동에 대하여', 106쪽 이하 ('총서', 1권, 333쪽 이하)

63] 분수 멱지수{exponent}가 일반적으로 사용되지 않고 있었으나, 이 3 : 2의 특별한 관계는 갈릴레오의 독자들에게 충분히 이해될 수 있을 만큼 쉬웠다. 제곱 그리고 세제곱의 유클리드적인 특수한 용어 때문에; '갑절 비'와 '삼중 비', 현대의 용어로는 이승, 삼승인, 이들 용어에 대해서는 용어 풀이{Glossary} 참조.

64] 대괄호 안에 첨가된 제한은 이어지는 토론의 뜻에 필수적인 것처럼 보이는데,

이어지는 토론에서 갈릴레오는 그 속력이 빈 공간에서 제한 없이 증가할 것이라는 것을 부인하고자 하지 않았다. 물로 들어가는 바로 그 결정적인 순간에, 공기를 통과하여 떨어지면서 자연적으로 얻어진 속력은 너무 커서 물을 통과하여 떨어지는 어떠한 낙하 동안에도 얻어질 수 없을지 모른다(갈릴레오의 예에서는 얻어질 수 없다). 하지만 어떤 입수 속력은, 충분히 작아서 물을 통과하여 계속되는 낙하 동안에, 지속되거나, 또는 심지어 증가될 수도 있다.

65] 총알 마개가 발사 전에 장전 화약을 정위치 시키는 것을 가정한다.

66] 아리스토텔레스, '문제들'{Problemata}, 19권.

67] '음형들'이 뜻하는 바는 전통적으로 음악적 화음과 관련된 수로 주어지는 비들{ratios}이다. 8도음, 5도음, 4도음은 각각 비들, 2 : 1, 3 : 2, 4 : 3과 관련되어 있었다. 불협화음들은, 모든 것이 모든 이론가들에 의해 받아들여진 것은 아니지만, 장음정{major} 및 단음정{minor}의 3도음과 6도음을 5 : 4, 6 : 5, 5 : 3과 8 : 5로 포함하였다. 갈릴레오의 아버지인 빈첸찌오 갈릴레이{Vincenzio Galilei}(1520-90)는 갈릴레오에 의한 숫자 '음형들'에 반하여 제기된 실험들과 결과들의 상당수에 대해 책임이 있었으며, 특히 그러한 것들을 갈릴레오는 사그레도의 입을 통해 진술토록 하였다. 빈첸찌오는 순수한 음형들에 대한 수학적 추론을 비웃었으며, 숙련된 귀만이 음악적 화음에 대한 유일하며 적절한 평가 기준이라고 주장하였다.

68] 아래 미주 74 참조; 여기서 갈릴레오의 '역' 이라는 단어의 누락은 비비아니{Viviani}에 의해 밝혀졌다.

69] 이 관계는 실험적으로 빈첸찌오 갈릴레이에 의해 발견되었으며, 그는 이 사실을 1589년 발간하였다. 이 관계는 이전에 받아들여졌던 수학적 규칙을 뒤집기 위해 {수행된} 조직적인 실험으로부터 발견된 최초의 물리 법칙일지도 모른다.

70] 금이 두 배 밀도가 크므로, 그 결과는 2의 제곱근이며, 즉 2.8 : 2 정도의 값을 주는데, 이 값은 5도음의 음형과 가깝다; 즉 3 : 2에.

71] 피에로니 원고는 이 단락을 포함하고 있지 않았는데, 이 단락은 갈릴레오의 아버지의 발견들보다 훨씬 뛰어난 것이었다.

72] 'C에서 한 번 때림이 있으며'라는 구절은 피에로니 원고에는 보이지 않는다.

73] 갈릴레오의 협화음에 대한 이론은 본질적으로 그 이전의 이론들이나 현대의 관점과는 다르다. 그의 이론은 위상 관계들에 대한 의존성을 잘못 가정하여, 현-길이들, 예를 들어, 3001 : 2000의 {비를 가지는} 현들은 당연히 같이 들을 때 듣기에 거슬릴 것이라는 암시로부터 벗어나는데 실패하였다; 실제로는, 그와 같은 코드{chord}는 완전 5도음, 3 : 2와 구분되지 않을 것이다.

74] 정확한 길이들은 본문에 주어진 대로 4, 9, 16이 아니고, $\frac{64}{16}$, $\frac{64}{9}$, $\frac{64}{4}$이다; 즉 4, $7\frac{1}{9}$, 16이다; 위의 미주 68 참조. 9를 $7\frac{1}{9}$로 정정해야 하는 것은 차후에 비비아니에 의해 주목되었다.

151

사그레도. 심플리치오와 저는 당신이 도착하기를 기다리며, 그 사이에 어제의 사안을 기억하여 검토하고 있었습니다. 당신께서 저희들에게 보이고자 하는 결론들을 위한 하나의 원리와 가정으로 받아들일 수 있는 그 사안 말씀이지요. 이 사안은 모든 물체들이 파괴에 대해 가지는 저항{resistance}에 관한 것이었는데, 그 저항은 점착료{cement}에 의존하며, 또 그 점착료는 물체들의 부분들이 결착하고 연결되도록 잡아두어, 물체들이 강력하게 잡아당겨지지 않는 한 항복하거나 분리되지 않도록 하지요. 그래서 그 점착력의 원인에 대한 탐색이 있었는데, 그 점착력은 어떤 고체들의 경우에는 엄청나게 강력하였고; 이에 대해 제안된 주요 원인은 빈 공간의 점착력이었습니다. 그런 후에 저희들을 하루 종일 잡아 두었던 여러 가지 탈선들이 있었습니다, 원래 {논의}하고자 하였던 주요한 주제 부근에도 가지 못한 채 말씀이지요. 이상이, 제가 말씀드린 바와 같이, 파괴되는 고체들의 저항에 대한 탐사였습니다.

살비아티. 저도 그 모든 것을 잘 기억하고 있습니다. 원래의 실마리를 잡아서, 그러면, 극렬한 잡아당김 하에서 분리되는 고체들의 저항이 무엇이든지 간에, 그 저항이 물체들 내부에 있다는 것은 의심의 여지가 없습니다. 이 저항은 물체들을 직선 {방향}으로 잡아당기는 힘에 대해서는 매우 크지만, 힘이 가로지르는 경우에는 훨씬 작은 것이 관찰되지요. 따라서 우리는 예를 들면, 강철 또는 유리로 된 봉이 길이방향으로는 천 파운드의 무게를 지지하지만, 벽 속에 수평하게 고정될 경우 오직 오십 [파운드]의 {무게}만 걸어도 파괴되는 것을 알고 있습니다. 우리는 이 두 번째의 저항에 대해 논의해야 하는데, 형상, 길이
그리고 두께가 상사하거나 또는 상사하지 않거나, 같은 물질로 만들어진 각기 152
둥{prism} 또는 원기둥{cylinder}들에서 파괴가 일어날 때의 비례들을 구할 것입니다. 그와 같은 고찰에 있어, 저는 다음을 알려진 원리로 간주할 것입니다, 즉 우리가 지레라고 부르는 봉의 성질들에 대하여 역학에서 실증된 바 있는 원리이지요: 지레를 사용함에 있어, 힘의 저항에 대한 비는 받침점{fulcrum}으로부터 힘과 저항까지의 거리들의 역 비와 같다.

심플리치오. 이 원리는 다른 누구보다도 먼저 아리스토텔레스에 의해 그의

'역학[문제들]'에서 증명된 바 있습니다.[1]

살비아티. 저는 우리가 그에게 우선권을 양보해야 한다는 것을 인정하지만, 증명의 엄밀성에 있어 저는 우리가 마땅히 아르키메데스를 그의 훨씬 앞에 놓아야 한다고 생각합니다. 지레에 대한 것뿐만 아니라 다른 대부분의 기계 장치들에 대한 논증은 아르키메데스가 '[평면] 평형'에서 증명한 하나의 정리에 의존합니다.[2]

사그레도. 그 원리가 당신께서 우리들에게 입증하고자 하는 모든 것의 토대로 가정될 것인 한에 있어서는, 또 만약 그 증명이 그리 길지 않다면, 저희들에게 그 증명까지 알려 주시는 것이 매우 적절하겠지요. 그럼으로써 당신께서는 저희들에게 온전하고 완벽한 가르침을 주시게 될 것입니다.

살비아티. 만약 꼭 그렇게 해야 한다면, 당신들께, 아르키메데스의 방법과는 약간 다른, 방법에 의해 앞으로 우리가 할 고찰의 전 분야에 대해 말씀드리는 것이 더 나을 것입니다. 같은 팔들의 천칭에 놓인 같은 추들은 평형 상태에 있다(아르키메데스에 의해서도 마찬가지로 가정되는 원리이지요)[3]는 것을 제외하고는 어떤 것도 가정하지 않은 채, 저는 그러면 다음 정리를 당신들께 마찬가지로 참임을 증명할 것입니다, 즉 같지 않은 추들은 그들의 무게들의 역 비인 같지 않은 거리들에 매달려 있을 때, 천칭 위에서 평형 상태를 유지한다; 뿐만 아니라, 같은 추를 같은 거리에 매다는 것과 같지 않은 추들을 무게들의 역 비인 거리들에 놓는 것은 같은 것이라는 점도.

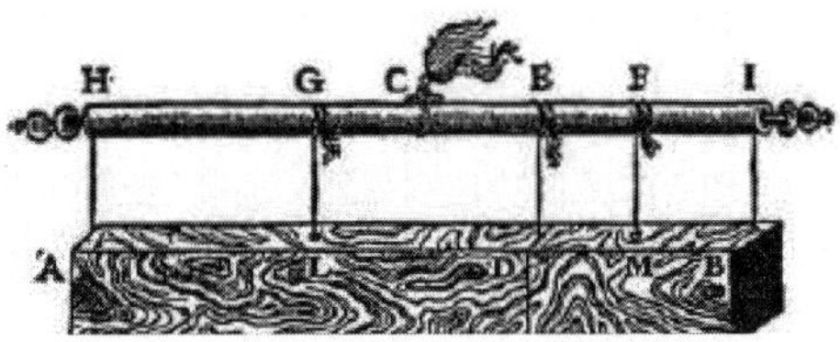

이제 제가 말씀드리는 것의 명쾌한 증명을 위해, 그 양단에서 두 개의 실 HA와 IB에 의해 선분 HI에 매달려 있는, 속이 찬{solid} 각기둥{prism} 또는 원기둥 AB를 그립니다. 제가 만약 이 모든 것을 천칭 HI의 중앙에 위치한 줄 C에 의해 매단다면, 각기둥 AB는 가정된 원리에 의해 평형 상태를 유지할 것은 명백합니다, 무게의 절반은 한 쪽 끝에 있고, 절반은 현수점{point of

suspension} C의 다른 [쪽]에 있기 때문이지요. 다음에는 각기둥이 D에 있는 153
선을 지나는 평면에 의해 두 개의 같지 않은 부분들로 분할된다고 가정하지요; DA를 더 큰 부분, DB를 더 작은 부분이라고 합니다. 이 절단이 이루어질 때, 각기둥의 부분들이, 선분 HI에 대한 배치와 같은 방식으로, 제 자리에 있도록 하기 위해서는, 두 부분들 AD, DB를 모두 지지할, 점 E에서 묶여 있는 실 ED로 돕게 하지요. 천칭 HI에 관한 각기둥의 위치에는 변화가 없으므로, 각기둥이 이전의 평형 상태에 머무를 것이라는 점에는 의문의 여지가 없습니다. 하지만 이제 그 양단에서 실들 AH, DE에 의해 매달려 있는 각기둥의 부분도, 만약 그 중앙에 위치한 하나의 실 GL에 의해 매달려진다면, 같은 배치로 유지됩니다; 마찬가지로, 다른 부분, DB, 역시, 만약 중앙에서 실 FM에 의해 매달려져 유지된다면, 위치를 바꾸지 않을 것입니다.4] 따라서 실들 HA, ED, 그리고 IB를 제거하면, 두 개의 [실들] GL과 FM이 남는데, 이전의 평형 상태는 여전히 계속될 것입니다, 점 C에서의 현수{suspension}를 항상 유지하는 한 말씀이지요.

이제 여기서 우리가 두 개의 무거운 물체, AD와 DB를 가지고 있다고 생각하기로 하지요. 그들은 천칭 GF의 양단 G와 F에 매달려 있으며, 천칭은 점 C에 대해 평형 상태에 있는데 점 C로부터 무거운 물체 AD의 현수 거리는 선분 CG이고, 반면에 다른 부분 CF는 물체 DB가 매달려 있는 곳까지의 거리이지요. 그러므로 이들 거리들 사이의 비가 무게들의 비와 같은 비, 단 역으로 취해진 비를 가진다는 것을 증명하는 것만 남았습니다. 즉, 거리들의 비 $GC:CF$는 각기둥들의 비 $DB:DA$와 같다는 것이지요. 이것을 우리는 다음과 같이 증명합니다.

선분 GE는 선분 EH의 반이며, EF는 EI의 반이므로, 전체 GF는 통째 HI의 반이고, 따라서 CI와 같습니다. 공통 부분인 CF를 빼면, 나머지 GC는 나머지 FI, 즉 FE와 같을 것입니다. 양자에 공통인 CE를 잡으면, GE는 CF와 같으므로; FC와 CG의 비는 GE와 EF의 비와 같습니다. 그런데 그 곱절들끼리의 비, 즉 HE와 EI의 비는 GE와 EF의 비와 같으며; 또는 각기둥 AD와 각기둥 DB의 비도 같습니다. 그러므로 비들의 등거리{equidistance}와 역{inversion}에 의해 무게 BD와 무게 DA의 비는 거리 GC와 CF의 비와 같고1); 이것은 바로 제가 당신들께 증명하고자 하던 것입니다.

154 이 점을 이해했다면, 저는 당신들께서 두 개의 각기둥 AD와 DB가 점 C에 대해 평형 상태에 있다는 것을 인정하는데 아무런 어려움도 없을 것이라고 믿습니다, 왜냐하면 전체 고체 AB의 반이 현수{점} C의 오른쪽에 있고, 나머지 반은 왼쪽에 있으므로, 그들은 두 같은 거리들에 배치되어 자리한 두 개의 같은 추들로 볼 수 있습니다.[2] 그리고 정육면체 또는 공 또는 어떤 형태의 것들로 대체된다고 하더라도, 만약 같은 현수{점} G와 F를 유지하는 한에 있어서는, 두 개의 각기둥들 AD와 DB는 점 C에 대해 평형 상태를 유지할 것입니다.[5] 저는 어느 누구도 이것을 의심할 수는 없을 것으로 믿습니다, 왜냐하면 물질의 같은 양이 유지되는 한, 형태가 무게를 변화시키지 않는다는 것은 매우 명백하기 때문입니다. 이것으로부터, 그들이 무엇이든지 간에, 두 무게들은 그들의 무거움에 상응하여 반비례하는 거리들에서 평형 상태에 있다는 일반적인 결론을 우리는 얻을 수 있을 것입니다.

이 원리는 그러므로 정립되었습니다. 더 이상 나가기 전에, 저는 다음으로 이들 힘들, 저항들, 모멘트들, 형상들, 등등은 물질로부터 분리되어 추상적으로 고려될 수도 있다는 점을 지적해 두고자 합니다; 또는 그 대신 물질과 결합되어 구체적으로도 고려될 수 있습니다. 후자의 방법에서는, 물질이 아닌 것으로 고려된 도표들에 상응하는 현상들이, 우리가 그들에게 물질을, 따라서 무거움을 더할 때 약간의 수정을 가해야 합니다. 예를 들면, 지레를 생각해 볼까요, 여기서 BA인, 받침점 E 위에 위치하며 무거운 돌 D를 들어 올리기 위해 사용되는 지레 말입니다. 방금 증명된 원리로부터, 끝 B에 가해진 힘은 무거운 물체 D의 저항에 대항하는데 충분할 것이라는 것은 분명합니다. 만약 B의 크기{moment}[3]와 D의 크기{moment}의 비가 거리 AC와 거리 CB의 비와 같다면; 또는 오히려, 이것은 B에서의 단일한 힘과 D에서의 저항 등의 힘

1) $GE : EF = CF : GC$이고, 또 $GE : EF = BD : DA$이므로 $GC : CF = BD : DA$를 얻는다.

2) 이 문장은 위의 각주 1에서 얻은 결과를 사용하여 GC와 AD의 곱은 CF와 BD의 곱과 같다는 것을 나타내는 것으로 이해해야 하며, 모멘트의 개념을 사용하면 매우 쉽게 나타낼 수 있지만, 갈릴레오는 이 개념을 여기서는 사용하고 있지 않음에 유의한다.

3) 갈릴레오의 원저 및 드레이크의 영역에서는 moment를 사용하였으나 이는 크기를 나타내는 것으로 보아야 하므로 이와 같이 표시하였다. 위의 번역은 C&S의 영역과 일치하는 것이기도 하다. 여기서 뿐만 아니라 갈릴레오는 책 전반을 통해 moment를 오늘날의 크기, 힘, 모멘트, 운동량의 뜻으로 사용하고 있어 혼동의 소지가 매우 크다.

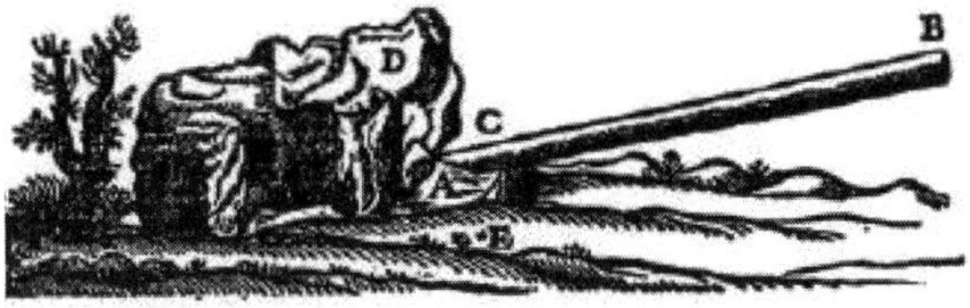

{moment}을 제외한 다른 힘{moment}들을 고려하지 않는 경우에도 참입니다. 마치 지레가 물질로 되어 있지 않고 무거움을 가지고 있지 않는 것처럼 말씀입니다. 하지만 우리가 지레, 즉 경우에 따라 나무 또는 철로 되어 있는 도구 자체의 무거움도 고려한다면, 지레의 무게가 B에서의 힘에 더해질 때, 비가 달라지 155
므로, 다른 항들로 기술되어야만 할 것임은 명백합니다. 따라서 우리가 {논의를} 더 진행하기 전에, 우리는 사물들을 고려하는 이들 두 방법들을 구분하는 것에 동의하는 것이 필요합니다. 우리가 도구의 실제 물질의 무거움으로부터 분리하여 추상적으로 받아들인다는 것을 나타낼 때, 도구는 '절대적으로 간주된다{taken absolutely}'라고 말함으로써 말입니다; 하지만 물질과 무거움을 단일의 절대적인 형상들에 한데 묶는 경우에는, 물질과 결합된 그 형상을 '모멘트, 또는 합성력{compound force}'이라고 부를 것입니다.6)

사그레도. 여기서 저는 주제에서 벗어날 기회를 만들지 않기로 한 제 결심을 꺾어야만 할 것 같은데요, 왜냐하면, 제 마음 속에 막 생긴 의심이 제거되기까지는, 앞으로 다루어질 내용에 저 자신을 집중시킬 수 없기 때문입니다. 제게는 당신께서 B에 가해진 힘과 돌 D의 전체 무거움을 비교하는 것처럼 보이는데요, 제 생각으로는 전자의 부분, 그리고 아마도 후자의 대부분은 지평면에 의해서 지지될 것 같은데요, 그래서 ...

살비아티. 저는 충분히 이해합니다. 더 이상 말씀하지 마시지요; 제가 아직 돌의 전체 무거움이 아닌, 돌이 가지고 있는 것 중 단지 지레 BA의 가장 끝인 점 A에 가해지는 힘{moment}에 대해서만 말씀드렸다는 것에 주목하시기 바랍니다. 이 힘{[moment]}은 항상 [지지된] 돌의 전체 무게보다 작으며, 또한 그 힘{moment}은 돌의 형상에 따라 바뀌고, 또 돌이 얼마나 많이 들려 있느냐에 따라서도 바뀝니다.

사그레도. 좋습니다. 이것에 관해서는; 하지만 이제 다른 욕구가 제 속에서 일어납니다. 즉 완벽한 이해를 위해서는, 전체 무게의 그 부분, 아래의 평면에 의해 지지되는 그 부분과 봉의 끝 A에서 봉에 가해지는 힘의 그 부분을 결정할 수 있는 (만약 가능하다면) 그 방법을 보여주시면 합니다.

살비아티. 제가 몇 마디 말씀으로 만족을 드릴 수 있으므로, 여러분께 봉사하지 않을 수 없지요. 그러면 작은 그림을 그리기로 하지요, 무게 중심이 A인 중량물을 생각하는데, 그 끝 B에서 지평면에 지지되어 있다고 하고; 다른 쪽 끝에서는, 중량물이, 받침점이 N인 지레 CG에 의해 G에 위치한 힘{power [potenza]}[4]에 의해서 지지된다고 하지요. 중심 A와 끝 C로부터 수직선들

AO와 CF를 지평면으로 내립니다. 저는, 전체 무게의 크기{moment}와 G에서의 힘{moment}의 비는 거리 GN과 NC의 비로부터, 그리고 [거리의 비]인 FB와 BO의 비{로부터}의 합성{compounded} 비와 같다고 말씀드립니다.

[선분 X]를 NC와 X의 비가 선분 FB와 BO의 비와 같도록 정합니다. 이제, 전체 무게 A는 B와 C에서의 두 힘들{powers}에 의해 지지되고 있으
156 므로, 힘 B와 C의 비는 거리 FO와 OB의 비와 같습니다; 그리고 [각각의 비의] 복합{composition}에 의해, 두 힘들 B와 C는 더하여, 즉 모든 무게 A의 전체 크기{moment}와 C에서의 힘의 비는 선분 FB와 BO의 비와 같습니다; 즉 NC와 X의 비와 같지요. 그런데 C에서의 힘의 크기{moment}와 G에서의 힘의 크기의 비는 거리 GN과 NC의 비와 같지요; 그러므로 비들의 교란 등거리에 의해, 전체 무게 A와 G에서의 힘의 크기의 비는 GN과 X의 비와 같습니다. 그런데 GN과 X의 비는 GN과 NC의 비와 NC와 X의 비로부터 복합 비로 얻어지는데, NC와 X의 비는 FB와 BO의 [비]입니다. 따라서 무게 A와 G에서 지지하는 힘의 비는 GN과 NC의 [비]와 FB와 BO

4) 갈릴레오의 원저는 potenza, 드레이크의 영역에서는 power, C&S의 영역에서는 force를 사용하고 있는데, 여기서는 힘으로 번역하기로 한다. 갈릴레오의 시대에는 물론 power가 오늘날과 같이 일률, 즉 단위 시간 당 일로 정의, 사용되고 있지 않았다.

의 비로부터 합성 비로 얻어집니다; 이것은 증명하고자 하던 것입니다.[5)]

이제, 처음 목적으로 되돌아가기로 하면, 다음 정리가 얻어지는 것을 이해하는 것이 어렵지 않을 것입니다.

명제{Proposition} 1

유리, 강철, 나무, 또는 다른 부셔질 수 있는 물질로 된 속이 찬{solid} 각기둥 또는 원기둥이 길이 방향으로 매달려 있을 때는 그에 결착된 매우 무거운 중량물을 견디어 낼 수 있지만, 이들 기둥이, 그 길이가 두께를 초과함에 따라, 때로는 훨씬 더 작은 {횡방향의} 중량물에 의해 {단면을} 가로질러 파괴된다(전에 언급한 바와 같이).

속이 찬 각기둥 $ABCD$가 그 부분 AB에서 벽에 고정되어 있다고 가정하지요; 그리고 다른 쪽 끝에 무게 E의 힘이 가해지는 것으로 생각합니다(벽은 수직하며 각기둥이나 원기둥은 직각으로 벽에 고정된다고 항상 가정합니다). 만약 각기둥이 파괴된다면, B에서 파괴될 것이라는 점은 명백하며, B는 벽의 움푹 파인 곳으로 받침점의 역할을 하고, BC는 힘이 가해지는 지레의 팔이 되지요. 고체의 두께 BA는 이 지레의 다른 팔이 되고, BA에 저항이 내재하며, 이 저항은 고체의 벽 바깥에 있는 부분과 안쪽에 있는 부분 사이에 존재해야만 하는 결착{attachment}으로 구성됩니다. 그러면 위에서 언급했던 것들에 의해서, C에 가해진 힘의 크기{moment}와 각기둥의 두께 내에(즉, 밑면{base}인 BA와 이에 연결되어 있는 부분의 결착 내에) 존재하는 저항의 크기

5) 이 부분의 증명은 간단한 정역학 문제인데, 오늘날의 표기를 사용하여 보이면 다음과 같다. i) 물체의 무게를 W, B와 C에서 물체에 가해지는 반력을 R_1, R_2라고 하면 힘 평형으로부터 다음을 얻고 $W = R_1 + R_2$; ii) 또 BO와 OF를 l_1, l_2라고 하면 모멘트 평형으로부터 다음을 얻으며, $l_1 R_1 = l_2 R_2$; iii) G에서 지레에 가하는 힘을 F_1, GN과 CN을 각각 d_1, d_2라고 하면, 지레에 대한 모멘트 평형으로부터 다음을 얻으므로, $d_2 R_2 = d_1 F_1$; 무게 W와 G에서 지지하는 힘 F_1의 비에 대해 첫 번째, 세 번째 식을 사용하여 다음을 얻고 $\frac{W}{F_1} = \frac{W}{R_2}\frac{R_2}{F_1} = \frac{R_1 + R_2}{R_2}\frac{d_1}{d_2}$; 여기에 두 번째 식을 사용하여 결국 얻고자 하는 다음 결과를 얻는다. $\frac{W}{F_1} = \frac{l_2 + l_1}{l_1}\frac{d_1}{d_2}$.

{moment}의 비는 길이 CB와 BA 절반의 비와 같습니다. 그러므로 각기둥 BD의 파괴에 대한 절대 저항과(길이 방향으로 잡아당겨 지는 것에 대항하는 저항이며, 왜냐하면 이때 움직이게 하는 것의 운동이 움직여지는 것의 운동과
157 같기 때문이지요), 지레 BC에 의해 파괴에 대항하는 저항의 비는, 각기둥에 대해서는 길이 BC와 AB 절반의 비와 같고; 또는 원기둥의 경우에는 길이 BC와 밑면의 반경의 비와 같습니다. 그러면 이것을 우리의 첫 번째 명제로 하지요.7]

제가 말씀드린 것이 고체 BD 자체의 무게에 대한 고려 없이 이해되어야 하는 것에 유의하시기 바랍니다. 고체 BD는 무게를 가지지 않는 것으로 여겨졌지요. 그 자신의 무거움을 고려해야 할 때가 오면, 이것을 중량물 E에 더해주면 되는데, 중량물 E의 {무게에} 고체 BD의 무게의 절반을 더해야만 합니다. 따라서 BD의 무게가, 예를 들어, 2 파운드, 중량물 E가 10 파운드이면, 중량물 E는 마치 11 파운드인 것처럼 간주되어야만 합니다.

심플리치오. 왜 마치 12인 것처럼 하지 않아야 하지요?

살비아티. 존경하는 심플리치오여, 중량물 E는 끝 C에 매달려 있어 10 파운드 전체의 크기로 지레 BC를 내려누릅니다; 그리고 만약 BD만 그곳에 매달려 있다면 2 파운드의 크기로 힘이 가해지겠지요. 그러나 보시다시피, 그 고체는 전체 길이 BC에 걸쳐 균일하게 분포되어 있으므로, 끝 B에 가까운 부분들은 더 멀리 있는 부분들에 비해 더 작은 힘으로 내려누릅니다. 요컨대 가

끼운 부분들을 먼 부분들과 균형이 맞도록 하려면, 전체 각기둥의 무게는 그 무게 중심에서 작용하도록 해야 하며, 무게 중심은 지레 BC의 중앙에 상응합니다. 끝 C에 매달려 있는 중량물의 모멘트는 중앙에 매달려 있을 때의 모멘트의 두 배이므로; 우리가 양자의 크기가 모두 끝 C에 위치한 것으로 다룰 때, 각기둥의 무게의 절반이 중량물의 무게 E에 더해져야 합니다. 158

심플리치오. 알겠습니다; 만약 제가 잘못 알지 않았다면, 두 중량물 BD와 E에 의한 힘은, 그렇게 위치시켜지면, 마치 BD의 모든 무게와 중량물 E의 무게의 두 배가 지레 BC의 중앙에 매달려 있을 때와 같은 크기를 가진다는 것이지요.

살비아티. 정확하게 그렇습니다, 또 이것은 꼭 기억하시기 바랍니다. 그러면 즉각적으로 다음을 이해할 수 있습니다:

명제 2

어떻게, 그리고 어떤 비로, 봉 아니면 차라리 폭이 두께보다 큰 각기둥은 두께를 가로질러 하중을 받을 때보다 폭을 가로질러 하중을 받을 때 훨씬 더 파괴에 저항하는가.

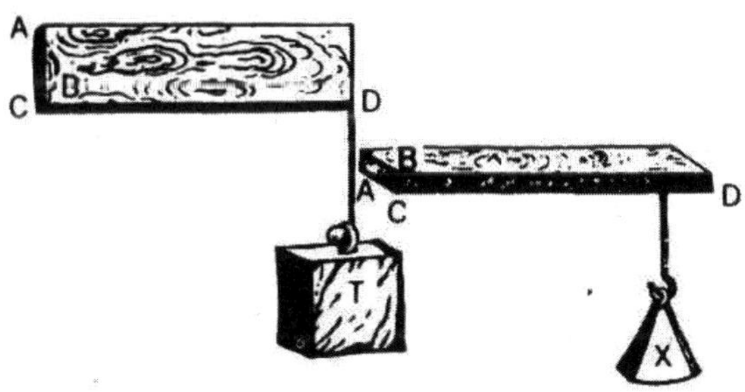

이것을 이해하기 위해, 그 폭이 AC이고, 그 두께가, 폭보다는 훨씬 작은, CB인 자{ruler} AD를 생각하지요. 그리고 왜 그렇게 되는지 질문합니다. 즉 첫 번째 그림에서처럼 자를 세워서 파괴하려고 할 때, 자는 큰 무게 T에 저항할 것이지만; 납작하게 놓았을 때, 두 번째 그림에서처럼, 자는 [심지어] T보다 작은 X에 대해서도 저항할 수 없을 것입니다. 이 문제는 [후자의] 경우에는 받침점이 선분 BC의 아래에 있고, 전자의 경우에는 CA 아래 있다는 것과, 두 가지 경우 모두 힘의 거리들은 길이 BD와 같다는 것을 이해하면 명백합니다. 왜냐하면, 전자의 경우의 받침점으로부터 저항의 거리인, 선분 CA의 절반이, 후자의 경우의, BC의 절반보다 크기 때문입니다. 따라서 중량물 T의 힘이 X보다, 폭 CA의 절반이 두께 BC의 절반보다 큰 것과 같은 크기만큼 더 커야만 한다는 것이 필연적입니다. 전자에 대해 CA가, 후자에 대해서는 BC가 같은 저항을 극복하기 위한 균형지레{counterlever}로 쓰이고 있으며, 저항은 전체 밑면 AB의 올들의 [같은] 양에 내재합니다. 그러므로 같은 자 또는 각기둥이, 두께보다 폭이 큰 경우, 납작하게 놓았을 때보다 세웠을 때, 그 폭과 두께의 비에 따라, 파괴에 대해 훨씬 더 크게 저항한다고 결론지을 수 있습니다.

다음으로는, 이런 조사를 시작하는 것이 적절할 것입니다:

명제 3

수평한 각기둥 또는 원기둥의 무거움의 모멘트가 증가하는 비, 신장{elongation}
159 에 의해 파괴되는 것에 대한 그 자신의 저항과 관련하여, 저는 이 비가 길이가 늘어나는 것의 제곱에 비례하는 것을 알아냈습니다.

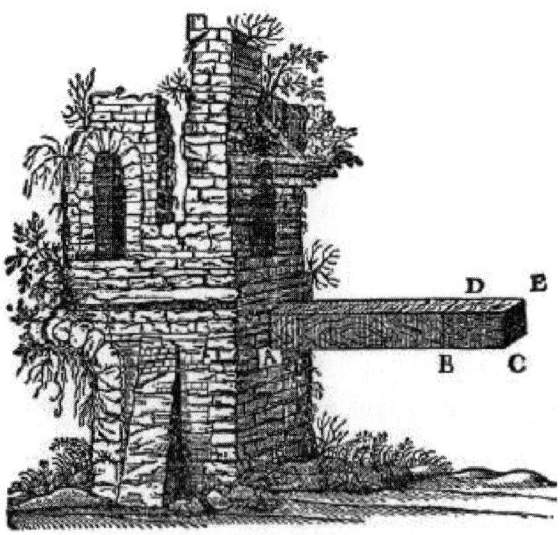

이것을 증명하기 위해, 그 끝 A에서 지평면과 평행하게 벽에 단단히 고정된 각기둥 또는 원기둥 AD를 고려하는데, 부분 BE를 더해주어 E까지 연장된 것으로 생각합니다. 지레 AB를 C까지 늘린 길이의 증가는, A에 만들어지는 파괴에 대한 저항과 분리에 반하여 하향의[*premente*] 힘에 의한 모멘트를 증가시킨다는 것은 분명합니다. [이 증가는], 절대적으로 간주되면, CA와 BA [만]의 비에 비례하지만; 이외에도, 고체 AB의 무게에 더해진 고체 BE의 무게도 각기둥 AE와 각기둥 AB의 비에 따라, 이 비는 길이 AC와 AB의 비와 같지요, 무거움에 의한 하향의 모멘트를 증가시킵니다. 따라서 길이와 무거움의 두 가지 증가를 결합하면, 길이와 무거움에 의해 생성되는 모멘트는 둘 중의 하나의 제곱 비에 비례한다는 것은 명백합니다. 그러므로 같은 두께를 가지지만 다른 길이를 가지는 각기둥들(또는 원기둥들)의 힘의 모멘트는 그들의 길이들의 제곱 비에 서로 비례한다; 즉 길이들의 제곱들에 비례한다고 결론짓습니다.

우리는 이제, 두 번째로, 같은 길이의 각기둥들과 원기둥들에서, 그들의 두께가 증가되었을 때, 파괴에 대한 저항 증가가 어떤 비에 따라 증가하는지를 보 160
일 것입니다. 저는 다음과 같이 말씀드립니다:

명제 4

> 같은 길이를 가지지만 다른 두께를 가지는 각기둥들과 원기둥들에서, 파괴에 대한 저항은 그들 밑면들의 두께들 또는 직경들의 [각각] 삼제곱 비{cubed ratio}처럼 증가한다.

두 원기둥들 A와 B가 같은 길이들 DG와 FH를 가지며, 다른 밑면들, 즉 직경들 CD와 EF의 원들을 가진다고 하지요. 저는 원기둥 B의 파괴에 대한 저항과 원기둥 A의 저항의 비는 직경 FE와 직경 DC의 비의 세제곱과 같다고 말씀드립니다. 먼저 밑면들에(즉, 원들 EF와 DC의 [면적들] 내에) 내재하는 절대적이고 단순한 저항에 대해, 이들이 그들을 길이 방향으로 늘이려고 하는 힘을 가함으로써 파괴되려고 할 때의 저항에 대해 고려하지요.

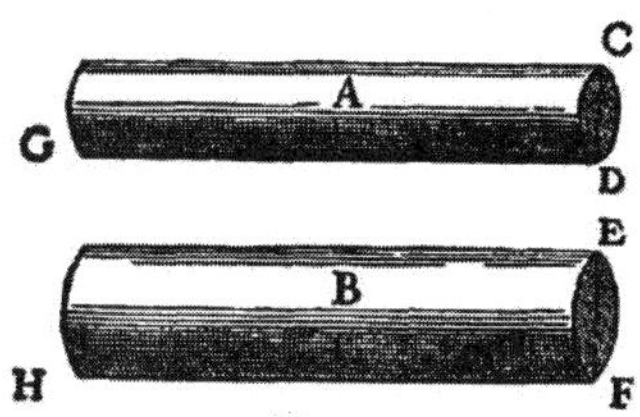

원기둥 B의 저항이 [이 경우] 원기둥 A의 저항보다, 원 EF가 [원] CD보다 큰 만큼, 큰 것에 대해서는 의심의 여지가 없습니다. 왜냐하면 그와 같은 고체들의 부분들을 하나로 유지하는 올들, 필라멘트들, 또는 지속 원소들

{holding elements}이 그만큼 더 많이 있기 때문입니다.

이제 힘을 횡방향으로{crossways} 가함에 있어 두 개의 지레를 채용하는 것을 생각하지요. 그 팔들(또는 힘들이 가해지는 거리들)은 선분들 DG와 FH입니다; 받침점들은 점들 D와 F에 있습니다; 그리고 또 다른 팔들(또는 저항들이 위치한 곳의 거리들)은 원들 DC와 EF의 반경들입니다, 왜냐하면 이들 원들의 표면에 걸쳐 필라멘트들이 퍼져 [있으므로], 저항은 마치 모든 저항이 그 원들의 중심들에 집중된 것과 같기 때문입니다. 그와 같은 지레들에서, 저는 말씀드립니다, H에 {가해진} 힘에 대항하여 밑면 EF의 중심에 {작용하는} 저항을 생각하지요; 이 저항은 G에 가해진 힘에 대항하여 밑면 CD에 {작용하는} 저항보다, FE[의] 반경이 DC[의] 반경보다 큰 만큼 큽니다; 그리고 G와 H에 {가해진} 힘들은 같은 지레들 DG와 FH에 작용합니다. 그러므로 원기둥 B의 파괴에 대한 저항은 원기둥 A의 저항을 초과하는데, 이는 두 비들에 따라 결정됩니다. 즉 원들 EF와 DC의 {면적} 비, 그리고 그들의 반경들(또는 직경들)의 비입니다. 이제 원들의 {면적} 비는 직경의 비의 제곱이지만; 저항들의 비는, 이들 두 비들의 합성{compounded}에 의해 주어지므로, 같은 직경들
161 의 삼중 비가 됩니다; 이것은 증명하려고 하던 것이지요. 정육면체{의 체적들}은 그들 변들의 삼중 비이므로, 우리는 마찬가지로 같은 길이의 원기둥들의 저항들은 서로 직경들의 삼제곱과 같이 변한다고 결론짓습니다.

지금까지 증명된 것으로부터, 우리는 또한 다음을 결론짓습니다:

부속명제{Corollary}

같은 길이의 각기둥들과 원기둥들의 저항들은 이들 기둥들의 [체적들의 비의] 1.5승과 같{이 변한}다.[8]

이것은 명백한데, 왜냐하면 같은 높이의 각기둥들(또는 원기둥들){의 체적들}은 서로 그들의 밑면들{의 면적들}과 같은 비를 가지기 때문이며; 밑면들의 비는 그들 밑면들의 변들(또는 직경들)[의 비]의 제곱입니다. 하지만 저항들은, 위에서 증명한 바와 같이, 같은 변들(또는 직경들)의 삼승과 같이 변하므로; 저항들의 비는 고체들 자신들의 {체적들의} 비의 1.5승이며, 따라서 [같은 물질로

된 같은 길이의] 그들 고체들의 무게들의 비의 1.5승입니다.

심플리치오. 우리가 앞으로 더 나가기 전에, 저는 어떤 어려움으로부터 벗어나는 것이 요긴합니다. 지금까지는, 저는 어떤 다른 종류의 저항을, 길이가 늘어남에 따라 고체 안에서 감소하고, 또 횡방향뿐만 아니라 종방향으로도 고체들을 [약화시키는] 것처럼 제게는 보이는 저항을 고려하여 말씀하시는 것을 듣지 못하였습니다. 그래서 우리는 매우 긴 밧줄이 꽤 큰 중량물을 지탱하는데 더 짧은 밧줄보다 훨씬 미약한 것을 봅니다; 또 저는 짧은 나무 또는 쇠로 된 봉이, 길이 방향으로 힘을 받을 때([단지] 가로 지르는 방향으로뿐만 아니라), 매우 긴 것보다 훨씬 큰 중량물을 지지할 것으로 믿습니다. 또한 길면 더욱 무거워지는 자신의 무게를 참작한다면 말씀이지요.

살비아티. 저는 당신께서, 많은 다른 사람들과 같이, 이점에 관해 오해하고 계신다고 생각하는데, 심플리치오여, 적어도 만약 제가 당신의 생각을 맞게 파악했다면 말씀이지요. 당신 말씀은 밧줄, 예를 들어 길이가 사십 브라차인, 밧줄이 같은 밧줄 일 또는 이 브라차가 지탱하는 무게를 지지할 수 없다는 뜻이지요.

심플리치오. 그게 제가 뜻했던 것이며, 또 현재로서는 매우 가능성이 높은 진술처럼 제게는 보입니다.

살비아티. 그런데 저는 그것을 가능성이 없다고 보는 것이 아니라 아예 오류로 생각합니다; 또 저는 그 오류를 쉽게 바로 잡을 수 있다고 믿습니다.

그러면 이 밧줄 AB를 가정하지요. 위로는 한 쪽 끝 A에서 고정되어 있고, 다른 쪽 끝에는 그 힘에 의해 이 밧줄이 파단될 중량물 C가 있습니다. 이제, 심플리치오여, 저를 위해 파단이 일어날 정확한 위치를 정해 주시지요.

심플리치오. 점 D에서 파단된다고 하지요. 162

살비아티. 저는 D에서의 파단의 원인에 대해 여쭙겠습니다.

심플리치오. 이것의 원인은 그 점에서의 밧줄이, 예를 들면, 백 파운드의 무게를 버텨낼 만한 강도를 가지지 않기 때문입니다. 백 파운드는 돌 C의 [무게]와 더불어 밧줄의 부분 DB의 무게입니다.

살비아티. 그러면 그 밧줄은 점 D에서 같은 백 파운드의 무게로 잡아 당겨지면 언제나 그곳에서 파단되겠군요.

심플리치오. 그렇게 믿습니다.

살비아티. 하면 이제 제게 말씀해 주시지요; 만약 같은 중량물이 밧줄의 끝에 매달려 있지 않고, 점 D에 가까운, 예를 들어 E에 있다고 하면; 또는 그 밧줄이 A에서 고정되어 있지 않고, 같은 점 D 위에 더 가까운 점, 예를 들면, F에서 {고정되어 있다고 하면}; 그러면 점 D가 같은 무게 백 파운드를 느끼는지 아닌지를 말씀해주시지요.

심플리치오. 당연히 느낍니다, 만약 밧줄 EB의 길이가 돌 C에 부속된다면 말씀이지요.

살비아티. 그러면 만약 같은 백 파운드의 무게로 잡아 당겨지는 밧줄이 당신 자신의 인정에 의해 점 D에서 파단된다면, 또 만약 FE는 길이 AB의 작은 부분일 뿐이라면, 어떻게 당신은 긴 밧줄은 짧은 것보다 더 약하다고 말씀하실 수 있지요? 그러므로 오류로부터 벗어나신 것을 즐거워하시지요, 그 오류는 당신이 많은 사람들과 같이 머무르던 곳이며, 또 심지어는 다른 사항에 대해서는 매우 박식하신 분들 사이에서도 {받아들여지던 오류이지요}. 이제 계속할까요.

일정한 두께를 가지는 각기둥들과 원기둥들이 그들의 길이들의 제곱들에 따라 그들 자신의 저항의 크기를 증가시키며, 또 마찬가지로 같은 길이 그러나 다른 두께를 가지는 기둥들은 그들 밑면의 변들(또는 직경들)의 삼승의 비에 따라 저항을 증가시킨다는 것을 증명하였으므로, 이제 나아가 그들의 길이와 두께가 모두 다를 때 그러한 고체들에 어떤 일이 생기는지를 알아 보기로 하지요. 이들에 대해, 저는 다음에 유의합니다:

명제 5

길이와 두께가 다른 각기둥들과 원기둥들의 파괴에 반한 저항들은 그들 밑면들
163 의 직경들의 삼승의 비와 그들 길이들의 역 비로부터 합성에 의해 주어진다.[9]

ABC와 DEF를 두 개의 그러한 원기둥들이라고 하지요; 저는, 원기둥 AC의 저항과 원기둥 DF의 저항의 비는, 직경 AB의 삼승과 직경 DE의 삼승의 비와 길이 EF와 길이 BC의 비로부터 합성 비로 주어진다고 말씀드립니다.

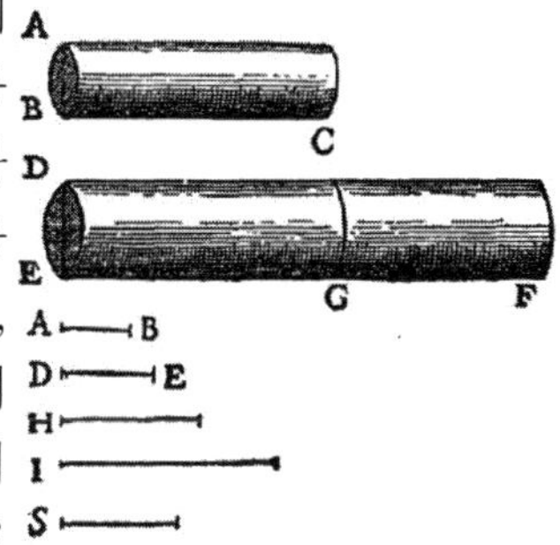

EG를 BC와 같게 하지요. H를 선분들 AB와 DE의 제삼 비례, I를 제사 비례라고 하고,[6] I와 S의 비는 EF와 BC의 비와 같다고 하지요. 원기둥 AC의 저항과 원기둥 DG의 저항의 비는 AB의 삼승과 DE의 삼승의 비와 같으므로, 선분 AB와 선분 I의 {길이들의} 비와 같습니다[7]; 그리고 원기둥 DG의 저항과 원기둥 DF의 저항의 비는 길이 FE와 EG의 비와 같으므로, 선분 I와 선분 S의 {길이들의} 비와 같습니다. 그러므로 비들의 등거리에 의해서, 원기둥 AC의 저항과 원기둥 DF의 저항의 비는 선분 AB와 선분 S의 {길이들의} 비와 같습니다. 그런데 선분 AB와 선분 S의 {길이들의} 비는 AB와 I의 비와 I와 S의 비로부터 합성 비로 주어집니다; 그러므로 원기둥 AC의 저항과 원기둥 DF의 저항의 비는 AB와 I의 비(즉 AB의 삼승과 DE의 삼승의 비)와 선분 I와 선분 S의 비(즉 길이 EF와 길이 BC의 비) 로부터 합성 비로 주어집니다. 이것은 바로 증명되어야 했던 것입니다.

이 명제를 증명하였으므로, 우리는 [기하학적으로] 상사한 원기둥들과 각기둥들 사이에 어떤 일이 벌어지는지를 생각해야 할 것입니다. 우리는 다음을 증명할 것입니다:

명제 6

그들 자신의 무게들과, 지레로 사용되는 [그들 자신의] 길이들에 기인하여, [두 기하학적으로] 상사한 원기둥들이나 각기둥들의 합성력들[10]은, 서로 그들 밑면들의 저항들의 비의 1.5 승의 비에 따라 변화한다.

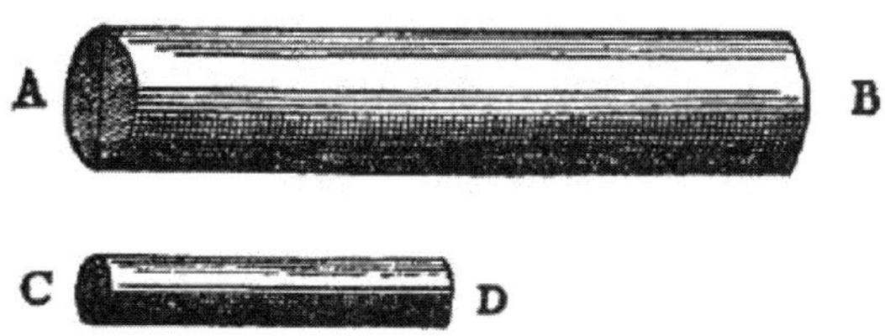

6) $AB : DE = DE : H = H : I$임을 뜻한다.

7) $\frac{AB^3}{DE^3} = \frac{AB}{DE}\frac{AB}{DE}\frac{AB}{DE} = \frac{AB}{DE}\frac{DE}{H}\frac{H}{I} = \frac{AB}{I}$ 로부터 얻는다.

이것을 증명하기 위해, 두 상사한 원기둥들 AB와 CD를 그리지요; 그 밑
164 면 B의 저항을 극복하는데 있어 원기둥 AB의 모멘트와 그 [밑면] D의 저항을 극복하는데 있어 CD의 모멘트의 비는, 밑면 B의 저항과 밑면 D의 저항의 비의 1.5승과 같다고 저는 말씀드립니다.

고체 AB와 CD의 모멘트들은, 그들의 밑면들 B와 D의 저항을 극복하기 위해 [작용하는데], [각각의] 무게들과 순 지레작용들[*forze delle lor leve*][11]로부터 합성됩니다. AB의 순 지레작용은 CD의 순 지레작용과 같은데, 왜냐하면 길이 AB와 밑면 B의 반경의 비는, 원기둥들의 [기하학적] 상사성에 의해, 길이 CD와 밑면 D의 반경의 비와 같기 때문입니다. 따라서 원기둥 AB의 전체 모멘트[그 저항에 반한]와 CD의 전체 모멘트[그 저항에 반한]의 비는 원기둥 AB의 무게만과 원기둥 CD의 무게만의 비와 같습니다; 즉, 원기둥 AB 자신과 원기둥 CD의 {체적들의} 비와 같지요. 한데 이들 체적들은 밑면들 B와 D의 직경들의 삼승 비에 비례하므로; 밑면들의 저항들은 서로 밑면들 자신들 [면적들]에 비례하므로, 이들 저항들은 그들 같은 직경들의 제곱 비에 비례합니다. 그러므로 원기둥들의 모멘트들은 그들 밑면들의 저항들의 [비의] 1.5승에 비례합니다.

심플리치오. 이 명제는 새로울 뿐만 아니라 놀랍다는 느낌을 주며, 또한 첫눈에 제가 개념적으로 얻었던 판단과 매우 차이가 있었는데요. 왜냐하면 형상들이 모든 다른 관점에서 상사하므로, 저는 그들 자신의 저항들에 반한 그들의 모멘트들도 역시 같은 비에 따라 변화하는 것이 확실하다고 생각했어야만 했거든요.

사그레도. 이것은, 제가 우리들의 토론 초입에 말씀드린 바와 같이, 그림자들을 통하여 제게 그 스스로의 모습을 나타내는 것처럼 보이는, 명제를 증명하는 것입니다.

살비아티. 지금 심플리치오에게 일어나는 일이 제게도 얼마 동안 일어났었지요. 저도, 어떤 것을 관찰하기 전까지는, [기하학적으로] 상사한 고체들의 저항들은 상사하다고 믿었습니다,[12] 그 관찰 자체는 매우 확정적이거나 정확한 것은 아니지만, 제게 상사한 고체들 사이에 강건성{robustness}의 유지도가 같은 것은 없는 것이 아닌가, 또한 더욱 큰 것이 격렬한 충격들을 견디어내는데 덜 적합한 것이 아닌가라는 생각을 하게 했습니다. 그래서 더 큰 사람들이 어린 소년들보
165 다 떨어질 때 더욱 큰 상처를 입고; 우리가 처음에 말했던 바와 같이, 큰 보{beam} 또는 기둥{column}은, 지팡이나 작은 대리석 원기둥이 같은 높이에서

떨어질 때 부셔지지 않는데 반해, 조각나 버리는 것을 볼 수 있습니다. 바로 이 관찰이, 제가 이제 증명하려고 하는, 정말 주목할 만한 성질에 대한 조사로 제 마음을 향하게 하였지요; 그리고 진정, [기하학적으로] 상사한 고체들의 무한히 많은 [가능한] 형상들 중에서, 심지어 어느 두 {고체도} 그들 자신의 저항들에 대해 모멘트들의 비가 같지 않습니다.

심플리치오. 방금 저는 아리스토텔레스에 의해 '역학 문제들'에서 제안된 무언가를 기억했습니다. 그 책에서 그는, 비록 더 짧은 [조각들]이 훨씬 가늘고, 또 더 긴 조각들이 매우 두텁다고 하더라도, 나무 조각들이 길면 길수록, 그들이 약하고 또 그들이 더욱 굽혀진다는 사실을 합리적으로 설명하고자 시도하였습니다. 제가 만약 정확하게 기억한다면, 그는 이 문제를 간단한 지레 {문제}로 환원하였지요.13)

살비아티. 아주 정확합니다, 그런데 그의 해답은 의심할만한 논리를 약간 남기고 있는 것으로 보이기 때문에, 그 논문을 그의 박식한 주석들로 대단히 고상하고 유명하게 한, 구에바라 대주교님은 모든 난점들을 해결하기 위한 매우 예리한 고찰들을 첨부하였지요.14) 그러나 그도 역시 한 문제점에 대해서는 확실치가 않은데요: 일정한 비율로 그러한 고체 형상들의 길이들과 두께들을 증가시킴으로써, 파괴 및 굽힘에 대한 그들의 저항의 강건도{level of robustness}를 같게 유지할 수 있을지 없을지에 대해서 말씀입니다. 이에 대해 오랜 동안 생각한 뒤에, 제가 이제 당신들 앞에, 합당한 순서로, 이 문제에 관하여, 펴 놓고자 하는 것들을 알아냈습니다. 그래서 저는 먼저 다음을 증명하겠습니다:

명제 7

무게[*gravi*]를 가지는 [기하학적으로] 상사한 각기둥들 또는 원기둥들 중에, [그 고체가] 자신의 무게에 의해 아래로 잡아당겨졌을[*gravato*] 때, 파괴와 전체를 유지하는 것의 사이에 임계[*ultimato*] 상태의 단일하고 유일한 경우가 존재한다. 이 경우보다 만약 더 크다면, 그 자신의 무게를 견딜 수 없어, 파괴될 것이며; 만약 더 작다면, 그것을 파괴하기 위해 무엇이 행해지든 간에 어느 정도의 힘으로 저항한다.15)

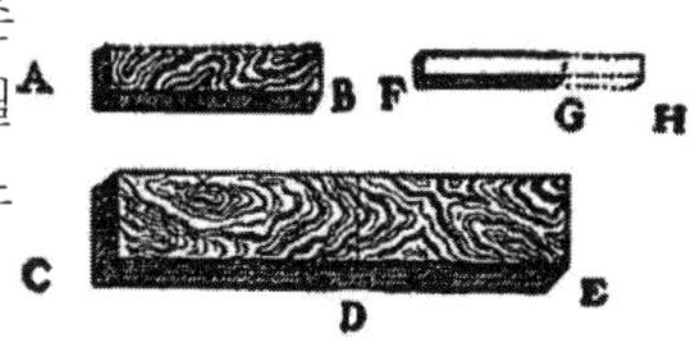

물질[*grave*]로 된 각기둥 AB가 그 상태를 하나로 유지할 수 있는 최대 길

이로 되었다고 하지요, 그러면 조금이라도[*minimo*] 길이가 길어지면, 그 각기
둥은 파괴될 것입니다. AB는 모든 [기하학적으로] 상사한 무한히 많은 [각기
166 둥들] 중에서 이와 같은 중립[*ancipite*] 상태로 환원되는 유일한 것이라고 저는
말씀드립니다. 그러므로 이것보다 큰 모든 것은, 그 자신의 무게에 의해 눌려져
서, 파괴되고, 또한 이것보다 작은 모든 것은 파괴되지 않으며, 그 자신의 무게
를 초과하여 부가적인 새로운 하중을 버티어낼 것입니다.

각기둥 CE가 AB와 상사하고, 그보다 크다고 하지요; 이 각기둥은 하나로 유지되지 못하고 파괴될 것이라고 저는 말씀드립니다; 그 자신의 무게에 의하여 압도되어서. AB와 같은 길이의 부분 CD를 생각하지요; CD의 저항과 AB의 저항의 비는 CD의 두께의 삼승과 AB의 두께의 삼승의 비와 같으므로(즉, 각기둥 CE와 각기둥 AB의 {체적들의} 비, 이들은 상사하므로), CE의 무게는 유지될 수 있는 최대이며, 각기둥 CD에 걸쳐 분포되어 있습니다. 그러나 길이 CE는 [CD보다] 크므로, 따라서 각기둥 CE는 파괴될 것입니다.[16] 이제 FG를 [AB보다] 작다고 하면; 마찬가지 방법으로 증명될 수 있겠지요. FH를 BA와 같이 잡음으로써, FG의 저항과 AB의 저항의 비는, 만약 거리 AB(즉 FH)가 FG와 같았다면, 각기둥 FG와 각기둥 AB의 {체적들의} 비와 같습니다. 하지만 AB는 FG보다 길기 때문에; 각기둥 FG의 모멘트는 G에 위치한다면 각기둥 FG를 파괴시키기에 충분치 않습니다.

사그레도. 매우 알기 쉽고 간명한 논증입니다, 첫눈에는 가능한 것과는 거리가 먼 것으로 보였던, 명제의 참과 필연성을 증명하는. 유지와 파괴 사이의 그 중립 상태에 도달하기 위해서는, 따라서 그 더 큰 각기둥 [CE]를 두텁게 하거나 또는 짧게 함으로써, 길이와 두께 사이의 비를 크게 변화시켜야 하겠군요. 그 상태에 대한 조사는, 제 생각에, {앞에서와} 같은 정교한 논증이 요구되겠지요.

살비아티. 훨씬 더 많은 일을 해야 합니다; 제가 그것을 알아내는데 작지 않은 시간을 들였다는 것을 저는 알지요. 하지만 이제 그것을 여러분들과 나눠 가지기를 원합니다.

명제 8

그 자신의 무게에 의하여 파괴되지 않는 최대 길이의 원기둥 또는 각기둥이

주어졌을 경우, 또한 더 큰 길이의 기둥이 역시 주어졌을 경우, 그 자신의 무게에 저항하는 유일하고 최대인, 이 주어진 길이의, 그런 원기둥 또는 각기둥의 두께를 구하라.

원기둥 BC가 그 자신의 무게를 버텨내는 최대 [길이]의 기둥이라고 하고, 또 DE는 AC보다 길이가 크다고 하지요; 그 자신의 무게를 버텨내는 가장 큰, 길이 DE의 원기둥의 두께를 구하는 것이 요구되고 있지요. 길이들 DE와 167
AC에 대한 제삼 비례 I를 생각하고; 또 DE와 I의 비가 직경 FD와 BA의 비와 같도록 하고, 원기둥 FE를 구성합니다. 이것이, 자신의 무게를 버텨낼 수 있는, [FE에] 상사한 모든 원기둥들 중에서, 유일하고 최대인 원기둥이라고 저는 말씀드립니다. 선분들 DE와 I에 대해 M을 제삼 비례, O를 제사 비례라고 하고, FG를 AC와 같도록 하지요. 직경 FD와 직경 AB의 비는 선분 DE와 I의 비와 같으므로, 또 O는 DE와 I에 대해 제사 비례이므로, FD의 삼승과 BA의 삼승의 비는 DE와 O의 비와 같습니다. 그러나 FD의 삼승과 BA의 삼승의 비는 원기둥 DG의 저항과 원기둥 BC의 저항의 비와 같습니다. 따라서 원기둥 DG의 저항과 원기둥 BC의 저항의 비는 선분 DE와 O의 비와 같습니다. 원기둥 BC의 모멘트는 그 저항과 같으므로, 만약 우리가 원기둥 FE의 모멘트와 원기둥 BC의 모멘트의 비가 저항 DF와 저항 BA의 비와 같다(즉, FD의 삼승과 BA의 삼승의 비, 또는 선분 DE와 O의 비)는 것을 보인다면, 우리는, 원기둥 FE의 모멘트가 FD에 위치한 저항과 같다는, 우리 목적을 달성할 것입니다.

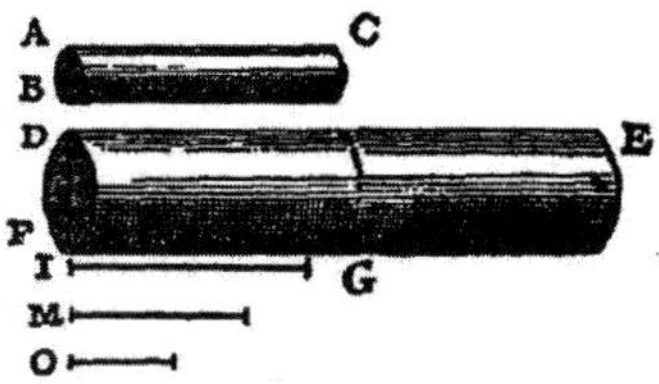

원기둥 FE의 모멘트와 원기둥 DG의 모멘트의 비는 DE의 제곱과 AC의 제곱의 비와 같지요; 즉 선분 DE와 I의 비와도 같습니다. 그러나 원기둥 DG의 모멘트와 원기둥 BC의 모멘트의 비는 DF의 제곱과 BA의 제곱의 비와 같으며, 또 DE의 제곱과 I의 제곱의 비와도 같으며, 또한 I의 제곱과 M의 제곱의 비, 또는 I와 O의 비와도 같습니다. 그러므로 비들의 등거리에 의해, 원기둥 FE의 모멘트와 원기둥 BC의 모멘트의 비는 DE와 O의 비와 같으며, 이 비는 밑면 DF의 저항과 밑면 BA의 저항의 비와 같습니다; 이 결과는 얻고자 하던 것이지요.[8)]

8) 먼저 기둥의 저항 M_r은 밑면의 직경 d의 삼승에 비례하고$\left(M_r = \alpha d^3\right)$, 또 기둥의 자중에

사그레도. 살비아티여, 이것은 참 긴 증명이고, 또 딱 한 번만 듣고 기억하기에는 매우 어렵습니다. 그래서 저는 당신께서 친절을 베푸셔서 증명을 한 번 더 해주셨으면 합니다.

살비아티. 당신의 요구에 따르겠습니다만, 아마도 조금 빠른 그리고 더욱 간결한 증명을 드리는 것이 나을 것입니다. 이 증명을 위해 조금 다른 그림이 필요하군요.[17]

168 **사그레도.** 호의를 더욱 크게 베푸시는군요, 하지만 저는 당신께서 위의 증명을 써서도 주시면 정말 감사하겠습니다. 그러면 시간이 있을 적에 공부할 수 있을 테니까요.

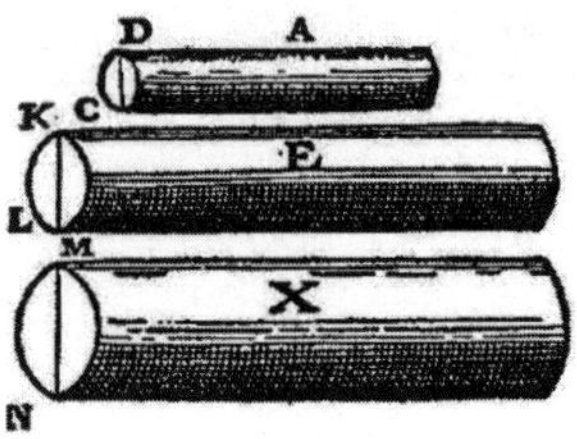

살비아티. 기꺼이 당신을 따르도록 하겠습니다. 이제 그 밑면의 직경이 선분 DC인 원기둥 A를 생각하지요, 그리고 A를 자중을 버텨낼 수 있는 [주어진 물질로 된] 최대의 [원기둥]이라고 하지요; 우리는 이것보다 큰 [원기둥], 자중을 버텨내는 역시 최대이며 유일한 원기둥을 구하고자 합니다. E를 A와 [기하학적으로] 상사한 그러나 주어진 길이를 가지는 [원기둥]이라고 하고, 그 밑면의 직경을 KL이라고 합니다. 두 선분들 DC와 KL의 제삼 비례인, MN을 길이가 E와 같은 원기둥 X의 직경이라고 하지요; X가 우리가 구하고자 하는 것이라고 저는 말씀드립니다. DC의 저항과 KL의 저항의 비는 DC의 제곱과 KL의 제곱의 비와 같고, 그 비는 KL의 제곱과 MN의 제곱의 비와 같으며, 이 비는 또 원기둥 E와 원기둥 X의 {체적들}의 비와 같고, 또 이 비는 E의 모멘트와 X의 모멘트의 비와 같습니다. KL의 저항과 MN의 저항의 비는 KL의 삼승과 MN의 삼승의 비와 같고, 또는 DC의 삼승과 KL의 삼승의 비와 같으며, 이 비는 또 원기둥 A와 원기둥 E의 {체적들}의 비와 같

의한 모멘트 M_w는 직경 d의 제곱과 길이 l의 제곱에 비례한다$\left(M_w = \beta d^2 l^2\right)$. 여기서 α, β는 비례상수이다. 따라서 $M_r = M_w$를 만족하는 모든 기하학적으로 상사한 최대 크기의 기둥들은 $d = \gamma l^2$을 만족하며($\gamma = \beta/\alpha$), 저항과 모멘트가 같은 한 경우에 대해 원기둥의 직경과 길이, d_1, l_1이 주어지면, 이를 위 식에 대입하여 $\gamma = d_1/l_1^2$을 얻고, 따라서 다른 원기둥의 길이 l_2에 상응하는 $d_2 = \left(d_1/l_1^2\right)l_2^2 = d_1\left(l_2/l_1\right)^2$을 얻는다. 만약 λ를 l_2, l_1의 제삼 비례라고 하면, 정의에 따라 $l_2 : l_1 = l_1 : \lambda$이며, 본문에서 $d_2/d_1 = l_2/\lambda$이므로, $l_2/\lambda = (l_2/l_1)(l_1/\lambda) = (l_2/l_1)^2$, 즉 같은 결과를 얻는다.

고, 또는 A의 모멘트와 E의 모멘트의 비와 같습니다. 그러므로 비들의 교란된 등거리에 의해, DC의 저항과 MN의 저항의 비는 A의 모멘트와 X의 모멘트의 비와 같습니다; 그러므로 기둥 X는 기둥 A가 만족하는 것과 같은 모멘트와 저항의 관계를 만족합니다.

저는 이제 문제를 더욱 일반화하고자 하며, 그래서 {다음} 명제는 이렇습니다:

[명제 9]

그 자신의 저항에 반하여 어떤 값이라도 임의의 모멘트를 가지는 원기둥 AC가 주어진 경우, 또 임의의 길이 DE가 주어진 경우, 길이 DE인 원기둥의 두께를 구하라. 그 두께는 그 {원기둥의} 저항에 반하는 그 모멘트가, 원기둥 AC의 저항에 반하는 원기둥 AC의 모멘트의 비와 같은 비를 가지도록 하라.[18]

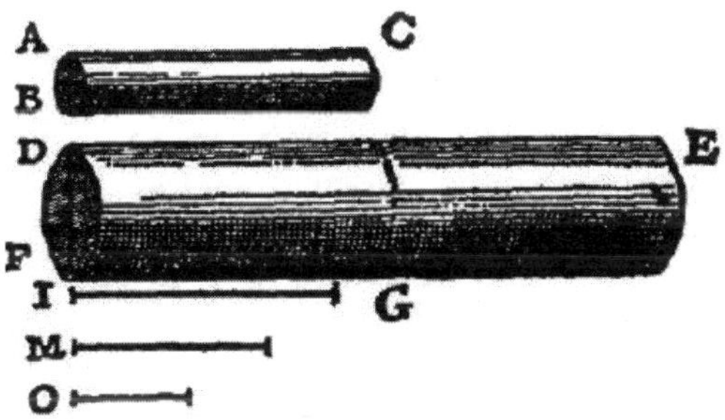

이전의 그림으로 돌아가서, 다시 한 번 거의 같은 단계를 거쳐, 다음과 같이 말씀드리지요: 원기둥 FE의 모멘트와 그 부분 DG의 모멘트의 비는 ED의 제곱과 FG의 제곱의 비와 같으며, 이 비는 선분 DE와 I의 비이고; 또 원기둥 FG의 모멘트와 원기둥 AC의 모멘트의 비는 FD의 제곱과 AB의 제곱의 비와 같기 때문에, 또는 DE의 제곱과 I의 제곱의 비와 같고, 또는 I의 제
곱과 M의 제곱의 비, 또는 선분 I와 O의 비와 같으므로; 비들의 등거리에 169
의해, 원기둥 FE의 모멘트와 원기둥 AC의 모멘트의 비는 선분 DE와 O의 비와 같고, 또는 DE의 삼승과 I의 삼승의 비와 같으며, 또는 FD의 삼승과 AB의 삼승의 비와 같습니다; 즉 밑면 FD의 저항과 밑면 AB의 저항의 그 비이지요; 이것은 하기로 했던 것이지요.[19]

이제 당신들께서는, 지금까지 증명된 것들로부터, 명백히 기계들을 무한히 큰 크기로 증대시키는 것의 불가능성(기술적인 면에서뿐만 아니라 자연 스스로에 의해)이 어떻게 뒤따르는지 아실 수 있을 것입니다. 그러므로 엄청나게 큰 배들, 궁전들, 또는 사원들을, 그들을 위한 노들, 돛대들, 들보류, 쇠사슬들, 그리고 합하여 모든 부분들이 하나로 유지되도록 짓는 것은 불가능합니다; 자연도 엄청난 크기의 나무를 만들 수 없는데, 이는 그들의 가지들이 그들 자신의 무게 때문에 부러질 것이기 때문입니다; 마찬가지로 사람, 말, 또는 존재하면서 그들의 기능을 비례적으로 수행할 수 있는 다른 동물들을 위해 골격을 만든다는 것 또한 불가능하지요, 그러한 동물들이 엄청난 키를 가지도록 커졌을 때 말씀입니다-단 뼈들이 보통보다 훨씬 딱딱하고 더욱 저항적인 물질로 만들어지거나, 또는 불균형스럽게 두꺼워 져서 그 동물의 형상과 외관이 괴물스럽게 비대해지지 않는다면 말씀이지요. 아마도 이러한 점이 우리의 매우 주의 깊은 시인에 의해 주목되었겠지요, 막대한 거인을 기술하면서, 그가 다음과 같이 읊었을 때 말이지요:

> 그의 키는 비교할 수 없이 매우 컸고,
> 그는 몸 전체는 잴 수 없을 만큼 비대하였다.[20]

제가 말씀드리는 것의 짧은 예를 보여 드리기 위해, 저는 이전에 뼈의 형상을 그려본 적이 있습니다, 길이는 세 배밖에 늘지 않았지만, 그 두께는, 더 작은 뼈가 더 작은 동물의 목적에 알맞은 것과 같이 상대적으로 큰 동물에서 제

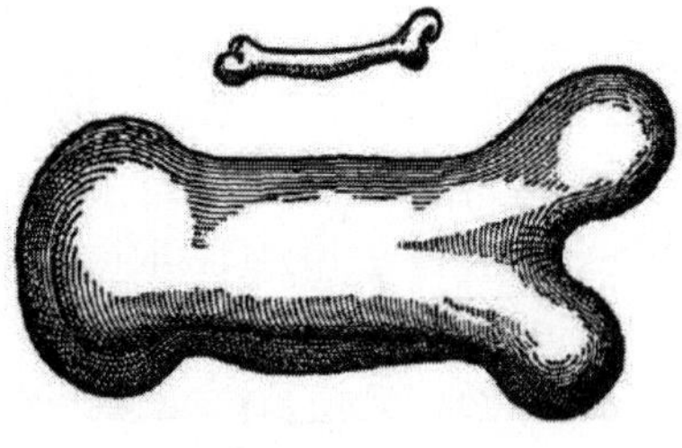

대로 기능할 수 있도록 비례하여 커진 뼈를 말씀이지요[9]; 여기 그림이 있습니다. 당신들께서는 커진 뼈의 형상이 얼마나 불균형스럽게 되었는지 보실 수 있

9) 앞의 각주 8에서 보인 바와 같이 두께는 아홉 배가 되어야 한다.

으시지요. 이것으로부터 다음은 명백합니다. 만약 우리가 엄청난 거인에게서 보
통 사람들에게 존재하는 각 부분들의 비례를 유지하기를 원한다면, 그의 뼈를 170
만들기 위해 훨씬 딱딱하고 더욱 저항적인 물질을 구하거나, 아니면 그의 강건성이 평균적인 신장의 사람들보다 비례하여 약해지는 것을 허용하는 것이 필수적일 것입니다; 그렇지 않다면, 비합리적인 키로 자랐을 때, 그는 그 자신의 무게에 의해 부서지고 주저앉는 것을 보여 줄 것입니다. 반면에, 다음도 뒤따릅니다. 물체들이 작아졌을 때, 그들의 강도는 같은 비로 감소하지 않으며; 오히려, 매우 작은 물체들에서는 강도가 더 큰 비율로 증가하며, 작은 개는 그의 등에 같은 크기의 두세 마리의 개들을 나를 수 있다고 저는 믿지만, 반면에 말이 그 자신 크기의 말 한 필을 나를 수 있을지는 의심스럽습니다.

심플리치오. 하지만 물고기들 중에서 우리가 보게 되는 엄청난 크기는 제게 이것이 그런지 아닌지를 의심하게 하는 심각한 이유를 제공하는군요. 제가 들은 바로는, 고래가 열 마리의 코끼리만큼 크다는데; 그래도 고래는 하나로 되어 있잖아요.

살비아티. 심플리치오여, 당신의 의심은 제가, 이전에 언급하지 않았던, 무언가를 추론할 수 있게 하는데요, 거인들과 다른 거대한 동물들을 하나로 유지하고, 작은 동물들과 같이 움직일 수 있게 하는 조건 말씀입니다. 그 조건은 다음과 같은 경우 결과로서 얻어질 것입니다. 만약, 딱 이런 경우만 그런 것은 아니지만, 그 기능이 그들 자신의 무게와 그들에 의해 지탱되는 무게를 지지하는 뼈들과 다른 부분들에 강도가 보강되는 경우입니다. 그러나 골격을 같은 비례로 놓아두고도, 만약 같은 비례로 뼈들 자체를 구성하는 물질의 무거움과, 뼈에 의해 지탱되어야만 하는 살과 다른 [물질]의 무거움을 감소시킨다면, 이들 구조물이 잘, 또는 심지어 더 잘 유지됩니다. 바로 이 후자의 수단이지요, 자연이 물고기의 구조에서 사용하는 것은, 즉 뼈들과 살을 조금 가볍게 만들뿐만 아니라, 어떠한 무거움도 없게 하는 것이지요.

심플리치오. 저는 당신의 생각하는 바, 방향을 알 것 같습니다, 살비아티여. 당신께서 뜻하시는 것은, 물고기들이 사는 곳이 물의 원소이며, 물은 그 물체의 특성 상, 또는 어떤 이들이 말할 바와 같이, 그 무거움에 의해, 물 속에 잠겨있는 물체들의 무게를 감소시킵니다; 그런 이유로 물고기를 이루는 물질은, 무게가 나가지 않으므로, 그들의 뼈에 과부하를 주지 않고도 유지될 수 있습니다.

그러나 이것만으로는 충분치 않습니다. 만약 심지어 물고기를 이루는 대부분의 구성 물질이 무게가 나가지 않는다고 하더라도, 그들의 뼈를 이루는 물질이 무게가 나간다는 점에는 의심의 여지가 없습니다. 누가, 보 정도로 큰 고래의 갈비뼈가 꽤 무게가 나간다는 것을 그래서 물 속에서 바닥으로 가라앉는다는 것
171 을, 부정하겠습니까? 그러므로 그들 뼈들은 그렇게 큰 몸집을 유지할 수 없어야만 합니다.

살비아티. 당신의 반론은 빈틈이 없군요. 제가 당신의 질문에 답하기 전에, 제게 말씀해주시지요: 당신께서는 물고기가 움직임 없이 물밑에서 즐기며 있는 것을 보신 적이 있으십니까? 바닥으로 내려가지도 않고 수면으로 올라가지도 않은 채, [하지만] 수영에 의해 어떠한 힘을 가함도 없이 말씀입니다.

심플리치오. 이것은 매우 쉽게 볼 수 있지요.

살비아티. 그러면, 물 속에서 물고기가 움직임 없이 있을 수 있는 능력은, 그들의 몸집의 구성이 그 비중이 물과 같게 되었다는 믿을만한 증거이지요. 그래서 만약 물고기 부분 중에 물보다 무거운 것이 발견된다면, 평형 상태가 유지되기 위해서는 당연히 같은 양의 물보다 가벼운 부분이 있어야만 합니다. 따라서 만약 뼈들이 [물보다] 무겁다면, 살 아니면 그 안의 다른 물질이 가벼워야만 하며, 이들이 그들의 가벼움으로 뼈들의 무게를 상쇄해야만 합니다. 그러므로 수중 동물에서 일어나는 모든 것은 지상 동물에 대한 경우와 반대이며, 후자에서는 자신의 무게와 살의 무게를 버티는 것은 골격의 책무임에 반하여, 전자에서는 살이 그 자신의 무게와 뼈의 무게를 지지합니다. 여기에서 그 불가사의가 멈추게 되지요. 물 속에서는 엄청난 크기의 동물들이 있을 수 있지만, 지상에서는, 즉 말하자면, 공기 중에서는 그럴 수 없다는 불가사의 말씀입니다.

심플리치오. 이것으로 저는 만족합니다; 또 저는 나아가 이들 우리가 '지상'이라고 부르는 동물들이 더 합리적으로는 '공기 중'이라고 불려야 한다는 점에 주목합니다. 왜냐하면 그들은 진정으로 공기 중에서 살고 있고, 공기에 둘러싸여 있고, 또 그들이 숨 쉬는 것이 공기이니까요.[21]

사그레도. 심플리치오의 추론이 저를 즐겁게 합니다, 그 질문과 그 해답, 모두와 관련하여서 말씀입니다. 나아가서, 이들 엄청난 물고기들 중의 하나는, 땅위로 올려 지면, 그리 오래 스스로를 지탱하지 못할 것이라는 것을 저는 매우

쉽게 이해합니다; 뼈들끼리의 결착이 약해지면서, 그 거대한 몸통은 납작해지고 말 것입니다.

살비아티. 현재로서는 저는 이것을 믿고 싶은 생각이 들며, 똑 같은 일이 저
편의 거대한 배에 생길 것이라고 생각하는 것으로부터 멀지도 않습니다. 바다 172
에 떠있으면, 자중과 많은 화물들과 장비들의 하중을 견디며 조각나지 않지만, 공기에 둘러싸인, 땅 위에서는 그 이음매가 아마도 갈라져 부셔질 것 같은 저 배 말입니다. 그러나 우리들의 주제를 계속 다루기로 하고, 다음을 보이기로 합니다:

[명제 10]

> 각기둥 또는 원기둥, 그 [자신의] 무게, 그리고 그 기둥이 [한 쪽 끝에서] 지지할 수 있는 최대 하중이 주어지면, 각기둥 자신이 더 길어졌을 때, 우리는 그보다 더 크면 그 자중 때문에 파괴될 최대 길이를 구할 수 있다.

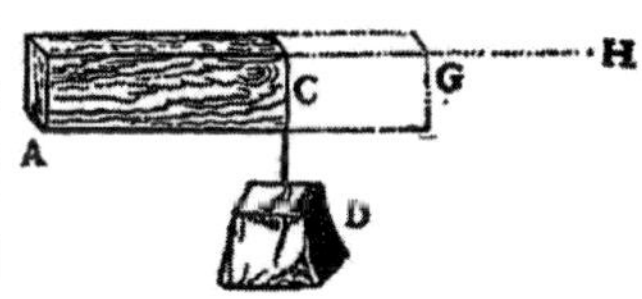

자중이 알려진 각기둥 AC가 주어진 경우, 주어진 추 D가 그 끝 C에서 지지될 수 있는 최대라고 하지요; 그 길이 보다 더 크면 각기둥이 파괴되지 않은 채 연장될 수 없는 최대 길이를 찾아야 합니다. 각기둥 AC의 무게와 AC의 무게에 추 D의 두 배의 무게를 더한 것의 비[와 같은 비로] CA를 HA까지 연장하지요. AG를 이들 [CA와 HA]의 평균 비례라고 하면; 저는 AG가 구하고자 하는 길이라고 말씀드립니다. C에 위치한 추 D의 아래를 향하는 [*gravante*] 모멘트가, 각기둥 AC의 모멘트 중심인 AC의 중앙에 위치한 D의 무게의 두 배인 추의 모멘트와 같은 한, 각기둥 AC의 A에서의 저항의 모멘트는, AC의 중앙에 매달린, 추 D의 두 배에 AC의 무게를 더한 하중의 아래를 향하는 경향(tendency)과 등가입니다. 원하는 것은 언급된 합해진 무게들(즉 D의 두 배 더하기 AC)의, 그렇게 위치한, 모멘트와 AC의 모멘트의 비가 HA와 AC의 비와 같아야 할 것이지요. 이들 사이의 평균 비례는 AG이며; 따라서 D의 두 배의 모멘트 더하기 AC의 모멘트와 AC의 모멘트의 비는 GA의 제곱과 AC의 제곱의 비와 같습니다. 그러나 각기둥 GA의 아래를 향하는 모멘트와 AC의 모멘트의 비는 GA의 제곱과 AC의 제곱의 비와 같습니다. 따라서 길이 AG는 구하고자 하는 최대값이며, 즉 각기둥 AC가

그 길이까지는 스스로를 유지할, 그러나 그 이상에서는 파괴될, 길이입니다.

지금까지는, 속이 찬 각기둥과 원기둥의 모멘트들과 저항들을 고려하였는데, 기둥들의 한 쪽 끝이 고정되어 있으며 다른 쪽 끝에서만 내리 누르는 중량물의 힘이 가해지는 것으로 가정되며, 이 중량물만, 또는 속이 찬 [기둥] 자신의 무
173 거움과 연계하거나, 또는 기둥의 무거움만 고려되었습니다. 이제 저는 같은 각기둥과 원기둥에 대해, 기둥들이 양쪽 끝에서 하중을 받거나, 또는 양쪽 끝 사이의 한 점에서 지지될 때에 대한 논의를 하고자 합니다.

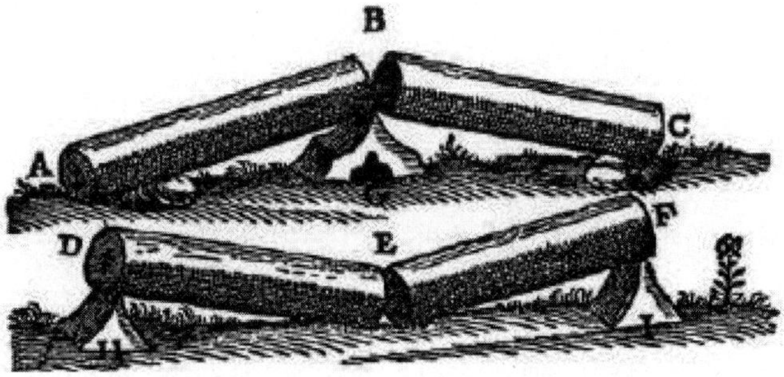

저는 먼저 말씀드립니다. 자중[만]에 의해 하중을 받고[*gtavato*], 그보다 큰 길이에서는 더 이상 자중을 버텨낼 수 없는, 그리고 정확하게 중앙에서 단일 지지되거나 또는 양쪽 끝에서 지지되는, 최대 길이로 된 원기둥은 벽 안에 고정되거나 한 쪽 끝에서만 하중을 받을 때에 비해 두 배만큼 길 수 있습니다. 이것은 그 자체로 충분히 명백한데, 왜냐하면 만약 원기둥 ABC의 절반 AB를 그 끝 B에서 고정될 때 자중을 버텨낼 수 있는 최대의 길이라고 하면, 지지점 G위에 놓여 다른 쪽 절반 BC에 의해 균형이 잡혀질 때, {기둥 ABC는} 앞에서와 같이 자중을 버텨낼 것이기 때문입니다. 그리고 비슷하게, 만약 원기둥 DEF의 길이가 단지 그 절반만이, 그 끝 D에서 고정될 때, 자중을 버텨내 수 있는 길이이고, 그리고 F에서 고정될 때에는 다른 [절반] EF만을 버텨낼 수 있다면, 지지점 H와 I를 끝들 D와 F 밑에 놓을 때, E에서 더해진 어떠한 힘 또는 중량물의 모멘트도 그곳에서 파괴를 일으킬 것이 명백합니다.

그와 같은 고체들로부터 그들 자신의 무거움을 추상화한 뒤, 양단에서 지지되는 원기둥의 중앙에 가해질 때, 이것을 파괴하기에 충분할 그 힘 또는 중량물이, 한 쪽 끝에 다른 쪽 끝보다 가까운 어떤 다른 곳에서 가해질 때, 같은

결과를 가져오는지 아닌지를 조사하는 것이 제안될 때는 더 깊은 고찰이 요구됩니다. 예를 들면, 만약 우리가 지팡이를 그 끝들을 손에 쥐고 무릎으로 그 중앙을 누름으로써 부러뜨리고자 한다면, 그것을 그와 같은 방식으로 부러뜨리기에 [딱] 충분한 힘이, 무릎이 중앙이 아닌 끝들 중의 한 곳에 더 가까운 곳에 위치하여도 역시 충분할까요?

사그레도. 제 생각에 이 문제는 아리스토텔레스에 의해 그의 '역학 문제들'에서 언급되었습니다.22]

살비아티. 아리스토텔레스의 문제가 정확하게 같은 것은 아닙니다. 그가 구하 174
고자 했던 모든 것은 지팡이를 부러뜨리는데 양손을 가깝게 쥐는 것보다, 무릎에서 떨어진 양단에서 지팡이를 잡으면, 왜 노력이 적게 요구되는지에 대한 이유를 제공하는 것이었지요; 그리고 그 원인을 지팡이를 잡는 팔들이 양단을 붙잡기 위해 벌어질 때 [적용되는] 지레들의 더 큰 길이로 환원시킴으로써, 그는 일반적인 이유를 제공하였습니다. 우리의 질문은 나아가 무언가를 더한 것이지요; 무릎을 중앙 또는 다른 곳에 놓고, 하지만 손들은 항상 [지팡이의] 양단을 쥐고 있을 때, 우리는 같은 힘이 모든 곳에서 충분할지 아닌지를 질문합니다.

사그레도. 첫눈에는 파괴될 것처럼 보이는데요, 왜냐하면 이들 두 지레들은 일정한 방식으로 같은 [전체] 모멘트를 보존하잖아요, 하나가 짧아진 만큼 다른 하나가 길어지니까요.

살비아티. 얼마나 쉽게 오류를 저지를 수 있는지, 또 오류에 빠지지 않기 위해서는 어떤 신중함과 주의력이 깊은 관찰력을 가지고 {고찰을} 진행해야 하는지 보시지요. 당신께서 말씀하시는 것은, 그리고 얼핏 보기에는 매우 가능성이 큰 것처럼 보이는 것은, 한 마디로 너무나 오류이며, 무릎(두 지레들의 받침점이지요)이 중앙에 위치하느냐 하지 않느냐는 것은 너무나 굉장한 차이를 만들므로, 중앙에서 파괴를 야기하는 것에 필요한 힘이, 어딘가 다른 곳에서 가해질 때는, 심지어 4, 아니 10, 아니 100, 또는 1000을 곱하여도, 어떤 때는 충분치 않을 것입니다.

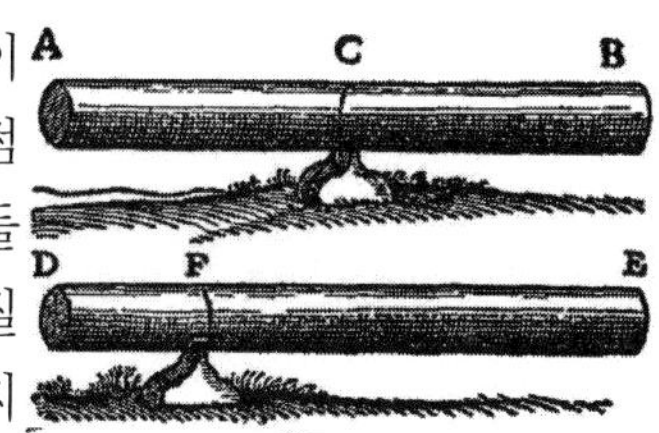

이것을 일반적으로 생각하지요, 그러면 우리는 비의, 파괴를 야기하는 힘들이 한 점으로부터 다른 점에 {작용함에} 따라 변화하는 그 비의 개별적인 결정에 이를 수도 있습니다. 먼저 우리는, 지지점 C 위의 중앙에서 파괴될, 이 목재

AB를 그리지요, 그리고는 중앙으로부터 얼마간 거리가 떨어진, 지지점 F 위에서 파괴될, 하지만 DE라고 표기된 같은 [목재]를 그립니다. 거리들 AC와 CB는 같으므로, 첫째로는 가해진 힘이 양단 B와 A에 같이 나누어질 것이라는 것은 명백합니다. 둘째로는, 거리 DF는 거리 AC보다 작아지므로, D에서 작용하는 힘의 모멘트는 A에서 작용하는 [힘의], 거리 CA에서 작용하는, 힘의 모멘트보다 작아집니다. 전자는 선분 DF와 AC의 비에 따라 감소하며; 따라서 [D에서의] 이 [힘]은 F에서의 저항과 같아지거나 또는 그것을 극복하기 위해서는 증가되어야만 합니다. 그러나 거리 DF는 거리 AC와 관련하여 무한
175 히{in infinitum} 감소할 수 있지요; 따라서 F에서의 저항과 대등하게 하기 위해서는[F가 D를 향해 후퇴하면] D에서 가해지는 힘을 무한히 증가시키는 것이 필수적입니다.

또 한편으로는, 거리 FE가 CB를 초과하여 증가함에 따라, F에서의 저항과 대등하게 하기 위해서는 E에서의 힘을 감소시켜야만 하지요;[23] 하지만 거리 FE는 CB와 관련하여 지지점 F가 끝 D를 향해서 물러남에 따라, 무한히 증가시킬 수 없습니다; 실제로는, 심지어 두 배도 될 수 없습니다. 그러므로 F에서의 저항과 대등해 지기 위해 요구되는 E에서의 힘은 항상 B에서의 힘의 절반보다 [작지만] 클 것입니다. 따라서 당신들께서는, 지지점 F가 그 끝 D에 접근함에 따라, F에 위치한 저항과 같아지거나 그것을 극복하기 위해, E와 D에서의 힘들의 더해진 모멘트들을 무한히 증가시켜야 하는 필요성을 이해할 것입니다.

사그레도. 심플리치오여, 우리가 무엇이라고 말씀드려야 될 것인가? 마음을 예리하게 하고, 또 마음이 완벽하게 추론하며 고찰하게 하기 위해서는, 기하학의 힘이 모든 것 중에서 가장 강력한 도구임을 고백해야 되지 않을까요? 플라톤이 그의 학생들이 먼저 수학의 기초에 철저하도록 원했던 데는 상당한 이유가 없었을까요? 저는 지레의 작용[*facolta*]에 대해서와, 또 그 길이를 늘이고 줄임에 따라 얼마나 그 힘들과 저항의 모멘트가 증가 또는 감소하는지 매우 잘 이해하고 있었는데; 그럼에도 불구하고, 저는 당면한 문제에 대한 해답에 있어 조금 정도가 아니라, 무한히 오류를 범하였습니다.

심플리치오. 정말 저는, 논리학이 우리의 논증을 지배하는 매우 훌륭한 도구이기는 하지만, 발견[*invenzione*]을 위한 마음을 일깨우는데 있어서는 기하학의

예리함에 비교되지 않는다는 것을, 이해하기 시작합니다.

사그레도. 제게는, 논리학은 이미 발견된 논증들과 증명들이 확정적인지 아닌지를 어떻게 알 수 있는지 가르쳐 주는 것처럼 보이지만, 저는 논리학이 확정적인 논증들과 증명들을 어떻게 구하는지를 가르쳐 준다고는 믿지 않습니다.

그러나 살비아티께서 우리에게 같은 목재에서, 파괴의 다른 위치들과 관련하여, 저항을 극복하는데 필요한 힘들의 모멘트들의 증가 비를 보여주는 것이 나을 것입니다.

살비아티. 당신들께서 구하고자 하는 비는 다음 형태를 가집니다: 176

[명제 11]

> 원기둥이 파괴될 곳으로 원기둥의 길이 방향으로 두 곳을 정하면, 그 두 곳에서의 저항들은 서로 [양단으로부터] 그들 두 곳까지의 거리들을 변들로 하는 직사각형들의 [면적들의] 역 비를 가진다.

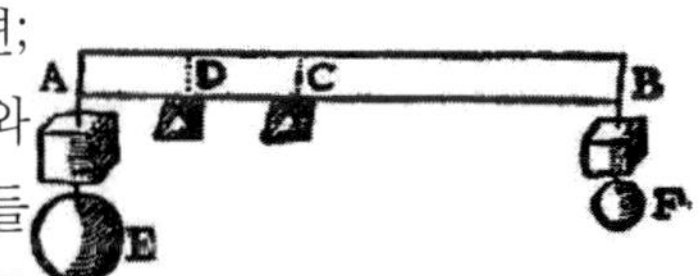

힘들 A와 B를 C에서 파괴가 일어나는데 [필요한] 최소의 [힘들]이라고 하고, 그리고 마찬가지로 E와 F를 D에서 파괴가 일어나기 위한 최소라고 하면; 저는, 힘들 A, B{의 합}과 힘들 E, F{의 합}의 비는 직사각형 $AD-DB$와 $AC-CB$의 {면적들의} 비와 같다고, 말씀드립니다. 힘들 A, B{의 합}과 힘들 E, F{의 합}의 비는 힘들 A, B{의 합}과 힘 B의 비; B와 F의 비; 그리고 F와 F, E[의 합]의 비로부터 합성 비로 얻어집니다. 그러나 길이 BA와 AC의 비는 힘들 A, B{의 합}과 힘 B의 비와 같고; 선분 DB와 BC의 비는 힘 B와 F의 비와 같으며; 선분 DA와 AB의 비는 힘 F와 F, E[의 합]의 비와 같습니다. 그러므로 힘들 A, B{의 합}과 힘들 E, F{의 합}의 비는 이들 세 비의 합성으로 주어지지요; 즉 위에 언급한 것으로부터[24] BA와 AC, DB와 BC, DA와 AB{의 비들}입니다. 헌데 두 비들 DA와 AB, AB와 AC로부터 합성 비는 DA와 AC의 비로 주어지지요; 따라서 힘들 A, B{의 합}과 힘들 E, F{의 합}의 비는 DA와 AC의 비와 DB와 BC의 비로부터 합성 비로 주어집니다. 한데 직사각형 $AD-DB$와 $AC-CB$의 {면적들의} 비는 DA와 AC의 비와 DB와 BC의 비로부터 합성 비로 주어지므로; 힘들 A, B{의 합}과 힘들 E, F{의 합}의 비는 직사각형 $AD-DB$와 $AC-CB$의 {면적들의} 비와 같습니다. 이것은 말하자면, C에서의 파괴에 대한 저항과 D에서 파괴에 대한 저항의 비는 직사각형 $AD-DB$와 $AC-CB$의 {면적들의} 비와 같다는 것이지요; 이것은 증명되어야 했던 것이지요.25]

177 이 정리의 결과로, 우리는 또 하나의 매우 흥미 있는 문제를 풀 수 있는데, 다음과 같습니다:

[명제 12]

원기둥(또는 각기둥)의 중앙에서, 즉 그 저항이 최소인 곳에서 지지될 수 있는 최대 무게가 주어지고, 또 이보다 무거운 중량물이 주어질 때, 주어진 무거운 중량물이 최대 무게로 지지될 수 있는 원기둥 내의 점을 구하라.

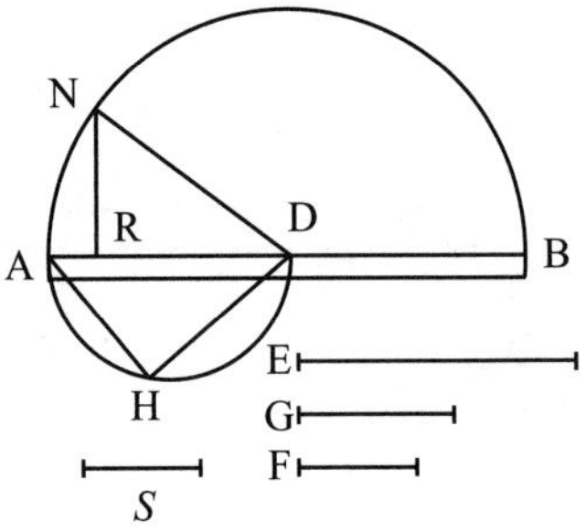

원기둥 AB의 중앙에서 지지될 수 있는 최대보다 더 큰, 주어진 중량물의 무게와 최대 무게의 비를 선분 E와 선분 F의 비와 같다고 하지요; 주어진 무게가 최대로 유지될 수 있는 원기둥 내의 점을 구할 것이 요구됩니다. G를 E와 F의 평균 비례라고 하고, 또 E와 G의 비는 AD와 S의 비와 같도록 하면; S는 AD보다는 작을 것입니다. AD가 반원 AHD의 직경이라고 하고, 그 안에 AH를 S와 같도록 잡습니다. HD를 그리고, DR이 HD와 같도록 잘라 내면; 저는 말씀드립니다. R이 구하는 점이며, 그 곳에서 주어진 중량물, 원기둥의 중앙 D에서 지지될 수 있는 최대 무게보다 더 무거운, 그 중량물은 최대 무게로 지지될 것입니다.

BA 상에 반원 ANB를 그리고 수직선 RN을 수직하게 세운 후; ND를 잇습니다. NR과 RD의 제곱들{의 합}은 ND의 제곱과 같으므로, 즉, AD의 제곱과 같고, 이는 AH와 HD[의 제곱들]{의 합}과 같으며, 또한 HD[의 제곱]은 DR의 제곱과 같으므로, NR의 제곱, 또는 직사각형 $AR-RB${의 면적}은, AH의 제곱과 같을 것이며, 이는 S의 제곱과 같습니다.10) 하지만 S의

10) 직사각형 $AR-RB$의 면적은 $(AD-RD)(AD+RD)=AD^2-RD^2=NR^2$을 얻는다. 또 위에서 얻은 결과를 다시 쓰면 $NR^2+RD^2=AH^2+HD^2$인데

제곱과 AD의 제곱의 비는 F와 E의 비와 같습니다[11]; 즉, D에서 지지되는 최대 무게와 주어진 더 큰 중량물의 무게의 비와 같습니다.[12] 따라서 이 더 큰 중량물은 R에서 그곳에서 지탱될 수 있는 최대로 지지될 것입니다; 이것은 구하고자 하던 것이지요.

사그레도. 저는 완벽하게 이해합니다. 그리고 저는 각기둥 AB는 중앙으로부터 점점 더 멀리 떨어진 점들에 작용하는 누르는 힘{pressure}에 대해 항상 더 강하고 또 더욱 저항적이므로, 매우 크고 무거운 보들에서 상당한 부분을 끝 부근에서 제거하여, 현저한 무게의 경감을 얻을 수도 있지 않나 생각하고 있는
중입니다. 이것은 거대한 홀들의 서까래에 대해 이점과 유용함이 작지 않을 것 178
입니다. 모든 점에서 같이 저항적이기 위해, 또 주어진 중량물로 다른 어떤 곳에서 더 중앙에서 내려 누를 때, 더 쉽게 파괴되지 않도록 하기 위해, 어떤 고체에게 주어져야 하는 형상을 아는 것은 훌륭한 일일 것입니다.[26]

살비아티. 저는 당신들께 이와 같은 목적에 견주어 무언가 매우 주목할 만하고 또 대단한 것을 말씀드리려고 하였습니다; 이것을 더 잘 설명하기 위해 여기 그림을 보였는데요. 여기서, DB는 각기둥인데, 끝 B에서 내려 누르는 힘에 의한 파괴에 대한 저항이, 앞에서 입증된 바와 같이, 길이 CB가 BA보다 작은 만큼, CI에서의 저항보다 그 끝 AD에서 더 작습니다.[27] 다음으로 같은 각기둥을 생각하는데, 선분 FB를 따라 대각선 형으로 톱질이 된, 그래서 서로 향하는 면들이 두 개의 삼각형들을 구성하며, 그 둘 중의 하나 FAB는 우리를 향한다고 하지요. 이 고체는 {위의} 각기둥의 성질과는 반대되는 한 특성을 가지는데, 왜냐하면 이 고체는 점 A 위에서보다 점 C 위에서, B에서 가해지는 힘에 의해, CB가 BA보다 작은 것에 비례하여, 파괴에 대해 덜 저항하기 때문입니다. 이것은 쉽게 증명됩니다.

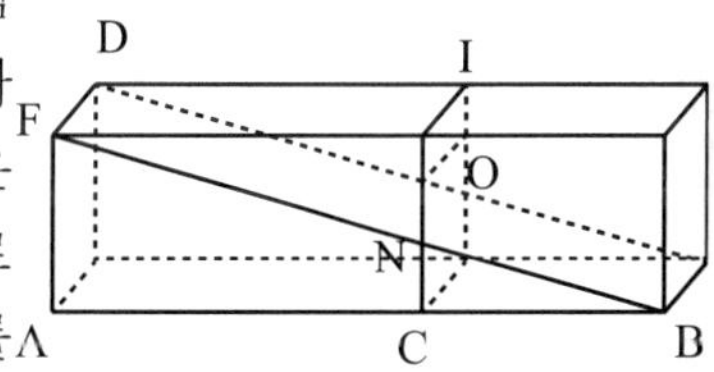

AFD에 평행한 단면 CNO를 생각하지요; 삼각형 FAB에서, 선분 FA와 CN의 비는 선분 AB와 BC의 비와 같습니다. 이제 점들 A와 C는 그 팔들

$RD = HD$이므로 $NR^2 = AH^2$을 얻는다.

11) $\frac{G}{E} = \frac{S}{AD} = \frac{F}{G}$이므로, $\frac{S^2}{AD^2} = \frac{S}{AD}\frac{S}{AD} = \frac{G}{E}\frac{F}{G} = \frac{F}{E}$를 얻는다.

12) D와 R에서 지지되는 최대 무게들은 저항들과 같고, 명제 10으로부터 그들의 비는 직사각형 $AR-RB$의 면적, 즉 S^2과 AD^2의 비와 같다.

이 BA와 AF, 그리고 BC와 CN인 두 상사한 지레들의 받침점들인 것을 이해했지요. 거리 AF에 위치한 저항에 대항하여 거리 BA를 통해 [작용하는] B에서 가해지는 힘의 모멘트는, 거리 CN에 위치한 같은 저항에 대항하여 거리 BC를 통해 작용하는 B에서 [가해지는] 같은 힘의 모멘트일 것입니다. 그러나 CN 거리만큼 떨어져 위치한 받침점 C에서, B에서 가해지는 힘에 의해 극복되어야하는 저항은, A에서의 저항보다 직사각형 CO가 직사각형 AD보다 작은 그 만큼 작습니다; 즉 선분 CN이 AF보다 작은 만큼, 또는 CB가 BA보다 작은 만큼. 그러므로 부분 OCB의 C에서 파괴되려고 하는 것에 대한 저항은 전체 DAB의 A에서 파괴되려고 하는 것에 대한 저항보다 길이 CB가 AB보다 작은 그 만큼 작습니다. 따라서 보 또는 각기둥 DB로부터 그것을 대각선으로 자름으로써 한 부분을 떼어내고, 실은 절반이지요, 쐐기 또는 삼각기둥 FBA를 남겨 놓았는데; {원래의 각기둥과 위의 삼각기둥의} 두
179 고체들은 서로 반대되는 성질을 가지고 있지요, 전자는 그 길이가 짧아지면 짧아질수록 [B의 방향으로] 더욱 저항적이며, 후자는 짧아짐에 따라 그 강건성을 잃게 됩니다. 이제, 이것이 사실이라면, 다음은 매우 합리적이고 심지어는 필연적인 것처럼 보입니다, 어떤 절단에 의해, 기둥의 여분이 제거되면, 그 모든 부분들에서 같이 저항적인 그런 형상의 고체가 얻어지는, 절단이 가능하다는 것이지요.

심플리치오. 정말이네요, 우리가 더 큰 것으로부터 더 작은 것으로 움직이면, 같은 것을 또한 만난다는 것은 필연적이지요.

사그레도. 하지만 이제 요점은 톱을 어떻게 인도하여 이와 같은 절단을 할 것인가 하는 것을 알아내는 것이지요.

심플리치오. 제게는 이것은 쉬운 일인 것처럼 보입니다. 각기둥을 대각선으로 자르고 절반을 제거함으로써 얻어지는 형상이 전체 각기둥의 특성과 다음과 같이 반대되는 특성을 가지잖아요, 후자가 강도{strength}를 더 얻었던 곳에서는 어디서나 전자가 그 만큼을 잃어버렸습니다. 그러므로 저는 우리가 그 가운데 경로를 취해야만 한다고 믿습니다; 즉, 반의 절반만, 또는 전체의 사분의 일을 제거함으로써, 남게 되는 형상들은 아까의 두 형상들이, {전체 각기둥과 반을 잘라내고 얻은 삼각기둥이} 같은 손실들과 증분들을 가지는 어떤 곳들에서도 강건성을 더 얻지도 또는 잃어버리지도 않을 것입니다.

살비아티. 심플리치오여, 당신은 과녁을 맞히지 못했습니다. 제가 당신들께 보여드릴 것과 같이, 각기둥으로부터 톱질되고 또 약하게 함이 없이 제거될 수 있는 것은 사실상 사분의 일이 아니고, 삼분의 일입니다. 이제, 사그레도가 언급한 바와 같이, 톱이 따라서 움직여야만 하는 곡선을 구하는 일만 남았지요, 그 곡선은 포물선임을 증명할 것입니다. 하지만 먼저 하나의 보조정리{lemma}를 증명하는 것이 필요하며, 그 보조정리는 다음과 같습니다:

[보조정리]

만약 두 천칭들 또는 지레들이 있는데, 힘들이 가해지는 두 거리들의 비가 저항들의 거리들의 제곱 비와 같도록 그들의 지지점들에 의해 분할되고, 또 그들의 저항들의 비가 그들의 거리들의 비와 같다면, [두 점들에서의] 지탱하는 힘들{powers}은 같을 것이다.

AB와 CD를 두 지레들이라고 하지요, 거리 EB와 FD의 비가 거리 EA와 FC의 제곱 비와 같도록 그들의 받침점들 E와 F에서 분할되었다고 하고, 180
또 A와 C에서의 저항들의 비가 EA와 FC의 비와 같다고 가정합니다.[28] 저는 B와 D에서의 같은 힘들은 A와 C에서의 저항들을 지탱할 것이라고 말씀드립니다. EG를 EB와 FD 사이의 평균 비례로 잡으면; BE와 EG의 비는 EG와 FD의 비와 같을 것이며, 또 AE와 CF의 비와도 같을 것이고, 이 비는 저항 A와 저항 C의 비와 같도록 잡았지요. AE와 CF의 비는 EG와 FD의 비와 같으므로, 순열에 의해, GE와 EA의 비는 DF와 FC의 비와 같을 것입니다. 두 지레들 DC와 GA는 점들 F와 E에서 비례적으로 분할되어 있기 때문에, 그러므로 D에서 가해질 때, 저항 C와 균형을 이루는 힘은, G로 이동하였을 때 A로 이동한 같은 저항 C와 균형을 이룰 것입니다. 그러나 가정에 의해, 저항 A와 저항 C의 비는 AE와 CF의 비, 또는 BE와 EG의 비와 같습니다. 따라서 G에서의 힘은, 아니면 D[에서의] 라고 할까요, B에 위치할 때, A에 자리한 저항을 지탱할 것이며; 이것은 증명하고자 하던 것입니다.

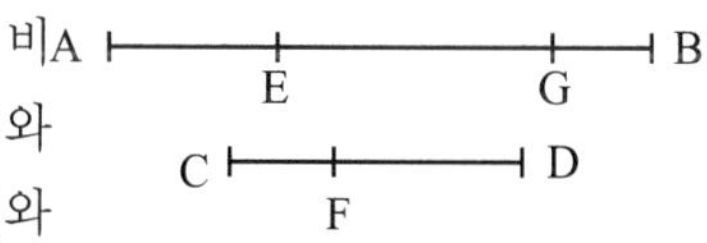

이것이 이해되었다면, 그 꼭지점이 B인 포물선 선분 FNB를 각기둥 DB

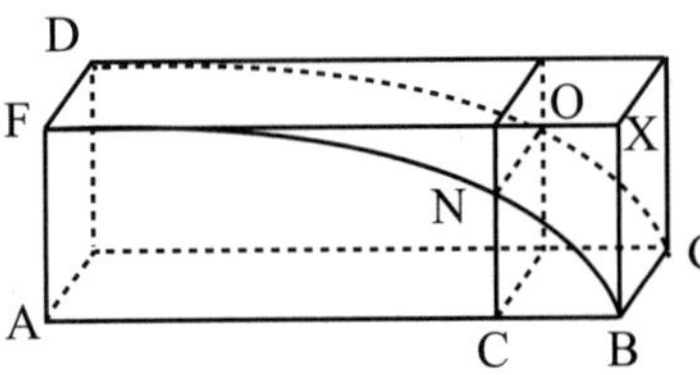

의 면 FB 상에 그리고, 각기둥을 이 곡선을 따라 톱질하여 밑면 AD, 직사각형 평면 AG, 직선 선분 BG, 그리고 포물선 선분 FNB의 곡률을 가지는 곡면 $BGDF$ 사이에 있는 고체가 남겨졌다고 하지요. 저는 [절대적으로 간주되는] 이 고체는 전 길이에 걸쳐 동일하게 저항적이라고 말씀드립니다.[29]

AD에 평행한 평면인 단면 CO를 잡고, 두 지레들을 생각합니다, 그들은 받침점들 A와 C 위에 {각각} 놓여 있으며, 또 그곳에서 분할되므로, 한 지레의 팔들은 BA와 AF이며, 다른 지레의 팔들은 BC와 CN입니다. 포물선 FBA에서 AB와 BC의 비는 FA의 제곱과 CN의 제곱의 비와 같으므로, 한 지레의 팔 BA와 다른 지레의 팔 BC의 비는 팔 AF와 팔 CN의 제곱 비와 같다는 것은 명백합니다. 지레 BA에 의해 균형이 이루어져야 하는 저항과 지레 BC에 의해 균형이 이루어져야 하는 저항의 비는 직사각형 DA와 직사각형 OC의 비와 같으므로, 이 비는 선분 AF와 NC(지레들의 다른 두 팔
181 들)의 비와도 같지요, 선분 BG에서 가해지며 저항 DA와 균형을 이루는 그 같은 힘은 저항 CO와도 균형을 이룰 것이라는 것은 위의 보조정리로부터 명백합니다. 고체가 어떤 다른 곳에서 절단된다고 해도 같은 것이 증명되며; 따라서 [절대적으로 간주된] 이 포물 고체{parabolic solid}는 전 길이에 걸쳐 동일하게 저항적{equally resistant}입니다.[30][13)]

포물선 선분 FNB를 따라 각기둥을 절단함으로써 삼분의 일이 제거된다는 것은 분명해지는데, 왜냐하면 반포물선 $FNBA$와 직사각형 FB는 평행한 두 평면들의 사이, 즉 직사각형들 FB와 DG 사이에 있는 두 고체들의 밑면들이며, 따라서 두 고체들{의 체적들}은 그들의 밑면들의 {면적의} 비와 같은 비를 가지기 때문입니다. 하지만 직사각형 FB는 반포물선 $FNBA$의 1.5배이며; 그러므로 포물선을 따라서 절단된 각기둥은 삼분의 일이 떨어져 나갑니다. 이것으로부터 강도의 어떠한 감소 없이, 무게를 33% 이상 줄인 들보들이 만들어질 수 있다는 것을 알 수 있습니다. 대형 선박들에서는, 특히 갑판들을 지지하는데, 경감성이 그러한 구조물들에서는 엄청나게 중요하므로, 이것은 매우 유용할 지도 모르겠습니다.[31]

---

13) 이 문제는 오늘날도 대부분의 재료역학 교재에서 '동일 강도{equal strength}'의 문제로 다루어지고 있다.

사그레도. 이 사실의 용도는 매우 많아서 그들을 다 열거하는 것은 긴 작업, 아니면 거의 불가능한 일일 것입니다. 그러므로 이것은 옆으로 제쳐놓고, 저는 경감이 당신께서 지정한 비대로 이루어진다는 것을 이해하고 싶군요. 저는 대각선을 따른 절단이 무게의 절반을 제거한다는 것은 매우 잘 알지요; 저는 이 포물 절단{parabolic cut}이 각기둥의 삼분의 일을 떼어낼 것이라는 살비아티의 말씀을, 항상 참으로 가득한, 그의 말씀을 믿을 수 있습니다만, 이에 대해 믿음보다는 과학{적인 증명}에 대해 감사드리고자 합니다.[14]

살비아티. 그러면 당신은 원래 각기둥이 여기서 포물 고체라고 부른 기둥보다 전체 각기둥의 삼분의 일 크다는 것의 증명을 원하시는군요. 저는 제가 언젠가 이것을 증명했다는 것을 알기는 하는데, 이제 한 번 제가 그 증명을 다시 꿰어 맞출 수 있을 지 시도해 보지요. 이를 위해 저는 아르키메데스의 어떤 보조정리를, 그의 '나선들에 대하여'라는 책에 나온, 보조정리를 사용한 것을 기억하는데, 그 보조정리는 어떤 주어진 수의 선분들이 동일하게 차례로 서로를 초과하면, 그 초과분은 가장 짧은 것과 같을 때; 또 각각이 가장 긴 것과 같은 길이인 같은 수의 선분들이 주어지면, 모두 후자의 제곱[의 합]은 전자의 선분
들의 제곱[의 합]의 세 배보다 작으며, 한편 전자의 선분들의 제곱으로부터 가 182
장 긴 선분의 제곱을 뺀 것의 세 배보다 크다는 것입니다.[32]

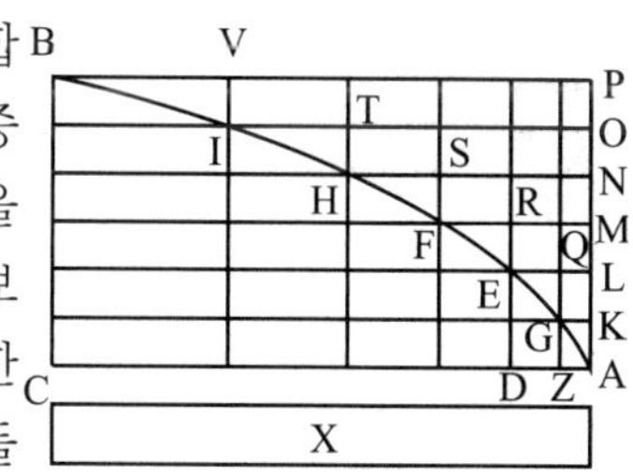

이 보조정리를 가정하고, 포물 선분 AB를 직사각형 $ACBP$에 내접하도록 하지요, 우리는 그 변들이 BP와 PA이고 그 밑변이 포물 선분 BA인 혼합 삼각형{mixed triangle}[33] BAP가 전체 직사각형 CP의 삼분의 일인 것을 증명해야 합니다. 만약 삼분의 일이 아니라면, 삼분의 일보다 크거나 또는 작을 것입니다. 만약 작다고 하면, 그 혼합 삼각형이 {직사각형 CP의 삼분의 일}보다 공간{space} X만큼 작다고 하지요. 직사각형을 변들 BP와 CA에 평행한 선분들로 같은 부분으로 연속적으로 분할하면; 결국 공간 X보다 작은 부분들에 도달할 것입니다. 그와 같은 한 부분을 직사각형 OB라고 하고, 다른 평행선들이 포물 곡선을 자르는 점들을 통해서 AP와 평행한 선분들이 지나도록 합니다.

---

14) 적분을 사용하면 이 결과를 구하는 것은 매우 쉬운 일이지만, 적분이 아직 알려지지 않은 시점이므로, 곡선 아래의 면적을 구하는 것은 순전히 기하학적으로 수행되어야 한다는 점에 유의하기 바란다.

이제, '우리들의 혼합 삼각형에 외접하는'에 의해, 저는 직사각형들, BO, IN, HM, FL, EK와 GA로 이루어진 도형을 뜻할 것이며, 이 꺾은선[broken-line] 도형은 직사각형 CP의 삼분의 일보다 작을 것인데, 이 결과는, 이 도형의 혼합 삼각형에 대한 초과분이 직사각형 BO보다 훨씬 작을 것이며, 또 직사각형 BO는 공간 X보다 작기 때문에 얻어집니다[그렇게 만들었으므로].

사그레도. 잠깐만요, 왜냐하면 저는 이 외접하는 도형의 초과분이, 즉 혼합 삼각형보다 큰 부분이, 직사각형 BO보다 왜 훨씬 작게 되는지 모르겠습니다.

살비아티. 직사각형 BO는, 우리의 포물 선분이 통과하여 지나는 작은 직사각형들의 합과 {그 면적이} 같지요, 그렇지 않습니까? 저는 BI, IH, HF, FE, EG와 GA에 대해 말씀드리고 있는데, 이들 각각의 일부만 혼합 삼각형 바깥에 있습니다. 그리고 직사각형 BO는 공간 X보다 작다고 가정되지 않았던가요? 그러므로 만약, 반대자를 위해, 그 [혼합] 삼각형 더하기 X가 직사각형 CP의 삼분의 일과 같다면, 그 [혼합] 삼각형에 공간 X보다 작은 것을 더한, 외접하는 도형은 직사각형 CP의 삼분의 일보다 더욱 작아야만 할 것입니다. 그러나 이것은 그렇게 될 수가 없지요, 왜냐하면 [보일 바와 같이] 그것은 삼분의 일보다 크기 때문이며; 따라서 우리의 혼합 삼각형이 직사각형의 삼분의 일보다 작다는 것은 참이 아닙니다.

183 **사그레도.** 제 의문에 대한 대답은 이해했지만, 이제 당신께서는 저희들에게 외접하는 도형이 직사각형 CP의 삼분의 일보다 크다는 것을 보이셔야 하는데, 이에 대해 저는 우리가 훨씬 많은 고생을 할 것으로 믿습니다.

살비아티. 오, 그에 대해 큰 어려움은 없습니다. 포물선 안에서, 선분 DE의 제곱과 ZG의 제곱의 비는 선분 DA와 AZ의 비와 같고, 이 비는, 높이들 AK와 KL이 같으므로, 직사각형 KE와 AG의 비입니다. 그러므로 ED 제곱과 ZG 제곱의 비(즉, LA 제곱과 AK 제곱의 비)는 또한 직사각형 KE와 KG의 비와 같습니다. 그리고 똑 같은 방법으로 다른 사각형들 LF, MH, NI와 OB는 각각 선분들 MA, NA, OA와 PA의 제곱과 같은 것이 증명됩니다.

다음으로, 외접하는 도형은 가장 짧은 것과 같은 차이들로 서로를 초과하는 선분들의 제곱인 공간들로 구성되어 있다고 생각하고, 또 직사각형 CP는 같은 수의, 그 각각이 가장 긴 것과 같은 공간들로, 즉 모든 직사각형들이 OB와 같은 것으로 구성되어 있다고 생각하지요. 그러면, 아르키메데스의 보조정리에 의해, 외접하는 도형은 직사각형 CP의 삼분의 일보다 큽니다.34) 그러나 {위에서} 외접하는 도형은 또한 {직사각형 CP의 삼분의 일보다} 작다고 하였는데, 따라서 그것은 불가능합니다.

마찬가지로 저는 외접하는 도형이 {직사각형 CP의 삼분의 일보다} 크지도 않다고 말씀드립니다. 왜냐하면 만약 크다면, 공간 X를 [이제] 직사각형 CP의 삼분의 일보다 더 큰 [혼합] 삼각형의 초과분과 같게 합니다. 그러면, 직사각형을 분할, 재분할하여 상등{ever-equal} 직사각형들로 만들었을 때, 우리는 다시 공간 X보다 작은 그러한 직사각형에 도달할 것입니다. 이렇게 한 뒤, 또 직사각형 BO는 X보다 작다고 하고, 위와 같은 그림을 그리면, 우리는 혼합 삼각형에 어떤 도형을 내접시키게 될 것이며, 그 도형은 직사각형들 VO, TN, SM, RL과 QK로 이루어지고, 또한 직사각형 CP의 삼분의 일보다 작지 않을 것입니다. 왜냐하면 혼합 삼각형은 이 내접하는 도형을 그 삼각형이 직사각형 CP의 삼분의 일을 초과하는 것보다 훨씬 작게 초과하며, 이는 혼합 삼각형이 직사각형 CP의 삼분의 일을 초과하는 양이 공간 X와 같아서 그러한데, 공간 X는 [다시] 직사각형 BO보다 크고, 또 이 후자는 [혼합] 삼각형이 내접하는 도형을 초과하는 것보다 더욱 크기 때문입니다.15) BO는 모든 직사각형들 AG, GE, EF, FH, HI 및 IB와 같고, 또 [혼합] 삼각형이 내접한 도형을 초과하는 양들은 이들의 절반보다 작기 때문입니다. 그리고 [혼합] 삼각형이 직사각형 CP의 삼분의 일을 초과하는 양은 그것이 내접된 도형을 초과하는 양보다 훨씬(즉 공간 X만큼) 크므로, 이 도형은 직사각형 CP의 삼분의 일보다 여전히 클 것입니다. 그러나 가정된 보조정리에 의하면, 내접하는 도형은 작습니다, 왜냐하면 모든 긴 직사각형들의 군집으로서 직사각형 CP와, 내 184

15) 이 문장에서 'BO보다 크고'와 '더욱 크기 때문입니다'는 영역본대로 해석하면 'BO보다 작고'와 '더욱 작기 때문입니다'이나, 오류로 보아 바로 잡았다. 내접하는 도형의 면적을 A_i, 혼합 삼각형의 면적을 A_t, 외접하는 도형의 면적을 A_c, 그리고 직사각형 CP의 삼분의 일의 면적을 $A_{1/3}$이라고 하고, 직사각형 BO의 면적은 δA, 공간 X의 면적은 ΔA라고 하면; $\delta A < \Delta A$, $A_i < A_t < A_c$를 얻는데, $A_t - A_{1/3} = \Delta A$이고, $A_c - A_i = \delta A$이므로, 당연히 $A_{1/3} < A_i$를 얻는다.

접하는 도형의 성분 직사각형들의 비는, 가장 긴 선분의 제곱들의 군집과, 가장 긴 것을 제외한 [후, 서로를] 같은 크기로 초과하는 모든 선분들의 제곱과의 비와 같기 때문입니다. 따라서 [선분들의] 제곱에 대해서와 같이, 긴 [직사각형들]의 군집은, 즉 직사각형 CP는, 내접하는 도형을 구성하는, 가장 긴 것을 제외한, 서로를 같은 크기로 초과하는 [직사각형들]의 군집의 세 배보다 큽니다. 그러므로 혼합 삼각형은 직사각형 CP의 삼분의 일보다 크지도 작지도 않으며, 결국 그들은 같아야 합니다.

사그레도. 매우 멋있고 독창적인 증명이군요, 게다가 이 증명은 포물선 BA 아래의 면적을 우리에게 주지 않습니까, 이 값이 포물선 안에 내접한 삼각형[35]의 삼분의 사임을 보여주고 있군요. 이것은 아르키메데스가 다수의 정리를 사용하여 두 가지 방법으로 증명한 것을 증명하는데, 두 가지 방법 모두 존경할 만하고, 또한 보다 최근에는 루카 발레리오{Luca Valerio}에 의해 증명되었는데, 그는 우리 세대의 제 2 아르키메데스이며[36], 그의 증명 또한 그가 저술한 고체들의 무게 중심에 대한 책에 주어져 있습니다.

살비아티. 그 책은 정말 오늘날 또는 지난 세기들의 가장 저명한 기하학자들에 의해 쓰인 어떠한 책 아래에도 놓을 수 없는 책이지요. 우리의 **학회원**께서 그 책을 보았을 때, 그는 발레리오 씨에 의해 모든 것들이 매우 적절하게 모습을 드러내고 증명된 것을 보았으므로, 같은 주제에 대하여 그가 쓰고 있던 발견들에 대한 탐사를 그만 두도록 하는 일이 벌어졌지요.[37]

185 **사그레도.** 저도 이 모든 일들에 대해 **학회원**으로부터 직접 들었으며, 그 분께서 발레리오 씨의 책과 마주쳤을 즈음, 그 분께서 이미 알아내셨던 증명들을 제가 볼 수 있도록 청하였으나, 그들을 보지는 못하였습니다.

살비아티. 제가 사본을 한 부 가지고 있으며, 당신들께 그 책을 보여 드리도록 하지요, 두 저자 분들이 같은 결론들과 그들의 증명들에 대한 탐사에 있어 의존한 방법들의 차이를 보시면 즐거우실 것입니다. 결국 둘 다 참이지만, 어떤 결론들은 다르게 설명되어 있지요.

사그레도. 그들을 볼 수 있다면 매우 기쁠 것입니다; 당신께서 우리들의 일상적인 회합들로 되돌아오실 때, 제게 그들을 가져 오시는 호의를 베풀어 주시지요. 한편으로는, 포물 절단에 의해 각기둥으로부터 얻어진 고체의 저항에 관한 이 [문제]는 여러 가지 기계공작{mechanical works}에 있어 우아하며 또한 유용한 공정이기 때문에, 장인들이 각기둥의 표면에 포물 선분을 그리기 위해 무언가 쉽고 빨리 쓸 수 있는 규칙을 가질 수 있다면 좋은 일이겠는데요.

살비아티. 그런 선분들을 그리는 방법들은 여러 가지가 있는데, 그 중 두 가지가 다른 방법들보다 빠른 편입니다; 이들에 대해 당신들께 말씀드리지요. 한 가지 방법은 정말 감탄할 만한데, 이 방법을 사용하여, 다른 누군가가 컴퍼스로 종이 위에 다른 크기의 넷 또는 여섯 개의 원들을 정밀하게 그리는 것보다 더 짧은 시간 안에, 저는 그들 원들의 원주들보다 결코 덜 정밀하거나, 덜 정확하거나 또는 덜 말끔하지 않은 서른 또는 마흔 개의 포물 선분들을 그릴 수 있습니다. 저는 호두보다 크지 않은, 완벽하게 둥그런 구리 공을 사용합니다; 이것을 수직이 아닌 약간 경사되게 고정된 금속 거울 위에서 굴리면[*tirata*], 운동 중인 공은 거울 위를 지나가며 약하게 내려 누릅니다. 움직이면서, 그 공은 매우 얇고 부드럽게 그려진 포물 선분을 남깁니다. 이 [포물선]은 공이 높은 곳 또는 낮은 곳에서부터 굴려짐에 따라 넓거나 좁아질 것입니다. 이것으로부터, 우리는 투사체들{projectiles}의 운동은 포물 선분을 따라서 이루어진다는 명백하고 또 느낄 수 있는 경험을 하는데, 이것은 **우리들의 친구**에 의해 처음으로 관찰된 결과이며, 그는 또한 그 사실에 대한 증명을 제공하였습니다.38] 우리 모두는 다음[*primo*]16) 모임에서 운동에 대한 그의 책에 기술되어 있는 이것을 볼 것입니다. 포물선들을 이런 방식으로 그리기 위해, 그 공은 손 안에서 조작 186
함으로써 약간 따뜻하고 습기 차게 되어야만 하며, 그럼으로써 공이 남기는 흔적들이 거울 위에 더욱 선명하게 나타날 것입니다.

우리가 얻고자 하는 곡선을 각기둥 위에 그리는 또 하나의 방법은, 우리가 그리고자 하는 반포물선이 들어가는 직사각형 폭의 두 배만큼 떨어져 있는, 두 개의 못을 벽 속에 수평선 위에 고정합니다. 그들 두 못들에 가느다란 사슬을 매다는데, 사슬의 길이는 그 곡선[*sacca*]이 각기둥의 길이에 걸쳐 연장되도록 하지요. 이 사슬은 포물선의 형상으로 휘며, 따라서 우리가 사슬의 궤적을 따라 벽 위에 점들을 표기하면, 우리는 전체 포물선을 그릴 수 있을 것입니

16) 원뜻은 '첫 번째'이다.

다.[39] 두 못들 사이의 중앙에 매달린 수직선을 사용하여, 이 포물선을 같은 {두} 부분들로 분할할 수 있습니다. 그러면 그런 곡선을 각기둥의 마주보는 면들에 옮기는데 이제 아무런 어려움이 없지요; 보통의 장인이면 이것을 어떻게 하는지 알 수 있을 것입니다. 또는 각기둥의 면 위에 직접 같은 곡선의 점들을 표기하기 위해, **우리들의 친구**가 만든 [비례] 컴퍼스 위에 표기된 기하학적 곡선들을, 어떤 다른 비책을 쓸 것도 없이, 사용할 수도 있습니다.[40]

지금까지 우리는 고체들의 파괴에 대한 저항들에 대한 이론과 관련하여 많은 결론들을 증명하였는데, 고체들의 길이 방향 저항을 안다고 가정함으로써 이 과학의 문을 우선 열었습니다. 그러므로 앞으로 계속 진행하여, 더욱 많은 결론들과 그들의 증명들을 발견하는 것이 가능한데, 이 결론들과 증명들은 실제로 무한하여[*infinite*] 끝이 없습니다. 하지만 지금, 오늘 논의의 마지막 끝으로서, 저는 속이 빈[*vacui*] 고체들의 저항에 대한 이론을 추가하고 싶군요. 기술에서는, 그리고 자연은 심지어 더욱, 이들을 무게를 더하지 않고도 강건성을 증가시키는 방법으로 수천의 공작에서 활용하고 있습니다. 가벼우면서도 굽힘과 파괴에 매우 저항적인 새들의 뼈들과 풀들의 줄기들[*canne*]에서 보는 것과 같이 말씀입니다. 밀짚은 그 전체 줄기보다 훨씬 무거운 이삭을 지탱하지만, 만약 이것
187 이 같은 양의 물질로 속이 꽉 차게 만들어 졌다면, 굽힘과 파괴에 훨씬 덜 저항적일 것입니다. 그러므로 기술자들은 관찰해 왔고, 경험은 확인시켜 주었지요, 나무 또는 금속으로 된 속이 빈 봉 또는 관이 무게와 길이가 같고 속이 찬 그래서 보다 가느다란 형태로 만들어진 것들 보다 훨씬 단단하다는 것을 말씀입니다; 그래서 기술자들은 창들을 가벼우면서도 튼튼하게 만들어야 할 때 어떻게 하면 속이 비도록 창들을 만들 수 있는지 알아내었지요. 그러므로 우리는 다음을 보일 것입니다:

[명제 13]

같은 무게와 길이의 두 원기둥들의 저항들의 비는, 하나가 속이 비었고, 다른 하나는 속이 찼을 때, 직경들의 비와 같다.

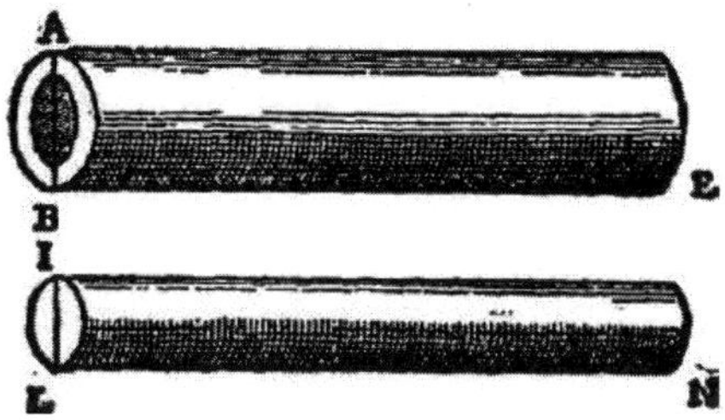

AE는 관 또는 속이 빈, IN은 속이 찬 원기둥이라고 하고, 그 무게와 길이는 같다고 하지요; 저는 말씀드립니다. 관 AE와 속이 찬 원기둥 IN의 파괴에 대한 저항의 비는 직경 AB와 직경 IL의 비와 같습니다. 이것은 명백한데, 왜냐하면 그 관[AE]과 원기둥 IN은 [체적과 재료가] 같으며 길이도 같으므로, 원기둥의 밑면인 원 IL은 관 AE의 밑면인 도넛[*ciambella*][41] AB(저는 동심인 더 큰 원으로부터 작은 원을 떼어 냈을 때 남는 면을 '도넛{doughnut}'이라고 부르겠습니다)와 {면적이} 같습니다; 따라서 그들의 절대 저항은 같을 것입니다. 원기둥 IN을 가로질러 파괴하려면, 우리는 길이 LN을 지레의 길이로 하고, 점 L에 받침점을 잡지요, 그리고 반경(또는 직경) LI는 이 지레에 대한 균형지레{counterlever}로 잡습니다. 하지만 관에서는, 지레 BE의 팔이 LN과 같으나, 받침점 B 반대 쪽의 균형지레는 {그 팔이} 반경(또는 직경) AB이기 때문입니다. 그러므로 관의 저항은 속이 찬 원기둥의 저항을 직경 AB와 직경 IL의 비로 초과할 것이 분명하며; 이것은 우리가 얻고자 하던 결과입니다. 따라서 관의 강건성은 속이 찬 원기둥의 강건성을 그 직경들에 비례하여 초과하는데, 만약 항상 그들 둘이 같은 재료, 무게, 길이를 가진다면 말씀입니다. 188

다음으로는 다른 경우들에서, 일반적으로, 길이는 같지만 무게는 다른, 그래서 속이 빈 정도가 다소 다른, 모든 관들과 속이 찬 원기둥들 사이에 어떤 일이 일어나는지를 조사하는 것이 좋을 것입니다. 먼저 어떻게 다음을 구하는지 보일 것입니다:

[명제 14]

속이 빈 관이 주어졌을 때, [파괴에 대한 저항이] 같은 속이 찬 원기둥을 구하라.

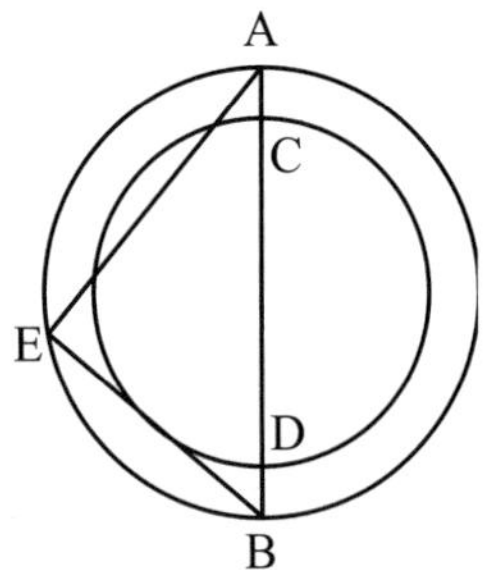

{증명} 과정은 매우 쉽습니다. 선분 AB를 관의 직경이라고 하고, CD를 빈 부분의 직경이라고 하지요. 큰 원 위에 직경 CD와 {길이가} 같은 선분 AE를 그리고, E를 B와 잇습니다. 반원 AEB 안에서 E는 직각이므로, 그 직경이 AB인 원{의 면적}은 직경들이 AE와 EB인 두 원들{의 면적의 합}과 같을 것입니다. 하지만 AE는 관의 빈 부분의 직경이므로; 직경이 EB인 원은 도넛 $ACBD$와 {면적이} 같을 것입니다. 그러므로 관과 원기둥의 길이가 같다면, 그 밑면이 직경 EB의 원인 속이 찬 원기둥은 [그 면적이 따라서 저항이] 관과 같을 것입니다.

이것을 증명하였다면, 우리는 바로 다음을 생각하지요:

[명제 15]

길이가 같은 모든 관 그리고 모든 원기둥의 저항들의 비를 구하라.

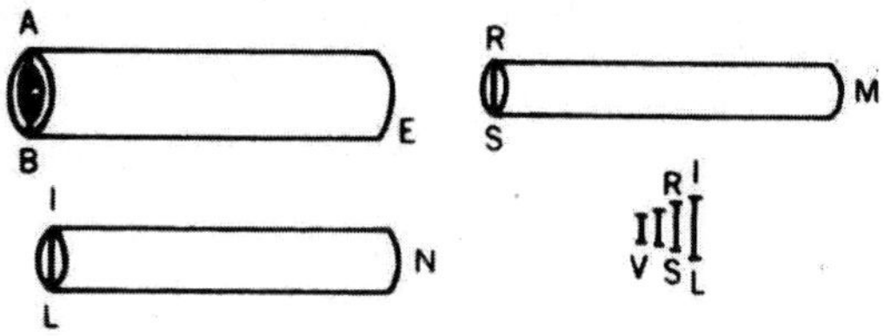

길이가 같은 관 ABE와 원기둥 RSM이 있다고 하지요; 우리는 그들의 저항들의 비를 구해야 합니다. 앞의 [명제]로부터, 관과 {저항이 같고} 길이가 같은 원기둥 ILN을 구합니다. 선분 V를 원기둥들 IN과 RM의 밑면들의 직경들인, 선분들 IL과 RS의 제4 비례라고 하지요. 저는 말씀드립니다. 관 AE의
189 저항과 원기둥 RM의 저항의 비는 선분 AB와 V의 비와 같습니다. 왜냐하면 관 AE는 원기둥 IN과 {면적이} 같고 길이도 같으므로, 관의 저항과 원기둥의 저항의 비는 선분 AB와 IL의 비와 같습니다; 하지만 원기둥 IN의 저항과 원기둥 RM의 저항의 비는 IL의 삼승과 RS의 삼승의 비와 같습니다; 즉 선분 IL과 V의 비이지요. 그러므로 비들의 등거리에 의해, 관 AE의 저항과 원기둥 RM의 저항의 비는 선분 AB와 V의 비와 같으며; 이는 우리가 구하고자 하던 것입니다.

둘째 날이 끝난다.[42]

1] 이 위서{pseudo}-아리스토텔레스 논문은 회전하는 막대 위의 점들이 같은 시간 동안 회전 중심으로부터의 거리들에 비례하는 거리들을 움직인다는 것에 대해 언급하였고, 이것이 운동의 용이함을 측도하는 것이며, 따라서 이 운동은 각각의 무게들의 무거움에 대해 역 관계에 있다고 주장하였다; 로브판 343-47; 375-77쪽 참조. 이와 같은 시간과 운동의 용이함에 대한 강조로부터, 갈릴레오는 그의 가상 속도의 원리를 얻었으며, 이에 대해 그의 저서 '수중 물체들', 71쪽('총서', 4권, 69)에서 상기한 오래된 논문에 그 공을 돌렸다.

2] 아르키메데스, '평면의 평형에 대하여,' 1권, 정리 6, 7; 히스{Heath}의 '아르키메데스의 저술들'{The Works of Archimedes, (Cambridge, 1897)}', 192-94쪽. 갈릴레오가 하나의 정리라고 부르는 것은 아르키메데스의 두 개의 정리인데, 아르키메데스는 공측{commensurable} 거리들과 비공측 거리들에 대해 별도로 증명하였다.

3] 아르키메데스의 두 개의 다른 가정들은 갈릴레오에 의해 생략되었는데; 즉, 같지 않은 거리들에 있는 같은 추들 중, 더 멀리 있는 것이 내려가며, 또 평형 상태에 있는 추들은 어느 한 쪽에 추를 더하거나 빼는 것에 의해 평형 상태를 벗어난다는 가정들이다. 갈릴레오는 나중에 아르키메데스의 또 다른 가정, 즉 비례하는 추들이나 또는 거리들로 대체할 때, 평형 상태는 유지된다는 가정을 도입한다. 아르키메데스의 증명보다 훨씬 이해하기 쉬운 갈릴레오의 증명은, 그의 학생들을 위한 저서에 처음 등장하였다; 참조, '역학에 대하여', 153-55쪽('총서', 2권, 161-63).

4] 계 내부의 조작에 의한 결과로 어떠한 운동도 발생하지 않는 한, 하나인 전체로서의 계의 운동은 발생하지 않는다고 가정한다.

5] 이것은 무게 중심{center of gravity}이 전체 물체를 대표하는 것으로 취할 수 있다는 또 다른 가정을 수반한다; 참조, '역학에 대하여,' 152쪽('총서' 2권, 160).

6] 지금까지는 도구 또는 장치가 지레였지만, 차후에는 그 강도를 해석하고자 하는 보{beam}가 된다. 지레 또는 보의 어떤 경우도, 그 자신의 무게가 무시될 때, '절대적으로 간주된다'라고 말하며; 자신의 무게가 고려되는 경우에, 본문에서는 지레 또는 보의 '모멘트' 또는 '합성력'이라고 부른다. 모멘트 또는 합성력은 따라서, 지레에 가해진 무게나 힘들과는 분리되어, 지레에 속하며, 그리고 그 영향은 작용점과 관련되어 받침점에 의존한다. 말하자면, 모멘트 또는 합성력은 그 자신에 반하여 작용하는 무거운 보의 '순 지레작용{net leverage}'을 나타낸다; 참조, 아래의 명제 6.

7] 명제들{propositions}은 원저에서는 단지 여백에 번호가 매겨졌으며, 뒤의 명제들은 번호가 매겨지지 않았다; 여기서는 참조의 편의를 위하여 명제들을 괄호 안의 숫자로 번호를 매긴다. 첫 번째 명제(나머지 명제들의 기본이 되는)는 정리{theorem}라기보다는 가설{postulate} 또는 가정{assumption}이며, 증명이라기보다는 설명이 뒤따른다. 이 가정을 함에 있어, 갈릴레오는 의도적으로 예들이라고 부른 실제의 물질들을 차별화하는 여러 가지 성질들을 무시하였다. 점착{adhesion} 또는 결합{coherence}은 AB에서 면적에 걸쳐 균일하게 퍼져 있는

것처럼 다루어지고 있는 것과 점들 A와 C는 강체처럼 연결되어 있는 것으로 간주되고 있음에 유의하기 바란다. 갈릴레오의 논의는 재료강도학의 수학적 이론을 구성하고자 한 최초의 알려진 시도이다; 이 논의에서, 운동에 대한 그의 논의(**셋째 날**)와 마찬가지로, 그는 비들에 대해서만 관심을 보였고, 따라서 고려되지 못한 인자들(특히 탄성)이 단지 주어진 종류의 물질에 대해 적용할 수 있는 비례들로 표현된 그의 결과들을 무효화시키지는 않는다.

8] 갈릴레오의 비-용어를 대신하여 멱지수-용어가 여기서 사용되었다; 참조, 서문과 위의 **첫째 날**의 미주 63.

9] 이 명제는 아마도 전적으로 물리적인 성질을 두 개의 독립 변수를 사용하여 기술한 최초의 표현이다. 아르키메데스도 비들의 합성을 비슷한 방법으로 사용하였으나, 단지 수학적 관계들에 대해서 뿐이었다. 참조, 히스{Heath}의 '아르키메데스', 179쪽.

10] '합성 모멘트들'에 대해서는 위의 미주 6 참조.

11] 이 번역에서, '순 지레작용들(위의 미주 6)'이라는 어구는 갈릴레오 자신의 어구, '그들 지레들의 힘들{forces of their levers}'이 가지는 현대적인 뜻과 구분하기 위해 사용되었다. {이 어구가} 뜻하는 바는 지레로 사용된 원기둥들의 '힘 확대율'{mechanical advantage}들의 비가 아니고, 각각의 원기둥이 한 쪽 끝에서 지지될 때, 그들 자신의 무게에 대한 두 상사한 고체들의 지레작용들의 비이다.

12] 즉 그들의 체적에 비례한다. 물질들의 상사성은 전편을 통해 가정되며(위의 미주 7), '기하학적으로'라는 단어는 괄호 안에 더해졌는데, 이는 상사한 형상들을 여기서 의미하기 때문이다. 사그레도의 소감에 대해서는 위의 **51-52쪽** 참조.

13] '역학 문제들', 27(로브{Loeb}판, 401쪽)

14] 여기서 뜻하는 책은 위의 **첫째 날**의 미주 11에서 밝혔다.

15] 이것은, 순수 기하학에서는 잘 알려져 있었으나 미적분학의 발명 이전에는 제한적으로 응용된 개념들인, 최대값과 최소값들을 사용하여 다루어진 최초의 물리 문제들 중의 하나를 나타낸다.

16] 같은 최대의 무게가 더 큰 길이에 걸쳐 분포될 때 모멘트가 더 크다는 이유로.

17] 이 다음의 증명은 1633년 안드레아 아리게티{Andrea Arrighetti} (1592-1672)에 의해 시에나에 있던 갈릴레오에게 보내졌던 증명의 단순화된 형태이다; 참조, ('총서', 15권, 279-81). 갈릴레오는 그 증명을 이 책에 포함시키고 싶다고 답장하였다('총서', 15권, 283-84).

18] 여기서 필요한 이전의 그림은 원판에서는 반복되지 않았다.

19] 이 명제는 균일한, 속이 찬 보들의 강도에 관한 문제들의 첫 번째 모음에 대한 적절한 결론이다, 왜냐하면 이 명제는 **첫째 날**의 처음 부근에서 사그레도(**50쪽**)에 의해 제공되었고 또한 살비아티에 의해 일반적인 오해라고 확인되었던(**51쪽**), 직관적인 대답을 정정하기 때문이다.

20] 아리오스토{Ludovico Ariosto(1474-1533)}, '광란의 올란도'{Orlando Furiosoo}, 17, 30. 갈릴레오의 표현은 여기에 번역된 표준적인 현대판과는 두 군데서 사소한 차이를 가진다.

21] 에반젤리스타 토리첼리{Evangelista Torricelli}(1608-47)는 기억할 만한 어귀, '우리는 공기 바다의 바닥에서 살고 있다'를 1644년 대기압에 대한 그의 설명 중에서 사용하였다.

22] '역학 문제들', 14(로브판, 369쪽).

23] 파괴가 일어나기 위해서, 그리고 단순히 한 손으로 다른 손을 잡아 다니는 것이 아닌.
24] 원래{1638년 판}의 본문은 retta{직선의}로 되어 있으나, 문맥으로 보면 detta {언급된}를 뜻한다.
25] 상이하며 더욱 짧은 증명이 피에로니 원고에는 실려 있다.
26] 문제는 양단에서 지지되는 보로서 어떤 주어진 중량물을 어떤 점에서든지 최대로 견디는 보를 찾는 것이다. 살비아티의 다음 언급은 관련은 있지만 다른 문제를 그는 논의할 것을 암시한다; 참조, 아래 미주 31.
27] 증명되었던 것은 이것이 아니며, 비비아니{Viviani}에 의해 그의 소장본에서 지적된 것처럼, A와 C에서 지지되는 각기둥들을 파괴하는데 필요한 중량물들{의 무게}는 길이들 AB와 BC에 대해 역이라는 것이다.
28] '또 ---'부터 문장 끝까지의 구절은 피에로니 원고에서는 보이지만, '총서' 이전에 출간된 판본들에서는 보이지 않는다.
29] 중량물의 무게가 B에서 가해질 때, F 또는 N에 상관없이 파괴된다는 의미에서.
30] 'BG에서 가해진 힘에 대해 ---'라는 구절이 최소한 필요하며, 또 그렇다고 하더라도 이것은 무게가 없는 보에 대해서만 성립한다-또는 갈릴레오가 말할 것처럼, '절대적으로 간주된' 보에 대해서. 이와 같은 간과는 프랑소와 블론델{Francois Blondel} (1626-86), 비비아니와 알레싼드로 마르켓티{Alessandro Marchetti}(1633-1714)에 의한 차후의 연구 및 논란의 주제가 되었다. 하지만 갈릴레오에 의한 전체 논의가 '절대적'으로 의도된 것처럼 시작되었다는(173쪽) 점은 꼭 유의되어야 한다; 즉 무거움을 추상화함으로써.
31] 명백하게 갈릴레오는 그의 문제와 양단에서 지지된 보들의 문제와의 본질적인 차이점을 인식하지 못하였으며, 후자의 문제에 대해 얻어진 형상은 포물선이라기보다는 타원임이 밝혀졌다; 참조, 위의 미주들 26과 30. {역자 주} 갈릴레오가 예에서 밝혔듯이 목선의 갑판을 지지하는 보들의 경우에는 한 쪽 끝이 고정된 보, 즉 외팔보로 모형화하는 것이 더욱 합리적이며, 양단 지지의 보에 대한 결과는 갈릴레오가 사용한 것과 같은 원리를 적용하여 얻어질 수 있으므로, 드레이크의 위 견해에는 동의하기 힘들다.
32] 아르키메데스, '나선들에 대하여', 정리 10(히스, '아르키메데스', 162쪽, 증명과 같이 주어진 것은 107-9쪽들, 같은 정리가 '코노이드와 스페로이드에 대하여'{On Conoids and Spheroids} 정리 2에서 보조정리로 사용된 적이 있다). 갈릴레오의 뒤따르는 증명은 아르키메데스의 소진법{method of exhaustion}을 실례로 보여준다. {역자 주} 이 보조정리는 '코노이드와 스페로이드에 대하여'에서 정리 2의 보조정리의 부속정리{Corollary} 1로 얻어졌다.
33] 한 변이 곡선 선분이고 변이 세 개인 도형.
34] 엄밀하게 말하면, 아르키메데스의 정리는 정사각형들의 합에 대해서만 적용되나, 그 정리의 한 부속정리는 어떤 종류의 기하학적으로 상사한 도형들도 정사각형 대신에 대입될 수 있다고 기술하고 있다.
35] 갈릴레오의 그림에는 표시되지 않은, 정말 삼각형 ABC이며; 이 삼각형을 혼합 삼각형(위의 미주 33)과 혼동하면 안 된다. 참조, 아르키메데스, '포물선의 면적 구하기{Quadrature of the Parabola}', 정리 17, 24(히스, 아르키메데스, 246쪽, 251-52).
36] 참조, **첫째 날**의 미주 20. 발레리오의 증명은 그의 '포물선의 면적 구하기{Quadratura parabolae}'(로마, 1606)의 정리 9에서 찾을 수 있다.
37] 발레리오의 요청에 따라, 이 책의 부록으로 실려 있는, 그의 같은 주제에 대한

초기 저술의 출판을, 1613년으로 예정되었던 출판을, 갈릴레오는 보류하였는데, 왜냐하면 발레리오는 본문에서 인용된 책의 개정판을 위한 작업을 하고 있었기 때문이다. 특히 1616년 로마에서 있었던 갈릴레오의 코페르니쿠스 캠페인{Copernican campaign}에 대한 발레리오의 반대를 고려하면, 갈릴레오의 발레리오에 대한 사후{posthumous} 찬사는 그러므로 매우 관대한 것이다. {역자 주} 코페르니쿠스 캠페인은 코페르니쿠스의 태양 중심설을 이단으로 규정하고자 하는 교회의 의도를 사전에 방지코자 했던 갈릴레오의 시도를 가리킨다.

38] 포물선은 1587년에 작성된 갈릴레오의 첫 번째 수학 논문의 기저를 이루고 있었다. 포물선들을 그리는 동일한 두 가지 방법들은 작성 시기가 밝혀지지 않은, 갈릴레오의 후원자였던 구이도발도 델 몬테(1545-1607)에 의해 남겨져, 지금은 파리에 보존되어 있는, 공책에도 기술되어 있다.

39] 매달린 사슬에 의해 형성되는 곡선은 현수선{catenary}이며, 포물선이 아닌데, 하지만 **넷째 날**(**310**쪽)에 주어진 조건들 하에서는 가까운 근사이다. {역자 주} 현수선은 cosh 함수, 즉 코사인 쌍곡선 함수로 주어진다.

40] 갈릴레오의 '기하학적 군용 컴퍼스'는 1597년경에 고안되었으며, 포물선들을 그리는 것을 돕기 위해 제곱들의 눈금을 포함하고 있었다.

41] Ciambella는 가운데 구멍이 뚫린 납작한 과자의 이름이다. 기하학적인 형상들에 대한 기술적 용어들로서 가정적인 표현들의 갈릴레오에 의한 비슷한 사용들에 대해서는 **74**쪽 참조.

42] 이곳에서의 책의 분할은 출판업자들에 의해 행해졌다. 통상적인 대화체의 결론과, 그리고 **셋째 날**의 대화체의 도입부가 여기에 누락된 것은 갈릴레오가 이곳에 내용을 추가할 의도였으나 라이덴{Leyden}에 보낼 시간에 맞추지 못한 것을 암시한다. 아래의 **넷째 날**의 미주 30 참조.

셋째 날

[살비아티(갈릴레오의 라틴어 논문으로부터의 낭독):]

국부 운동에 대하여

매우 오래 된 주제에 대하여 전혀 새로운 과학을 공개합니다[*promovemus*][1].

실제로 운동보다 더 오래된 것은 아마도 없을 것이며, 이에 대해서는 철학자들에 의한 저술들이 없다거나 또는 작지 않았지만; 저는 운동의 여러 본질적인 것들[*symptomata*][2]이 알아야 할 만큼 가치가 있음에도 불구하고 아직 증명은 고사하고 논의되지도 않은 것을 알게 되었습니다. 어떤 일상적인 것들은 주목을 받았는데, 예를 들면 자연적인 운동{natural motion}에서 무거운 떨어지는 것들이 지속적으로 가속된다는 것과 같은; 그러나 이 가속이 발생하는 것이 의존하는 비례는 아직 밝혀지지 않았습니다, 실로, 제가 아는 한, 아무도 정지 상태로부터 떨어진 움직일 수 있는 것에 의해 같은 시간들 동안 통과된 공간들이 그들 사이에 홀수들이 1부터 따르는 것과 같은 규칙[3][*ratioenm*]을 유지한다는 것을 증명한 적이 없습니다.[1] 던져지는 무기들{missiles}이나 투사체들{projectiles}이 무언가 휘어진 곡선을 그린다는 것은 관찰되어 왔지만, 아무도 이것이 포물선[4]임을 밝힌 적은 없습니다. 그것이 포물선{준등선}이라고 하는 것, 그리고 [이것보다] 알려지는 것이 덜 가치 있는 것이 아닌 다른 많은 것들이, 저에 의해 증명될 것이며, 또(제 생각에는 더욱 가치 있는 것인데), 우리들의 이러한 노력이 그 과학의 요소들이 될 것이며, 또 저보다 더욱 통찰력이 깊은 사고력을 가진 사람들이 훨씬 깊은 심오한 경지의 [과학으로] 꿰뚫고 들어갈, 거대하고 굉장한 과학으로의 입구와 길이 열릴 것입니다.

---

1) 원뜻은 '진흥하다'{promote}이다.
2) 원뜻은 '징후들'{symptoms}이다.
3) 시간이 1, 2, 3, … 으로 증가할 때, 1, 3, 5, … 처럼 증가하는 것을 뜻한다.
4) 이 책에서도 앞에서는 parabola의 번역어로 포물선이라는 용어를 써왔지만, 포물선(拋物線)의 뜻이 던져진 물체가 그리는 곡선임을 생각하면, 여기서는 정말 새로운 용어의 필요성이 절감된다. 원추곡선에서 준선과 초점으로부터 거리가 같은 점을 연결한 곡선에 대한 명칭이 따로 없기 때문인데, 이를 준등선(準等線)이라고 부르기로 한다.

우리는 이 논문을 세 부분들로 나눌 것입니다. 첫 번째 부분에서 균등 또는 균일 운동{equable or uniform motion}과 관련되는 것을 고찰하며; 두 번째 부분에서는 자연적으로 가속된 운동{motion naturally accelerated}에 대해 기술하고; 세 번째 부분에서는 격렬한 운동{violent motion} 또는 투사체들에 대해 논의합니다.

191

균등 운동에 대하여

균등 또는 균일 운동에 대하여, 다음 형태로 기술되는 하나의 정의가 필요합니다:

정의{definition}

균등 또는 균일 운동을 저는, 무엇이 되었든 간에 어떤 같은 시간들 동안, 움직일 수 있는 것에 의해 통과된 부분들이 서로 같은 운동으로 이해한다.

주{Note}: 단순히 같은 시간들 동안 같은 공간이 완료될[*transiguntur*] 때, 운동을 균등하다고 부른 이전의 정의에 대하여,[2] 수식어 '무엇이 되었든 간에 어떤'을 더하는 것이 좋은 것처럼 보이며, 즉, 모든 같은 시간들 동안; 왜냐하면 어떤 움직일 수 있는 것이, {더욱 작은} 자신들끼리는 같은 시간들 동안 완료된 공간들은 같지 않음에도 불구하고, 같은 공간들을 어떤 같은 시간들 안에 움직이는 일이 발생할 수 있기 때문이다.

이 정의로부터 네 개의 공리들을 다음과 같이 얻습니다:

공리{Axiom} 1

같은 균일한 운동 동안, 더 긴 시간 동안 완료된 공간은 더 짧은 시간 동안 완료된 공간보다 크다.

공리 2

같은 균등 운동에서, 더 큰 공간을 지나가는데 걸리는 시간은 더 작은 공간을 지나가는데 걸리는 시간보다 길다.

공리 3[3]

더 큰 속력으로 지나간 공간은 더 작은 속력으로 같은 시간 동안 지나간 공간보다 크다.

공리 4

같은 시간 동안 더 큰 공간을 지나간 속력은 더 작은 공간을 지나간 속력보다 크다. 192

명제{Proposition} 1. 정리{Theorem}1[4]

만약 같은 속력으로 균등하게 이동된[latum] 어떤 움직일 수 있는 것이 두 공간들을 지나가면, 운동에 걸리는 시간들이 비는 지나간 공간들이 비아 같을 것이다.

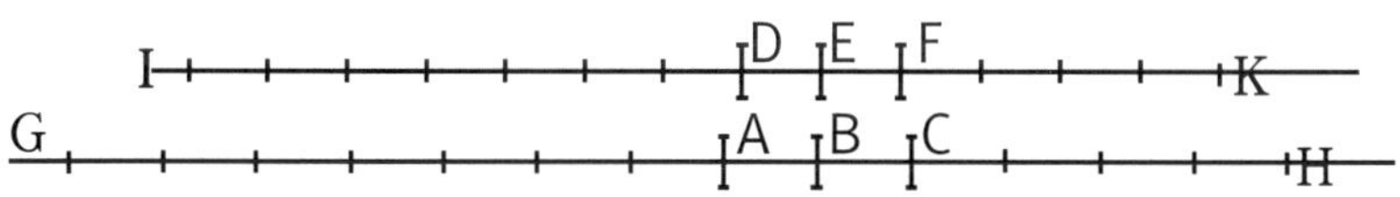

같은 속력으로 균등하게 이동된 그 움직일 수 있는 것이 두 공간들 AB와 BC를 지나간다고 하고: 그리고 AB를 지나는데 걸리는 운동의 시간을 DE라고 하며, BC를 지나는데 걸리는 운동의 시간을 EF라고 하지요; 저는 말씀드립니다. 공간 AB와 BC의 비는 시간 DE와 EF의 비와 같습니다.

G와 H를 향해 공간들을, I와 K를 향해 시간들을 확장하지요. AG안에 [각각] AB와 같은 임의의 수의 공간들을 잡고, 또 DI 안에 마찬가지로 [각각] DE와 같은 동일한 수의 시간들을 잡습니다. 나아가서, CH 안에 [각각] CB와 같은 임의의 수의 공간들을 잡고, FK 안에 [각각] EF와 같은 동일한 수의 시간들을 잡습니다. 공간 BG와 시간 EI는 이제, 몇 배가 취해졌느냐에 따라, [각각] 공간 BA와 시간 ED의 등배수들{equimultiples}일 것입니다. 마찬가지로, 공간 HB와 시간 KE는 공간 CB와 시간 EF의 그러한 배수로

등배수들일 것입니다. 그리고 DE는 AB를 통과하는데 걸리는 움직임의 시간이
므로, 전체 EI는 BG의 전체 [공간]에 대한 시간일 것이며, 이 운동이 균등하
다고 가정되었으므로, 같은 공간들 BA가 BG 안에 있는 수만큼 EI 안에는
같은 시간들 DE가 있으며; 그리고 마찬가지로 KE는 HB를 통과하는데 걸리
는 움직임의 시간이라고 결론짓습니다. 하지만 운동이 균등하다고 가정되었으므
로, 만약 공간 GB가 BH와 같으면, 시간 IE는 시간 EK와 같을 것이며, 반
193 면에 만약 GB가 BH보다 크다면, IE는 EK보다 클 것이고; 또 만약 작다
면, 작을 것입니다. 따라서 네 개의 크기들이 있습니다, 첫째 AB, 둘째 BC,
셋째 DE, 그리고 넷째 EF; 그리고 첫째와 셋째에 대해(즉 공간 AB와 시간
DE에 대해), 임의의 곱셈에 따라 등배수들을 취하면, [즉] 공간 GB와 시간
IE 이지요; 이들이 둘 모두 공간 BH, 시간 EK와 같거나, 둘 다 BH, EK
보다 작거나, 또는 둘 다 초과하는 것이 증명되었지요; 여기서 BH, EK는 둘
째와 넷째의 등배수들입니다. 그러므로 첫째와 둘째의 비(즉 공간 AB와 공간
BC의 비)는 셋째와 넷째의 비(즉 시간 DE와 시간 EF의 비)와 같습니다; 이
것은 증명하고자 하던 것입니다.

명제 2. 정리 2

만약 한 움직일 수 있는 것이 두 공간들을 같은 시간들에 지나가면, 이들 공간들의 비는 속력들의 비와 같다. 또 만약 공간들의 비와 속력들의 비가 같다면 그 시간들은 같을 것이다.[5]

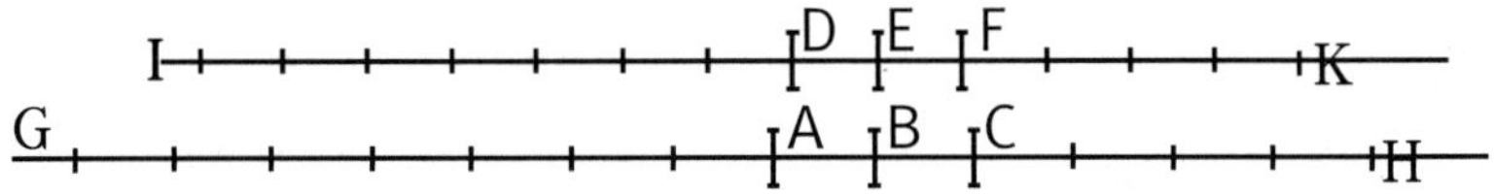

앞의 그림을 사용하기로 하되, 두 공간들 AB와 BC가 있다고 하고, 이들은 같은 시간들 안에 완료되는데, 공간 AB는 속력 DE로 또 공간 BC는 속력 EF로; 저는 말씀드립니다. 공간 AB와 BC의 비는 속력 DE와 EF의 비와 같습니다. 다시, 위에서와 같이, 공간들과 속력들의 등배수들을 임의의 곱셈에 따라 잡고-즉, GB와 IE는 AB와 DE의 [등배수들]이고, 또 마찬가지로 HB와 KE는 BC와 EF의 [등배수들]이지요-위에서와 같이 배수들 GB와 IE는 둘

모두 등배수들 BH와 EK와 같거나, 둘 다 BH, EK보다 작거나, 또는 둘 다 초과한다고 결론짓습니다. 그러므로 명제는 명백합니다.

명제 3. 정리 3

> 같지 않은 속력들로 같은 공간을 통과하는 움직임들에 대해, 시간들과 속력들은 역으로 비례한다.

두 속력이 있는데, A가 더 크고 B가 더 작다고 하고, 또 같은 공간 CD를 각각의 [속력]에 따라 통과하는 운동이 있다고 하지요; 저는 말씀드립니다. 속력 A가 CD를 가로지르는데[*permeat*] 걸리는 시간과 속력 B가 같은 공간을 가로지르는데 걸리는 시간의 비는 속력 B와 속력 A의 비와 같습니다.[6] 왜냐하면 194
CD와 CE의 비가 A와 B의 비와 같다고 하면; 앞으로부터, 속력 A가 CD를 지나가는데[*conficit*] 걸리는 시간은 B가 CE를 지나가는데 걸리는 시간과 같지만; 속력 B가 CE를 지나가는데 걸리는 시간과, 같은 [B]가 CD를 지나가는데 걸리는 시간의 비는 CE와 CD의 비와 같습니다. 그러므로 속력 A가 CD를 지나가는데 걸리는 시간과 B가 같은 CD를 지나가는데 걸리는 시간의 비는, CE와 CD의 비와 같으며, 또는 속력 B와 속력 A의 비와 같습니다; 이것은 {명제로} 제안되었던 것입니다.

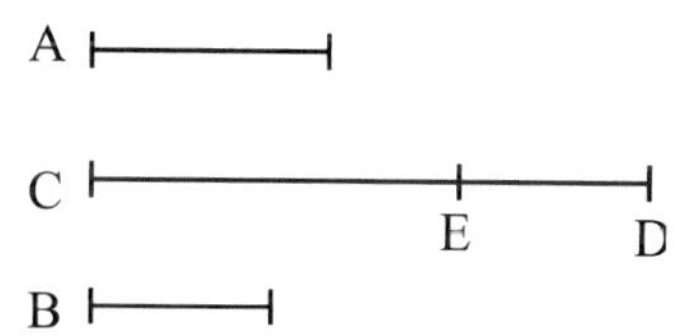

명제 4. 정리 4

> 만약 두 움직일 수 있는 것들이 같지 않은 속력들에서 균등 운동으로 이동된다고 하면, 그들에 의해 같지 않은 시간들 안에 통과된 공간들은 속력들의 비와 시간들의 비로부터 합성 비에 의해 주어진다.[7]

두 움직일 수 있는 것들 E와 F가 균등 운동으로 움직여졌다고 하고, 또 움직일 수 있는 것 E의 속력과 움직일 수 있는 것 F의 속력의 비는 A와 B의 비와 같지만, E가 움직여지는데 걸리는 시간과 F가 움직여지는데 걸리는 시간의 비는 C와 D의 비와 같다고 하지요; 저는 말씀드립니다. E에 의해 속력 A로 시간 C 동안에 통과된 공간과, F에 의해 속력 B로 시간 D 동안에 통과된 공간의

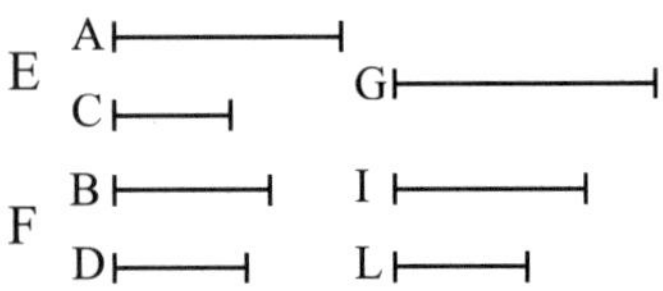

비는, 속력 A와 속력 B의 비, 그리고 시간 C와 시간 D의 비로부터 합성 비에 의해 주어집니다.

G를 E에 의해 속력 A로 시간 C 동안에 통과된 공간이라고 하고, G와 I의 비를 속력 A와 속력 B의 비와 같다고 하며, 또 I와 L의 비를 시간 C와 시간 D의 비와 같다고 하지요. 그러면 I는, E가 G를 통과하여 움직여지는데 걸리는 것과, 같은 시간에 F가 움직여진 공간이라는 것이 얻어지는데, 이는 공간들 G와 I의 비가 속력들 A와 B의 비와 같기 때문입니다. I와 L의 비는 시간 C와 시간 D의 비와 같고, 또 I는 움직일 수 있는 것 F가 시간 C 동안 지나간 공간이기 때문에, L은 F가 시간 D 동안 속력 B로 지나간 공간일 것입니다. 이 때문에 G와 L의 비는 G와 I의 비, I와 L의 비로부터 합성 비로 주어집니다; 즉 속력 A와 속력 B의 비, 시간 C와 시간 D의 비로부터; 그러므로 명제는 성립합니다.

명제 5. 정리 5

195 만약 두 움직일 수 있는 것들이 같지 않은 속력들로 균등 운동으로 이동된다고 하고, 또 같지 않은 공간들이 통과된다고 하면, 그 시간들의 비는 공간들의 비와 속력들의 역 비로부터 합성 비로 주어질 것이다.

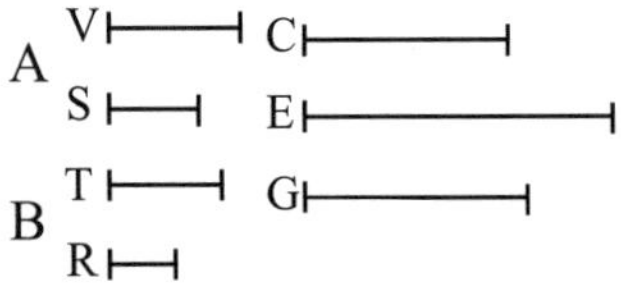

두 움직일 수 있는 것들 A와 B가 있다고 하고, 또 A의 속력과 B의 속력의 비는 V와 T의 비와 같다고 하지요; 그리고 통과된 공간들의 비는 S와 R의 비와 같다고 합니다; 저는 말씀드립니다. A가 움직여진 시간과 B가 움직여진 시간의 비는 속력 T와 속력 V의 비, 공간 S와 R의 비로부터 합성 비로 주어집니다.

C를 A의 운동 시간이라고 하고, 또 속력 T와 속력 V의 비는 시간 C와 시간 E의 비와 같다고 하지요. C는 A가 속력 V로 공간 S를 지나가는데 걸리는 시간이며, 또 시간 C와 시간 E의 비는 움직일 수 있는 것 B의 속력 T와 속력 V의 비와 같기 때문에, 시간 E는 움직일 수 있는 것 B가 같은 공간 S를 지나가는데 걸리는 시간일 것입니다. 이제 시간 E와 시간 G의 비를 공간 S와 공간 R의 비와 같게 하지요. 명백히, G는 B가 공간 R을 지나가는데 걸리는 시간입니다. 그리고 C와 G의 비는 C와 E의 비, E와 G의 비로부터 합성 비

로 주어지기 때문에, C와 E의 비는 움직일 수 있는 것들 A와 B의 속력들의 역 비와 같습니다; 즉 T와 V의 비와 [같지요]. 그러나 E와 G의 비는 공간들 S와 R의 비와 같으므로; 따라서 명제는 성립합니다.

명제 6. 정리 6

> 만약 두 움직일 수 있는 것들이 균등 운동으로 이동된다면, 그들의 속력들의 비는 통과된 공간들의 비와 시간들의 역 비로부터 합성 비로 주어질 것이다. 196

두 움직일 수 있는 것들 A와 B가 균등 운동으로 이동된다고 하고, 또 그들에 의해 통과된 공간들은 V와 T의 비를 가지며, 반면에 시간들은 S와 R의 비를 가진다고 하지요; 저는 말씀드립니다. 움직일 수 있는 것 A의 속력과 움직일 수 있는 것 B의 속력의 비는 공간 V와 공간 T의 비와 시간 R과 시간 S의 비로부터 합성 비로 주어집니다.

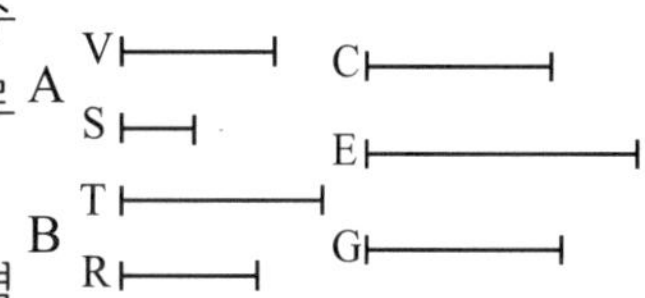

속력 C를 움직일 수 있는 것 A가 공간 V를 시간 S 동안 지나갈 때의 속력이라고 하고, 또 속력 C와 속력 E의 비는 공간 V와 공간 T의 비와 같다고 하지요. 그러면 E는 움직일 수 있는 것 B가 공간 T를 같은 시간 S 동안 지나갈 할 때의 속력일 것입니다. 그러나 만약 속력 E와 다른 [속력] G의 비가 시간 R과 시간 S의 비와 같도록 된다면, 속력 G는 움직일 수 있는 것 B가 공간 T를 시간 R 동안 지나갈 때의 속력일 것입니다. 따라서 우리는 움직일 수 있는 것 A가 공간 V를 시간 S 동안 지나갈 때의 속력 C와, 움직일 수 있는 것 B가 공간 T를 시간 R 동안 지나갈 때의 속력 G를 가지게 되는데; C와 G의 비는 C와 E의 비, E와 G의 비로부터 합성 비로 주어집니다. 그러나 C와 E의 비는 공간 V와 공간 T의 비와 같다고 가정되고 있으며, 반면에 E와 G의 [비]는 R과 S의 비와 같습니다; 그러므로 명제는 성립합니다.5)

살비아티. 우리가 이제까지 본 것은 우리의 **저자**께서 균등 운동에 대해 저술하

5) 위의 명제 4, 5, 6은 오늘날에는 균등 운동의 속력이 U이면 시간 t 동안 진행한 거리 $s = Ut$이다와 같이 간단히 쓸 수 있다. 레코드{Robert Recorde(1512-1558, 영국), 1557}에 의해 등호가, 또한 데카르트{Rene Descartes(1596-1650, 프랑스), 1637}에 의해 좌표계가 도입되었지만, 물리량을 방정식을 사용하여 대수적으로 다루는 것은 17세기 후반에야 가능했다.

신 모든 것입니다. 따라서 자연적인 가속 운동과 관련된, 새롭고 더 미묘한 고찰로 옮겨가도록 하지요, 여기서 자연적인 가속 운동은 무거운 낙하하는 움직일 수 있는 것들에 의해 보편적으로 수행되는 운동입니다. 그의 제목과 서문은 다음과 같습니다:

자연적으로 가속된 운동에 대하여[8]

197

앞의 책에서는 균등 운동과 관련하여 발생하는 것들에 대해 고려하였는데; 다음으로는 가속 운동을 다루기로 합니다.

먼저, 자연이 채용하는{employ} [가속 운동]과 가장 잘 일치하는 정의를 찾고 또 정의를 명백히 하는 것이 필요합니다. 원하는 대로 어떤 종류의 운동을 고안해 내고 또 그 운동의 결과적인 성질들에 대해 이론화하는 것이 조금이라도 무언가 잘못 된 것은 아니며, 일부 사람들은 어떤 운동들로부터 나선과 패각{conchoidal} 선분들을 그런 방식으로 도출하였습니다, 자연이 이들 [경로들]을 사용하는 일은 없지만; 또 이런 {경로들}을 가장함으로써, 사람들은 가정들[*ex suppositione*]로부터 그들의 본질들을 훌륭히 입증하였습니다. 그러나 자연은 낙하하는 무거운 것들에 대해 정해진 종류의 가속을 실제로 채용하므로, 우리는 그들의 성질들을 들여다보아 우리가 이제 제시하고자 하는 가속 운동의 정의가 자연적으로 가속된 운동의 본질과 일치하는 것을 확실히 하기로 결정하였습니다. 그래서 간신히, 지속적인 마음의 동요 끝에, 우리는 이것을 발견하였다는 것을 확신합니다. 주로 다음과 같은 매우 강력한 이유 때문에, 우리들에 의해 연속적으로 입증된 본질들과 물리적 실험들[*naturalia experimenta*]이 감각들에 노정한 바가 상응하고 또 일치하는 것으로 보인다는 이유입니다.[9] 나아가서, 자연의 모든 다른 과업들에서 자연 자체의 관습과 절차에 대한 고려에 의해 자연적으로 가속된 운동의 탐사로 우리가 마치 손에 의해 이끌려진 것처럼 보이며, 그 과업들의 수행에 있어 자연은 습관적으로 제일의, 가장 간단한, 그리고 가장 쉬운 방법을 채용합니다. 또 실제로, 식견이 있는 어느 누구도 수영이나 비상이 물고기와 새들이 자연적인 본능에 의해 채용하는 방법보다 더 간단하고 쉬운 방법으로 이루어질 수 있다고 믿지 않습니다.

그러므로 제가 어떤 높이에서 정지 상태로부터 낙하하는 돌이 연속적으로 속력의 새로운 증분들을 얻는 것을 생각할 때, 왜 그들 부가량들이 가장 간단하고 가장 명백한 규칙에 의해 제공된다는 것을 믿지 말아야만 합니까?[10] 왜냐하면 만약 우리가 이것을 주의 깊게 들여다보면, 우리는 항상 같은 방법으로 더해지는 방법보다 더 간단한 부가와 증가를 발견할 수 없기 때문입니다. 우리는 시간과 운동 사이에 가장 가까운 유사성이 성립하므로, 균등하고 균일한 운동은 시간들과 공간들의 균일성들을 통해 정의된다는 것을 쉽게 이해하며; 또 실제로 우리는 같은 시간들 동안 같은 공간들을 지나갈 때 움직임을 균등하다고 부릅니다. 또 시간의 부분들의 이 같은 동등성에 의해, 우리는 만들어질 신속함{swiftness}의 증가를 간단히 198
알아낼 수 있습니다. 임의의 같은 시간들 동안, 신속함의 같은 부가량들이 첨가될 때는 언제나 같은 방법으로 이 운동이 균일하고 또 연속적으로 가속된다는 것을 마음 속으로 생각함으로써.

따라서 무엇이 되었든 간에 임의의 같은 시간 입자들을 생각하면, 움직일 수 있는 것이 정지 상태로부터 출발하여 낙하를 시작한 첫 순간부터, 첫째와 둘째 시간의 작은 부분들[을 합한] 동안 얻어진 신속함의 정도는 그 움직일 수 있는 것이 첫째 [시간]의 작은 부분 동안 얻은 정도의 두 배이며; 또 세 개의 작은 시간 부분들 동안 얻는 정도는 세 배이고; 또 네 개의 부분들 동안은 첫째 시간 입자 동안 [얻는] 그 같은 정도의 네 배입니다. 그러므로 더 확실한 이해를 위해, 만약 그 움직일 수 있는 것이 첫째 작은 시간 부분 동안 얻은 속도의 운동량의 정도로 그 운동을 계속 한다면, 그리고 그 운동을 그 정도에서 지속적으로 또 균등하게 확장할 것이라면, 이 움직임은 두 개의 작은 시간 부분들 동안 얻은 그 속력의 정도를 가지는 [움직임]보다 두 배 느리게 될 것입니다. 따라서 우리가 정확한 규칙으로부터 멀리 있지 않을 것이라는 것을 알게 됩니다. 만약 우리가 속력의 강화가 시간의 확장에 따라 만들어 진다고 가정하면; 이것으로부터 우리가 다루게 될 운동의 정의는 다음과 같이 할 수 있습니다:

[정의]

저는 말씀드립니다. 정지 상태를 포기하고, 그 자신에게 같은 시간들 동안 같은 신속함의 운동량들{momenta}[6]을 더하는 운동은 균등하거나 또는 균일하게 가속된다.

사그레도. 제가 이 정의, 또는 어떤 저자에 의해 부여된 무엇이 되었든 간에 어떤 다른 정의에 반대하는 것이 비합리적인 것과 같이, 모든 [정의들]은 임의이므로, 따라서 제가, 실례를 범하지 않고, 추상적으로 생각되고 가정된 이 정의가 무거운 물체들이 자연적으로 낙하할 때 실제로 채용하는 종류의 가속 운동에 적합하고 적절하며 또 증명될 수 있는지 아닌지 의심할 수도 있겠습니다. 그리고 **저자**가 우리들에게, 그가 정의한 것이 무거운 물체들의 자연 운동이라고 약속하는 것처럼 보이기 때문에, 저는 당신께서 제 마음을 교란하는 몇 가지 의심들을 제거해 주시는 것을 듣고 싶으며, 그러면 기대되는 명제들과 그들의 증명들에 제가 더 잘 주의를 집중할 수 있을 것입니다.

살비아티. 당신과 심플리치오께서는 어려움들을 제기하는 것이 좋을 것이며, 그 어려움들은 제 생각에 제가 처음 이 논문을 보았을 때 제게 생겼고, 또 우리들의 **저자** 자신이 저와의 토론에서 저를 위해 잠재웠으며, 또한 제가 스스로 그들에 대해 생각함으로써 제거하였던 어려움들과 같을 것입니다.

사그레도. 저는 어떤 무거운 물체가 떨어지는 것을 상상해 봅니다. 그 물체가 정지 상태로부터 출발합니다: 즉 무엇이 되었든 간에 어떠한 속력도 없는 상태로
199 부터, 운동의 그 첫 순간부터 시간의 증가에 비례하여 가속되는 운동으로 들어갑니다. 그 물체는 예를 들어 여덟 번 맥박이 뛸 동안 여덟 정도의 속력을 얻었을 것이며, 그 중의 네 번 맥박이 뛸 동안 그 물체는 넷을 얻었을 것이고; 둘째 [맥박]에서는 둘을; 그리고 첫째에서는 하나를. 이제, 시간은 무한히 분할할 수 있으므로, 이로부터 무엇이 얻어지지요? 속력이 항상 이 비율로 감소하므로, 무한한 느림, 즉 정지 상태로부터 출발한 후, [어떤 시간에] 그 움직일 수 있는 것이 이 속력을 가졌다고 볼 수 없는 속력의 정도는 아무리 작다고 하더라도(또는 '아무리 크다고 하더라도 느림의 정도가 없다'고 말할 수도 있지요) 없을 것입니다. 따라서 만약 넷째 맥박이 뛸 때 그것이 가지는 속력의 정도가, 이 속력을 균일하게 유지한다면, 한 시간 동안 2 마일을 갈 그런 속력의 정도이고, 반면에 둘째 맥박이 뛸 때 가지는 속력의 정도로는 한 시간에 1 마일을 간다면, 정지 상태로부터 움직이는 첫 [순간]에 점점 가까운 시간의 순간들 동안 {그것은} 너무나 느려서,

6) momentum(운동량)이 질량과 속도의 곱으로 정의된 것은 뉴턴(1687)에 의해서이고, 여기서 {신속함의} 운동량은 무게와 속력의 곱으로 이해되며, momentum은 그 외에 다른 뜻으로도 사용되었음에 유의한다.

이 느림으로 운동을 계속한다면, 한 시간 동안 1 마일을 움직이지 못할 것이며, 아니 하루에, 아니 한 해에, 아니 천 [년]에도, 움직이지 못하며, 또 그것은 훨씬 더 긴 어떤 시간 동안에 심지어 한 뼘도 움직이지 못할 것을 알게 될 것이라고 꼭 말해야만 합니다. 그러한 일들을 저는 제 상상 속에 받아들이기 매우 어렵다고 생각합니다, 우리들의 감각이 낙하하는 어떤 무거운 물체는 즉각적으로 매우 큰 속력에 도달하는 것을 우리에게 보여주는 경우이니까요.[7)]

살비아티. 이 문제는 처음에 저를 중단시켰던 난제 중의 하나입니다; 하지만 얼마 지나지 않아 저는 그것을 제거하였는데, 그 제거는 현재 당신을 붙잡아매고 있는 것과 똑 같은 경험에 의해 초래되었습니다.

당신은 말씀합니다. 정지 상태로부터 거의 출발하지도 않은 무거운 물체가 매우 상당한 속력으로 들어가는 것을 당신에게 경험들이 보여주는 것 같다고; 저는 말씀드립니다. 이 동일한 경험이 우리에게, 아무리 무겁다고 하더라도 낙하하는 물체의 처음 격동량들은 정말 매우 느린 것을 명확하게 해 준다고. 어떤 부드러운 물질 위에 무거운 물체를 올려놓고, 단지 그 무게만으로 할 수 있는 만큼 누를 때까지 놓아두지요. 만약 당신께서 그 물체를 이제 1 또는 2 브라차 올리고, 그 똑 같은 물질 위에 떨어지도록 하면, 충돌 시에 그 물체는, 무게 만에 의해 가하던 것보다는 큰, 새로운 압력[8)]을 가할 것임은 분명합니다. 이 결과는 낙하 중에 얻은 속력과 더불어 낙하하는 움직일 수 있는 것에 의해 초래될 것이며, 또 충돌이 생기는 곳으로부터 그 높이가 크면 클수록 점점 더 커질 것입니다. 낙하하는 물체의 속력의 크기를, 그러면, 우리는 그 충돌의 질과 양으로부터 오차 없이 계산할 수 있습니다.

여러분, 제게 말씀해주시지요: 만약 당신들께서 4 브라차 높이로부터 기둥 위로 망치{sledge}가 떨어지도록 하여, 그래서 기둥을 땅 속으로, 말하자면, 4 인치 들어가게 했다면, 또 2 브라차 높이로부터는 훨씬 작게 들어가게 할 것이고, 1 브라차 높이로부터는 더욱 작게 할 것이며, 한 뼘 정도 높이에서는 더 더욱 작게 200

7) 이 부근의 논의는 갈릴레오가 극한{limit}, 순간속력{instantaneous speed}의 개념에 상당히 접근해 있었음을 보여준다. 시간의 크기가 작아지면 움직이는 거리도 작아지지만 그들의 비는 일정하게 될 수도 있고, 그러한 비가 존재할 때 순간속력을 정의할 수 있다는 생각은 미분이라는 새로운 수학의 개발을 의미하는 것이었으며 이 작업은 차후 뉴턴(1687)에 의해서 이루어졌다.

8) 단위면적 당 힘으로 표현되는 압력의 개념은 오일러{Euler(1708-1783, 스위스)}에 의해 18세기 중반에야 도입되었으므로, 이 책에서의 압력은 내려 누르는 힘 정도로 생각되어야 한다.

하겠지요; 마지막으로 만약 망치가 1 인치 위에 있다면, 망치가 기둥을 전혀 치지 않은 채 그냥 [기둥 위에] 놓여 있을 때보다 얼마나 많은 것을 성취하겠습니까? 틀림없이 거의 없겠지요. 또 만약 망치가 나뭇잎 한 장의 두께만큼 위에 있었다고 하면, 그 결과는 거의 느끼기 힘들 것입니다. 이제 충돌의 영향은 주어진 때리는 것{percussent}의 속력에 의해 정해지기 때문에, 그 작용이 느끼기 힘들 때 그 운동이 매우 느리고 극소하다는 것을 누가 의심할 수 있겠습니까? 당신들께서는 지금 진실의 힘이 얼마나 큰 것인지를 알 것입니다, 첫 눈에는 한 사실을 증명하는 것처럼 보이던 동일한 경험이 더 잘 고찰되었을 때 그 반대를 우리에게 확신시켜 주는 경우이니까요.

그러나 우리들을 이 경험에 국한시키지 않아도, 의문의 여지없이 확실히 확정적이기는 하지만, 간단한 추론에 의해 이 진실을 꿰뚫어 보는 것은 어렵지 않은 것처럼 제게는 보입니다. 우리는 무거운 돌을 가지고 있는데, 공기 중에 정지 상태로 지지되어 있습니다. 그 돌이 지지로부터 벗어나 자유롭게 놓아지면; 공기보다 무거우므로 돌은 아래로 떨어지며, 균일 운동이 아닌, 처음에는 느리지만 그 후에는 연속적으로 가속됩니다. 이제, 속력은 끝이 없이{*in infinitum*} 증가하거나 감소할 수 있으므로, 어떤 주장이 저를 설득할 수 있겠습니까? 무한한 느림(즉 정지 상태)으로부터 출발한 이 움직일 수 있는 것이 즉각적으로 4 정도의 속력보다는 10 정도의 속력으로 들어간다고, 또는 2 정도, 또는 1, 또는 절반, 또는 백분의 일로. 즉, 짧게 말하면, 모든 끝이 없이{*in infinitum*} 작은, 정도의 속력으로 들어간다고 {설득할 수 있겠습니까?}

끝까지 잘 들어 주십시오. 저는 당신들께서 제게 다음을 인정하기를 망설이지 않을 것으로 믿습니다. 즉 정지 상태로부터 낙하하는 돌에 의한 속력의 정도들의 획득이, 밀어 붙이는 힘에 의해 움직여지는 돌이 같은 높이로 위를 향해 던져 졌을 때 일어나는 같은 정도의 감소와 손실과 같은 순서로 일어난다는 것이지요. 하지만 만약 그렇다면, 올라가는 돌 안의 속력의 감소에서, 전체 속력을 다 소비하면, 그 돌은 느림의 모든 정도들을 지나가기 전에 정지 상태에 도달할 수 있다고 어떻게 가정할 수 있는지 저는 알지 못합니다.

심플리치오. 하지만 만약 더욱 더 큰 느림의 정도들이 끝이 없다면, 그것은 그들을 결코 모두 소멸시킬 수 없을 것이고, 이 올라가는 무거운 물체는 영원히 정지 상태에 이르지 못할 것이며, 항상 늦어지면서 영원히 움직일 것입니다-발생하는 것을 본 적이 없는 그런 일이지요.

살비아티. 이것은 그럴 것입니다, 심플리치오여, 만약 그 움직일 수 있는 것이 스스로를 각각의 정도에 임의의 시간 동안 머무르도록 한다면; 그러나 그것은 한 순간도 지체함이 없이 단지 그곳을 지나갈 뿐입니다. 그리고 아무리 작다고 하더라도, 임의의 유한한 시간[*tempo quanto*] 안에, 무한히 많은 순간들이 있으므로, 201
감소된 속력의 무한히 많은 정도들에 상응하기에 충분합니다. 이 올라가는 무거운 물체가 속력의 어떤 임의의 정도에 임의의 유한한 시간 동안 머무르지 않는다는 것은 분명한데, 왜냐하면 만약 임의의 유한한 시간이 배정된다면, 또 만약 그 움직일 수 있는 것이 그 시간의 첫 순간과 또한 마지막 순간에 같은 속력의 정도를 가진다면, 마찬가지로 이 나중 [속력의] 정도로 첫째 [순간]으로부터 둘째로 이동되었던 것과 같은 공간을 통해 [다시] 위로 올려 질 수 있으며; 또 같은 비율로 그것은 둘째로부터 셋째로 지나갈 수 있고, 그리고 결국, 끝이 없이{*in infinitum*} 그 균일 운동을 계속할 것이기 때문입니다.

사그레도. 이 추론으로부터, 제게는 철학자들 사이에 시끄러웠던, 무거운 물체들의 자연적인 운동의 가속에 대한 가능한 원인과 관련된 질문에 매우 적절한 답이 연역될 수 있는 것처럼 보입니다. 위로 던져진 무거운 물체의 경우, 던진 이에 의해 그것에 각인된 힘[*virtù*]은 연속적으로 감소하는 것과, 또 이 힘이, 그 무거움에 의한 대립적인 힘보다 크게 유지되는 한, 그 물체를 위로 밀어 올리는 힘인 것을 생각하지요; 그러면 이들 두 [힘들]이 평형에 이를 때, 그 움직일 수 있는 것은 오르기를 멈추며 또 정지 상태를 통하여 지나갑니다. 여기서 각인된 격동량은 [아직] 소멸되지 않았으며, 단지 그 움직일 수 있는 것의 무거움을 넘어 이전에 가지고 있던 그 초과분이 소모되었을 뿐이며, 그 [초과분]에 의해 격동량은 이 [무거움]을 이겨냈고 [그 물체를] 위로 밀어 올렸습니다. 이 외적인 격동량의 감소는 계속되며, 또 결과적으로 무거움 쪽으로 그 우위를 넘겨주어, 하강이 시작되고, 각인력의 대립 때문에 천천히 {하강하기는} 하지만, 각인력의 상당 부분은 아직도 그 움직일 수 있는 것에 남아 있습니다. 그리고 이 각인력은 계속하여 감소하므로, 무거움에 의해 항상-큰 비율로 압도당하게 되며, 지속적인 운동의 가속이 그때부터 개시됩니다.[11]

심플리치오. 생각은 좋습니다만, 듣기보다는 더 미묘하지요; 왜냐하면 만약 당신의 말씀이 유효하다고 하더라도, 그것은 격렬한 운동에 의해 선행되었던, 그래서 외적인 격동량의 한 부분이 아직 산재 남아 있는, 그들 자연 운동들에 대해서만 설명합니다. 그러나 그와 같은 여분이 없는 경우에는, 또 움직일 수 있는 것이 오랜 동안의 정지 상태로부터 출발한다면, 전체 논의가 그 힘을 잃습니다.

사그레도. 제 생각에는 당신께서 잘못 이해하신 것 같으며, 또 당신에 의해 만들어진 그 경우들의 구분은 불필요한 것, 아니 심지어는 무의미한 것이라고 생각합니다. 그러면 제게 말씀주시지요: 던지는 사람이 투사체에 어떤 때는 큰 힘을, 또 어떤 때는 작은 힘을 각인하여, 그래서 그것이 100 브라차, 또는 20, 또는 4, 또는 오직 1만 올라가도록 할 수 있습니까?

202 **심플리치오.** 의심의 여지없이 할 수 있습니다.

사그레도. 그러면 역시 그 각인된 힘이 무거움의 저항을 극복할 수는 있지만 그 차이는 매우 작아, [그 물체를] 1 인치 이상 들어 올릴 수 없을 수도 있습니다. 또 결국, 투사의 힘이 매우 작아 겨우 무거움의 저항과 같은 정도이면, 그 움직일 수 있는 것은 위로 던져지는 것이 아니라 그저 {위치를} 유지할 뿐입니다. 따라서 당신이 손에 바위 하나를 들고 있을 때, 아래로 잡아 다니는 그 무거움의 힘{power}과 똑 같은 위로 향하는 밀어 올리는 힘을 그것에 각인하는 것 이외에 무엇을 당신이 하고 있지요? 또 당신께서는, 당신이 손에 [그 바위를] 들고 있는 전 시간을 통해 그 힘이 각인되는 것을 유지하기 위해, 당신의 이 힘을 지속하고 있지 않은가요? 그 힘이 아마도 당신께서 그 바위를 들고 있는 전 시간 동안 감소할까요? 이제, 바위가 낙하하는 것을 방지하는 이와 같은 유지에 대해, 그것이 당신의 손으로부터 오든, 아니면 탁자, 아니면 그것에 연결된 밧줄로부터 오든 간에 무슨 차이점이 있습니까? 어떤 차이점도 없습니다. 그러면, 심플리치오여, 당신은, 바위의 낙하가 긴 휴식에 의해 선행되든, 또는 짧은 것에 의해, 또는 단지 순간적인 것이든, 전혀 아무런 차이도 없다고, 그리고 그 바위가, 그것의 무거움에 대립하며 그것을 정지 상태에 고정시키는데 필요한 것과 똑 같은 크기의 힘을 가지고 항상 시작한다고 결론지어야만 합니다.

살비아티. 제게는 지금이 자연적인 운동의 가속의 원인에 대한 탐사를 시작하기에 적절한 때라고 보이지 않습니다. 이에 대해서는 많은 철학자들이 다양한 의견을 제출하였는데, 그들 중의 일부는 {지구} 중심으로의 접근으로 이해하였으며; 다른 이들은 분할되어야 하는 [남아있는] 매체의 지속적으로 감소하는 부분들의 존재로 이해하였고; 또 다른 이들은 그 움직일 수 있는 것의 뒤에서 스스로를 재결합시킴에 의해, {그것을} 압박하게 되며 또 연속적으로 밀쳐내게 되는, 주변의 매체에 의한 일정한 밀어냄{extrusion}으로 이해하였지요[9]. 그러한 공상들, 또 그들과 같은 다른 것들은, 이득은 없지만, 검토되어야만 하고 또 해결되어야만 합니다. 현재로서는, 우리가 아래와 같이 가속된(그 가속의 원인이 무엇이든지 간에) 운동의 어떤 특질들[*passiones*][10]을 탐사하고 입증하기를 우리들의 **저자**가 원하는 것을 우리가 이해하면 충분합니다. 즉 가속되면, 정지 상태로부터 출발한 후에, 그 속력의 운동량들은 시간이 연속적으로 증가하는 그 간단한 비율로 증가하게 되며, 이것은 같은 시간들 동안 같은 속력의 부가량들이 만들어진다고 말하는 것과 같습니다. 그리고 만약 증명되어야 할 일들이 자연적으로 낙하하는 그리고 가속되는 무거운 물체들의 운동에서 입증됨이 알려진다면,12] 우리는 가정된 정의가 그 무거운 것들의 운동을 포함하며, 또 시간과 운동의 지속이 증가함에 따라 그들의 가속이 증가하게 됨은 진실이라고 203
여겨도 좋을 것입니다.

사그레도. 제가 지금 스스로에게 마음 속에 그리는 것에 의하면, 제게는 이 정의는 아마도 그 개념을 바꾸지 않으면서, 더 큰 명확성을 가진 것으로 [다음과 같이] 정의될 수 있는 것처럼 보입니다: 균일하게 가속된 운동은 운동 중에 그 속력이, 지나간 공간의 증가에 따라, 증가하게 되는 운동이다. 따라서 예를 들면, 움직일 수 있는 것에 의해 4 브라차를 하강하며 얻어진 속력의 정도는 그것이 2 브라차의 공간을 통해 낙하한 후에 가지는 것의 두 배일 것이며, 또 이것은 첫 번째 브라초의 공간에서 얻어지는 것의 두 배일 것입니다. 그러므로 제게는 6 브라차의 높이로부터 내려오는 무거운 물체는 3 브라차 낙하하는 것으로부터 가지는 격동량의 두 배, 또 2 브라차로부터 가지는 것의 세 배, 그리고 1 브라초의 공간에서 가지는 것의 여섯 배를 가지며, 또 그 격동량으로 내려치는 것에는 의심의 여지가 없는 것처럼 보입니다.13]

살비아티. 오류를 범함에 있어 이렇게 동료를 가진다는 것은 매우 위로가 되는군요, 또 저는 말씀드릴 수 있습니다. 당신의 추론이 그 안에 너무나 그럴

9) 데카르트 등에 의해 제기된 와동론(vortex theory)을 지칭한다.
10) 원뜻은 '고통' 또는 '괴로움'이다.

듯하고 또 유망한 내용을 가지고 있어, 우리들의 **저자** 자신도, 제가 이것을 그에게 제안하였을 때, 그도 같은 오류에 빠져 한 동안 고생했음을 제게 부인하지 않았습니다. 하지만 그 때 저를 놀라게 한 것은, 몇 마디 간단한 말로, 두 명제들이 오류 일뿐만 아니라 불가능하다는 것이 밝혀지는 것을 본 것이었습니다. 그 명제들은 너무나 그럴 듯하여 제가 그들을 많은 사람들에게 제기하였을 때, 제게 그들을 쉽게 용인하지 않은 사람은 한 명도 보지 못하였습니다.

심플리치오. 사실 저도 그들을 용인한 사람들 중의 하나일 것입니다. 낙하하는 무거운 물체가 [진행하면서 힘을 얻는다는 것]{*vires acquirat eundo*},[14] 속력은 공간에 비례하여 증가하고, 반면에 같은 때리는 것의 운동량은 두 배의 높이로부터 낙하할 때 두 배라는 것은, 제게는 반대나 논쟁 없이 인정될 명제들처럼 보입니다.

살비아티. 그럼에도 불구하고 그들은 운동이 순간적으로 만들어져야만 한다는 것과 같이 오류이며 불가능하고, 또 여기 그에 대한 매우 명백한 증명이 있습니다. 속력들이 움직인 또는 움직일 공간들과 같은 비를 가질 때, 그들 공간들을 같은 시간들 동안 움직이게 되며;[15] 만약 그러므로 4 브라차의 공간을 움직인 낙하하는 물체의 속력들이 처음 2 브라차를 움직인 속력들의[16] 두 배들이라면, 한 공간이 다른 공간의 두 배이므로, 그러면 그들 움직임들의 시간들은 같습니다; 그런데 같은 움직일 수 있는 것이 4 브라차와 2 브라차를 같은 시간
204 동안에 움직이는 것은 순간 운동 이외에는 발생할 수 없습니다. 하지만 우리는 낙하하는 무거운 물체가 시간에 따라 그 운동을 하며, 또 2 브라차를 4 브라차보다 짧은 시간에 움직이는 것을 봅니다; 그러므로 속력이 공간과 같이 증가한다는 것은 오류입니다.

다른 명제도 같은 명쾌함으로 오류임이 증명됩니다. 왜냐하면 내려치는 것이 같은 물체이므로, 충격의 차이와 운동량들은 당연히 속력들의 차이에 의해서만 결정되어야 합니다;[17] 그러므로 만약 두 배의 높이로부터 오는 그 때리는 것이 두 배의 타격{blow}을 전달한다면, 그것은 두 배의 속력으로 내려쳐야만 합니다; 그러나 두 배의 속력은 같은 시간 동안 두 배의 공간을 움직이며, 또 우리는 하강의 시간이 큰 높이로부터의 것이 더 긴 것을 알지요.[18]

사그레도. 당신께서 숨겨진 결론들을 분명한 것으로 만드시는, 이 추론은 너

무나 명백하고 쉽습니다. 이 대단한 용이성은 그들이 겉보기 모순 아래에 있을 때보다 덜 평가받는 결론들을 줍니다. 저는 사람들이 일반적으로, 오랜 동안 미해결인 채 논쟁이 치러졌던 생각들과 비교해서, 그렇게 별 괴로움 없이 얻어진 생각들을 존중하지 않는다고 생각합니다.

살비아티. 상황이 그렇게 나쁘지는 않았겠지요, 만약 대단한 간결함과 명쾌함으로 일반적으로 사람들에 의해 진실이라고 통상적으로 믿어졌던 명제들의 오류들을 보인 사람들이 감사의 말 대신에 경멸에 의한 그와 같은 참을만한 상처만을 받는다면 말씀입니다. 정말 불쾌하고 곤혹스러운 것은 일부 사람들이 습관적으로 취하는 무언가 다른 자세입니다. 같은 학문 분야들에서 현존하는 누구와도 최소한 동등함을 주장하는데, 이들은 본인들이 진실이라고 제기하고 있는 결론들이 차후에 누군가 다른 사람에 의해 짧고도 쉬운 추론에 의해 허위임이 밝혀지고 증명됨을 보지요. 저는 그들의 반응을 질투라고 표현하지는 않겠습니다만, 그 반응은 대개 그와 같은 오류들을 밝혀낸 사람들에 대한 분노와 증오로 변형되지만, 저는 말씀드립니다, 그들은 새롭게 발견된 진실들이 받아들여지는 것을 수용하기보다 뿌리 깊은 오류들을 유지하고자 하는 욕망에 의해 선동되는 것이지요. 이 욕망은 때로 그들이, 그들 자신들의 마음 속에서 그들 스스로 너무나 잘 알고만 있는 그와 같은 진리들에 반하는 글을 쓰도록 만듭니다. 이해가 부족한 일반 대중의 평가 속에서 다른 사람들의 명망을 단지 아래에 묶어두기 위해서 말씀이지요. 저는 우리들의 **학회원**으로부터, 참으로 받아들여지지만 반박하기에 [너무나] 쉬운, 작지 않은 그와 같은 허위의 결론들을 들은 적이 있습니다; 또 저는 이들 중의 일부에 대한 기록을 보관하고 있습니다.

사그레도. 당신께서는 그들을 저희들에게 꼭 보여 주셔야 하며, 심지어 우리가 그 목적을 위해 특별 회합을 가져야 한다고 하더라도, 그들을 얼마 동안 저
희들과 공유하셔야 합니다. 하지만 이제, 우리들의 주제를 다시 생각하면, 제게 205
는 우리가 이 시점에서 균일 가속 운동의 정의를 확정한 것처럼 보이며, 이에 대해 다음 논의에서 다룰 것입니다; 그 정의는 다음과 같습니다:

[정의]

정지 상태를 포기하고, 그 자신에게 같은 시간들 동안 같은 신속함의 운동량들

을 더하는 운동을 균등 또는 균일 가속 운동이라고 부를 것이다.

살비아티. 이 정의가 확립되었으므로, {우리들의} **저자**는 하나의 가정이 진실일 것을 요구하며 취합니다; 즉:

[가설]{Postulate}

저는 가정합니다, 다른 경사도들의 평면들 상에서 같은 움직일 수 있는 것에 의해 획득된 속력의 정도들은, 그들 평면들의 높이들이 같을 때는 언제나, 같다.[19]

평면의 상단으로부터, 언급된 경사 평면의 하단을 통과하여 연장된 수평선에 내려뜨린 수직선을 그는 경사 평면의 '높이{height}'라고 부릅니다. 이것을 이해하기 위해, 그 위에 두 경사 평면들 CA와 CD가 있는, 선분 AB를 수평선에 평행하게 잡습니다; 수평선 BA에 떨어뜨린 수직선 CB는 저자에 의해 평면들 CA와 CD의 높이[또는 고도{altitude}, 또는 상승{elevation}]라고 불립니다. 여기서 그는, 경사 평면들 CA와 CD를 따라 점들 A와 D까지 하강하는, 같은 움직일 수 있는 것의 속력의 정도들은 같다고 가정하는데, 왜냐하면 그들의 높이는 같은 CB이기 때문입니다; 동일한 것이, 점 C로부터 낙하한 같은 물체가 B에서 가지게 될 속력의 정도에 대해서도, 이해되어야 합니다.

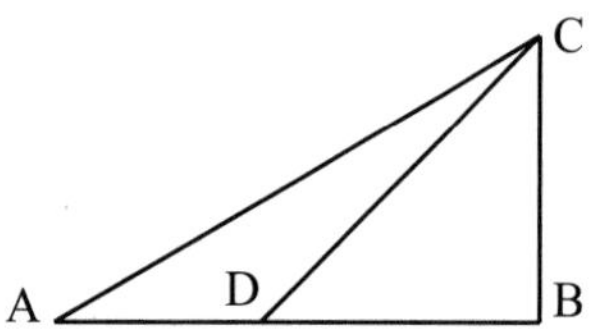

사그레도. 이 가정은 정말 제게는 매우 사실적이어서 논쟁 없이 용인될 것처럼 보이는데, 만약, 모든 우발적인 또 외적인 장애들{impediments}이 제거되고, 또 평면들이 매우 단단하며 매끄럽고, 그리고 움직일 수 있는 것이 완벽하게 둥그런 형상이며, 그래서 평면과 움직일 수 있는 것이 모두 거칠기를 가지지 않는다는 것을 항상 가정할 수 있다면 말씀이지요. 모든 방해들{obstacles}과 장애들이 제거된다면, 저의 분별*[il lume naturale]*[11)]은 어려움 없이 제게, 무겁고 완벽하게 둥근 공은, 선분들 CA, CD와 CB를 따라 하강하여, 종점들 A, D, B에 같은 격동량을 가지고 도달할 것이라고 말합니다.

11) 원뜻은 '자연의 빛'{natural light}이다.

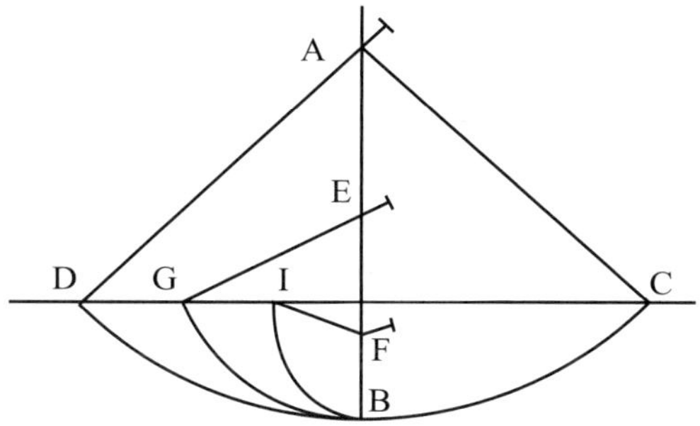

살비아티. 당신께서는 충분한 확률에 근거하여 추론하시는군요. 하지만, 단순한 가능성을 떠나, 저는 그 확률을 실험에 의해 매우 증대시키고 싶으며, 그 확률은 필요한 증명과 거의 동등할 정도로 커질 것입니다. 이 페이지가 수직 206 벽이라고 상상하고, 그 벽에 박힌 못으로부터 1 또는 2 온스의 납으로 된 공이 수직으로 걸려있으며, 2 또는 3 브라차 길이의 가는 실 AB에 매달려 있다고 하지요. 벽 위에 수평한 선분 DC를 그리고, 수직선 AB를 직각으로 자르게 하는데, 이 수직선은 벽으로부터 2 인치쯤 떨어져 매달려 있습니다; 그러면, 실 AB를 그 공과 같이 AC까지 움직인 후, 공을 자유롭게 합니다. 그 공이 처음에는 하강하며, 호 CB를 그리며, 그 다음에는 점 B를 지나서 호 BD를 따라 이동하고 또 CD로 표기된 평행선에 거의 닿을 정도로 올라가는데, 매우 작은 간격만큼 미치지 못하며 정확하게 그 곳에 도달하는 것이 공기와 실의 장애에 의해 방해받는 것을 봅니다.[20] 이것으로부터 우리는 확실하게 결론지을 수 있습니다, 호 CB를 통해 하강하는 동안 점 B에서 그 공이 얻게 된 격동량은 그것을 비슷한 호 BD를 통하여 같은 높이까지 다시 돌아가도록 미는데 충분하였다고. 이 실험을 수행하고 또 여러 차례 반복한 뒤, 수직선 AB를 따라 E 또는 F에 몇 인치 벽 바깥으로 튀어 나온 못을 고정시키지요, 그러면 실 AC가, 전과 같이 호 CB를 통해 공 C를 나르도록 움직인 뒤, B에 왔을 때 이 못 E에 의해 정지되고, 또 중심 E에 대하여 그려지는 원주 BG를 따라 움직이도록 구속됩니다. 이것으로부터 우리는, 이전에 B에 도달하였을 때, 이 같은 움직일 수 있는 것을 호 BD를 통하여 수평선 CD의 높이까지 밀어 올렸던 것과 같은 격동량이 만들어 질 수 있는 것을 볼 것인데, 하지만 이제 여러분, 당신들께서는 그 공이 점 G에서 수평선에 도달하는 것을 보게 되어 즐거울 것입니다. 그리고 만약 못이 밑으로 내려져서 F에 위치하면, 같은 일이 발생하는데, 그 공이 호 BI를 그릴 것이며, 그 상승을 항상 정확하게 같은 선분 CD에서 끝냅니다. 만약 간섭하는 못이 너무 낮아서 실이 그 밑을 지나 높이 CD에 올라갈 수 없다면, 못이 AB와 수평선 CD의 교차점보다 점 B에
207 더 가까울 때 발생하는 것처럼, 그 실은 못 위를 타고 그 주위를 돌아서 감길 것입니다.

이 실험은 우리들의 가정의 진실성과 관련하여 어떠한 의심의 여지도 남기지 않습니다, 두 호들 CB와 DB는 {길이가} 같고 또 상사하게 위치하므로, 호 CB를 통한 하강에 의해 만들어진 운동량의 획득은 호 DB를 통한 하강에 의해 만들어진 그것과 같습니다; 한데 호 CB를 통해 B에서 얻어진 운동량은 같은 움직일 수 있는 것을 호 BD를 통해 다시 위로 밀어 올릴 수 있으며, 따라서 하강 DB 동안 얻어진 운동량은 같은 움직일 수 있는 것을 같은 호를 통해 B부터 D까지 밀어 올리는 운동량과 같습니다. 그러므로 일반적으로, 어떤 호를 통한 하강에 의해 얻어진 각각의 운동량은, 그 같은 움직일 수 있는 것이 그 같은 호를 통해 올라가게 할 수 있는 운동량과 같습니다; 그리고 그 공이 모든 호들 BD, BG와 BI를 통해 올라가게 하는 모든 운동량들은 같습니다, 왜냐하면 그들은 하강 CB를 통해 얻어진 같은 운동량에 의해 생성되었기 때문입니다, 실험이 증명하듯이. 따라서 호들 DB, GB와 IB를 따른 하강들을 통해 얻어진 모든 운동량들은 같습니다.

사그레도. 이 추론은 제게는 결정적인 것처럼 보이며, 그 실험은 그 가설을 입증하는데 매우 적합하여 마치 그것이 증명된 것처럼 인정되어도 매우 당연합니다.

살비아티. 저는 우리들 중의 누구도 필요 이상으로 가정하기를 원치 않습니다, 사그레도여; 특히 이 가정을 주로 굽은 표면들이 아닌 곧은 표면들을 따라 일어나는 운동들에 대해 사용할 것이기 때문입니다. 굽은 표면들을 따라 일어나는 운동에서는, 직선들에서 진행되는 것으로 우리가 가정하는 가속의 정도들과 매우 다른 정도들로 가속이 진행됩니다.[21] 제시된 실험은 그러므로 우리들에게 호 CB를 통한 하강은 호들 BD, BG와 BI 중의 어느 것을 따라서 같은 높이까지 다시 가져갈 수 있는 운동량을 그 움직일 수 있는 것에 준다는 것을 보여줍니다. 그러나 이 증거에 입각하여 [심지어] 가장 완벽한 구가 그들 호들의 현들이 기울어진 것에 따라 경사된 직평면들{straight planes}을 따라 하

강하게 될 때에도 같은 일이 발생하리라는 것을 보일 수는 없습니다. 정말로
우리는 다음을 믿을 수도 있습니다. 직평면들은 점 B에서 각들을 형성하므로,
현 CB를 통해 경사면을 따라 하강했던 공은 현들 BD, BG와 BI에 따라
상승하는 평면들로부터 장애물을 만나게 될 것입니다; 그들과 부딪히면서, 공은
격동량의 일부를 잃을 것이며, 그래서 올라감에 있어 그 공은 선분 CD의 높
이까지 다시 돌아갈 수 없게 될 것입니다. 그러나 만약 이 실험에 손상을 주는
그 장애물이 제거된다면, 사실 [그] 세기를 하강의 크기로부터 얻는 그 격동량 208
이 그 움직일 수 있는 것을 같은 높이로 다시 올려 가져갈 수 있다는 것을, 마
음은 이해할 것처럼 제게는 보입니다.

그러므로 당분간은 이것을 하나의 가설로 생각하고, 이 가설 위에 세워진 다른 결론들이 실제로 정말 경험과 대응되며 정확하게 경험에 따른다는 것을 봄으로써, 그 가설의 절대적 진실성은 차후에 우리들을 위해 확립될 것입니다.22]

이 가설만이 **저자**에 의해 가정되었으며, 그는 명제들로 나아가, 확증적으로 그들을 증명합니다; 그 첫째는 이것입니다:

명제 1. 정리 1

> 정지 상태로부터 출발한 균일 가속 움직임으로 어떤 일정한 공간을 움직일 수 있는 것이 지나가는데 걸리는 시간은, 속력의 정도가 앞의 균일 가속 운동의 최대인 최종 속력의 정도의 절반인, 균일 운동으로 이동되는 같은 움직일 수 있는 것이 같은 공간을 지나가는데 걸리는 시간과 같다.23]

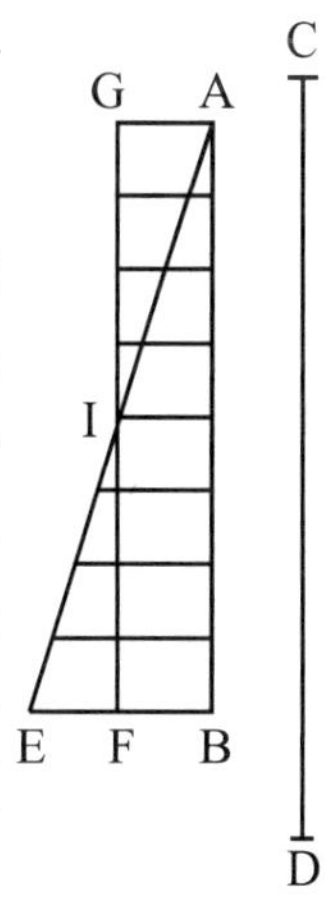

선분 AB가 공간 CD를 어떤 움직일 수 있는 것이 C에서의 정지 상태로부터 균일 가속 움직임으로 지나가는데 걸리는 시간을 나타낸다고 하지요. AB 상에 임의의 방법으로 그려진 EB가 AB의 시간 순간들에 증가된 속력의 최대인 최종 정도를 나타낸다고 합니다. 선분 AB의 개별적인 점들로부터 AE까지 뻗어 있으며, BE에 평행하게 그려진 모든 선분들은 순간 A 후의 속력의 증가하는 정도들을 나타낼 것입니다. 다음으로, I는 F에서 BE를 이등분하며, FG와 AG는 BA와 BF에 평행하게 그립니다; 평행사변형 $AGFB$는 [그러므로] 삼각형 AEB와 {면적이} 같고, 그 변 GF가 I에서 AE를 이등분합니다.

이제 만약 삼각형 AEB 안의 평행선들을 IG까지 연장하면, 평행사변형 안에 포함된 모든 평행선들의 군집은 삼각형 AEB에 포함된 그들의 군집과 같아질 것입니다, 왜냐하면 삼각형 IEF 안의 평행선들은 삼각형 GIA에 포함된 그들과 대응되고, 한편 사다리꼴{trapezium} $AIFB$ 안의 것들은 공통적이기 때문입니다. 각각의 순간과 모든 순간들은 선분 AB의 각각의 점과 모든 점들에 상응하므로, 이로부터 삼각형 AEB 안에 그려지고 포함된 점들과 평행선들은 증가된 속력의 증가된 정도들을 나타내며, 반면에 평행사변형 안에 포함된 평행선들은 같은 방식으로 증가되지 않은 균등한 같은 속력의 정도들을 나타내기 때문이며, 평행사변형 GB의 평행선들과 일치하는 균등 운동에서 {소모되는} 것과 똑 같은 속력의 운동
209 량이 삼각형 AEB의 증가하는 평행선들과 일치하는 가속 운동에서 소모되는 것처럼 보입니다. 가속 운동에서의 전반부의 운동량 결손은(미달인 삼각형 AGI 안의 평행선들에 의해 대표되는 운동량) 삼각형 IEF의 평행선들에 의해 대표되는 운동량에 의해 보상되기 때문입니다.

그러므로 같은 공간들이 같은 시간 동안 두 움직일 수 있는 것들에 의해서 통과될 것임은 명백하며, 그 둘 중의 하나는 정지 상태로부터 균일 가속된 운동으로 움직이며, 다른 것은 가속 운동의 최대 속력의 절반의 운동량인 운동량을 가지는 균등 운동으로 움직일 것입니다; 이것은 얻고자 하던 [명제]입니다.

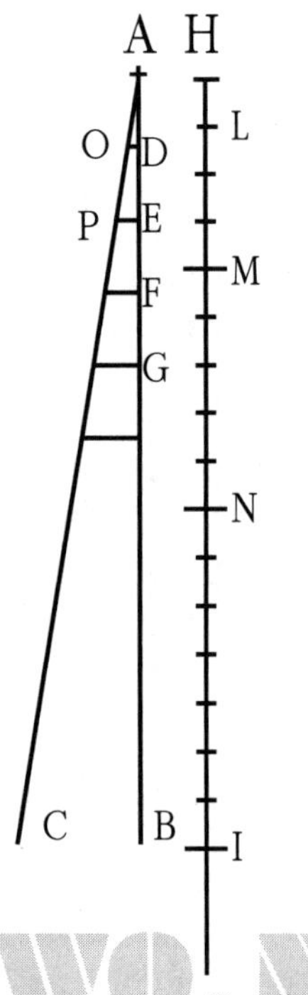

명제 2. 정리 2

만약 어떤 움직일 수 있는 것이 정지 상태로부터 균일 가속된 운동으로 하강하면, 임의의 시간들 동안 통과된 공간들의 비는 그들 시간들의 제곱 비와 같다; 즉 그들 시간들의 제곱들의 비와 같다.

어떤 첫 순간 A로부터의 시간의 흐름이 선분 AB에 의해 대표된다고 하고, 선분 안에 임의의 두 시간들 AD와 AE를 택합니다. HI를 그 안에서 균일 가속된 움직일 수 있는 것이 운동의 첫 시작으로서 점 H로부터 하강하는 선분이라고 하지요; 공간 HL을 첫 시간 AD동안 통과하고, HM을 시간 AE 동안 하강한 공간이라고 합니다. 또는 공간들 MH와 HL은 EA와 AD의 제곱들의 비와 같다고 말하기로 하지요.

AB와 임의의 각을 이루는 선분 AC를 그립니다. 점들 D와 E로부터 평행선들 DO와 EP를 그리면, DO는 시간 AD 동안의 순간 D에서 얻어진 속력의 최대 정도를 나타낼 것이며, PE는 시간 AE 동안의 순간 E에서 얻어진 속력의 최대 정도를 나타낼 것입니다. 통과된 공간들에 대해, 어떤 움직일 수 있는 것에 의해 정지 상태로부터 균일 가속 운동으로 통과된 공간과, 그 속력이 그 가속 운동에서 얻어진 최대의 절반인 균등 운동에 의해 이동된 어떤 움직일 수 있는 것에 의해 같은 시간 동안 통과된 공간은 서로 같다는 것은 위에서 증명되었으므로, 공간들 MH와 LH는, 그 속력들이 PE와 OD의 반들인 균등
운동으로 시간들 EA와 DA 동안 지나간 공간들과 같다는 것이 얻어집니다. 210
그러므로 만약 이 공간들 MH와 LH의 비가 시간들 EA와 DA의 제곱 비임이 보인다면, 얻고자 하는 것이 증명될 것입니다.

이제 1권[위의 '균일 운동에 대하여'] 명제 4에서 균등 운동으로 이동된 움직일 수 있는 것들에 의해 통과된 공간들의 비는 속력들의 비와 시간들의 비로부터 합성 비로 주어진다는 것을 보였습니다. 여기서는 실제로 속력들의 비는 시간들의 비와 같은데, 왜냐하면 PE의 절반과 OD의 절반의 비, 또는 PE와 OD의 비는 AE와 AD의 비와 같기 때문입니다. 따라서 통과된 공간들의 비는 시간들의 제곱 비입니다; 이것은 증명되어야 했던 것이지요.

이것으로부터 공간들의 이 같은 비는 속력의 최대 정도들의 제곱 비라는 것이 역시 얻어집니다; 즉 선분들 PE와 OD의 제곱 비이며, 왜냐하면 PE와 OD의 비는 EA와 DA의 비와 같기 때문입니다.

부속정리{Corollary} 1

이것으로부터 다음은 명백하다. 만약 임의의 수의 같은 시간들을 연속적으로 첫 순간부터 또는 운동의 시작부터 잡으면, 예를 들면 AD, DE, EF와 FG 등을 잡으면, 그 동안 공간들 HL, LM, MN, NI를 지나가는데, 그러면 이 공간들은 1부터의 홀수들, 즉 1, 3, 5, 7과 같은 비를 가질 것이다; 그런데 이것은 서로를 같은 크기로 초과하는 선분들의 제곱의 초과분들, [그리고] 그 [공통의] 초과량은 같은 선분들의 최소인 것과 같을 경우, 또는 말하자면, 1부터 연속적인 제곱들의 초과분에 대한 규칙[*ratio*]이다. 그러므로 속력의

정도들이 자연수들의 단순한 순서에 따라 같은 시간들 동안 증가된다면, 같은 시간들 동안 통과된 공간들은 1부터의 홀수들의 순서에 따라 증가하게 된다.

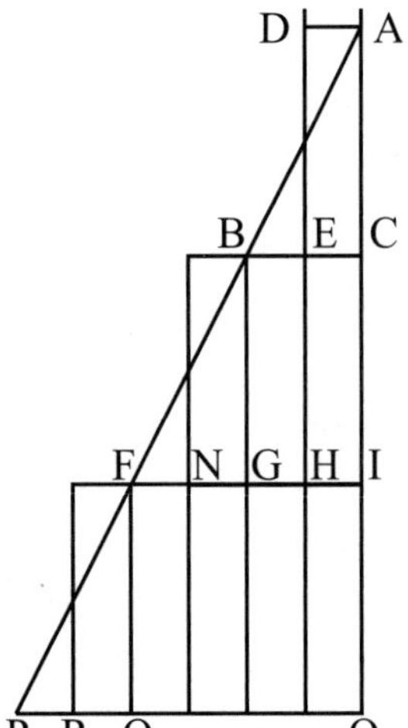

사그레도. 잠깐 동안 낭독을 멈추어 주시지요, 그 사이에 제가 제 마음에 떠오른 어떤 착상에 대한 상상을 말씀드리겠습니다. 이것을 설명하기 위해, 당신들의 더 명쾌한 이해뿐만 아니라 저 스스로를 위해서, 작은 그림을 하나 그리지요. 이 선분 AI에 의해서 저는 첫 순간 A 후의 시간의 진행을 상상하고; A로부터 당신이 원하는 임의의 방향으로, 저는 직선 AF를 그립니다. 그리고 점들 I와 F를 잇고, 시간 AI를 중앙 C에서 분할하여, CB를, A에서 정지 상태로부터 출발하여, 삼각형 ABC 안에서 연장된 BC에 대한 평행선들의 {길이의} 증가에 따라, 증가하는 속력의 최대 정도로 잡습니다; 이것은 시간이 증가함에 [따라] 증가하는 것과 같습니다.

이 시점에 이르기까지의 토론으로부터, 다음을 논쟁 없이 가정합니다. 언급한 바와 같은 방식으로 증가하는 속력으로 낙하하는 움직일 수 있는 것에 의해 움
211 직여진 공간은 같은 움직일 수 있는 것에 의해 같은 시간 AC 동안 그 속력이 BC의 절반인 EC와 같은 균일 운동으로 움직여질 공간과 같습니다. 저는 이제 그 움직일 수 있는 것이 가속 운동으로 하강[했다고], 또 순간 C에 속력의 정도 BC를 가지게 된 것으로 상상하기로 합니다. 만약 그것이 더 이상 가속됨이 없이 속력의 같은 정도 BC로 계속 운동한다면, 계속되는 시간 CI 동안, 그것은 BC의 절반인 EC의 균일한 속력의 정도로 같은 시간 AC 동안 움직인 것의 두 배의 공간을 움직이고자 할 것입니다.[24] 하지만 그 움직일 수 있는 것은 모든 시간들 동안 항상 균일하게 증가하는 속력으로 하강하므로, 정도 CB에 계속되는 시간 CI 동안 삼각형 ABC와 같은 삼각형 BFG의 평행선들에 따라 증가하는 그들 속력의 같은 운동량들을 더할 것입니다; 그러므로 속력의 정도 GI에 삼각형 BFG의 평행선들에 의해 정해지는 가속 운동에서 얻어지는 그들 [속력들]의 최대 정도 FG의 절반이 더해지며, 우리는 그것이 시간 CI 동안 균일 운동으로 움직여지게 될 경우의 속력의 정도 IN을 가질 것입니다. 그 정도 IN은 정도 EC의 세 배라는 것이 [우리에게] 두 번째 시간 CI 동안 움직인 공간은 첫 번째 시간 CA 동안 움직인 [거리의] 세 배가 되어야만 함을 확신케 합니다.

그리고 만약 우리가 같은 시간의 부분 IO를 더 AI에 더하고 또 삼각형을 APO까지 연장한다고 가정하면, 그러면 다음은 명백합니다. 만약 시간 AI 동안 가속 운동에서 얻어진 속력의 정도 IF로 전체 시간 IO를 통해 운동이 계속된다면, 이 정도 IF는 EC의 네 배이므로, 시간 IO 동안 움직인 공간은 첫 번째의 같은 시간 AC 동안 움직인 공간의 네 배가 되고자 할 것입니다. 균일 운동으로 바뀐다면 EC와 같은 정도를 더하는 삼각형 ABC의 그것과 상사한 삼각형 FPQ 안의 균일 가속에 따른 증가를 계속하므로, EC와 같은 QR을 더하면, 우리는 첫 번째 시간 AC의 균등한 속력의 다섯 배를 전체 시간 IO에 걸쳐 발휘한 전체 균등 속력을 가질 것이며; 따라서 움직인 공간은 첫 번째 시간 AC 동안 움직인 [공간의] 다섯 배일 [것입니다].

따라서 당신들께서는, 이 간단한 계산을 통해, 다음을 아시게 됩니다, 정지 상태로부터 출발하여, 시간의 증가에 따른 것과 동일하게 속력을 얻는 움직일 수 있는 것이 같은 시간들 동안 움직이는 공간들은 서로 1부터 시작한 홀수들 212
의 비, 즉 1, 3, 5를 가진다; 또 움직인 공간들을 함께 생각하면 두 배의 시간 동안 움직인 공간은 절반의 시간 동안[즉 주어진 시간 동안] 움직인 공간의 네 배이며, 세 배의 시간 동안 움직인 공간은 아홉 배[만큼 커짐]입니다.[12] 짧게 말하면, 움직인 공간들은 시간들의 제곱 비로 주어집니다; 즉 그 시간들의 제곱들로 주어집니다.

심플리치오. 실제로 저는 **저자**의 더 이해하기 힘든 증명보다 사그레도의 이 간단하고 명쾌한 추론으로부터 더 많은 즐거움을 느꼈으며, 저는 그래서 일단 균일 가속 운동의 정의가 전제되고 수용된다면, 왜 문제가 이런 방식으로 진행되어야만 하는지를 더 잘 이해할 수 있습니다. 하지만 저는 이것이 낙하하는 무거운 물체들의 운동에서 자연에 의해 채용되는 가속인지에 대해서는 여전히 의심스럽군요. 그러므로 저의 이해를 위해서 그리고 저와 같은 사람들의 이해를 위해서, 저는 이쯤에서 [당신께서], 증명된 결론들과 다양한 경우에 일치하는 몇 가지(당신께서 수없이 많다고 하신 것들 중의)들로부터 무언가 실험을 인용하는 것이 적절하다고 생각합니다.

살비아티. 진정한 과학자처럼, 당신께서는 매우 합리적인 요청을 하십니다, 왜

12) 두 배의 시간에 대해서는 1+3 으로부터 네 배를 얻고, 세 배의 시간에 대해서는 1+3+5 로부터 아홉 배를 얻는다.

냐하면 이것은 수학적 증명들을 물리적 결론들에 적용하는 그 과학들에서 일상적이고 또 필수적이기 때문이며, 광학에 대한 저술가들, 천문학자들, 기술자들{mechanics}, 음악가들, 그리고 모든 결과적인 구조의 근거들이 되는 감각적인 경험들로 그들의 원리들을 뒷받침하는 다른 사람들 사이에서 볼 수 있는 것이지요. 저는 우리들의 시간을 낭비하는[*superfluo*] 것으로 보이고 싶지는 않으며, [마치] 우리가 무한히 많은 결론들의 광대한 골조가 근거할 이 제일의 주요한 기초에 대해 과도하게 길게 추론한 것처럼 말씀이지요-그 결론들의 단지 작은 일부만이 **저자**에 의해 이 책에 기술되었으며, 그는 지금까지 사색적인 사람들에게 닫혀있던 대문과 현관을 여는데 성공하였을 것입니다. 그러므로 실험들에 대해서는: **저자**는 그들을 수행하지 않은 것이 아니며, 또 자연적으로 낙하하는 무거운 물체들의 가속이 위에서 상술한 비를 따른다는 것을 확신하기 위해, 저는 때로 다음과 같은 식으로, 그와 같이, 시험[*prova*]을 수행한 적이 있습니다.

나무로 된 하나의 보 또는 차라리 길이가 12 브라차, 폭이 반 브라초, 그리고 두께가 3 인치 정도인 들보 안에, 가장 좁은 크기를 따라서 홈{channel}이 파여졌으며, 홈은 1 인치보다 조금 넓고 매우 직선적으로 만들어 졌습니다; 그리고 이것을 깨끗이 하고 매끄럽게 한 후, 고급 양피지{vellum}를 한 조각으로 그 안에 접착하였으며, 또 가능한 한 깨끗이 하고 매끄럽게 하였지요. 이 안에 매우 단단한 구리로 된 둥글고 매끄러운 공이 하강하도록 되는데, 보는 그 한
213 쪽 끝을 수평면 위로 1과 2 브라차 사이에서 임의로 높임으로써 경사시켜졌지요. 제가 말씀드린 바와 같이, 그 공은 언급된 홈을 따라서[*per*] 하강하도록 되어 있으며, 또 우리는 (제가 곧 당신들께 말씀드릴 방식으로) 그 공이 끝까지 통과하는데 소모한 그 시간을 주목하였고, 시간의 크기에 대해 매우 확실히 하기 위해 같은 과정을 여러 차례 반복하였는데, 그 크기에 대해 우리는 맥박의 십분의 일 정도의 차이도 발견하지 못하였습니다.[25]

이 작업이 정확하게 수립된 후, 우리는 같은 공을 이 홈의 1/4 길이만 하강하도록 했으며, 그 하강 시간을 계측하였는데, 이것은 이전 결과의 정확하게 절반임을 항상 얻었습니다. 다음으로 다른 길이들에 대한 실험을 수행하여, 이제 전체 길이에 대한 시간과 절반에 대한 시간을 [비교하고], 또는 2/3의 시간, 또는 3/4의 시간, 그리고 결국 임의의 분할에 대한 시간을 비교하여, 온전히 백 차례의 실험들에 의해 조사하였는데, 그 공간들은 항상 시간들의 제곱임을 얻었

습니다. 또한 이 결과는 평면의 모든 경사들에 대해 [성립하였으며]; 즉 그 공이 하강하도록 된 홈의 평면 말씀입니다, 그 평면 상에서 우리는 또한 다양한 경사들에 대해 하강의 시간들은 그들 사이에 정확하게 우리가 차후에 우리들의 저자에 의해 부과되고 증명됨을 알게 될 그 비를 유지함을 관찰하였습니다.

시간의 계측에 관해서는, 우리는 물로 채워지고 위로부터 고정된 큰 원통형 용기{pail}를 사용하였는데, 그 용기는 그 바닥에 가늘고 긴 관이 부착되어, 이 관을 통해 가느다란 물줄기가 흐르도록 되었고; 이 물줄기는 홈의 전체 또는 그 일 부분을 따라서 공이 하강하는 전 시간 동안 작은 비커{beaker}에 받아졌습니다. 이렇게 모아진 작은 양들의 물은 가끔 정밀한 천칭으로 무게를 재었으며, 그 무게들의 차이들과 비들은 저희들에게 시간들의 차이들과 비들을 주었고, 그 정확도는, 제가 말씀드린 바와 같이, 이들 작업을 수없이 반복 했을 때 어떤 눈에 띌만한 크기만큼도 차이가 나지 않았습니다.

심플리치오. 이 실험들에 제가 참석할 수 있었더라면 저는 매우 만족스러워 했겠군요. 그러나 그 실험들을 수행하는데 있어 당신의 근면함과 그 결과들을 관련짓는데 있어 당신의 엄밀성을 확신하므로, 저는 그 결과들이 가장 확정적이고 진실이라는 것을 즐겁게 가정합니다.

살비아티. 그러면 우리는 우리의 낭독을 다시 시작하여, 진행하도록 하지요.

부속정리 2 214

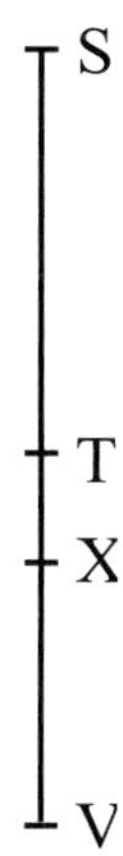

두 번째로 다음이 연역된다. 만약 운동의 시작으로부터, 무엇이든지 간에 임의의 [두] 시간들 동안 통과하는, 두 공간들을 취하면, 그 시간들의 비는 두 공간들 중 하나와 두 주어진 공간들의 평균 비례와의 비와 같다.

운동의 시작 S로부터 두 공간들 ST와 SV를 취하고, 그들의 평균 비례를 SX라고 하지요; ST를 통과하여 낙하하는 시간과 SV를 통과하여 낙하하는 시간의 비는 ST와 SX의 비와 같을 것입니다; 또는 SV를 통과하는 시간과 ST를 통과하는 시간의 비는 VS와 SX의 비와 같다고 하지요. 통과된 공간들은 시간들의 제곱 비(또는 같은 것이지만, 시간들의 제곱들의 비)임은 이미 보였기 때문에, 공간 VS와 공간 ST의 비는 VS와 SX의 제곱 비이며, 또는 VS

와 SX의 제곱들의 비와 같습니다. SV와 ST를 통과하는 운동의 시간들의 비는 공간들 또는 선분들{의 길이들} VS와 SX의 비임이 얻어집니다.

주석{Scholium}

수직선을 따라 통과하는 움직임들에 대해 우리가 증명한 모든 것은 어떻게 경사되었든 간에 경사된 평면들에 대해서도 적용되는 것으로 이해되어야 한다; 왜냐하면 이 평면들에 대해서 실제로 증가된 속력의 정도[accelerationis]가 같은 비로 증가한다고 가정되었으므로; 즉, 시간의 증가에 따라서, 또는 1부터의 자연수들의 순서에 따라서 라고 말한다.[26]

[214] **살비아티.** 여기서, 사그레도여, 제가 지금의 낭독을 당분간 미루는 것에 대한 허락을 구할까요, 아마도 제가 심플리치오를 지루하게 할 것이지만, 제가 지금까지 말씀드리고 증명한 것들을 좀 더 설명하기 위해서입니다. 동시에, 당신들에게 우리의 **학회원**에 의해 오래 전에 도달한 역학적 결론들을 말씀드림으로써, 우리들에 의해 확실한 논리들과 실험들로 이미 고찰된 그 원리의 진실성에 대한 새로운 확증을 제가 더할 수 있다는 생각이 들었습니다. 더욱 중요한 것은, 이것은 격동량들의 연구에 기본적인 하나의 보조정리를 먼저 증명한 후에 기하학적으로 증명될 것입니다.

사그레도. 당신께서 그와 같은 이득을 약속하실 때, 제가 운동의 이 과학들을 확인하고 또 완벽하게 확립하는데 기꺼이 쓰지 않을 시간은 없지요. 제 입장으로는, 제가 이 문제에 대해 당신께서 저희들을 만족시키는데 대한 허락을
[215] 드릴뿐만 아니라, 저는 심지어 당신께 가능한 한 빨리 당신께서 제게 유발하신 호기심을 완화시켜 주시기를 간청합니다. 저는 심플리치오도 이것에 대해 같은 식으로 느낀다고 생각합니다.

심플리치오. 제가 어떻게 다르게 말할 수 있겠습니까?

살비아티. 그러면 당신들께서 제게 말미를 주시므로, 먼저 잘 알려진 결과로 같은 움직일 수 있는 것의 운동량들 또는 속력들은 다양한 경사 평면들에서 다르며, 또 최대의 [속력]은 수직선을 따라서 얻어진다는 것을 생각하지요. 속력은 다른 경사면들을 따라서 수직선으로부터 멀어질수록 또 경사도가 작아질수

록 감소합니다. 따라서 격동량, 힘{power}[*talento*], 에너지, 또는 하강의 운동량이라고 할까요,[13] 이들은 움직일 수 있는 것을 지지하고 그 위에서 하강하는 아래에 놓인 평면에서 감소하게 됩니다.

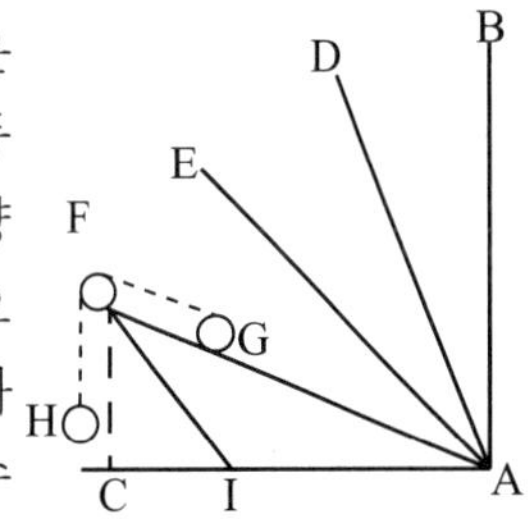

이것을 더 잘 설명하기 위해, 선분 AB를 수평면 AC 위에 수직하게 세운다고 가정하고, 그리고 수평면에 대해 다른 경사도로, 즉 AD, AE, AF 등으로 기울어지도록 하지요. 저는 말씀드립니다. 하강하는 무거운 물체의 격동량은 수직선 BA를 따라서 최대이며 전체가 되며, DA를 따라서는 그보다 작으며, EA를 따라서는 더욱 작고, 더 경사도가 작은 FA를 따라서 계속 감소하며, 결국 수평면 CA 상에서는 완전히 사라지는데, 수평면에서 그 움직일 수 있는 것은 운동이나 정지 상태에 차이가 없음을 알게 되며, 자체적으로는 어떤 방향으로도 움직일 경향을 가지지도 않고 또 움직여지는데 대한 어떠한 저항도 받지 않지요. 그러므로 하나의 무거운 물체가(또는 그들의 조합이), 모든 무거운 물체들이 향하여 서로 수렴하는[*conspirano*] 공통의 중심으로부터 멀어져, 자연적으로 위로 운동한다는 것은 불가능합니다; 또 따라서 이들이 그들 자신의 무게 중심이 위에서 언급한 공통의 중심을 향하는 그 운동을 제외하고는 자발적으로 움직여진다는 것은 불가능합니다.[27] 그러므로 수평면 상에서는, 여기서는 위에서 언급한 [공통의] 중심으로부터 [모든 곳이] 등거리에 있는 표면, 그러므로 전혀 경사되지 않은 표면을 뜻하지요, 움직일 수 있는 것의 격동량 또는 운동량은 영일 것입니다.

이와 같은 격동량의 변화를 가정하면, 저는 다음에는 무언가를 설명해야만 [216]
합니다. 즉 우리들의 **학회원**께서 그의 학생들이 사용하도록 파도바{Padua}에서 저술한 역학에 대한 오래된 논문에서[28] 그 경탄할 만한 도구인 나사의 기원과 특성에 대한 그의 논의와 관련하여 자세하고도 결정적으로 증명하였지요; 즉 다른 경사도들의 평면들을 따라 격동량의 이 변화가 발생하는 그 비입니다. 예를 들어 경사 평면 AF가 주어질 경우, 그 높이{elevation}로 수평면 위로 선분 FC를 잡으면, 이 선분을 따라서 무거운 물체의 격동량과 하강 시의 운동

13) 격동량{impetus}은 이 당시 사용되었으나 뉴턴 이후에 사라지는 용어이며, power는 여기서는 힘으로 번역하였는데, 그 당시에는 아직 오늘날의 일률에 상응하는 뜻을 가지고 있지 않았고, 에너지 또한 19세기에야 오늘날의 뜻을 가지게 된 용어이며, 운동량은 이 당시에도 사용되었고 지금도 사용되지만 명확한 정의는 뉴턴(1687)에 기인한다. 이 문장은 이들 용어들이 운동과 관련하여 당시에는 거의 같은 뜻으로 사용된 것을 보여주는 예이다.

량은 최대이며, 우리는 이 운동량과 경사면 FA를 따라서의 같은 움직일 수 있는 것의 운동량의 그 비를 구하고자 합니다. 그 비는, 저는 말씀드리는데, 위에서 언급한 길이들의 비의 역입니다. 이것이 제가 증명할 수 있기를 희망하는 정리보다 먼저 해결되어야 하는 보조정리{lemma}입니다.

무거운 물체의 하강의 격동량은 최소 저항 또는 그것을 고정시키고 [정지 상태에] 있도록 하는데 충분한 힘과 같을 만큼 크다는 것은 명백합니다. 저는 그 힘과 저항 대신에, 또 그 척도[로] 다른 움직일 수 있는 것의 무거움을 사용할 것입니다. 그래서 움직일 수 있는 것 G를, 평면 FA 위에 놓고, F 위를 지나가 중량물 H에 연결된 실로 묶지요; 그리고 이 [H]의 수직 하강 또는 상승의 공간은 항상 다른 움직일 수 있는 것 G의 경사면 AF를 따라서의 전체 상승 또는 하강과 같다는 것을 생각합니다-수직 상승 또는 하강과 같은 것이 아니고, 움직일 수 있는 것 G(다른 어떤 움직일 수 있는 것과 마찬가지로)는 그 저항을 전적으로 그 상승 또는 하강을 통해 행사합니다. 거기까지는 명백하지요. 삼각형 AFC에서의 움직일 수 있는 것 G의 운동은(예를 들어, A로부터 F까지 위를 향하는) 수평 횡이동 AC와 수직선 CF로 구성된 것으로 생각하기로 하지요. 앞에서와 같이, 그것이 수평면을 따라 움직여지는데 대한 저항은
[217] 없는데, 이는 그와 같은 운동 방식에 의해 무거운 것들의 공통의 중심으로부터의 거리에 관해 감소 또는 증가가 없으므로, 수평면 상에서는 항상 그 거리가 같은 것으로 보존되기 때문입니다[위에서 정의한 바와 같이]. 따라서 저항은 오직 수직선 CF를 올라가야 하는 충동에 대한 것일 뿐이라는 것을 얻습니다. 그러므로 A로부터 F까지 움직이는 무거운 물체 G는 단지 수직 공간 CF를 상승하는데 대해서만 저항하는데; 그러나 다른 무거운 물체 H는 전체 공간 FA와 같은 만큼 수직으로 하강할 수 있어야만 합니다. 그런데 상승과 하강의 이 비는 항상 변하지 않으며, 그 비는 작거나 크거나 그 운동과 같은데 위에서 언급한 바와 같이 움직일 수 있는 것들이 같이 묶여 있기 때문입니다. 따라서 우리는 두 움직일 수 있는 것들 사이에 평형(즉 정지 상태)이 지배적일 때 그들의 [총괄적인] 속력들 또는 그들의 운동에 대한 경향{propension}은-즉 그들이 같은 시간 동안 움직이게 될 공간들-그들의 무게[*gravità*]에 대해 역수이어야만 한다고 단호하게 단언할 수도 있으며, 이는 역학적 움직임들의 모든 경우들에 대해 정확하게 입증되는 것과 같습니다.

그러므로 G의 하강을 저해하기 위해서는, H가 G보다 공간 CF가 공간 FA에 비례하여 작은 것만큼 같이 가벼우면 충분할 것입니다. 따라서 만약 무거운 물체 G와 무거운 물체 H의 {무게의} 비가 FA와 FC의 비와 같으면, 평형이 뒤따를 것이며; 즉 무거운 물체들 H와 G는 같은 모멘트들을[14] 가지며, 이 움직일 수 있는 것들의 운동은 멈출 것입니다. 이제, 우리는 움직일 수 있는 것의 격동량, 에너지, 운동량 또는 운동의 경향이 그것을 정지시키기에 충분한 최소의 힘 또는 저항과 같다는 것에 동의하였으며; 또 무거운 물체 H는 무거운 물체 G의 운동을 금하기 위해 충분하다고 결론지어졌는데; 따라서, 그 전체 [정적] 모멘트를 수직선 FC에서 행사하는, 더 작은 중량물 H는, 더 큰 중량물 G가 경사 평면 FA를 따라서 행사하는 부분적인 모멘트의 정확한 척도일 것입니다. 하지만 무거운 물체 G의 전체 모멘트의 척도는 G 자신이며, 이는 무거운 물체의 수직 하강을 저해하기 위해서는, 두 물체가 수직으로 자유롭게 움직일 때, 같은 무거움에 의한 대립이 요구되기 때문입니다. 그러므로 경사면 FA를 따라서의 부분적인 격동량 또는 운동량과 수직선 FC를 따라서의 최대 그리고 전체 격동량의 비는 중량물 H와 중량물 G의 {무게의} 비이며, 여기서 그 비는(그렇게 되도록 만들었으므로) 수직선 FC(경사면의 높이)와 경사면 FA 자신의 {길이의} 비와 같습니다.

이것은 보조정리로서 증명하고자 하던 것이며; 우리가 볼 것과 같이, 우리들의 **저자**에 의해 이 논문의 명제 6의 두 번째 부분에서 알려진 것으로 가정됩니다.

사그레도. 당신께서 지금까지 결론지은 것으로부터, 비들의 교란 등거리에 의한 논의를 이용하면, 같은 높이를 가지는 다르게 경사된 평면들, FA와 FI와 같은 평면들을 따라서의 같은 움직일 수 있는 것의 운동량들은, 그 같은 평면들의 {길이의} 역 비에 따른다는 것이 쉽게 연역될 수 있는 것처럼 제게는 보입니다.

살비아티. 맞는 결론입니다. 이것이 확립되었다면, 저는 다음으로 그 정리 자체를 증명하겠습니다; 즉: 218

14) 여기와 아래 몇 군데서의 모멘트는 용어 풀이에서 밝힌 대로 다음 경우에 속한다. "갈릴레오는 또 momento di ... 라는 표현을 사용하는데, 이것은 '의 모멘트(moment of)'로 번역되며 대체적으로 속력 또는 무거움 또는 그와 유사한 것들 '의 유효함'을 뜻한다." 이 부분에서 갈릴레오는 경사면을 따른 운동의 가속도의 크기가 연직 낙하의 가속도에 $\sin\theta$를 곱한 것임을 보이고 있다.

[첨가된 정리]

> 같은 높이로부터 자연적인 운동으로 하강하며 어떤 움직일 수 있는 것에 의해 얻어진 속력의 정도는, 어떤 방식으로 경사되었든지 간에 평면들을 따라서, 모든 장애물이 제거된다고 하면, 그들이 수평면에 도달하였을 때 같다.

여기서 당신들께서는 어떠한 경사면을 따라서든 정지 상태로부터 출발한 움직일 수 있는 것은 속력, 또는 격동량의 크기가 시간에 비례하여 증가된다는 것이, **저자**에 의해 자연적으로 가속되는 운동에 대해 주어진 정의에 따라, 이미 확립되었다는 점에 먼저 유의하셔야만 합니다. 그러므로 그가 앞의 마지막 명제에서 증명했던 바와 같이, 움직인 공간들은 시간들의 제곱 비와 같으며, 따라서 속력의 정도들{의 제곱 비}와 같습니다. 처음에[*nella prima mossa*][15] 격동량들[의 비]가 무엇이든지 간에, 그 비례는 같은 시간 동안 얻어진 속력들의 정도들은 같게 유지될 것이며, 이는 [격동량들과 속력들] 모두 같은 시간 동안 같은 비로 증가하기 때문입니다.

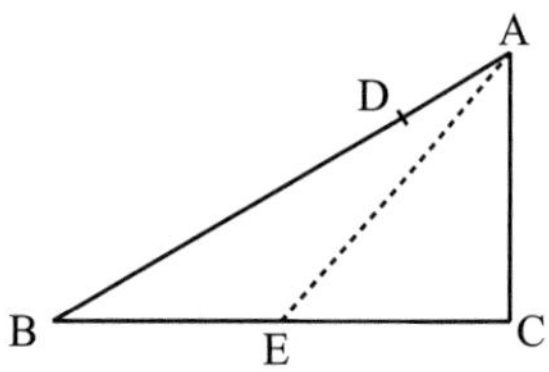

이제 수평면이 CB일 때 수평면 위의 경사 평면 AB의 높이를 수직선 AC라고 하지요. 우리가 앞에서 결론지은 바와 같이, 수직선 AC를 따라서 어떤 움직일 수 있는 것의 격동량과 경사면 AB를 따라서 그것의 격동량의 비는 AB와 AC의 {길이의} 비와 같으므로, [그러면] 경사면 AB에서 AB와 AC의 제삼 비례를 AD라고 하면; AC를 따라서 [움직이는] 격동량과 AB를 따라서 [움직이는](즉 AD를 따라서 [움직이는]) 격동량의 비는 [AB와 AC의 {길이의} 비 또는] AC와 AD의 {길이의} 비와 같습니다. 따라서 그 움직일 수 있는 것은, 수직 공간 AC를 움직이는 시간과 같은 그 시간 동안, 경사면 AB를 따라서 공간 AD를 움직이게 될 것이며(운동량들이 공간들과 같은 비를 가지므로); 또 C에서의 속력의 정도와 D에서의 속력의 정도의 비는 AC와 AD의 비와 같습니다. 하지만 B에서의 속력과 D에서의 속력의 비는, 가속 운동에 대한 우리들의 정의에 의해, AB를 통과하는 시간과 AD를 통과하는 시간의 비와 같으므로; 또 AB를 통과하는 시간과 AD를 통과하는 시간의 비는, 명제 2의 마지막 부속정리에 의해, AC(BA와 AD의 평균 비례)와 AD의 비

---

15) 원뜻은 '첫 움직임'이다.

와 같습니다. 그러므로 B와 C에서의 속력들은 [모두] D에서의 속력과의 비가 AC와 AD의 비와 같으며, 따라서 [B와 C에서의 속력들은] 같습니다; 이것은 증명하고자 하던 정리입니다.

이것으로부터 우리는 **저자**의 계속되는 명제 3을 더 결정적으로 증명할 수도 있는데, 그 명제 3에서 그는 [앞의] 가설을 사용합니다; 이 [정리는] 경사면을 따라서의 시간과 수직선을 따라서의 시간의 비는 경사면과 수직선의 {길이의} 비와 같다고 진술합니다. 그러므로 다음과 같이 말하기로 하지요: 만약 BA가 [219]
AB를 따라서의 시간이면,[29] AD를 따라서의 시간은 이들 [AB와 AC] 사이의 평균 비례일 것이며, 즉 명제 2의 두 번째 부속정리에 의해, AC일 것입니다. 하지만 AC가 AD를 따라서의 시간이면, 그것은 AC를 따라서의 시간이기도 할 것이며, 이것은 AD와 AC를 같은 시간들에 통과하기 때문입니다. 또 만약 BA가 AB를 따라서의 시간이면, AC는 AC를 따라서의 시간일 것이므로, AB와 AC의 비는 AB를 따라서의 시간과 AC를 따라서의 시간의 비와 같다는 것이 얻어집니다.

같은 추론에 의해 AC를 따라서의 시간과 어떤 다른 경사면 AE를 따라서의 시간의 비는 AC와 AE의 비와 같다는 것이 증명될 것입니다; 그러므로 비들의 등거리에 의해, 경사면 AB를 따라서의 시간과 경사면 AE를 따라서의 시간의 비는 AB와 AE의 비와 상응하여, 등등, 같습니다.

사그레도가 쉽게 [차후에] 볼 것과 같이, **저자**의 명제 6은 이 정리를 같은 방식으로 응용하여 곧 증명할 수 있습니다. 하지만 지금은 이 정도의 이탈로 만족하기로 하는데, 운동의 이 문제들에 있어서 의당 유익함에도 불구하고, 아마도 너무 지루한 것으로 느껴졌을 수도 있겠습니다.

사그레도. 제가 좋아하는 취향의 것일 뿐만 아니라, 그 원리의 완벽한 이해를 위해 가장 필수적이었습니다.

살비아티. 그럼 저는 본문을 다시 낭독하기 시작하겠습니다.

명제 3. 정리 3 215

만약 같은 움직일 수 있는 것이 경사 평면 위에서 정지 상태로부터 이동되고,

또 같은 높이의 수직선을 따라서 이동되면, 움직임들의 시간들의 비는 그 평면과 수직선의 길이들의 비와 같다.

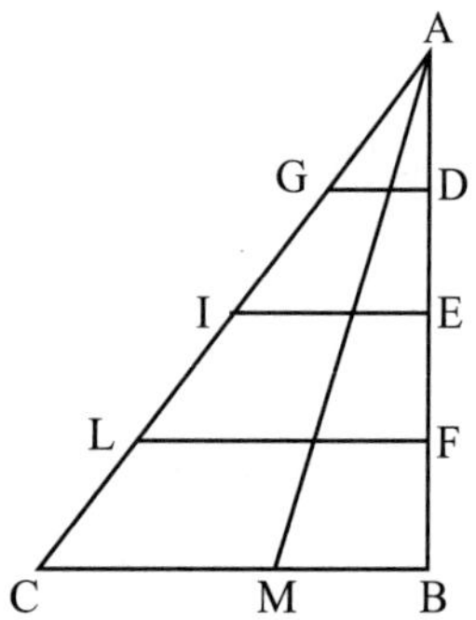

경사 평면 AC와 수직선 AB가 각각 수평면 CB 위에 같은 높이, 즉 선분
216 BA를 가지도록 합니다. 저는 말씀드립니다. 평면 AC를 따라서의 하강 시간과 수직선 AB를 따라서의 같은 움직일 수 있는 것의 낙하 시간의 비는 평면 AC의 길이와 수직선 AB의 길이의 비와 같습니다. 수평면 CB에 평행한 임의의 선분들 DG, EI와 FL을 가정하면; 우리의 가설로부터 운동의 처음 시작부터 움직일 수 있는 것에 의해 점들 G와 D까지 얻어진 속력의 정도들은 같다는 것이 얻어지는데, 이는 그들의 수평면에 대한 접근이 같기 때문이며; 마찬가지로, 점들 I와 E에서의 속력들도 같으며, L과 F에서의 속력들도 같습니다. 이제, 만약 이들뿐만 아니라 선분 AB의 모든 점으로부터 선분 AC까지 닿도록 평행선들이 그려지면, 각각의 평행선의 양단에서의 운동량들 또는 속력의 정도들은 항상 서로 같습니다. 따라서 두 공간들 AC와 AB를 같은 속력의 정
217 도들로 지나갑니다. 하지만 만약 같은 속력의 정도로 이동되는 어떤 움직일 수 있는 것이 두 공간들을 지나가면 그러면 공간들의 비가 어떻든 운동의 시간들은 같은 [비]를 가진다는 것은 증명이 되었습니다.[30] 그러므로 AC를 통과하는 운동의 시간과 AB를 통과하는 시간의 비는 평면 AC의 길이와 수직선 AB의 길이의 비와 같습니다; 이것은 증명하고자 하던 것입니다.

218 **사그레도.** 제게는 같은 것이 매우 명확하고 간단하게 결론지어질 수 있는 것처럼 보이는데, 왜냐하면 AC(와 AB)를 통과하는 총괄적인[*somma del*] 가속
219 운동[31]이 속력의 정도가 CB[에서의] 최대 정도의 절반인 균등 운동임이 이미 증명되었기 때문입니다. 그러므로 두 공간들 AC와 AB는 같은 균등 운동으로 움직여진 것[으로 생각될 수 있으며], 1권 명제 1에 의해서 이 통과들의 시간들이 공간들 자신들과 같다는 것은 명백합니다.

[**살비아티.** (낭독을 다시 시작한다):]

부속정리

이것으로부터 같은 높이의 다르게 경사된 평면들 위로 하강하는 시간들의 비는

그들의 길이들의 비와 같다는 것이 연역된다. 왜냐하면 만약 우리가 같은 수평면 CB에서 끝나고 A로부터 {시작하는} 다른 평면 AM을 상정하면, 마찬가지로 AM을 통과하는 하강 시간과 AB를 통과하는 시간의 비는 선분 AM과 AB의 비와 같다는 것이 증명될 것이며; 또한 AB에 대한 시간과 AC를 통과하는 시간의 비는 선분 AB와 AC의 비와 같고; 따라서 비들의 등거리에 의해 AM과 AC의 비는AM을 통과하는 시간과 AC를 통과하는 시간의 비와 같다.

명제 4. 정리 4

같은 {길이의}, 다르게 경사된 평면들 위의 운동의 시간들의 비는 그들 평면들의 높이들의 비의 제곱근의 역이다.

BA와 BC를 같은 끝점 B로부터 시작하지만 다르게 경사된 같은 {길이의} 평면들이라고 하고; 또 수평선들 AE와 CD는 수직선 BD까지 그려진 것으로 하며, 평면 BA는 높이 BE를 가지고, 평면 BC는 높이 BD를 가지며, 그리 220
고 BI를 이들 높이들 DB와 BE의 평균 비례라고 하지요; DB의 BI에 대한 비는 DB의 BE에 대한 비의 제곱근임을 얻습니다. 저는 이제 말씀드립니다. 평면들 BA와 BC 위에서의 하강 또는 움직임의 시간들의 비는 DB의 BI에 대한 역 비와 같습니다; 즉 BA를 통과하는 시간에 상응하는 것은 다른 평면 BC의 높이인데, 그 [높이는] BD이며, 또 BC를 통과하는 시간에 상응하는 것은 BI입니다. 그러므로 BA를 통과하는 시간과 BC를 통과하는 시간의 비는 DB와 BI의 비와 같다는 것이 증명되어야 합니다.

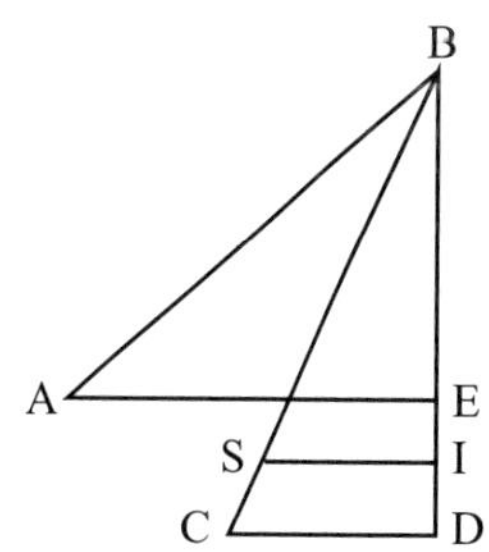

IS를 DC에 평행하게 그리면; 이미 증명된 바와 같이, BA를 통과하는 하강 시간과 수직선 BE를 통과하는 낙하 시간의 비는 BA와 BE의 비와 같으며, 한편 BE를 통과하는 시간과 BD를 통과하는 시간의 비는 BE와 BI의 비와 같고; 또 BD를 통과하는 시간과 BC를 통과하는 시간의 비는 BD와 BC의 비와 또는 BI와 BS의 비와 같습니다. 그러므로 비들의 등거리에 의해, BA를 통과하는 시간과 BC를 통과하는 시간의 비는 BA와 BS의 비, 또는 CB와 BS의 비와 같을 것이며, 또한 CB와 BS의 비는 DB와 BI의 비와 같습니다; 그러므로 명제는 성립합니다.

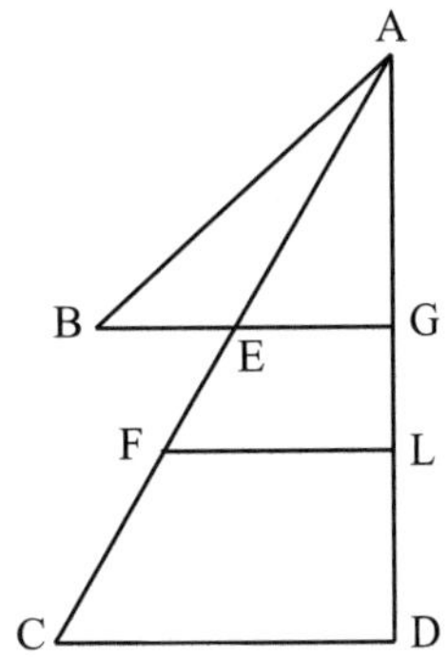

명제 5. 정리 5

경사와 길이가 다르고 또 높이가 다른 평면들 위에서의 하강 시간들의 비는, 그들 평면들의 길이들의 비와 그들 높이들의 제곱근들의 역 비로부터 합성 비로 주어진다.[32]

평면들 AB와 AC가 다르게 경사되고, 다른 길이들과 다른 높이들을 가진다면; 저는 말씀드립니다. AC를 통과하는 하강 시간과 AB를 통과하는 시간의 비는 AC와 AB의 비와 역으로 취한 그들 높이들의 제곱근[의 비]로부터 합성 비로 주어집니다.

수평선들 BG와 CD를 만나는 수직선 AD를 그리고, AL을 높이들 DA와 AG들 사이의 평균 비례라고 하지요. 점 L로부터 F에서 평면 AC를 만나는 수평선과 평행한 선분을 그리면; AF는 CA와 AE 사이의 평균 비례가 될 것입니다. 그리고 AC를 통과하는 시간과 AE를 통과하는 시간의 비는 선분 FA와 AE의 비와 같고, 또 AE를 통과하는 시간과 AB를 통과하는 시간의 비는 AE와 AB의 비와 같으므로, AC를 통과하는 시간과 AB를 통과하는
221 시간의 비는 AF와 AB의 비와 같음을 얻습니다. 따라서 AF와 AB의 비가 CA와 AB의 비, GA와 AL의 비로부터 합성 비로 주어지는 것과, [후자의] 비는 역으로 취한 높이들 DA와 AG의 제곱근들의 비임을 증명하는 것이 남았습니다. 하지만 이것도 명백한 것이: 만약 CA가 FA와 AB에 대해 취해진다면, FA와 AC의 비는 LA와 AD의 비, 또는 GA와 AL의 비와 같으며, 이 비는 높이들 GA와 AD의 비의 제곱근이지요; 또 CA와 AB의 비는 [상응하는]길이들의 비이므로; 명제는 성립합니다.

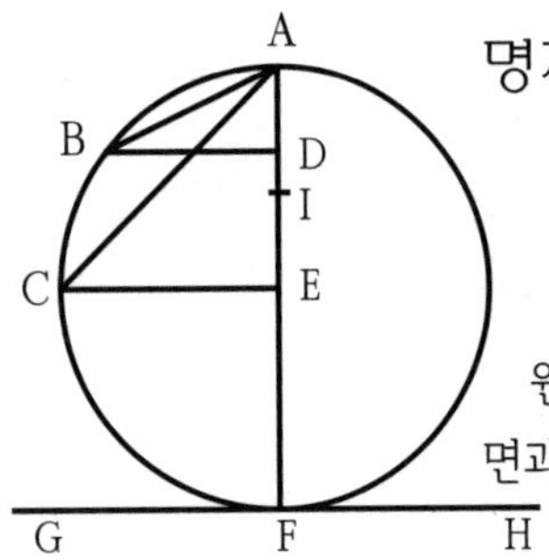

명제 6. 정리 6

만약 어떤 수직인 원의 가장 높은 점과 가장 낮은 점으로부터 그 원주까지 무엇이든 임의의 경사 평면들을 그리면, 이들을 통과하는 하강 시간들은 같을 것이다.

원을 수평면 GH 위에 수직하게 세우고, 그 가장 낮은 점으로부터 (즉, 수평면과의 접점으로부터) 직경 FA를 수직하게 세웁니다. 가장 높은 점 A로부터

원주까지 경사 평면들 AB와 AC를 그립니다; 저는 말씀드립니다. 이들을 통과하는 하강 시간들은 같습니다.

BD와 CE를 직경에 수직하게 그리고, 또 AI를 평면들의 높이들 EA와 AD의 평균 비례라고 합니다. 직사각형들 $FA-AE$와 $FA-AD$는 한 변이 AC와 AB인 정사각형들의 면적과 같으므로;[16] 또 EA와 AD의 비는 직사각형 $FA-AE$와 직사각형 $FA-AD$의 {면적의} 비와 같으므로; EA와 AD의 비는 CA의 제곱과 AB의 제곱의 비와 같습니다. 하지만 IA의 제곱과 AD의 제곱의 비는 선분 EA와 DA의 비와 같으므로; 이 때문에 한 변이 CA와 AB인 정사각형들의 {면적의} 비는 한 변이 IA와 AD인 정사각형들의 {면적의} 비와 같습니다. 그러므로 IA와 AD의 비는 선분 CA와 AB의 비와 같습니다. 이제, 앞의 [명제]에서 AC를 통과하는 하강 시간과 AB를 통과하는 하강 시간의 비는 CA와 AB의 비, DA와 AI의 비로부터 합성 비로 주어짐이 증명되었으며, 여기서 [후자는] BA와 AC의 비와 같으므로; AC를 통과하는 하강 시간과 AB를 통과하는 하강 시간의 비는 CA와 AB의 비, BA와 AC의 비로부터 합성 비로 주어집니다. 그러므로 그들의 시간들의 비는 등량 {cquality}[33]의 비와 같습니다; 따라서 명제는 성립합니다.

같은 내용이 역학에서도 다른 방식으로 증명되는데; 다음 그림에서 그 움직일 수 있는 것이 같은 시간들 동안 CA와 DA를 움직임을 증명합니다.

222

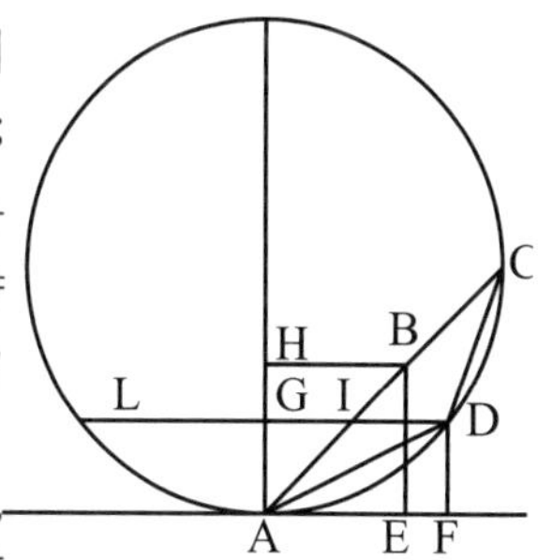

BA가 DA와 같다고 하고, 수직선들 BE와 DF를 그립니다. 역학의 원리[34]로부터 선분 ABC를 따라서 상승되는 평면 위에 있는 중량물의 [정적인] 모멘트와 [그 중량물의] 전체 모멘트의 비는 BE와 BA의 비와 같음을 얻고; 또 경사면 AD 위에 있는 중량물의 유사한 모멘트와 전체 모멘트와의 비는 DF와 DA 또는 BA의 비와 같으므로; DA처럼 경사한 평면 위의 같은 중량물의 모멘트와 경사면 ABC 위에서의 그것의 모멘트의 비는 선분 DF와 BE

16) 원의 기하학적 특성 중의 하나로, AC의 길이를 a, CF의 길이를 b, AE의 길이를 x_1, EF의 길이를 x_2, CE의 길이를 y, 직경을 d라고 하면 직각 삼각형 ACE와 ACF의 상사성으로부터 $\frac{y}{x_1}=\frac{a}{b}$를 얻고, 또 직각 삼각형 FCE와 FCA의 상사성으로부터 $\frac{y}{x_2}=\frac{b}{a}$를 얻으므로, 이 두 관계식으로부터 $x_1x_2=y^2$을 얻으며, 직각 삼각형 ACE에 대한 피타고라스의 정리, $a^2=y^2+x_1^2$에 이를 대입하여 $a^2=x_1(x_2+x_1)=x_1d$를 얻는다.

의 비와 같습니다. 그 때문에 같은 중량물이 같은 시간 동안 경사면들 CA와 DA를 따라서 통과하는 공간들의 비는 1권의 명제 2에 의해 선분들 BE와 DF의 비와 같습니다.[35] BE와 DF의 비는 AC와 DA의 비와 같음은 실제로 증명될 수 있으므로; 같은 움직일 수 있는 것은 CA와 DA를 통하여 같은 시간 동안들에 움직입니다.

CA와 DA의 비가 BE와 DF의 비와 같음은 {다음과 같이} 증명됩니다: C와 D를 잇고, D와 B를 지나 AF와 평행하게 CA를 I에서 자르는 DGL을 그리고, 또 BH를 [그립니다]; 각 ADI는 각 DCA와 같을 것이며, 이는 그들이 같은 호들 LA와 AD에 대한 각이기 때문입니다. 각 DAC는 상사한 삼각형들 CAD와 DAI의 공통의 각이므로; 같은 각들을 만드는 주위의 변들은 비례할 것이며, 또 CA와 AD의 비는 DA와 AI의 비와 같고; 즉 BA와 AI의 비, 또는 HA와 AG의 비와 같으며, 이는 BE와 DF의 비와 같습니다: 이것은 증명하고자 하던 것입니다.

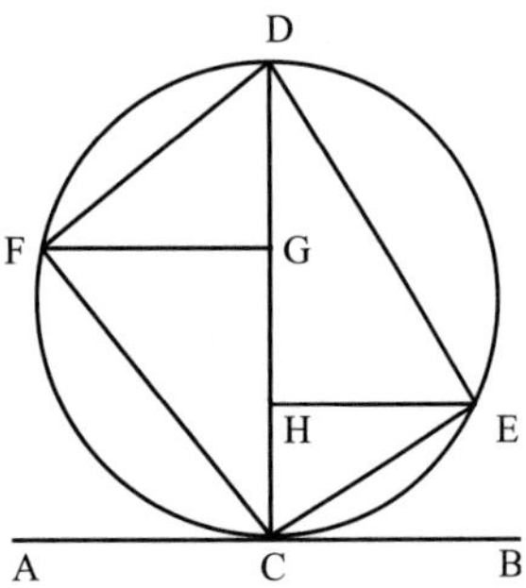

이 결과는 또한 더 빨리 증명될 수도 있습니다: 그 직경 CD가 수평면 AB에 수직하게 세워진 수직인 원이 있다고 하고, 또 가장 높은 점 D로부터 원주까지 임의의 경사 평면 DF가 있다고 하지요; 저는 말씀드립니다. 평면 DF를 통한 하강과 직경 DC를 통한 낙하는 같은 시간 동안 같은 움직일 수 있는 것에 의해 완료될 것입니다.

223 직경 DC에 수직일 FG를 수평면 AB에 평행하게 그리고; 또 F와 C를 잇습니다. DC를 통한 낙하 시간과 DG를 통한 낙하 시간의 비는 CD와 DG 사이의 평균 비례와 DG의 비와 같고; 또 CD와 DG 사이의 평균 비례는 DF이며; [또] 각 DFC는 반원 안에 있어 직각이고, 또 FG는 DC에 수직하므로, DC를 통한 낙하 시간과 DG를 통한 낙하 시간의 비는 선분 FD와 DG의 비와 같습니다. 하지만 DF를 통한 하강 시간과 DG를 통한 낙하 시간의 비는 선분 DF와 DG의 비와 같음은 이미 증명되었습니다.[36] 그러므로 DF를 통한 하강 및 DC를 통한 낙하 시간들은 [모두] DG를 통한 낙하 시간과 같은 비를 가지므로, 따라서 그들은 같습니다. 마찬가지로 만약 가장 낮은 점 C로부터 현 CE를 세우면, EH는 수평면에 평행하게 그려지고, 또 E를 D와 이으면, EC를 통한 하강 시간은 직경 DC를 통한 낙하 시간과 같을 것임도 증명될 수 있습니다.

부속정리 1

이것으로부터 다음이 연역된다. 끝들 C와 D로부터 그려진 모든 현들을 통한 하강 시간들은 서로 같다.

부속정리 2

다음도 연역된다. 만약 같은 점으로부터 수직선과 경사 평면이 아래로 내려지고, 그들 위로 하강들이 같은 시간들 동안에 이루어지면, 그들은 그 직경이 수직선인 반원 안에 [내접시킬수] 있다

부속정리 3

이것으로부터 다음이 연역된다. 경사 평면들 위의 움직임들의 시간들은, 그 평면들의 같은 부분들의 높이들의 비가 평면들 자체들의 길이들의 비와 같을 때, 같다. 왜냐하면 앞의 앞의 그림[17]에서 AC와 AD를 통한 시간들은, 부분 AB(이것은 AD와 {길이가} 같다)의 높이, 또는 BE와 높이 DF의 비가 CA와 DA의 비와 같을 때, 같음을 보였기 때문이다.

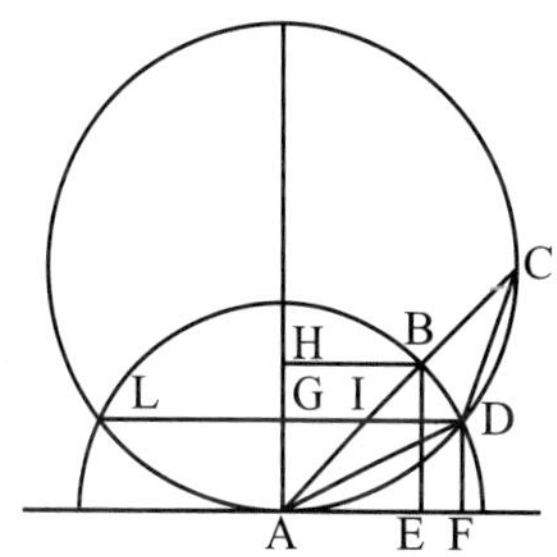

사그레도. 그 뒤의 낭독을 잠깐 멈추어 주시지요, 제가 제 마음 속에서 지금
고동치고 있는 어떤 믿을만한 생각을 설명 드릴 때까지. 만약 그것이 오류가 224
아니라면, 모든 자연의 또는 필요에 의한 장난들{pranks}이 그러하듯이, 즐거운 장난에 가깝습니다.

만약 수평면에 표시된 한 점으로부터 그 평면 위로 모든 방향으로 나가는 무한히 많은 직선들을 연장하기로 하고, 그 직선들 각각의 위에서 한 점이 균등운동으로 움직인다고 상상하면, [또] 이들 모든 점들은 시간의 같은 순간에 지정된 점으로부터 움직이기 시작하고 그들 모두의 속력들은 같다[고 가정하]면, 이들 움직일 수 있는{movable} 점들은 따라서 계속-넓어지는 원들, 원래의 지정된 점에 대해 모두 동심인 원들의 원주들을 그리게 될 것은 명백합니다. 조

17) 여기서는 위의 그림이다. 갈릴레오의 원본에는 위의 그림이 없지만, 드레이크의 번역판에는 위의 그림이 실려 있다.

약돌이 위로부터 아래로 떨어진 뒤 정지해 있는 물에 작은 파도들이 만들어지는 것을 보는 것은 바로 이 방식에 의한 것이지요. 돌의 충격이 모든 방향으로의 운동을 시작하도록 하고 또 이들 잔파도들에 의해 만들어지며, 계속 점점 더 커지는 모든 원들의 중심으로 남아 있도록 합니다. 하지만 만약 우리가 어떤 매우 높은 점이 표시된 수직 평면을 가정하고, 그 점으로부터 무한히 많은 모든 방향으로 경사된 선분들이 그려진다면; 또 이들 위에, 우리가 무거운 움직일 수 있는 것들이 하강하고, 각각이 다른 경사도들에 적합한 그 속력들에서 자연적인 가속 운동을 한다고 상상하면; 또 이 움직일 수 있는 것들을 연속적으로 볼 수 있다고 가정하면, 우리는 그들이 연속적으로 어떤 종류들의 선들로 배열되는 것을 볼까요? 앞의 증명들이 저로 하여금 그들이 모두 지속적으로 넓어지는 원들, 그 원 안에서 움직일 수 있는 것들이 그들의 하강이 시작되었던 그 높은 점으로부터 점차 차례차례 멀어지는, 원들의 같은 원주에서 항상 보일 것임을 확신하게 하였을 때 이 질문이 저의 놀라움을 깨웠지요.

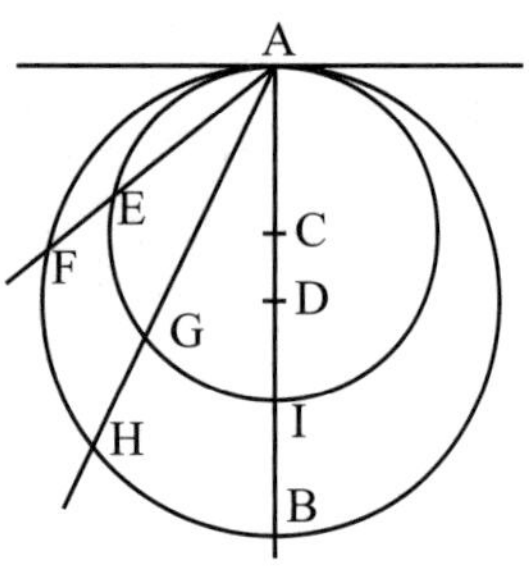

제 스스로를 더 잘 설명하기 위해, 그 높은 점 A를 표시하고, 그 점으로 부터 선분들 AF와 AH가 어떤 경사도든지 간에 아래로 내려지도록 하며; 또 그 안에 점들 C와 D를 잡은 수직선 AB를 그리는데, 이 점들을 중심으로 점 A를 지나는 원들이 그려지며 또 원들은 경사된 선분들을 점들 F, H, B와 E, G, I에서 자릅니다. 앞의 증명들로부터, 움직일 수 있는 것들이 끝 A로부터 같은 시간에 떠나 이들 선분들을 따라서 하강한다면, 한 [움직일 수 있는 것]이 E에 있을 때, 다른 것은 G에 있을 것이며, 또 다른 것은 I에; 그래서 하강을 계속하여, 그들은 차후에 시간의 같은 순간에 F, H, B에서 발견
225 될 것임은 명백합니다. 그리고 이들은, 무한히 더 많은 것들과 함께, 무한히 많은 다른 경사들을 따라서 움직이기를 계속하여, 항상 같은 원주들, 끝이 없이 점점 더 커지는 원들 위에서 지속적으로 발견될 것입니다.

그러므로 자연이 채용하는 두 가지의 운동으로부터,[37] 놀랄 만큼 상응하는 다양함으로, 무한히 많은 원들이 생성됩니다. 첫 번째 [생성 운동은] 무한히 많은 동심인{concentric} 원들의 중심에 위치하며, 그 운동의 중심지이며 또 원천적인 원리로서; 두 번째는 모두 편심적인{eccentric} 원들의 무한히 많은 원주들의 상부 접점에 위치합니다. 전자는 모두 같고 균등한 운동들로부터 태어나며; 후자는 항상 그 자신들 안에서 불-균일한 운동들로부터 태어나고, 그 각각은 나머지의, 무한히 많은 다른 경사면들을 따라 수행된 어떤 나머지와도 다른 운동입니다.

하지만 {말씀 드릴 것이} 좀 더 있습니다. 이들 방사들{emanations}을 위해 지정된 두 점들로부터, 수평과 수직인 2차원들 안에서뿐만 아니라 모든 방향들로의 직선들을 상상하면, 한 점으로부터 시작하여 가장 작은 것으로부터 가장 큰 것까지 원들을 만들며 나가는 직선들은 이제 한 점으로부터 시작하여 무한히 많은 구들을 만들어 나갑니다. 또는 이렇게 말씀드릴까요. 하나의 구는 무한히 많은 크기들로 두 가지 방법에 의해 자신을 확대시켜 나가는데, 그러한 구들의 원점을 그 중심에 아니면 또는 원주에 위치시킴으로써 하지요.

살비아티. 그 생각은 정말 매우 멋있으며, 사그레도의 생각답습니다.

심플리치오. 저로서는 두 다른 자연적인 운동들에 의한 원들과 구들의 생성 방식에 대한 생각을 최소한 이해할 수는 있습니다, 가속 운동에 의존하는 일부 결과들과 그들에 대한 증명들에 대해 [아직] 완벽하게 이해할 수 없기는 하지만 말씀입니다. 그러나 그와 같은 방사들의 위치로, 구면의 가장 높은 점뿐만 아니라, 가장 낮은 중심을 할당할 수도 있으므로, 제 생각에는 대단히 풀기 어려운 문제가 아마도 이들 참이면서 존경할 만한 결론들에 포함되어 있는 것 같습니다-제 말씀은 우주의 생성과 관련된 문제 말씀인데, 여기서 우주는 그 형상이 구이며, 아마도 조물주{the first cause}의 소재와 관련된 것으로 가정됩니다.[38]

살비아티. 그와 같은 믿음에 어떠한 반감도 없습니다. 하지만 그와 같이 심오한 명상적 과제들은 우리들의 논의보다 훨씬 높은 교리들에 속하며, 우리는 마땅히 덜 가치 있는 다음과 같은 고안자들에 머무르는 것에 만족해야 할 것입
니다. 근면한 조각가들이 나중에 그들 거칠고 무형의 외관 아래 숨겨진 채 잠 226
들어 있는 경이적인 형상들이 나타나게 하도록 하는 대리석을 채석장으로부터 캐내고 발견하는 고안자들이지요.

자, 여러분들이 허락하신다면, 계속하도록 하겠습니다.

명제 7. 정리 7

만약 두 평면들의 높이들이 그들 길이들의 제곱 비를 가진다면, 이 평면들을 따른 정지 상태로부터의 움직임들은 같은 시간들 동안에 이루어질 것이다.

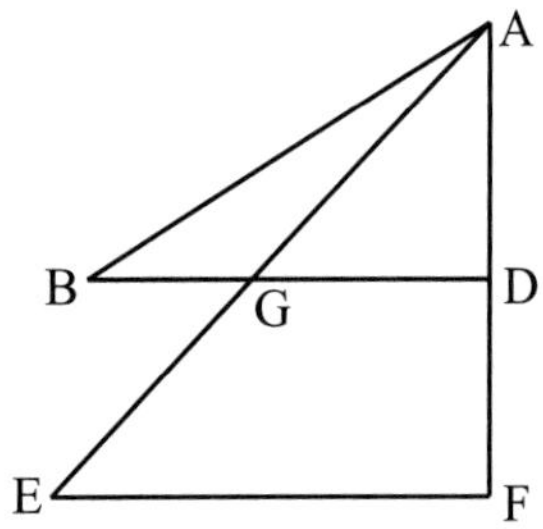

평면들 AE와 AB가 {길이가} 다르고 경사도가 다르며, 높이들이 FA와 DA라고 하지요; 또 AE가 AB에 대해 어떤 비를 가지든지 FA와 DA의 비가 그 비의 제곱이라고 합니다; 저는 말씀드립니다. A의 정지 상태로부터 평면들 AE와 AB를 따른 움직임들의 시간들은 같습니다. 수평인 평행선들 EF와 DB를 높이들의 선분 [AF]까지 그리면; DB는 AE를 G에서 자릅니다. FA와 DA의 비는 EA와 AB의 비의 제곱이고, 또 EA와 AG의 비는 FA와 AD의 비와 같으므로, EA와 AG의 비는 EA와 AB의 비의 제곱입니다. 때문에 AB는 EA와 AG 사이의 평균 비례입니다. 또 AB를 통한 하강 시간과 AG를 통한 시간의 비는 AB와 AG의 비와 같고, AG를 통한 하강 시간과 AE를 통한 시간의 비는 AG와 AG와 AE 사이의 평균 비례(즉 AB)와 같으므로, 비들의 등거리에 의해 AB를 통한 시간과 AE를 통한 시간의 비는 AB와 그 자신의 비와 같습니다. 그러므로 시간들은 같으며, 이것은 증명하고자 하던 것입니다.

명제 8. 정리 8

같은 수직인 원에 의해 잘라진 {경사} 평면들에 대해, 그들을 따라서 [수직인] 직경의 위끝 또는 아래끝에서 끝나는 움직임들의 시간들은 직경{을 따라서}의 낙하 시간과 같다; 또 [직경을 통한 시간보다] 직경에 도달하지 않는 그들 [경사 평면들에서의] 그 시간들은 더 짧고, 반면에 직경을 자르는 경사 평면들에서의 시간들은 더 길다.

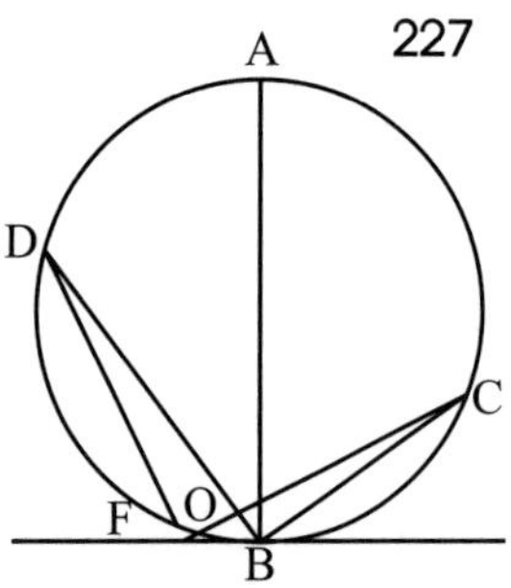

AB를 수평면에 수직하게 세워진 원의 수직인 직경이라고 하지요. 끝들 A와 B로부터 원주까지 {경사} 평면들을 따르는 움직임들의 시간들은 같다는 것은
227 이미 증명되었습니다. 하강 시간이 직경에 도달하지 않는 평면 DF를 따라서 더 짧다는 것은, DF보다 길고, 덜 [가파르게] 경사된 평면 DB를 그림으로써 증명됩니다; 그러므로 DF를 통하는 시간은 DB를 통하는 [것]보다 짧고, 따라서 AB를 통한 것보다 {짧습니다}. 하지만 하강 시간은 직경을 자르는 평면 CO에서 더 길다는 것은 같은 방식으로 얻어집니다; 왜냐하면 이것은 CB보다 더 길고 덜 [가파르게] 경사되어 있기 때문입니다. 따라서 명제는 성립합니다.

명제 9. 정리 9

만약 임의의 두 평면들이 수평선의 어떤 점으로부터 경사되고, 그 평면들이 수평선과 이루는 각들과 엇갈리게 같은 각들을 이루도록 하는 직선에 의해 잘라진다면, 언급된 직선에 의해 잘라진 부분들에서의 움직임들은 같은 시간들 동안 이루어진다.

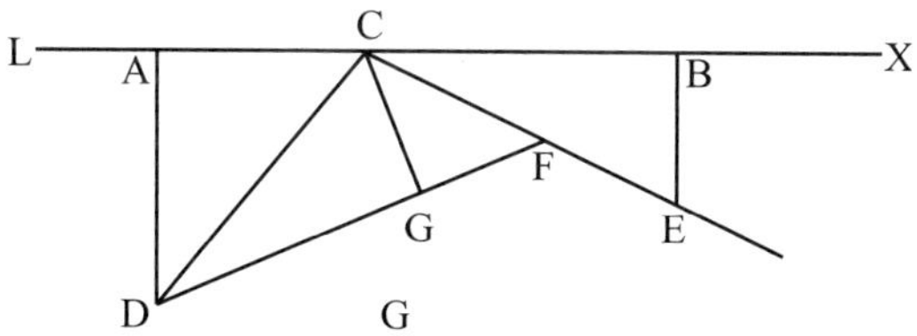

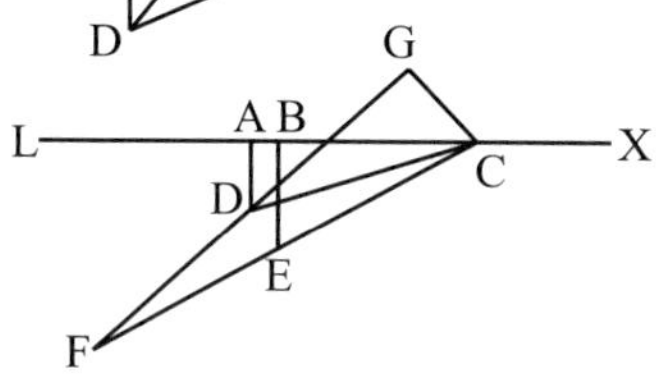

수평선 X의 점 C로부터 임의의 경사 평면들 CD와 CE가 있다고 하지요. 선분 CD의 임의의 섬에서 각 XCE와 같은 각 CDF를 그리면; 선분 DF는 평면 CE를 F에서 자르고, 각들 CDF와 CFD는 각들 XCE와 LCD와 엇갈리게 같게 됩니다. CD와 CF를 통한 하상 시간들은 같다고 저는 말씀드립니다.

각 CDF가 각 XCE와 같도록 그려졌으므로, 각 CFD가 각 DCL과 같다는 것은 명백합니다. 삼각형 CDF의 세 각들(직선 LX 상의 점 C에서의 모든 [세] 각들과 같이 직각의 두 배와 같은)로부터 공통의 각 DCF를 빼면, 삼각형에는 두 [각들], CDF와 CFD가 남으며, 이들은 두 [각들] XCE와 LCD와 같습니다. 한데 CDF는 XCE와 같도록 그려졌으므로; 나머지 CFD는 나머지 DCL과 [같습니다]. 평면 CE를 평면 CD와 {길이가} 같도록 그리고, 또 수직선들 DA와 EB를 점들 D와 E로부터 수평선 XL까지 그리며; 또 C로부터 DF까지 수직선 CG를 그립니다. 각 CDG는 각 ECB와 같고, 반면에 DGC와 CBE는 직[각들]이므로, 삼각형들 CDG와 CBE는 상사하며; 또 DC와 CG의 비는 CE와 EB의 비와 같고; 또한 DC와 CE는 같으므로; CG와 BE는 같을 것입니다. 그리고 삼각형들 DAC와 CGF에서, 각들 $[A]C[D]$와

[C]A[D]는 [각각] 각들 [C]F[G]와 [F]G[C]와 같으므로, CD와 DA의 비는 FC와 CG의 비와 같으며; 또 순열에 의해, DC와 CF의 비는 DA와 CG 또는 BE의 비와 같습니다. 따라서 {길이가} 같은 평면들 CD와 CE의 높이들의 비는 길이들 DC와 CF의 비와 같습니다. 그러므로 위의 명제 6의 부속정리 1에 의해서 이들에서의 하강 시간들은 같을 것이며; 이것은 증명하고자 하던 것입니다.

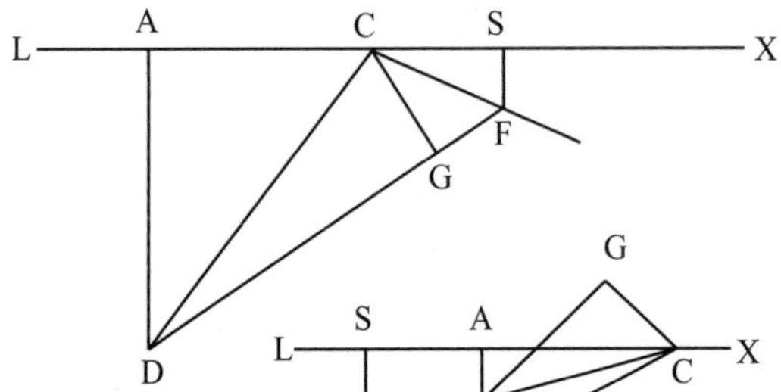

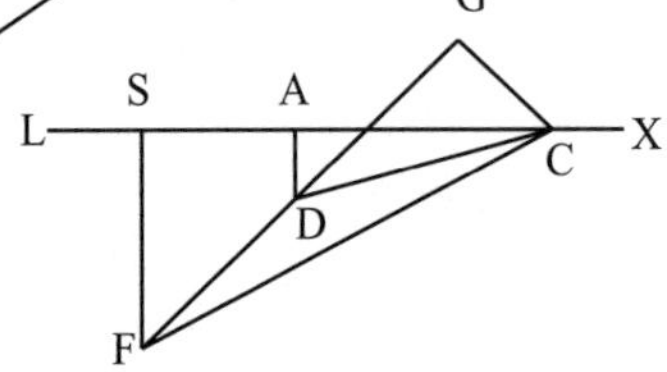

같은 것에 대한 또 하나의 [증명]. 수평선 AS에 수직한 FS를 그리지요. 삼각형 CSF가 삼각형 DGC와 상사하므로, GC와 CD의 비는 SF와 FC의 비와 같고; 또 삼각형 CFG는 삼각형 DCA와 상사하므로, CD와 DA의 비는 FC와 CG의 비와 같습니다. 때문에 비들의 등거리에 따라, SF와 CG의 비는 CG와 DA의 비와 같고, 따라서 CG는 SF와 DA 사이의 평균 비례입니다; 또 DA와 SF의 비는 DA의 제곱과 CG의 제곱의 비와 같습니다. 더욱 삼각형 ACD는 삼각형 CGF와 상사하므로, GC와 CF의 비는 DA와 DC의 비와 같고; 또 순열에 의해, DA와 CG의 비는 DC와 CF의 비와 같으며; 또 DA의 제곱과 CG의 제곱의 비는 DC의 제곱과 CF의 제곱의 비와 같습니다. 한데 DA의 제곱과 CG의 제곱의 비는 선분 DA와 선분 FS의 비와 같음은 보였으므로, DC의 제곱과 CF의 제곱의 비는 선분 DA와 FS의 비와 같습니다. 때문에 위의 명제 7에 의해, 평면들 CD와 CF의 높이들 DA와 FS는 그들 평면들의 [길이들]의 제곱 비로 주어지므로, 이들을 따라서의 움직임들의 시간들은 같을 것입니다.

명제 10. 정리 10

높이들이 같고 경사도가 다른 평면들을 따라서의 움직임들의 시간들의 비는 그들 평면들의 길이들의 비와 같은데, 단 [두] 움직임들이 정지 상태로부터 출발하였거나, 또는 [두] 움직임들이 같은 높이로부터의 움직임에 의해 선행될 경우이다.

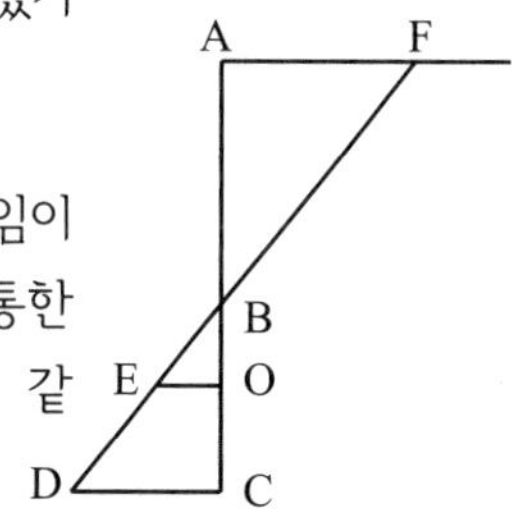

수평면 DC까지 ABC와 ABD를 통한 움직임들이 AB를 통한 움직임이 BD와 BC를 통한 움직임을 선행한 방식으로 이루어졌다고 하면; BD를 통한 움직임의 시간과 BC를 통한 시간의 비는 [항상] 길이 BD와 BC의 비와 같다고 저는 말씀드립니다.

DB의 연장과 F에서 만나도록 AF를 수평선에 평행하게 그리고; FE를 229
DF와 FB의 평균 비례라고 하지요. EO를 DC에 평행하게 그리면, AO는 CA와 AB의 평균 비례일 것입니다. 이제 AB를 통한 시간을 AB의 {길이}에 의해[ut] 나타내기로 가정하면, FB를 통한 시간은 FB{의 길이}와 같고, 또 전체 AC를 통한 시간은 평균 비례 AO{의 길이}와 같을 것이며, 반면에 전체 FD를 통한 [시간]은 FE{의 길이}와 같을 것입니다. 그 때문에 나머지 BC를 통한 시간은 BO{의 길이}와 같을 것이고, 나머지 BD를 통한 [시간]은 BE{의 길이}와 같을 것입니다. 하지만 BE와 BO의 비는 BD와 BC의 비와 같습니다. 그러므로 AB와 FB의 낙하 뒤에(또는 같은 것이지만, 공통의 AB를 통한 {뒤에}), BD와 BC를 통한 시간들은 길이들 BD와 BC의 비와 같을 것입니다. 그러나 위에서 B에서의 정지 상태로부터 BD를 통한 시간과 BC를 통한 시간의 비는 길이 BD와 BC의 비와 같음은 증명되었습니다. 따라서 같은 높이의 다른 평면들을 통한 움직임들의 시간들의 비는 평면들의 길이들의 비와 같은데, 이는 이들 움직임에서 운동이 정지 상태로부터이거나 또는 주어진 높이로부터의 다른 움직임이 이들 움직임들을 선행하거나 할 때입니다; 이것은 증명하고자 하던 것입니다.

명제 11. 정리 11

만약 그 안에서 정지 상태로부터 운동이 행해지는 한 평면이 임의의 방식으로 분할되면, 첫 번째 부분을 통한 움직임의 시간과 그 뒤의 {부분}을 통한 움직임

의 시간의 비는, 첫 번째 부분과 다음과 같은 초과분의, 즉 전체 평면과 그 첫 번째 부분 사이의 평균 비례가 첫 번째 부분보다 더 큰 초과분의, 비와 같다.

A에서의 정지 상태로부터 전체 AB를 통한 움직임이 있다고 하고, 이를 임의의 점 C에서 분할하여, 전체 AB와 첫 번째 부분 AC 사이의 평균 비례를 AF라고 하지요. 첫 번째 부분 AC보다 많은 평균 비례 FA의 초과분은 CF일 것입니다; 저는 말씀드립니다. AC를 통한 움직임의 시간과 CB를 통한 후속 움직임의 시간의 비는 AC와 CF의 비와 같습니다. 이것은 명백한데, 왜냐하면 AC를 통한 시간과 전체 AB를 통한 시간의 비는 AC와 평균 비례 AF의 비와 같으므로; [비 $AF : CF$의] 분할에 의해, AC를 통한 시간과 나머지 CB를 통한 시간의 비는 AC와 CF의 비와 같기 때문입니다. 만약 우리가 AC를 통한 시간을 AC 자신{의 길이}로 [나타내기로] 가정하면, 그러면, CB를 통한 시간은 CF{의 길이}일 것입니다; 이것은 명제이지요.

230 또 만약 운동이, ACB를 통하여 연속적으로가 아니고, 수평면 BD까지 꺾인 선 ACD를 통한다면, 또 수평선에 평행하게 F로부터 FE를 그린다면, 비슷한 방식으로 AC를 통한 시간과 전환선{diversion}[*reflexam*] CD를 통한 시간의 비는 AC와 CE의 비와 같음이 증명됩니다. 왜냐하면 AC를 통한 시간과 CB를 통한 시간의 비는 AC와 CE의 비와 같기 때문인데; 하지만 AC를 [통한 낙하] 이후의 CB를 통한 시간과 AC를 통한 같은 낙하 이후의 CD를 통한 시간은 CB와 CD의 비와 같음은 증명되었습니다; 즉 CF와 CE의 비와 같습니다. 그러므로 비들의 등거리에 따라, AC를 통한 시간과 CD를 통한 시간의 비는 AC와 CE의 비와 같을 것입니다.

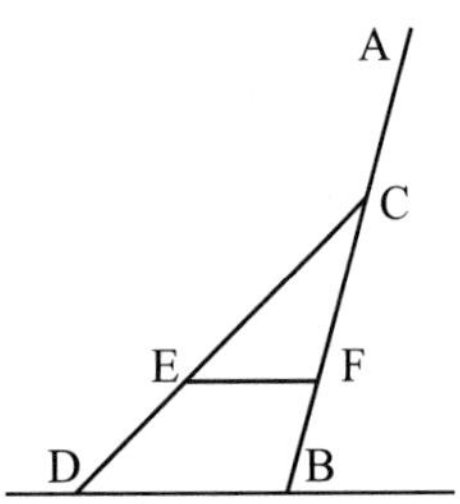

명제 12. 정리 12

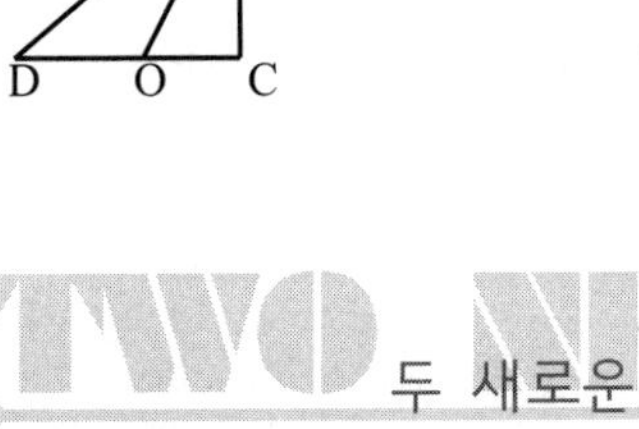

만약 하나의 수직선과 임의의 각도로 경사된 하나의 평면이 주어진 수평선들 사이에서 교차한다면, 또 평균 비례들이 이들의 [각각과] 그 교차점과 상부 수평선 사이에 포함된 그 부분에 대해 취해지면, 수직선 안에서의 움직임의 시간과 수직선의 상부와 그 다음 자르는 평면의 하부에서의 움직임의 시간의 비는 전체 수직선과 다음 선분의, 즉 수직선 안에 취한 평균 비례와 전체 경사 평면이 [전체와 상부]의 평균 비례보다 큰 초과분으로 구성되는 선분의, {길

이의} 비와 같다.

위의 수평선을 AF, 아래의 수평선을 CD라고 하지요; 이들 사이에 수직선 AC와 경사 평면 DF가 B에서 교차합니다. 또 AR을 전체 수직선 AC와 그 상부 AB 사이의 평균 비례라고 하고, 또한 FS는 전체 DF와 그 상부 BF 사이의 평균 비례라고 하지요. 저는 말씀드립니다. 전체 수직선 AC를 통한 낙하 시간과 그 상부 AB를 통한 시간과 그 평면의 하부 BD를 통한 시간의 {합의} 비는 AC와 AR(수직선 안에서의 평균 비례) 더하기 SD의 비와 같은데, 여기서 SD는 전체 평면 DF가 그 평균 비례 FS보다 더 큰 초과분입니다.

R과 S를 연결하면, 그 [선분]은 수평선에 평행할 것입니다. AC를 통한 낙하 시간과 부분 AB를 통한 시간의 비는 CA와 평균 비례 AR의 비와 같으므로, 만약 우리가 AC{의 길이}를 AC를 통한 낙하 시간으로 가정하면, AB를 통한 낙하 시간은 AR{의 길이}일 것이며, 또 RC{의 길이}는 나머지 BC를 통한 시간[일 것입니다]. 그러나 만약 AC를 통한 시간이 AC 자신의 {길이}로 가정되면, 이미 논의한 바와 같이, FD를 통한 시간은 FD{의 길이}가 될 것입니다; 또 마찬가지로 DS{의 길이}는 FB를 통한 낙하 또는 AB를 통한 낙하 뒤 BD를 통한 시간이라고 결론지을 수 있을 것입니다.[39] 그러므로 전 231
체 AC를 통한 시간은 AR 더하기 RC{의 길이}이며, 반면에 꺾인 선 ABD를 통한 시간은 AR 더하기 SD{의 길이}입니다; 이것은 증명하고자 하던 것입니다.

만약 수직선 대신에 임의의 다른 평면이 예를 들면 NO와 같은 {평면이} 가정되면, 같은 사항이 성립합니다; 증명은 위와 같습니다.

명제 13. 문제 1 [40]

수직선이 주어졌을 때, 이 수직선으로부터 방향을 전환하여 수직선과 같은 높이를 가지는 평면 중, 수직선에서의 낙하 후 그 평면에서 운동이 그 수직선에서 정지 상태로부터 이루어진 운동과 같은 시간 동안 이루어지는 평면을 구하라.

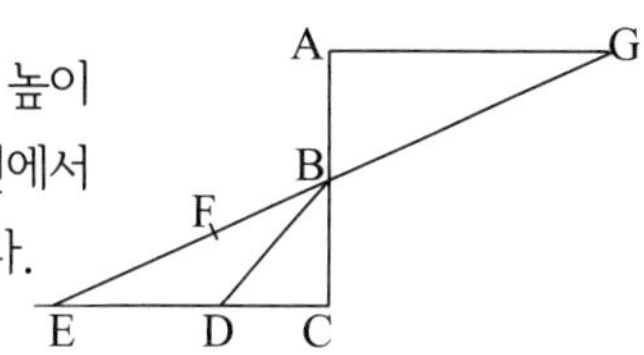

주어진 수직선을 AB라고 하고, 같은 거리 BC[만큼] C까지 연장하여, 수평선들 CE와 AG를 그립니다; B로부터 방향을 전환하여 평면이 수평선 CE까

지 도달하는데, A로부터의 낙하 후 그 경사면에서의 운동이 A에서 정지 상태로부터 AB까지 이루어진 운동과 같은 시간 동안 이루어질 것이 요구됩니다.

CD를 CB와 같다고 하고, 또 BD를 그리지요; BE를 BD와 DC의 합과[*utrisque*][18] 같도록 그리면[*applicetur*][19]; BE가 요구되는 평면이라고 저는 말씀드립니다.

EB를 연장하여 수평선 AG를 G에서 만나도록 하고, 또 GF가 EG와 GB의 평균 비례라고 하지요; EF와 FB의 비는 EG와 GF의 비와 같을 것이며, 또 EF의 제곱과 FB의 제곱의 비는 EG의 제곱과 GF의 제곱의 비와 같을 것입니다; 즉 선분 EG와 GB의 비와 같습니다. 하지만 EG는 GB의 두 배이므로; EF의 제곱은 FB의 제곱의 두 배입니다. 한데 DB의 제곱도 BC의 제곱의 두 배이므로; EF와 FB의 비는 DB와 BC의 비와 같습니다. 그러므로 복합과 순열에 의해 EB와 DB, BC의 합의 비는 BF와 BC의 비와 같습니다. 그러나 BE는 DB, BC의 합과 같으므로, BF는 BC 또는 BA와 같습니다. 때문에 만약 AB가 AB를 통한 낙하 시간임이 가정되면, GB는 GB를 통한 시간일 것이며, 또 GF는 GE 전체를 통한 시간일 것입니다. 그러므로 BF는, G로부터 또는 A로부터 낙하 후, 나머지 BE를 통하는 시간일 것이며; 이것은 증명하고자 하던 것입니다.

232 명제 14. 문제 2

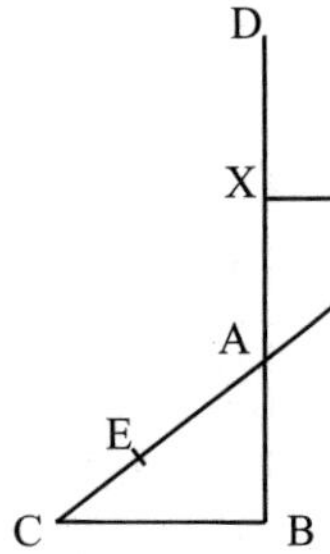

수직선과 그에 경사된 평면이 주어졌을 때, 정지 상태로부터 다음 시간과, 즉 얻어진 수직선의 그 부분을 낙하한 후, 그 경사 평면을 지나가는 시간과, 같은 동안 지나가는 상부 수직선의 부분을 구하라.

수직선을 DB라고 하고, 그에 경사된 평면을 AC라고 하지요; 정지 상태로부터 그 부분의 낙하 후[*post casum in ea*], 다음 시간, 즉 평면 AC를 지나가는데 걸리는 시간, 동안 지나가는 수직선 AD의 부분을 구하는 것이 요구됩니다. 수평선 CB를 그리고; BA 더하기 AC의 두 배와 AC의 비가 CA와

18) 원뜻은 '둘 중의 각각'이다.
19) 원뜻은 '적용하다'이다.

AE의 비와 같도록 하며, 또 EA와 AR의 비는 BA와 AC의 비와 같도록 합니다. R로부터 DB에 직각인 RX를 그리면; X가 구하는 점이라고 저는 말씀드립니다. BA 더하기 AC[20]의 두 배와 AC의 비가 CA와 AE의 비와 같으므로, [이들 비들의] 분할에 의해서 CE와 EA의 비는 BA 더하기 AC와 AC의 비와 같을 것입니다; 또 EA와 AR의 비는 BA와 AC와 같으므로, 복합에 의해, BA 더하기 AC와 AC의 비는 ER과 RA의 비와 같습니다. 하지만 BA 더하기 AC와 AC의 비는 CE와 EA의 비와 같으므로; CE와 EA의 비는 ER과 RA의 비와 같고, 또 [이 같은 비의] 더해진 전항들 {combined antecedents}과 후항들{consequents}의 비와 같습니다[21]; 즉 CR과 RE의 비와 같습니다. 때문에 CR, RE, RA는 연속인[continued] 비례들입니다.

다음으로, 작도에 의해 EA와 AR의 비는 BA와 AC의 비와 같고, 또 삼각형들의 상사에 의해, XA와 AR의 비는 BA와 AC의 비와 같으므로, EA와 AR의 비는 XA와 AR의 비와 같습니다; 따라서 EA와 XA {의 길이}는 같습니다. 하지만 만약 우리가 RA를 통한 시간을 RA로 가정하면, RC를 통한 시간은 RE[로] 될 것이며, RE는 CR과 RA 사이의 평균 비례입니다; 또 AE는 RA 또는 XA[를 통한 낙하] 후, AC를 통한 시간일 것입니다. 그러나 RA를 통한 시간이 RA일 때, XA를 통한 시간은 XA이며, 또 XA와 AE는 같음이 증명되었으므로; 명제는 명백합니다.

명제 15. 문제 3

수직선과 그로부터 방향이 전환된 평면이 주어졌을 때, 주어진 수직선을 통한 [ex] 낙하 후, 방향이 바뀐 평면을 지나가는데 걸리는 시간과 같은 동안 지나가는 아래로 연장된 수직선의 부분을 구하라.

수직선을 AB, 그로부터 방향이 바뀐 평면을 BC라고 하지요; 수직선에서 [B] 아래로 연장된 다음과 같은 부분을 구하는 것이 요구됩니다. 즉 A[에서 정 233

20) 드레이크의 번역본에 AS로 되어 있어 바로 잡았다.

21) $CE : EA = ER : RA$이므로 $CE : EA = CE + ER : EA + RA = CR : ER$인데 여기서 $CE + ER$은 더해진 전항들, $EA + RA$는 더해진 후항들이다.

지 상태]로부터 낙하 후, A로부터 같은 낙하 후 BC를 지나가는데 걸리는 시간과 같은 시간 동안 지나가는 부분.

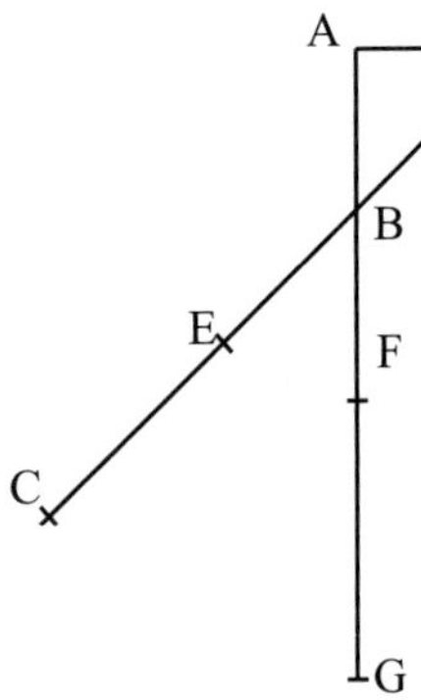

CB의 연장선과 D에서 만나는 수평선 AD를 그리고, 또 DE를 CD와 DB의 평균 비례하고 하지요. BF를 BE와 같게 하고; 마지막으로, AG가 BA와 AF 의 제삼 비례라고 합니다; 저는 말씀드립니다. BG는, 낙하 AB 후에, 다음과 같은 시간 동안 지나가는 공간입니다. 즉 같은 낙하 [AB] 후에 평면 BC를 지나가는데 걸리는 시간. 왜냐하면 우리가 AB를 통한 시간을 AB라고 가정하면, DB를 [통한] 시간은 DB일 것이며; 또 DE는 BD와 DC의 평균 비례이므로, 전체 DC를 통한 시간은 DE가 될 것이고, BE는 나머지 BC를, D에서 정지 상태로부터 또는 AB를 [통한] 낙하 후에, 통한 시간[일 것입니다]. 또 마찬가지로 BF는 같은 낙하 후에 BG를 통한 시간이라고 결론짓습니다; 또한 BF는 BE와 {길이가} 같으므로; 따라서 명제는 명백합니다.

명제 16. 정리 13

정지 상태로부터 움직임들의 시간들이 같은 경사 평면과 수직선의 부분들이 주어졌을 때; 만약 이들이 같은 점에서 만나면, 더 높은 임의의 점으로부터 오는 움직일 수 있는 것은 그 경사 평면의 부분을 그 수직선의 부분보다 더 빨리 경과할 것이다.

수직선 EB와 경사 평면 CE가 같은 점 E에서 만난다고 하고, E에서 정지 상태로부터의 이들 안에서의 움직임들의 시간들은 같다고 합니다. 수직선에서 더 높은 임의의 점 A를 취하고, 이곳으로부터 움직일 수 있는 것들이 놓아진다고 하지요; 낙하 AE 후에, 수직선 EB보다 경사 평면 EC를 더 짧은 시간 동안에 움직인다고 저는 말씀드립니다.

C와 B를 잇고, 수평선 AD를 그리지요; CE를 연장하여 이것을 D에서
234 만나도록 하고, DF는 CD와 DE의 평균 비례라고 하며, 한편 AG는 AE와 BA의 평균 비례라고 한 후; FG와 DG를 그립니다. E에서 정지 상태로부터 EC와 EB를 통한 움직임들의 시간들은 같으므로, 명제 6의 부속정리 2에 의해, C는 직각일 것입니다. 또한 A도 직각이고, 또 E에서의 꼭지점 각들은 같으므로, 때문에 삼각형들 AED와 CEB는 상사하며, 그리고 [그들의] 같은 각

들을 이루는 변들은 비례하므로; BE와 EC의 비는 DE와 EA의 비와 같습니다. 그러므로 직사각형 $BE-EA$는 직사각형 $CE-ED$와 {면적이} 같고;[22] 또 직사각형 $CD-DE$는 직사각형 $CE-ED$보다 한 변이 ED인 정사각형만큼 크고, 한편 직사각형 $BA-AE$는 직사각형 $BE-EA$보다 한 변이 EA인 정사각형만큼 크므로, 직사각형 $CD-DE$는 직사각형 $BA-AE$보다(즉 한 변이 FD인 정사각형이 한 변이 AG인 정사각형보다), 한 변이 DE인 정사각형이 한 변이 AE인 정사각형보다 큰 만큼, 즉 한 변이 DA인 정사각형만큼 더 큽니다. 그러므로 한 변이 FD인 정사각형은 한 변이 GA, AD인 두 정사각형의 합과 {면적이} 같으며, 이것과는 한 변이 GD인 정사각형도 {면적이} 같습니다. 때문에 선분 DF는 DG와 같고, 또 각 DGF는 각 DFG과 같으며, 또 각 EGF는 각 EFG보다 작고, 그 맞변 EF는 변 EG보다 {길이가} 작습니다. 하지만 우리가 AE를 통한 낙하 시간을 AE라고 가정하면, DE를 통한 시간은 DE일 것이며; 또 AG는 BA와 AE의 평균 비례이므로, 전체 AB를 통한 시간은 AG일 것이고, 또 나머지 EG는 A에서 정지 상태로부터 나머지 EB를 통한 시간일 것입니다. 그리고 마찬가지로 EF는 하강 DE 후, 또는 낙하 AE 후의, EC를 통한 시간이라고 결론을 얻습니다. 한데 EF는 EG보다 작다고 증명이 되었으므로, 따라서 명제는 명백합니다.

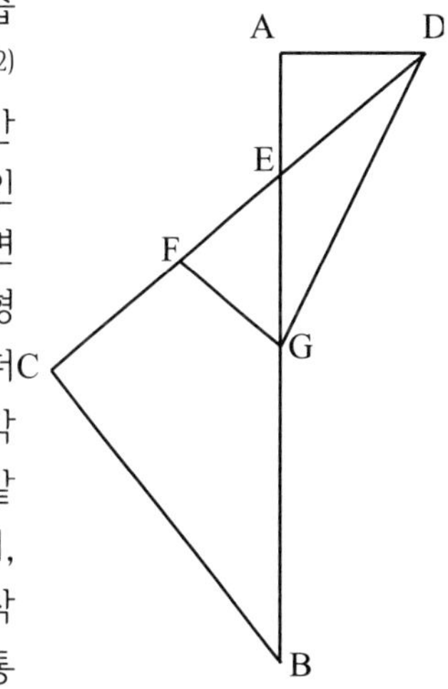

부속정리

이 명제와 앞의 [명제]로부터 다음을 얻는다. 더 높은 곳으로부터의 낙하 후에 경사 평면을 지나가는데 걸리는 것과 같은 시간 동안 수직선에서의 지나간 공간은, 경사 평면 자체보다는 {길이가} 크지만, 그 같은 시간 동안 더 높은 곳에서의 선행적인 낙하가 없이 경사면에서 지나간 그 [공간]보다는 {길이가} 작다.

높은 점 A로부터 오는 움직일 수 있는 것들에 대해 EC를 통한 누적된[*conversi*][23] 시간은 EB를 통해 나간[*procedentis*] 시간보다 짧다는 것은 증명되었습니다; 때문에 EB를 통하면서 EC를 통하는 시간과 같은 시간 동안 지나

---

22) 직사각형 $BE-EA$는 두 변이 BE, EA인 직사각형을 뜻하며, 두 삼각형의 상사로부터 $BE:EC=DE:EA$를 얻었으므로, 두 직사각형의 면적이 같음을 얻는다.
23) 원뜻은 '전환된'이다. 이 문장과 다음 문장은 앞의 그림을 사용한 설명이다.

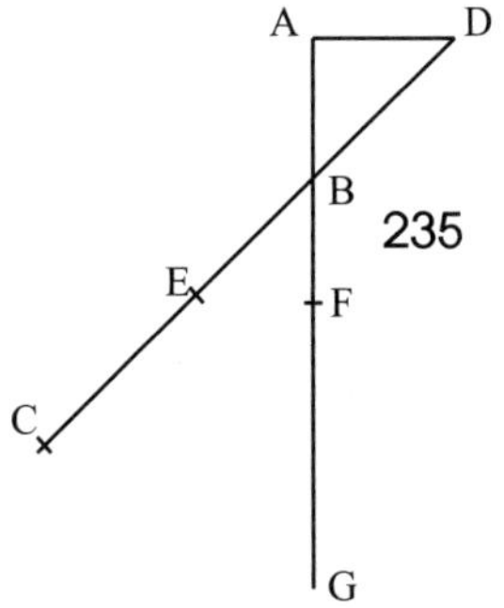

간 공간은 전체 공간 EB보다 작음을 얻습니다. 이제 이 같은 수직 공간[앞의 그림에서의 EB]이 EC보다 크다는 것은 앞의 명제에서 사용되었던 그림으로부터 명백합니다. 그리고 수직선의 부분 BG를, 낙하 AB 후에 BC를 지나는데
235 걸리는 시간과 같은 시간 동안 지나감을 보였습니다. 하지만 BG가 BC보다 크다는 것은 다음과 같이 연역됩니다. BE와 FB는 같으며, 또 BA는 BD보다 작으므로, FB와 BA의 비는 EB와 BD의 비보다 크지요; 그리고 복합에 의해서, FA와 AB의 [비]는 ED와 DB의 비보다 큽니다. 그러므로 FA와 AB의 비는 GF와 FB의 비와 같으므로(왜냐하면 AF는 BA와 AG 사이의 평균 비례이므로); 마찬가지로 ED와 BD의 비는 CE와 EB의 비와 같고; 따라서 GB와 BF의 비는 CB와 BE의 비보다 크며, 때문에 GB는 BC보다 큽니다.

명제 17. 문제 4

수직선과 그로부터 방향을 전환한 평면이 주어졌을 때, 수직선에서의 낙하 후에, 움직일 수 있는 것이 정지 상태로부터 수직선을 지나는데 걸리는 시간과 같은 시간 동안 운동이 이루어지는 주어진 평면의 부분을 표시하라.

AB를 수직선이라고 하고, BE를 그로부터 방향이 전환된 평면이라고 하지요; BE 안에, AB의 낙하 후, 움직일 수 있는 것이 정지 상태로부터 수직선 AB를 지나가는데 걸리는 시간과 같은 시간 동안 움직일 공간을 표시하는 것이 요구됩니다. AD[24]를 연장된 평면을 D에서 만나는 수평선이라고 하고, FB를 BA와 같게 잡으며; BD와 DF의 비가 FD와 DE의 비가 같도록 하면; AB에서의 낙하 후 BE를 통한 시간은 A에서 정지 상태로부터 AB를 통한 시간과 같을 것이라고 저는 말씀드립니다.

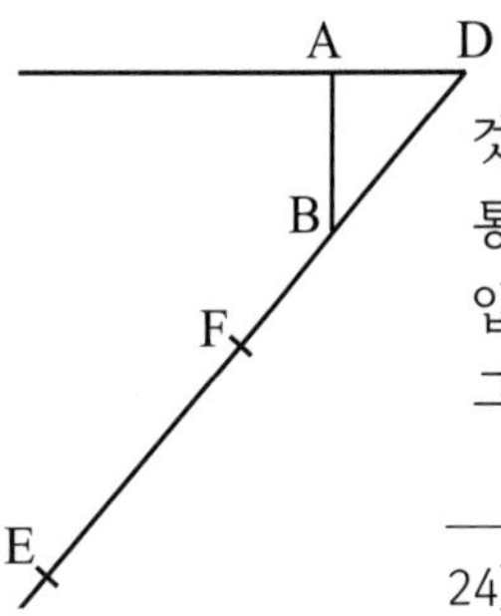

만약 AB가 AB를 통한 시간이라고 가정하면, DB를 통한 시간은 DB일 것이며; 또 FD와 DE의 비는 BD와 DF의 비와 같으므로, 전체 평면 DE를 통한 시간은 DF일 것이고, 또 BF는 D로부터 부분 BE를 통한 [시간일 것입니다]. 한데 DB 후에 BE를 통한 시간은 AB 후의 그 시간과 같습니다; 그러므로 AB 후의 BE를 통한 시간은 BF일 것입니다; 즉 [그것은] A에서

24) 드레이크의 번역본에 AB로 되어 있어 바로 잡았다.

정지 상태로부터 AB를 [통한] 시간과 같[을 것입니다]; 이것은 {주어진} 문제였습니다.

명제 18. 문제 5 236

수직선 안에 움직임의 시작부터 표시된 임의의 공간이 주어지고, 이것을 지나가는데 걸리는 시간이 주어지며, 또 다른 더 작은 시간이 주어지면, 주어진 그 더 작은 시간 동안 지나가는 (주어진 공간과 길이가 같은) 수직선 안의 다른 {another} 공간을 구하라.

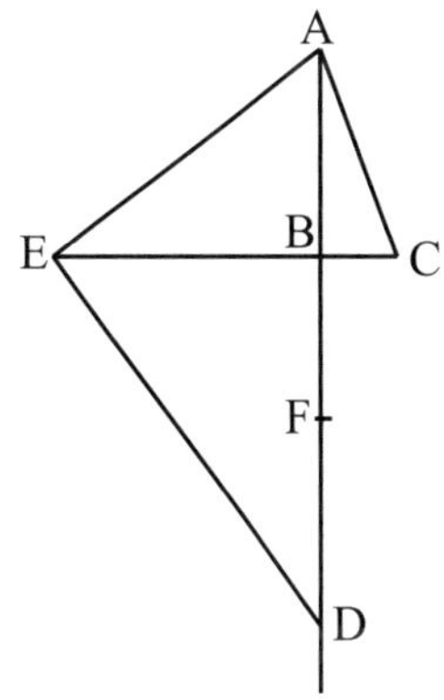

그 수직선을 $A[D]$라고 하고, 그 안에 공간 AB가 주어진다고 하며, 그 공간에 대해 A에서 시작으로부터 시간이 AB라고 하고; 또 수평선을 CBE라고 하며; 또 AB보다 작은 어떤 시간이 주어지고, 이 시간이 수평선 안에 BC와 같은 것으로 표시될 수 있다고 하지요. 같은 수직선 안에서 시간 BC 동안 지나갈 AB와 {길이가} 같은 공간을 구하는 것이 요구됩니다.

선분 AC를 그리면; BC는 BA보다 작으므로, 각 BAC는 각 BCA보다 작을 것입니다. CAE를 각 BCA와 같도록 그리고, 또 선분 AE가 점 E에서 수평선을 만나도록 그립니다; 이에 직각으로 수직선을 D에서 자르는 ED를 그리고; DF를 BA와 같도록 표시합니다. 저는 말씀드립니다. FD가, A에서의 운동의 시작으로부터의 움직임 중에, 주어진 시간 BC 동안 움직이는 수직선에서의 그 부분입니다.

직각 삼각형 AED 안에서 EB는 E의 직각에 대한 맞변 AD에 직각이므로, AE는 DA와 AB 사이의 평균 비례일 것이며, 또 BE는 DB와 BA 사이의 평균 비례, 또는 FA와 AB 사이의 평균 비례일 것입니다(왜냐하면 FA는 DB와 같으므로). 또 AB는 $A[B]$를 통한 시간으로 가정되므로, 전체 AD를 통한 시간은 AE 또는 EC일 것이며, 또 EB는 AF를 통한 시간[일 것입니다]. 그러므로 나머지 BC는 나머지 FD를 통한 시간일 것이며; 이것은 우리가 하고자 하던 바입니다.

237 명제 19. 문제 6

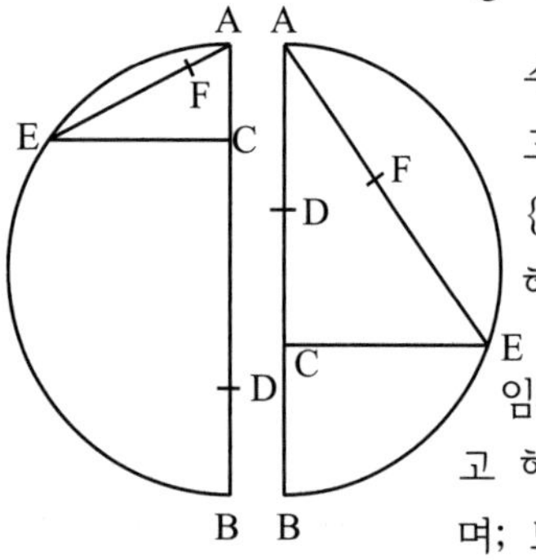

수직선 안에 무엇이든 간에 운동의 시작으로부터 통과된 임의의 공간이 주어지고, 또 낙하 시간이 주어졌을 때; 그 동안 같은 수직선 안의 어딘가에 위치한, {길이가} 같은 다른 공간이 같은 움직일 수 있는 것에 의해 통과될 시간을 구하라.

임의의 공간 AC가 수직선 AB안의 A에서의 운동의 시작으로부터 취해진다고 하고, 그 수직선 안에 {길이가} 같은 다른 공간 DB가 임의의 곳에 취해지며; 또 AC를 통한 운동의 시간이 주어질 때, 이를 AC라고 하지요; A로부터 낙하 후 DB를 통한 움직임의 시간을 구하는 것이 요구됩니다. 전체 AB의 주위에 반원 AEB를 그리고, 또 CE가 C에서 AB에 직각이 되도록 하며; A와 E를 이으면, 그 [선분] {AE}는 EC보다 길 것입니다. EF를 EC와 {길이가} 같은 절편이라고 하면; 나머지 FA는 DB를 통한 움직임의 시간이라고 저는 말씀드립니다.

왜냐하면 AE는 BA와 AC 사이의 평균 비례이고, AC는 AC를 통한 낙하 시간이므로, 전체 AB를 통한 낙하 시간은 AE일 것입니다. 또 CE는 DA와 AC 사이의 평균 비례이므로(왜냐하면 DA는 BC와 같으므로), CE(즉 EF)는 AD를 통한 시간일 것입니다. 그러므로 나머지 AF는 나머지 DB를 통한 시간입니다; 이것은 명제입니다.

부속정리

이것으로부터 다음이 연역된다. 임의의 공간이 가정되면, 이것과 인접한 공간 후에 이 공간을 통한 시간은 더해진 공간들과 원래의 공간 사이의 평균 비례가 원래의 [공간]과 더해진 공간 사이의 평균 비례보다 더 많은 초과분과 [같을] 것이다.

따라서 A에서 정지 상태로부터 AB를 통한 시간을 AB라고 가정하면, AS가 더해질 때, SA 후에 AB를 통한 시간은 SB와 BA[25]사이의 평균 비례가 BA

25) 드레이크의 번역본에 SA로 되어 있으나 오류로 보여 바로 잡았다.

와 AS 사이의 평균 비례보다 더 큰 초과분일 것입니다.

명제 20. 문제 7 238

임의의 공간과, 움직임의 시작으로부터[*post*] 그 공간의 일부가 주어졌을 때, 처음에 주어진 일부와 같은 시간 동안 지나가는 끝에[*versus*][26] 있는 그 공간의 다른 일부를 구하라.

공간 CB가 있다고 하고, 이 안에 C에서 움직임의 시작 후 부분 CD가 있다고 하면; 주어진 [부분] CD를 지나가는데 걸리는 시간과 같은 시간에 지나가는, 끝 B 부근의 다른 부분을 구하는 것이 요구됩니다.

BC와 CD 사이의 평균 비례를 잡아, 그것을 BA와 같다고 하고, 또 CE는 BC와 CA의 제삼 비례라고 하지요; EB는, C로부터 낙하 후, CD를 지나가는 데 걸리는 시간과 같은 시간에 지나가는 공간이라고 저는 말씀드립니다. 왜냐하면 만약 우리가 전체 CB를 통한 시간을 CB라고 가정하면, BA(즉, BC와 CD 사이의 평균 비례)는 CD를 통한 시간일 것이며, 또 CA는 BC와 CE 사이의 평균 비례이므로, 전체 CE를 통한 시간은 CA일 것입니다; 또한 BC는 전체 CB를 통한 시간입니다. 그러므로 나머지 BA는 C로부터 낙하 후 나머지 EB를 통한 시간일 것입니다. 한데 BA는 CD를 통한 시간이었으므로; CD와 EB는 C에서 정지 상태로부터 같은 시간들 동안 지나갈 것입니다;41] 이것은 우리가 해야 할 일이었지요.

명제 21. 정리 14

만약 수직선에서의 낙하가 정지 상태로부터 일어나고, 주어진 시간 동안 통과할 그 수직선의 일부를 움직임의 시작에서 취하고, 이 후에는 어떻게 경사되었든 간에 한 평면을 통해 방향이 전환된 운동이 계속되면, 수직선 안에서 이미 통과한 낙하 시간과 같은 시간 동안 이 평면 안에서 지나가는 공간은 [이미 통과한 공간의] 두 배보다는 크지만 세 배보다는 작다.

---

26) 원뜻은 '쪽으로'이다.

수평 선분 AE 아래 수직선 AB가 있게 하는데, 그 안에서 낙하가 A로부터 시작하여 일어난다고 하고, 또 그 안에서 일부, AC를 취하며; 그리고 AC 안에서의 낙하 후 그 위에서 운동이 계속되는 어떤 평면 CG가 C로부터 경사
239 되도록 합니다. 저는 말씀드립니다. CG를 통한 그 운동 중에 AC를 통한 낙하 시간과 같은 시간 동안 통과된 공간은 그 같은 공간 AC의 두 배보다는 크고, 세 배보다는 작습니다.

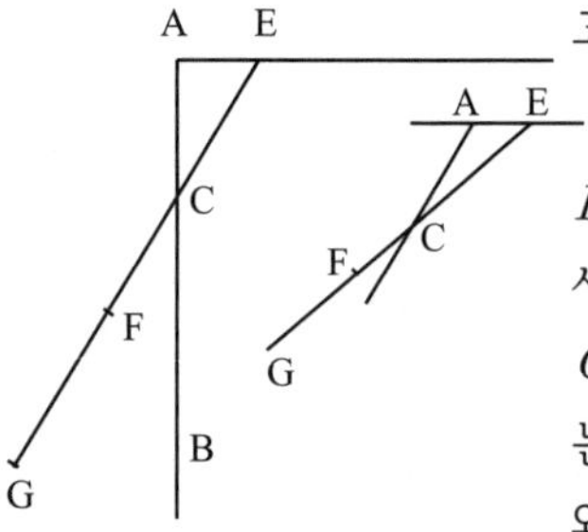

CF를 AC와 같이 잡고, 또 평면 CG를 수평선의 E까지 연장하여, FE와 EG의 비가 CE와 EF의 비와 같도록 합니다. 그러면 만약 AC를 통한 낙하 시간을 선분 AC로 잡으면, EC를 통한 시간은 CE일 것이며, CF(또는 CA)는 CG를 통한 운동의 시간[일 것입니다]. 공간 CG가 CA의 두 배보다는 크나 세 배보다는 작은 것을 보여야 합니다. 이제 FE와 EG의 비는 CE와 EF의 비와 같으므로, CF와 FG의 비도 같은 [비][로] 주어질 것입니다; 한데 EC는 EF보다 작으므로, 때문에 CF는 FG보다 작을 것이며, 그러므로 GC는 FC 또는 AC의 두 배보다 클 것입니다. 나아가, FE는 EC의 두 배보다는 작으므로(왜냐하면 EC는 CA 또는 CF보다 크므로), GF 역시 FC의 두 배보다는 작을 것이며, 또 GC는 CF 또는 CA의 세 배보다는 작[을 것입]니다; 이것은 증명하고자 하던 것입니다.[42]

같은 내용이 더욱 더 일반적으로 진술될 수 있습니다; 왜냐하면, 이 두 번째 그림에서 볼 수 있는 바와 같이, 수직선과 경사 평면들 안에서 일어나는 모든 일은, 어떤 경사 평면 안에서의 운동 후, 만약 더 큰 경사도의 평면을 통한 방향 전환이 있다면, {그 평면 안에서도} 꼭 같이 일어나기 때문이며; 증명은 똑 같습니다.

240 명제 22. 문제 8

두 다른 시간들이 주어지고, 또 주어진 시간들 중 짧은 시간 동안 (정지 상태로부터) 수직선 안에서 지나간 공간이 주어졌을 때, 수직선의 가장 높은 점으로부터 수평선까지 그 위에서 움직일 수 있는 것이 주어진 [시간들] 중 긴 시간과 같은 시간 동안 하강하는 평면으로 방향 전환하라.[43]

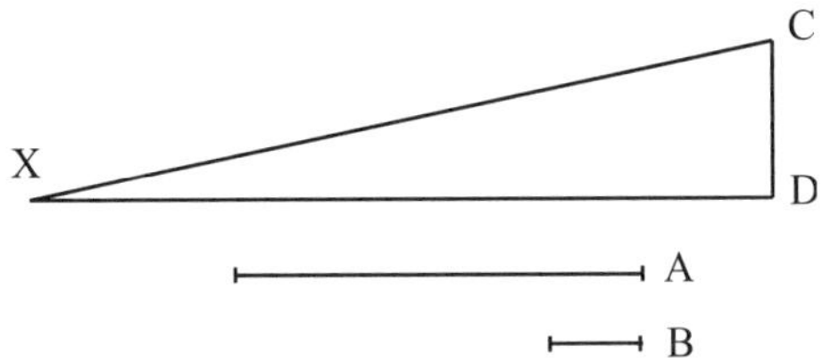

B와 A의 비가 CD와, C로부터 수평선까지 하강하는, 어떤 다른 CX와 같은 선분의 비와 같도록 합니다. 다음은 명백합니다. 즉 평면 CX는 그것을 따라 움직일 수 있는 것이 주어진 시간 A 동안 하강하며, 왜냐하면 [정리 3에서] 경사 평면을 따라서의 시간과 그 높이를 따른 시간의 비는 그 평면의 길이와 그 높이의 비와 같음이 증명되었기 때문입니다. 그러므로 CX를 따른 시간과 CD를 따른 시간의 비는 CX와 CD의 비와 같습니다; 즉 시간 A와 시간 B의 비와 같습니다. 한데 시간 B는 수직선 CD를 정지 상태로부터 지나가는데 걸리는 시간이므로; 시간 A는 평면 CX를 지나가는데 걸리는 시간입니다.

명제 23. 문제 9

정지 상태로부터 수직선을 따라 임의의 시간 동안 통과한 공간이 주어졌을 때,
이 공간의 낮은 끝으로부터 그 위에서, 수직선 안에서의 낙하 후, [그 후] 같
은 시간 동안, 수직선 안에서 통과한 공간의 두 배보다는 크나 세 배보다는 241
작은 한 주어진 공간을 지나갈 평면으로 방향 전환하라.

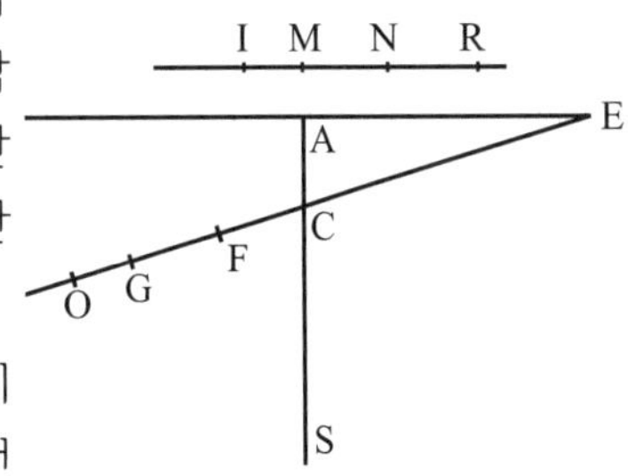

수직선 AS 안에 공간 AC를 A에서 정지 상태로부터 시간 AC동안 통과한다고 하고, 그 [공간 AC]에 대해 IR은 두 배보다는 크나 세 배보다는 작다고 하지요; 끝점 C로부터, 그 위에서 움직일 수 있는 것이, 이와 같은 시간 AC동안, AC를 통한 낙하 후 IR과 같은 공간을 지나갈 평면으로 방향 전환할 것이 요구됩니다.

RN과 NM을 AC와 같도록 하고; 나머지 IM과 MN의 비가 무엇이든지 간에 AC와 또 하나의 선분 CE[27]의 비가 같도록 하며, C로부터 수평선 AE까지 그립니다. 이것을 O까지 연장하고, 또 CF, FG와 GO가 [각각]

27) 드레이크의 번역본에 CF로 되어 있으나 오류로 보여 바로 잡았다.

RN, NM과 MI와 같도록 합니다. 낙하 AC 후, 방향을 바꾼 CO를 따라서의 시간은 A에서 정지 상태로부터 AC를 [통한] 시간과 같습니다. 왜냐하면 FC와 CE의 비는 OG와 GF의 비와 같고, 그러면 복합에 의해, OF와 FG 또는 FC의 비는 FE와 EC의 비와 같을 것이며, 또 전항과 후항의 비는 전항들의 합[*omnia*]과 후항들의 합의 비와 같으므로; 때문에 전체 OE와 EF의 비는 FE와 EC의 비와 같습니다. 따라서 OE, EF와 FC는 연속된 비례들이며; 또 AC를 통한 시간은 AC라고 가정되었으므로, EC를 통한 시간은 CE일 것이며, 또 EF는 전체 EO를 통한 시간[일 것이며], 나머지 CF는 나머지 CO를 통한 [시간일 것]입니다. 한데 CF는 CA와 같으므로; 요구되었던 것은 완수되었습니다. 왜냐하면 시간 CA는 A에서 정지 상태로부터 AC를 통한 낙하 시간이고, 한편 CF(CA와 같은)는 EC를 통한 하강, 또는 AC를 통한 낙하 후, CO를 통한 시간이기 때문이며; 이것은 제안되었던 것입니다.

여기서 다음에 주목해야 할 것입니다. 즉 만약 선행 운동이 수직하게 일어나지 않고, 다음 그림에서처럼 경사 평면을 따라서 일어난다고 하더라도 같은 일이 일
242 어난다는 것입니다; 이 그림에서는 초기[*praecedens*] 운동이 수평선 AE 아래에 있는 경사 평면 AS를 따라서 일어나며, 그 증명은 정확하게 같습니다.

주석

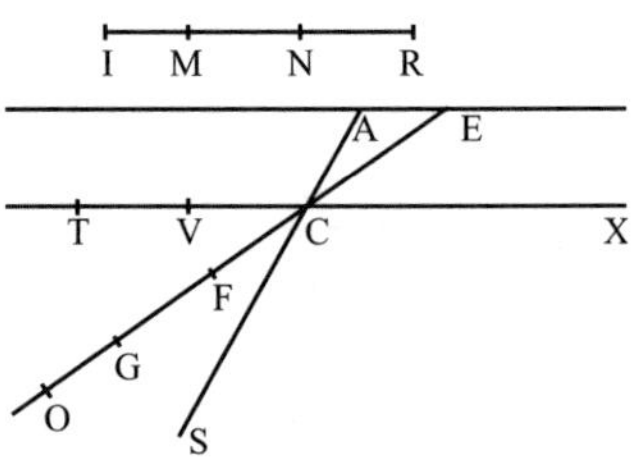

만약 충분히 주의를 기울인다면, 다음은 명백할 것이다. 즉 주어진 선분 IR이 AC의 세 배보다 작은 양이 작아질수록, 두 번째 운동이 일어나는 방향 전환된 평면 CO는 수직선에 가까워지며, 최종적으로 수직선 안에서, AC와 같은 시간 동안, AC의 세 배인 공간이 통과된다. 왜냐하면 만약[*cum*] IR이 AC의 거의 세 배이면, IM은 MN과 거의 같을 것이며; 또 작도에 의해, AC와 CE의 비는 IM과 MN의 비와 같으므로, CE가 CA보다 약간 크게 될 것이며, 결과적으로 점 E는 점 A에 가깝게 될 것이고, 한편 CO와 CS는 매우 작은 예각을 만들게 되어 거의 일치할 것임은 명백하다. 반면에, 만약 IR이 AC의 두 배보다 큰 값 중의 최소값이면, IM은 매우 짧은 선분일 것이며, 때문에 AC는 CE에 비해 매우 짧아지며, CE는 매우 길어질 것이고, 또 C를 통하여 그려진 수평선과 거의 평행하게 될 것이다. 그러면 다음을 연역해도 좋다. 즉 만약, 위의 그림에서, 경사 평면 AC를 통한 하강 후, CT와 같은 수평

선을 따라서 방향 전환이 있다면, 움직일 수 있는 것이 다음에[*consequentur*], AC를 통한 하강에 걸리는 시간과 같은 시간 동안, 움직여 통할 공간은 정확하게 공간 AC의 두 배가 될 것이다.

나아가, 이것은 [다른] 유사한 논리와 잘 들어맞는 것을 알 수 있습니다. 왜냐하면, OE와 EF의 비는 FE와 EC의 비와 같다는 사실로부터, FC가 CO를 통한 시간을 결정하는 것처럼 보입니다. 왜냐하면 만약 CA의 두 배인 수평 부분 TC가 V에서 이등분된다면, X쪽을 향한 수평선의 연장은 {이미} 얻어진 AE와 만남을 구하기 위해 무한정 늘어날 것이며; 하나의 무한대 TX와 또 하나의 무한대 VX의 비는 하나의 무한대 VX와 또 하나의 무한대 XC의 비와 다르지 않을 것이기 때문입니다.

우리는 다른 접근 방법에 의해 같은 결론에 도달할 수도 있는데, 우리가 명제 1의 증명에 사용하였던 것과 같은 추론을 다시 채용함으로써 입니다.[44] 그러면 다시 삼각형 ABC를 생각하고, 밑변 BC에 평행한 직선들{의 길이}에 의해 시간의 증가에 따라 연속적으로 증가하는 속력의 정도를 이해하기로 하지요. 무한하게 많은(선분 AC 안에 있는 점들만큼이나 무한히 많은, 또 임의의 시간 [간격] 안의 순간들[만큼이나 많은]) 평행선들로부터, 삼각형 [ABC]의 표면이 생기며[*exurget*]; 또 만약 우리가 운동이 같은 시간 동안 계속된다고 가정하면, 더 이상 가속된 운동은 아니나 얻어진 속력의 최대의 정도(이 정도는 선분 BC에 의해 대표된다)인 균등 운동으로, [속력의] 이들 정도들로부터 삼각형 ABC의 {면적의} 두 배인 닮은 평행사변형 $ABCD$가 만들어질[*conflabitur*] 것입니다. 때문에 [속력의] 비슷한 정도들로 같은 시간 동안 지나간 공간은 삼각형 ABC에 의해 대표되는 속력의 정도들에 의해 통과된 공간의 두 배일 것입니다.

243

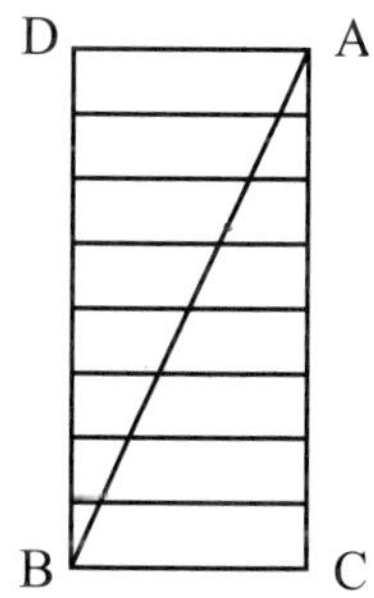

그러나 가속 또는 감속의 원인이 없으므로, 수평면에서의 운동은 균등하며; 따라서 시간 AC와 같은 시간 동안 통과한 공간 CT[45]는 공간 AC의 두 배라는 결론을 얻습니다. 실제로, 전자의 가속된 운동은 정지 상태로부터 삼각형의 평행선들{의 길이}에 따라 일어나며, 한편 후자의 균등 운동은 평행사변형의 평행선들{의 길이}에 따라 일어나는데, 무한히 많은 평행선들은 삼각형의 무한히 많은 평행선들의 두 배입니다.

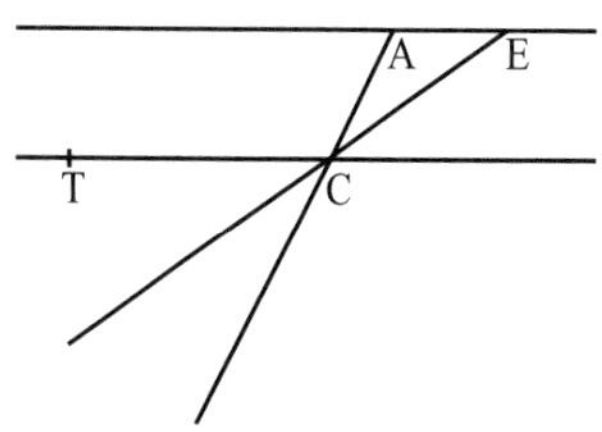

다음 또한 유의해야 합니다. 즉 움직일 수 있는 것이 아무리 큰 정도의 속력을 가지는 것으로 알려진다고 하더라도, 이것은 그 본성[*suapte natura*]에 의해

서 외부의 가속 또는 감속의 원인들이 제거될 때 그것에 지울 수 없게 각인되며, 이러한 것은 오직 수평면에서만 일어납니다; 왜냐하면 아래로 경사한 평면들 위에서는 더 큰[*maioris*] 가속의 원인이 있고, 또 위로 향한 경사면 위에서는 감속의 원인이 있기 때문입니다. 이것으로부터 마찬가지로 수평면에서의 운동은 또한 영원하며, 이것은 만약 운동이 실제로 균등하다면, 운동이 제거되는 것은 차치하고, [심지어] 약해지거나 또는 완화되지 않는다는 것을 얻습니다.[46]

나아가, 자연 하강에서 움직일 수 있는 것에 의해 얻어진 속력의 기존 정도는 본성적으로 지울 수 없고 영원함을 반드시 생각해야 하며; 하지만 만약 아래로 경사한 평면을 따라서 하강한 후, 위로 향하는 다른 평면으로 방향이 바뀌면, 거기에 감속의 원인이 나타나며, 따라서 그와 같은 평면 상에서는 같은 움직일 수 있는 것이 자연적으로 하강할 것입니다. 그렇기 때문에 서로 상반되는 영향들[*affectionum*]의 섞임이 일어나는데-선행하는 하강에서 얻어진 속력의 정도의 영향과, 이 영향은 움직일 수 있는 것을 저절로 균일하게 끝없이 이송해 가려고 하며, 하향 운동에 대한 자연적인 성향[의 영향]이지요, 이 하향 운동은 그것을 항상 움직이도록 하는 가속과 같은 비에 따라 생깁니다. 때문에 한 움직일 수 있는 것이 어떤 경사 평면을 통한 하강 후 어떤 상승을 통해 방향이 바뀌면 무슨 일이 발생하는가에 대한 질문을 제기하는 경우, 만약 우리가 하강에서 얻어진 최대의 정도가 올라가는 평면에서 그 스스로 영원히 보존되[*servari*]지만, 상승에서 자연적인 하향의 경향이 부수된다고 가정하는 것은 매우 합리적인 것으로 보입니다; 즉 정지 상태로부터의 운동에 대해 항상 가정되는 비로 가속된다
244 고. 한데 이것에 대해 아마도 모호한 부분을 남기지 않기 위해, 그림을 사용하여 더 명백하게 설명하지요.

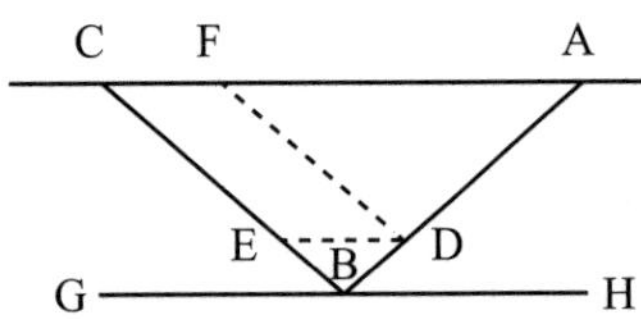

그러면 하강은 [처음에] 아래를 향하는 평면 AB를 통해서 일어나고, 그로부터 반사된 운동이 위를 향하여 BC를 통해 계속된다고 하지요; 또 우선 이들이 {길이가} 같은 평면들로 수평면 GH로부터 같은 각도로 올려졌다고 합니다. A에서 정지 상태로부터 AB를 따라서 하강하는 움직일 수 있는 것은 시간 자체의 증가에 따라 속력을 얻게 됩니다; B에서의 정도는 최대로 얻어지며, 또 이것은 자연적으로, 불변적으로 각인됩니다-새로운 가속 또는 감속의 어떠한 원인도 제거된 경우. 만약 연장된 [같은] 평면 위를 더 진행하는 것을 계속한다면, 가속의 [원인이 있게 되는데], 저는 말씀드립니다, 또 만약 위로 올라가는 평면 BC

로 방향이 바뀐다면 감속의 원인이 있게 됩니다. 하지만 수평면 GH 위에서는, 그것이 A로부터 B까지 하강하며 얻어진 속력의 정도로 끝없이 균등 운동으로 진행하게 될 것이며, 또 이 속력은, AB를 따라서의 하강 시간과 같은 시간 동안, 수평면에서 공간 AB의 두 배인 공간을 지나갈 그런 속력입니다.

그러나 같은 움직일 수 있는 것이 평면 BC를 따라서 같은 속력의 정도로 균등하게 움직여진다고 가정하면, 이 [경우]에도 역시, AB를 따라서의 하강 시간과 같은 시간 동안, AB의 두 배인 공간만큼 늘어난 BC 위에서 지나갈 것입니다. 사실은 상승이 시작되자마자, 평면 AB 위에서 A로부터 {내려올 때} 생기는 것이 자연적으로 발생하는 것을 압니다; 즉, 가속의 그들 같은 정도들에 따른 정지 상태로부터의 하강이지요, 이 힘에 의해[*viquorum*],[47] AB 위에서 일어났던 것과 같이, 방향이 바뀐 평면 [BC] 위에서도 같은 시간 동안 같은 양을 하강합니다. 이와 같은 균등 상승 운동과 가속 하강 운동의 섞임으로부터 움직일 수 있는 것은 평면 BC를 따라서 끝점 C까지, [상승과 하강에서] 같을, 그 같은 속력의 정도로 이송됨은 명백합니다. 또 실제로, 각 B로부터 같은 거리에 있는 임의의 두 점들 D와 E를 가정함으로써 DB를 통한 이동은 BE를 통한 반사의 시간과 같은 시간에 이루어짐을 연역할 수 있습니다. DF를 BC에 평행하게 그리면; AD를 통한 하강은 DF를 통해 반사될 것임이 명백하며; 이제 만약, D에 [도달한] 후에, 움직일 수 있는 것이 수평면 DE를 따라 이송된다면, E에서의 그 각인력은 D에서의 각인력과 같을 것이고; 그러므로 E로부터 C까지 상승하며, 그 때문에 D에서의 속력의 정도는 E에서의 정도와 같습니다.

이것으로부터 다음을 합리적으로 단언할 수 있습니다. 즉 만약 하강이 어떤 경사 평면을 통해 이루어지고, 그 후 어떤 상승 평면을 통해 반사가 뒤따르면, 움직일 수 있는 것은 올라가는데, 받은 각인력에 의해, 수평면으로부터 같은 고도 또는 높이 끝까지이지요. 따라서 만약 하강이 AB를 따르고, 움직일 수 있는 것이 방향이 바뀐 평면 BC를 따라서 수평면 ACD까지 움직여진다면; 또 만약 평면들의 높이들{inclinations}은 같고, 그들{의 길이가}, 평면 BD와 같이, 다른 {경우에도 마찬가지입니다}. 왜냐하면 이전에, 다르게 경사된 평면들 상에서 얻어진 속력의 정도들은 평면들이 수평면 위로 같은 높이이면 항상 같음을 가정하였기 때문입니다. 그러나 만약 평면들 EB와 BD에 대하여 높이가 245

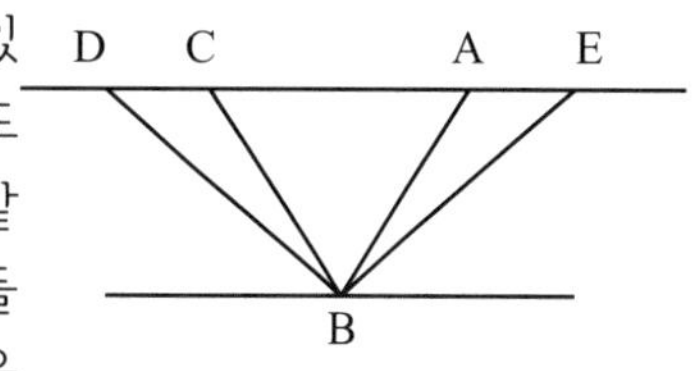

같다면, EB를 통한 하강은 움직일 수 있는 것을 평면 BD를 따라서 D까지 쭉 올리는데 충분하며, 그와 같은 충격이 점 B에서의 속력이 받은 충격력 때문에 이루어지기 때문이며; 또 움직일 수 있는 것이 AB를 통하거나 또는 EB를 통해 하강하든 간에 B에서 같은 충격력을 가지기 때문입니다. 움직일 수 있는 것이 AB 또는 EB를 따른 하강 후, BD를 따라서 마찬가지로 밀어 올려 진다는 것을 얻습니다. 정말 BD를 통한 상승의 시간은 BC를 통한 것보다 길 것이며, 이것은 EB를 통한 하강이 AB를 통한 하강보다 긴 시간이 걸리는 것과 똑 같이 길게 되는 일이 생깁니다; 그리고 이들 시간들의 비는 평면들의 길이들의 비와 같음은 이미 보인 바 있습니다.

다음으로 경사도가 어떻게 다르든 높이가 같은 경우에, 평면들 위에서 같은 시간들 동안 움직이는 공간들의 비에 대해 질문할 것입니다; 즉 같은 수평한 평행선들 사이에 포함되는 평면들이지요. 이것은 다음 비에 따라 발생합니다.

명제 24. 정리 15

수직선과, 그 아래끝으로부터 올려진 평면이 주어졌다고 하고, 그 평면은 주어진 수평한 평행선들 사이에 놓였다고 한다; 움직일 수 있는 것이, 수직선을 통한 낙하 후, 그 [수직] 낙하의 시간과 같은 시간 동안, 경사 평면 위에서 지나간 공간은, 수직선에서의 공간보다 크지만, 수직선에서의 것의 두 배보다는 작다.

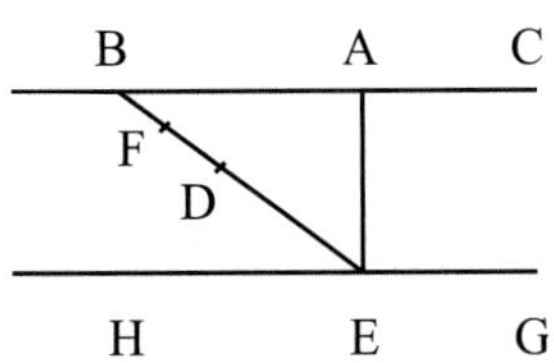

같은 수평한 평행선들 BC와 HG 사이에 수직선 AE와 경사 평면 EB가 있다고 하지요; 수직선 AE를 따른 낙하 후에 EB 위에서, 점 E로부터 점 B까지 방향 전환이 일어난다고 하면; 저는 말씀드립니다. 하강 AE의 시간과 같은 시간 동안, 움직일 수 있는 것이 올라가는 공간은, AE보다는 크지만 그 두 배보다는 작습니다. ED를 AE와 {길이가} 같게 잡고, 또 DB와 BF의 비가 EB와 BD의 비와 같게 합니다; 보여야 할 것은, 먼저, F가, 움직일 수 있는
246 것이 EB를 따른 반사에 의해 움직여져서, AE의 시간과 같은 시간 동안 오게 될 점을 표시한다는 것; 그리고 다음으로, EF는 EA보다는 크지만 그 두 배보다는 작다는 것입니다. 만약 AE를 따른 하강의 시간을 AE로 이해한다면, BE를 따른 하강, 또는 EB를 따른 상승의 시간은 선분 BE가 될 것입니다; 그리고 DB는 EB와 BF 사이의 평균 비례이고, 또 BE는 전체 BE를 통한

하강의 시간이므로, BD는 BF를 통한 하강의 시간일 것이며, 그 나머지 DE는 나머지 FE를 통한 하강의 시간[일 것입니다]. 하지만, E에서의 속력의 정도가 하강 BE(또는 AE)를 통해 얻어진 것일 때, B에서의 정지 상태로부터 FE를 통한 시간은 EF를 통한 상승의 시간과 같습니다. 그러므로 같은 시간 DE는 움직일 수 있는 것이 A로부터 AE를 통한 낙하 후, EB를 따른 반사 운동으로, 점 F에 도달하는 그 시간일 것입니다. 그런데 ED는 AE와 같다고 가정되었으므로; 때문에 첫 번째 [부분]은 증명되었습니다.

그리고 전체 EB와 전체 BD의 비는 {EB의} 제거된 부분 DB와 {BD의} 제거된 부분 BF의 비와 같으므로, [마찬가지로] 전체 EB와 전체 BD의 비는 {EB의} 그 나머지 ED와 {BD의 나머지} DF의 비와 같을 것입니다; 때문에 EB는 BD보다 큽니다. 그러므로 ED는 DF보다 크며, 또한 EF는 DE 또는 AE의 두 배보다 작습니다; 이것은 증명하고자 하던 것입니다. 만약 선행 운동이 수직선이 아닌, 경사 평면 상에서 이루어 졌다고 하더라도 같은 것이 성립하며; 또 증명은 반사 평면이 덜 경사져서 하강 평면보다 긴 때에도 같습니다.

명제 25. 정리 16

> 만약, 어떤 경사 평면을 통한 낙하 후, 수평면을 통한 운동이 뒤따른다면, 경사 평면을 통한 낙하 시간과, 임의의 수평선을 통한 운동의 시간의 비는, 경사 평면의 길이의 두 배와 수평선의 길이의 비와 같을 것이다.

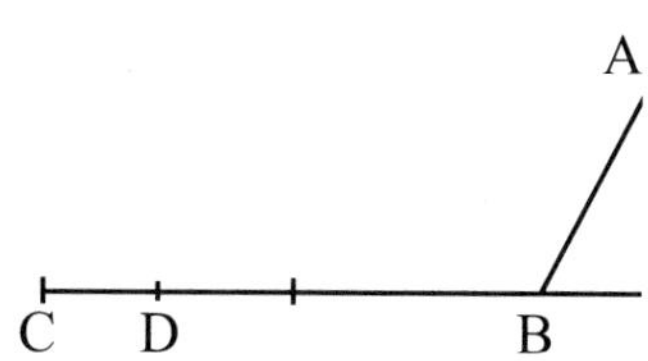

CB를 수평선, AB를 경사 평면이라고 하지요; 또 AB를 통한 낙하 후, 운동이 수평선을 통해 뒤따른다고 하며, 수평선 중 임의의 공간 BD를 택합니다. 저는 말씀드립니다. AB를 통한 낙하 시간과 BD를 통한 운동의 시간의 비는 AB의 두 배와 BD의 비와 같습니다. 왜냐하면 BC를 AB의 두 배로 잡으면, 위에서 증명한 것으로부터 AB를 통한 낙하 시간은 BC를 통한 운동의 시간과 같음이 얻어지는데; 하지만 BC를 통한 운동의 시간과 DB를 통한 운동의 시간의 비는 선분 CB와 선분 BD의 비와 같습니다. 그러므로 AB를 통한 247
운동의 시간과 BD를 통한 운동의 시간의 비는 AB의 두 배와 BD의 비와 같으며; 이것은 증명하고자 하던 것입니다.

명제 26. 문제 10

평행인 수평선들 사이에 수직선이 주어지고, 또 수직선보다 크지만 두 배보다 작은 공간이 주어졌을 때; 평행선 사이의 수직선의 아래끝으로부터 다음과 같은 평면을 올려라. 즉 수직선에서의 하강 후 그 위의 반사 운동에서 움직일 수 있는 것이 그 주어진 공간과 같은 공간을 수직선을 통한 하강의 시간과 같은 시간 동안 지나가는 평면.

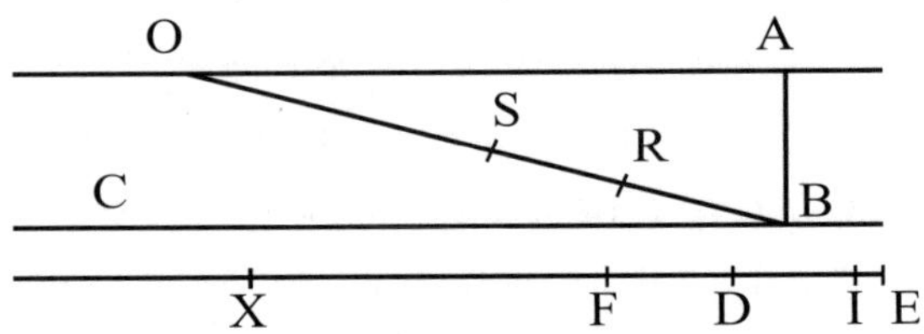

평행선들 AO와 BC 사이에 있는 수직선을 AB라고 하고, FE는 BA보다 크지만 그 두 배보다는 작다고 하면; 다음이 요구됩니다. B로부터 수평면들 사이의 평면을 세우는데, 그 위에서 움직일 수 있는 것이, A로부터 B까지 낙하 후, AB를 통한 하강과 같은 시간 동안 반사 운동에서 상승 중에 EF와 같은 공간을 지나가야 합니다. ED를 AB와 같게 하면; 그 나머지 DF는 [DE보다] 작을 것이며, 이는 전체 EF는 두 배의 AB보다 작기 때문입니다. DI를 DF와 같게 하고, 또 EI와 ID의 비가 DF와 FX의 비와 같도록 합니다; 또 B로부터 EX와 같게 BO를 반사시킵니다. 저는 말씀드립니다. BO를 통한 평면은, AB의 낙하 후, AB를 통한 낙하 시간과 같은 시간 동안, 움직일 수 있는 것이 상승에서 주어진 공간 EF와 같은 공간을 움직일 것인 바로 그 평면입니다. BR과 RS를 ED와 DF와 {각각} 같게 하면; EI와 ID의 비는 DF와 FX의 비와 같으므로; 복합에 의해, ED와 DI의 비는 DX와 XF의 비와 같을 것입니다; 즉 ED와 DF의 비는 DX와 XF의 비와 같고, 또 EX와 XD의 비와 같으며, 때문에 BO와 OR의 비는 RO와 OS의 비와 같습니다. 이제 만약 AB를 통한 시간을 AB로 가정하면, OB를 통한 시간은 OB일 것이고, RO는 OS를 통한 시간일 것이며; 그 나머지 BR은 O로부터 B까지 하강 동안 나머지 SB를 통한 시간일 것입니다. 하지만 O에서의 정지 상태로부터 SB를 통한 하강 시간은 하강 AB 후, B로부터 S까지 상승 시간과

241

같습니다; 따라서 BO는, B로부터 올려진, 그 위에서, AB를 통한 하강 후, 주어진 공간 EF와 같은 공간 BS를 시간 BR 또는 BA 동안 지나가는 평면입니다; 이것은 하기로 요구되었던 것입니다.

명제 27. 정리 17

만약 움직일 수 있는 것이 같은 높이의 {길이가} 다른 평면들 위에서 하강한다면, 더 짧은 전체 평면을 지나가는데 걸릴 것과 같은 시간 동안, 더 긴 [평면]의 낮은 부분에서 지나가는 공간은; 더 짧은 평면에 다음 길이를 더한 공간과 같다. 즉 더 짧은 평면과 그 길이의 비가, 더 긴 평면과 긴 평면이 짧은 것보다 더 긴 초과분과의 비와 같은 길이.

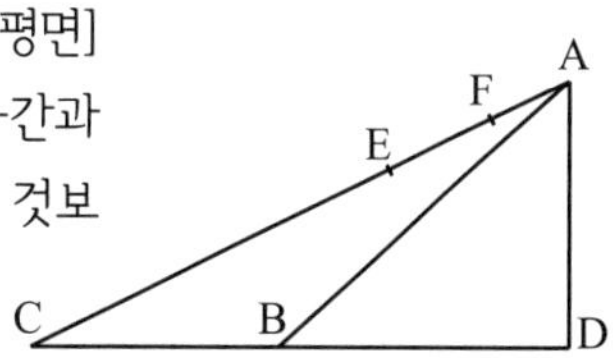

AC를 더 긴, AB를 더 짧은 평면이라고 하고, 그들 각각은 AD의 높이를 가지며; 또 AC의 아래 부분에, CE를 AB와 {길이가} 같게 취합니다. 전체 CA와 AE(즉 평면 CA가 AB보다 큰 초과분)의 비는 CE와 EF의 [비]와 같게 합니다; 저는 말씀드립니다. 공간 FC가 A로부터 출발 후 AB를 통한 하강 시간과 같은 시간 동안 지나가는 바로 그것입니다. 왜냐하면 전체 CA와 전체 AE의 비는 {CA의} 부분 CE와 {AE의} 부분 EF의 비와 같기 때문에, {CA의} 제거된 부분 EA와 {AE의} 제거된 부분 AF의 비는 전체 CA와 전체 AE의 비와 같고; 따라서 세 [양들] CA, AE와 AF는 연속 비례 {continued proportion}들 입니다. 이제, 만약 AB를 통한 시간을 AB라고 가정하면, AC를 통한 시간은 AC일 것이나; AF를 통한 시간은 AE일 것이며, 또 그 나머지 FC를 통한 [시간]은 EC가 될 것입니다; EC는 AB와 같기 때문에; 따라서 명제는 명백합니다.

명제 28. 문제 11 249

수평선 AG가 어떤 원에 그 직경 AB에서 접한다고 하고, 임의의 두 현들 AE와 EB를 그린다; AB를 통한 낙하 시간과 AE와 EB를 하강하는 시간[의 합]에 대한 비를 구하는 것이 요구된다.

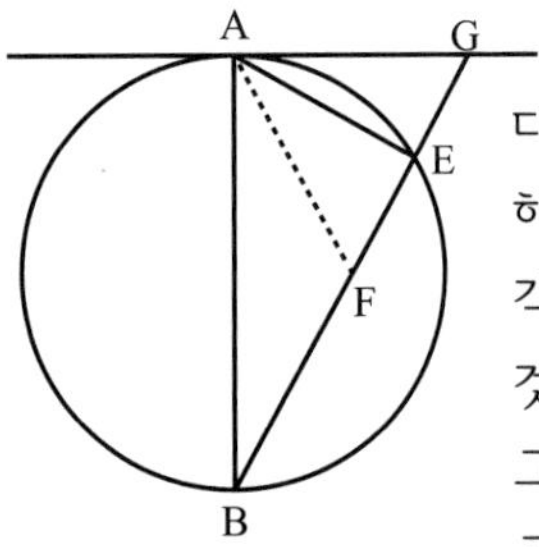

BE를 G의 접선까지 연장하고, 또 각 BAE를 이등분하는 AF를 그립니다; AB를 통한 낙하 시간과 AE와 EB를 통한 시간의 비는 AE와 AE 더하기 EF의 비와 같다고 저는 말씀드립니다. 각 FAB는 각 FAE와 같고, 또 각 EAG는 각 ABF와 같으므로; 전체 GAF는 FAB와 ABF의 합과 같을 것이며, 또한 각 GFA와도 같으므로; 선분 GF는 GA와 {길이가} 같습니다. 그리고 직사각형 $BG-GE$는 GA를 한 변으로 하는 정사각형의 {면적과} 같고, 이것은 또한 GF를 한 변으로 하는 정사각형의 {면적과} 같으므로; 세 선분들 BG, GF와 GE는 [연속] 비례들입니다. 이제, 만약 AE가 AE를 통한 시간이라고 가정하면, GE는 GE를 통한 시간일 것이며; GF는 전체 GB를 통한 시간일 것이고; EF는 G로부터(또는 A로부터 AE를 통한) 하강 후, EB를 통한 시간일 것이며; 따라서 AE(또는 AB)를 통한 시간과 AE와 EB를 통한 시간의 비는 AE와 AE 및 EF의 비와 같습니다; 이것은 구하고자 하던 것입니다.

아니면, 더 짧게는. GF를 GA와 같게 하면; GF는 BG와 GE 사이의 평균 비례임은 명백합니다. 나머지는 위와 같습니다.

명제 29. 정리 18

임의의 수평 거리가 주어졌을 때, 그 끝으로부터 수직선을 세우는데, 그 안에 수평으로 주어진 거리의 절반과 같은 부분을 취하면; 이 높이로부터 하강하여
250 수평선으로 방향이 전환되는 움직일 수 있는 것은 [주어진] 수평 공간과 수직선 합한 것을 어떤 다른 수직선과 그 같은 수평 공간을 합한 것보다 더 짧은 시간 안에 지나갈 것이다.

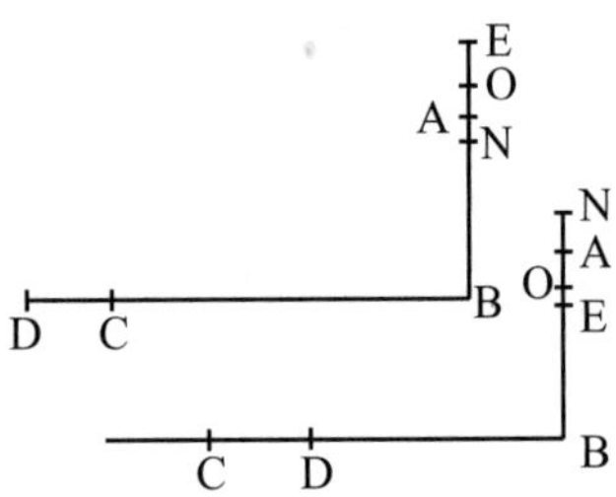

임의의 거리 BC를 수평면 안에 잡고, 또 B로부터 그 안에 BA가 BC의 절반인 수직선이 있다고 합니다; 저는 말씀드립니다. A로부터 보내진 움직일 수 있는 것이 두 거리들 AB와 BC를 모두 지나가는데 걸릴 시간은, 같은 거리 BC를 수직선의 어떤 부분과, 부분 AB보다 크거나 작거나 간에, 같이 지나가는데 걸리는 모든 시간 중에서 가장 짧은 시간입니다. 첫 번째 그림에서와 같이, EB를 [AB 보다] 크게, 또는 두 번째 그림에서와 같이 작게 취합니다. 거리들 EB와 BC를 지나가는데 걸리는 시간이 AB와 BC를 지나가는데 걸리는 시

간보다 긴 것을 보여야 합니다. AB를 통한 시간은 AB라고, 또 [이것은], BC가 두 배의 AB이므로, 또한 수평인 BC에서의 운동의 시간임을 가정하면; 또한 거리들 AB와 BC를 모두 통하는데 걸리는 시간은 두 배의 BA일 것입니다. BO를 EB와 BA 사이의 평균 비례라고 하면; BO는 EB를 통한 낙하 시간일 것입니다. 나아가 수평 거리 BD를 두 배의 BE라고 하면; 낙하 EB 후의 시간은 BO임을 얻습니다. OB와 BN의 비를 DB와 BC의 비, 또는 EB와 BA의 비와 같게 하면; 수평면에서의 운동은 균등하고, 또 OB는 E로부터 낙하 후 BD를 통한 시간이므로, NB는 같은 높이 E로부터 낙하 후 BC를 통한 시간일 것입니다. 이것으로부터 OB 더하기 BN은 EB와 BC를 통한 시간임을 얻으며; 또 두 배의 BA는 AB와 BC를 통한 시간이므로, OB 더하기 BN이 두 배의 BA보다 크다는 것을 보일 것이 남습니다. 하지만 OB는 EB와 BA 사이의 평균 비례이므로, EB와 BA의 비는 OB와 BA의 비의 제곱이며; 또 EB와 BA의 비는 OB와 BN의 비와 같으므로, OB와 BN의 비 또한 OB와 BA의 비의 제곱일 것입니다. 이제 OB와 BN의 비는 OB와 BA, AB와 BN의 비들로부터 합성 비로 주어지므로; AB와 BN의 비는 OB와 BA의 비와 같습니다. 그러므로 BO, BA와 BN은 연속 비례인 세 [양들]이며, OB 더하기 BN은 두 배의 BA보다 큽니다; 이것으로부터 명제는 명백합니다.

명제 30. 정리 19

251

하나의 수직선이 하나의 수평선의 어떤 점으로부터 내려지고, 같은 수평선 안의 다른 점으로부터 평면이 수직선을 만나도록 그려지는데, 그 평면을 따라서 움직일 수 있는 것이 가장 짧은 시간 동안 [그 점으로부터]] 수직선까지 하강할 것이라고 하면, 그 평면은 수직선을 수평선 안의 다른 점으로부터 수직선의 원점까지와 같은 거리에서 절단할 그런 평면일 것이다.

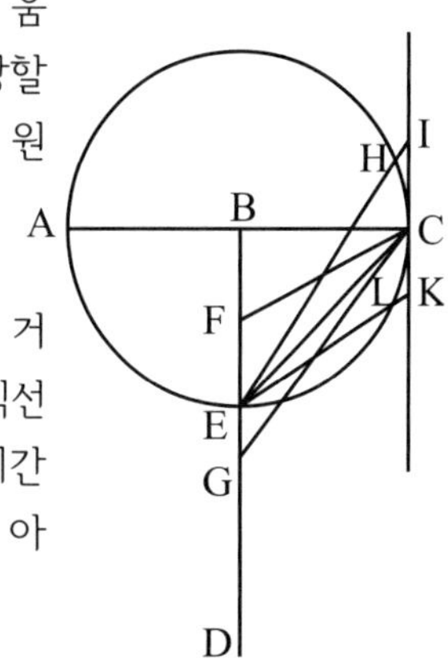

수직선 BD를 수평선 AC 안의 한 점 B로부터 내리고; 또 수직선 안에 거리 BC와 같은 거리 BE를 취하며, CE를 그립니다. 점 C로부터 수직선 [BD]까지의 모든 경사 평면 중에서 CE가 수직선 [BD]까지 가장 짧은 시간 안에 하강이 이루어 질 것인 그 평면이라고 저는 말씀드립니다. [CE]의 위와 아래에, 평면들 CF와 CG를 택하고, 원 BC의 반경에 C에서 접하는 IK를 그리면, 그 [접선]은 수직선에 평행할 것입니다. CF를 EK에 평행하게 그리는데, EK는 접선까지 연장되며 원의 원주를 L에서 자른다고 하지요. LE를 통한 낙하 시간은 CE를 통한 낙하 시간과 같음은 명백합니다;[28] 하지만 KE를 통한 시간은 LE를 통한 시간보다 길므로; KE를 통한 시간은 CE를 통한 시간보다 깁니다. 그러나 KE를 통한 시간은 CF를 통한 시간과 같은데, 이는 이들이 {길이가} 같고 또 같은 경사도를 가지도록 그려졌기 때문이며; 마찬가지로, CG와 EI는 {길이가} 같으며 같은 경사도를 가지므로, 그들을 통한 움직임들의 시간들도 같을 것입니다. 한데 IE보다 짧은 HE를 통한 시간은 IE를 통한 시간보다 더 짧은 시간이므로; 때문에 CE를 통한 시간(HE를 통한 시간과 같은)도 역시 IE를 통한 시간보다 더 짧은 시간입니다. 따라서 명제는 성립합니다.

명제 31. 정리 20

수평면 위로 임의의 방식으로 경사된 직선까지 수평면 안에 임의로 주어진 점으로부터 경사면을 그리는데, 그 위에서 [경사된 선 위의 임의의 점으로부터] 하
252 강이 가장 짧은 시간 안에 이루어지는 그 평면은, {수평면 안의} 주어진 점으로부터 두 직각인 선들, 즉 하나는 수평면에 직각인, 또 다른 하나는 경사된 [선]에 직각인, 두 선들 사이의 각을 이등분할 것이다.

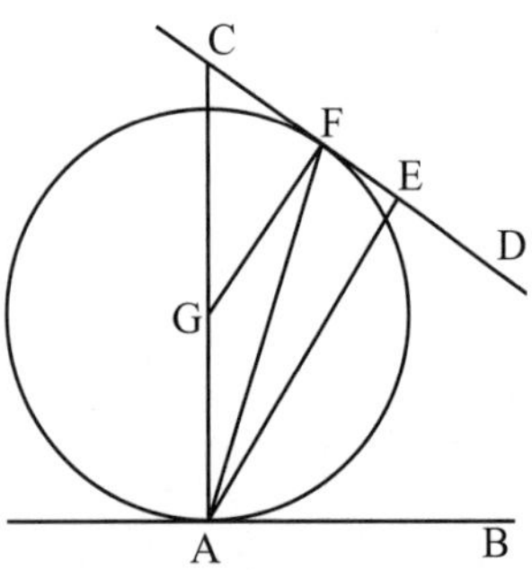

CD를 수평면 AB 위에 놓인 임의로 경사된 선분이라고 하고; 수평면 안에 어떤 점 A가 주어지면, 이것으로부터 AB에 직각인 AC와, CD에 직각인 AE를 그리며; 각 CAE를 선분 FA에 의해 이등분합니다. 저는 말씀드립니다. 선분 CD 위의 임의의 점으로부터 점 A까지의 모든 경사면들 중에서 FA를 통해 펼쳐진 그 경사면 안에서의 하강 시간이 가장 짧을 것입니다. FG를 AE와 평행하게 그리면; 엇각들 GFA와 FAE는 같을 것이며, 또한 EAF는 FAG와 같으므로; 삼각형 [FGA]의 변들 FG와 GA는 {길이가} 같을 것입니다. 이제, 만약 중심이 G에 있고 반경이 GA인 원을 그리면, 이 원은 F를 지날 것이고, 또 수평면과 경사된 [선]에 점들 A와 F에서 [각각] 접할 것이며,

28) 앞의 '자연적으로 가속된 운동에 대하여'의 명제 6. 정리 6으로부터 얻는다.

때문에 각 GFC는 직각인데, 이는 GF가 AE에 평행하기 때문입니다. 이것으로부터 점 A로부터 경사된 [선]까지의 모든 선분들은 원주를 지나서 연장됨을 얻으며, 결과적으로, 이들을 통한 움직임들은 FA를 통한 것보다 긴 시간 동안에 일어납니다;[29] 이것은 증명하고자 하던 것입니다.

보조정리

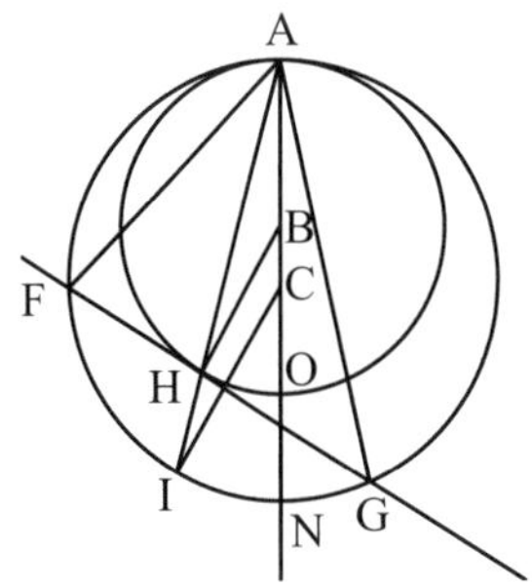

만약 두 원이 내접하고, 또 내접[원]이 외접원을 자르는 어떤 직선에 접하며; 그리고 만약 세 선분들이 원들의 접점으로부터 그 접선의 세 점까지 그려지는데, [하나는] 내접원과의 접점까지이고, [다른 것들은] 외접[원]과의 교점들까지라고 하면; 이 [선분들]은 원들과 만나는 곳{contact, 즉 원들의 접점}에서 같은 각들을 이룬다.

두 원들이 점 A에서 내접하고, 작은 원의 중심을 B라고 하며, 큰 원의 중심은 C라고 하지요; 또 내접원은 점 H에서, 큰 원을 점들 F와 G에서 자르는, 253
어떤 직선 FG에 접하도록 합니다. 선분들 AF, AH와 AG를 그리면; 이들 선분에 의해 이루어지는 각들 FAH, GAH는 같다고 저는 말씀드립니다. AH를 원주의 I까지 연장하고, {원의} 중심들로부터 BH와 CI를 그립니다. BC를 중심들을 통하여 그리면, 그 연장선은 접점 A와 원들의 원주 상의 O와 N에 떨어집니다. 개개의 각이 각 IAN의 두 배인, 각들 ICN과 HBO는 같으므로, 선분들 BH와 CI는 평행할 것입니다. 또 중심으로부터 접점까지인 BH는 FG에 직각이므로, CI 역시 같은 [FG]에 직각일 것입니다; 또 호 FI는 호 IG와 같으므로,[30] 따라서 각 FAI는 각 IAG와 같으며; 이것은 증명하고자 하던 것입니다.

명제 32. 정리 21

만약 수평선 안에 두 점들을 취하고, 그들 중의 한 점으로부터 다른 점 방향

29) 앞의 '자연적으로 가속된 운동에 대하여'의 명제 8. 정리 8로부터 얻는다.
30) 삼각형 CFG에서 CI가 FG에 직각이므로 CI는 FG를 이등분하며, 따라서 호 FI는 호 IG와 같음을 얻는다.

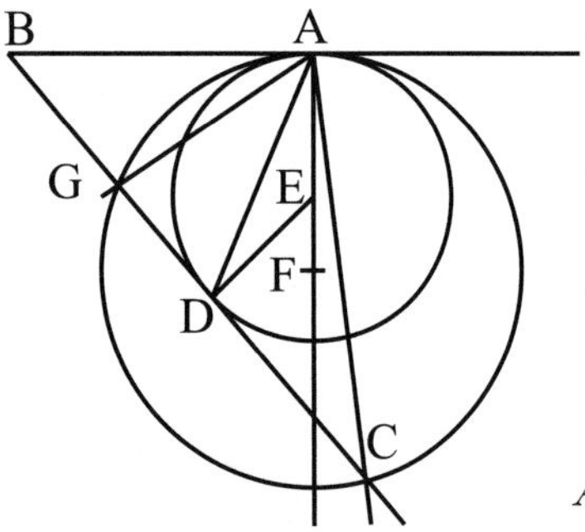

으로 어떤 선분을 경사시키며, [이번에는] 다른 점에서[도] 한 선분을 그리되 앞의 {경사} 선분을 자르는데 그 잘라진 부분의 길이가 수평선 위의 두 점들 사이의 거리와 같도록 하면, 낙하는, 같은 점으로부터 같은 경사선까지 연장된 어떤 다른 선분을 통한 것보다 더 빠르게 이 그려진 선분을 통해 이루어진다. 나아가 이 선분의 양쪽에 같은 각들을 가지도록 그려진 다른 {두} 선분들에서는 낙하들이 같은 시간들 동안 일어난다.

A와 B를 수평선 위의 두 점들이라고 하고, B로부터 직선 BC가 경사되도록 하며, 그 선분에서 B로부터 BA와 같은 거리에 BD를 취합니다; 그리고 A와 D를 연결합니다. 저는 말씀드립니다. 낙하는, AD를 통해, A로부터 경사선 BC까지 연장된 어떠한 [다른] 선분을 통해서보다, 더 빠르게 일어납니다.

254 점들 A와 D로부터 AE와 DE를 그리는데; E에서 교차하며 [각각] BA와 BD에 수직하도록 합니다. 이등변 삼각형 ABD에서 각들 BAD와 BDA는 같으므로, 그들의 여각들{complements}인 DAE와 EDA는 같을 것이며; 따라서 중심 E이고 반경 EA인 원을 그린다면, 그 원은 D를 지나고 선분들 BA와 BD에 점들 A와 D에서 접할 것입니다. 또 A는 수직선 AE의 한 끝이므로, 낙하는 AD를 통해서, 끝 A로부터 원의 원주 바깥으로 연장된 선분 BC까지의 어떠한 직선을 통해서보다, 더 빨리 일어날 것입니다; 이것은 먼저 보이고자 했던 것입니다.

이제 만약 수직선 AE를 연장하여, 어떤 중심 F를 잡아 반경 FA이고, 그 접선을 점들 G와 C에서 절단하는 하나의 원 AGC를 그리면, AG와 AC를 그릴 때, 중선{median} AD에 의해 그들 {사이의 각}은, 앞에서 보인 바와 같이, 이등분될 것입니다. 그러므로 이들 [선분들을] 따라서의 운동들의 시간들은 같을 것이며, 왜냐하면 그 선분들은 정점{high point} A와 원 AGC의 원주에 의해 접계되어{bounded} 있기 때문입니다.

명제 33. 문제 12

같은 높이, 같은 상단{upper terminus}을 가진, 하나의 연직선과 그에 경사한 평면이 주어졌을 때; 그 공통의 점으로부터 연직 상방에 있는 구하고자 하는 점으로부터 움직일 수 있는 것이 낙하한 뒤, 경사면을 따라 방향 전환되어 이 경사면을 따라 내려가는데 걸리는 시간과, [주어진] 연직선을 통해 정지 상태로부터 낙하하는데 걸리는 시간이 같은 점을 구하라.

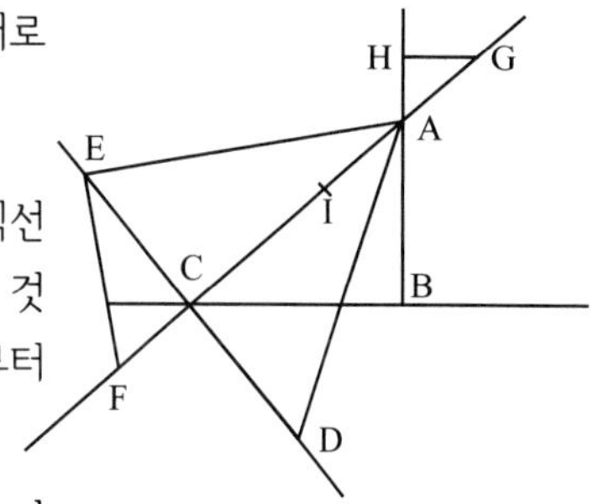

AB를 연직선, 또 AC를 같은 높이를 가지는 경사면이라고 합니다; 연직선 BA를 A쪽으로 연장한 선 위에서, 그 점으로부터 하강하는 움직일 수 있는 것이 공간 AC를 지나가는 시간과, 주어진 연직선 AB를 A에서 정지 상태로부터 낙하하는데 걸리는 시간이 같은 점을 구할 것이 요구됩니다.

AC에 직각이며, CD가 AB와 같도록 DCE를 그리고, A와 D를 잇습니다; 그러면 각 ADC는 각 CAD보다 클 것인데, 왜냐하면 CA가 AB 또는 CD보다 크기 때문입니다. 각 DAE를 각 ADE와 같도록 하고, AE에 수직
한 EF를 경사면을 F에서 만날 때까지 연장합니다. AI와 AG가 모두 CF와 255
같도록 하고, 수평선에 평행하며 G를 통과하는 GH를 그립니다. 저는 H가 구하는 점이라고 말씀드립니다. 연직선 AB를 통해 낙하하는데 걸리는 시간을 AB라고 가정하면, A에서 정지 상태로부터 AC를 통하는데 걸리는 시간은 AC일 것입니디; 그리고 직각 삼각형 AEF에서 EC는 밑변 AF에 수직하게 그려졌으므로, AE는 FA와 AC의 평균 비례일 것이며, 또 CE는 AC와 CF 사이의 평균 비례입니다(즉, CA와 AI 사이의). 또 AC는 A로부터 AC를 통하는 시간이므로, AF 전체를 통하는 시간은 AE일 것이며, EC는 AI를 통하는 시간일 [것입니다]. 그러니 이등변 삼각형 AED에서, 변 AE는 변 ED와 같으므로, AF를 통하는 시간은 ED일 것이며, CE는 AI를 통하는 시간입니다. 그러므로 CD(즉 AB)는 A에서 정지 상태로부터 IF를 통하는 시간일 것이며, 이것은 AB가 G 또는 H로부터 AC를 통하는 시간이라고 말하는 것과 같습니다; 즉 증명하고자 하던 것입니다.

명제 34. 문제 13

모두 같은 정점을 가지는 하나의 경사면과 하나의 연직선이 주어졌을 때; 정점으로부터 상방으로 연장된 연직선 위에서, 구하는 점으로부터 움직일 수 있는 것이 낙하한 뒤 경사면으로 방향 전환하여 지나가는데, 경사면만을 그 정점에서 정지 상태로부터 [지나가는데] 걸리는 시간과 같이 걸리는 점을 구하라.

AB와 AC를 [공통의] 끝점이 A인 경사면과 연직선이라고 하면; A를 지나
256 연장된 연직선 위에서 다음과 같은 더 높은 점을 구하는 것이 요구됩니다. 그 점으로부터 낙하한 뒤, 평면 AB를 통하도록 방향 전환하는데, 연직선 부분과 평면 AB [전부]를, A에서 정지 상태로부터 AB만을 지나가는데 걸리는 시간과 같은 시간에 지나는 점입니다.

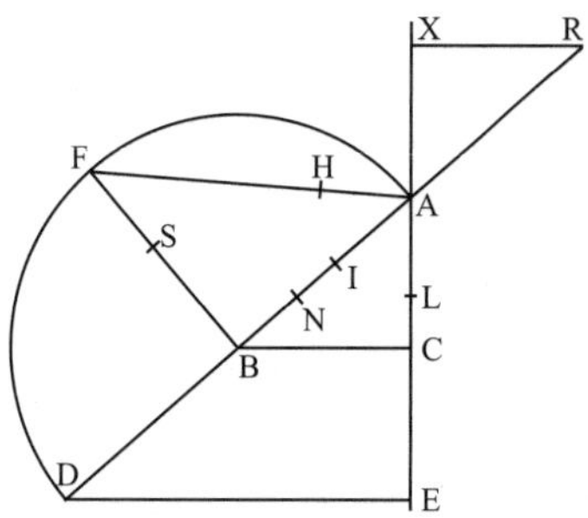

BC를 수평선이라고 하고, AN을 AC와 같도록 그리며; 또 AB와 BN의 비가 AL과 LC의 비와 같도록 합니다. AI를 AL과 같도록 그리고, CE를 AC와 BI의 제삼 비례가 되도록 하며, 연직선 AC의 연장선에 표시하도록 합니다. 저는 CE가 구하고자 하는 거리라고 말씀드립니다. 연직선이 A 위로 그만큼 연장되어, AX가 CE와 같도록 {연장선 상에서} 취해지면, 움직일 수 있는 것은 X로부터 XA와 AB가 [더해진] 거리를 A로부터 AB만을 {지나는 것과} 같은 시간에 지날 것입니다. 수평선 XR을 BC에 평행하게 그리면, R에서 연장된 BA를 만납니다; 그러면, AB를 D까지 연장하고, CB와 평행하게 ED를 그리고, AD 위에 반원을 그립니다. B로부터 DA에 수직하게 원주까지 BF를 그립니다. FB가 AB와 BD 사이의 평균 비례, FA는 DA와 AB 사이의 평균 비례라는 것은 명백합니다. BS를 BI와 같도록 그리고, FH는
257 FB와 같도록 그립니다. AC와 CE의 비는 AB와 BD의 비와 같고, 또 BF는 AB와 BD 사이의 평균 비례이므로(BI가 AC와 CE 사이의 평균 비례인 것과 같이), FB와 BS의 비는 BA와 AC의 비와 같을 것입니다. 그리고 BA와 AC(또는 AN)의 비는 FB와 BS의 비와 같으므로, 비들의 전환 {conversion}에 의해 BF와 FS의 비는 AB와 BN의 비와 같을 것입니다; 즉, AL과 LC의 비와 같습니다. 따라서 직사각형 $FB-CL${의 면적}은 직사각형 $AL-SF${의 면적}과 같습니다. 하지만 직사각형 $AL-SF$는 직사각형 $AL-FB$(또는 $AI-BF$)가 직사각형 $AI-BS$(또는 $AI-IB$)보다 큰 초과분이며, 한편 직사각형 $FB-LC$는 직사각형 $AC-BF$가 직사각형 $AL-BF$보다 큰 초과분입니다. 그리고 직사각형 $AC-BF$는 직사각형 $AB-BI$와 같을 것이며, 이는 BA와 AC의 비가 FB와 BI의 비와 같기 때문입니다. 그러므로 직사각형 $AB-BI$가 직사각형 $AI-BF$(또는 $AI-FH$)보다 큰 초과분은 직사각형 $AI-FH$가 직사각형 $AI-IB$보다 큰 초과분과 같을 것입니다. 따라서 직사각형 $AI-FH$의 두 배는 두 직사각형들 $AB-BI$와 $AI-IB$와

같습니다; 즉, 두 배의 $AI-IB$에 한 변이 BI인 정사각형[31]을 더한 것과 같습니다. 양자 모두에 공통인 정사각형 AI를 만들고, 직사각형 $AI-IB$의 두 배에 정사각형들 AI, BI를 더한 것(즉 AB 자체의 정사각형)은 직사각형 $AI-FH$의 두 배에 정사각형 AI를 더한 것과 같을 것입니다. 또, 양자에 공통인 정사각형 BF를 만들고, 정사각형들 AB, BF(또는 정사각형 AF)는 직사각형 $AI-FH$의 두 배에 정사각형들 AI, FB를 더한 것과 같을 것입니다; 다시 말하면, 정사각형들 AI, FH. 그러나 정사각형 AF는 직사각형 $AH-HF$의 두 배에 정사각형들 AH, HF를 더한 것과 같을 것입니다. 공통의 정사각형 HF를 빼버리면, 직사각형 $AI-FH$의 두 배에 정사각형 AI를 더한 것은 직사각형 $AH-HF$의 두 배에 정사각형 AH를 더한 것과 같을 것입니다. 그리고 FH는 모든 직사각형에 공통이므로, 선분 AH는 선분 AI와 같을 것입니다; 왜냐하면 만약 더 크거나 작다면, 직사각형 $FH-HA$의 두 배에 정사각형 HA를 더한 것이 직사각형 $FH-IA$의 두 배에 정사각형 IA를 더한 것보다 더 크거나 작아야 하며, 이것은 위에서 보인 것에 위배되기 때문입니다.

이제 AB를 통한 낙하의 시간을 AB라고 가정하면, AC를 통하는 시간은 AC일 것이며; 또 AC와 CE 사이의 평균 비례인 IB는 CE를 통하는 시간일 것이며, 또는 X에서 정지 상태로부터 XA를 통하는 시간일 것입니다. 또 AF는 DA와 AB(또는 RB와 BA) 사이의 평균 비례이며, BF는 AB와 BD(즉, RA와 AB) 사이의 평균 비례이고, 또 [BF]는 FH와 같으므로, 위로부터 초과분 AH는 R에서 정지 상태로부터, 또는 X로부터 낙하 후에, AB를 통하는 시간일 것입니다; 한편 A에서 정지 상태로부터 AB를 통하는 시간은 AB입니다. 그러므로 XA를 통하는 시간은 IB이지만, RA 또는 XA 후에 AB를 통하는 시간은 AI입니다; 그러므로 XA와 AB를 통하는 시간은 AB일 것입니다; 즉 A에서 정지 상태로부터 AB 만을 통하는 시간과 같습니다; 이것은 {명제로} 제기되었던 것입니다.

명제 35. 문제 14 258

하나의 주어진 연직선에 어떤 각[inflexa]을 가지는 하나의 선분이 주어졌을

31) 이하에서는 정사각형 BI라고 칭하기로 한다.

때; 정지 상태로부터 그 선분의 구하고자 하는 부분만을 운동이 통하는데 걸리는 시간이, 그 부분과 연직선 모두를 통하는데 걸리는 시간과 같은 그 선분의 부분을 구하라.

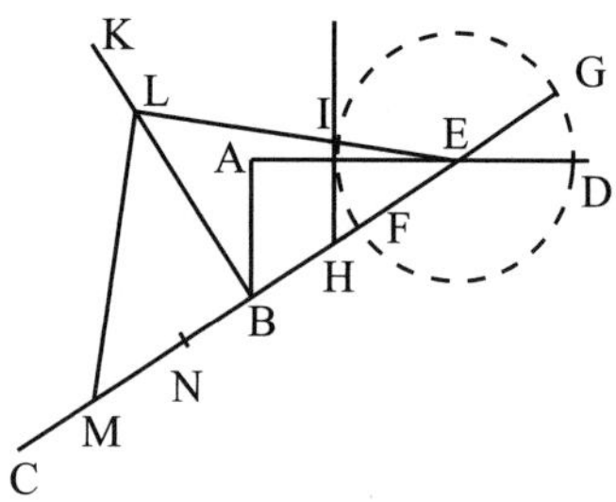

AB를 연직선이라고 하고, 또 BC가 이와 어떤 각을 가진다고 합니다; 정지 상태로부터 그 선분을 통하는데 운동이 그 부분과 연직선 AB를 모두 통하는데 걸리는 것과 같은 시간 동안 이루어지는 BC의 한 부분을 구하는 것이 요구됩니다. 연장된 경사 선분 CB를 E에서 만나는 수평선 AD를 그리고, 또 BA와 같도록 BF를 그리며; 중심이 E이고 반경이 EF인 원 FIG를 그리는데, FE를 연장하여 원주를 G에서 만나도록 하며; BH와 HF의 비가 GB와 BF의 비와 같도록 합니다. HI가 위의 원에 I에서 접하도록 그리고; B로부터 BK를 FC에 수직하도록 세우면, 선분 EIL을 L에서 만나고; 마지막으로, LM을 EL에 수직하게 그리면, M에서 BC를 만납니다. 저는 말씀드립니다. B에서 정지 상태로부터 선분 BM을 따른 운동은, A에서 정지 상태로부터 AB와 BM을 모두 통한 것과 같은 시간에 이루어질 것입니다. EN을 EL과 같도록 잡고; BH와 HF의 비는 GB와 BF의 비와 같으므로, 순열에 의해 BF와 FH의 비는 GB와 BH의 비와 같습니다; 또 분할에 의해 GH와 HB의 비는 BH와 HF의 비와 같습니다. 따라서 직사각형 $GH-HF${의 면적}은 정사각형 HB{의 면적}과 같고, 하지만 같은 직사각형이 또한 정사각형 HI와도 같으므로; BH는 HI와 같습니다. 그리고 사변형 $ILBH$ 안에서 변들 HB와 HI는 같으므로, 또 각들 B와 I는 직각들이므로, 변 BL 또한 [변] LI와
259 같습니다. 그러면 EI가 EF와 같고, 따라서 LE(또는 NE) 전체는 LB와 EF를 더한 것과 같습니다. 공통 [부분]인 EF를 빼면, 그 나머지 FN은 LB와 같을 것입니다. 그러나 FB는 BA와 같은 것으로 가정하였으므로, LB는 AB에 BN을 더한 것과 같습니다. 나아가, 만약 AB를 통하는 시간이 AB 자체라고 가정하면, EB를 통하는 시간은 EB와 같을 것인데; 하지만 EM 전체를 통하는 시간은 EN이므로, 즉 ME와 EB 사이의 평균 비례이므로, EB(또는 AB) 후에 나머지 BM을 통한 낙하의 시간은 BN일 것입니다. 그런데 AB를 통하는 시간이 AB라고 가정되었으므로, AB와 BM 모두를 통하는 낙하의 시간은 AB에 BN을 더한 것입니다. E에서 정지 상태로부터 EB를 통하는 시간은 EB이므로, B에서 정지 상태로부터 BM을 통하는 시간은 BE

와 EM 사이의 평균 비례, 즉 BL일 것입니다. 그러므로 A에서 정지 상태로부터 AB와 BM을 모두 통하는 시간은 AB에 BN을 더한 것이며, 한편 B에서 정지 상태로부터 BM만을 통하는 시간은 BL입니다. 그런데 BL은 AB에 BN을 더한 것임은 {위에서} 보였으므로, 따라서 명제는 성립합니다.

다른, 더 직접적인 증명: BC를 경사면, BA를 연직선이라고 합니다. EC에 수직인 B를 지나는 직선을 그리고, 그 연장선 상에 BE가 BA보다 큰 초과분과 같은 BH를 표시합니다. 각 BHE를 각 HEL과 같게 그리고, EL을 연장하여 BK를 L에서 만나게 하며; L로부터, EL에 수직인 직선 LM을 세워, BC를 M에서 만나게 합니다. BM이 평면 BC에서 구하고자 하는 거리라고 말씀드립니다. MLE는 직각이므로, BL은 MB와 BE 사이의 평균 비례이며, 또한 LE는 ME와 EB 사이의 평균 비례입니다. EN을 EL과 같게 하면; 세 선분들 NE, EL과 LH는 같을 것이며, 또 HB는 NE가 BL보다 큰 초과분일 것입니다. 하지만 같은 HB가 NE가 NB와 BA를 더한 것보다 큰 초과분이기도 하므로; NB와 BA를 더한 것은 BL과 같습니다. 이제 만약 EB가 EB를 통한 시간이라고 가정한다면, B에서 정지 상태로부터 BM을 통하는 시간은 BL일 것이며, 또 BN은 EB(또는 AB) 후에, 같은 {운동에} 대한 시간일 것이고; AB는 AB를 통하는 시간일 것입니다. 그러므로 AB와 BM을 더한 것을 통하는 시간은 AB에 BN을 더한 것과 같으며, 이것은 B에서 정지 상태로부터 BM만을 통하는 시간과 같으므로; 우리의 의도가 달성되었습니다.

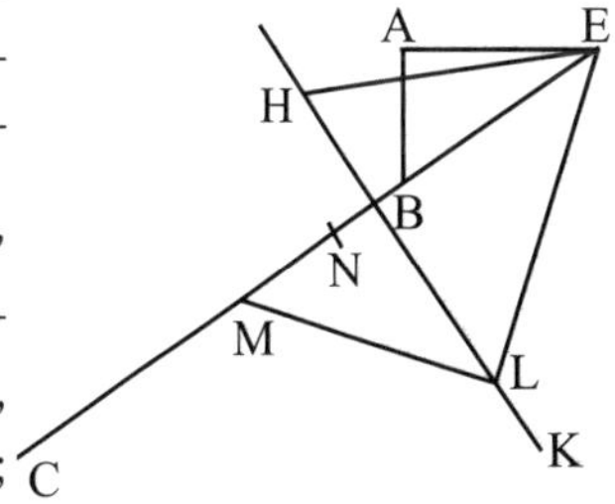

[제1] 보조정리

260

DC를 직경 BA에 수직하다고 하고, 끝점 B로부터 BED를 임의의 방향으로 그리며, F와 B를 잇습니다. 저는 FB가 DB와 BE 사이의 평균 비례라고 말씀드립니다. E와 F를 잇고, B를 지나는 접선 BG를 그리면, 이 접선은 CD와 평행할 것이며, 각 DBG는 각 FDB와 같을 것입니다. 하지만 {각} GBD의 엇각은{in the alternate part} 각 EFB와도 같으므로; 삼각형들 FBD와 FEB는 상사하며; 그러므로 FB와 BE의 비는 BD와 BF의 비와 같습니다.

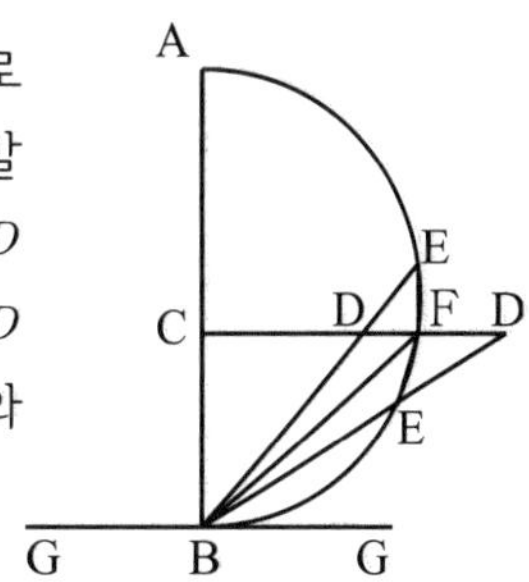

[제2] 보조정리

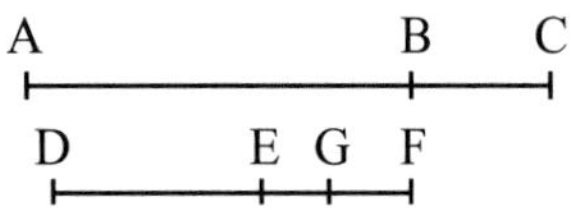

선분 AC가 DF보다 크고, 또 AB와 BC의 비는 DE와 EF의 비보다 크다고 하면; AB는 DE보다 크다고 저는 말씀드립니다. 왜냐하면, AB와 BC의 비는 DE와 EF의 비보다 크므로, AB와 BC의 비가 무엇이든지 간에 DE와 EF의 [비는] 그보다 얼마간 작은 [크기]를 가질 것입니다. DE와 EG의 비가 그 비와 같도록 합니다. AB와 BC의 비가 DE와 EG의 비와 같으므로, 비들의 복합{composition}과 전환{conversion}에 의해, GD와 DE의 비는 CA와 AB의 비와 같을 것이지만; CA는 GD보다 크므로; 따라서 BA는 DE보다 큽니다.

[제3] 보조정리

$ACIB$가 원의 사분의 일이라고 하고, B로부터 AC에 평행하게 BE를 그립니다. BE 상에서 택한 어떤 중심으로부터 원 $BOES$를, B에서 AB에
261 접하고, 사분원 $ACIB$의 호를 I에서 자르도록, 그립니다. C와 B를 잇고, CI를 S까지 연장하면; CI는 항상 선분 CO보다 작다고 말씀드립니다. 원 BOE에 접하는 AI를 그립니다. 이제 만약 DI를 그리면, DB와 같을 것이며, DB는 확실히 사분원에 접하므로, DI도 사분원에 접하고 반경[32] AI에 수직하며, 왜냐하면 AI 역시 I에서 원 BOE에 접하기 때문입니다. 그리고 각 AIC가 더 큰 호에 상응하므로 각 AIC는 각 BOC 보다 크고, 따라서 각 SIN 역시 ABC보다 클 것이며; 그래서 호 IES는 호 BO보다 큽니다. 중심에 더 가까운 선분 CS는 CB보다 크며, 그러므로 CO는 CI보다 큰데, 이는 SC와 CB의 비가 OC와 CI의 비와 같기 때문입니다.

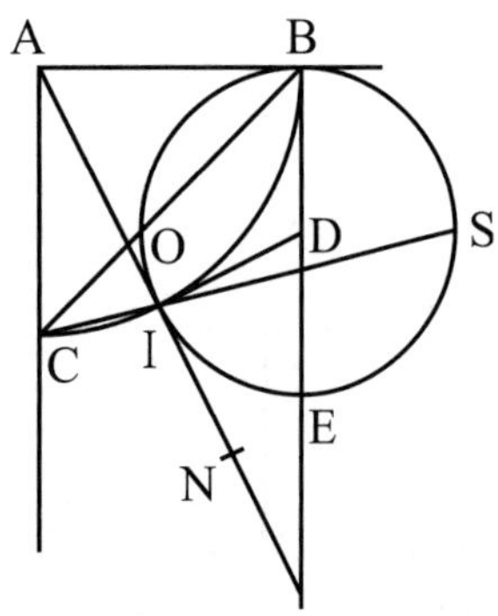

같은 결과가, 두 번째 그림에 보인 바와 같이, 만약 BIC가 사분원보다 더 작다면, 더욱 성립하게 됩니다. 왜냐하면, 연직선 DB가 원 CIB를 자를 것이며, 따라서 DI도 역시 사분원을 [자를 것인데], DB와 같으므로, 각 DIA는 둔각이 될 것이며, AIN은 원주 BIE를 자를 것입니다. 그리고 각 ABC는 각 SIN과 같은 각 AIC보다 작으므로, [이] 각 ABC는 SI가 I에서 접선

32) 영역본에는 diameter로 되어 있으나, 반경이 정확한 표현이므로 바로 잡았다.

과 만들게 될 [각]보다 더욱 더 작으며; 그러므로 호 SEI는 호 BO보다 훨씬 길고; 따라서 등등; 이것은 증명하고자 하던 것입니다.

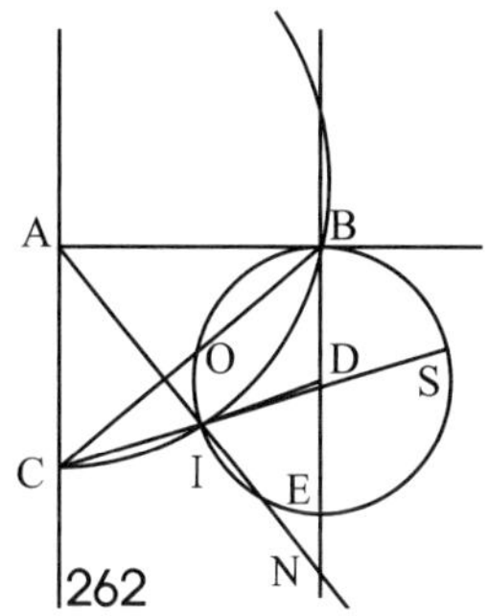

명제 36. 정리 22

연직인 원의 가장 낮은 점으로부터, 사분원보다 크지 않은 호에 대응하는 하나의 경사면을 세우고, 그 끝점들로부터 두 개의 다른 평면들을 경사시키되, 이 262
평면들이 호 위의 임의의 점에서 만나도록 한다; 이들 두 평면을 모두 따른 하강은 처음 경사면만을 따른 [하강]보다, 또는 두 경사면들 중의 낮은 경사면만을 하강하는 것보다, 더 짧은 시간에 끝난다.

원주 CBD가 가장 낮은 점이 C인 연직인 원의 사분의 일보다 크지 않다고 하고, 여기에 평면 CD를 세웁니다; 끝점들 D와 C로부터 원주 상의 어떤 점 B까지 두 평면들이 방향 전환되도록 합니다; 저는 말씀드립니다. 두 평면들 DB와 BC를 통하는 하강의 시간은 DC만을 통한 하강 시간보다 짧으며, 또한 B에서 정지 상태로부터 BC만을 통하는 것보다 짧습니다. D를 지나며, 연장되어 A에서 CB를 만나는 수평선 MDA를 그리고; DN과 MC를 MD에 수직하게 만들며, 또 BN을 BD에 [수직]하게 합니다. 직각 삼각형 DBN 주위에 F에서 DC를 자르는 반원 $DFBN$을 그리면; DO는 CD와 DF 사이의 평균 비례이며, AV는 CA와 AB 사이의 평균 비례입니다. PS를 DC 전체, 또는 BC 전체를 통과하는 시간이라고 하고(이들 두 평면을 통과하는 시간이 같다는 것은 명백하다), 시간 SP와 시간 PR의 비가 CD와 DO의 비가 되도록 하면; PR은 D로부터 한 움직일 수 있는 것이 DF를 통과하는 시간일 것이며, RS는 나머지 FC를 지나가는 시간{일 것}입니다. PS는 한 움직일 수 있는 것이 B로부터 BC를 통과하는 시간이기도 하므로, 만약 SP와 PT의 비가 BC와 CD의 비와 같도록 된다면, DC는 위에서 보인 바와 같이 AC와 CB 사이의 평균 비례이므로, PT는 A로부터 C까지 낙하하는데 걸리는 시간일 것입니다. 결국, TP와 PG의 비를 CA와 AV의 비와 같게 하면; PG는 한 움직일 수 있는 것이 A로부터 B까지 오는데 걸리는 시간일 것이며, GT는, A로부터 B까지의 운동 후, 나머지 운동 BC에 소요되는 시간일 것입니다.

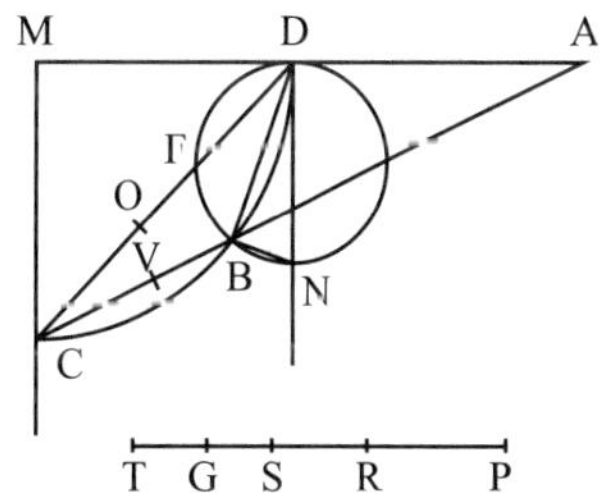

이제, (원 DFN의 직경인) DN은 연직이므로, 선분들 DF와 DB는 같은 시
263 간에 통과되며, 그러므로 만약 그 움직일 수 있는 것이, DF를 통과한 후 FC를 통과하는 것보다, DB의 낙하 이후 BC를 더 빨리 통과한다는 것이 증명되면 우리의 목적은 이루어집니다.

그런데 D로부터 DB를 통해 오는 그 움직일 수 있는 것은 마치 A로부터 AB를 통해 오는 것과 같은 빠르기로 BC를 지나갈 것인데, 이는 (DB 또는 AB) 어느 낙하의 경우에도 같은 속력의 운동량들을 받을 것이기 때문이며, 그러므로 AB 이후 BC를, DF 이후 FC보다 더 짧은 시간에 통과함이 입증될 것입니다. 한데 GT가 AB 이후 BC를 통과하는데 걸리는 시간이고, 반면에 RS는 DF 이후에 FC를 통과하는데 걸리는 시간임은 더욱 명백하게 밝혀졌으므로; RS가 GT보다 큰 것을 보이면 됩니다. 이것은 다음과 같이 보여집니다; CD와 DO의 비는 SP와 PR의 비와 같으므로, 비들의 전환과 역환{inverting}에 의해 OC와 CD의 비는 RS와 SP의 비와 같은데; 한편 DC와 CA의 비는 SP와 PT의 비와 같고; 또 CA와 AV의 비는 TP와 PG의 비와 같으므로, 비들의 전환에 의해 AC와 CV의 비는 PT와 TG의 비와 같습니다. 그러므로 비들의 등거리에 의해 OC와 CV의 비는 RS와 GT의 비와 같습니다; 그런데 OC는 CV보다 크며, 이것은 곧 보일 것입니다. 따라서 시간 RS는 시간 GT보다 크며, 이것이야말로 증명하고자 하던 것입니다.

그런데 CF는 CB보다 크고, 또 FD는 BA보다 작으므로, CD와 DF의 비는 CA와 AB의 비보다 크며, 한편 CO를 한 변으로 하는 정사각형과 OF를 한 변으로 하는 정사각형의 비는 CD와 DF의 비와 같은데, 이는 CD, DO, 그리고 DF가 [연속된] 비례들이기 때문입니다. 그리고 CV를 한 변으로 하는 정사각형과 VB를 한 변으로 하는 정사각형의 비는 CA와 AB의 비와 같으므로; CO와 OF의 비는 CV와 VB의 비보다 큽니다. 때문에 앞의 보조정리들에 의해, CO는 CV보다 큽니다. 더욱 DC를 통과하는 시간과 $DB-BC$를 통하는 시간의 비는 $D-O-C$와 DO에 CV를 더한 것의 비임은 명백합니다.

주석

위에서 증명된 것들로부터, 한 끝점으로부터 다른 끝점까지 가장 빠른 움직임은 가장 짧은 직선, 즉 직선 $[AC]$를 통한 움직임이 아니고, 원호{circular arc}를 통과하는 움직임이라고 연역할 수 있는 것처럼 여겨집니다.[48] 왜냐하면, 사분면 $BAEC$에서, 변 BC는 연직이고, 호 AC는 [아마도] 같은 부분들 AD, DE, EF, FG, 그리고 GC로 분할될 수 있고, 또 직선들이 [아마도] C로부터 점들 A, D, E, F, 그리고 G까지 그려질 수 있으며, 뿐만 아니라 직선들 AD, DE, EF, FG, 그리고 GC를 그릴 수 있고, 또한 두 [선분들] $AD-DC$를 통한 움직임은 AC만을 통과하는 것, 또는 D에서 정지 상태로부터 DC[를 통하는 것]보다 더 빨리 완료됨은 명백합니다. 한데 A에서 정지 상태로부터 {시작하면} DC는 두 선분들 $AD-DC$보다 더 빨리 완료됩니다. 그런데 A에서 정지 상태로부터 CD만을 통하는 것보다 하강은 두 선분들 $DE-EC$를 통해 더 빨리 완료되는 것은 사실처럼 보이며; 그러므로 세 선분들 $AD-DE-EC$를 통한 하강은 두 선분들 $AD-DC$를 통한 것보다 더 빨리 완료됩니다. 마찬가지로 이전의 하강 $AD-DE$를 통한 후, 움직임은 EC만을 통하는 것보다 두 선분들 $EF-FC$를 통하는 것이 더 빨리 수행될 것임은 사실이므로; 운동은 네 선분들 $AD-DE-EF-FC$를 통하는 것이 세 선분들 $AD-DE-EC$를 통한 것보다 더 빨리 이루어집니다. 그러므로 최종적으로, 이전의 하강 $A-D-E-F$를 통한 후, 움직임은 FC만을 통하는 것보다 두 선분들 $FG-GC$를 통한 것이 더 빨리 완료됩니다. 그러므로 하강은 네 선분들 $AD-DE-EF-FC$를 통하는 것보다 다섯 선분들 $AD-DE-EF-FG-GC$를 통한 것이 더 짧은 시간 안에 이루어집니다. 따라서 선택된 두 점들, A와 C, 사이의 운동은 내접된 다각형들을 통과하는 원주에 더 가깝게 접근할수록 더 빨리 완료됩니다.

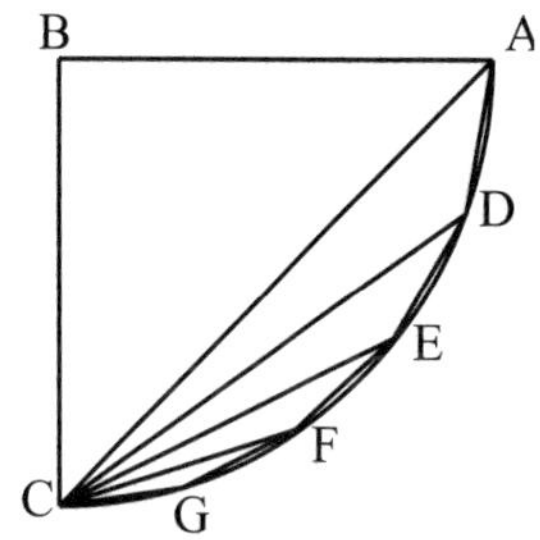

264

사분면에 대해 설명된 모든 것은 사분면보다 작은 호들에 대해서도 그대로 성립하므로; 추론은 동일합니다.

명제 37. 문제 15

하나의 연직선과 같은 높이의 하나의 경사면이 주어졌을 때; 연직선과 [길이가]

같으며, [교점에서는 항상 정지 상태로부터 출발한다고 할 때] 이 연직선을 지나는 것과 같은 시간 동안 지나가는 그 경사면의 부분을 구하라.

AB를 연직선, AC를 경사면이라고 하면; 길이가 연직선 AB와 같고, A에서 정지 상태로부터 연직선이 통과되는 것과 같은 시간에 지나갈 수 있는 AC의 부분을 구할 것이 요구됩니다.

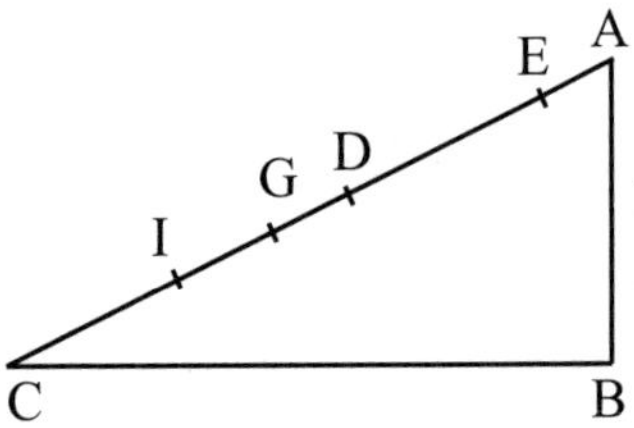

AD를 AB와 같이 잡고, 나머지 DC를 I에서 등분합니다; CI와 다른 [선분] AE의 비가 AC와 CI의 비와 같도록 하고, [또한] AE는 DG와 같도록 합니다. EG는 AD, AB와 같음은 명백합니다. 저는 나아가 다음과 같이 말씀드립니다. A에서 정지 상태로부터 오는 어떤 움직일 수 있는 것이, 그 움직일 수 있는 것이 AB를 통한 낙하에 걸리는 시간과 같은 시간 동안 지나가게 되는 그 부분이 EG라고. CI와 AE의 비, 또는 ID와 DG의 비는 AC와 CI
265 의 비와 같으므로, 비들의 역환에{inversion} 의해 DI와 IG의 비는 CA와 AI의 비와 같고; 또 {CA의} 제거된 부분 CI와 {AI의} 제거된 부분 IG의 비는 CA 전체와 AI 전체의 비와 같으므로, {CA의} 나머지 IA와 {AI의} 나머지 AG의 비는 CA 전체와 AI 전체의 비와 같을 것입니다. 따라서 AI는 CA와 AG 사이의 평균 비례이며, 이는 CI가 CA와 AE 사이의 평균 비례인 것과 같습니다. 그러므로 만약 AB를 통과하는 시간을 AB라고 하면, AC를 통과하는 시간은 AC일 것이며, 또 CI(또는 ID)는 AE를 통과하는 시간일 것입니다. 또 AI는 CA와 AG 사이의 평균 비례이고, CA는 AC 전체를 통과하는 시간이므로, AG를 통과하는 시간은 AI일 것이며, 또 나머지 IC는 나머지 GC를 통과하는 [시간일 것입니다]. 하지만 DI는 AE를 통과하는 시간이었으므로, DI와 IC는 AE와 CG 모두를 통과하는 시간입니다. 그러므로 그 나머지 DA는 EG를 통과하는 시간일 것이며, 이는 AB를 통과하는 시간과 같고, 이것은 얻고자 하던 것입니다.

부속정리 1

이로부터 요구되는 거리는 같은 시간들 동안 지나가게 되는 [경사면의] 그들 상부와 하부들 사이에 있음은 명백하다.

명제 38. 문제 16

> 하나의 연직면에 의해 절단되는 두 수평면들이 주어졌을 때; 다음과 같은 점을 구하라. 즉 그 점으로부터 낙하하는 움직일 수 있는 것들이, 수평면들로 방향 전환 되어, [연직] 낙하의 시간들과 같은 시간들 동안, 이들 수평면들에서 지나가는 거리들이(즉 위와 아래 모두에서) 그들 사이의 비가 임의의 주어진 작은 것과 큰 것의 비를 가지도록 하는, 연직선 상의 높은 점을 구하라.[49]

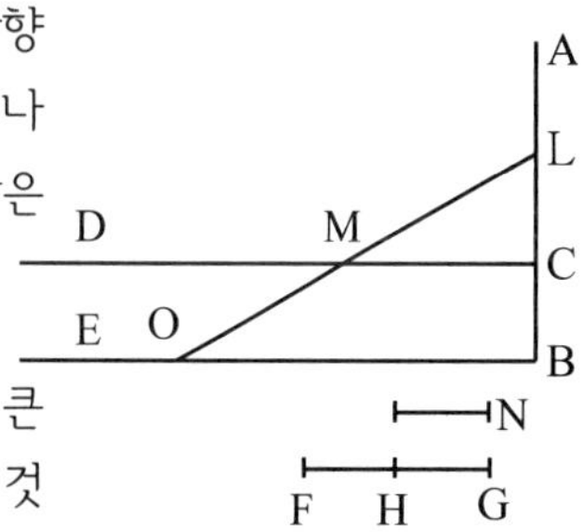

수평면들 CD와 BE가 연직선 ACB에 의해 절단되게 하고, 작은 것과 큰 것의 비를 N과 FG의 비라고 합니다. 연직선 상에서 한 높은 점을 구하는 것이 요구되는데, 그 점으로부터 낙하한 후 평면 CD[33]로 방향 전환하는 어떤 움직일 수 있는 것이 그 낙하 시간과 같은 시간 동안, 같은 높은 점으로부터 와서 평면 BE를 [통과하는] 두 번째 움직일 수 있는 것이 그 낙하 시간과 같은 시간 [동안] 지나가는 거리와 비교하여, 주어진 N과 FG의 비와 같은 비를 가지는 거리를 지나가야 합니다.

GH를 N과 같게 하고, 또 BC와 CL이 비를 FH와 HG의 비와 같도록 266
합니다; 저는 L이 요구되는 높은 점이라고 말씀드립니다. CM이 CL의 두 배라고 가정하고, 평면 BE를 O에서 만나도록 LM을 그리면; BO는 BL의 두 배일 것입니다. 그러면 BC와 CL의 비는 FH와 HG의 비와 같으므로, 비들의 복합과 전환에 의해, CL과 LB의 비는 HG(즉 N)와 GF의 비와 같을 것이며; 즉 CM과 BO의 비와 같을 것입니다. 하지만 CM은 LC의 두 배이므로, 거리 CM은 평면 CD에서 LC의 낙하 후 L로부터 오는 어떤 움직일 수 있는 것에 의해 통과되는 거리임이 얻어집니다; 같은 이유로, BO는 BL의 두 배이므로, BO는 낙하 LB 후에 LB를 통과하는 낙하의 시간과 같은 시간 동안 통과되는 거리입니다; 따라서 명제는 명백하게 되었습니다.

사그레도. 이 논문의 시작에서 우리의 **학회원**께서 가장 오래된 주제에 대해 새로운 과학을 우리에게 가져다주는 공로를 그 스스로에게 돌렸을 때, 제게는 우리가 그것이 과장하여 자랑하는 것이 아니었음을 인정해도 좋을 것처럼 보입니다. 그가 그렇게 많은 명제들의 증명을 단 하나의 간단한 가설로부터 그렇게

33) 원본에는 AC로 되어 있으나 오류로 보여 바로 잡았다.

쉽고 확실하게 연역해내는 것을 보니, 이와 같은 종류의 소재들이 아르키메데
267 스, 아폴로니우스, 유클리드, 그리고 저 수많은 쟁쟁한 수학자들과 철학자들에 의해 다루어지지 않고 그대로 남겨졌었다는 것에 저는 적지 않게 놀라게 되며, 특히 그 많은 두꺼운 책들이 운동에 대해 저술된 것을 생각하면 말씀이지요.

살비아티. 운동에 대해 유클리드가 남긴 단편이 있습니다만,[50] 거기서 그가 가속의 비, 그리고 여러 경사면들을 따라서의 가속의 다양성들에 대해 연구를 진행하였다는 증좌는 전혀 찾을 수 없습니다. 따라서 이제야, 존경할 만한 결론들로 가득 차고, 그 수에 있어 무한한, 또 앞으로 오는 시대에 다른 사람들의 생각이 작업할 수 있도록 하는 새로운 성찰{contemplation}로의 문이 열렸다고 말해도 좋을 것입니다.

사그레도. 정말로, 마치 유클리드에 의해 그의 '기하원본'의 제3권에서 증명된 원의 몇 안 되는 성질들이(제 말씀은 예를 들면 그렇다는 것이지요) 수없이 많은 더 깊게 감추어진 다른 성질들에 대한 통로인 것처럼, 이 간명한 논문에서 언급되고 증명된 [운동에 대한] 성질들도, 그들이 사려 깊은 성향의 소유자들 수중에 전해졌을 때 마찬가지로 더욱 더 경이적인 많은 성질들로의 경로가 될 것이라고 저는 믿습니다. 이것은 상당히 가능성이 있는데, 나머지 모든 물리학의 주제들에 비하여 이 주제가 상위에 있기 때문이지요.

오늘은 매우 길고 힘든 하루였는데, 저는 그 명제들 자체를 증명들보다 더 즐겼으며, 많은 증명들이 제 생각에는 제게 그들 중의 단 하나만을 이해하는데도 한 시간 이상이 걸릴 것입니다. 그 공부는 저 혼자 하는 것으로 유보해 두지요, 투사체의 운동에 관련된 나머지 이 부분을 우리가 다 본 후, 만약 당신께서 제게 그 책을 맡겨 주신다면. 만약 괜찮으시다면 이 부분은 내일 하게 되겠지요.

살비아티. 꼭 여러 분과 같이 하도록 하겠습니다.

셋째 날이 끝나다.

1] 균일 가속 운동의 중요한 규칙들이 중세 저자들에 의해 주어졌음에도 불구하고, 갈릴레오가 언급하는 문제들은 그들에 의해 주어진 것에 속하지 않는다. 훌수들

에 따른 통과되는 공간들의 수열과, 전체 거리들의 시간들의 제곱들에 대한 관계의 어떠한 것도 자유 낙하에 관련된 적이 없다. 그들 관계들은 1604년 갈릴레오에 의해 발견되었으며, 그의 '대화', 221-23, 227-29쪽들('총서', 7권, 248-50, 253-56)에서 이용되었다. 이것을 언급하지 않은 그의 무시는 '대화'가 금서였던 사실에 기인하는 것일지도 모른다. 카발리에리의 1632년에 있었던 그들 규칙들의 응용을 여기서 언급하지 않았다는 것은 이해할 만하며, 또한 다음 문장에서 카발리에리의 포물선 궤적의 유도를 누락한 것과 마찬가지로: **첫째 날**의 미주 30 참조.

2] '이전의 정의'는 아마도 아리스토텔레스의 정의, '물리학{Physica}' 237b.27-30인데: '어떤 것이 균일한 속도로 운동하는 모든 경우... 그 전체와 공측인 운동의 한 부분을 생각하면, 전체 운동은 운동의 부분들의 수와 같은 시간 주기들 동안 완료된다.' 갈릴레오의 정의는 공측들이라는 제한을 제거하고 있다. 아르키메데스는 잔존하는 어떠한 저술에서도 균일 운동을 정의하지 않았지만, 그의 책 '나선들에 대하여', 명제 1은 갈릴레오의 첨삭을 암시하고 있으며, 이 첨삭은 14 세기에 스와인즈헤드{Richard Swineshead (1340-1354 활동, 영국)}에 의해서도 정확하게 주어졌었다.

3] 이 공리와 다음 공리는, 앞의 두 공리들과 달리, 균일 운동에 국한되지 않는다; 이들 두 공리들에 의존하는, 아래의 명제들 2와 3과 같이, 이들은 완전히 일반적인 적용성을 가진다.

4] 이 번역본에서는 참조의 편의를 위해, 원본에서와는 반대로, 명제 번호들이 정리 또는 문제 번호들 앞에 위치되었다. 정리 1은 아르키메데스, '나선들에 대하여', 명제 1의 역{converse}이며, 이에 대한 증명은 마찬가지로 '같은 비'의 유독서스 학파의{Eudoxan} 정의에 근거하였다(유클리드, '기하원본' 제5권, 정이 5). {역자주} 영역본의 Eudoxian은 Eudoxan의 오류이며, 유독서스{Eudoxus of Cnidus(408-355BC)}는 고전 그리스 시대의 수학자로 아르키메데스보다 1 세기 전에 소진법을 사용하고 있었고, 두 비들 사이의 등가에 대해 정의하였으며, 이와 같은 비례의 정의는 유클리드 '기하원본' 제5권의 내용이었다.

5] 이 진술과 다음 정리는 균등 또는 균일 운동에 대해서만 성립되는 것이 아니며, 그들의 증명들 또한 제한된 공리를 이용하지 않는다; 참조, 위의 미주 3. 갈릴레오는 명제 2를 가속 운동과 관련된 몇 증명들에서, 예를 들면 222쪽에서, 사용하였다.

6] 여기서의 '속력이 가로지르다' 또는 '속력이 거리를 지나가다'라는 어법은 호기심을 끈다. 다른 곳에서 갈릴레오는 가끔 움직일 수 있는 것에 의해 공간을 지나가는데 '속력들이 소비되다{spent}', '소모되다{consumed}', 또는 '소진되다{used up}'라고 말한다.

7] 여기서 합성 비들의 아르키메데스적인 개념이 필수적이며, 이것은 다른 곳에서의 갈릴레오의 수학의 물리에의 응용들에서도 마찬가지이다; 참조, 서문, 용어 풀이, **둘째 날**의 미주 9, 그리고 아래의 210, 220쪽.

8] 이 제목에서 균일한 가속보다는 자연적 가속이라고 부르는 것은 주목할 만하다. 갈릴레오의 중심 과제는 자유 낙하이며, 그는 균일성을 자연 현상에 근거하여 정의하고 있다. 이와 같은 이유로 중세의 절차가 뒤집혔는데, 중세에는 가속 운동에 대해 순수한 수학적 해석이 수행되었으며, 정묘한 예들에 의해 자주 예시되기는 했으나, 자유 낙하에 대한 기준에 근거한 적은 한 번도 없었다.

9] 서문에서 인용된 하인리히 헤르츠의 진술과 비교하시오.

10] 보다 통상적이고, 직관적인 견해는 가장 간단한 규칙이 항상-변화하는 속력들은 정지 상태로부터 지나간 거리들에 비례한다고 보는 것이었다. 그 규칙과 갈릴

레오의 규칙 사이의 본질적인 수학적 차이는 아래의 **203-4**쪽들에 보인다.

11] 여기서 사그레도가 말하고 있는 것은 자연적인 가속의 질문에 대해 그 원인을 탐구하고자 했던 갈릴레오 자신의 첫 번째 시도였다; 참조, '운동에 대하여', 89-91쪽들('총서', 1권, 319-20)과 아래의 미주 12.

12] 서문에서 인용되었던 헤르츠의 진술과의 유사성에 유의한다. 물리학의 전통적인 목적이 원인들의 규명이었으므로, 인과성의 탐사에 대한 거부는 물리학에서 가장 혁명적인 갈릴레오의 제안이었다.

13] 충격이 낙하 높이에 비례한다는 것은 사실이지만, 이것이, 사그레도가 가정하는 것처럼, 얻어진 속력에 대해 적용되지는 않는다; 참조, 아래의 미주 17. 갈릴레오는 이 가정을 1604년에 만들었으며, 실제로 '속도'를 물리적으로 정의하는데 그것을 사용하였다('총서', 10권, 115; 8권, 373).

14] 버질{Virgil}, '아이네이드'{Aeneid} 4, 175, 여기서 출전은 풍문이다. {역자 주} 로마인으로 원명은 푸브리우스 베르길리우스 마로{Pubulius Vergilius Maro (70-19BC)}이며, '아이네이드'는 그의 대표작으로 로마 건국 신화의 아이네이스 {Aeneis}에 대한 서사시이다.

15] 참조, 명제 2와 위의 미주 3, 5. 뒤따르는 진술은 이 규칙의 순간속도들에 대한 적용일수도 있지만, 그 규칙은 이전에 오직 유한한 운동들에 대해서만 증명되었다.

16] 복수형들은 갈릴레오의 전체 운동의 모든 가능한 속력들과 전반부의 운동에서 모든 가능한 속력들 사이의 일대일 대응을 성립시키는 개념에 필수적이다. 거리들에 비례하는 속력들에 대해, 위의 개념은 경험과 배치되는 결과로 이끌지만, 시간에 비례하는 속력들에 대해서는 그렇지 않다.

17] 만약 '에 의해{서만} 결정되어야'가 '에 비례하는'의 뜻이라면, 이 추론은 부정확한데, 왜냐하면 충격은 속도에 비례하는 것이 아니라 그 제곱에 비례하기 때문이다; 참조, 위의 미주 13. 배가된 높이를 통한 낙하는 실제로 충격도 배가하지만, 이것이 배가된 속력 때문은 아니고, 2의 제곱근만큼 증가한 속력에 기인한다. 갈릴레오는 여기서 충격의 겉보기 배가를 착시로 믿는 것처럼 보인다; 참조, 아래의 미주 18.

18] 여기서 논리적으로 타당한 결론은 전달된 타격이 배가된 운동량에 의한 것이 아니며, 왜냐하면 이는 배가된 속력에 의한 것이 될 수 없기 때문이다(결과의 부정). 논거가 매우 알기 어려워 최종 속력을 전체 속력과 혼동하는 것처럼 보일 정도인데, 이것은 문맥상으로는 그럴 수 없다. 더 사실에 가까운 것은, 갈릴레오는 독자가 앞의 추론을 자세히 검토하는 것을 기대했{던 것으로 보인}다.

19] 이 가설의 시험적 증명이 갈릴레오의 요청에 따라 1638년 이후의 판들에는 첨가되었고, 아래의 미주 26에 설명된 이유 때문에, 아래의 명제 3의 바로 앞에 위치하였다.

20] 실에 대한 언급은 갈릴레오가, 심지어 어떠한 매체가 없는 경우에도 유연한 진자가 결국은 정지할 것이라는, 그의 믿음에 계속 집착하고 있었다는 것을 보여준다; 참조 '대화', 230-31쪽들('총서', 7권, 257)

21] 갈릴레오는, 현이 공액{conjugate} 호들보다 짧음에도 불구하고, 어떤 물체가 원호의 현을 따라서 하강할 때보다 원호의 공액 호들을 따라서 더 빨리 하강한다는, 사실로부터 이것을 1602년에 이미 알고 있었다('총서', 10권, 100). 참조, 아래의 명제 36에 대한 주석과 미주 48.

22] 여기서 차후는 아래의 정리 3에 선행하는 시도된 증명에 대한 것이 아니며, 그 증명은 나중에 작성되었다(위의 미주 19, 아래의 26, 27). 여기서 언급된 진실성은 서문에서 인용된 헤르츠 원리에 따라 관찰된 일치로부터 유래한다; 참조,

위의 미주 8, 9, 12와 아래의 미주 25.

23] 실제적인 상황들에 대한 갈릴레오의 관심의 특성은(위의 미주 8) 그의 최종 속력{terminal speed}의 절반을 이용하는 것이며, 최종 속력은 수평하게 방향 전환된{deflected} 물체들을 관찰함으로써 계측될 수 있었다. 중세의 작가들은 이상적인 평균-속력이 개개의 균일 가속 운동을 직접적으로 척도한다고 가정하였다. 갈릴레오의 증명은 각 순간과 모든 순간들에 대한 두 무한 군집 안의 요소들을 연계하였으며, 균일 운동에는 하나의 유일한 속력이 아닌 무한히 많으며, 모두 같은, 그리고 가속 운동의 모두 다른 무한히 많은 속력들에 대응하는 속력들이 있다고 생각하였다.

24] 이 '배가-거리' 규칙은 사실 갈릴레오에 의해 그의 홀수 규칙이 알려지기 후까지 발견되지 않았으며, 따라서 여기서는 제시의 순서가 그의 발견 순서를 그대로 따르고 있다. 참조, 아래의 명제 23의 주석과 명제 25.

25] 갈릴레오가 언급한 것과 유사한 과정들에 의해 얻어진 실제의 결과들은 그들의 신뢰성에 대해 그의 주장을 입증한다. 다른 종류의 경사 평면 실험에 대한 그의 원고 기록들은 그가 현대적인 이론치들과 일 퍼센트 이내의 {차이를 가진} 결과들을 얻었던 것을 보여준다.

26] 계속되는 절은 원본의 순서를 흩뜨림 없이 나중에 첨가되었다(위의 미주 19). 시력을 잃은 갈릴레오에 의해 1638년 10월경에 구술되고 1639년 11월에 개정되었으며, 이 부분은 비비아니에 의해서 대화체로 바뀌어졌으며, 또한 1655년판에 삽입되었다. 앞에서의 가설의 진술과 더불어 주어지기보다도 이 지점에 위치된 것은 이 부분이 명제 2의 증명을 필요로 하기 때문이며, 명제 2에서는 그 가설이 사용되지 않았다.

27] 이 개념은 갈릴레오의 작업을 계승한 토리첼리에게 근본적인 원리가 되었으며; 참조, 토리첼리{E. Torricelli}, '총시'(파엔사{Faenza}, 1919), 2권, 105쪽 및 이하. 갈릴레오의 구술인 본문과 비교하면(위의 미주 26 참조) 이 문장은 비비아니가 대화 형식으로 논의를 바꾸면서 집어넣은 것임이 암시된다.

28] 갈릴레오의 저술 '역학에 대하여'는 처음 마랭 메르센느(1588-1648)에 의한 불어 번역판으로 1634년 출판되었다. 이탈리아어 원판은, 세 가지 원고 형태로 존재하며(1593년, 1594년, 또 약 1600년), 갈릴레오 사후 1649년에 출판되었다.

29] 갈릴레오는 뒤의 명제들에서 하나의 선분을 거리들과 시간들을 나타내는데 자수 채용하며, 별도의 설명 없이, 거리들을 반으로 할 때는 이등분{bisection}, 시간들을 반으로 할 때는 평균 비례들을 사용한다; 참조, 예를 들어, 아래의 명제 12와, 나아가 **287-88**쪽들.

30] '속력의 정도들'의 복수는 전거가 직접 균일 운동에 대한 명제 1에 관한 것이 아님을 보여준다; 오히려 자유 낙하에서의 거리들에 대한 속력들의 비례성을 거부하는데 사용된 논의와 유사한 추론에 의한 그 명제의 순간 속력들에 대한 확장처럼 보인다(위의 **203**쪽과 미주 15). 엄밀하게 말하면, 그 확장이 '보여진' 것은 아니나, 그것은 그와 같은 추론과, 비례하는 거리들을 비례하는 시간들 동안 지나간다는 진술에서의 같은 속력들의 정의로부터 쉽게 얻어진다; 참조, '대화', 24쪽('총서', 7권, 48).

31] 위의 정리 1에 대한 참조임을 나타내기 위해 여기서 채용된 '전체' 또는 '총괄적인' 운동의 개념은 갈릴레오의 사고에서 전체 또는 총괄적인 속력의 개념보다 나중에 생겼다; 참조 '대화', 229쪽('총서', 7권, 256). 그 초기의 개념의 흔적들은 아래의 명제 23에 대한 주석에도 남아 있으며; 아래의 충격{percussion}에 대한 '부가된 날'의 미주 20도 참조하시오.

32] 두 변수들의 수학적 함수들이 아르키메데스에 의해서 비슷하게 합성 비를 사용

하여 논의된 바 있다; 참조, 서문과 **둘째 날**의 미주 9.

33] '등량의 비' $(x : x)$는 하나의 비로 간주되었으며, 오늘날 우리가 취하는 1 또는 어떤 크기를 가지지 않았고; 어떤 비도 하나의 수와 동일시되지 않았다.

34] 갈릴레오의 논문 '역학에 대하여', 173-75쪽들('총서', 2권, 181-83)에서 이 명제가 보이며, 당시 이 책은 이탈리아에서는 출간되지 않았었다(위의 미주 28). 여기서 그는 이 결과를 일상적으로 알려진 것으로 말하는데; 그 결과는 중세에 확립되었다. 앞의 단락에서는, 마치 특정한 서적, 아마도 그 자신의 서적을 지칭하는 것처럼, 역학{'Mechanics'}은 첫 자를 대문자로 썼지만, 여기서는 이 구절 '역학의 원리'{elements of mechanics'}에서 대문자로 쓰지 않았으며, 특정한 서적을 뜻하는 것으로 보이지는 않는다.

35] '역학으로부터'의 좀 덜 확정적인 이 논의는 갈릴레오의 업적 중 초기에 속하며, 아마도 1607년 경 파도바에서 쓰인 원고에 매우 비슷한 형태가 보인다. 1권의 명제 2에 대한 참조는 이 책에서 추가되었다; 참조, 위의 미주 5.

36] 이것은 위의 명제 3에서 증명되었으며, 명제 10에서 낙하가 정지 상태로부터 시작하지 않고 임의의 얻어진 속력으로부터 시작하는 경우들에 대해 확장된다. 이 명제와 관련된 더 많은 사항들이 명제 8에서 전개되며, 명제 30과 같은 최소-시간 정리들을 위해 사용된다.

37] 즉, 유일하게 전적으로 자연적인 운동들은 균일 직선 운동과 균일 가속인데, 여기서는 둘 다 모두 원으로 나타나는 결과들을 만들어내는데 책임이 있는 것으로 되었다. 이 부분은 갈릴레오의 관성에 대한 개념이 어떠했는지를 분명히 해준다; 참조, 아래의 미주 46.

38] 심플리치오는 여기서, 수학을 존경하지만 그 증명들을 제대로 이해할 수 없는 그런 철학자들을 대변한다. 심플리치오가 사그레도의 기하학적인 역작{tour de force}으로부터 조물주{the First Cause}를 연역한 후에, 살비아티는 아마도 물리학자인 갈릴레오를 대변하여, 동정적으로 대답하지만 형이상학과 신학을 창조한 더 높은 지능의 사람들에게 소재를 제공한 것에 지나지 않음을 천명한다.

39] 참조, 위의 미주 29.

40] 문제들은, 정리들과 구분되어, 지정된 미지의 크기를 작도할 것을 요구한다.

41] 1638년 판의 원본은 C가 A로 되어 있었으나, 이 오류는 웨스톤{John Weston}의 번역본(1730)에서 정정되었다.

42] 이 주목할 만한 정리는 정수들 2와 3의 두 같은 시간들의 두 번째 시간 동안 자연적으로 보존되거나 또는 얻어진 속력들을 결정하는 한계들로서의 역할에 주의를 집중시킨다. 갈릴레오가 이를 논의하는 어떠한 대화도 삽입하지 않았다는 것은, 만약 누군가들에 의해 말해지듯이, 그가 플라톤적인 성향을 가지고 있었다면, 매우 놀랄 만한 일이다. 마리오 구이두치{Mario Guiducci(1585-1646}의 수중에 있던 아마도 1618년 쓰였을 원고의 필사본이 존재하는데, 거기에는 갈릴레오가 다음 논평을 추가하였다: '만약 경사면 CG를 따른 운동이 끝없이 가속된다면, 수평면을 따라서 [운동이] 끝없이 균등하게 연장되어야만 하는 것을 증명할 수 있는 것처럼 보이는 것에 주목하라'; 이제 만약 균등하다면, 운동도 역시 무한하다는 것은 명백하다.' 그러므로 직선 관성과 무한 우주는 동시에 성립하거나 아니면 무너져야만 한다; 참조, 아래의 미주 46.

43] 이것은 갈릴레오가 거의 50년 전에 풀고자 했던 문제들 중의 하나이며, 이 때는 그가 낙하에서의 가속의 중요성을 인식하기 전이었다; 참조, '운동에 대하여', 69쪽('총서', 1권, 301).

44] 참조, 위의 미주 31.

45] 1638년 판의 원본과 웨스톤의 번역본의 예외를 제외하고, 모든 판본들이 여기서 CT 대신에 CD라고 잘못 적고 있다. 갈릴레오의 인용은 앞 그림의 CT인데, 여기서는(원본에서는 그렇지 않지만) 참조의 편의를 위해 {이 그림을} 부분적으로 반복하였다. 1655년 행해진 편집자의 그럴 듯한 교정인 이 잘못된 CD는 그 이래로 갈릴레오가 이 한 곳에서 면적을 지나간 거리를 나타내는데 사용한 것처럼 보이게 만들었다. 우리도 면적을 거리를 나타내는데 사용하지만, 그와 같은 짓은 엄격한 유클리드 학파의 수학자에게는 앞뒤가 맞지 않게 되는 짓이었다. 위의 정리 1과 비교. 정리 1에서 겉보기에는 불필요해 보이는 한 선분이 갈릴레오의 그림에 지나간 거리를 나타내기 위해 도입되었다. 우리에게는 거리를 나타내게 될 것인 면적은 갈릴레오에 의해서는 단지 총괄적인 속력을 나타내는 것으로 보였다.

46] 참조, 위의 미주 42. 여기서, 또 뒤따르는 논의에서, 갈릴레오의 제한된 관성에 대한 개념에서 중요한 모든 것이 발견되는데, 그는 관성을 지구 표면 근처의 무거운 물체들의 현상에만 국한시켰다. 운동의 균일성과의 간섭은 지지된 수평 운동을 제외하고 항상 존재한다는 그의 소견은, 그의 뒤따르는, 진정한 수평면은 존재하지 않는 다는 선언과 마찬가지로 사실에 대한 단순한 진술이다, 물론 지구 상에 그 위에서 균일 운동이 이상적으로 보존되는 표면들이 있기는 하지만. 참조, '대화', 148쪽('총서', 7권, 174), 또 아래의 **273-75**쪽들을 보시오.

47] 갈릴레오에게 있어 가속을 힘이라는 용어로 지칭하는 것은 예외적이었으며, 그의 관용적인 절차는 동역학적{dynamic}이라기보다는 운동학적{kinematic}이었으므로. 여기서의 본질적인 개념은 관성 운동이 수평면이 아닌 평면들에 의해 지지되는 물체들 안에서 발견되지만 연속적인 감속에 의해 은폐된다는 것이다.

48] 합리적으로 연역될 수 있었던 것은 단지 가장 짧은 하강은 어떤 종류의 곡선을 통하는 것이리는 것뿐이었다. 이 곡선은 사실 단지 근사적으로만 원이며, 차후 사이클로이드{cycloid}임이 증명되었다; 참조, 위의 미주 21.

49] 참조, 아래 **넷째 날**, **283-85**쪽들.

50] 진실성이 매우 의심되는 이 단편은 중세에 알려져 있었으며, 1537년에 처음 시작되어 여러 판본으로 유클리드의 저술들과 같이 인쇄되었다.

살비아티. 심플리치오가 이제 도착하고 있으니, 지체하지 말고 운동에 대해 시작하기로 할까요. 우리들 저자의 원고는 다음과 같습니다:

투사체들의 운동에 대하여
{On the motion of projectiles}

우리는 균등 운동과 또 경사도가 무엇이든 간에 경사 평면들 위에서의 자연적으로 가속된 운동에 존재하는 성질들에 대해 고찰하였습니다. 제가 이제 시작하려고 하는 분야의 연구에서, 저는 선도적인 필수 사항들에 말씀드리고자 하며, 또한 확고한 증명들에 의해, 그 운동이 두 움직임들로부터 합성에 의해 주어질 때 움직일 수 있는 것에 관련된 그 사항들을 확립하는 것을 시도할 것입니다; 즉 그 운동이 균등하게 움직이고 또 자연적으로 가속될 때입니다. 이와 같은 종류의 운동은 우리가 투사라고 부르는 운동들처럼 보이며, 그 기원은 다음과 같이 말씀드릴 수 있습니다.

저는 머리 속에서, 모든 장애물들이 옆으로 치워진 경우, 수평면 위로 투사된 어떤 움직일 수 있는 것을 생각합니다. 이제 다른 곳에서 더 길게 설명했던 것으로부터 이 평면 위의 균등 운동은 만약 그 평면이 무한히 크다고 가정하면 영원할 것임은 명백합니다;[1] 그러나 만약 그 평면이 끝이 있으며, 높은 곳에 [위치한다면], 그 움직일 수 있는 것(무거움이 주어진 것으로 생각되는)은 그 평면의 끝까지 도달한 뒤에는 계속하여 이전의 균등하고 지워지지 않는 운동에 그 자신의 무거움으로부터 연유하는 아래로 향하는 경향을 더할 것입니다. 따라서 일정한 운동이 발생하게 되며, 그것은 균등한 수평 운동과 자연적으로 가속되는 하향 [운동]으로부터 합성된 것이며, 저는 이것을 '투사{projection}'라고 부르기로 합니다. 우리는 투사의 일부 성질들을 입증할 것이며, 그 중의 첫째는 이렇습니다:

269 명제 1. 정리 1

어떤 투사체가 균등 수평 운동과 자연적으로 가속된 하향 [운동들]로 합성된 운동에 의해 이동된다면, 그것은 그 움직임에 있어 반포물선{semiparabolic line, 반준등선}을 그린다.

사그레도. 제게 호의를 베푸시지요, 살비아티여, 또한 심플리치오에게도, 여기서 잠깐 멈추어야 할 것입니다. 저는 아폴로니우스{Apollonius}2]에 대해 공부할 만큼 기하학으로 깊게 들어가지 않아서, 그가 이들 포물선{준등선}들과 다른 원추 단면들에 대해 다룬 것을 알지 못합니다. 제가 이들과 이들의 성질들에 대해 모른 채, 그들과 관련된 추가적인 명제들에 대한 증명들을 이해할 수 있다고 저는 믿지 않습니다. **저자**에 의해 저희들에게 제안된 바로 이 첫 번째 명제에서 이미, 한 투사체에 의해 그려지는 곡선이 포물선{준등선}임을 증명해야만 하기 때문에, 그리고 포물선{준등선}들이 아닌 다른 곡선들을 다룰 필요가 없다고 하더라도, 아폴로니우스에 의해 증명된 그러한 도형들의 모든 성질들에 대한 것들은 아니더라도, 적어도 이 분야의 과학에 요구되는 곡선들에 대해 완전히 이해하는 것은 절대적으로 필요하다고 저는 생각합니다.

살비아티. 당신께서는 너무나 겸손하시군요, 얼마 전에 당신이 잘 알려진 것으로 가정했던 것들[*cognizioni*][1]을 무언가 새로운 것으로 만들고 싶으신 것이지요. 저는 저항들의 문제에 대해 말씀드리는 것입니다, 거기서 아폴로니우스의 어떤 명제들에 대해 알았어야 했는데, 그에 대해서는 아무런 어려움도 말씀하시지 않았습니다.3]

사그레도. 제가 그것은 알았을 수도 있었거나, 또는 아는 것으로 잠깐 가정했을 수 있습니다. 왜냐하면 그 문제를 다루는데 있어 그 부분을 제가 아는 것이 요구되었으니까요. 그러나 여기서는, 제가 이제 듣게 될 모든 증명들이 그러한 곡선들에 대한 것이라고 여겨지기 때문에, 제가 꿀꺽 삼키는 것이 아무 의미도 없으며, 사람들이 말하듯이, 시간과 노력만 낭비하는 것이지요.

심플리치오. 사그레도는 그가 필요한 부분들을 충분히 잘 알고 있다고 생각합니다만, 제 입장에서는, 바로 이들 첫 용어들이 벌써 제게는 신기하게 들리기

1) 원뜻은 '지식'이다.

시작합니다. 왜냐하면, 우리들의 철학자들이 투사체 운동의 이 문제를 다루어 오기는 했지만, 연직 상방으로 던져진 것들을 제외하고, 곡선들이라는 매우 일반적인 용어들을 제외하면, 저는 그들이 그 운동이 따르는 곡선들을 정의할 필요를 느꼈다는 것을 기억하지 못합니다. 오래 전에 있었던 우리들의 토론 뒤에, 270
유클리드로부터 배운 변변치 않은 기하학이, 앞으로의 증명들을 이해하는데 필요한 것들을 제공하는데 충분하지 않다면, 저는 그 명제들을 이해하지 못하고 다만 그들을 믿는 것으로 만족해야 할 것입니다.

살비아티. 하지만 저는 당신들께서 논문의 **저자** 자신을 통해 그들을 알게 되기를 바랍니다. 이제, 그가 그의 이 저작을 보도록 허락했을 때, 저 또한 그 때 아폴로니우스의 책들을 완벽하게 이해했던 것은 아닙니다; 그러나 그는 [제가] 어떠한 사전 지식도 알고 있는 것을 [가정하지] 않은 채, 포물선{준등선}의 주요한 두 성질들을 제게 입증하는 수고를 아끼지 않았습니다. 그 성질들이 우리가 이 논문에서 필요로 하는 전부입니다. 그들은 실제로 역시 아폴로니우스에 의해서도 증명되었지만, 여러 전제 조건들을 지나고도, 그들을 보려면 오랜 시간이 걸릴 것입니다. 제 바람은 그 여정을 매우 단축시켜, 포물선{준등선}의 순수하고도 간단한 생성으로부터 즉각적으로 첫 번째 [명제]를 도출하는 것이며, 다음에는 이로부터 두 번째 명제에 대한 증명이 즉각적으로 얻어집니다.

그러면 첫 번째 명제를 생각하는데, 그 밑면이 원 $IBKC$이고, 꼭지점{vertex}이 점 L인 직각 원추{right cone}를 상상합니다. 측면 LK에 평행한 한 평면에 의해 절단되면, 이 원추는 포물선{순능선}이라고 불리는 단면 BAC를 만들며, 그 밑면은 원 $IBKC$의 직경 IK를 직각들로 자릅니다. 포물선{준등선}의 축 AD는 측면 LK에 평행합니다. 곡선 BFA 상의 임의의 점 F를 취하고, BD에 평행한 직선 FE를 그립니다. 이제 저는 말씀드립니다:

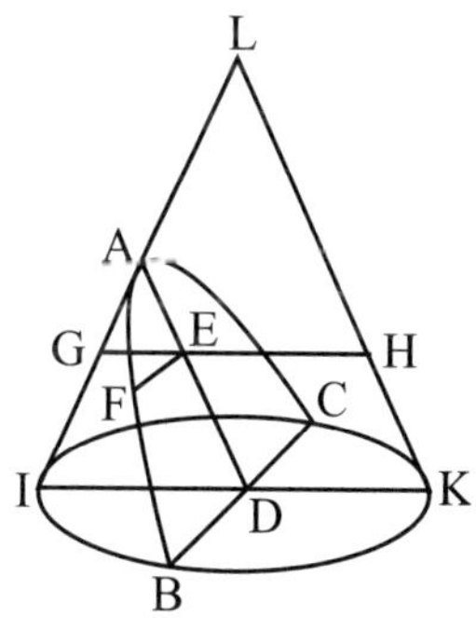

제1 보조정리

BD의 제곱과 FE의 제곱의 비는 축 DA와 그 부분 AE의 비와 같다.

원 $IBKC$에 평행하고 점 E를 지나는 한 평면을 가정합니다; 이 평면은 원추 안에 원형 단면을 만들며, 그 직경은 선분 GEH일 것입니다. BD는 원

IBK의 직경 IK에 수직하므로, BD의 제곱은 그 변들이 ID와 DK인 직사각형과 같을 것입니다. 점들 G, F와 H를 지나는 위의 원에서도 마찬가지로, 선분 FE의 제곱은 변들이 $GE-EH$인 직사각형과 같습니다. 그러므로 BD의 제곱과 FE의 제곱의 비는 직사각형 $ID-DK$와 직사각형 $GE-EH$의 비와 같습니다. 또한 선분 ED는 HK에 평행하므로, 서로 평행한 EH와 DK는 같습니다; 따라서 직사각형 $ID-DK$와 직사각형 $GE-EH$의 비는 ID와
271 GE의 비와 같을 것이며, 즉 DA와 AE의 비와 같습니다. 따라서 직사각형 $ID-DK$과 직사각형 $GE-EH$의 비(즉 BD의 제곱과 FE의 제곱의 비)는 축 DA와 그 부분 AE의 비와 같으며; 이는 증명하고자 하던 것입니다.

우리가 분명하게 할, 이 논문에서 필요한 또 하나의 명제는 그러므로 다음과 같습니다.

제2 보조정리

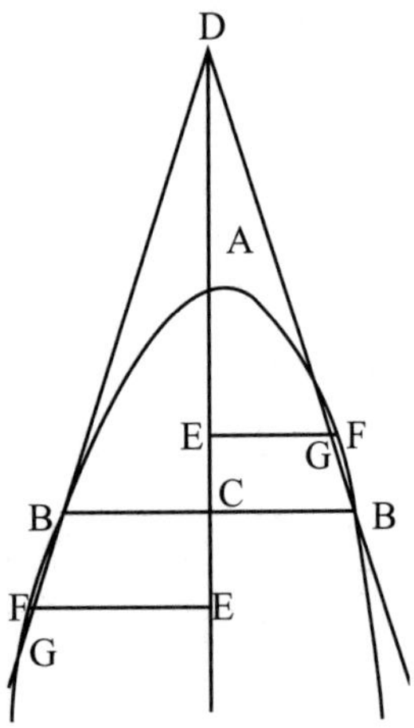

D까지 연장된 그 축이 AC인 한 포물선{준등선}을 그리고, [그 포물선{준등선} 상에] 임의의 점 B를 취하며, 이 점을 지나 포물선{준등선}의 밑면에 평행한 선분 BC를 그린다. 그 축의 부분 CA와 {길이가} 같은 DA를 취하고, 또 D로부터 B까지 한 직선을 그린다. 저는 말합니다, 선분 DB는 포물선{준등선} 안에 있지 않으며, 점 B에서 포물선{준등선}의 바깥 쪽에 접할 뿐이다.

만약 가능하다면, [DB]가 포물선{준등선}의 안쪽에 있고 포물선{준등선}을 B 위에서, 또는 연장될 때 그 아래에서, 자른다고 합니다. 그 [연장된] 선분 상에 어떤 점 G를 취하고, 그 점을 지나 선분 FGE를 그립니다. FE의 제곱이 GE의 제곱보다 크므로, FE의 제곱과 BC의 제곱의 비는 GE의 제곱과 BC의 [제곱의] 비보다 클 것입니다. 앞에서 얻어진 것에 의해, FE의 제곱과 BC의 제곱의 비는 선분 EA와 AC의 비와 같으므로, EA와 AC의 비는 GE의 제곱과 BC의 제곱의 비보다 크며(즉, ED의 제곱과 DC의 제곱의 비보다), 삼각형 DGE에서 ED와 DC의 비는 GE와 그에 평행한 BC의 비와 같은 것을 알 수 있습니다. 하지만 선분 EA와 AC(즉 AD)의 비는 네 개의 직사각형들 $EA-AD$와 한 변이 AD인 네 개의 정사각형-또는 CD의 제곱,

이것은 한 변이 AD인 네 개의 정사각형과 같지요-의 비와 같습니다. 그러므로 네 개의 직사각형들 $EA-AD$와 CD의 제곱의 비는 ED의 제곱과 DC의 제곱의 비보다 크게 되며; 또 네 개의 직사각형들 $EA-AD$는 ED의 제곱보다 크게 됩니다. 하지만 이것은 참이 아닙니다; 이들 네 개의 직사각형들은 작습니다, 부분들 EA와 선분 ED의 AD가 같지 않은 것만큼 말이지요. 따라서 선분 DB는 포물선{준등선}에 B에서 접하며, 포물선{준등선}을 절단하지 않습니다; 이것은 증명하고자 하던 것입니다.

심플리치오. 당신의 증명은 너무 의욕적으로 진행되군요; 모든 유클리드의 명 272
제들이 제게 그의 맨 처음 공리들처럼 잘 알려져 있고, 언제나 쓸 수 있도록 준비되어 있는 것을 당신께서 항상 가정하시는 것처럼 제게는 보입니다. 그렇지 않거든요. 당신께서는 방금 제게 어깨 너머로 쉽게 말씀하셨는데, 네 개의 직사각형들 $EA-AD$는, 부분들 EA와 선분 ED의 AD가 같지 않기 때문에, DE의 제곱보다 작다고 말씀이지요. 이 말씀에 저는 만족할 수 없고, 저를 허공에 떠있게 할뿐입니다.

살비아티. 사실 어지간한 수학자라면 누구나 다 독자가 최소한 유클리드의 '기하원본'은 알고 있는 것을 당연시 합니다. 여기서, 당신의 요구에 응해, 당신께 제2[권]의4] 한 명제를 상기시켜드리면 충분할 것입니다, 거기서 한 직선이 같고 또 같지 않은 부분들로 절단되있을 때, 같지 않은 부분들로 된 직사각형은 같은 부분들로 된 직사각형보다 작으며-즉 [선분의] 반의 제곱보다 [작으며]-그 차이는 절단한 섬들 사이로 이루어진 선분의 제곱이라는 것이 증명되어 있지요.[2] 따라서 [선분] 전체의 제곱은, 즉 [선분의] 반의 제곱의 네 배는, 다른 부분들로 된 네 개의 직사각형들보다 큰 것은 명백합니다.

이제, 원추 곡선의 기초로부터 얻어진, 방금 증명된 이 두 명제들은, 이 논문에서 다음에 나오는 내용들을 이해하기 위해, 반드시 기억해야 하는데; 왜냐하면 **저자**는 이들만을 사용하기 때문입니다. 그러면 다시 그의 원고를 보기로 하고, 그가 어떻게 그의 첫 번째 명제를 증명하는지 보기로 하지요, 첫 번째 명제에서 그는 다음을 우리들에게 증명하고자 합니다.

2) 선분의 반을 l이라고 하면 같지 않은 부분들은 $l-a$와 $l+a$로 쓸 수 있고, 이들의 곱은 l^2-a^2이므로, 이는 항상 l^2보다 작음을 알 수 있는데, 이와 같은 대수적인 증명, 또는 관련된 개념은 위에서 말한 유클리드의 기하적인 증명, 개념보다 훨씬 나중에 알려졌다.

[정리 1, 다시 언급된]

한 무거운 움직일 수 있는 것이, 균등 수평 운동과 자연 낙하 [운동]의 합성 운동으로 하강할 때, 그리는 곡선은 반포물선{반준등선}이다.[5]

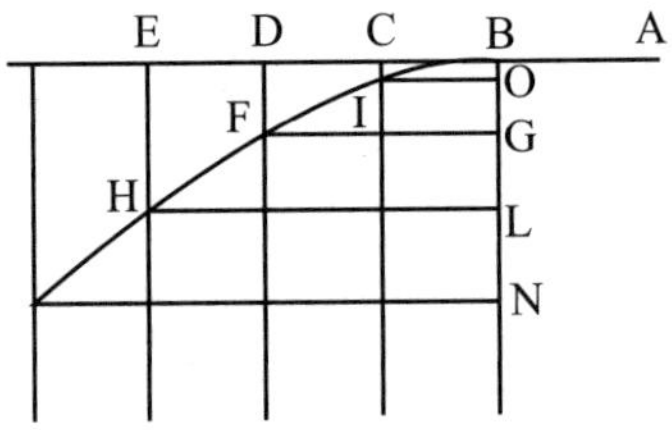

높은 곳에 위치한 수평선 또는 수평 평면 AB를 상상하고, 그 위에서 그 움직일 수 있는 것이 A로부터 B까지 균등 운동으로 이동되는데, B에서는 평면으로부터의 지지가 없으므로, 따라서 그 움직일 수 있는 것에는, 그 자신의 무거움으로부터, 연직선 BN을 따르는 하향의 자연 운동이 수반되게 됩니다. 평면 AB를 지나서는 직선으로 연장된 선분 BE를 상정하고, 마치 시간의 흐름 또는 측정인 것처럼 생각하여, 그 위에 시간의 등분 BC, CD, DE가 표시된다고 하지요; 또 점들 B, C, D와 E로부터 연직선 BN에 평행한 선분들이 그
273 려진다고 하지요. 이들 중, 첫 번째에서 한 부분 CI를 취하고; 그 다음에서 그 네 배인 DF를 취합니다; 다음에는 그 아홉 배인 EH, 나머지에 대해서는 CB, DB, EB의 제곱 법칙에 따라 등등을 취합니다; 또는 그들 선분들의 제곱 비{duplicate ratio}에 따라서라고 말씀드리지요.

이제, B를 지나서 C를 향하는 균등 움직임 중인 움직일 수 있는 것에 대해, 그 양 CI에 따라 연직 하강 운동이 더해졌다고 상상하기로 하면, 그 움직일 수 있는 것은 시간 BC 후에 점 I에 위치하고 있는 것을 볼 수 있을 것입니다. 계속 진행해 나가면, 시간 DB(즉 BC의 두 배) 후에는 하강 거리가 처음 거리 CI의 네 배가 될 것입니다; 왜냐하면 앞의 논문에서[6] 자연적으로 가속되는 운동에서 무거운 것들에 의해 통과되는 공간들은 시간들의 제곱 비임을 증명하였기 때문입니다. 또 마찬가지로 시간 BE 동안 통과되는 다음의 공간 EH는 [CI]의 아홉 배일 것입니다; 그러므로 공간들 EH, DF, CI는 서로 선분들 EB, DB, CB의 제곱들임은 명백한 것으로 보입니다. 이제, 점들 I, F, H로부터 직선들 IO, FG, HL을 EB에 평행하게 그리면; 줄줄이 HL, FG, IO는 EB, DB, CB와 각각 같을 것이며, 또 BO, BG, BL은 CI, DF, EH와 같을 것입니다. 또 HL의 제곱과 FG의 제곱의 비는 선분 LB와 BG의 비와 같을 것이며, 한편 FG의 제곱과 IO의 제곱의 비는 GB와 BO의 비와 같[을 것]입니다; 따라서 점들 I, F, H는 하나의 같은 포물선{준등선} 상에 놓여 있습니다.

그리고 비슷한 방법으로, 시간의 임의의 등분들을 가정하여, 임의의 어떠한 크기를 가진다고 하더라도, 동일한 합성 운동에 의해 이동된 움직일 수 있는 것들의 위치들은 같은 포물선{준등선}들의 그들 시간들에서 보일 것임을 증명할 수 있습니다. 그러므로 명제는 명백합니다.

살비아티. 이 결론은 위에서 주어진 두 보조정리들 중 처음 정리의 역으로부터 연역됩니다. 왜냐하면 만약 포물선{준등선}이 예를 들어 점들 B와 H를 지나고, 만약 두 [점들] F와 I 중의 하나가 위의 포물선{준등선}에 있지 않다면, 그 점은 포물선{준등선}의 안 또는 바깥에 있게 되며, 따라서 선분 FG는 포물선{준등선}에서 끝나는 경우의 길이보다 작거나 커야 합니다. 그러므로 선분 LB와 BG의 비는 HL의 제곱과, FG의 제곱이 아닌, 무언가 [FG보다] 작거나 큰 다른 [선분의] [제곱의] 비와 같아야 합니다. 그러나 그 비는 [HL의 제곱]과 FG의 제곱의 [비]입니다. 따라서 점 F는 포물선{준등선} 상에 있으며; 다른 모든 점들에 대해서도 같습니다.

사그레도. 사전에 가정하는 방법{*ex suppositione*}으로 논의를 진행하여, 논리가 기발하고, 창의적이며, 또한 결정적임은 부정될 수 없군요; 즉 횡방향{transverse} 운동이 항상 균등하게 유지되고, 또 자연적인 하향 [운동]이 마찬가지로 시간들의 제곱 비에 따라 항상 가속되는 그 경향을 유지함을 가정함으로써; 또한 그러한 운동들이 또는 그들의 속력들이, 같이 더해짐에 있어, 서로 변화시키거나, 교란시키거나 또는 방해하지 않는 것을 가정함으로써. 이와 같은 방식으로, 운동을 계속하는 투사체의 곡선은, 다른 종류의 [곡선]으로 결국 변화하지{degenerate} 않을 것입니다. 그러나 이것은 불가능할 것으로 보이는군 274
요; 왜냐하면 우리들의 포물선{준등선}의 축은 연직이기 때문인데, 무거운 물체들의 자연 운동이 그러리라고 가정하는 것처럼, 그리고 지구의 중심에서 끝나야 하니까요. 하지만 그 포물선{준등선}은 그 축으로부터 계속 넓어져서, 어떤 투사체도 [지구의] 중심에서 끝나지 않을 것이며,[7] 또는 만약 끝난다면, 반드시 그렇게 되어야 하는 것으로 보이는데, 그러면 투사체의 경로는 포물선{준등선}과는 매우 다른 곡선으로 변화될 것입니다.

심플리치오. 이들 난제들에 저도 조금 더하기로 하지요. 그 하나는 우리가 [초기의] 평면이 올라가지도 내려가지도 않는 수평이며 또 직선이라고 가정한다는 것입니다-마치 그러한 직선의 모든 부분이 지구 중심으로부터 같은 거리에 있는 것처럼 여기지만, 이것은 사실이 아니지요. 우리가 그 중간점으로부터 양 끝 점들로 가까이 가면, 이 [선]은 지구 중심으로부터 계속 멀어질 것이며, 따라서 항상 올라갑니다. 이 가정의 한 귀결은 운동이 영원히 지속된다는 것, 또는 어떤 거리가 되었든 균등하게 유지된다는 것이 불가능하다는 것입니다; 오히려, 항상 약해지겠지요. 그 외에도, 제 생각으로는, 매체의 방해를 제거하여, 그 방해가 횡방향 운동의 균등성과 무거운 것들의 낙하에 대한 가속 법칙을 파괴하지 않도록 하는 것이 불가능합니다.[8] 이 모든 난점들은 그러한 불안한 가정들로부터 증명된 어떠한 것도 실제 실험들에서 입증되기 매우 힘든 것으로 만듭니다.

살비아티. 당신들께서 제기한 모든 난점들과 반론들은 근거가 매우 단단하여 그들을 제거하는 것은 불가능한 것으로 여겨집니다. 제 입장은, 그들을 모두 인정합니다, 제가 우리의 **저자** 또한 그들을 인정할 것으로 믿는 만큼이나. 저는 추상적으로{in the abstract} 증명된 결론들이 구체적으로는{in the concrete} 변화한다는 것, 또 그들이 왜곡되어 수평 [운동]이 균등하지 않다는 것; 또한 자연 가속이 가정된 비로 [정확하게] 발생하지 않는다는 것; 그리고 투사체의 곡선이 포물선{준등선}이 아니라는 것, 등등 모두를 인정합니다. 그러나 한편 저는 당신들이 우리들의 **저자**에 대해 다른 위대한 학자들이 이미 가정한 것을 들어, 비록 그들이 오류라고 하더라도, 반대하지 않기를 청합니다. 아르키메데스의 권위만으로도 모든 사람을 만족시킬 수 있겠지요; 그의 저서 '평면의 평형에 대하여'{On the Plane Equilibrium [Mechaniche]}에서 또 그의 '포물선{준등선}의 면적 구하기'{Quadrature of the Parabola}의 제 1권에서, 그는 천칭 또는 쇠로 된 자의 팔이 무거운 것들의 공통의 중심으로부터 모든 점들에서 같은 거리에 있는 직선 상에 놓인다는 것, 그리고 [천칭-]추들이 묶여 있는 줄들이 서로 평행하다는 것을 진실한 원리로 받아들입니다. 이러한 특권들은 우리들에 의해 우
275 리들의 계기들을 사용함에 있어, 우리가 측정하는 거리들이 우리의 지구의 중심까지의 대단한 거리에 비하여 매우 작으므로 적도에서의 1분{one minute of a degree}을 마치 직선인 것처럼, 그리고 그 양단에 매달린 두 개의 연직선들은 마치 그들이 평행한 것처럼 다룰 수 있다는 이유로 그에게 허용됩니다. 실로, 만약 그러한 자세한 것들이 실제의 작업들에서 고려되어야만 한다면, 우리는 건축가들을 야단치는 것으로 시작했어야만 했습니다. 그들은 납으로 된 추들을 사용하여 가장 높은 탑들을 평행한 직선들로 세우는 것을 상정하니까요.

여기서 우리가 아르키메데스와 다른 학자들이 이론화함에 있어, 그들 스스로가 중심으로부터 무한한 거리에 있음을 상정했다고 말할 수 있다고 저는 첨언합니다. 그런 경우, 언급된 그들의 가정들은 허위가 아니며, 또 그들의 결론들도 절대적인 증명으로부터 얻어졌습니다.[9] 만약 우리가 [중심으로부터] 무한한 거리를 가정함으로써 얻어진 이들 결론들을, 차후에 [중심으로부터] 유한한 거리에 대해 사용하고자 한다면, 우리는 반드시 증명된 진실로부터 우리의 거리가 중심으로부터 실제로 무한하지 않은 [사실 때문에] 중요해 지는 것들은 무엇이 되었든 모두 제거해야 합니다, 그 거리가 우리에 의해 사용되는 도구들의 작음과 비교하여 엄청나게 크다고 하더라도 말이지요. 이들 중 가장 큰 것은 투사체의 발사일 것이며, 특히 대포 포탄들입니다; [심지어] 이들도, 크기는 하지만, 우리가 중심으로부터 떨어진 거리인 몇 천 마일 정도와 비교하면, 4 마일을 넘지 않습니다. 지구 표면에서 끝이 나는 이들 포탄들은 포물선{준등선}의 형태로부터 거의 알아볼 수 없을 만큼 변할 것이며, 반면에 계속 진행하여 중심에서 끝난다면 그 형태는 엄청나게 변함이 인정됩니다.

다음으로, 매체의 방해로부터 더욱 상당한 교란이 야기되는데; 그 여러 가지 다양성 때문에, 이 [교란]은 확고한 규칙들로 다루어지거나, 이해되거나 또 과학으로 될 수 없습니다. 여기서 의문시되는, 운동들에 대해 공기가 만드는 방해만을 생각한다고 하더라도, 움직일 수 있는 것들의 형태들, 무거움, 속력들이 변화하는 무한히 많은 방법들에 따라서, 무한히 많은 방법으로 운동들을 교란하는 것을 알 수 있을 것입니다. 속력에 관해서는, 크면 클수록, 공기에 의해 만들어지는 반항{opposition}도 더 커지며, 이 반항은, 물체들이 덜 무거우면 무거울수록, 그들을 또한 더욱 방해할 것입니다. 따라서 낙하하는 무거운 것은 그 운동 동안 제곱 비로 계속 가속되어야 하지만; 그 움직일 수 있는 것이 아무리 무겁다고 하더라도, 매우 큰 높이들을 통하여 낙하할 때, 공기의 방해는 그 속력이
계속 증가하는 능력{power}을 빼앗아 버릴 것이며, 그 운동이 균일하고 균등한 276
운동이 되도록 할 것입니다. 그리고 이런 평형화{equilibration}는 움직일 수 있는 것이 덜 무겁다면, 더 빨리 더 작은 높이들에서 발생할 것입니다.

또한 수평면에서의 그 운동은, 모든 장애물들이 제거되었다고 할 때, 균등하고 영속적이어야만 하지만; 공기에 의해 변하게 될 것이며, 결국 정지되며; 또 이것 역시, 그 움직일 수 있는 것이 더 가벼우면 가벼울수록, 더 빨리 발생합니다.

274

무한히 다른 방식으로 변화하는 무거움, 속력, 형상에 대한 그런 사건들에 대해 어떠한 확고한 과학도 주어질 수 없습니다. 따라서 그런 문제들을 과학적으로 다루기 위해서는, 그들로부터 추상화할 것이 요구됩니다. 그 결론들을, 경험이 우리들에게 가르쳐 줄 그런 제한들 아래서 실제로 이용하기 위해서, 우리는 방해들로부터 추상화된 결론들을 찾고, 또 증명해야만 합니다. 그리고 재료들과 그들의 형상들이, 매우 무겁고 둥그런 것들과 같이, 매체로부터 최소의 방해를 받는 것들을 고른다고 하더라도 그 유용함이 적지 않을 것입니다. 거리들과 속력들은 대부분 그들이 엄청나게 크기는 하지만 적절한 계산[*tara*]을 할 수 없을 만큼 크지는 않습니다. 사실, 실제적이라고 볼 수 있는, 무거운 재료로 되어 있고 또 구형{spherical shape}인, 투사체들에서, 또 심지어 덜 무거운 재료로 되어 있고, 주형{cylindrical shape}이며, 화살들처럼, 투석기들이나 활들로부터 발사되는 투사체들에서, 정확한 포물선{준등선} 경로로부터의 오차는 매우 감지할 수 없을 정도일 것입니다.[10]

우리들에 의해 사용될 수 있는 도구들의 작음은 외부의 우발적인 방해들을 거의 느낄 수 없도록 한다고 저는 대담하게 말씀드립니다. 방해들 중, 매체의 방해가 가장 크며, 저는 이를 두 경험들에 의해 분명하게 할 수 있습니다. 공기를 통과하는 움직임들을 생각할 것이며, 이는 우리가 주로 언급할 문제들이기 때문입니다. 공기는 두 가지 방법으로 운동들에 대해 힘을 행사합니다: 하나는 덜 무거운 움직일 수 있는 것들을 가장 무거운 것들을 [방해하는] 것보다 더 방해함으로써 이고; 다른 하나는 같은 물체가 작은 속력을 가지는 것보다 더 큰 속력을 가지는 것에 더 반항함으로써 입니다.

첫 번째에 관해서, 같은 크기의 두 공들, 그들 중 하나가 다른 것의 열 배 또는 열두 배 더 무거울 경우(예를 들면, 하나는 납으로 되고, 다른 하나는 오크 나무로 된), 둘 모두 150 또는 200 브라차 높이로부터 하강할 때, 경험은 우리에게 그들이 지상에 그 속력의 차이가 거의 없는 상태로 도달함을 보여줍니다. 이 사실은 두 공들을 방해함과 감속함에 있어 공기의 역할은 작음을 우리에게 확신하도록 하며; 왜냐하면 나무로 된 공과 같은 순간에 어떤 높이로부터 출발한 납으로 된 공이, 만약 거의 감속되지 않고, 나무로 된 공은 크게 감속된다면, 임의의 큰 거리를 움직일 때, 열 배나 무거운, 납으로 된 공은 나무로 된 공을 훨씬 뒤에 두고 지상에 도착해야만 합니다. 하지만 이와 같은 일은 결코 발생하지 않으며; 사실은, 납으로 된 공이 전체 높이의 1 퍼센트만큼도 앞서지 않을 것이고; 납으로 된 공과 삼분의 일 또는 이분의 일 정도 무게가 나가는 돌로 된 공 사이에도 지상에 도달하는데 걸리는 시간의 차이는 거의 관찰하기 힘들 것입니다. 이제 200 브라차의 높이로부터 낙하하는 동안 납으로 된 공이 얻게 되는 격동량은 매우 커서, 균등 운동을 계속한다면, 낙하하는데 소요한 것과 같은 시간 동안 400 브라차는 이동하게 되는데, 이때의 속도는, 우리가 우리의 투사체들에 활들이나 다른 도구들에 의해 부여하는(발사에 의존하는 격동량은 제외하고) 속도에 비하면, 대단한 것입니다. 따라서 우리는 증명되어야 하는 그들 명제들을 매체의 영향을 고려하지 않고도 절대적으로 진실이라고 다룸으로써 큰 오차 없이 결론지을 수 있습니다.

다른 점에 대해서는, 우리는 같은 움직일 수 있는 것에 의해 큰 속력으로 움직여질 때 공기로부터 받는 방해는, 느린 운동에 대해 공기가 반항하는 것보다 그리 크지 않다는 것을 보여야만 합니다. 다음의 실험은 이에 대해 확고한 믿음을 줍니다. 4 또는 5 브라차 길이의 두 같은 줄들에 두 같은 납으로 된 공들을 매답니다. 그 줄들은 위쪽에 결착되어 있고, 공들을 연직선으로부터 벗어나게 하는데, 그 중 하나는 80도 또는 더 큰 각, 그리고 다른 것은 4 또는 5 도보다 크지 않게 한 후, 그들을 놓아 줍니다. 전자는 하강하며, 연직 위치를 지나며 160°, 150°, 140°, 등등, 점점 줄이드는 호를 그립니다. 다른 공은 자유롭게 흔들리며, 10°, 8°, 6°, 등등의 역시 점차 감소하는 작은 호들을 지나게 됩니다. 먼저, 한 공이 180°, 160°, 등등을 지나는 시간 동안, 다른 공은 10°, 8°, 등등을 지난다고 저는 말씀드립니다.[11] 이로부터 첫 번째 공의 [총괄적인] 속력은 두 번째 공의 16 또는 18 배 클 것임은 명백한데; 만약 더 큰 속력이 작은 속력의 것에 비해 공기에 의해 더 방해받아야 했다면, 180°, 160°, 등등의 호들을 지나는 동요들은 10°, 8°, 4°, 심지어는 2° 또는 1°의 작은 호들을 지나는 동요들보다 덜 자주 일어나야 합니다. 그러나 실험은 이에 위배되며, 만약 두 친구들이 그 동요들, 즉 한 사람은 넓은 동요, 다른 사람은 좁은 동요를 세기로 했다면, 그들은 그들이 그냥 몇 십번이 아니라 몇 백번을 세어도 한 번의 차이도 나지 않는 것을 볼 것이며; 사실은 어떤 횟수 하나도 다르지 않을 것입니다.[12]

이 관찰은 [위의] 두 명제들에 대해 곧바로 우리들을 확신하게 합니다; 즉 가 278

장 큰 그리고 가장 작은 동요들이 모두, 매 동요마다, 같은 시간 동안 일어난다는 것과, 공기의 방해와 감속은 가장 빠른 [이들] 운동들에 대해 가장 느린 운동들보다 더 큰 역할을 하지 않는다는 것이며, 이는 우리 모두가 이전에 믿었던 것들과 배치되는 것입니다.

사그레도. 하지만 공기가 두 공들 모두를 방해한다는 것은 부정할 수 없기 때문에, 왜냐하면 두 [운동들] 모두 약해져서 결국 정지하니까요, 우리는 마땅히 감속은 두 경우 같은 비로 이루어진다고 말해야만 합니다. 그러나 어떻게 그렇게 되지요? 공기는 어떻게 어떤 때 다른 때보다 더 큰 저항을 야기하지요? 이와 같은 일이 어떤 때는 큰 격동량으로 공격받고, 또 다른 때는 작은 격동량으로 공격받는 경우 이외에도 일어날 수 있습니까? 이제 만약 그런 경우라면, 그 움직일 수 있는 것의 속력의 크기 자체가 저항의 크기에 대한 원인이자 척도입니다. 그러므로 모든 운동들은 느리던 빠르던 간에 [그들의 속력과] 같은 비로 감속되고 방해받으며, 이런 생각은 제게는 그렇게 경멸받을 만한 것은 아닌 것으로 보입니다.

살비아티. 그러므로 우리는 이 두 번째 경우에 대해 결론지을 수 있지요, 외부의 사건들로부터 추상화에 의해 증명되기로 한 결론들의 [실제적인] 허구들은 우리가 보통 다루는 도구들에서의 매우 큰 속력을 가진 운동, 또는 지구의 반경에[13] 비하여 작은 거리에 걸친 운동들과 관련하여 거의 문제되지 않는다고 말씀입니다.

심플리치오. 저는 [화약에 의한] 발사[*fuoco*]의 격동량에 의해 투사되는 것들의 독특함{sequestering}에 대한 당신의 논리를 듣고 싶군요, 저는 그것이 화약의 힘이라고 생각합니다만, 공기에 의해 같은 방법으로 변화되거나 방해되지 않는 것으로 [간주되는], 투석기, 활, 또는 캐터펄트{catapults} 등에 의한 투사와는 달리 말씀입니다.

살비아티. 이에 대해서 저는 이들 투사체가 발사되며 받는 과도한 격렬성[*furia*]에 대해, 또는 과자연적{supernatural}[14]이라고 말씀드려도 될까요, 깊은 인상을 받습니다. 제게는 공이 소총{musket} 또는 대포로부터 발사될 때 받는 속력은 '과자연적'이라고 불러도 좋다고 말하는 것이 과장이 아닌 것처럼 보입니다. 왜냐하면 어떤 엄청난 높이로부터 공기를 통한 자연적인 낙하에서 공의 속력은-공기로부터의 반항에 힘입어-영원히 계속 증가하지는 않을 것이기 때문입니다. 오히려, 무슨 일이 생길까는 그리 크지 않은 거리를 통해 낙하하는 매우 작은 무게의 물체들에서 보입니다; 제 말씀은, 균등 운동으로의 전환인데요, 279
이것은 또한 몇 천 브라차 하강한 후의 납 또는 쇠로 된 공에서도 일어날 것입니다. 이 유계{bounded}의 최종 속력{terminal speed}은 그와 같은 무거운 물체가 공기를 통하며 자연적으로 얻을 수 있는 최대값이라고 불러도 좋으며, 저는 이 속력이 폭발하는 화약에 의해 같은 공에 각인될 수 있는 속력보다 훨씬 작다고 간주합니다.

하나의 매우 적절한[*acconcia*] 실험이 우리로 하여금 이에 대해 확신하도록 할 수 있습니다. 백 브라차 또는 그보다 큰 높이로부터, 납으로 된 탄환을 화승총{arquebus}으로부터 연직 하향으로 돌로 포장된 도로에[15] 발사합니다. 그리고 같은 [총{gun}]으로 같은 돌을 향해 1 또는 2 브라차 거리로부터 발사하고, 두 탄환들 중의 어느 것이 더 심하게 충격을 받는지 봅니다. 만약 높은 곳으로부터 왔던 탄환이 다른 것보다 덜 찌그러진 것이 확인된다면, 그것은 공기가 첫 번째 탄환을 방해했고, 또 발사에 의해 운동의 처음에 그 탄환에 주어진 속력을 감소시켰으며, 따라서 공기는 아무리 당신이 높은 곳으로부터 쏜다고 하더라도 그 탄환에 의해서 이 [두 번째 탄환의] 속력이 획득됨을 허용하지 않는다는 뜻일 것입니다. 왜냐하면, 만약 발사에 의해 그 탄환에 각인된 속력이 자연적으로 낙하하는 가운데 저절로 획득할 수 있는 속력보다 크지 않다면, 그 하향의 추진력[*botta*]은 덜이 아니고 오히려 더 유효해야만 합니다. 제가 그와 같은 실험을 수행하지는 않았지만, 저는 화승총 또는 대포로부터의 공은, 어떠한 높이로부터 오든지 간에, 몇 브라차 떨어진 벽에 대해 가하는 충격으로 부딪히지는 않을 것으로 믿고 싶군요; 즉 너무 가까워서, 공기 중으로의 짧은 관통이, 또는 '절단'이라고 부를 수도 있겠네요, 발사에 의해 그것에 각인된 과자연적인 격렬함의 초과분을 제거하기에는 불충분한 것입니다.

격렬한 탄환들의 이 과도한 격동량은 투사체의 경로에 변형을 야기할 수 있으며, 포물선{준등선}의 처음이 그 끝보다 덜 경사되고 덜 휘게 만듭니다. 하지만 이것은 우리들의 **저자**가 실행한 연산에 전혀 손상을 주지 않을 것이며, 그의 주요 결과는, 탄환들의 '범위'라고 불리는 것에 대한 표의 편집이고, 그 표는 매우 다른 높이들에서 발사된 공들이 떨어질 거리들을 포함합니다. 그와 같은 발사들은 매우 소량의 화약으로 장전된 박격포에 의해 실행되었으므로, 격동량은 이들의 경우 과자연적은 아니며, [박격포] 탄환들은 그들의 경로들을 매우 정확하게 그립니다.[16]

그 동안 우리는 논문을 앞질러 나갔군요, **저자**는 [다음에] 우리들에게 어떤 움직일 수 있는 것이 두 운동의 합성으로 된 하나의 운동으로 이루어지는 경우에 대해 그 움직일 수 있는 것의 격동량에 대한 고찰과 탐사를 소개하기를 바랍니다; 먼저 하나는 수평, 다른 하나는 연직인, 두 균등 [운동들]의 복합{composition}에 대해서입니다.[17][3)]

280 명제 2. 정리 2

> 만약 어떤 움직일 수 있는 것이 이중 운동으로, 즉 수평과 연직 방향으로, 균등하게 움직이면, 두 운동으로부터 합성된 움직임의 격동량 또는 운동량은 원래 운동들의 두 운동량과 제곱 등가일[18] 것이다.

어떤 움직일 수 있는 것이 이중 운동으로 균등하게 움직이고, 그 연직 변위들[*mutation*]은 공간 AB에 상응하고, 또 같은 시간 동안 지나간 수평 움직임은 BC에 상응한다고 합니다. 공간들 AB와 BC는 균등 운동으로 같은 시간 동안 지나가므로, 그들 운동들의 운동량들의 비는 AB와 BC의 비와 같을 것이며, 이들 변위들에 따라 움직이는 그 움직일 수 있는 것은 대각선 AC를 그릴 것이고, 한편 속력의 운동량은 AC처럼 될 것입니다. AC는 실제로 AB, BC와 제곱 등가이므로; 두 운동량 AB와 BC로부터 합성된 운동량은 그들 둘과 제곱 등가이며; 이것은 보이고자 하던 것입니다.

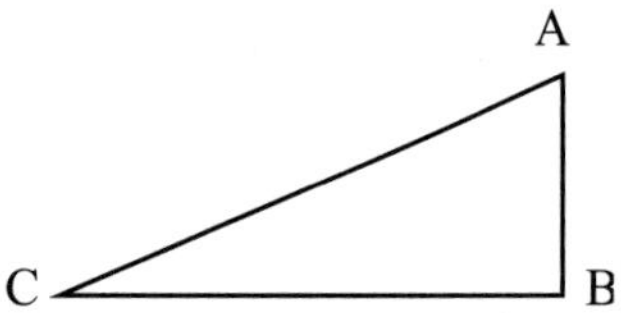

심플리치오. 당신께서는 제게 생긴 조그만 의심을 제거시켜 주셔야만 할 것입니다. 제게는 방금 결론지어진 것은, 앞의 논문에서 나온 다른 명제와 모순되는 것처럼 보입니다. 거기서는 A로부터 B로 오는 움직일 수 있는 것의 격동량은 A로부터 C로 오는 어떤 움직일 수 있는 것의 격동량과 같다고 확언되었습니다.[19] 그러나 지금은 C에서의 격동량이 B에서의 격동량보다 크다고 결론지었지요.

3) 이 문장과 미주 17에서 드레이크는 의도적으로 composition을 사용하고 있는 것으로 보이지만, 바로 아래의 명제에서는 다시 합성{compound}을 사용하고 있어 혼동의 소지가 있다.

살비아티. 심플리치오여, 두 명제 모두 참입니다만, 서로 내용이 다르지요. 여기서는, 둘 다 균등한 두 운동으로부터 합성된 하나의 운동에 의해 움직이는 하나의 움직일 수 있는 것에 대해 말씀드렸고; 반면에 거기서는, 자연적으로 가속된 운동들로 움직이는 두 움직일 수 있는 것들에 관한 것이었으며, 하나는 연직선 AB를 통하고, 다른 것은 경사면 AC를 통하는 것이었습니다. 그 외에도, 거기서는 시간들이 같다고 가정되지 않았으며, 경사면 AC를 통한 시간은 연직선 AB를 통한 시간보다 컸습니다. 우리가 지금 언급하고 있는 운동에서는, AB, BC와 AC를 통하는 모든 운동들이 균등하고, 또 같은 시간에 이루어지는 것으로 간주됩니다.

심플리치오. 죄송합니다, 저는 만족하므로, 이제 진행하시지요.

살비아티. **저자**는 다음에 수평이며 균등한 하나의 운동과, 연직이며 자연적으로 가속된 다른 운동, 두 운동으로부터 합성된 하나의 운동에 의해 움직이는 어떤 움직일 수 있는 것의 격동량에 어떤 일이 생기는지를 우리가 이해하도록 인도하기를 시도합니다; 이 운동으로부터 결국 투사체의 운동이 합성되며, 포물선(준등선)이 그려집니다. 이 [곡선] 내의 모든 점에서 투사체의 격동량의 크기를 보이고자 합니다.[20] 이것의 이해를 위해, **저자**는 우리에게 낙하하는 무거운 물체가 정지 상태로부터 출발하여 자연적으로 가속되는 운동으로 하강하는 그 곡선을 따라서의 격동량에 대한 규칙을 알아내고 또 그것을 측정하는 방법을 보입니다, 또는 방법을 준다고 말씀드릴까요. 그는 말합니다: 281

명제 3. 정리 3

운동이 A에서 정지 상태로부터 선분 AB를 통해 일어나게 하고, 그 안에 어떤 점 C를 잡는다. AC를 공간 AC를 통한 낙하의 시간, 또는 시간의 척도라고 가정하고, 뿐만 아니라 하강 AC로부터 획득된 점 C에서의 격동량 또는 운동량의 척도라고 가정한다. 같은 선분 AB 안에 B와 같은 종류의 다른 점을 취하는데, 그 점에서 AB의 하강으로부터 획득된 격동량이 C에서 획득된 격동량에 대한 비로 결정되어야 하며, C에서 획득된 격동량의 척도는 AC로 가정된다. BA와 AC 사이의 평균 비례를 AS라고 하고; 우리는 B에서의 격동량과 C에서의 격동량의 비는 선분 SA와 AC의 비와 같음을 증명할 것이다.

수평선들 CD(AC의 두 배)와 BE(BA의 두 배)를 그립니다; AC를 통해 낙하하는 [한 움직일 수 있는 것]이 수평선 CD로 방향 전환되면 C에서 획득
282 된 격동량에 따라 균등 운동에 의해 이동되며, AC를 가속 운동으로 지나가는 데 걸리는 것과 같은 시간에 공간 CD를 지남이 위에서 증명한 것으로부터 얻어집니다. 마찬가지로, AB를 지나가는 것과 같은 시간에 BE를 지납니다. 하지만 AB를 낙하하는 시간은 AS이므로; 수평선 BE는 시간 AS 동안 지나가게 됩니다. EB와 BL의 비를 시간 SA와 시간 AC의 비와 같도록 합니다. BE를 통한 운동은 균등하므로, 공간 BL은 B에서 [획득된] 신속함의 운동량으로 시간 AC 동안 통과될 것입니다. 하지만 같은 시간 AC 동안, 공간 CD를 C에서 [획득된] 신속함의 운동량으로 지나가며, 신속함의 운동량들의 비는 이들 운동량으로 같은 시간 동안 지나간 공간들의 비와 같습니다. 그러므로 C에서의 신속함의 운동량과 B에서의 신속함의 운동량의 비는 DC와 BL의 비와 같습니다. 이제 DC와 BE의 비는 그들의 반들의 비와 같고, 즉 CA와 AB의 비와 같고, 한편 BA와 AS의 비는 EB와 BL의 비와 같습니다. 따라서 비들의 등거리에 의해, DC와 BL의 비는 CA와 AS의 비와 같으며; 즉 CA와 AS의 비는 C에서의 신속함의 운동량과 B에서의 신속함의 운동량의 비와 같습니다; 다시 말하면, CA를 통하는 시간과 AB를 통하는 시간의 비와 같습니다.

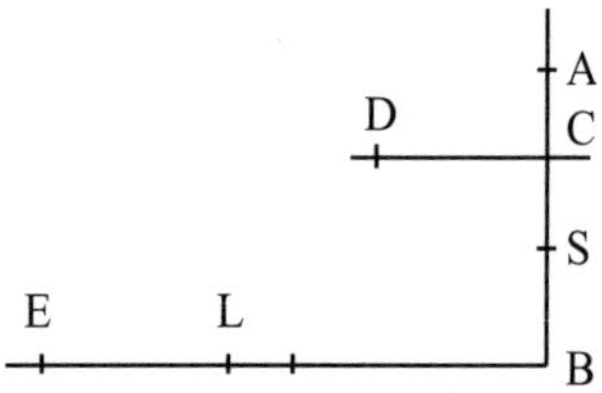

이로써 하강 운동이 발생하는 곡선에서의 격동량 또는 신속함의 운동량을 측정하는 규칙은 분명해졌으며, 그 격동량은 시간들의 비에 따라 증가하는 것으로 가정됩니다. 그러나 여기서 앞으로 나가기 전에 우리가 균등한 수평 운동과 자연적으로 가속된 하향 [운동들]로부터 합성된 운동에 대해 논의할 것임에 먼저 주목해야만 합니다. 그와 같은 합성물로부터 투사체들의 경로가 생성됩니다[*conflatur*]; 즉 포물선{준등선}이 그려지며; 우리는 무언가 그에 따라 속력, 격동량, 또는 두 운동들의 운동량을 측정할 수 있는 공통을 정의해야만 합니다. 이제, 균등 운동들에 대해서는 속력의 셀 수 없을 만큼 많은 정도들이 있으며, 이들 중의 하나를 취하기로 하는데, 그것은 무수히 많은 것 중에서 무작위적으로가 아니라 자연적으로 가속된 운동을 통해 획득된 속력의 정도에 적합하고 또 그와 연관된 것으로 취할 것입니다.

저는 이것을 선택, 결정하는데 그 운동과 같은 종류의 어떤 운동을 취하는 것

보다 더 쉬운 방법을 생각할 수 없습니다. 더 명확하게 설명하기 위해; 저는 연
직선 AC와 수평선 CB를 상상하는데, AC는 고도{altitude}이고 BC는 두
운동들의 합성에 의해 그려지는 반포물선{반준등선}의 진폭입니다, 한 운동은 283
A에서 정지 상태로부터 자연적으로 가속된 운동으로 AC를 통하여 하강하는 움직일 수 있는 것의 운동이며, 다른 운동은 수평선 AD를 통한 균등 횡운동입니다. AC를 통한 하강에 의해 C에서 획득된 격동량은 높이 AC의 크기에 따라 결정되는데; 왜냐하면 같은 높이로부터 낙하하는 움직일 수 있는 것의 격동량은 오직 하나밖에 없기 때문입니다. 그러나 속력의 셀 수 없을 만큼 많은 정도들, 하나가 아닌 정도들이 수평선 위에서의 균등 운동에 대해서는 주어질 수 있습니다. 그 많은 것들 중에서 저는 하나를 고를 수 있으며, 나머지로부터 격리시킬 수 있지요, 마치 그것에 대해 손가락 하나로 가리키듯이, 고도 CA를 위로 연장하고 그 안에, 필요하면 언제나, 저는 '정점 거리{sublimity}' AE를 고정할 것입니다.[21]

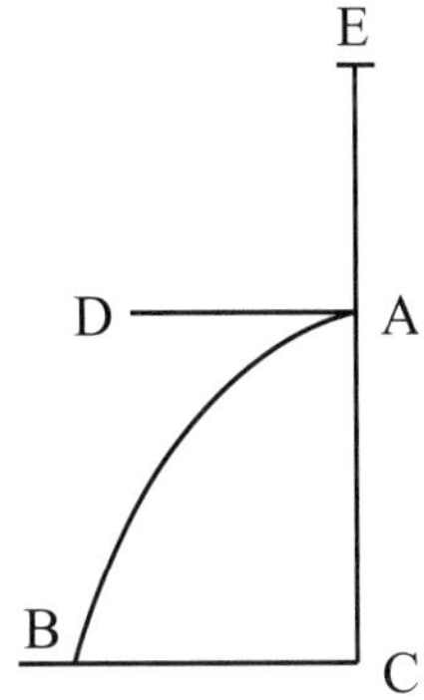

이제 저는 마음 속으로 E에서 정지 상태로부터 낙하하는 어떤 것을 생각하는데, 그것이 끝점 A에서 얻는 격동량은 같은 움직일 수 있는 것이 수평선 AD로 방향 전환될 때 가지게 될 격동량과 같다는 것은 명백합니다. 이것은 EA를 통한 낙하 시간 동안 수평선에서 거리 EA의 두 배를 지나가게 될 그 신속함의 정도입니다. 이 정도의 서론이 필요하다고 생각합니다.

나아가 제가 수평 [선분] CB를 반포물선{반준등선} AB의 '진폭'이라고 부른 것에 유의해야 합니다; 이 포물선{준등선}의 축 AC를 [저는] 포물선{준등선}의 '고도'라고 [부르고]; 선분 EA를, 이것을 통한 하강으로부터 수평 격동량이 결정되지요, 저는 [포물선{준등선}의] '정점 거리'라고 부릅니다.

이러한 것들이 설명되고 정의되었으므로, 이제 저는 증명되어야 할 것들로 계속 나가겠습니다.

사그레도. 잠깐만요, 제가 간청합니다, **저자**의 생각을 여기서, 플라톤의 선회하는 천체 운동들에서의 균등 운동의 다양한 속력들을 결정하는 것과 관련된 개념과의 정합성{conformity}을 통해, 돋보이게 하는 것이 제게는 적절한 것으로 보이기 때문입니다. 지정된 정도와 가장 높은 천천함의 [정도], 즉 정지 상태 사이의 속력의 모든 낮은 정도들을 다 지나지 않고서는(또는 더 큰 천천함

이라고 말할까요), 한 움직일 수 있는 것이 정지 상태로부터, 그 속력을 영원히 균등하게 유지해야만 하는, 임의의 확정된 속력의 정도까지 지나갈 수 없다는 생각을 아마도 플라톤은 했기 때문에, 신은, 움직일 수 있는 천체들을 창조한 후에, 그들에게 균등한 원운동으로 영원히 운동해야만 하는 그 속력들을 그들에게 지정하기 위해, 정지 상태로부터 벗어나게 하여, 확정적인 공간들을 그 자연적인 직선 운동으로 통과하게 했다고 플라톤은 말했습니다. 그 자연적인 직선 운동은 우리가 지각하여 볼 수 있는 우리의 움직일 수 있는 것들이 정지 상태로부터 지속적으로 가속하여 운동하는 그 운동이지요. 그는 또 부언하였지요, 천체들이 신을 즐겁게 하는, 그들이 영원히 유지해야만 하는 [속력의] 정도를 얻게 되자, 신은 그들의 직선 운동을, 균등하게 보존되는데 적합하며, 그들에 의해 추구되는 어떠한 사전에-정해진 목표로부터 멀어지거나 또는 가까이 가지
284 않으며 항상 회전하는 [운동의] 유일한 종류인 원운동으로 전환하였다고. 그 개념은 정말 플라톤다운 생각이며, 또 플라톤은 말한 적이 없지만, 우리들의 저자에 의해 그들의 시적인 가면, 또는 가장이 제거되는 가운데 발견된 그 근거가 진짜 이야기의 형태로 자신을 보인 만큼 더 존중될 것입니다.

그리고, 매우 경쟁력 있는 천문학적인 이론들을 통해, 우리는 행성들의 궤도들의 크기들, 그들의 속력들뿐만 아니라, 회전하는 중심으로부터의 거리들에 대한 자료를 가지고 있으므로, 플라톤의 개념을 모르지 않았을 우리들의 **저자**가 어떤 시점에 그가, 행성체들이 정지 상태로부터 출발하여 직선이며 자연적으로 가속된 운동으로 일정한 거리를 통해 움직이고, 그리고 획득된 속력들로 균등 운동들로 전환되었을, 확정적인 정점 거리를 지정할 수 있는지를 시도할 호기심을 가졌을 것도 제게는 매우 믿을만한 것으로 보입니다. 정점 거리가 그들의 궤도들의 크기들과 선회들의 시간들에 상응하는 것으로 발견될 지도 모릅니다.

살비아티. 사실, 저는 그가 저에게, 언젠가 그 계산을 수행한 적이 있으며, 또한 관측 자료들과 매우 가까운 결과를 얻었다고 말한 것을 기억하는 것 같습니다.[22] 그러나 그는 그에 대해 논의하기를 원치 않았으며, 이는 그가 많은 사람들의 분노를 일으킨 너무나 많은 신기한 일들을 발견했으며, 추가적인 발견들은 더 많은 소동을 일으킬 것으로 판단했기 때문일 것입니다. 하지만 누구나 비슷한 생각을 가졌다면, 이 논문의 가르침을 통해 스스로 그의 생각을 만족시킬 수 있겠지요. 그러면 우리들의 공부로 돌아가, 다음을 증명하도록 하지요:

명제 4. 문제 1

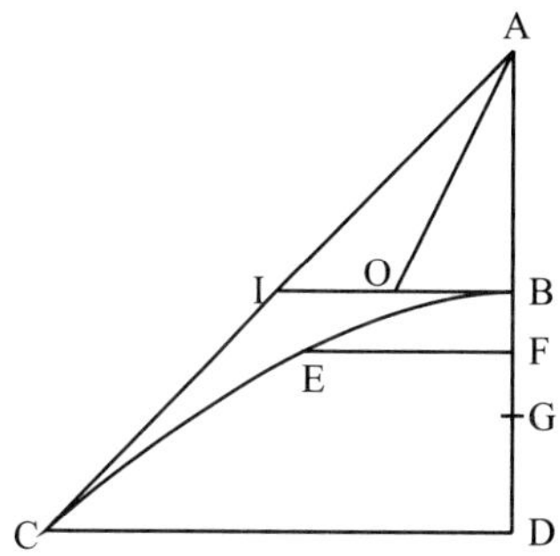

한 투사체에 의해 그려지는, 주어진 포물선{준등선} 내의, 임의의 주어진 점에서의[*punctis singulis*] 격동량을 어떻게 결정할 것인가?

BEC를 그 진폭이 CD, 고도가 DB인 반포물선{반준등선}이라고 하고, 고도를 위로 연장하여 포물선{준등선}에 접하는 CA를 A에서 만나게 합니다. 꼭지점 B를 지나고 CD에 평행한 수평선 BI를 그립니다. 이제 만약 진폭 CD가 전체 고도{whole altitutde} DA와 같으면, BI는 BA 그리고 BD와 같을 것입니다; 또 만약 AB를 통과하는 낙하의 시간과 A에서 정지 상태로부터 AB를 하강하여 B에서 얻게 된 속력의 운동량을 [모두] 같은 AB로 척도하면, BI의 두 배인 DC는 그 [움직일 수 있는 것]이 격동량 AB를 가지고 수평선으로 방향 전환할 때 같은 시간 동안 지나갈 공간일 것입니다. 하지만 같은 시간 동안, B에서 정지 상태로부터 BD를 통해 낙하하여, 고도 BD를 지나가므로; 285
A에서 정지 상태로부터 AB를 통해 하강하는 그 움직일 수 있는 것은, 격동량 AB로 수평 방향으로 방향 전환되어, DC와 같은 공간을 지납니다. BD를 통한 낙하가 이어진다면, 고도 BD를 지나가는데 포물선{준등선} BC를 따라가며, 그 포물선{준등선}의 끝점 C에서의 격동량은 그 운동량이 AB인 균등 횡[운동]과 끝점 D(또는 C)에서 하강 BD를 통해 획득된 운동량으로 이루어지는데, 이들 운동량들은 같습니다. 그러므로 만약 우리가 AB를 이들 둘 중 하나의 척도로 기징하면, 예를 들어 균등 횡[운동량]이라고 하면, BI(BD와 같은)는 D(또는 C)에서 획득된 격동량의 척도이며, 결과적으로 빗변 IA는 두 운동들로부터 합성된 운동량의 크기일 것입니다. 이 양은 따라서 BC를 통해 오는 투사체에 의해 C에서 만들어지는 격동량에 대한 결합된{combined}[integri] 운동량의 크기, 또는 척도일 것입니다.

이 사실을 마음에 새겨둔 채, 포물선{준등선} 안에 임의의 점 E를 잡고, 그 점에서 투사체의 격동량이 결정되어야 한다고 하지요. 수평선 EF를 그리고, BG를 BD와 BF 사이의 평균 비례라고 하면; AB(또는 BD)는 시간과 B에서 정지 상태로부터의 낙하 BD에서의 속력의 운동량의 척도임이 가정되었으므로, BG는 시간 또는, B로부터 올 때, F에서의 시간과 운동량의 척도일 것입니다. 그러므로 만약 BO를 BG와 같도록 하면, 추가된 대각선 AO는 점 E에서의 격동량의 크기일 것입니다; 왜냐하면 AB는 B에서의 시간과 격동량을 결정하는 것으로 가정되었기 때문인데, B에서의 [격동량]은 수평선으로 방향 전환되어 항상 같게 지속되는 반면, BO는 B에서 정지 상태로부터 고도 BF를 통한 낙하에 의해 {획득된} F(또는 E)에서의 격동량입니다. 하지만 AO는 AB, BO와 제곱 등가이며; 따라서 증명하고자 하던 것은 명백해 졌습니다.

사그레도. 이들 다른 격동량들의 합성과, 그와 같이 혼합되는 결과들의 격동량의 크기에 대한 이론은 제게는 매우 새로운 것이어서 제 마음에 혼동을 전혀 남기지 않는 것은 아닙니다. 저는, 하나는 수평선을 따라서 또 다른 하나는 연직선을 따라서 발생하는, 서로 같지 않은 크기를 가지는, 두 균등한 움직임들의 혼합에 대해 말씀드리는 것이 아닙니다; 왜냐하면 이에 대해서는 제가 그 두 성분들과 제곱 등가인 한 운동이 결과로 생긴다는 것을 매우 잘 이해하기 때문입니다. 하지만 저는 균등 수평 운동과 자연적으로 가속된 연직 [운동]의 혼합에 대해 혼동되고 있습니다. 그래서 저는 이 문제에 대해 조금 더 명확하게 소화할 수 있게 된다면 고맙겠습니다.

286 심플리치오. 저는 그것이 훨씬 더 필요한데요, 앞으로 계속될 명제들의 필수적인 기초가 될 이들 명제들에 대해, 필요하기는 한데, 저는 제 마음 속에서 아직 전적으로 만족하고 있지 않거든요. 제가 말씀드리는 것은 심지어, 수평과 연직인, 두 균등 운동들의 혼합에 대해서도, 저는 그들의 합성과 ['제곱 등가인'] '멱{power}'을 보다 잘 이해하기 원합니다. 살비아티, 당신께서는 확실히 우리들의 필요와 소망을 이해하시겠지요.

살비아티. 당신들의 소망은 매우 당연하며, 제가 당신들보다 그에 대해 더 오랜 시간 동안 생각하여 왔으므로, 제 능력껏 당신들의 이해를 돕도록 하지요. 하지만 토론 중에 제가 **저자**에 의해 이미 논의된 내용의 상당 부분을 반복한다고 하더라도 참고 또 용서해 주시기 바랍니다.

우리는 움직임들과 그들의 속력들 또는 격동량들에(이들이 균등하거나 또는 자연적으로 가속되거나 간에) 대해, 우리가 먼저 어떤 표준을, 그러한 시간과 속력들을 측정하는데 사용할 수 있는 표준을, 결정할 때만 확정적으로 추론할 수 있습니다.[4] 시간의 척도에 대해서는, 우리는 시간, 분, 초 등에 대해 이미

4) 갈릴레오는 여기서 본질적으로는 단위와 차원에 대한 최초의 논의를 하고 있음에 유의하기 바란다.

285

보편적인 동의를 가지고 있으며; 또 시간의 척도가 모든 사람에 의해 인정되어 우리 모두 공통적으로 사용하는 것처럼, 공통적으로 이해되고 또 모두에게 인정되는 속력들에 대한 어떤 척도를 배정하는 것이 필요합니다; 즉 모두에게 같을 척도 말씀입니다.

앞에서 설명한 바와 같이, **저자**는 그와 같은 목적으로 자연적으로 낙하하는 무거운 물체들의 [가속되는] 속력이 적합하다고 생각하며, 그 물체들의 증가하는 속력들은 전 세계 어느 곳에서나 같은 경향을 유지합니다.[23] 그래서 예를 들면, 정지 상태로부터 시작하여 1 피카[*picca*][5] 높이로부터 낙하한 1 파운드의 납으로 된 공에 의해 획득된 속력은 항상 어디서나 같으며, 이 때문에 이 값은 자연 하강으로부터 얻어지는 격동량을 대표하는데[*explicar*][6] 매우 적절합니다. 이제 남은 것은 또한 어떤 균등 운동에서 격동량의 크기를 결정하는 방법을, 이에 대해 추론하는 사람이면 누구나 그 크기와 속력에 대해 같은 개념을 형성할 그러한 방식으로 찾는 것입니다. 이렇게 하면, 어떤 사람은 더 빠른, 또 어떤 사람은 더 느린 운동을 생각하지 않을 것이며, 결과적으로 원래 균등한 것으로 생각되었던, 이 운동을 이미 정해진[*statuito*] 가속 운동과 더하거나 혼합하는데, 다른 사람들이 [합성된] 격동량들의 수많은 크기들을 포함하는 다른 생각들을 가지지 않을 것입니다.

이와 같은 유일한[*particolare*] 격동량과 속력을 결정하고 나타내기 위해, 우리들의 **저자**는 [규정된] 자연 가속 운동에서 움직일 수 있는 것에 의해 획득된 격동량을 사용하는 것이 가장 좋은 방법임을 알아내었습니다. 어떤 획득된 운 287
동량도, 균등 운동으로 전환되면, 그 제한된 속력을 정확하게 유지하며, 또 하강의 시간과 같은 시간 동안, 그것은 낙하가 발생한 높이의 정확하게 두 배 거리를 움직일 것입니다. 이것은 우리가 논의하는 문제에 있어서 주요한 사항이므로, 개별적인 예에 의해 완벽하게 이해되도록 하는 것이 좋습니다.

그래서, 1 피카의 높이로부터 낙하하는 무거운 물체에 의해 획득된 속력과 격동량을 다시 생각하지요; 우리는 이 속력을 다른 경우들에 대한 다른 속력들과 격동량들의 척도로 사용하기를 원합니다. 예를 들어, 그와 같은 낙하의 시간

5) 드레이크는 pikestaff(장창의 대)로 번역하였으며, 당시의 1 피카는 약 $3.6\ m$ 정도였다.
6) 원뜻은 '설명하다'이다.

이 4 초라고 가정하지요.[24] 이제, 이 척도로 크든 작든 간에 임의의 다른 높이로부터 낙하하는 물체의 격동량을 알아내기 위해서, 우리는 1 피카의 높이에 대한 이 새로운 높이의 비로부터 구하고자 하면 안 되며, 두 번째 높이를 통해 획득된 격동량의 크기를, 예를 들면, 네 배의 높이로부터 낙하하는 물체는 네 배의 속력을 획득하게 된다고 생각함으로써, 연역하지 않아야 하며, 왜냐하면 이는 잘못된 것이기 때문입니다.[25] 자연적인 가속 운동의 속력은 거리들의 비에 따라 증가 또는 감소하지 않으며, 시간들의 비에 따라 증가 또는 감소하기 때문입니다; 거리들의 비는 시간들의 비의 제곱 비로 더 크며, 이는 이미 증명된 바와 같습니다. 따라서 속력의 측정을 위해 한 직선의 일부, 또한 시간과 그 시간 동안 움직인 공간을 취할 때-편이성을 위해, 이들 세 크기 모두 같은 직선 위에 대개 나타내기 때문에-시간의 크기나 같은 움직일 수 있는 것이 어떤 다른 거리에서 획득하게 될 속력의 정도를 알아내고자 할 때, 우리는 이것을 그 두 번째 거리로부터 직접 얻지 않고, 두 거리들의 평균 비례인 선분으로부터 얻습니다.

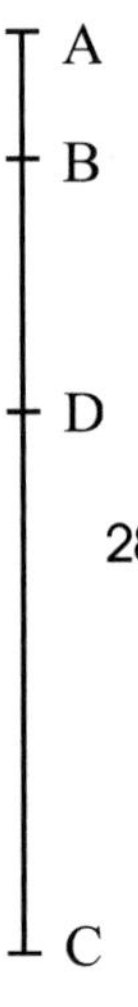

저는 예로서 더 잘 설명 드릴 수 있습니다. 연직선 AC 안에, 그 부분 AB는 가속 운동으로 자연적으로 낙하한 무거운 물체에 의해 움직여진 공간으로 가정됩니다. 저는 그 움직임{passage}의 시간을 제가 원하는 어떠한 선분으로도 나타낼 수 있으며, 간단하게 하기 위해, 저는 이것을 선분 AB와 같은 크기로 나타내기를 원합니다. 그러한 운동을 통해 획득된 격동량과 속력의 척도에 대해서도 마찬가지로 하기로 합니다. 저는 여전히 선분 AB를 취하므로, 추론의 과정 중에 고려될 모든 공간들의 척도는 이 선분 AB입니다. 이들 세 척도들을, 하나의 크기 AB로, 원하는 대로 정하였고, 또 [이들은] 공간들, 시간들,
288 격동량들과 같은 다양한 양들의 [척도들]이므로, 지정된 거리와 높이 AC, A로부터 C까지의 낙하 시간의 크기, 끝점 C에서 획득될 것으로 발견될 격동량의 크기를 결정하도록 제안하지요, {이들} [모두] AB에 의해 척도되는 시간과 격동량에 대해 상대적으로 말씀입니다. 두 문제 모두 두 선분들 AC와 AB의 평균 비례를 취함으로써 결정될 것이며, 이는 전체 거리 AC를 통한 낙하의 시간은 시간의 [단위] AB에 대해 상대적으로 시간 AD와 같은 크기임을 확인하는 것이며, AB는 처음에 AB의 낙하 시간의 크기로 가정되었습니다. 마

찬가지로, 낙하하는 물체가 끝점 C에서 얻게 될 격동량, 또는 속력의 정도는 B에서 가졌던 격동량에 대해 상대적으로, AB에 대해 상대적으로 이 같은 선분 AD이며, 속력은 시간이 증가하는 것과 같은 비로 증가하는 것을 알 수 있습니다.[7] 이 결론은 가설로 취해졌지만; **저자**는 그 응용을 위에서, 명제 3에서 설명하기를 원했습니다.

이 점이 잘 이해되고 확립되었다면, 우리는 합성된 두 운동으로부터 유도되는 격동량을 생각하기로 하지요. 한 [예는] 수평하며 항상 균등한 [운동]과 또한 항상 균등한 연직 [운동]으로부터 합성된 [운동]일 것입니다. 다른 [예는] 수평하며 역시 항상 균등한 운동과 연직이며 자연적으로 가속된 [운동]으로부터 합성된 [운동]입니다.

두 운동이 모두 균등할 때, 두 운동의 합성으로부터 얻어지는 결과적인 격동량{resultant impetus}은 두 성분들과 제곱 등가임은 이미 보였습니다. 명쾌한 이해를 위해 이것을 다음과 같이 예시하기로 하지요; 연직선 AB를 통해 낙하하는 움직일 수 있는 것이, 예를 들어, 균등한 격동량, 정도 3을 가진다고 가정하고, 반면에 C를 향해 BC[원문:AB]를 따라서 이동되는 것은 속력과 격동량이 정도 4라면, 낙하하는 시간 동안 연직 방향으로 3 브라차를 움직이게 될 것이며, 예를 들면, 수평 방향으로는 4 브라차를 움직이게 됩니다. 하지만 두 속력들의 합성에 있어, 그것은 점 A로부터 끝점 C까지 같은 시간 동안 오게 되며, 항상 대각선 AC를 따라 움직입니다. 이 대각선은 길이가 7이 아니지요, AB, 3과 BC, 4로부터 합성되는 값이 되는; 그것은 [길이가] 5이며, 여기서 5는 3과 4의 두 값과 제곱 등가입니다; 만약 3과 4의 제곱이 취해지고, 그들은 9와 16이지요, 또 그들이 더해지면, AC의 제곱인 25를 만들어내며, 이것은 AB와 BC를 한 변으로 하는 정사각형들의 넓이와 같고, 따라서 AC는 한 변의 크기, 또는 그것을 제곱 25의 근이라고 부르기로 할까요, 그 값은 5입니다.[8]

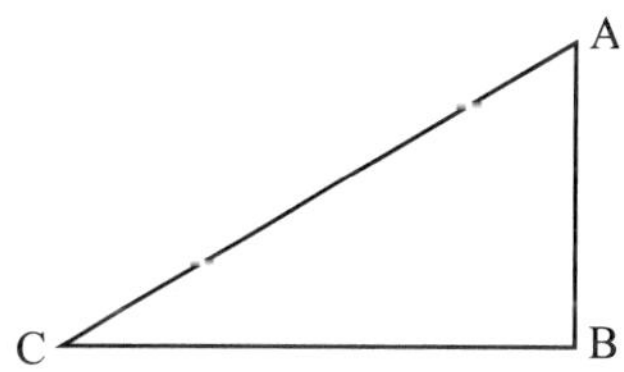

7) 오늘날은 정지 상태에서 시작한 균등 가속 운동의 속력을 $u(t)$, 가속도를 a라고 하면 $u(t) = at$라고 쓸 수 있으며, 이 식으로부터 속력은 시간에 비례함을 알 수 있지만, 갈릴레오는 비례 관계만을 다루고 있으므로, a라는 양을 도입할 필요가 없음에 유의한다.

8) 아직 벡터의 개념, 벡터 덧셈에 대한 개념이 없을 때, 갈릴레오는 벡터의 성분 분해와 그 합성에 대해 논의하고 있으므로, 매우 세밀하게 설명하고 있음에 유의한다. 데카르트의 좌표 개념은 1637년에 알려졌지만, 일반적인 벡터의 개념은 19세기 말에야 얻어졌으므로, 그의 설명이 매우 세밀하지만, 크게 지나치다고 할 수는 없다.

289 확고하고도 안전한 규칙은, 그러면, 하나는 수평, 다른 하나는 연직이며 모두 균등한, 두 주어진 격동량들로부터 기인하는 격동량의 크기를 290 나타내어야만 할 때, 우리는 둘의 제곱을 취하고, 그들을 더하여, 그들의 합의 제곱근을 구해야만 합니다; 이렇게 하여 우리는 두 운동으로부터 합성된 격동량을 얻습니다. 또 주어진 예에서, 그 연직 운동 때문에 움직일 수 있는 것은 수평선을 정도 3의 힘으로 때리게 되고, 또 수평 운동만으로 C에 정도 4로 부딪히는데, 두 격동량이 합해져서 부딪힘에 있어, 그 타격{blow}은 정도 5의 속력과 힘으로 운동된 타격체{skriker}의 그것과 같을 것입니다. 또 그러한 타격은 대각선 AC를 따라 어느 점에서도 같은 값을 가지게 되므로, 합성된 격동량들은 항상 같으며, 결코 증가하거나 감소하지 않습니다.

이제 균등한 수평 운동과, 정지 상태로부터 출발하여 자연적으로 가속된 연직 운동을 합성함으로써 어떤 일이 생기는 지를 보기로 하지요. 이들 두 운동의 합성으로부터 얻어지는 운동의 선인 대각선이 직선이 아니며, 앞에서 보인 바와 같이, 반포물선{반준등선}이고, 포물선{준등선}에서는, 연직 운동에서의 연속적인 속력 증가에 힘입어, 격동량이 항상 증가함은, 이미 명백합니다. 따라서 이 포물선{준등선}적 대각선의 한 지정된 점에서의 격동량을 결정하기 위해서는, 먼저 균일한 수평 격동량의 크기를 지정하는 것이 필요하며, 다음으로는 지정된 점에서 낙하에 기인하는 격동량을 고려하는 것이 필요한데, 이것은 두 운동들의 합성의 시작으로부터 경과된 시간을 생각하지 않고서는 결정될 수 없습니다. 시간에 대한 이와 같은 고려는 균등 운동들의 합성에 대해서는 요구되지 않았으며, 그것은 그 속력들과 격동량들이 항상 같았기 때문입니다. 하지만 여기서는, 가장 큰 느림으로부터 시작하여 그 속력을 시간의 흐름에 따라 증가하는 운동과의 혼합을 고려해야 하므로, 시간의 크기가, 우리들에게 주어진 점에서의 속력의 정도의 크기를 명백하게 알려 주어야만 합니다. 나머지에 대해서는, 이들 두 운동들로부터 합성된 충격량이 (균일 운동들의 경우와 같이) 두 성분과 제곱 등가{인 것으로부터 얻습니다}.

여기서 다시 예를 들어 설명하는 것이 가장 좋겠지요. 연직선 AC 안에 임의의 부분 AB를 잡고, 저는 이 연직선 안에서의 자연 운동의 공간에 대한 척도, 또 마찬가지로 시간의 척도, 또한 속력의, 또는 격동량이라고 말할까요, 척도가 되는 것으로 상상하기로 합니다. 이제 먼저, 만약 A에서 정지 상태로부터 낙하하는 [물체의] B에서의 격동량이, 균등한 운동으로 수평선에 평행한 BD로 방향 전환할 것이며, 그 속력의 크기는 시간 AB 동안에 그 물체가 거리 AB의 두 배의 거리를 움직일, 그런 속력일 것임은 명백하며; 그 크기는 선분 BD와 같습니다. 다음으로, BC를 BA와 같이 취하고, CE를 BD와 평행하고 같게 그리며, 점들 B와 E를 통하는 포물선{준등선} BEI를 표시합니다. AB의 두 배인 수평선 BD(또는 CE)는 시간 AB 동안 격동량 AB로 움직여지며, 같은 시간 동안 연직선 BC는 C에서 획득된, 같은 수평선 BD와 같은, 격동량으로 움직여지므로, 그 움직일 수 있는 것은 AB와 같은 시간 동안 B로부터 E까지 포물선{준등선} BE를 통해, 각각 격동량 AB와 같은 두 운동으로부터 합성된 하나의 격동량으로 온 것으로 밝혀질 것입니다. 또 이들 중의 하나는 수평이며, 다른 하나는 연직이므로, 그들로부터 합성된 격동량은 그들 둘과 제곱 등가일 것이며; 즉 [그 제곱은] 둘 중 하나의 제곱의 두 배[일 것입니다]. BF는 BA와 같이 잡았으며, 또 그 대각선 AF가 그려지면, E에서의 격동량과 타격은 높이 A로부터 낙하하는 물체에 의해 경험되는 B에서의 타격보다 클 것이며, 또는 BD를 통한 수평 격동량의 타격보다 AF와 AB의 비만큼 클 것입니다.

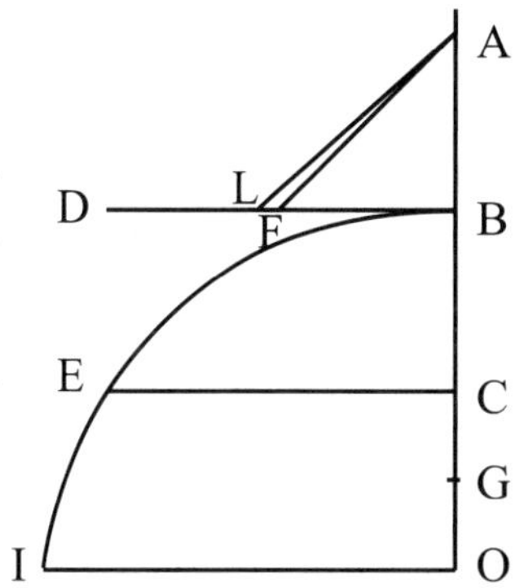

그러나, BA를 항상 A에서 정지 상태로부터 B까지 낙하한 거리의 척도로 삼고, 또 시간과 낙하하는 [물체가] B에서 획득한 격동량의 척도로 삼으며, 만약 높이 BO가 BA와 같지 않고 더 크면, 시간과 높이 BO를 통한 낙하에 의해 O에서 획득된 격동량의 척도로 AB와 BO 사이의 평균 비례를 취합니다. 시간 AB 동안 격동량 AB로 움직여진 수평을 통한 거리는 AB의 두 배일 것이지만; 시간 BG 동안 그것은 BG가 BA보다 큰 비에 따라 [AB보다] 클 것입니다. 다음으로, BG와 같은 LB를 취하고, 대각선 AL을 그린 후, 그로부터 우리는 수평과 연직의 두 격동량들의 합성된 양을 가질 것이며, 그 양에 의해 포물선{준등선}이 그려집니다; 이들 중에서 수평 [격동량]은 균등하며, 낙하 AB에 의해 B에서 획득되며, 다른 것은 O에서, 또는 I에서라고 할까
요, 시간 BG 동안 낙하 BO에 의해서 획득되는 것이며, 이 [후자]는 또한 그 291
운동량의 크기이기도 합니다. 비슷한 논리로 우리는, 포물선{준등선}의 마지막 끝점에서의 고도가 정점 거리 AB보다 작을 때, 둘 사이의 평균 비례를 취함으로써, 끝점에서의 격동량에 대해 검토할 수 있습니다. 수평선을 따라 이 양을

BF로 표시하고, 대각선 AF를 그리면, 이것으로부터 포물선{준등선}의 마지막 끝점에서의 격동량을 구할 것입니다.

이들 격동량들, 타격들{blows}에, 또는 투사체의 충격들{impacts}이라고 할까요, 대해 지금까지 말씀드린 것에 덧붙여, 다른 매우 필수적인 고려를 해야만 합니다. 이것은, 투사체의 속력만을 생각하는 것은, 충격의 힘과 에너지를 완벽하게 결정하기 위해, 충분치 않으며, 나아가 피충격체의 상태와 조건을 별도로 확정하는 것이 필요하다는 것이며, 충격의 유효성에 있어 이 [조건]이 여러 관점들에서 큰 몫을 차지하고 기여하기 때문입니다. 먼저 피충격체는 충격체의 속력으로부터 충격에 의해 격렬한 힘을 받지만, 그에 따라 이에 대항하고, 그 운동의 전체 또는 부분을 제약하는[*frena*] 정도뿐이라는 것을 누구나 이해합니다. 만약 타격이, 어떠한 저항도 일절 없이 충격체와 속력이 같아지는{yield} 순간 도달한다면, 전혀 타격을 받지 않을 것입니다. 그의 창으로 적을 찌르려고 뛰는 사람이, 그의 적이 같은 속력으로 공중에서 움직일 때 추월한다면, 어떠한 타격도 가하지 못할 것이며, 그 작용은 상처를 입히는 것이 아니라 단순히 만지는 정도일 것입니다. 충격체와 전적으로 속력이 같지 않고 다만 부분적으로 따라잡히는 사물이 만약 충격을 받는다면, 그 충격은, 충격체가 가진 모든 격동량이 아닌, 충격체의 속력이 피충격체의 도망가며 따라잡히는{yielding} 속력보다 큰 초과분만큼만 손상을 줄 것입니다. 예를 들어, 충격체가 정도 10의 속력으로 피충격체에 도달하는데; 피충격체는 부분적으로 따라잡혀서, 정도 4로 도망간다면, 격동량과 충격은 정도 6에 해당할 것입니다. 또 마지막으로 충격체 쪽이 받는 충격은, 피충격체가 전혀 움직이지 않고 완전히 충격체에 대항하며, 충격체의 모든 운동을 정지시킬 때, 만약 이것이 일어날 수 있다면, 전적이며 최대일 것입니다.[26]

저는 '충격체 쪽이 받는' [충격]이라고 말씀드렸는데, 이는 만약 피충격체가 충격체와 방향이 반대{contrary}인 운동을 한다면, 그 타격과 만남은, 반대되는 속력들을 더한 것이 충격체의 속력보다 큰 만큼 더 세게 일어나기 때문입니다. 더욱, 충격의 크기는, 철 또는 납, 또는 양털 등과 같이 딱딱하다거나 덜 딱딱
292 한 물질의 성질뿐만 아니라, 충격을 받는 물체의 놓인 상태에 따라 달라진다는 것에도 유의해야만 합니다. 만약 이 놓인 상태가 충격체의 운동이 피충격체에 직각으로 오도록 된다면, 충격의 격동량은 최대일 것이며; 그러나 만약 운동이

비스듬하게 와서, 말하는 것처럼 비스듬히 치고 간다면, 그 타격은 약할 것이고, 비스듬한 정도가 커지면 커질수록 더 약해질 것입니다. 비스듬하게 놓인 어떤 사물도, 아무리 딱딱한 물질로 되었다고 하더라도, 충격체의 모든 격동량과 운동을 제거하고 정지시키지 않으며, 충격체는 부딪힌 후에도 운동을 지속하고, (최소한 부분적으로는) 항거하는 대항{resistent}의 표면 위를 계속하여 움직이게 됩니다.

만약 그러므로 포물선{준등선}의 끝점에서의 투사체의 격동량의 크기가 위에서와 같이 결정된다면, 포물선{준등선}에, 아니 그보다는 언급된 점에서의 접선에, 직각들인 선 위에서 충격을 받은 것으로 이해되어야 할 것입니다; 운동은 수평 [운동]과 연직 [운동]으로부터 합성되지만, 두 방향 모두 비스듬한 충격이므로, 격동량은 수평 또는 연직 방향으로 최대가 아니기 때문입니다.

사그레도. 당신께서 이들 타격들과 충격들의 문제를 제기하심에 따라, 제 마음 속에 역학의 한 문제가, 또는 질문이라고 할까요, 떠올랐습니다; 그 문제에 대해 어떤 책에서도 답뿐만 아니라 제가 이해하지 못하는 점을 줄여주거나, 심지어는 부분적으로나마 저를 만족시키는 내용을 찾지 못하였습니다. 이 의문과 곤혹스러움은 제가 충격 내에 존재하는 것으로 보이는 엄청난 에너지와 힘의 기원 및 원리에 대해 이해하지 못하는 제 무능함 때문입니다, 8 내지 10 파운드보다 더 나가지 않을 망치로 한 번 내려치면, 충격이 없이 격동량을 가하는 물체의 무게에는, 그 무거움이 수 백 파운드에 달한다고 하더라도, 그냥 얹어 놓아 내려 누르는 것만으로는 전혀 굴복하지 않을 저항들이, 극복되는 것을 보게 됩니다. 이 충격의 힘들을 재는 방법을 저는 지금도 알기를 원하는데, 그 값이 무한히 크지는 않을 것으로 믿습니다, 오히려 다른 힘들과의 등가 한계, 그리고 마지막으로 그들에 의한 조절 한계를 가진다고 생각하며, 다른 힘들-압력, 무거움, 지레들, 나사들 및 다른 기계 도구들, 이들에 대해서는 어떻게 힘들이 몇 배가 되는지 제가 잘 이해하고 있습니다.

살비아티. 당신 혼자만 그와 같이 이해하기 힘든 일들의 영향과 그들의 원인의 애매함에 대해 알고자 하는 것이 결코 아닙니다. 저 또한 이들에 대해 한동안 생각했습니다만 헛수고였지요, 제 혼동은 커져만 갔고, 결국, 우리들의 **학회원**과의 만남에서, 저는 그로부터 이중의 위로를 받았습니다-첫째는 그 역시 같 293

은 어두움에 있었다는 것을 들었고, 둘째는 그가 그의 일생 동안 수 천 시간을 이 문제를 이론화하고 철학적으로 다루고 나서야 우리들의 첫 인상과는 매우 거리가 먼 생각들에, 따라서 새로운, 그들의 신기함 때문에 존경스러운 생각들에 도달하게 되었다는 것을 들었습니다. 또, 저는 이제 당신의 호기심 때문에 그런 생각들에, 쉽게 믿을 수 있는 것과는 거리가 먼, 대해 듣는 것을 즐겁게 여길 것을 알기 때문에, 당신의 요청을 기다리지 않고, 그들에 대해 말씀드릴 것입니다. 투사체들에 대한 이 논문을 읽고 나면, 저는 당신들께, 우리들의 **학회원**의 추론으로부터 제 기억 속에 고착되어 있는 그 모든 환상적인 것들, 또는 사치품들이라고 부를까요, 그들에 대해 설명해 드릴 것입니다. 먼저, **저자**의 명제들에 대해 생각하기로 합니다.

명제 5. 문제 2

한 주어진 포물선{준등선}의 [위로] 연장된 축 안에, {꼭지점보다} 높은 한 점, 그 점으로부터 낙하하는 물체가 [그 꼭지점에서 수평 방향으로 전환될 때] 주어진 것과 같은 포물선{준등선}을 그리는 점을 구하라.

진폭이 HB이고, 연장된 축이 HE인 포물선{준등선}이 있다고 합니다. 우리는 그 점으로부터 낙하한 물체가, 점 A에서 획득된 격동량을 가지고 수평 방향으로 전환하면, 위에서 말한 포물선{준등선}을 그리는, 정점 거리를 구합니다. 수평선 AG를 BH에 평행하게 그리고, AF를 AH와 같도록 한 후, B에서 포물선{준등선}에 접하는 직선 FB를 그리면, 이 직선은 G에서 수평선 AG와 교차합니다. FA와 AG에 제삼 비례인 AE를 잡으면, 저는 E가 구하고자 하는 높은 점이라고 말씀드립니다. 즉 E에서 정지 상태로부터 낙하하는 물체가 A에서 획득된 격동량으로 수평 방향으로 전환되면, [마치] A에서 정지 상태로부터 H까지 낙하한 격동량이 결과적으로 얻어지는, 포물선{준등선} AB를 그릴 것입니다. 만약 우리가 EA를 E로부터 A까지의 낙하 시간과 A에서 획득된 격동량의 척도라고 가정하면, AG는(즉 EA와 AF 사이의 평균 비례인), F로부터 A까지, 또는 A로부터 H까지의 시간과 격동량일 것입니다. 또 A에서 획득된 격동량을 가지고 E로부터 시간 EA 동안 오는 [그 움직일 수 있는 것]은 EA의 두 배를 균등한 수평 움직임으로 [시간 EA 동안] 지나가므로,

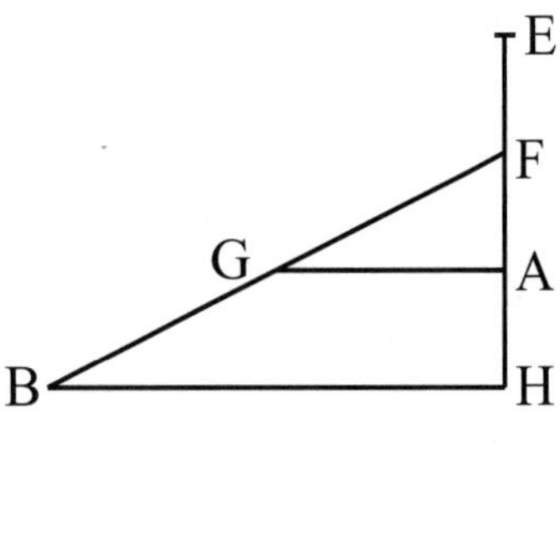

같은 격동량에서의 움직임 역시 GA의 두 배를 시간 AG, BH의 절반인(균등 운동으로 지나간 공간들의 비는 그들 운동의 시간들의 비와 같으므로), 동안 지나가게 되며; 또 정지 상태로부터 연직 운동은, 같은 시간 GA 동안, AH를 지날 것입니다. 그러므로 진폭 HB와 고도 AH는 그 움직일 수 있는 것에 의해 같은 시간 동안 지나가게 됩니다. 따라서 포물선{준등선} AB는 정점 거리 E로부터의 낙하에 의해 그려지며; 이것은 증명하고자 하던 것입니다. 294

부속정리

이것으로부터 반포물선{반준등선}의 밑변, 또는 진폭의 절반은(전체 포물선{준등선}의 진폭의 사분의 일)은, 포물선{준등선}의 고도와, 그 점으로부터 낙하하는 [물체]가 그 포물선{준등선}을 그리게 되는, 정점 거리 사이의 평균 비례임을 얻는다.

명제 6. 문제 3

반포물선{반준등선}의 정점 거리와 고도가 주어졌을 때, 진폭을 구하라.

DC는 수평선이고 AC는 그에 연직이며, 그 안에 고도 CB와 정점 거리 BA가 주어집니다; 수평선 CD 안에서, 정점 거리 BA와 고도 BC에 의해 결정되는, 반포물선{반준등선}의 진폭을 구할 것이 요구됩니다. CB와 BA 사이의 평균 비례를 취해야 하는데, 그 두 배를 CD라고 놓습니다; 저는 CD가 요구되는 진폭이라고 말씀드립니다. 이것은 앞의 [부속정리]로부터 명백합니다.

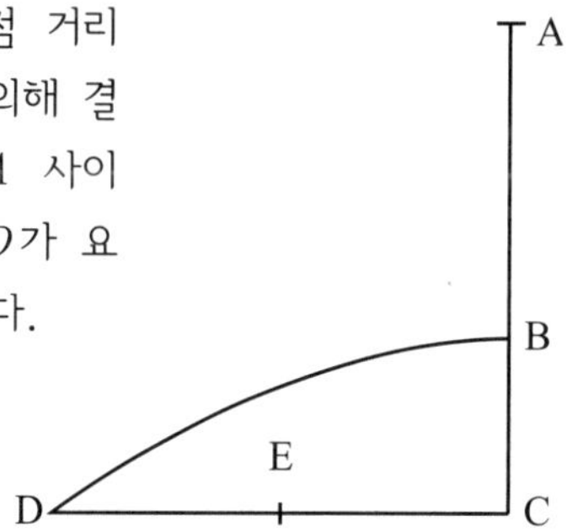

명제 7. 정리 4

같은 진폭의 반포물선{반준등선}들을 그리는 투사체들에서, 그 진폭이 고도의 두 배인 반포물선{반준등선}을 그리는데 요구되는 격동량은 그 어느 것보다 작다.

반포물선{반준등선} BD를 그 진폭 CD가 그 고도 CB의 두 배인 반포물선{반준등선}이라고 하고; 또 위로 연장된 축 안에, 고도 BC와 같은 BA를 잡

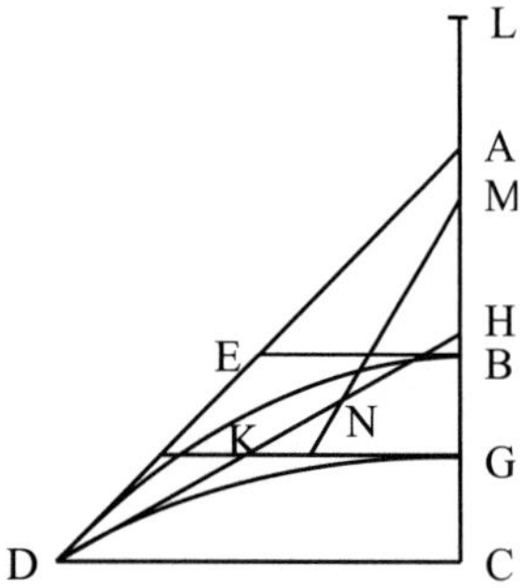

습니다. D에서 반포물선{반준등선}에 접하며 수평선 BE와 E에서 교차하는 AD를 그리면, BE는 BC(또는 BA)와 같을 것입니다. 이 [곡선은] 균등한 수평 격동량이 A에서 정지 상태로부터 B까지 낙하하는 격동량이며, 또 자연적인 하향 격동량은 B에서 정지 상태로부터 C까지 낙하하는 격동량인 어떤 투사체에 의해 그려질 것임이 얻어집니다. 이로부터 이들로부터 합성된, D에 부딪히는 격동량은, 대각선 AE와 마찬가지로, [BE, AB와][9] 제곱 등가임이 명백합니다.

이제, 그 진폭은 같은 CD이지만, 그 고도 CG는 고도 BC보다 작은(또는 큰) 다른 어떤 반포물선{반준등선} GD를 택합니다. HD가 이 반포물선{반준
295 등선}에 접하며, G를 지나는 수평선과 점 K에서 교차한다고 합니다. KG와 GL의 비가 HG와 GK의 비와 같도록 하면; 정점 거리[*altitudo*] GL은 앞에서 보인 바와 같이, 그 점으로부터 낙하하는 [물체]가 포물선{준등선} GD를 그릴 것입니다. GM을 AB와 GL 사이의 평균 비례라고 하면; GM은 시간과 L로부터 낙하 [후] G에서의 운동량 또는 격동량일 것이며; 왜냐하면 AB가 시간과 격동량의 척도라고 가정하고 있기 때문입니다. GN을 BC와 CG 사이의 평균 비례라고 하면; 이것은 G로부터 C까지, 낙하의 시간과 격동량의 척도일 것입니다. 따라서 MN을 이으면, 이것은 포물선{준등선} DG를 지나 D에서 치는 투사체의 격동량의 척도일 것입니다. 이 격동량은, 저는 말씀드립니다, 포물선{준등선} BD를 지나는, 그 크기가 AE와 같은, 투사체의 격동량보다 크다고. GN이 BC와 CG 사이의 평균 비례로 취해졌으며, BC는 BE 또는 KG와 같으므로(왜냐하면 각각 DC의 절반이므로), NG와 GK의 비는 CG와 GN의 비와 같으며; NG의 제곱과 GK의 제곱의 비는 CG(또는 HG)와 GK의 비와 같습니다. 하지만 가정에 의해{by construction} KG와 GL의 비는 HG와 GK의 비와 같으므로; KG와 GL의 비는 NG와 GK의 제곱의 비와 같은데, 이는 GM이 KG와 GL 사이의 평균 비례이기 때문입니다. 그러므로 NG, KG와 GM의 제곱인 세 양은 연속 비례이며, 두 극단들{extremes} NG와 GM의 [곱은](즉 MN의 제곱은) KG의 제곱의 두 배보다 크며, KG의 제곱은 두 배의 AE입니다. 그러므로 MN의 제곱은 AE의 제곱보다 크며, 그러므로 선분 MN은 선분 EA보다 큽니다; 이것은 증명하고자 하던 것입니다.

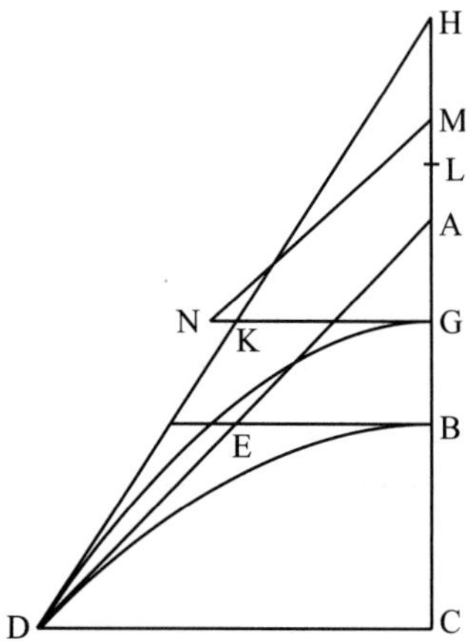

9) 드레이크의 영역에는 CD, DB로 되어 있으나 오류로 보여 바로 잡는다.

295

부속정리 296

이것으로부터 반포물선{반준등선} DB를 지나 반대 [방향]으로 {움직이는}, 점 D로부터의 투사체는 어떤 다른, 반포물선{반준등선} BD보다 크거나 작은 발사각{elevation}을 가지는, [반포물선{반준등선}]을 지나는 것보다 더 작은 격동량을 요구함은 확실하며, 여기서 발사각은 접선 AD, 또 수평선과 반직각을 이루는 선에 의해 얻어진다. 따라서 다음을 얻는다. 즉 투사들이 점 D로부터 같은 격동량을 가지고 이루어지되, 발사각들이 다르면, 최대 투사, 또는 반포물선{반준등선}(또는 전체 포물선{준등선})의 진폭은, 반직각의 발사각에 상응하는 투사일 것이다. 그보다 크거나 작은 각도로 이루어진, 다른 투사들은, 그 [사정거리{range}에 있어] 더 짧을 것이다.

사그레도. 필연적인 증명들의 설득력은 신기함과 즐거움을 가득 담고 있군요; 수학적인 [증명들] 만으로도 그럴 수 있군요. 많은 포격수들{bombardiers}의 설명들에 대한 신뢰에 의해, 모든 경우에 대해 포탄들의, 대포의 포탄들이거나 또는 박격포탄이거나 간에, 최대 사정거리는-즉 포알이 가장 멀리 날라 가게 하는 포격은-반직각의 발사각에 의해 이루어진다는 것을 저는 이미 알고 있었으며, 그들은 이것을 '포수의 정사각형{gunner's square}의 여섯째 점에서'라고 부릅니다.[27] 하지만 이 현상의 원인을 이해하는 것은 다른 이들의 말들로부터, 또는 심지어 수차례 반복된 경험들로부터, 얻어진 간단한 생각들을 상상할 수 없을 만큼 초월하지요.

살비아티. 잘 말씀하셨습니다. 그 원인들을 통해 얻어진 하나의 결과에 대한 지식은 이해에 대한 마음의 문과, 실험들에 의존할 필요 없는 다른 결과들의 확실성을 열어 줍니다. 그것이 정확하게 지금 경우에 일어나고 있는 것이지요; 확증적인 추론에 의해 포탄들의 모든 사정거리 중 최대는 반직각의 발사각을 가지는 사격의 그것이라는 확실성을 얻은 후, **저자**는 실험을 통해 아마도 관찰되지 않는 것을 우리들에게 증명합니다; 그것은 다른 포탄들의 사정거리, 즉 발사각들이 반직각보다 크거나 작은 각도들이 같은 경우, 그들의 사정거리가 같다는 것입니다.[28] 그러므로 발사된 두 개의 공들은, 하나는 발사각이 수평선으로부터 $52\frac{1}{2}°$ [7 푼티]이고, 다른 하나는 $37\frac{1}{2}°$ [5 푼티]이면, 같은 거리들에서

땅에 떨어집니다; 60°와 30°로 발사된 포탄들, 또는 $67\frac{1}{2}$°와 $22\frac{1}{2}$°로 발사된 포탄들, 등등과 마찬가지로. 이제 그 증명에 대해 들어 보기로 하지요.

명제 8. 정리 5

297 반직각보다 등거리로 크거나 작은 발사각들에 따라, 같은 격동량으로 보내진 투사체에 의해 그려지는 포물선{준등선}들의 진폭들은 서로 같다.

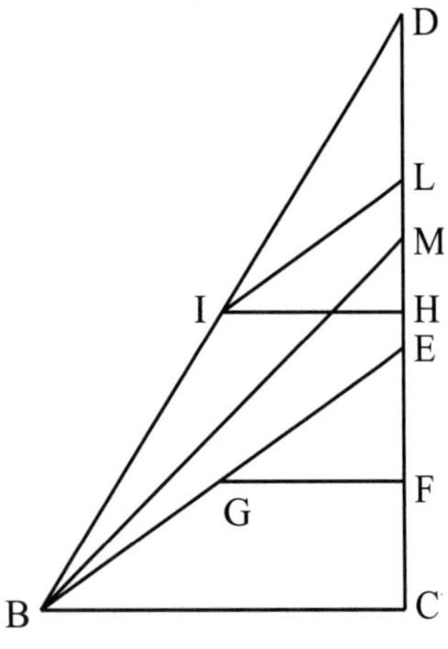

삼각형 MCB에서 직각을 낀 수평선 BC와 연직선 CM이 같도록 합니다; 그러면 각 MBC는 반직각일 것입니다. CM을 D까지 연장하고, B에서 두 개의 같은 각, 대각선 MB로부터 위와 아래에 MBE[10]와 MBD를 만듭니다. 점 B에서 같은 격동량을 가지고, 발사각들 EBC와 DBC에 따라, 보내진 투사체들의 포물선{준등선}들의 진폭들은 같음이 증명되어야 합니다. 실제로 외각 BMC는 내각들, MDB와 DBM의 [합]과 같으며, 각 MBC도 이들의 합과 같습니다; 만약 각 MBE를 [각] DBM 대신에 놓으면, 각 MBC는 두 각들 MBE와 BDC와 같습니다. 공통의 각 MBE를 빼면, 나머지 BDC는 나머지 EBC와 같을 것입니다. 그러므로 삼각형들 DCB와 BCE는 상사합니다. H에서 선분 DC를 이등분하고, F에서 EC를 이등분한 뒤; HI와 FG를 수평선 CB와 평행하게 그립니다. IH와 HL의 비가 DH와 HI의 비와 같다면; 삼각형 IHL은 삼각형 IHD와 상사할 것이며, EGF 역시 삼각형 IHD와 상사할 것입니다. 또 IH와 GF는 같으므로(즉 모두 BC의 반), FE(즉 FC)는 HL과 같을 것입니다. FH를 공통으로 더해주면, CH는 FL과 같을 것입니다. H와 B를 지나서 고도 HC이고 정점 거리 HL인 반포물선{반준등선}을 그리면; 그 진폭은, DH(또는 CH)와 HL 사이의 평균 비례인, HI의 두 배인 CB일 것이며; DB는 그 포물선{준등선}에 접할 것이고, 이는 CH가 HD와 같기 때문입니다. 만약 우리가 나아가 FB를 지나며 정점 거리가 FL, 고도가 FC인 포물선{준등선}을 그린다면, 여기서 FG는 FL과 FC 사이의 평균 비례입니다, 수평선 CB는 FG의 두 배이므로, CB는 마찬가지로 그 진폭일 것이

10) 드레이크의 영역에는 MBC로 되어 있으나 오류로 보여 바로 잡는다.

고, EF와 FC는 같으므로, EB는 그 포물선{준등선}에 접[할 것]입니다. 하지 298
만 발사각들인 각들 DBC와 EBC은 반 직각으로부터 등거리에 있으며; 따라서 명제는 명백합니다.

명제 9. 정리 6

포물선{준등선}들의 진폭들은, 그들의 고도들과 정점 거리들이 역 비례할 때, 같다.

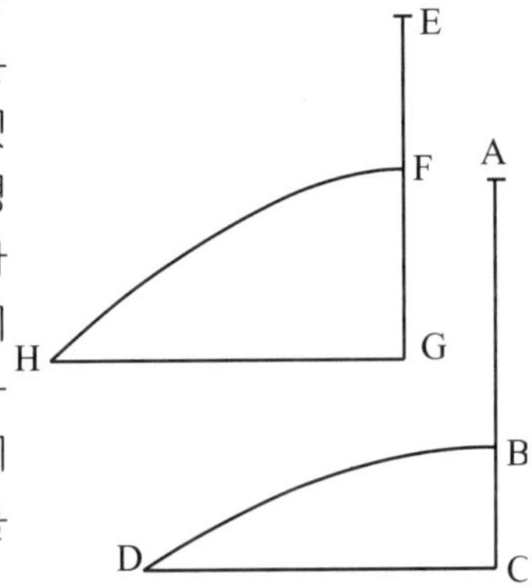

포물선{준등선} FH의 고도 GF와 포물선{준등선} BD의 고도 CB의 비가 [후자의] 정점 거리 BA와 [전자의] 정점 거리 FE의 비와 같다고 하고; 저는 진폭들 HG와 DC는 같다고 말씀드립니다. 첫째 GF와 둘째 CB의 비는 셋째 BA와 넷째 FE의 비와 같으므로, 첫째와 넷째로 이루어진 직사각형 $GF-FE$는 둘째와 셋째로 이루어진 직사각형 $CB-BA$와 같을 것입니다. 따라서 이들 직사각형들과 [각각] 같은 면적을 가지는 정사각형들은 서로 같습니다. 하지만 직사각형 $GF-FE$는 GH의 절반의 제곱과 같고, 직사각형 CB-BA는 CD의 절반의 제곱과 같으므로; 이들 정사각형들, 또 그들의 변들, 그리고 그들 변들의 두 배들 역시 [각각] 같습니다. 그런데 [마지막으로 지칭된] 그들은 진폭들 GH와 CD입니다; 그러므로 명제는 명백합니다.

다음 정리를 위한 보조정리

만약 직선이 어느 곳에서든지 절단된다면, 전체와 부분들 사이의 평균 비례들의 제곱들은 [그 합이] 전체의 제곱과 같다.

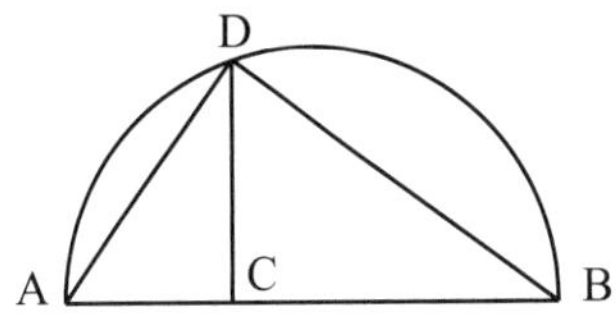

AB가 임의의 점 C에서 절단되도록 하면; 저는, 전체 AB와 그 부분들 AC와 CB 사이의 평균 비례들의 제곱들을 더하면, 전체 AB의 제곱과 같다고 말씀드립니다. 이것은 명백합니다; AB 전체에 대해 반원을 그리고, C로부터 수직선 CD를 세웁니다. DA와 DB를 잇습니다. 그러면 DA는 BA와
AC 사이의 평균 비례이며, DB는 AB와 BC 사이의 평균 비례입니다; 또 선 299
분들 DA와 DB의 제곱들을 더하면 전체 AB의 제곱과 같으며, 이는 각

ADB가 반원 내에 내접하는 직각 삼각형이기 때문입니다; 그러므로 명제는 명백합니다.

명제 10. 정리 7

임의의 포물선{준등선}[을 통한 낙하]의 격동량 또는 운동량은, 수평선까지, 반포물선{반준등선}의 정점 거리와 고도를 더한 경로를 통한 자연적인 연직 낙하의 운동량과 같다.

정점 거리 DA와 고도 AC인 반포물선{반준등선} AB가 있다고 하면, 정점 거리와 고도를 [함께] 더하여 연직선 DC를 만듭니다; 저는 B에서의 반포물선{반준등선}의 격동량은 D로부터 C까지의 자연 낙하의 운동량과 같다고 말씀드립니다.

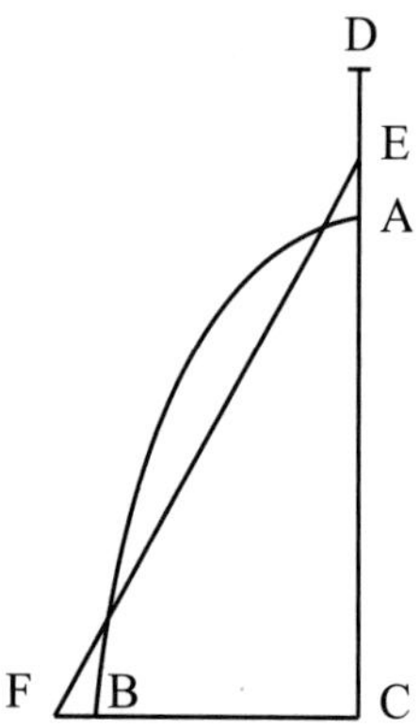

DC를 [언급된 낙하의] 시간과 격동량의 척도로 잡고, CF는 CD와 DA 사이의 평균 비례라고 가정하며; CE는 DC와 CA의 평균 비례로 잡습니다; 그러면 CF는 D에서 정지 상태로부터 DA를 통하여 하강하는 낙하의 시간과 운동량의 척도일 것이며, 한편 CE는 A에서 정지 상태로부터 AC를 통하여 하강하는 낙하의 시간과 운동량의 척도일 것이고; 대각선 EF는 (이들로부터 합성된) 반포물선{반준등선}을 [통한 낙하의] B에서의 운동량일 것입니다. DC는 임의의 점 A에서 절단되었으며, 한편 CF와 CE는 전체 CD와 부분들 DA와 AC 사이의 평균 비례들이므로, 이들의 제곱을 더하면, 앞의 보조정리에 의해, 전체의 제곱과 같을 것입니다. 하지만 같은 제곱들이 또한 EF의 제곱과 같으므로; 선분 EF는 DC와 같습니다. 이것으로부터 DC를 지나 C에서의 운동량과 반포물선{반준등선} AB를 지나 B에서의 운동량이 같음은 명백하며; 이것은 요구되던 것입니다.

부속정리

이것으로부터 고도들과 정점 거리들의 합이 같은 모든 반포물선{반준등선}들에 대해, [관련된] [낙하의] 격동량들도 또한 같음은 명백하다.

명제 11. 문제 4

어떤 반포물선{반준등선}의 격동량과 진폭이 주어졌을 때, 그 고도를 구하라.

주어진 격동량이 연직선 AB에 의해 정의되고, 진폭은 수평선 안에서 BC라고 합니다; 그 격동량이 AB이고 진폭이 BC인 반포물선{반준등선}의 고도[11]를 구하는 것이 요구됩니다. 진폭 BC의 절반은 반포물선{반준등선}의 고도와 정점 거리의 평균 비례일 것이며, 그 격동량은 (앞의 {부속정리}로부터) A에서 정지 상태로부터 AB 전체를 통한 낙하의 격동량과 같음은 지금까지 증명된 것으로부터 명백합니다. 그 때문에, BA를 절단하면, 그 부분들에 의해 만들어지는 직사각형은 BC 절반의, 즉 BD의, 제곱과 같을 것입니다. 이것으로부터 DB는 BA의 절반을 초과할 수 없음이 명백히 필연적입니다; [한 선분의] 부분들에 의해 만들어지는 최대의 직사각형은 그 선분이 이등분될 때 얻어지기 때문입니다. BA를 E에서 이등분합니다. 이제, 만약 BD가 BE와 같으면, 작업은 끝났으며, [또] 반포물선{반쥬등선}의 고도는 BE일 것이며, 정점 거리는 EA일 것입니다. 발사각이 반직각인, 그와 같은 포물선{준등선}의 진폭은, 위에서 보인 바와 같이, 같은 격동량을 가지고 그려지는 모든 포물선{준등선}들 중에서 최대입니다. 300

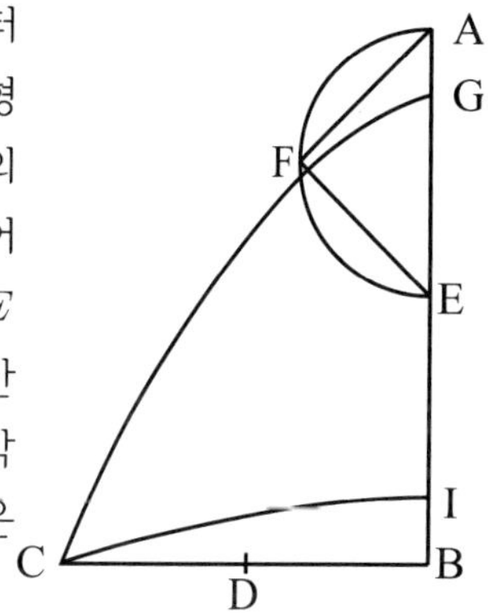

하지만 BD를 BA의 절반보다 작게 하여, 그 부분들로 이루어진 직사각형이 BD의 제곱과 같아지도록 합니다. EA 위에 반원을 그리고, AF를 BD와 같게 잡으며, 잘려진 한 부분 EG와 같은, FE를 잇습니다. 직사각형 $BG-GA$ 더하기 EG의 제곱은 이제 EA의 제곱과 같으며, 이것은 또한 AF의 제곱 더하기 FE[의 제곱]과 같습니다. {크기가} 같은 GE의 제곱과 EF의 제곱을 빼면, AF의(즉 BD의) 제곱과 같은, 직사각형 $BG-GA$가 남습니다; 또 선분 BD는 BG와 GA 사이의 평균 비례입니다. 따라서 그 진폭이 BC이고, 그 [낙하의] 격동량이 AB인 반포물선{반준등선}은 고도 BG, 정점 거리 GA를 가짐을 얻습니다. 이제 만약 GA와 같은 BI가 아래에 취해지면, [그러면] BI는 반포물선{반준등선} IC의 고도, IA는 그 정점 거리일 것입니다.

11) 영역본에는 여기서 진폭과 고도가 모두 정점 거리(sublimity)라고 되어 있으나 오류로 보여 바로잡는다.

지금까지 증명된 것들로부터, 이제 우리는 {다음을 얻습니다}:

명제 12. 문제 5

같은 격동량으로 보내진 투사체에 의해 그려진 반포물선{반준등선}의 모든 진폭들을 계산하고 그 표를 작성하라.

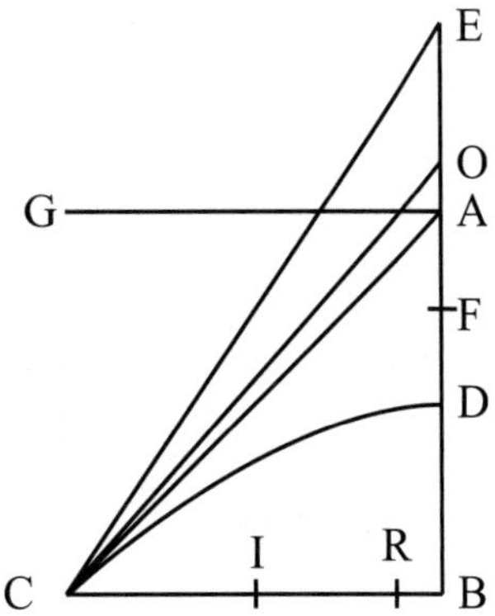

301 지금까지 증명된 것들로부터, 같은 [초기] 격동량을 가지는 투사체들에 의해 포물선{준등선}들이 그려질 때, 그에 [따르는] 정점 거리들과 고도들을 더하면, 같은 연직선들을 구성한다는 것을 얻는데; 이들 연직선들은 같은 수평 평행선들 사이에 포함되어야만 합니다. 따라서 연직선 BA와 같은, 수평선 CB를 잡고, 또 대각선 AC를 그리면; 각 ACB는 반직각, 또는 45°일 것입니다. D에서 연직선 BA를 이등분하면; 반포물선{반준등선} DC는 정점 거리 AD 더하기 고도 DB에 의해 결정되는 포물선{준등선}일 것이며, C에서 그 격동량은 A에서 정지 상태로부터 선분 AB를 통과하여 오는 어떤 움직일 수 있는 것이 B에서 가지는 격동량과 같을 것입니다. 만약 AG가 BC와 평행하게 그려지면, 그 격동량이 방금 언급한 격동량과 같은 모든 나머지 반포물선{반준등선}들의 고도들과 정점 거리들의 합들은 당연히 평행선들 AG와 BC 사이에 놓여야만 합니다. 게다가, 이미 증명된 바와 같이, [그 밑변에서의] 접선들이 반직각의 발사각으로부터 위 아래로 등거리에 있는 반포물선{반준등선}들은 진폭이 같으므로, {반직각보다} 큰 발사각들에 대해 얻어진 계산은 [그와 짝인] 그보다 작은 것들에 대해서도 적용될 것입니다.

발사각이 45°인 포물선{준등선}에 대해 투사의 최대 진폭이 10000 부분들로 이루어 진 것으로 선택하기로 하고, 또 선분 BA와 반포물선{반준등선}의 진폭 BC도 그와 같은 부분들로 이루어졌다고 가정합니다. (우리는 숫자 10000을 택하였는데, 이는 우리들의 계산에서 그 숫자가 45°의 탄젠트에 상응하는 탄젠트의 표를 사용하기 때문이다). 이제, 작업을 시작하는데, 여전히 예각이지만 각 ACB보다는 큰, 각 ECB에서 CE를 그리고; 또 EC에 접하는, 그 정점 거리와 고도의 합이 BA인 반포물선{반준등선}을 그립니다. 우리들의 탄젠트 표로
302 부터, 주어진 각 BCE에 대해, 우리는 탄젠트인 BE를 구합니다; 이것을 F에서 이등분하고, 또 BF와 BI(BC의 절반)에 대한 제삼 비례를 구하면, 이것은

필연적으로 FA보다 클 것입니다. 그것을 FO라고 합니다. 그러면, 삼각형 ECB에 내접하며 CE에 접하는, 또 그 진폭이 CB인 반포물선{반준등선}에 대해, 우리는 고도 BF와 정점 거리 FO를 얻습니다.

하지만 선분 BO 전체는 평행선들 AG와 CB를 넘어가는데, 한편 우리는 그들 사이에 놓인 [선분을] 요구합니다; 오직 그와 같은 경우에만 이 [선분]과 반포물선{반준등선} DC가 같은 격동량으로 C로부터 보내진 투사체들에 의해 그려지기 때문입니다. 따라서 이와 유사한 다른 포물선{준등선}이 수없이 많은, 크거나 작은, 각 BCE 안에서 기도되는, [반포물선{반준등선}들] 중에서 얻어져야 하는데, 그 포물선{준등선}의 정점 거리와 고도의 합은 BA와 같아야 합니다(즉 BC와 일치{homologous}). 그러므로 진폭 BC와 CR의 비가 OB와 BA의 비와 같도록 하면, 또 CR은 각 BCE의 발사각을 가진 반포물선{반준등선}의 진폭임이 밝혀질 것이며, 한편 그 정점 거리와 고도의 합은 평행선들 GA와 CB 사이의 공간을 구성하며 그와 같습니다; 이것은 구하고자 하던 것입니다. 연산은 다음과 같습니다.

주어진 각 BCE의 탄젠트를 취하고; 이 값의 절반에, 이 절반과 BC의 절반의 제삼 비례를 더하는데, 그 [제삼 비례]는 FO입니다. 그리고 BC와 어떤 다른 [선분] CR의 비를 OB와 BA의 비와 같도록 하면, 이 $\{CR\}$이 구하고자 하는 진폭입니다.

예제를 풀어 보기로 하지요. 각 ECB가 $50°$라고 하면; 그 탄젠트는 11918이며, 그 절반은(또는 BF) 5959이며; BC의 절반은 5000입니다. 이들 [두] 반값들에 대해, 제삼 비례는 4195이며, 이 값을 BF에 더하면 10154를 BO에 대해 얻습니다. 다음으로 BC, 또는 10000과([BA와 BC]가 모두 $45°$의 탄젠트와 같으므로) 다른 어떤 [크기]의 비가 OB와 BA의 비(즉 10154와 10000의 비)와 같도록 하면, 우리는 요구되는 진폭, RC가 9848임을 얻을 것이며, 여기서 최대 진폭(BC)는 10000입니다. 전체 포물선{준등선}의 진폭들은 이들 값의 두 배들이지요; 즉 19696과 20000입니다. 이 [계산]은 또한 발사각이 $40°$인 포물선{준등선}의 진폭을 주며, 이는 $40°$가 $45°$로부터 등거리에 있기 때문입니다. 303

사그레도. 이 증명을 완벽하게 이해하려면, 저는 아직도 **저자**께서 BF와 BI에 대한 제삼 비례가 FA보다 커야만 하는 것이 참이라고 말씀하시는 그 이유에 대해 알아야 할 것입니다.

304

표 1			표 2			
같은 초기 속력에 의해 그려지는 반준등선들의 진폭들			같은 초기 속력에 의해 그려지는 반준등선들의 고도들			
발사각		발사각	발사각		발사각	
45°	10000		1°	3	46°	5173
46	9994	44°	2	13	47	5346
47	9976	43	3	28	48	5523
48	9945	42	4	50	49	5698
49	9902	41	5	76	50	5868
50	9848	40	6	108	51	6038
51	9782	39	7	150	52	6207
52	9704	38	8	194	53	6379
53	9612	37	9	245	54	6546
54	9511	36	10	302	55	6710
55	9396	35	11	365	56	6873
56	9272	34	12	432	57	7033
57	9136	33	13	506	58	7190
58	8989	32	14	585	59	7348
59	8829	31	15	670	60	7502
60	8659	30	16	760	61	7649
61	8481	29	17	855	62	7796
62	8290	28	18	955	63	7939
63	8090	27	19	1060	64	8078
64	7880	26	20	1170	65	8214
65	7660	25	21	1285	66	8346
66	7431	24	22	1402	67	8474
67	7191	23	23	1527	68	8597
68	6944	22	24	1685	69	8715
69	6692	21	25	1786	70	8830
70	6428	20	26	1922	71	8940
71	6157	19	27	2061	72	9045
72	5878	18	28	2204	73	9144
73	5592	17	29	2351	74	9240
74	5300	16	30	2499	75	9330
75	5000	15	31	2653	76	9415
76	4694	14	32	2810	77	9493
77	4383	13	33	2967	78	9567
78	4067	12	34	3128	79	9636
79	3746	11	35	3289	80	9698
80	3420	10	36	3456	81	9755
81	3090	9	37	3621	82	9806
82	2756	8	38	3793	83	9851
83	2419	7	39	3962	84	9890
84	2079	6	40	4132	85	9924
85	1736	5	41	4202	86	9951
86	1391	4	42	4477	87	9972
87	1044	3	43	4654	88	9987
88	698	2	44	4827	89	9998
89	349	1	45	5000	90	10000

303

살비아티. 그 결과는 이렇게 연역될 수 있다고 저는 생각합니다. 비례하는 세 선분들의 중간값의 제곱은 최대, 최소로 이루어진 직사각형과 같으므로, 따라서 BI(또는 그와 같은 BD)의 제곱은 첫째 FB와 구해야 하는 셋째로 이루어진 직사각형과 같아야만 하는데; 이 셋째는 필연적으로 FA보다 커야만 하며, 왜냐하면 직사각형 $BF-FA$는 BD의 제곱보다 작기 때문이고, 그 차이는 DF의 제곱인데, 이는 유클리드가 그의 책 2[권]의 한 명제에서 증명합니다.29)

당신께서는 또한 탄젠트인 EB를 이등분하는, 점 F가 점 A보다 [아래에 오는 것만큼] 자주 위에 올 것과 딱 한 번 A 자신에 올 것에도 유의하셔야만 하는데; 전자의 경우들에는 반-탄젠트와 정점 거리를 주는 BI에 대한 제삼 비례가 전적으로 A 위에 있다는 것은 자명합니다. 하지만 저자는 언급된 제삼 비례가 항상 FA보다 큰 명백하지 않은 경우를 택했는데, 따라서 점 F 위에 더할 때 평행선 AG를 벗어납니다. 이제 계속 진행하기로 할까요.

이 표의 도움을 받아, 다른 표, 같은 격동량으로 보내진 투사체들이 그리는 같은 반포물선{반준등선}들의 고도들의 표를 작성하는 것도 쓸모가 있을 것입니다. 다음은 이 [다른 표]를 얻는 방법에 대해서 입니다.

명제 13. 문제 6 305

앞의 표에 보인 반포물선{반준등선}들의 진폭들로부터, 또 각각이 그려지는 공통의 격동량을 유지하면서, 개별적인 반포물선{반준등선}들의 각각의 고도들을 구하라.

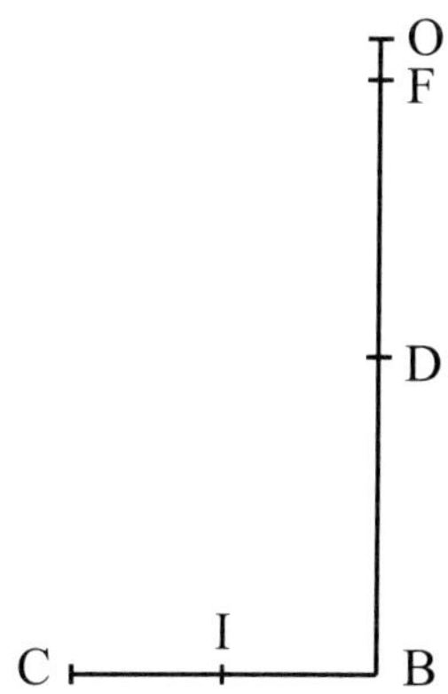

주어진 진폭을 BC라고 하고, 또 격동량의 척도(항상 같은 것으로 가정되는)는 OB라고 하면; 즉 [각각의] 고도와 [그와 연관된] 정점 거리의 합이지요; 고도를 구하고 그 자체를 구분하는 것이 요구됩니다. 이것은 BO가 분할되어 그 부분들로 이루어진 직사각형이 진폭 BC의 절반의 제곱과 같을 때 이루어 질 것입니다. 이와 같은 분할이 F에서 이루어지도록 하고, 또 OB와 BC는 D와

I에서 이등분합니다. 그러면 IB의 제곱은 직사각형 $BF-FO$와 같고, 또 DO의 제곱은 같은 직사각형 더하기 FD의 제곱과 같습니다; 만약 따라서 DO의 제곱으로부터 BI의 제곱(직사각형 $BF-FO$와 같은)을 빼면, FD의 제곱이 남을 것입니다. 이것은 주어진 것들로부터 다음과 같이 정리됩니다:

BO 절반의 제곱으로부터, 역시 알려져 있는, BI의 제곱을 빼는데; 나머지의 제곱근을 구하여, 알려진, BD를 더하면, 당신은 요구되는 고도, BF를 얻을 것입니다.

예제

발사각 55°인 반포물선{반준등선}의 고도를 얻고자 한다. 앞의 표로부터, 진폭은 9396이며; 이것의 반은 4698인데, 이것의 제곱은 22071204이다.
306 이것을 BO 반의 제곱, 25000000(항상 같은)으로부터 빼면; 그 나머지는 2928796이며, 그 제곱근은 근사적으로 1710입니다. BO 반(즉 5000)에 이것을 더하면 6710을 얻고, 이것이 고도 BF입니다.

그 진폭이 같을 것인 반포물선{반준등선}들의 고도들과 정점 거리들을 포함하는 세 번째 표를 주는 것이 쓸모 있을 것입니다.

사그레도. 표를 보는 것이 즐거울 것이며, 그로 인해 '사정거리 탄들{ranging shots}'이라고 불리는 것을 사용하여, 같은 거리로 투사체를 발사하는데 요구되는 격동량들 및 힘들의 차이를 알게 되겠지요. 저는 이 차이가 여러 발사각들에 대해 매우 크다고 믿으며, 그래서 예를 들면, 만약 우리가 삼 내지 사도, 또는 87° 내지 86°의 발사각을 사용하면서도, 최소의 격동량이 요구되는 것으로 증명된, 발사각 45°로 발사되었을 때 도달하는 곳에 공이 떨어지기를 원한다면, 저는 엄청나게 큰 추가적인 힘이 요구될 것으로 믿습니다.

살비아티. 당신은 확실히 옳습니다, 또 당신은, 모든 발사각들에 대한, 전체 연산을 수행하게 되면, 무한히 큰 격동량에 매우 빨리 접근하게 되는 것을 알게 될 것입니다. 이제 [다음] 표의 작성에 대해 알아보도록 하지요.

표 3 307

발사각의 매 각도에 대해 계산된, 일정한 진폭, 즉 10,000인 준등선들의 고도들과 정점 거리들

발사각	고도	정점 거리	발사각	고도	정점 거리
1°	87	286533	46°	5177	4828
2	175	142450	47	5363	4662
3	262	95802	48	5553	4502
4	349	71531	49	5752	4345
5	437	57142	50	5959	4196
6	525	47573	51	6174	4048
7	614	40716	52	6399	3906
8	702	35587	53	6635	3765
9	792	31565	54	6882	3632
10	881	28367	55	7141	3500
11	972	25720	56	7413	3372
12	1063	23518	57	7699	3247
13	1154	21701	58	8002	3123
14	1246	20056	59	8332	3004
15	1339	18663	60	8600	2887
16	1434	17405	61	9020	2771
17	1529	16355	62	9403	2658
18	1624	15389	63	9813	2547
19	1722	14522	64	10251	2438
20	1820	13736	65	10722	2331
21	1919	13024	66	11230	2226
22	2020	12376	67	11779	2122
23	2123	11778	68	12375	2020
24	2226	11230	69	13025	1919
25	2332	10722	70	13237	1819
26	2439	10253	71	14521	1721
27	2547	9814	72	15388	1624
28	2658	9404	73	16354	1528
29	2772	9020	74	17437	1433
30	2887	8659	75	18660	1339
31	3008	8336	76	20054	1246
32	3124	8001	77	21657	1154
33	3247	7699	78	23523	1062
34	3373	7413	79	25723	972
35	3501	7141	80	28356	881
36	3633	6882	81	31569	792
37	3768	6635	82	35577	702
38	3960	6395	83	40222	613
39	4049	6174	84	47572	525
40	4346	5959	85	57150	437
41	4502	5752	86	71503	349
42	4662	5553	87	95405	262
43	4828	5362	88	143181	174
44	4828	5177	89	286499	87
45	5000	5000	90	infinity	[zero]

308 명제 14. 문제 7

각각의 발사각도에 대해, 그 진폭들이 같을 반포물선{반준등선}들의 고도들과 정점 거리들을 구하라.

우리는 이 모든 것을 한 쉬운 절차에 의해 구할 것입니다. 반포물선{반준등선}들의 진폭은 항상 10000 부분들이라고 하면; 어떤 발사각도에 대해서도, 탄젠트의 절반이 고도를 줍니다. 예를 들면, 반포물선{반준등선}의 발사각을 30°라고 하면, 또 그 진폭을, 가정한 것과 같이, 10000 부분들이라고 하면; 그 고도는 2887일 것입니다, 이 값이 근사적으로 [30°]의 탄젠트의 절반이기 때문입니다. 그리고 고도를 구하면, 정점 거리를 다음과 같이 구합니다. 증명된 바와 같이, 한 반포물선{반준등선}의 진폭의 반은 고도와 정점 거리 사이의 평균 비례입니다. 따라서 고도는 이미 구했으며, 진폭의 반은 항상 같으므로(즉 5000 부분들), 만약 이 값의 제곱을 주어진 고도로 나누면, 요구되는 정점 거리가 얻어집니다.

위의 예제에서와 같이, 고도는 2887이었고; 5000 부분들의 제곱은 25000000이며; 2887로 나누면, 구하고자 하는 정점 거리에 대해 근사적으로 8659를 줍니다.

살비아티. 무엇보다도, 여기서 우리는 앞에서 언급된 개념이 얼마나 참인가를 봅니다; 다른 발사각들에 대해, 중앙값으로부터 떨어지면 떨어질수록, 높거나 낮거나 간에, 같은 거리로 투사체를 발사하는데 요구되는 격동량과 격렬함은 더 커지는 것 말이지요. 격동량은 균등 수평 운동과 연직인 자연적으로 가속된 운동, 두 운동들의 합성으로 구성되기 때문에; 또 이 격동량은 고도와 정점 거리의 합으로 척도되기 때문에, 당신들께서는 표로부터 이 합이 45°에서 최소임을 보시며, 이 때 고도와 정점 거리는 각각 5000으로 같고 그 합은 10000입니다. 만약 우리가 어떤 다른, 더 큰 고도를 보면, 예를 들어 [발사각이] 50°라고 할까요, 우리는 이 고도가 5959, 정점 거리는 4196임을 알 수 있을 것이며, 더하면 10155를 얻습니다. 또 마찬가지로 그만큼을, [발사각] 40°에 대한 격동량으로 구할 수 있을 것이고, 이들 두 발사각들은 중앙값[발사각 45°]으로부터 등거리에 있습니다.

두 번째로는 우리는 중앙값으로부터 둘 둘씩 등거리인 발사각들에 대해 같은 격동량들이 요구됨이 참임에 유의해야 합니다; 이 즐거운 부가적인 교대성을 가지는데, 높은 발사각의 고도들과 정점 거리들은 거꾸로 낮은 발사각의 정점 거리들과 고도들입니다. 그러므로 주어진 예제에서, 50°의 발사각에 대해 고도 309
는 5959, 정점 거리는 4196인데, 발사각 40°에 대해서는 그 반대가 되는 것을 알 수 있습니다; 고도는 4196이고, 정점 거리는 5959입니다. 모든 나머지들에 대해서도 같은 {현상이} 발생하며, 계산의 번거로움을 피하기 위해, 분수들을 계산에서 무시한 것을 제외하면, 어떠한 차이도 없습니다; 합들이 매우 커서, 분수들은 어떠한 중요성, 또는 편향성도 가지지 않습니다.

사그레도. 저는 수평과 연직의 두 격동량들에 대해 투사체가 높은 발사각을 가지면 수평에 대해 더 작게, 연직에 대해서는 더 크게 요구되는 것으로 보입니다. 반면에, 낮은 발사각의 탄들에서는 수평 격동량의 큰 힘이 요구되는데, 이는 투사체가 매우 작은 높이로 발사되었기 때문입니다. 하지만 만약 제가 정확하게 이해한다면, 90°의 최대 발사각에서는 세상의 모든 힘도 투사체를 연직선으로부터 일 인치 벗어나게 발사하는데 충분하지 않으며, 또 필연적으로 그것이 발사되었던 것과 같은 장소로 되돌아와 떨어져야만 합니다. 그런데 저는, 같은 확신성으로, 한 투사체가, 영도의 발사각, 다시 말하면 수평선으로의 [발사]에서도, 어떤 [큰] 힘에 의해 어떤 [작은] 거리만큼 발사될 수 없다거나, 또는 무한히 큰 힘이 요구된다고 주장할 엄두가 나지 않는데요-마치, 예를 들면, 심지어 컬버린{culverin} 포조차도 쇠로 된 공을 수평으로, 또는 그들이 말하듯이 '영점'(즉 [포수의 정사각형 상에] 없는 점)으로, 즉 영의 발사각으로 발사할 수 있는 능력을 가지지 않은 것처럼. 이 경우에는 약간 애매함이 있고, 또 저는, 그것에 대한 논리적으로 확정적인 증명을 가지고 있지만, 다른 사건이 덜 이상하지 않게 보인다는 이유로, 둘 중의 어느 하나도 단호하게 부정할 수 없다고 말씀드립니다. 이것은 밧줄을 [팽팽하게] 당겨서 그것이 직선적으로 되도록 잡아당기고, 또 수평선에 평행하도록 [유지하는] 것의 불가능성입니다; 밧줄은 항상 밑으로 처져서 휘며, 어떤 힘도 그것을 직선이 되도록 하는데 충분하지 않기 때문입니다.

살비아티. 글쎄, 사그레도여, 밧줄의 이 문제에서, 당신은 더 이상 그 결과의 이상함을 신기하게 여기지 않아도 좋습니다, 왜냐하면 그것에 대한 증명을 가지고 있기 때문입니다; 만약 우리가 잘 생각하면, 아마도 우리는 밧줄의 이 사건과, [수평하게 발사된] 투사체의 사건 사이의 어떤 관계를 알아낼 것입니다.

수평 발사된 투사체의 곡선의 곡률[12]은 두 힘으로부터 결정되는 것으로 보입니다. 그중 하나(투사하는 것의 힘)는 투사체를 수평하게 밀며, 다른 하나(자신의 무거움인 힘)는 곧장 아래로 당깁니다. 밧줄을 잡아당기는데도, [마찬가지로] 그것을 수평하게 당기는 힘과 또한, 자연적으로 밧줄을 아래로 경사지게 하
310 는, 밧줄 자신의 무게의 힘이 있습니다. 그래서 이들 두 종류들의 사건들은 매우 닮았습니다. 이제, 만약 당신이 밧줄의 무게에 힘{power}과 에너지를 주어서, 밧줄을 직선적으로 잡아당기고자 하는 어떠한 큰 힘에도 대항할 수 있고 또 그것을 극복할 수 있다면, 당신은 왜 공의 무게에 대한 이 [힘{power}]을 부정하기를 원하십니까?

그러나 저는 당신에게, 팽팽함이 크건 작건 간에, 그렇게 매달린 줄이, 포물선{준등선}에 매우 가까운 곡선으로 휜다는 것을 말씀드림으로써 놀람과 즐거움을 같이 드리기를 원합니다. 그들은 너무도 비슷하여 당신이 연직 평면 내에 위아래가 바뀐 한 포물선{준등선}을 그린다면-즉 그 꼭지점이 아래에 있고, 밑변이 수평선에 평행한-또한 작은 체인을 그렇게 그린 포물선{준등선}의 양단에 매단다면, 당신은 작은 체인을 다소간 느슨하게 함으로써 그 체인이 포물선{준등선}의 형태를 그리며 자신을 포물선{준등선}에 맞추는 것을 볼 것입니다; 덜 휘고, 더 늘어난 포물선{준등선}이 될수록, 그들은 더 잘 일치할 것입니다.[13] 발사각이 45° 보다 작을 때 그리는 포물선{준등선}에서, 그 체인은 거의 정확하게 포물선{준등선}을 따라갈 것입니다.[30]

사그레도. 그러면 매우 가늘게 만들어진 체인으로, 한 평면 위에 여러 포물선{준등선}들을 빠르게 표시할 수도 있겠군요.

살비아티. 그건 그렇게 할 수 있지요, 또 그 유용함도 적지 않은데, 그에 대해 저는 말씀드리고자 합니다.

---

12) 오늘날과 같이 미분으로 엄밀하게 정의된 양이 아니라, 곡선의 휜 정도를 뜻한다.

13) 체인을 늘어뜨렸을 때 얻어지는 곡선은 현수선{catenary}이라고 불리며, cosh 함수, 즉 코싸인 쌍곡선 함수의 형상임은 차후 융기우스{Joachim Jungius(1587-1657, 독일), 1669}, 라이프니츠{Gottfried Wilhelm Leibniz(1646-1716, 독일), 1691} 등에 의해 밝혀졌다(**둘째 날** 미주 39 참조).

심플리치오. 하지만 더 나가기 전에, 저 또한 적어도 {사그레도} 당신께서 필연적으로 확정적인 증명이 있다고 언급한 그 명제에 대한 확신을 가지기를 바랍니다-저는 어떤 힘에 의해서도 밧줄을 곧게 잡아당겨 수평선에 평행하도록 유지하는 것의 그 불가능성을 뜻합니다.

사그레도. 제가 그 증명을 기억하고 있는지 보기로 할까요. 그것을 이해하기 위해서는, 심플리치오여, 당신께서 모든 기계적 장치들에서, 경험에 의해서뿐만 아니라, 또한 증명에 의해서도 입증된 무언가를 참이라고 가정하는 것이 필요합니다. 이것은, 그것이 매우 약한 힘에 의한 것이라고 하더라도, 움직이는 것의 속력은, 아무리 크다고 하더라도 단지 천천히만 움직일 수 있는 어떤 것의 저항을 극복할 수 있다는 것입니다, 만약 움직이는 것의 속력과 대항하는 것{resistent}의 느림의 비가, 움직여지기로 한 것이 받는 저항과 움직이는 것의 힘의 비보다 더 크기만 하다면.

심플리치오. 이것은 제가 잘 알고 있는데, 아리스토텔레스에 의해 그의 '역학 문제들'에서 증명되며,[31] 지레에서 간단하게 보여 집니다. 다시금, 천칭에서, 평
형추의 중심으로부터의, 즉 천칭이 그에 대해 회전하는 점으로부터의 거리가, 311
더 큰 추가 매달린 점으로부터 그 중심까지의 거리의 100 배보다 클 때, 사 파운드가 안 되는 평형추가 400 파운드의 추를 들어 올립니다. 이것은 평형추가, 그 하강에 있어, 같은 시간 동안[32] 큰 추가 올라가는데 통과한 그 거리의 백 배보다 더 많이 움직이기 때문에 발생합니다. 이것은 작은 평형추가 큰 추의 속력보다 백 배 큰 속력으로 움직인다고 말씀드리는 것과 같습니다.

사그레도. 당신께서는 매우 잘 추론하셨으며, 의심의 여지없이 당신은 움직이게 하는 것의 힘이 아무리 작다고 하더라도, 움직이게 하는 것이 저항보다 그 세기와 무거움에 있어 그것에 모자라는 것보다 더 크게 속력이 빠를 때는 언제나, 제아무리 큰 저항도 극복할 것임을 인정할 것입니다.

이제 우리는 밧줄의 경우로 와서, 그림을 하나 그리지요. A, B의 고정되고 안정된 두 점들을 지나는, 이 선분 AB가 그 양단에서, 보시는 바와 같이, 두 개의 엄청난 추들, C와 D를 매달고 있다고 가정합니다. 선분을 매우 큰 힘으로 당기는, 이들은 실제로 선분이 직선적으로 펼쳐져 유지되도록 합니다, 만약 이 [AB]가 어떠한 무거움도 가지지 않는 단순한 선이라면 말씀입니다. 하지만

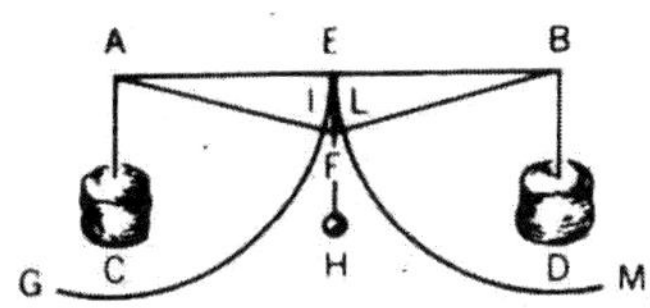

여기서 무언가를 추가해야 할 필요가 있습니다. 만약, 이 [선분 AB]의 중심인, 점 E로부터 당신께서 여기의 H와 같은 어떤 조그만 추를 매단다면, 선분 AB는 휘어서 점 F를 향할 것입니다. 따라서 [잡아당김 없이] 길이가 늘어났으므로, 선분은 두 매우 무거운 추들 C와 D가 위로 올라오도록 구속합니다. 이것을 다음과 같이 증명합니다.

두 점들 A, B를 중심들로 하여, 두 사분원들, EIG와 ELM을 그립니다; 두 반경들 AI, BL은 AE, EB와 같으므로, 전진 거리들{advances} FI와 FL[14]은 부분들 AF와 FB가 AE와 EB를 넘어 늘어난 양일 것입니다. 그러므로 이들은 추들 C와 D의 상승을 결정합니다, 만약 추 H가 EF[의 방향
312 으로] 아래로 내려가는 능력만 가질 수 있다면. 만약, 추 H의 하강의 양인, 선분 EF와 선분 FI(두 추들 C와 D의 상승을 결정하는)의 비가 이들 추들의 무거움과 추 H의 무거움의 비보다 크다면. 하지만, 추들 C와 D의 무거움이 아무리 크다고 하거나, 또는 추 H의 무거움이 아무리 작다고 하더라도, 그것은 필연적으로 그렇게 되어야 합니다. 왜냐하면, 추들 C와 D가 추 H를 초과하는 양이 그렇게 크지 않아서, EF의 탄젠트가 FI의 세컨트를 초과하는 양이 더 큰 비를 가지지 않기 때문입니다.[33] 우리는 이것을 다음과 같이 증명합니다.

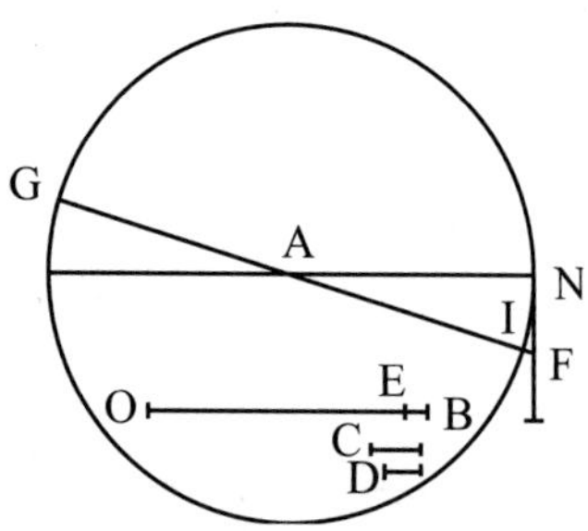

그 직경이 GAI인 원이 있다고 하고; 추들 C와 D의 무거움과 추 H의 무거움의 비가 무엇이든 간에, 선분 BO와 어떤 다른 선분 C와의 비가 이와 같도록 합니다. D를 C보다 작다고 하면, BO와 D의 비는 BO와 C의 비보다 작을 것입니다. 이제 BE를 OB와 D의 제삼 비례로 취하고, 직경 GI와 IF(GI를 연장하여)의 비가 OE와 EB의 비와 같도록 합니다. 끝 F로부터, 접선 FN을 그립니다. 이제, 그 작도에 의해, GI와 IF의 비는 OE와 EB의 비와 같으므로, 복합에 의해, GF와 FI의 비는 OB와 BE의 비와 같습니다. 그러나 D는 OB와 BE 사이의 평균 비례이며, NF는 GF와 FI 사이의 평균 비례입니다. 따라서 NF와 FI의 비는 OB와 D의 비와 같으며, 이 비는 추들 C, D와 추 H의 비보다 큽니다. 그러므로 추 H의 하강 또는 속력과 추들 C, D의 상승 또는 속력의 비는 이 추들 C, D의 무거움과 추 H의 무거움의 비보다 크며, 명백히 추 H는 하강할 것입니다; 즉 선분 AB는 수평의

14) 영역본에는 IL로 되어 있으나 오류로 보여 바로 잡는다.

직선성으로부터 이탈하게 될 것입니다.

그리고 무거움이 없는 직선 AB에 발생한 것은, E에 아무리 작더라도 추 H가 매달려 있을 때, 무거운 재료로 만들어진 밧줄 AB에서도, 어떠한 무거운 것의 추가 없이, 역시 발생하며, 이는 그 위에 밧줄 AB 자신의 재료의 무게가 매달려 있기 때문입니다.

심플리치오. 저는 완전히 만족합니다. 또 이제 살비아티께서는, 그의 약속과 같이, 우리들에게 그 작은 체인으로부터 얻어질 수도 있는 유용성에 대해 말씀하실 것이며, 그 후에 우리들의 **저자**에 의해 충격의 힘에 대해 수행된 그들 결론들을 들려주실 것입니다.

살비아티. 지금 끝낸 생각들에 대해 우리들 스스로 여념이 없었던 것만으로도 오늘은 충분합니다. 시간이 이미 늦어졌으므로, 당신이 언급한 문제들을 설명하도록 시간이, 큰 차이로, 허락하지 않을 것이며; 그 모임을 다른 더 적절한 시간으로 미루기로 하지요.

사그레도. 저는 당신의 견해에 동의합니다. 우리들의 **학회원**의 가까운 친구들과의 여러 토론에서 제가 듣기로, 충격의 힘에 대한 이 문제는 매우 애매하며, 그 문제를 다룬 어떤 이에 의해서도 그 깊은 이치가 간파된 적이 없습니다. 그 313
문제는 어둠으로 그득하며, 또 사람들의 선입관[*prime immaginazioni*]과 완전히 상반됩니다. 제게 제공되어 들었던 결론 중에는, 매우 너무니없는 결론 하나가 제 마음을 찌르는데, 그것은 충격의 힘이 무한히 크다고는 말하지 않지만 상한이 없다{unbounded}는 것입니다. 그러므로 우리는 살비아티가 편한 시간을 기다릴 것입니다. 한데 그 사이에 제게 말씀해 주시지요; 투사체들에 대한 논문 다음에 제가 보는 거기 쓰인 것들은 무엇입니까?

살비아티. 이들은 우리들의 **학회원**께서 젊었을 때, 그에게 페데리코 콤만디노{Federico Commandino(1509-1575)}에 의한 주제에 대해 남겨졌던 저술 중에 아직 몇 결점들이 있다고 여겨졌던 때, 발견했던 고체들의 무게 중심(center of gravity)에 관한 몇 명제들 입니다.[34] 그는 당신께서 여기 쓰인 것을 보는 이들 명제들이 콤만디노의 책이 부족한 것으로 남겨진 부분을 메꿀 수 있을지도 모른다고 생각했으며, 그는 저 저명한 구이도발도 델 몬테 후작의 권유에 의해 이에 대한 연구를 수행하였는데, 후작은 그의 여러 출간된 저술들에 의해 보이는 바와 같이 그의 시대의 매우 위대한 수학자였습니다. 우리들의 저자는, 콤만디노에 의해 다루어지지 않았던 다른 고체들에 대한 주제를 계속 추구하고자 하는 목적으로, 이들의 사본을 그 신사에게 드렸습니다. 그러나 얼마 후에, 그는, 기하학의 왕자인, 루카 발레리오{Luca Valerio}의 저술을 보게 되었는데, 이 저술이 어떤 것도 누락시키지 않고 모든 주제들을 해결하였음을 알게 되었습니다; 그래서 그는 더 이상 나가지 않았으며, 비록 그 자신의 진전들은 발레리오가 택한 것으로부터 매우 다른 길을 따라 이루어졌음에도 불구하고 말씀입니다.35]

사그레도. 그러면, 우리들의 방금 종결된 것과 앞으로 있을 모임들 사이 동안, 당신께서 이 책을 제 수중에 남겨 주시면 좋겠습니다. 그래서 제가 그 동안 읽으며, 여기에 쓰인 명제들을 하나씩 공부할 수 있도록 말씀이지요.

살비아티. 매우 기꺼이 당신의 요청에 응하겠으며, 또 당신께서 이 명제들로부터 즐거움을 얻으시기를 바랍니다.

넷째 날이 끝나다.

1] 참조, **243-45**쪽들.

2] 페르가{Perga}의 아폴로니우스(262-190 B.C.)는 원추 단면들에 대한 가장 완벽한 고대 논문의 저자였다.

3] 참조, **둘째 날**, 명제 [XII](**177**쪽).

4] 유클리드, '기하원본' 제2권 5.

5] 이것은 갈릴레오에 의해 1608년 말 즈음에 수평 운동이 저항이 없을 경우 균일하게 유지될 것이라는 그의 믿음에 대한 매우 정밀한 실험적 검사와 관련되어 발견되었다. 그 검사는 뒤에 따르는 단락에 기술된 것과 같은 관찰들을 요구하였다. 참조, **첫째 날**에 대한 미주 30.

6] 원문은 첫 번째{*primo*}라고 되어 있지만, 지칭된 명제는 **셋째 날**의 두 번째 **라틴** 논문에 있는 **정리 2**이다.

7] 일반적으로 투사체가 중심에 도달하지는 않으며, 중심 주위의 타원을 그리게 된다. 계속되는 토론에서, 갈릴레오는 순전히 사변적인 결과들과 지구 표면 부근에서 발생하는 실제 현상들을 분명하게 구별하기를 원한다.

8] 사그레도는 살비아티의 가정이 가지는 이론적 함축에 대해 반대하지만, 심플리치오는 가정이 실질적으로 현실화될 수 있는 실제 조건들과 맞지 않는 점에 반대하고 있는 것에 유의한다.

9] 참조, 위의 미주 8; 살비아티는 어떤 주장의 정당성이 그 뒤에 있는 가정들의 진실성과 무관함을 강조한다.
10] 심지어 이러한 것도 사실이 아닌 상황들은 나중에 논의된다; **279**쪽 참조.
11] 즉, 계속해서 감소하는 이들 여러 호들을 지나 흔들리는 누적된 전체 시간은, 90도에서 시작한 것과 5도에서 시작한, 두 진자들에 대해 같을 것입니다. 이 단락의 끝 부분에서 이 표현은 수정된다.
12] 처음 서른 번 정도 후에 한 번 정도의 차이가 여기서 등시성{isochronous}을 가진다고 기술된 길이와 진폭들을 가지는 진자들에 대해 발생한다. 이 단 한 번의 차이가 이후 똑 같이 그대로 유지된다는 것은, 묘사된 실험에서 관측될 수 있는 주목할 만한 사실이다; 호들이 그 이후에는 매우 작아서 등시성을 가지기 때문이다.
13] 문자 그대로는, '지구의 대원들{great circles}의 반경의 크기에 비하여.'
14] '과자연적'이라는 단어는 기적 등을 뜻하는 것이 아니라, 단순히 '자연적이지 않은'의 뜻이다; 즉 주어진 매체를 통한 (자유 낙하)에서 자연적인 가속에 의해 얻어질 수 없다는 뜻이다. 그 높이가 무엇이든 간에. 따라서 대포의 포구 속도는 포탄이 공기를 통한 어떠한 낙하에서 얻는 속력보다 더 클 것이며, 이때 최종 속력은 마지막으로 도달되는 값이다.
15] **첫째 날**의 미주 65 참조.
16] 대포의 탄환들이 그들의 비행에 있어 마지막 부근에서 보다 예리하게 하강한다는 것은 오래 동안 알려져 있었다; 참조, 타르탈리아{Niccolo Fontana Tartaglia(1500-1557)}의 도표들(1537), '이탈리아의 역학{Mechanics in Italy}', 78-94쪽들 여기저기. 갈릴레오는 여기서 나중에 보일 그의 표들을(**304**, **307**쪽들), 장사정 대포가 매우 높은 곳에서는 발사되지 않는다는 이유로 저속 박격포탄에만 국한시키고 있다.
17] 이와 같은 속도들의 복합은, 최소한 결과적인 운동의 방향에 관한 한, 고대에도 주목된 바 있다; 참조, '역학 문제들{Questions of Mechanics} 1'(로브판, 337-39쪽들). 그러나 엄격한 아리스토텔레스 학파의 학자들은 한 운동만이 한 물체에 한 번에 작용할 수 있다는 생각에 십착하였으며, 따라서 다른 종류의 운동들은 서로 방해해야만 하였다('물리학' 2021.34). 움직이는 물체는 주어진 순간에 더 강력한 운동에 복종하는 것으로 간주되었다; 참조, '이탈리아의 역학,' 80쪽, 그리고 갈릴레오의 역 논증들, '대화{Dialogue},' 176-79쪽들('총서', 7권, 203-5)
18] 용어 풀이 참조. 용어는 구식이지만, 그 내용은 벡터 덧셈을 뜻한다. 나아가 쪽들, **288-89** 참조.
19] 심플리치오는 **셋째 날**의 가설을 지칭하고 있다(**205**, **218**쪽들).
20] 투사체의 격동량을(그 경로와는 구별되는) 해석하고자 하는 종전의 시도는 타르탈리아에 의해 이루어졌으며; '이탈리아의 역학' 81, 91-93쪽들 참조.
21] 갈릴레오의 '정점 거리'는 꼭지점{apex}으로부터, 축과 연직 포물선{준등선}의 준선과의 교차점까지의 거리와 등가이다.
22] 참조, '대화', 20-21, 29-30쪽들('총서', 7권, 44-45, 53-54). 갈릴레오의 우주론적인 사색은 천문학적 자료들과 일치할 수 없었으며, 이는 마랭 메르센느('우주의 조화'{Harmonie Universelle}, Paris, 1636-37, 2권, 103쪽 및 이하)에 의해서 보인 바와 같다. 갈릴레오가 그의 수학적 규칙이 근거한다고 주장했던 플라톤의 단락은 아마도 티마이오스{Timaeus}, 38-39였으며, '이제 모든 별들이 ---할 때'로 시작된다. 이 부분의 논의 중, 하나의 모순이 있는 것으로 보인

다. 이와 같은 방식으로 획득된다면, 안 쪽 행성들의 더 높은 속력은, 바깥 쪽 행성들보다 더 큰 궤도들을 주어야만 한다, 신의 의지에 의해 갈릴레오의 포물선{준등선}들이 원들로 전환되는 것을 허용한다고 하더라도. 아마도 갈릴레오는, 행성들의 속력들이 태양으로부터의 거리들의 제곱근에 역비례하는 것에 주목했던 것으로 보이며, 이 관계는 자유 낙하의 법칙과 놀랍도록 같은 형태이다. 그러나 낙하의 방향을 거꾸로 한다고 해서, 역비례가 비례 관계로 되지는 않는다.

23] 갈릴레오는 높이와 경도가 자유 낙하의 가속에 영향을 미칠 것이라고 의심할 이유가 없었다. 확실히 그는, 보편적이고 친숙한 현상에 근거하여 전 세계적인 측정의 표준을 제안한, 최초의 사람이었다.

24] 1 피카는 12 피트 정도이고, 자유 낙하에서는 처음 1 초에 16 피트 떨어지므로, 갈릴레오의 가정은 명백하게 임의적이며 단지 예증을 위한 목적으로 의도되었고, 이는 그의 이전의 가정, 100 브라초를 5 초 동안 낙하한다고 한 가정과 마찬가지다('대화', 233쪽, ('총서', 7권, 250)); 참조, '총서', 18권, 77.

25] 참조, **셋째 날**의 미주 10.

26] 차후 물리학의 보존 법칙들의 발전에 있어 중심 문제가 되었던 명쾌한 질문. 갈릴레오가 영향을 미치지 않는 충격의 가능성을 부인했다는 것은 '**추가된 날**'에서 명백하다; 참조 **337**쪽.

27] 타르타글리아에 의해 고안된 대포의 고도를 재는 기구에 대해서는; '이탈리아의 역학' 64쪽 참조. 그의 기구는 안쪽 모서리로부터 드리워진 연직추{plumb}를 가진 단단한 직각자로 구성되었으며, '점들'이라고 불리는 각각 $7\frac{1}{2}°$ 의 열두 개의 같은 크기의 호마다 눈금이 새겨진 사분원{quadrant}을 따라 읽혀졌다. 따라서 수평 사격은 '영점{point blank}'이라고 불렸다.

28] 타르타글리아는 하지만, 그가 최대 사정거리가 발사각 45° 에서 얻어진다는 것을 밝혔을 때, 이것을 알고 있는 것을 암시하였다; '이탈리아의 역학' 쪽들 85-86, 91-94, 참조.

29] '기하원본' II.5.

30] 이하의 논의는 어느 정도 **둘째 날**의 마지막 부분을 되풀이하고 있으며, 마지막 토론의 이 부분이 원래 재료강도학의 논의를 종결지을 목적으로 쓰였을지도 모름을 암시한다; 참조, **둘째 날**의 미주 42.

31] '역학 문제들', 20(로브판, 375-77쪽들)

32] '같은 시간 동안'이라는 이 연산에 대한 강조야말로, 갈릴레오의 접근을 한편으로는 중세의 정역학과, 다른 한편으로는 데카르트의 역학으로부터 분리시켰던 것이었으며, 데카르트는 역학 이론에서 변위들만이 실제로 의미가 있는 것으로 생각하였고, 단순한 역학 이론에서 속력들의 역할이 필수적이라고 생각했던, 갈릴레오와 같은, 사람들을 비웃었다; **329**쪽 참조.

33] 여기서의 초보적인 고찰은 차후의 고차의 무한소{infinitesimal}의 개념에 의한 고찰과 유사하다. 갈릴레오는 이전에도 이 개념을 다른 문제와 관련하여 사용한 적이 있다; 참조, '대화', 199-202쪽들('총서', 7권, 225-29)

34] 페데리코 콤만디노(1509-75)의 '고체들의 무게 중심에 관한 논문{*Libre de centro gravitatis solidorum*}'(볼로냐, 1565)은, 엄격하게 아리스토텔레스의 전통을 따른 저술이며, 고대의 논문인 '평면의 평형에 대하여{On plane equilibrium}'를 보충하기 위해 쓰였다. 콤만디노는 갈릴레오의 후원자인 구이도발도 델 몬테{Guidobaldo del Monte}의 스승이었다.

35] 참조, **첫째 날**의 미주 20과 **둘째 날**의 미주 37.

'두 새로운 과학'의 주요한 판본과 번역서의 문헌 목록

1. *Discorsi e dimostrazioni matematiche, intorno a due nuove scienze attenenti alla Mecanica & i Movimneti Locali ... con una Appendice del centro di gravita d'alcuni Solidi*, Leyden, 1638.

2. *Les nouvelles pensées de Galilée*, Paris, 1639, 부분적인 번역과 마랭 메르센느{Marin Mersenne}에 의한 주석{paraphrase}.

3. *Discorsi* ..., Bologna, 1655. 갈릴레오의 총서{*Opere del Galileo*}, Bologna, 1655-56. 비비아니{Viviani}에게 구술된 부분의 추가를 포함.

4. *Mathematical Discourses and Demonstrations, Touching Two New Sciences ... Englished from the Original Latine and Italian*, 향사{Esq.} 토마스 샐러스베리{Thomas Salusbury}, London, 1665(실제로는 1662년에 인쇄되었고, 1666년에 출판되었다). 토마스 샐러스베리의 수학적 총서 및 번역서{Mathematical Collections and Translations: 제2권 제1부}, London, 1665. 1655년 판의 영어 번역서. (두 서적 모두의) 복제판 증쇄{facsimile reprint}가 Dawson's Pall Mall(London)과 Zeitlin and Ver Brugge(Los Angeles)에 의해 발행되었다.

5. *Principio della Quinta Giornata del Galileo, Da aggiugnersi all'altre quattro de' Discorsi* ... Vincenzio Viviani, *Quinto Libro deglli Elementi d'Euclide, ovvero Scienza universale delle proporzioni* .... Florence, 1674 중. *Discorsi*의 이 소위 **다섯째 날**은 작은 두 권으로 된 유클리드, Florence, 1690, 1718, 등에 {포함되어} 여러 차례 증쇄되었다.

6. *Discursus et demonstrationes mathematicae, circa duas novas scientias....* Leyden, 1699. 1638년 판의 라틴어 번역서. *Galilaei Galilaei Lyncei Dialogi, tam eos quos, edidit, De Systemate Mundi quam quos De Motu Locali*, Leyden, 1699-1700, 라는 제목으로 Mathias Bernegger(1판, 1635)에 의한 갈릴레오의 '대화'의 라틴어 번역과 같이 발행됨. 아마도 이 번역서는 그의 저술에 대한 엘제비어사의 기획에 의해 갈릴레오 자신의 감독 하에 수행되었을 수 있다.

7. *Discorsi .... Opere di Galileo Galilei...*, 2권(3의), Florence, 1718 중; 소위 **다섯째 날**과(위의 5 참조), 충격에 대해 추가된 **여섯째 날**이라고 불리는, 대화를 포함한다. 차후의 총서들은 일반적으로 추가적인 두 **'날들'**을 포함한다.
8. *Mathematical Discourses Concerning Two New Sciences... Done into English from the Italian, Tho. Weston, late Master, and now publish'd by John Weston, present Master, of the Academy at Greenwich*, London, 1730. 1638년 판의 영어 번역서이며, 외견상 샐러스베리와 라틴어 번역서(위의 4와 6)를 가지고 있던 것으로{at hand} 보임. 표지만 다른 재발행본이 1734년에 나옴.
9. *Discorsi .... Opere di Galileo Galilei...*, 3권(4의), Padua, 1744 중.
10. *Discorsi .... Opere di Galileo Galilei...*, 8-9권(13의), Milan, 1811 중.
11. *Discorsi .... Opere di Galileo Galilei...*, 1권(2의). Biblioteca Enciclopedia Italiana, 20권, Milan, 1832 중.
12. *Discorsi .... Le Opere di Galileo Galilei, Prima Edizione Completa...*, edited by Eugenio Alberi, 13권(16의), Florence, 1855 중.
13. *Unterredungen und mathematische Demonstrationen über zwei neue Wissenzweige...übersetzt und herausgegeben von Arthur von Oettingen*, 전 3권. Ostwald's Klassiker der exakten Wissenschaften, Leipzig, 1890-91. 비평적인 주석을 실은 최초의 판본; 여러 차례 증쇄판들 발행.
14. *Discorsi .... Le Opere di Galileo Galilei,* edited by Antonio Favaro, 8권(20의), Edizione Nazionale, Florence, 1898 중. 추가된 날들, 주석과 단편{fragments}들 포함. 1933년, 1965년(홍수에 의해 대부분 파괴), 1968년에 약간을 추가하여 증쇄.
15. *Dialogues Concerning Two New Sciences...Translated from the Italian and Latin into English by Henry Crew and Alfonso De Salvio, with an Introduction by Antonio Favaro*, New York, 1914. 1933년 재발행; North Western University Press, Evanston and Chicago에 의해 1939년, 1946년, 1950년에 증쇄; Dover Books, New York에 의해 자주 증쇄; *Great Books of the Western World*에 28권으로 포함.

16. *Besedy i matematicheskie dokazatelstva, kasaiushchiesia dvuch novykh otraslei nauki*....Moskow, 1934. S. N. Dolgov에 의한 러시아어 번역서. *Galileo Galilei, Izbranny Trudy*, 1권(2의), Moscow, 1964로 중쇄.

17. *Discorsi.... Galileo Galilei, Opere*, edited by Pietro Pagnini, 4권(5의), Florence, 1935 중; 1964년 중쇄.

18. 18. *Discorsi.... Opere*, edited by Sebastiano Timpanaro, 2권(2의), Milan, 1936 중.

19. *Dialogos acerca de Dos Nuevas Ciencias*, Buenos Aires, 1945. 호세 산로만 빌라산테{Jose San Roman Villasante}에 의한 스페인어 번역서. 지금까지 발간된 가장 정확한 근대적인 번역서.

20. *Discorsi.... Galileo Galilei, Opere Scelte*, edited by Ferdinando Flora, Milan and Naples, 1953 중.

21. *Discorsi*.... Edited by Adriano Carugo and Ludovico Geymonat, Toronto, 1958. 라틴어 부뷰에 대한 이탈리아어 번역; 주석과 '총서'(위의 14)의 단편들 포함.

22. Takeo Konno & Setsuji Hida에 의한 일본어 번역서, 전 2권, Tokyo, 1958.

23. *Dialoguri aspura stiintelor noi*, Bucharest, 1962. 루마니아어 번역서. 이 책은 혹시 축약본일 수도 있다; 자세한 사항은 알 수 없음.

24. Discours et demonstrations mathmatiques concernant Deux Sciences Nouvelles, Paris, 1970. Maurice Clavelin에 의한 불어 번역서.

25. *Two New Sciences*. Translated by Stillman Drake, Madison, 1974. 개정된 서문이 포함되고 정정된 2판, Toronto, 1989.

26. *Considerationes y demostraciones matemáticas sobre dos nuevas ciencias*, Edited by C. Solis & J. Sadaba, Madrid, 1976.

27. *Duas Novas Ciências*, Translated by Latizio & Pablo Mariconda, São Paulo, 1985, 2판, 1988.

28. *La nueva ciencia del movimento. Selección de los Discorsi*...Abridged translation edited by C. Azcárate, M. Garcia Doncel, J. Romo, Barcelona, 1985

◀ 찾아보기 ▶

A

B

C

D

E

1)영역본에는 Eudoxian으로 되어 있으나 오류로 보여 바로 잡았다.

F

G

H

I

J

K

L

M

O

P

Q

R

S

T

U

V

W

Y

Z

저자 약력

1976. 3. - 1979. 7. OCS 65次, 해군사관학교 교수부 교관
1979.10. - 1981. 7. 서울대학교 공과대학 조교
1988. 5. - 1989. 4. Univ. New South Wales, Visiting Fellow
1993. 7. - 1993. 8. 淸華大學, 객원 연구원
1995. 8. - 1995. 9. California Institute of Technology, Visiting Associate
1999. 9. - 2000. 2. Hiroshima University, Visiting Professor
2000. 3. - 2000. 8. Univ. California, Santa Barbara, Visiting Engineer
2005. 3. - 2006. 2. Hong Kong University, Visiting Professor
1985.10. - 현재 충남대학교 선박해양공학과 교수

학력

1985. 6. California Institute of Technology, Ph.D.
1976. 2. 서울대학교 조선공학과, 공학석사
1974. 2. 서울대학교 조선공학과, 공학사

두 새로운 과학

2014년 6월 20일 초판 인쇄
2014년 6월 25일 인쇄 발행

역 자 이승준
발 행 인 송기수
발 행 처 도서출판 GS인터비전
편 집 처 도서출판 GS인터비전
인 쇄 처 토탈프로세스
등록번호 제 313-2011-120 호
I S B N 979-11-5576-029-1(93550)

주 소 서울 마포구 토종로 222 한국출판협동조합 B동207호
전 화 02-976-7898, 02-3272-7898.
팩 스 02-6468-7898
홈페이지 gsintervision.co.kr
E-Mail gsinter7@gmail com

정 가 30,000원